华 章 数 学 译 丛

72

Time Series Analysis and Its Applications

With R Examples, Fourth Edition

时间序列分析及其应用

基于R语言实例

（原书第4版）

[美] 罗伯特·H. 沙姆韦　　戴维·S. 斯托弗　　著
（Robert H. Shumway）　（David S. Stoffer）

李洪成 张茂军 潘文捷 译

U0381050

机械工业出版社
CHINA MACHINE PRESS

图书在版编目（CIP）数据

时间序列分析及其应用：基于 R 语言实例（原书第 4 版）/（美）罗伯特·H. 沙姆韦（Robert H. Shumway），（美）戴维·S. 斯托弗（David S. Stoffer）著；李洪成等译 . —北京：机械工业出版社，2020.6（2025.1 重印）

（华章数学译丛）

书名原文：Time Series Analysis and Its Applications: With R Examples, Fourth Edition

ISBN 978-7-111-65833-7

I. 时⋯　II. ①罗⋯　②戴⋯　③李⋯　III. 时间序列分析　IV. O211.61

中国版本图书馆 CIP 数据核字（2020）第 099491 号

北京市版权局著作权合同登记　图字：01-2018-6832 号。

First published in English under the title

Time Series Analysis and Its Applications: With R Examples (4th Ed.)

by Robert H. Shumway and David S. Stoffer

Copyright © 1999, 2012, 2016, 2017 Springer International Publishing AG

This edition has been translated and published under licence from Springer International Publishing AG.

本书中文简体字版由 Springer 授权机械工业出版社独家出版。未经出版者书面许可，不得以任何方式复制或抄袭本书内容。

本书以易于理解的方式讲述了时间序列模型及其应用，内容包括趋势、平稳时间序列模型、非平稳时间序列模型、模型识别、参数估计、模型诊断、预测、季节模型、时间序列回归模型、异方差模型、谱分析入门、谱估计和阈值模型。对所有的思想和方法，都用真实数据集和模拟数据集进行了说明。本书旨在作为物理、生物学和社会科学领域以及统计学方向的研究生教材，有些部分还可以用作本科生时间序列入门课程的教材。

出版发行：机械工业出版社（北京市西城区百万庄大街 22 号　邮政编码：100037）

责任编辑：冯秀泳	责任校对：殷　虹
印　　刷：北京捷迅佳彩印刷有限公司	版　　次：2025 年 1 月第 1 版第 4 次印刷
开　　本：186mm×240mm　1/16	印　　张：28.75
书　　号：ISBN 978-7-111-65833-7	定　　价：139.00 元

客服电话：（010）88361066　68326294

版权所有·侵权必究
封底无防伪标均为盗版

译 者 序

本书是一本经典的时间序列分析教材,自 2005 年出版第 1 版,到现在已经是第 4 版了。本书的第 1 章讨论了时间序列的基本概念和性质,第 2 章给出了时间序列回归、探索性数据分析和时间序列的平滑方法,第 3 章讨论了自回归以及自回归移动平均模型的建立和预测。这三章基本涵盖了经典时间序列分析(Box-Jenkins 方法)的内容。第 4 章讨论了频谱分析和滤波方法。第 5 章讨论了其他的时域时间序列模型,比如长记忆 ARMA 模型、单位根检验、波动率模型、滞后回归与传递函数模型、多元 ARMAX 模型。第 6 章讨论了状态空间模型。第 7 章讨论了频域中时间序列的统计方法,包括谱矩阵和似然函数、联合平稳时间序列的回归方法、随机系数回归、设计实验分析、判别分析与聚类分析、主成分和因子分析等内容。

本书几乎涉及了时间序列分析的大部分相关主题,除了给出丰富的理论之外,还用大量的实例来说明理论的应用。作者提供的 R 软件添加包 astsa 中有本书用到的数据和相关代码,需要练习和检验书中的模型与方法的读者可以很方便地在 R 中下载和安装该 R 添加包。

本书在欧美是一本流行的时间序列教材,许多高校用它作为高年级本科生或者研究生的时间序列教材。希望本书中文版的出版能够对国内时间序列的教学和研究提供一定的帮助。

另外,本书的翻译工作获得了国家自然科学基金项目"基于机器学习的债券违约智能预警研究"(项目号 71961004)的资助。本书的翻译由李洪成、张茂军、潘文捷、王怡婷、姜越和胡超共同完成。由于我们水平有限,可能会有翻译不当之处,希望读者批评指正。

译者

第 4 版前言

第 4 版总体上遵循了第 3 版的大纲框架，同时加入了一些现代化的主题以及一些额外的主题。第 3 版的前言仍然适用，因此在这里我们将主要关注第 3 版和第 4 版之间的差异部分。第 4 版将和第 3 版一样，每个例子都会为读者提供 R 语言代码。大多数有大量代码的例子将被安排在本书靠后的章节里。本书仍然为读者提供 R 包 astsa，详见附录 D。全球温度偏差序列(the global temperature deviation series)已经更新到 2015 年，最新版本收录在本书的包中，相关的例子和问题也随之在本书中更新。

本版本的第 1 章和先前版本基本相同，但是还包含了趋势平稳性的定义以及在使用交叉相关时用到的预白噪声化定义。聚焦在过去金融危机的纽约交易所的数据集已经被聚焦在当代金融危机的道琼斯数据取代。在第 2 章里，我们重新编写了一些回顾回归的内容，将平滑例子从原有的伤亡数据例子变成了南方涛动指数和厄尔尼诺现象例子。我们也补充拓展了有关滞后回归的例子并在第 3 章中向读者展示。

第 3 章中，我们删除了自回归移动平均模型定义中的正态性。尽管假设对于定义来说不是必要项，但是对推断和预测来说却是必不可少的。我们增加了自回归移动平均模型误差的回归分析以及相关的问题的章节，这部分内容在之前版本中出现在第 5 章。在这部分内容中我们修改了一些例子，并且在季节性自回归移动平均模型部分增添了一些例子。最后我们还加入了对滞后回归中的自相关误差的讨论。

在第 4 章里，我们改善并增添了一些例子。我们使用了经典星级数据集(classic star magnitude data set)来讨论调制序列(modulated series)的概念。我们移动更改了一些过滤的内容以便在需要时更容易地获取信息。我们将原先对 spec.pgram(来自 stats 包)的使用转到 mvspec(来自 astsa 包)，因为这样就可以不用再花费篇幅来解释 spec.pgram 的特性。本版本中删除了小波分析的内容，因为读者可以从许多其他书中获取相关知识，所以本书不再对此赘述。在基于简单谐波处理的例子分析中我们将更加具体地探讨谱分析定理。

第 5 章和第 7 章的总体布局相似，不过我们对其中的一些例子进行了修订。就像前面说的那样，我们将自回归移动平均模型误差放到了第 3 章。

第 6 章是本版本中改动最大的一章。我们增加了有关平滑样条的部分以及隐马尔可夫模型和转换自回归的部分。贝叶斯定理部分在本版本中被完全重写，主要关注线性高斯状态空间模型。由于先前版本中的非线性部分的内容已过时，故将其删除，新的内容在参考文献[53]中。为了便于读者理解，我们重写了该章中的许多例子。

附录和先前版本基本相同，但附录 A 和附录 B 中都做出了小的改动。在附录 C 中加了一些内容，包括 Riemann-Stieltjes 和随机积分的讨论，对频谱的自回归过程在频谱密度空间是密集的事实的说明，以及频谱大致上是静止过程的协方差矩阵的特定值的验证。

我们努力改写、完善、修订书中的练习题，但是本版本中的总体布局和覆盖内容基本与先前版本一致。当然，我们将自回归移动平均模型误差问题移到了第 3 章中并且删除了第 4 章中有关小波分析的问题。第 6 章的练习题也相应地为了适应该章更改过的最新的内容而做出了调整。

Robert H. Shumway，美国加利福尼亚大学戴维斯分校

David S. Stoffer，美国匹兹堡大学

2016 年 12 月

第 3 版前言

本书的目的是培养人们对时间序列作为一种分析工具所具有的丰富性和多样性的赏识，并保持对于理论完整性的认知，就像 Brillinger[33] 和 Hannan[86] 的开创性作品中与 Brockwell 和 Davis[36] 以及 Fuller[66] 的书中所例证的那样。普惠强大的计算机的到来为我们提供了真实的数据和能够提供不仅仅是在简单的时间域模型拟合的软件，诸如在 Box 和 Jenkins[30] 的里程碑式的作品中描述的那样。本书旨在为不同等级的时间序列课程提供有用的教材，并为在物理、生物和社会科学中面临时间序列相关问题的人员提供参考。

在过去的几十年中，我们在本科和研究生教育阶段采用了先前的版本。依据我们的经验，对于拥有回归分析背景的同学来说，本科阶段的课程能够使他们获益良多，其中本书的 1.1～1.5 节、2.1～2.3 节、3.1～3.9 节的结果和数值部分以及 4.1～4.4 节的结果和数值部分值得本科阶段的同学学习。在大学毕业后或者研究生阶段，对于拥有一些数理统计背景的人来说，书中更多的内容都很值得学习，包括第 5 章和第 6 章中的拓展部分，也可以单独作为一学期的授课内容。通常情况下，拓展部分的学习可根据学生的兴趣来选择。最后，对于两学期的数学、统计和工程学科的研究生教育可以再根据情况增添附录部分的内容。对于高级的研究生教育，我们旨在追求比 Brockwell and Davis[36] 的经典入门级教材更广泛但不那么严格的覆盖范围。

第 3 版和第 2 版主要的不同是，第 3 版基本上为所有的数值例子提供了 R 语言代码。其中为使用本教材的读者提供了 R 包 astsa，详见 D.2 节。提供 R 代码仅仅是为了使数值例子可重现以强化阐述。

我们尽可能地保留了原有的问题集，这样教师就可以轻松地从第 2 版过渡到第 3 版。然而，在本版本中修订了一些过时的问题，并添加了一些新的问题。同样地，有些数据集已经更新。我们在第 5 章中增添了单位根一节并且加强了这部分的陈述。对于状态空间建模的阐述、自动回归滑动平均模型以及（多元）回归的自相关误差将在第 6 章中进行拓展。在本版本中，我们尽可能地使用了标准 R 函数，但在需要避免特定 R 函数问题的情况下，也使用了一些我们自己的脚本（包括 astsa）。这些问题将会在本书的有关 R 语言问题的网站中详细阐述。

在此非常感谢 Springer Statistics 的责任编辑 John Kimmel 为本书的出版所做的准备和努力。我们很感谢华盛顿大学的 Don Percival 教授所提供的大量建议，为本书的第 2 版和本版的实质性改进做出了贡献。感谢阿尔伯塔大学的 Doug Wiens 为本版本中第 4 章和第 7 章提供了 R 代码以及许多对于本书阐述的建议。我们也很感谢来自蒙特利尔大学的 Pierre Duchesne 和加利福尼亚大学戴维斯分校的 Alexander Aue 一直提供的帮助和支持。同时我们还很感谢许多读者和同学就本书第 2 版的印刷错误及其他相关的问题给出的纠正。最后，本版本由美国国家科学基金会（由政府间人事法案设立）支持，本书的作者之一（David S. Stoffer）在该基金会中工作。

Robert H. Shumway，美国加利福尼亚大学戴维斯分校

David S. Stoffer，美国匹兹堡大学

2010 年 9 月

作者简介

Robert H. Shumway 是加利福尼亚大学戴维斯分校的统计学荣誉退休教授。他是美国统计协会的会士，也是国际统计协会的成员，曾获得 1986 年美国统计协会杰出统计应用奖和 1992 年美国传染病中心统计奖。获得这两个奖项都是因为他的关于时间序列应用的合作论文。他是 1988 年 Prentice Hall 关于应用时间序列分析著作的作者，并担任 *Journal of Forecasting* 的部门主编和 *Journal of the American Statistical Association* 的副主编。

David S. Stoffer 是匹兹堡大学统计系教授。他是美国统计协会的会士，为分类时间序列的分析做出了重大贡献，并因为他的分析婴儿睡眠状态循环产生的分类时间序列的合作论文获得了 1989 年美国统计协会杰出统计应用奖。他与人合著了受到高度评价的专著 *Nonlinear Time Series：Theory，Methods and Applications with R Examples*。他目前是 *Journal of Time Series Analysis* 的联合主编、*Journal of Forecasting* 的部门主编，以及 *Annals of Statistical Mathematics* 的副主编。他曾担任美国国家科学基金会数学科学部的项目主任，以及 *Journal of Business and Economic Statistics* 和 *Journal of the American Statistical Association* 的副主编。

目　　录

第 1 章 时间序列的特征

通过对不同时间点观察到的实验数据的分析，我们会在统计建模和推断过程中发现一些新的、独特的问题。常规的统计方法假设相邻观察值是独立同分布的，但是在相邻时间点的采样往往明显的存在相关性，这也严重限制了许多常规统计方法的使用。回答这些与时间相关的数学和统计问题时所用的系统方法通常称为时间序列分析。

下面列出的多个领域可以部分地反映出时间序列分析对科学应用的影响。例如，经济领域中诸多熟悉的时间序列，像股票市场日报价或月度失业数据。社会学家跟踪人口数据序列，如出生率或学校注册人数。流行病学家可能对某个时间周期内观测到的流感病例数感兴趣。在医学中，一段时间内所跟踪记录的血压测量值可能对评估治疗高血压的药物有价值。脑波时间序列模式的功能性磁共振成像可能用于研究大脑在各种实验条件下对某些刺激做出的反应。

对任何时间序列研究的第一步总是先仔细检查时间序列数据的时序图。这种检查通常会给出对分析数据需要的方法以及概括数据中所含信息的统计量。有两种独立而不一定互斥的时间序列分析方法，通常称为时域方法和频域方法。时域方法中最重要的是研究滞后关系。例如，今天发生的事情如何影响明天会发生的事情。而频域方法则认为研究周期是最重要的。例如，繁荣和萧条时期有什么样的经济周期。我们将在接下来的几节中介绍这两种类型的方法。

1.1 时间序列数据的性质

通过考虑不同应用领域的真实实验数据，可以更好地展示时间序列分析师感兴趣的一些案例和问题。接下来的几个例子给出了一些常见的实验时间序列数据以及对这些数据可能询问的相关统计问题。

例 1.1 美国强生公司季度收益

图 1.1 所示的是美国强生公司股票每季度的每股收益数据，数据由加利福尼亚大学戴维斯分校管理学研究生院的 Paul Griffin 教授提供。选取 1960 年第一季度到 1980 年第四季度的季度数据，共 21 年，84 个季度。对这种时间序列的建模首先需要观察历史数据的主要模式。可以看出数据有逐渐增长的趋势并且存在有规律的变化，且在这种趋势上有叠加的有规则波动。具体分析这些数据的方法会在第 2 章和第 6 章中给出。

如果要使用 R 统计软件包绘制数据的图形，请输入以下命令⊖：

```
library(astsa)      # SEE THE FOOTNOTE
plot(jj, type="o", ylab="Quarterly Earnings per Share")
```

⊖ 书中所有内容假设 R 语言的 astsa 包已下载并加载。详情请参考 D.2 节。

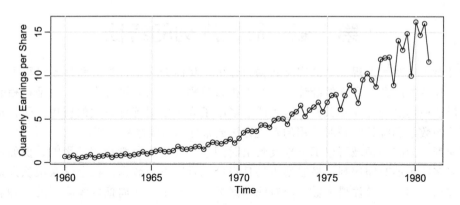

图 1.1   强生公司季度收益(1960 年第一季度至 1980 年第四季度)

例 1.2   全球变暖

考虑图 1.2 所示的全球温度记录时间序列。数据是从 1880 年到 2015 年的全球平均陆地-海洋温度指数,数据参照周期为 1951—1980 年(解释如下)。这些给出的数据是偏离 1951—1980 年的温度平均值(单位:摄氏度)的偏差,是 Hansen 等[89] 的数据的更新。可以看出,20 世纪后半期温度有一个明显的上升趋势,这也被用作全球变暖假说的论据。还可以看出在 1935 年左右温度平稳,从 1970 年左右开始有急剧的上升趋势。全球变暖支持者和反对者所关心的问题是温度变化的总体趋势是自然的还是由人类因素干预所导致的。问题 2.8 研究了 634 年间被视为长期温度代表指数的冰川沉积物数据。在 100 年内,这种温度百分比变化似乎并不罕见。所以说,趋势问题比特定的周期性问题更受关注。这个例子的 R 代码与例 1.1 中的代码类似:

```
plot(globtemp, type="o", ylab="Global Temperature Deviations")
```

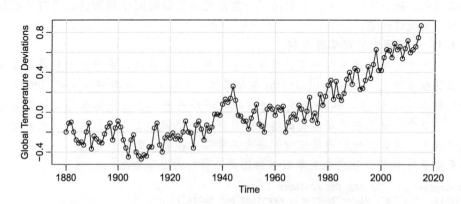

图 1.2   年平均全球温度偏差(单位:摄氏度)(1880—2015)

例 1.3   语音数据

图 1.3 给出了短句 aaa…hhh 在 0.1 秒(1 000 个样本点)的录音样本。我们可以看出,语音信号有重复性质并具有非常规则的可预测性。现在引起广泛兴趣的语音识别技术就是

将特定的信号转换成可记录的 aaa…hhh 短语。在这种应用场景中，谱分析可以用于产生这个短语的数字签名，这样可以与语音库中各种音节的数字签名进行比较从而找出与该短语匹配的签名。从图 1.3 中可以容易地看到重复的十分有规律的小波形。浊音的语音信号的周期就是**基音周期**(pitch period)，它表示的是声道滤波器(vocal tract filter)对周期性的由声门的打开和关闭刺激产生的脉冲序列的响应。在 R 中可以用代码 plot(speech) 来产生图 1.3。

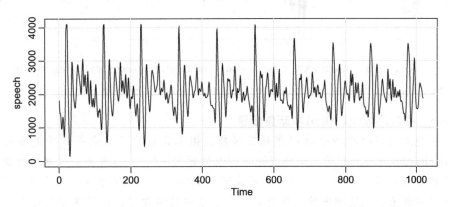

图 1.3　每秒钟 10 000 点采样的音节 aaa…hhh 的声谱图，其中 $n=1\,020$ 个点 ∎

例 1.4　道琼斯工业平均指数

作为金融时间序列数据的一个例子，图 1.4 显示了道琼斯工业平均指数(DJIA)从 2006年 4 月 20 日到 2016 年 4 月 20 日的日收益率(或百分比变化)。从图 1.4 中可以明显看出2008 年发生的金融危机。图 1.4 所示的数据是典型的收益率数据。该序列的平均值似乎是稳定的，平均收益率接近零，但是，波动(变化)很大的周期往往聚集在一起。这些类型的金融数据分析的一个问题就是要预测未来收益率的波动性。ARCH 和 GARCH 模型（见Engle[57] 的文献和 Bollerslev[28] 的文献）和随机波动率模型（见 Harvey, Ruiz andShephard[94] 的文献）就是用来处理这些问题的。第 5 章和第 6 章将讨论这些模型和金融数据的分析。该数据是用 R 的技术交易规则(TTR)包从雅虎下载并绘制出来的。设 x_t 是 DJIA的实际值，$r_t=(x_t-x_{t-1})/x_{t-1}$ 是收益率，则我们有 $1+r_t=x_t/x_{t-1}$，并且 $\log(1+r_t)=\log(x_t/x_{t-1})=\log(x_t)-\log(x_{t-1})\approx r_t$ ⊖。该数据集也可以在 R 添加包 astsa 中获取，但需要先加载 xts。R 语言代码如下：

```
# library(TTR)
# djia = getYahooData("^DJI", start=20060420, end=20160420, freq="daily")
library(xts)
djiar = diff(log(djia$Close))[-1] # approximate returns
plot(djiar, main="DJIA Returns", type="n")
lines(djiar)
```

⊖　$\log(1+p)=p-\dfrac{p^2}{2}+\dfrac{p^3}{3}-\cdots$，其中 $-1<p\leqslant1$，如果 p 趋近于 0，高阶项在展开式中忽略。

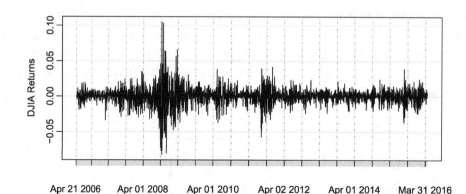

图 1.4　道琼斯工业平均指数(DJIA)的日收益率(2006 年 4 月 20 日至 2016 年 4 月 20 日)

例 1.5　厄尔尼诺(EI Niño)和新鱼数量

我们可能对同时分析多个时间序列感兴趣。图 1.5 显示了由太平洋环境渔业集团的 Roy Mendelssohn 博士提供的反映每月环境情况的时间序列数据(称为**南方涛动指数(SOI)**)和相对应的新鱼数量。这两个序列的时间跨度为 1950 年至 1987 年的 453 个月。SOI 是测量与太平洋中部表面温度相关的气压变化。由于厄尔尼诺效应,太平洋中部每 3 至 7 年就会发生一次温度升高,从而导致全球各类极端天气事件的发生。图 1.5 中的两个序列都表现出重复的行为,并且有规律性的周期重复。之所以关注这种周期性行为,是因为关注的潜在过程可能是规则的,并且表征潜在时间序列的行为的变化率或频率也会帮助识别它们。该序列展示了两种基本振荡类型,一种明显的年度周期(夏季炎热,冬季寒冷),另一种是缓慢的、每四年重复一次的趋势。在第 4 章中我们会研究周期的种类和它们的强度。这两个序列之间也存在关联性,因为鱼群数量很有可能依赖海洋温度。这种可能性也暗示我们可以尝试用回归分析来关联这两个序列。第 5 章中的**传递函数模型**也可以应用到这个例子中。绘制图 1.5 的 R 语言代码如下:

```
par(mfrow = c(2,1))  # set up the graphics
plot(soi, ylab="", xlab="", main="Southern Oscillation Index")
plot(rec, ylab="", xlab="", main="Recruitment")
```

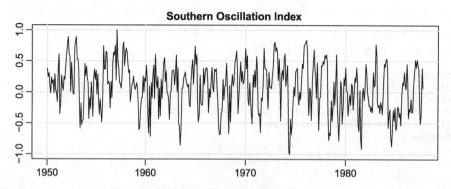

图 1.5　每月 SOI 和估计新鱼数(1950—1987)

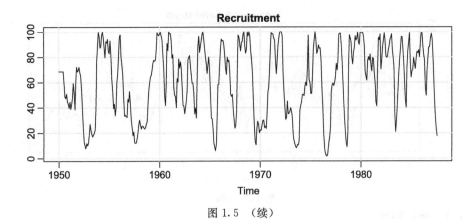

图 1.5 （续）

例 1.6 fMRI 成像

在我们给定不同实验条件或处理方式下产生的独立序列或向量序列时，就有经典统计学中的基本问题存在。图 1.6 显示的这组时间序列是通过功能磁共振成像（fMRI）从大脑各个位置收集的数据。在这个实验中，五位受试者手部被给予周期性的刺激。每次刺激持续 32 秒，然后停止 32 秒，信号周期是 64 秒。采样总时长 256 秒，每 2 秒一个观测值（$n=$ 128）。我们对受试者的结果取平均值（这些是诱发反应，所有受试者都处于同一采样周期）。图 1.6 所示的时间序列是血氧水平依赖（BOLD）信号强度的连续测量，其测量的区域是大脑中被激活的部分。可以看出，周期性在运动皮层（motor cortex）时间序列较明显，在丘脑（thalamus）和小脑（cerebellum）较微弱。事实上，一个人从不同的大脑区域进行序列研究可测试得到这些区域对刺激的不同反应。方差分析技术可以在统计中做到这一点，我们将在第 7 章中展示这些经典技术如何拓展到时间序列分析上，并引入方差的频谱分析。绘制本例数据的 R 语言代码如下：

```
par(mfrow=c(2,1))
ts.plot(fmri1[,2:5], col=1:4, ylab="BOLD", main="Cortex")
ts.plot(fmri1[,6:9], col=1:4, ylab="BOLD", main="Thalamus & Cerebellum")
```

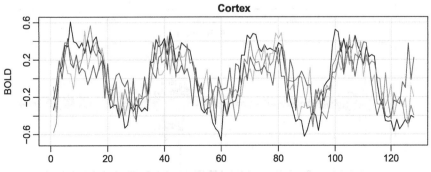

图 1.6 来自皮层、丘脑和小脑各个部位的 fMRI 数据，
$n=128$ 点，每 2 秒进行一次观察（1 pt$=$2sec）

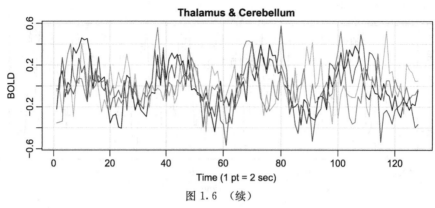

图 1.6   （续）

例 1.7   地震和爆炸

作为最后的例子，图 1.7 中的序列表示的是地震记录站记录的地震和爆炸沿地球表面的传导的 2 个阶段，用 P($t=1$，…，1 024)和 S($t=1$ 025，…，2 048)表示。图 1.7 显示的是斯堪的纳维亚(Scandinavia)地区的记录仪器观测到的地震和采矿爆炸。通过观测波形的不同，我们可以区分地震与爆炸。一个可能重要的特征是第一个阶段 P 与第二阶段 S 的振幅的比值，地震的振幅一般比爆炸小。对于图 1.7 中的两个事件，地震的两阶段最大振幅比值大约小于 0.5，爆炸的两阶段振幅比值大约为 1。另外，注意地震的 S 阶段的周期性中存在的微妙不同。我们可以运用方差谱分析来检测地震和爆炸的周期性分量是否相等。我们希望能够对未知来源的事件的未来的 P 阶段和 S 阶段进行分类，这就是第 7 章中讲到的时间序列判别分析。

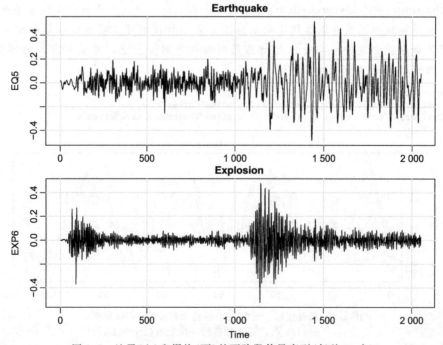

图 1.7   地震(上)和爆炸(下)的两阶段传导序列(每秒 40 点)

可以用下列 R 语言代码来绘制本例中的数据：

```
par(mfrow=c(2,1))
plot(EQ5, main="Earthquake")
plot(EXP6, main="Explosion")
```

1.2　时间序列统计模型

时间序列分析的主要目的是建立可以对样本数据提供合理描述的数学模型。为了给出一个能够描述数据随着时间随机变化这一特征的统计模型，我们假设时间序列可以定义为以时间顺序为索引的随机变量集合。例如，我们可以将时间序列视为随机变量序列 x_1，x_2，x_3，$\cdots$，其中随机变量 x_1 表示时间序列在第一个时间点所取的值，变量 x_2 表示第二时间点的值，x_3 表示第三时间点的值，以此类推。通常，由 t 索引的随机变量集合 $\{x_t\}$ 被称为随机过程。在本书中，t 通常是离散的并且在整数 $t = 0$，± 1，± 2，$\cdots$ 或整数子集上变化。随机过程的观测值被称为随机过程的实现。因为从我们讨论的上下文中可以看出讨论的是一般的随机过程还是一个随机过程的特定实现，故此本书使用术语时间序列通指这二者，对这两个概念之间也没有做出记号上的区分。

通常通过在纵坐标上绘制随机变量的值，以时间标度作为横坐标来绘制样本时间序列的图形。把相邻时间点的序列值连接，通常可以可视化地构建出产生该离散时间序列样本的假定的连续时间序列。在上一节中讨论的许多序列都可以在任何连续的时间点观察到，并且在概念上更适合作为连续时间序列。在等间隔时间点采样的离散时间参数序列与这些连续序列的近似，也表明由于收集方法的固有限制，采样数据在大多数情况下是离散的。此外，可以使用计算机进行数值计算以进行分析。理论发展还依赖于这样一种观点，即连续参数时间序列应该根据有限时间点上定义的有限维分布函数来设定。注意，这并不等于采样间隔或频率的选择不是一个特别重要的考虑因素。太小的采样率可能完全改变数据的外观。就比如我们看到电影中的轮子似乎正在向后转，这就是因为相机采样的帧数不足而导致的。这种现象导致一种失真，称为混叠(aliasing)(见 4.1 节)。

例 1.1 至例 1.7 中所示的区分不同时间序列的基本图形特征是它们不同的平滑度。对这种平滑度的一种可能的解释是，相邻时间点的序列值是相关的这一假定，比如在时间 t 的序列值，设为 x_t，在某种程度上取决于过去的值 x_{t-1}，x_{t-2}，$\cdots$。这个模型表达了一种基本的生成近似真实时间序列的方式。接下来的例 1.8 开始给出使用随机变量集合来对时间序列建模的方法。

例 1.8　白噪声(三种不同的定义)

一种简单的生成序列是不相关随机变量 w_t 的集合，它的均值为 0，方差有限设为 σ_w^2。由不相关变量生成的时间序列可用作工程应用中的噪声模型——白噪声。记 $w_t \sim wn(0, \sigma_w^2)$。名称中的"白"字源于与白光的类比，表示所有可能的周期性变化都以相同的强度存在。

我们有时会要求噪声是独立同分布(iid)具有均值 0 和方差 σ_w^2 的随机变量，或者简捷地记作 $w_t \sim iid(0, \sigma_w^2)$。一个特别有用的白噪声是高斯白噪声，这里 w_t 是独立的服从正态分布的随机变量，均值 0 和方差 σ_w^2，或者简洁地记作 $w_t \sim iid\ N(0, \sigma_w^2)$。图 1.8 中的上图显示了 500 个方差为 1（即 $\sigma_w^2 = 1$）的高斯白噪声随机变量的集合。由此产生的时间序列与图 1.7 中的爆炸时间序列略有相似，但不够平滑，所以它无法作为任何其他实验时间序列的合理模型。该图倾向于在视觉上显示白噪声序列中许多不同类型振荡的混合。

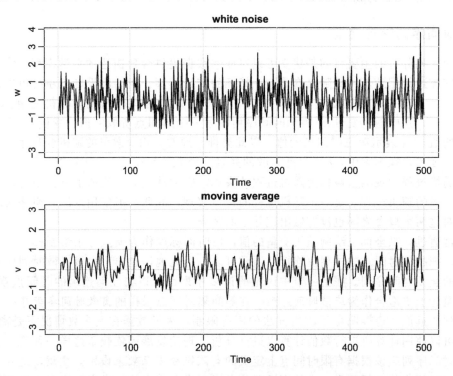

图 1.8   高斯白噪声序列（上）和高斯白噪声序列的 3 点移动平均值（下）   ■

如果所有时间序列的随机行为都可以用白噪声模型来解释，那么经典的统计方法就足以解决所有问题。例 1.9 和例 1.10 中，我们将给出两种将序列相关性和更多平滑度引入时间序列模型的方法。

例 1.9   移动平均值和过滤

我们可以采用移动平均值来代替白噪声序列 w_t，从而对时间序列进行平滑。例如，把例 1.8 中的 w_t 替换为其当前值及其最靠近的过去值与未来值的平均值，即

$$v_t = \frac{1}{3}(w_{t-1} + w_t + w_{t+1}) \tag{1.1}$$

如图 1.8 的下图中所示的时间序列。得到的序列是比前一个时间序列更平滑的版本，它反映了较慢的振荡更明显，且部分较快振荡被剔除的事实。我们注意到这个序列与图 1.5 中的 SOI 的图形具有类似性，或许和图 1.6 中的某些 fMRI 序列也具有相似性。

如式 (1.1) 中的时间序列中，时间序列取值的线性组合一般称为滤波序列。下面的 R 函数 filter 给出了绘制图 1.8 中的图形的代码：

```
w = rnorm(500,0,1)                     # 500 N(0,1) variates
v = filter(w, sides=2, filter=rep(1/3,3))  # moving average
par(mfrow=c(2,1))
plot.ts(w, main="white noise")
plot.ts(v, ylim=c(-3,3), main="moving average")
```

　　移动平均序列与图 1.3 中的语音序列、图 1.5 中的新鱼数量序列以及图 1.6 中的一些 fMRI 序列不同。这是因为，在移动平均序列中，一种特殊类型的振荡行为占主导地位，从而产生正弦型的周期性。有许多用于产生具有这种准周期行为序列的方法，在第 3 章中会举例说明一个基于自回归模型的方法。

例 1.10　自回归模型

　　假定将例 1.8 的白噪声序列 w_t 作为输入，使用二阶方程对 $t=1, 2, \cdots, 500$ 连续计算输出

$$x_t = x_{t-1} - 0.9x_{t-2} + w_t \tag{1.2}$$

式(1.2)表示时间序列的当前值 x_t 的回归值或预测值，它是该序列的过去两个值的函数，因此该模型被称为自回归模型。因为式(1.2)也取决于初始条件 x_0 和 x_{-1}，故此这里有一个序列的初始值问题。假设我们有了序列的初始值，便可以通过代入式(1.2)生成后续的值，从而得到输出序列，如图 1.9 所示。注意到该序列的周期性行为类似于图 1.3 中的语音序列。上面的自回归模型及其推广可以用作许多观测序列的基础模型，我们将在第 3 章中详细研究。

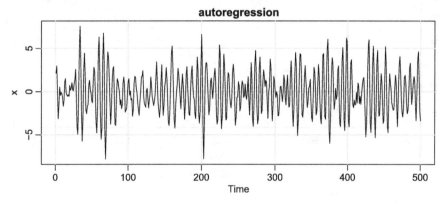

图 1.9　模型(1.2)产生的自回归序列

　　与前面的例子一样，数据是通过白噪声滤波器获得的。函数 filter 使用 0 作为初始值。在这种情况下，$x_1 = w_1$，$x_2 = x_1 + w_2 = w_1 + w_2$，以此类推，这样序列值不满足式(1.2)。一种简单的修正方法是运行滤波器超过必需的时间长度并删除初始的一部分时间序列值。

```
w = rnorm(550,0,1)                          # 50 extra to avoid startup problems
x = filter(w, filter=c(1,-.9), method="recursive")[-(1:50)] # remove first 50
plot.ts(x, main="autoregression")
```

例 1.11　带漂移项的随机游走

　　带漂移项的随机游走模型，是可以用于分析图 1.2 中的全球温度数据中的趋势的一个模型，其形式如下：

$$x_t = \delta + x_{t-1} + w_t \tag{1.3}$$

其中，$t=1$，2，…，初始条件 $x_0=0$，其中 w_t 是白噪声。常数 δ 称为漂移项，当 $\delta=0$ 时，式(1.3)简称为随机游走。

随机游走来自以下情况，当 $\delta=0$ 时，时间 t 处的时间序列的值是时间 $t-1$ 处的序列的值加上由 w_t 确定的完全随机移动。式(1.3)也可写为如式(1.4)所示的白噪声变量的累加和，即

$$x_t = \delta t + \sum_{j=1}^{t} w_j \tag{1.4}$$

其中 $t=1$，2，…。可以使用归纳法，或将式(1.4)代入式(1.3)来验证这一事实。图 1.10 显示了从模型中生成的 200 个观测值，其中 $\delta=0$ 和 0.2，$\sigma_w=1$。在该图形中同时绘制了直线 $0.2t$ 进行比较。可以应用以下 R 代码来生成图 1.10(注意：每行的多个命令要使用分号进行分隔)。

```
set.seed(154)            # so you can reproduce the results
w = rnorm(200);  x = cumsum(w)   # two commands in one line
wd = w +.2;      xd = cumsum(wd)
plot.ts(xd, ylim=c(-5,55), main="random walk", ylab='')
lines(x, col=4); abline(h=0, col=4, lty=2); abline(a=0, b=.2, lty=2)
```

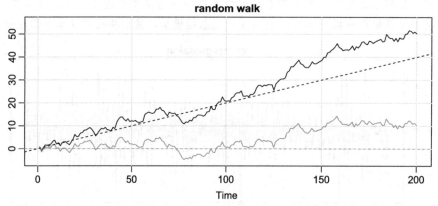

图 1.10 随机游走图形，$\sigma_w=1$。漂移项 $\delta=0.2$(上部锯齿线)；没有漂移项，$\delta=0$(下部锯齿线)；以及具有斜率 δ 的直线(虚线)

例 1.12 噪声信号

许多用于生成时间序列的实际模型都假定序列由一个具有固定周期性变化的信号和添加在信号之上的随机噪声构成。例如，很容易检测到图 1.6 显示的 fMRI 序列的有规则周期。考虑模型

$$x_t = 2\cos\left(2\pi \frac{t+15}{50}\right) + w_t \tag{1.5}$$

其中 $t=1$，2，…，500，上式中的第 1 项被视为信号，如图 1.11 的上图所示。正弦波形可以写成

$$A\cos(2\pi\omega t + \phi) \tag{1.6}$$

其中 A 是振幅，ω 是振荡频率，ϕ 是相位。在式(1.5)中，$A=2$，$\omega=1/50$(每 50 个时间点

为一个周期），并且 $\phi = 2\pi 15/50 = 0.6\pi$。

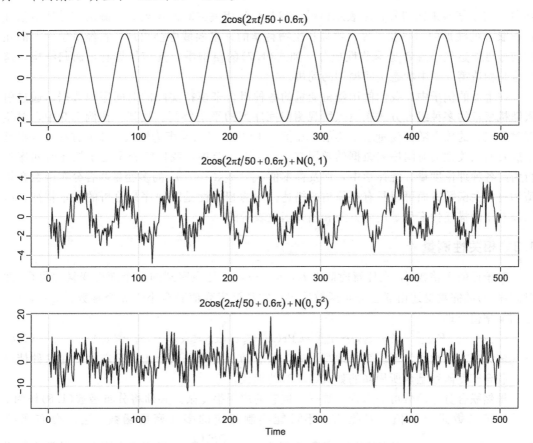

图 1.11　周期为 50 点的余弦波（上）与可加性高斯白噪声污染的余弦波比较图，
$\sigma_w = 1$（中）和 $\sigma_w = 5$（下），参考式(1.5)

可加性噪声项是取值于正态分布的白噪声，这里的两个可加性白噪声分别为：$\sigma_w = 1$（中图）和 $\sigma_w = 5$（下图）。信号和白噪声加在一起使得信号模糊，如图 1.11 的下图所示。信号被遮挡的程度取决于信号的幅度和 σ_w 的大小。信号幅度与 σ_w 的比值（或比值的某个函数）称为信噪比（SNR）。SNR 越大，检测信号越容易。请注意，信号在图 1.11 的中图里很容易辨别，而在下图中是模糊的。通常，我们观察到的都是被噪声遮挡的信号。

要在 R 中绘制图 1.11，可以使用以下命令：

```
cs = 2*cos(2*pi*1:500/50 + .6*pi);  w = rnorm(500,0,1)
par(mfrow=c(3,1), mar=c(3,2,2,1), cex.main=1.5)
plot.ts(cs, main=expression(2*cos(2*pi*t/50+.6*pi)))
plot.ts(cs+w, main=expression(2*cos(2*pi*t/50+.6*pi) + N(0,1)))
plot.ts(cs+5*w, main=expression(2*cos(2*pi*t/50+.6*pi) + N(0,25)))
```

在第 4 章中，我们将使用谱分析技术来检测有规律的或周期性的信号，如例 1.12 中的情况。我们一般会强调简单加法模型的重要性，例如上面给出的形式

$$x_t = s_t + v_t \tag{1.7}$$

其中 s_t 表示某些未知信号，v_t 表示白噪声或与时间相关的时间序列。探测出信号然后估计或提取 s_t 的波形的问题在工程、物理和生物科学的许多领域中会出现。在经济学中，潜在的信号可能是趋势或者是季节性成分。如式(1.7)的模型中，其信号具有自回归结构，这些也是构造第 6 章中状态空间模型的动机。

在上面的例子中，我们使用随机变量的各种组合来模拟实际的时间序列数据。通过引入随机变量的多种组合方式来引入所观测时间序列的平滑特征。比如，在例 1.9 中，对相邻时间点上的独立随机变量求平均值，在例 1.10 中，以白噪声为输入的差分方程，这都是生成具有相关性的时间序列数据的常用方法。在下一节中，我们将介绍用于描述时间序列行为的各种理论度量。统计学中，涉及样本值 x_1，x_2，$\cdots$，x_n 的多变量联合分布函数在均值和自相关函数方面可以具有更简洁的描述。因为相关性是时间序列分析的基本特征，所以最有用的描述性度量是用协方差和相关函数表示的。

1.3   相关性测量

对于任何正整数 n，在任意时间点 t_1，t_2，$\cdots$，t_n 处观察到的 n 个随机变量的集合(即时间序列)的完整描述由联合分布函数给出，它是该序列值联合小于 n 个常数 c_1，c_2，$\cdots$，c_n 的概率值。即

$$F_{t_1, t_2, \cdots, t_n}(c_1, c_2, \cdots, c_n) = \Pr(x_{t_1} \leqslant c_1, x_{t_2} \leqslant c_2, \cdots, x_{t_n} \leqslant c_n) \tag{1.8}$$

这些多维分布函数通常不能简单地写出来，除非随机变量是联合正态分布的。在这种情况下，联合密度函数是众所周知的如式(1.33)的形式。

虽然联合分布函数可完整描述数据，但它的应用很复杂。必须将分布函数(1.8)作为 n 个参数的函数进行求值，因此几乎不可能绘制相应的多元密度函数。边际分布函数 $F_t(x) = P\{x_t \leqslant x\}$，或相应的边际密度函数 $f_t(x) = \dfrac{\partial F_t(x)}{\partial x}$，当它们存在时，通常为探索序列的边际行为提供帮助信息[⊖]。另一个有用的边际描述指标是平均函数。

定义 1.1   **平均函数**定义为

$$\mu_{xt} = \mathrm{E}(x_t) = \int_{-\infty}^{\infty} x f_t(x) \mathrm{d}x \tag{1.9}$$

假定上式存在，其中 E 表示通常的期望运算符。如果对求均值的时间序列很清晰时，我们将删除下标 x，并将 μ_{xt} 写为 μ_t。

例 1.13   **移动平均序列的平均函数**

如果 w_t 表示白噪声序列，则对于所有 t，$\mu_{wt} = \mathrm{E}(w_t) = 0$。图 1.8 上图中的时间序列就是这种情况。该序列明显在平均值 0 附近波动。如例 1.9 中那样，将数据平滑并不会改变平均值，因为我们可以令

⊖ 如果 x_t 是均值为 μ_t 且方差为 σ_t^2 的高斯分布，可简写为 $x_t \sim \mathrm{N}(\mu_t, \sigma_t^2)$，边际密度由 $f_t(x) = \dfrac{1}{\sigma_t \sqrt{2\pi}} \exp\left\{-\dfrac{1}{2\sigma_t^2}(x - \mu_t)^2\right\}$ 给出，$x \in \mathbb{R}$。

$$\mu_{vt} = \mathrm{E}(v_t) = \frac{1}{3}\big[\mathrm{E}(w_{t-1}) + \mathrm{E}(w_t) + \mathrm{E}(w_{t+1})\big] = 0$$

例 1.14　带漂移项的随机游走的平均函数

考虑式(1.4)中给出的带漂移项的随机游走模型，

$$x_t = \delta t + \sum_{j=1}^{t} w_j, \quad t = 1, 2, \cdots$$

因为对于所有 t，$\mathrm{E}(w_t)=0$，并且 δ 是常数，可以得到

$$\mu_{xt} = \mathrm{E}(x_t) = \delta t + \sum_{j=1}^{t} \mathrm{E}(w_j) = \delta t$$

这是一条斜率为 δ 的直线。在图 1.10 中，可将带漂移项的随机游走的实现与其平均函数进行比较。

例 1.15　信号加噪声的平均函数

许多实际应用依赖于假设观测数据是由叠加了零均值噪声过程的固定信号波产生的，从而产生形如式(1.5)的附加信号模型。很明显，因为式(1.5)中的信号是固定的时间函数，我们将得到

$$\mu_{xt} = \mathrm{E}(x_t) = \mathrm{E}\Big[2\cos\Big(2\pi\frac{t+15}{50}\Big) + w_t\Big] = 2\cos\Big(2\pi\frac{t+15}{50}\Big) + \mathrm{E}(w_t) = 2\cos\Big(2\pi\frac{t+15}{50}\Big)$$

所以，均值函数只是余弦波。

如在经典统计中，使用协方差和相关的概念，可以量化地评估两个相邻值 x_s 和 x_t 是否相互独立。假设 x_t 的方差是有限的，我们有以下定义。

定义 1.2　对于任意的 s 和 t，**自协方差函数**被定义为二阶矩函数。

$$\gamma_x(s,t) = \mathrm{cov}(x_s, x_t) = \mathrm{E}\big[(x_s - \mu_s)(x_t - \mu_t)\big] \tag{1.10}$$

当时间序列不存在混淆时，我们将删除下标并将 $\gamma_x(s,t)$ 写为 $\gamma(s,t)$。对于所有时间点 s 和 t，$\gamma_x(s,t) = \gamma_x(t,s)$。

自协方差衡量在不同时间观察到的同一时间序列的两点之间的线性依赖性。对于很平滑的时间序列，甚至 t 和 s 相距很远时，自协方差函数也会比较大；而波动大的时间序列的自动协方差函数几乎为零。从经典统计数据来看，如果 $\gamma_x(s,t)=0$，则 x_s 和 x_t 不是线性相关的，但是它们之间仍然可能存在某种依赖结构。但是，如果 x_s 和 x_t 是二元正态分布，$\gamma_x(s,t)=0$ 可以确保二者相互独立。很明显，对于 $s=t$，自协方差就是(假定有限)方差，即

$$\gamma_x(t,t) = \mathrm{E}\big[(x_t - \mu_t)^2\big] = \mathrm{var}(x_t) \tag{1.11}$$

例 1.16　白噪声的自协方差

白噪声序列 w_t 具有 $\mathrm{E}(w_t)=0$ 以及

$$\gamma_w(s,t) = \mathrm{cov}(w_s, w_t) = \begin{cases} \sigma_w^2 & s = t \\ 0 & s \neq t \end{cases} \tag{1.12}$$

在图 1.8 的上图中给出了具有 $\sigma_w^2 = 1$ 的白噪声的一个实现。

实际应用中，我们经常需要计算滤波序列之间的自协方差。在以下性质中给出了一个有用的结果。

性质 1.1   线性组合的协方差

如果随机变量

$$U = \sum_{j=1}^{m} a_j X_j \text{ 和 } V = \sum_{k=1}^{r} b_k Y_k$$

分别是（有限方差）随机变量 $\{X_j\}$ 和 $\{Y_k\}$ 的线性组合，那么

$$\text{cov}(U,V) = \sum_{j=1}^{m} \sum_{k=1}^{r} a_j b_k \text{cov}(X_j, Y_k) \tag{1.13}$$

并且，$\text{var}(U) = \text{cov}(U, U)$。

例 1.17   移动平均线的自协方差

考虑对例 1.9 中的白噪声序列 w_t 应用三点移动平滑。即

$$\gamma_v(s,t) = \text{cov}(v_s, v_t) = \text{cov}\left\{ \frac{1}{3}(w_{s-1} + w_s + w_{s+1}), \frac{1}{3}(w_{t-1} + w_t + w_{t+1}) \right\}$$

当 $s = t$ 时

$$\gamma_v(t,t) = \frac{1}{9}\text{cov}\{(w_{t-1} + w_t + w_{t+1}), (w_{t-1} + w_t + w_{t+1})\}$$

$$= \frac{1}{9}[\text{cov}(w_{t-1}, w_{t-1}) + \text{cov}(w_t, w_t) + \text{cov}(w_{t+1}, w_{t+1})] = \frac{3}{9}\sigma_w^2$$

当 $s = t+1$ 时

$$\gamma_v(t+1,t) = \frac{1}{9}\text{cov}\{(w_t + w_{t+1} + w_{t+2}), (w_{t-1} + w_t + w_{t+1})\}$$

$$= \frac{1}{9}[\text{cov}(w_t, w_t) + \text{cov}(w_{t+1}, w_{t+1})] = \frac{2}{9}\sigma_w^2$$

运用式(1.12)。类似的计算给出 $\gamma_v(t-1, t) = 2\sigma_w^2/9$，$\gamma_v(t+2, t) = \gamma_v(t-2, t) = \sigma_w^2/9$。当 $|t-s| > 2$ 时为 0。我们对于所有 s 和 t 的值，概括为

$$\gamma_v(s,t) = \begin{cases} \dfrac{3}{9}\sigma_w^2 & s = t \\[2mm] \dfrac{2}{9}\sigma_w^2 & |s-t| = 1 \\[2mm] \dfrac{1}{9}\sigma_w^2 & |s-t| = 2 \\[2mm] 0 & |s-t| > 2 \end{cases} \tag{1.14}$$

例 1.17 表示在平滑后序列的协方差函数随着两个时间点之间的间隔增加而减小，并且当时间点间隔为三个或更多时协方差完全消失。这种特殊的自协方差只取决于时间间隔或滞后，而不取决于时间点在时间序列中的绝对位置。我们稍后会看到，这种依赖性提出了表示弱平稳概念的数学模型。

例 1.18   随机游走的自协方差

对于随机游走模型，$x_t = \sum_{j=1}^{t} w_j$，可得

$$\gamma_x(s,t) = \mathrm{cov}(x_s, x_t) = \mathrm{cov}\Big(\sum_{j=1}^{s} w_j, \sum_{k=1}^{t} w_k\Big) = \min\{s,t\}\sigma_w^2$$

因为 w_t 是不相关的随机变量。与前面的例子相反，随机游走的自协方差函数取决于特定的时间值 s 和 t，而不取决于时间间隔或滞后。另外，随机游走的方差 $\mathrm{var}(x_t) = \gamma_x(t, t) = t\sigma_w^2$，随着 t 的增加而无限增加。这种方差增加的效果可以在图 1.10 中看到，该过程开始偏离其平均函数 δt（注意：在该例子中 $\delta = 0$ 和 0.2）。■

与经典统计一样，在 -1 到 1 之间处理相关性度量最方便，也就有了以下定义。

定义 1.3 **自相关函数**（ACF）定义为

$$\rho(s,t) = \frac{\gamma(s,t)}{\sqrt{\gamma(s,s)\gamma(t,t)}} \tag{1.15}$$

ACF 仅仅用序列值 x_s 测量序列在时间 t 的取值 x_t 的线性可预测性。使用 Cauchy-Schwarz 不等式⊖，我们可以容易地证明 $-1 \leqslant \rho(s, t) \leqslant 1$。如果我们可以通过线性关系 $x_t = \beta_0 + \beta_1 x_s$，从 x_s 完全准确地预测 x_t，则当 $\beta_1 > 0$ 时相关性为 $+1$，当 $\beta_1 < 0$ 时相关性为 -1。因此，可以粗略地衡量由时间序列在时刻 s 的值预测在时间 t 的取值的能力。

通常，我们想从一个序列 x_s 衡量另一个序列 y_t 的可预测性。假设两个序列都具有有限方差，我们有以下定义。

定义 1.4 两个序列 x_t 和 y_t 之间的**交叉协方差函数**为

$$\gamma_{xy}(s,t) = \mathrm{cov}(x_s, y_t) = \mathrm{E}[(x_s - \mu_{xs})(y_t - \mu_{yt})] \tag{1.16}$$

还有一个调整的交叉协方差函数版本如下。

定义 1.5 **交叉相关函数**（CCF）定义为

$$\rho_{xy}(s,t) = \frac{\gamma_{xy}(s,t)}{\sqrt{\gamma_x(s,s)\gamma_y(t,t)}} \tag{1.17}$$

我们可以将上述方法扩展到两个以上序列的情况，比如 $x_{t1}, x_{t2}, \cdots, x_{tr}$；也就是说，带有 r 个分量的多变量时间序列。在这种情况下，式（1.10）的扩展为

$$\gamma_{jk}(s,t) = \mathrm{E}[(x_{sj} - \mu_{sj})(x_{tk} - \mu_{tk})] \quad j,k = 1,2,\cdots,r \tag{1.18}$$

在上面的定义中，自协方差和交叉协方差函数可能随着序列移动而改变，因为值取决于 s 和 t，即时间点的位置。在例 1.17 中，自协方差函数取决于 x_s 和 x_t 之间的分隔（$h = |s-t|$），而不是在时间序列中的位置。只要时间点之间的间隔为 h 单位，两个点的具体位置无关紧要。当序列均值为常数时，这称为弱平稳性，这是在只有一个序列时分析样本时间序列数据的基础。

1.4 平稳时间序列

在前一节中，均值和自协方差函数的定义是具有一般性的。虽然我们没有对时间序列做出任何特殊的假设，但是前面的许多例子都暗示了时间序列的行为可能存在一种规律性。这种规律，我们称之为时间序列的平稳性。

⊖ Cauchy-Schwarz 不等式：$|\gamma(s, t)|^2 \leqslant \gamma(s, s)\gamma(t, t)$。

定义 1.6   如果时间序列的每个值集合$\{x_{t_1}, x_{t_2}, \cdots, x_{t_k}\}$的概率与它的时间移动后的值集合$\{x_{t_1+h}, x_{t_2+h}, \cdots, x_{t_k+h}\}$的概率相同，即

对于所有 $k=1, 2, \cdots,$ 所有时间点 $t_1, t_2, \cdots, t_k,$ 以及所有数值 $c_1, c_2, \cdots, c_k$ 和所有时间移动 $h=0, \pm 1, \pm 2, \cdots,$ 下式成立：

$$\Pr\{x_{t_1} \leqslant c_1, \cdots, x_{t_k} \leqslant c_k\} = \Pr\{x_{t_1+h} \leqslant c_1, \cdots, x_{t_k+h} \leqslant c_k\} \tag{1.19}$$

则称时间序列为严格平稳。

如果时间序列是严格平稳的，那么所有变量子集的多元分布函数必须与任何位移值 h 确定的相应的位移集的多元分布函数一致。例如，当 $k=1$ 时，式(1.19)变为

$$\Pr\{x_s \leqslant c\} = \Pr\{x_t \leqslant c\} \tag{1.20}$$

对于任何时间点 s 和 t 成立。该陈述意味着每小时采样的时间序列的值在上午 1 点为负的概率与上午 10 点为负的概率相同。此外，如果存在序列的均值函数 μ_t，则式(1.20)意味着对于所有 s 和 t，$\mu_s = \mu_t$，因此 μ_t 必须是常数。但是带漂移项的随机游走过程不是严平稳的，因为其均值函数随时间变化，见例 1.14。

当 $k=2$ 时，我们将式(1.19)写为

$$\Pr\{x_s \leqslant c_1, x_t \leqslant c_2\} = \Pr\{x_{s+h} \leqslant c_1, x_{t+h} \leqslant c_2\} \tag{1.21}$$

对于任何时间点 s 和 t 以及移位 h 成立。因此，如果过程的方差函数存在，式(1.20)~(1.21)意味着序列 x_t 的自协方差函数满足

$$\gamma(s,t) = \gamma(s+h, t+h)$$

对于所有的 s、t 和 h 成立。我们可以这样解释这个结果，过程的自协方差函数仅取决于 s 和 t 之间的时间差异，而不是实际的时间点。

定义 1.6 中的平稳性对于大多数应用来说太强了。而且很难从单个数据集评估严格的平稳性。我们将使用要求较弱的版本，它不要求时间序列的所有可能的分布相等，而是仅要求序列的前两阶矩满足一定条件。我们现在有以下定义。

定义 1.7   **弱平稳**时间序列 x_t 是一个方差有限的随机过程，满足以下条件：

(1) 式(1.9)中定义的均值函数 μ_t 是常数，不依赖于时间 t。

(2) 式(1.10)中定义的自协方差函数 $\gamma(s, t)$ 仅取决于 s 和 t 的差值 $|s-t|$ 而不是具体的 s 或者 t 的取值。

从此以后，我们将使用术语**平稳**来表示弱平稳；如果一个过程在严格意义上是平稳的则称之为严平稳。

平稳性要求均值和自相关函数的规律性，从而至少可以通过平均来估计这些量。从定义 1.6 后的严格平稳性的讨论中可以清楚地看出，方差有限的严格平稳时间序列也是弱平稳的。除非有其他条件，反之是不成立的。如果时间序列是高斯分布(该序列的所有有限分布满足式(1.19)，则是高斯分布)，那么平稳性意味着严格的平稳性。我们将在本节结尾明确这个概念。

因为平稳时间序列的均值函数 $E(x_t) = \mu_t$ 与时间 t 无关，所以我们将写为

$$\mu_t = \mu \tag{1.22}$$

另外，因为平稳时间序列 x_t 的自协方差函数 $\gamma(s, t)$ 仅通过它们的差分 $|s-t|$ 取决于 s

和 t，所以我们可以对记号进行简化。设 $s=t+h$，其中 h 表示时移或滞后。则

$$\gamma(t+h,t) = \mathrm{cov}(x_{t+h},x_t) = \mathrm{cov}(x_h,x_0) = \gamma(h,0)$$

因为时间 $t+h$ 和 t 之间的时间差与时间 h 和 0 之间的时间差相同。所以，平稳时间序列的自协方差函数不依赖于时间参数 t。为方便起见，删除 $\gamma(h,0)$ 的第二个参数。

定义 1.8　**平稳时间序列的自协方差函数**可以写为

$$\gamma(h) = \mathrm{cov}(x_{t+h},x_t) = \mathrm{E}\big[(x_{t+h}-\mu)(x_t-\mu)\big] \tag{1.23}$$

定义 1.9　使用式(1.15)，**平稳时间序列的自相关函数**（ACF）可以写为

$$\rho(h) = \frac{\gamma(t+h,t)}{\sqrt{\gamma(t+h,t+h)\gamma(t,t)}} = \frac{\gamma(h)}{\gamma(0)} \tag{1.24}$$

Cauchy-Schwarz 不等式显示对于所有 h，$-1\leqslant\rho(h)\leqslant 1$，据此我们可以通过与极端值 -1 和 1 进行比较来评估给定自相关值的相对重要性。

例 1.19　**白噪声的平稳性**

在例 1.8 和例 1.16 的白噪声序列的均值和自协方差函数为 $\mu_{wt}=0$ 以及

$$\gamma_w(h) = \mathrm{cov}(w_{t+h},w_t) = \begin{cases} \sigma_w^2 & h=0 \\ 0 & h\neq 0 \end{cases}$$

因此，白噪声满足定义 1.7 的条件，并且是弱平稳的或平稳的。如果白噪声变量也是正态分布或高斯分布，则该序列也是严格平稳的。可以通过应用噪声是独立同分布(iid)的事实，对式(1.19)进行求值来看出这一点。自相关函数由 $\rho_w(0)=1$ 给出，当 $h\neq 0$ 时，$\rho(h)=0$。　■

例 1.20　**移动平均序列的平稳性**

例 1.9 的三点移动平均过程是平稳的。因为从例 1.13 和例 1.17 中，均值和自协方差函数 $\mu_{vt}=0$，以及

$$\gamma_v(h) = \begin{cases} \dfrac{3}{9}\sigma_w^2 & h=0 \\[2mm] \dfrac{2}{9}\sigma_w^2 & h=\pm 1 \\[2mm] \dfrac{1}{9}\sigma_w^2 & h=\pm 2 \\[2mm] 0 & |h|>2 \end{cases}$$

与时间 t 无关，它满足定义 1.7 的条件。

自相关函数由下式给出

$$\rho_v(h) = \begin{cases} 1 & h=0 \\[2mm] \dfrac{2}{3} & h=\pm 1 \\[2mm] \dfrac{1}{3} & h=\pm 2 \\[2mm] 0 & |h|>2 \end{cases}$$

图 1.12 显示了自相关函数关于滞后值 h 的图形。注意，ACF 关于滞后值零对称。

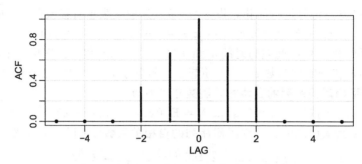

图 1.12　三点移动平均序列的自相关函数　　　　■

例 1.21　随机游走是非平稳的

随机游走是非平稳的，因为它的自协方差函数 $\gamma(s,\ t)=\min\{s,\ t\}\sigma_w^2$ 依赖于时间，见例 1.18 和问题 1.8。具有漂移项的随机游走过程违反了定义 1.7 的两个条件，因为如例 1.14 所示，均值函数 $\mu_{xt}=\delta t$ 也是时间 t 的函数。　　　■

例 1.22　趋势平稳性

如果 $x_t=\alpha+\beta t+y_t$，其中 y_t 是平稳的，则均值函数是 $\mu_{x,t}=\mathrm{E}(x_t)=\alpha+\beta t+\mu_y$，它并不独立于时间。因此，该过程是非平稳的。然而，自协方差函数独立于时间，因为 $\gamma_x(h)=\mathrm{cov}(x_{t+h},\ x_t)=\mathrm{E}[(x_{t+h}-\mu_{x,t+h})(x_t-\mu_{x,t})]=\mathrm{E}[(y_{t+h}-\mu_y)(y_t-\mu_y)]=\gamma_y(h)$。因此，可以认为该模型具有围绕线性趋势的平稳行为，这种行为有时称为**趋势平稳性**。

这种过程的一个例子是图 2.1 中显示的鸡肉价格序列。　　　■

平稳过程的自协方差函数具有几个特殊属性。首先，为确保变量 x_t 的线性组合的方差永远不会为负，$\gamma(h)$ 是非负定的（见问题 1.25）。应用 1.1 节中的理论，即对于任何 $n\geqslant 1$ 和常数 $a_1,\ \cdots,\ a_n$，

$$0\leqslant \mathrm{var}(a_1x_1+\cdots+a_nx_n)=\sum_{j=1}^{n}\sum_{k=1}^{n}a_ja_k\gamma(j-k) \tag{1.25}$$

此外，当 $h=0$ 时，即

$$\gamma(0)=\mathrm{E}[(x_t-\mu)^2] \tag{1.26}$$

是时间序列的方差，并且 Cauchy-Schwarz 不等式表明

$$|\gamma(h)|\leqslant\gamma(0)$$

在前面的例子中提到的最有用的特性是平稳序列的自协方差函数在原点周围是对称的，即对所有 h

$$\gamma(h)=\gamma(-h) \tag{1.27}$$

这个属性之所以成立，是因为

$$\gamma((t+h)-t)=\mathrm{cov}(x_{t+h},x_t)=\mathrm{cov}(x_t,x_{t+h})=\gamma(t-(t+h))$$

它给出了如何使用符号，以及如何证明结论。

当有多个时间序列时，在附加条件的情况下，平稳性的概念仍然适用。

定义 1.10　两个时间序列，比如 x_t 和 y_t 被称为是**联合平稳的**，如果它们各自是平稳的，并且它们的交叉协方差函数

$$\gamma_{xy}(h) = \text{cov}(x_{t+h}, y_t) = \text{E}[(x_{t+h} - \mu_x)(y_t - \mu_y)] \tag{1.28}$$

仅仅是滞后值 h 的函数。

定义 1.11 联合平稳时间序列 x_t 和 y_t 的**交叉相关函数**（CCF）定义为

$$\rho_{xy}(h) = \frac{\gamma_{xy}(h)}{\sqrt{\gamma_x(0)\gamma_y(0)}} \tag{1.29}$$

同样，我们有 $-1 \leqslant \rho_{xy}(h) \leqslant 1$，这使得在研究 x_{t+h} 和 y_t 之间的关系时，能够与极端值 -1 和 1 进行比较。交叉相关函数通常关于 0 值不对称，即一般情况下 $\rho_{xy}(h) \neq \rho_{xy}(-h)$。这是一个重要的概念，应该很清楚 $\text{cov}(x_2, y_1)$ 和 $\text{cov}(x_1, y_2)$ 不必相同。但是，

$$\rho_{xy}(h) = \rho_{yx}(-h) \tag{1.30}$$

这可以通过类似于证明式（1.27）那样来证明它。

例 1.23　联合平稳性

考虑两个序列 x_t 和 y_t，它们是分别由白噪声过程的两个连续值的和与差来构成的，即 $x_t = w_t + w_{t-1}$ 和 $y_t = w_t - w_{t-1}$，其中 w_t 是均值为零和方差为 σ_w^2 的独立随机变量。易证 $\gamma_x(0) = \gamma_y(0) = 2\sigma_w^2$，以及 $\gamma_x(1) = \gamma_x(-1) = \sigma_w^2$，$\gamma_y(1) = \gamma_y(-1) = -\sigma_w^2$。因为只有一个项是非零的，所以也有

$$\gamma_{xy}(1) = \text{cov}(x_{t+1}, y_t) = \text{cov}(w_{t+1} + w_t, w_t - w_{t-1}) = \sigma_w^2$$

类似地，$\gamma_{xy}(0) = 0$，$\gamma_{xy}(-1) = -\sigma_w^2$。应用式（1.29），我们得到

$$\rho_{xy}(h) = \begin{cases} 0 & h = 0 \\ 1/2 & h = 1 \\ -1/2 & h = -1 \\ 0 & |h| \geqslant 2 \end{cases}$$

显然，自协方差和交叉协方差函数仅取决于滞后值 h，因此序列是联合平稳的。　■

例 1.24　应用交叉相关函数进行预测

作为交叉相关的简单例子，考虑确定两个序列 x_t 和 y_t 之间可能的前导或滞后关系问题。如果有模型

$$y_t = Ax_{t-\ell} + w_t$$

当 $\ell > 0$ 时，称序列 x_t 是 y_t 的前导；当 $\ell < 0$ 时，称序列 x_t 是 y_t 的滞后。因此，由 x_t 的值预测 y_t 值时，对前导和滞后关系的分析是很重要的。假设噪声 w_t 与 x_t 序列不相关，则交叉协方差函数可以由下式计算：

$$\gamma_{yx}(h) = \text{cov}(y_{t+h}, x_t) = \text{cov}(Ax_{t+h-\ell} + w_{t+h}, x_t)$$
$$= \text{cov}(Ax_{t+h} - \ell, x_t) = A\gamma_x(h - \ell)$$

由于 $\gamma_x(h-\ell)$（Cauchy-Schwarz）的最大绝对值是 $\gamma_x(0)$，即当 $h = \ell$ 时，交叉协方差函数看起来像输入序列 x_t 的自协方差。如果 x_t 是 y_t 的前导，它将在正值一边达到峰值；如果 x_t 滞后于 y_t，则它将在负值一边达到峰值。下面的 R 代码中，x_t 为白噪声，$\ell = 5$，并且 $\hat{\gamma}_{yx}(h)$ 如图 1.13 所示。

```
x = rnorm(100)
y = lag(x, -5) + rnorm(100)
ccf(y, x, ylab='CCovF', type='covariance')
```

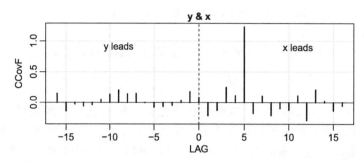

图 1.13 例 1.24 的结果的演示($\ell=5$)。标题说明哪一个序列为前导 ■

弱平稳性的概念构成了时间序列大部分分析的基础。许多产生合理样本时间序列实现的理论模型都满足均值(1.22)函数和自协方差函数(1.23)的基本性质。在例 1.9 和例 1.10 中，生成了两个看起来平稳的时间序列。在例 1.20 中，我们说明例 1.9 中的序列实际上是弱平稳的。这两个例子都是线性随机过程的特例。

定义 1.12 **线性随机过程** x_t 是白噪声变量 w_t 的线性组合，由下式给出

$$x_t = \mu + \sum_{j=-\infty}^{\infty} \psi_j w_{t-j}, \quad \sum_{j=-\infty}^{\infty} |\psi_j| < \infty \tag{1.31}$$

对于线性过程(见问题 1.11)，可以证明，当 $h \geqslant 0$ 时自协方差函数由下式给出

$$\gamma_x(h) = \sigma_w^2 \sum_{j=-\infty}^{\infty} \psi_{j+h} \psi_j \tag{1.32}$$

注意 $\gamma_x(-h) = \gamma_x(h)$。该方法应用滞后项系数的乘积来表示随机过程的自协方差函数。我们只要求序列的方差有限，即 $\sum_{j=-\infty}^{\infty} \psi_j^2 < \infty$，我们将在第 5 章中进一步说明。注意，在例 1.9 中，我们有 $\psi_0 = \psi_{-1} = \psi_1 = 1/3$，则很容易得到例 1.20 中的结果。例 1.10 中的自回归序列也可以写为这种形式，第 3 章中的一般自回归移动平均过程也是如此。

式(1.31)的线性过程依赖于未来($j<0$)、当前($j=0$)和过去($j>0$)。如果需要预测的话，依赖未来的模型将是无用的。因此，我们将专注于不依赖于未来的随机过程。这种模型被称为因果关系，当 $j<0$ 时，因果关系线性过程 $\psi_j=0$。我们将在第 3 章进一步讨论。

最后，如前所述，一个重要的既是弱平稳序列也是严格平稳的序列例子是正态时间序列或高斯时间序列。

定义 1.13 设有 n 维向量 $x=(x_{t_1}, x_{t_2}, \cdots, x_{t_n})'$，如果对于每个不同时间点 $t_1, t_2, \cdots, t_n$ 的集合以及每个正整数 n，该序列都具有多元正态分布，该过程 x_t 被称为**高斯过程**。

定义 $n \times 1$ 均值向量 $\mathrm{E}(x) \equiv \mu = (\mu_{t_1}, \mu_{t_2}, \cdots, \mu_{t_n})'$ 和 $n \times n$ 协方差矩阵 $\mathrm{var}(x) \equiv \Gamma = \gamma(t_i, t_j)$；$i, j = 1, \cdots, n$，并假设协方差矩阵为正定的，多元正态密度函数可写为

$$f(x) = (2\pi)^{-n/2} |\Gamma|^{-1/2} \exp\left\{-\frac{1}{2}(x-\mu)' \Gamma^{-1} (x-\mu)\right\} \tag{1.33}$$

其中 $x \in \mathbb{R}^n$，$|\cdot|$ 表示行列式。

我们下面列出一些关于线性过程和高斯过程的重要事实。

● 如果高斯时间序列 $\{x_t\}$ 弱平稳，则 μ_t 是常数且 $\gamma(t_i, t_j) = \gamma(|t_i - t_j|)$，因此向量 μ

和矩阵 $\varGamma$ 与时间独立。这些事实意味着序列 $\{x_t\}$ 的所有有限分布（1.33）仅取决于时间滞后值而不是实际时间，因此序列必须是严格平稳的。从某种意义上说，弱平稳性和正态性是相辅相成的，因为我们的分析基于序列的前两阶矩表现良好即可以。我们使用上面给出的多元正态密度的形式，以及适用于本书中复杂随机变量的修改版本。

- 一个称为 Wold 分解（定理 B.5）的结果表明，非确定性平稳时间序列是一个因果线性过程（但 $\sum \psi_j^2 < \infty$）。一个线性过程不需要是高斯过程，但如果时间序列是高斯过程，那么它是一个因果线性过程，且满足 $w_t \sim$ iid $N(0, \sigma_w^2)$。因此，平稳高斯过程构成了许多时间序列建模的基础。

- 随机过程的边缘分布是高斯的并不能说明该随机过程也是高斯的。很容易构造 X 和 Y 是正态的但 (X, Y) 不是双变量正态的情况。例如，令 X 和 Z 为独立的正态随机过程，如果 $XZ > 0$，则令 $Y = Z$，如果 $XZ \leqslant 0$，则令 $Y = -Z$。

1.5 相关系数的估计

虽然理论自相关和交叉相关函数对描述某些假设模型的性质很有用，但大多数分析必须通过样本数据来进行。这个限制意味着样本点 $x_1, x_2, \cdots, x_n$ 仅可用于估计均值，自协方差和自相关函数。从经典统计的角度来看，这提出了一个问题，因为我们通常没有可用于估计协方差函数和相关函数的独立同分布的 x_t。然而，在只有一种实现的普遍情况下，平稳性假设变得至关重要。我们必须使用这个单一实现的均值来估计总体均值和总体协方差函数。

因此，如果时间序列是平稳的，则均值函数（1.22）$\mu_t = \mu$ 是常数，可以通过样本均值来估计它

$$\bar{x} = \frac{1}{n} \sum_{t=1}^{n} x_t \tag{1.34}$$

在我们的例子中，$E(\bar{x}) = \mu$，估计值的标准误差是 $\mathrm{var}(\bar{x})$ 的平方根，可以使用第一原理计算（1.1 节），并由下式给出

$$\mathrm{var}(\bar{x}) = \mathrm{var}\left(\frac{1}{n} \sum_{t=1}^{n} x_t\right) = \frac{1}{n^2} \mathrm{cov}\left(\sum_{t=1}^{n} x_t, \sum_{s=1}^{n} x_s\right)$$

$$= \frac{1}{n^2}(n\gamma_x(0) + (n-1)\gamma_x(1) + (n-2)\gamma_x(2) + \cdots + \gamma_x(n-1)$$

$$+ (n-1)\gamma_x(-1) + (n-2)\gamma_x(-2) + \cdots + \gamma_x(1-n))$$

$$= \frac{1}{n} \sum_{h=-n}^{n} \left(1 - \frac{|h|}{n}\right) \gamma_x(h) \tag{1.35}$$

如果随机过程是白噪声，因为 $\gamma_x(0) = \sigma_x^2$，式（1.35）可以简化为熟悉的 σ_x^2 / n。注意，对于序列依赖性的情况，它取决于相关性的结构，$\bar{x}$ 的标准误差可能小于或者大于白噪声的情况（见问题 1.19）。

理论自协方差函数（1.23）由样本自协方差函数估计，样本自相关函数的定义如下。

定义 1.14 **样本自协方差函数**定义为

$$\hat{\gamma}(h) = n^{-1} \sum_{t=1}^{n-h} (x_{t+h} - \overline{x})(x_t - \overline{x}) \tag{1.36}$$

其中 $h = 0, 1, \cdots, n-1$，且 $\hat{\gamma}(-h) = \hat{\gamma}(h)$。

式(1.36)中的求和是在一个限定区间内的，因为当 $t+h > n$ 时，x_{t+h} 是未知的。因为式(1.36)是非负定函数，所以倾向于把式(1.36)中的估计除以 $n-h$。平稳过程的自协方差函数是非负定的(见式(1.25)；另请参阅问题 1.25)，它确保变量 x_t 的线性组合的方差永远不会为负。因为方差永远不是负的，所以方差估计

$$\widehat{\mathrm{var}}(a_1 x_1 + \cdots + a_n x_n) = \sum_{j=1}^{n} \sum_{k=1}^{n} a_j a_k \, \hat{\gamma}(j-k)$$

也应该是非负定的。式(1.36)中的估计量保证了这个结果，但如果除以 $n-h$ 则不存在这样的保证。注意，在式(1.36)中除 n 或除 $n-h$ 都不能得到 $\gamma(h)$ 的无偏估计。

定义 1.15　和式(1.24)类似，**样本自相关函数**的定义为

$$\hat{\rho}(h) = \frac{\hat{\gamma}(h)}{\hat{\gamma}(0)} \tag{1.37}$$

样本自相关函数具有抽样分布，这使得我们可以评估数据是来自完全随机或白噪声序列，或者在某些滞后上自相关性统计是否显著。

例 1.25　样本 ACF 和散点图

估计自相关函数类似于在通常情况下对成对数据(比如 (x_i, y_i)，$i = 1, \cdots, n$)的相关性的估计。例如，如果有时间序列数据 x_t，$t = 1, \cdots, n$，那么用于估计 $\rho(h)$ 的观测数据对是由 $\{(x_t, x_{t+h}), t = 1, \cdots, n-h\}$ 给出的 $n-h$ 对。图 1.14 显示了使用 SOI 序列的实例，其中 $\hat{\rho}(1) = 0.604$ 和 $\hat{\rho}(6) = -0.187$。以下代码用于生成图 1.14。

```
(r = round(acf(soi, 6, plot=FALSE)$acf[-1], 3))   # first 6 sample acf values
  [1]  0.604  0.374  0.214  0.050 -0.107 -0.187
par(mfrow=c(1,2))
plot(lag(soi,-1), soi); legend('topleft', legend=r[1])
plot(lag(soi,-6), soi); legend('topleft', legend=r[6])
```

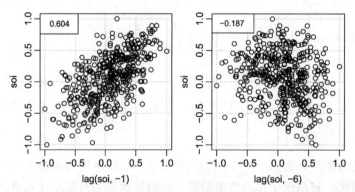

图 1.14　显示例 1.25。对于 SOI 序列，散点图显示相隔一个月(左)和相隔
六个月(右)的成对数据(估计的相关性显示在框中)

性质 1.2　ACF 的大样本分布

在一般条件下[⊖]，如果 x_t 是白噪声，那么当 n 很大时，样本 ACF $\hat{\rho}_x(h)$，$h=1$，2，$\cdots$，H 近似服从正态分布，该正态分布的均值为 0 和标准差为

$$\sigma_{\hat{\rho}_x(h)} = \frac{1}{\sqrt{n}} \tag{1.38}$$

其中 H 是固定的但取值任意。

基于之前的结果，我们通过确定观察到的峰值是否在区间 $\pm 2/\sqrt{n}$ 之外（或加/减两个标准误差），得到评估 $\hat{\rho}(h)$ 的峰值是否显著的近似方法。对于白噪声序列，大约 95% 的样本 ACF 应在这些限制范围内。这个性质的推广是因为许多统计建模程序都会使用各种变换将时间序列变为白噪声序列。在应用这样的程序之后，绘制的残差 ACF 大致在上面给出的范围内。

例 1.26　模拟时间序列

为了将各种大小的样本 ACF 与理论 ACF 进行比较，考虑通过投掷硬币生成的一组设计数据，当获得正面时令 $x_t=1$，当获得反面时令 $x_t=-1$。然后，构建 y_t 为

$$y_t = 5 + x_t - 0.7 x_{t-1} \tag{1.39}$$

为了模拟数据，我们考虑两种情况，一种样本量较小（$n=10$），另一种样本量大小居中（$n=100$）。

```
set.seed(101010)
x1 = 2*rbinom(11, 1, .5) - 1       # simulated sequence of coin tosses
x2 = 2*rbinom(101, 1, .5) - 1
y1 = 5 + filter(x1, sides=1, filter=c(1,-.7))[-1]
y2 = 5 + filter(x2, sides=1, filter=c(1,-.7))[-1]
plot.ts(y1, type='s'); plot.ts(y2, type='s')   # plot both series (not shown)
c(mean(y1), mean(y2))             # the sample means
  [1] 5.080  5.002
acf(y1, lag.max=4, plot=FALSE)  # 1/√10 = .32
  Autocorrelations of series 'y1', by lag
      0      1      2      3      4
  1.000 -0.688  0.425 -0.306 -0.007
acf(y2, lag.max=4, plot=FALSE)  # 1/√100 = .1
  Autocorrelations of series 'y2', by lag
      0      1      2      3      4
  1.000 -0.480 -0.002 -0.004  0.000
```

 # Note that the sample ACF at lag zero is always 1 (Why?).

根据 x_t 的均值为零并且方差为 1 的事实，理论 ACF 可以从模型（1.39）中得到。可以证明

$$\rho_y(1) = \frac{-0.7}{1 + 0.7^2} = -0.47$$

并且当 $|h| > 1$ 时，有 $\rho_y(h) = 0$（问题 1.24）。将理论 ACF 分别与 $n=10$ 和 $n=100$ 的样本 ACF 进行比较，将注意到较小的样本量的方差变大。 ■

⊖　一般的条件是 x_t 为 iid 且四阶矩为有限值。它成立的一个充分条件是 x_t 为高斯白噪声。精确的详细描述在附录 A 的定理 A.7 给出。

例 1.27 语音信号的 ACF

像前面的例子那样，计算样本 ACF 被认为是和未来 h 个时间单位的时间序列进行匹配，比如 x_{t+h} 与其自身 x_t。图 1.15 展示图 1.3 的语音序列的 ACF。原始序列似乎包含一系列重复的短信号。ACF 证实了这种行为，显示出每间隔 106～109 点，峰值重复出现。短信号的自相关函数也以上述间隔隔开。重复信号之间的距离称为基音周期，并且是编码和解码语音系统中的基本参数。因为序列以每秒 10 000 点的速度采样，所以基音周期几乎介于 0.010 6～0.010 9 秒之间。要应用 R 计算的样本 ACF，请使用 acf(speech,250)。

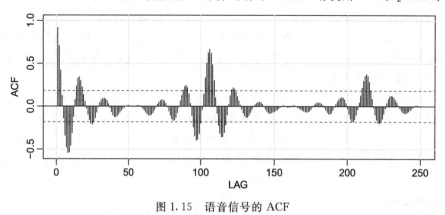

图 1.15 语音信号的 ACF

定义 1.16 式(1.28)中的交叉协方差函数的估计量 $\gamma_{xy}(h)$，以及式(1.11)中的交叉相关系数 $\rho_{xy}(h)$ 的估计量分别由**样本交叉协方差函数**

$$\hat{\gamma}_{xy}(h) = n^{-1} \sum_{t=1}^{n-h} (x_{t+h} - \overline{x})(y_t - \overline{y}) \tag{1.40}$$

和样本交叉相关函数

$$\hat{\rho}_{xy}(h) = \frac{\hat{\gamma}_{xy}(h)}{\sqrt{\hat{\gamma}_x(0)\,\hat{\gamma}_y(0)}} \tag{1.41}$$

给出。其中 $\hat{\gamma}_{xy}(-h)=\hat{\gamma}_{yx}(h)$ 确定滞后值为负数时的函数值。

作为滞后值 h 的函数的样本交叉相关函数可以用图形方式来进行研究，应用例 1.24 中提到的性质，检查数据中的前导或滞后关系。因为 $1 \leqslant \hat{\rho}_{xy}(h) \leqslant 1$，可以通过将峰值与理论最大值进行比较来评估峰值的实际重要性。此外，对于如式(1.31)中的独立线性过程的 x_t 和 y_t，我们有以下性质。

性质 1.3 交叉相关系数的大样本分布

如果至少有一个过程是独立的白噪声（见定理 A.8），则 $\hat{\rho}_{xy}(h)$ 的大样本分布是正态分布，该分布的均值为零且

$$\sigma_{\hat{\rho}_{xy}} = \frac{1}{\sqrt{n}} \tag{1.42}$$

例 1.28 SOI 和新鱼数相关性分析

自相关和交叉相关函数对于分析两个平稳时间序列的联合行为也是有用的，这两个平

稳序列的行为可能以某种不确定的方式相关。在例 1.5（见图 1.5）中，我们同时考虑了 SOI 的月度数据和从模型计算的新鱼数。图 1.16 显示了这两个序列的自相关和交叉相关函数（ACF 和 CCF）。两个 ACF 都表现出对应于由 12 个单位分隔的值间相关性的周期性。12 个月或 1 年间的观察结果呈强烈正相关，24、26、48 等倍数的观察结果也是强烈正相关，以 6 个月为单位的观测值为负相关，显示正偏移往往与六个月后的负偏移有关。

　　然而，图 1.16 中的样本 CCF 显示出与每个序列的循环分量的一些偏离，并且在 $h=-6$ 时存在明显的峰值。该结果意味着在时间 $t-6$ 个月测量的 SOI 与在时间 t 的新鱼数量序列相关。我们可以说 SOI 领先新鱼数量序列六个月。CCF 的符号是负的，导致两个序列向不同方向移动。也就是说，SOI 的增加导致新鱼数量减少，反之亦然。我们将在第 2 章中发现两个序列之间存在关系，但这种关系是非线性的。图中显示的虚线表示 $\pm 2/\sqrt{453}$（见式(1.42)），但由于两个序列都不是噪声序列，所以虚线没有用处。要在 R 中重现图 1.16，请使用以下命令：

```
par(mfrow=c(3,1))
acf(soi, 48, main="Southern Oscillation Index")
acf(rec, 48, main="Recruitment")
ccf(soi, rec, 48, main="SOI vs Recruitment", ylab="CCF")
```

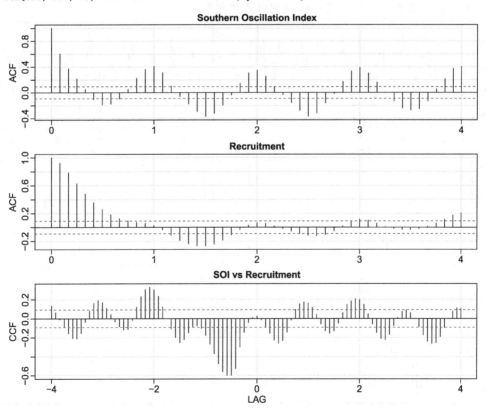

图 1.16　SOI 序列（上图）和新鱼数量序列（中图）的样品 ACF，以及两个序列的样品 CCF（下图），滞后轴按照季节（12 个月）

例 1.29   预白化和交叉相关分析

虽然我们还没有所有的必需的工具，但是在学习交叉相关分析之前，有必要先讨论预白化时间序列的想法。基本思路很简单，为了应用性质 1.3，至少有一个序列必须是白噪声。如果情况并非如此，则没有简单的方法可以判断交叉相关估计是否与零显著不同。因此，在例 1.28 中，我们只是猜测 SOI 和新鱼数之间的线性依赖关系。

例如，在图 1.17 中，我们独立生成两个时间序列，x_t 和 y_t，$t=1，\cdots，120$，分别为

$$x_t = 2\cos\left(2\pi t\frac{1}{12}\right) + w_{t1} \quad \text{和} \quad y_t = 2\cos\left(2\pi[t+5]\frac{1}{12}\right) + w_{t2}$$

其中 $\{w_{t1}，w_{t2}；t=1，\cdots，120\}$ 都是独立的标准正态分布。该序列的生成类似于 SOI 和新鱼数量序列。生成的数据的时序图显示在图的顶行。图 1.17 的中间一行显示了每个时间序列的样本 ACF，每一个 ACF 图都展示了相应时间序列的循环特性。图 1.17 的底行左边的图显示了 x_t 和 y_t 之间的样本 CCF，即使该序列是独立的，它也显示出交叉相关。图 1.17 底行右边的图还显示 x_t 和预白化的 y_t 之间的样本 CCF，这表明两个序列是不相关的。所谓白化 y_t，指的是通过对它在 $\cos(2\pi t)$ 和 $\sin(2\pi t)$ 进行回归而剔除信号（见例 2.10），然后将 $\tilde{y}_t = y_t - \hat{y}_t$ 从数据中删除，其中 $\hat{y}_t$ 是回归的预测值。

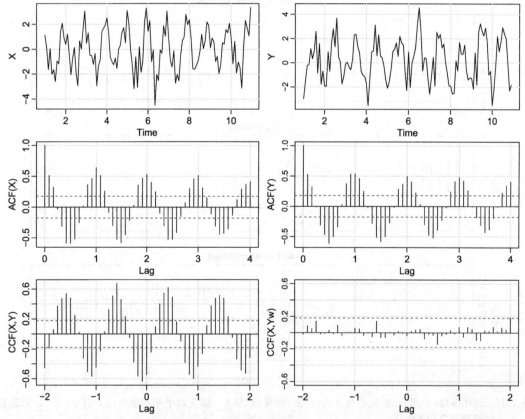

图 1.17   例 1.29 中生成的图形。顶行：生成的时间序列；中间行：每个序列的样本 ACF；底行：该序列的样本 CCF(左)以及第一序列和预白化的第二个序列的样本 CCF(右)

以下代码将生成图 1.17。

```
set.seed(1492)
num=120; t=1:num
X = ts(2*cos(2*pi*t/12) + rnorm(num), freq=12)
Y = ts(2*cos(2*pi*(t+5)/12) + rnorm(num), freq=12)
Yw = resid( lm(Y~ cos(2*pi*t/12) + sin(2*pi*t/12), na.action=NULL) )
par(mfrow=c(3,2), mgp=c(1.6,.6,0), mar=c(3,3,1,1) )
plot(X)
plot(Y)
acf(X,48, ylab='ACF(X)')
acf(Y,48, ylab='ACF(Y)')
ccf(X,Y,24, ylab='CCF(X,Y)')
ccf(X,Yw,24, ylab='CCF(X,Yw)', ylim=c(-.6,.6))
```

1.6　向量值和多维时间序列

我们经常碰到这种情况，我们感兴趣的是同时测量的多个时间序列之间的关系。例如，在前面几节，我们考虑过 SOI 和新鱼数量之间的关系。因此，采用向量时间序列的记号将比较方便，即 $x_t = (x_{t1}, x_{t2}, \cdots, x_{tp})'$，它含有 p 个一元时间序列作为向量的元素。我们把观测到的 $p \times 1$ 的时间序列列向量记为 x_t，行向量 x_t' 是它的转置。对于平稳的情况，其 $p \times 1$ 均值向量为：

$$\mu = \mathrm{E}(x_t) \tag{1.43}$$

其具体形式为 $\mu = (\mu_{t1}, \mu_{t2}, \cdots, \mu_{tp})'$，$p \times p$ 的自协方差矩阵为

$$\Gamma(h) = \mathrm{E}[(x_{t+h} - \mu)(x_t - \mu)'] \tag{1.44}$$

其中矩阵 $\Gamma(h)$ 的元素为交叉协方差函数（$i, j = 1, \cdots, p$）

$$\gamma_{ij}(h) = \mathrm{E}[(x_{t+h,i} - \mu_i)(x_{tj} - \mu_j)] \tag{1.45}$$

因为 $\gamma_{ij}(h) = \gamma_{ji}(-h)$，故此我们有

$$\Gamma(-h) = \Gamma'(h) \tag{1.46}$$

现在，向量时间序列 x_t 的样本自协方差矩阵为 $p \times p$ 的样本交叉协方差矩阵，定义为

$$\hat{\Gamma}(h) = n^{-1} \sum_{t=1}^{n-h} (x_{t+h} - \overline{x})(x_t - \overline{x})' \tag{1.47}$$

其中

$$\overline{x} = n^{-1} \sum_{t=1}^{n} x_t \tag{1.48}$$

表示 $p \times 1$ 样本均值向量。理论自协方差（1.46）的对称性扩展到样本自协方差（1.47），对于负参数值有

$$\hat{\Gamma}(-h) = \hat{\Gamma}(h)' \tag{1.49}$$

在很多应用问题中，观测的时间序列的索引有时不仅仅有时间索引。例如，一个实验单位的空间位置可能由两个坐标值表述，比如 s_1 和 s_2，上述情况下，我们可以把多维随机过程 x_s 定义为一个 $r \times 1$ 的向量 $s = (s_1, s_2, \cdots, s_r)'$ 的函数，其中 s_i 表示第 i 个下标的坐标。

例 1.30　地表温度

举例来说，图 1.18 给出了一个二维（$r=2$）的温度时间序列 $x_{s1,s2}$，下标由行索引 s_1 和

列索引 s_2 给出，它们表示在一块 64×36 的农田空间网格上的位置。在行位置 s_1 和列位置 s_2 处的温度值记作 $x_s = x_{s1,s2}$。从二维时序图可以看出，从第 40 行开始，二维图的表面有一个明显的变化，沿着行坐标开始有相当稳定和周期性的波动。例如，图 1.19 中，我们可以对 36 列进行平均，从而计算每一个 s_1 的均值。很明显，二维序列第一部分出现的噪声可以很好地被平滑掉，我们可以看出一个清晰和稳定的温度信号。

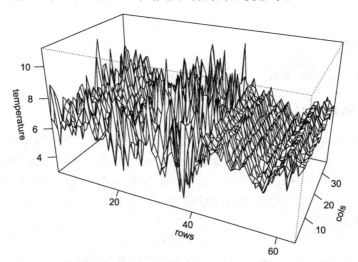

图 1.18   在一块方形土地(间隔为 17 英尺(1 英尺＝0.304 8 米)的 64×36 地块)上测量的二维温度时间序列。数据来自 Bazza et al.[15] 的文献

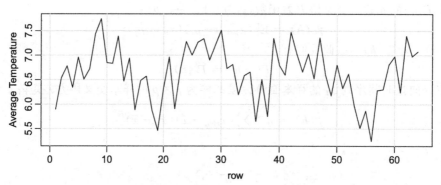

图 1.19   二维地表温度数据的行均值，$\overline{x}_{s_1,.} = \sum_{s_2} x_{s_1,s_2}/36$

应用下面的 R 代码生成图 1.18 和图 1.19：

```
persp(1:64, 1:36, soiltemp, phi=25, theta=25, scale=FALSE, expand=4,
        ticktype="detailed", xlab="rows", ylab="cols", zlab="temperature")
plot.ts(rowMeans(soiltemp), xlab="row", ylab="Average Temperature")
```

一个平稳多维随机过程 x_s 的自协方差函数可以定义为多维滞后向量，例如，$h = (h_1, h_2, \cdots, h_r)'$ 的一个函数，即

$$\gamma(h) = \mathrm{E}[(x_{s+h} - \mu)(x_s - \mu)] \tag{1.50}$$

其中

$$\mu = \mathrm{E}(x_s) \tag{1.51}$$

不依赖于空间坐标 s。对于二维温度时间序列，式(1.50)变为

$$\gamma(h_1, h_2) = \mathrm{E}[(x_{s_1+h_1, s_2+h_2} - \mu)(x_{s_1, s_2} - \mu)] \tag{1.52}$$

它是行方向滞后值(h_1)和列方向滞后值(h_2)二者的函数。

多维样本自协方差函数定义为

$$\hat{\gamma}(h) = (S_1 S_2 \cdots S_r)^{-1} \sum_{s_1} \sum_{s_2} \cdots \sum_{s_r} (x_{s+h} - \overline{x})(x_s - \overline{x}) \tag{1.53}$$

其中 $s = (s_1, s_2, \cdots, s_r)$。对于 $i = 1, \cdots, r$，每一个求和参数的范围为 $1 \leqslant s_i \leqslant S_i - h_i$。

对于 r 维数组求出均值，得到

$$\overline{x} = (S_1 S_2 \cdots S_r)^{-1} \sum_{s_1} \sum_{s_2} \cdots \sum_{s_r} x_{s_1, s_2, \cdots, s_r} \tag{1.54}$$

其中，参数 s_i 的求和范围为 $1 \leqslant s_i \leqslant S_i$。和通常一样，通过进行缩放，得到下面定义的多维样本自相关函数

$$\hat{\rho}(h) = \frac{\hat{\gamma}(h)}{\hat{\gamma}(0)} \tag{1.55}$$

例 1.31　地表温度序列的样本 ACF

二维(2d)温度随机过程的自相关函数可以写作下面的形式：

$$\hat{\rho}(h_1, h_2) = \frac{\hat{\gamma}(h_1, h_2)}{\hat{\gamma}(0, 0)}$$

其中

$$\hat{\gamma}(h_1, h_2) = (S_1 S_2)^{-1} \sum_{s_1} \sum_{s_2} (x_{s_1+h_1, s_2+h_2} - \overline{x})(x_{s_1, s_2} - \overline{x})$$

图 1.20 给出了温度数据的自相关函数图形，我们注意到沿着行方向的系统的周期变化。列方向的自协方差在当 $h_1 = 0$ 时看起来是最大的，它表明列方向可能是在行方向具有周期性的一些基本过程的重复。这个想法可以通过探索如图 1.19 所示的列方向的序列均值来查看。

在 R 软件中(我们知道的)最简单的计算 2 维 ACF 的方法是应用快速傅里叶变换(FFT)，如下所示。不幸的是，理解这个方法所需要的材料到 4.3 节才给出。二维自协方差函数在 2 步中得到，它存储在下面代码中的 cs 变量中；$\gamma(0, 0)$ 是 cs 变量的第(1, 1)个元素，因此 $\hat{\rho}(h_1, h_2)$ 通过每个元素除以 cs 变量的第(1, 1)个元素的值得到。二维 ACF 存储在下面代码中的变量 rs 中，其他的代码只是用来组织输出结果从而给出一个友好的展示。

```
fs = Mod(fft(soiltemp-mean(soiltemp)))^2/(64*36)
cs = Re(fft(fs, inverse=TRUE)/sqrt(64*36))    # ACovF
rs = cs/cs[1,1]                                # ACF
rs2 = cbind(rs[1:41,21:2], rs[1:41,1:21])
rs3 = rbind(rs2[41:2,], rs2)
par(mar = c(1,2.5,0,0)+.1)
persp(-40:40, -20:20, rs3, phi=30, theta=30, expand=30, scale="FALSE",
        ticktype="detailed", xlab="row lags", ylab="column lags",
        zlab="ACF")
```

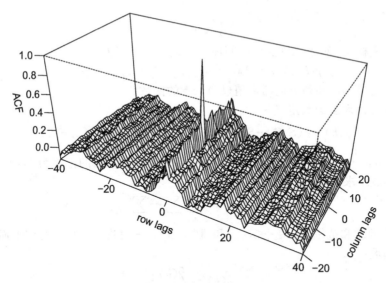

图 1.20   地表温度数据的二维自相关函数

多维随机过程的抽样要求比较严格，一些均匀的网格上必须有值才能计算 ACF。在一些应用领域，例如土地科学，我们倾向于抽样有限的行(或 transect)，并希望这些样本充分复制了我们关注的基本现象。然后可以应用一维的方法。当观测值在时间域上不规则时，需要修改估计量。处理这类不规则观测值分隔问题的系统方法由 Journel 和 Huijbregts[109] 或者 Cressie[45] 开发。这里我们不给出这些方法的详细介绍，但是介绍 variogram

$$2V_x(h) = \mathrm{var}\{x_{s+h} - x_s\}   \tag{1.56}$$

和它的样本估计

$$2\,\hat{V}_x(h) = \frac{1}{N(h)}\sum_s (x_{s+h} - x_s)^2   \tag{1.57}$$

起了重要作用，其中 $N(h)$ 表示在 h 内的点数以及邻域内的点数之和。很明显，这类估计会有很大的索引困难，并且也很难找到协方差函数的非负定估计值。问题 1.27 探索了平稳序列的 variogram 和自协方差函数之间的关系。

问题

1.1 节

1.1   为了比较地震和爆炸信号，在同一张图中绘制图 1.7 中的数据，应用不同的颜色或者不同的线型，并对结果进行评析。(例 1.11 中的 R 代码对于了解如何在已有的图形中添加线图有帮助。)

1.2   考虑通常的信号加噪声模型，$x_t = s_t + w_t$，其中 w_t 是 $\sigma_w^2 = 1$ 的白噪声。从下面 2 个模型的每一个模型模拟 $n = 200$ 个观测值，并绘制图形。

(a) 对 $t = 1, \cdots, 200$，$x_t = s_t + w_t$，其中

$$s_t = \begin{cases} 0, & t = 1, \cdots, 100 \\ 10\exp\left\{-\dfrac{(t-100)}{20}\right\}\cos(2\pi t/4), & t = 101, \cdots, 200 \end{cases}$$

提示：

```
s = c(rep(0,100), 10*exp(-(1:100)/20)*cos(2*pi*1:100/4))
x = s + rnorm(200)
plot.ts(x)
```

(b) 对 $t=1, \cdots, 200$，$x_t = s_t + w_t$，其中

$$s_t = \begin{cases} 0, & t = 1, \cdots, 100 \\ 10\exp\left\{-\dfrac{(t-100)}{200}\right\}\cos(2\pi t/4), & t = 101, \cdots, 200 \end{cases}$$

(c) 把序列(a)和(b)的总体形状与图 1.7 的地震序列以及爆炸序列的图形进行比较。另外，对 $t=1, 2, \cdots, 100$，绘制并比较下面 2 个信号模(signal modulator)(a) $\exp\{-t/20\}$ 以及(b) $\exp\{-t/200\}$。

1.2 节

1.3 (a) 应用例 1.10. 讲到的方法，从自回归模型 $x_t = -0.9x_{t-2} + w_t$(其方差 $\sigma_w = 1$)生成 $n=100$ 个观测值。然后应用移动平滑对生成的数据 x_t 进行滤波：

$$v_t = (x_t + x_{t-1} + x_{t-2} + x_{t-3})/4$$

现在，用实线绘制 x_t，然后叠加虚线表示的 v_t。评论 x_t 的模式，如何应用移动平均滤波来改变这种模式。(提示：应用 v = filter(x, rep(1/4, 4), sides = 1) 来进行滤波，注意例 1.11 的代码可能对在已有的图形上添加直线有帮助。)

(b) 用 $x_t = \cos(2\pi t/4)$ 重复步骤(a)。

(c) 加入分布为 N(0, 1) 的噪声后重复步骤(b)，即 $x_t = \cos(2\pi t/4) + w_t$。

(d) 比较上述(a)~(c)中的结果并分析，例如，移动平均是如何改变每个序列的。

1.3 节

1.4 证明自相关函数可以写为：$\gamma(s, t) = \mathrm{E}[(x_s - \mu_s)(x_t - \mu_t)] = \mathrm{E}(x_s x_t) - \mu_s \mu_t$，其中 $\mathrm{E}[x_t] = \mu_t$。

1.5 对于问题 1.2(a)和(b)中的两个序列 x_t：

(a) 对于 $t=1, \cdots, 200$，计算并绘制均值函数 $\mu_x(t)$。

(b) 对于 $s, t=1, \cdots, 200$，计算自相关函数 $\gamma_x(s, t)$。

1.4 节

1.6 考虑下面时间序列 $x_t = \beta_1 + \beta_2 t + w_t$，其中 β_1 和 β_2 为已知常数，w_t 是方差为 σ_w^2 的白噪声序列。

(a) 判断 x_t 是否平稳。

(b) 证明随机过程 $y_t = x_t - x_{t-1}$ 为平稳的。

(c) 证明下面的移动平均过程

$$v_t = \frac{1}{2q+1} \sum_{j=-q}^{q} x_{t-j}$$

的均值为 $\beta_1 + \beta_2 t$，并给出自协方差函数的简化的表达式。

1.7 对于下面的移动平均过程

$$x_t = w_{t-1} + 2w_t + w_{t+1}$$

其中，w_t 是独立的均值为 0 方差为 σ_w^2 的随机过程，求出以滞后值 $h = s - t$ 为参数的自协方差函数和自相关函数。然后绘制以 h 为参数的函数 ACF 的图形。

1.8 考虑带有漂移项的随机游走模型

$$x_t = \delta + x_{t-1} + w_t$$

其中，$t = 1, 2, \cdots$，$x_0 = 0$，w_t 是方差为 σ_w^2 的白噪声。

(a) 证明模型可以写为 $x_t = \delta t + \sum_{k=1}^{t} w_k$。

(b) 找出 x_t 的均值函数和自协方差函数。

(c) 论证 x_t 为非平稳的。

(d) 证明当 $t \to \infty$ 时，有 $\rho_x(t-1, t) = \sqrt{\dfrac{t-1}{t}} \to 1$。这个结论意味着什么？

(e) 给出一个可以使得序列平稳的变换，然后证明应用该变换后的序列是平稳的。
（提示：参考问题 1.6b。）

1.9 一个具有周期分量的时间序列可以构建为

$$x_t = U_1 \sin(2\pi\omega_0 t) + U_2 \cos(2\pi\omega_0 t)$$

其中 U_1 和 U_2 是均值为 0，且 $E(U_1^2) = E(U_2^2) = \sigma^2$ 的独立随机变量。常数 ω_0 确定周期或者随机过程完成一个完整循环所需的时间。证明该时间序列是弱平稳的，且自协方差函数为

$$\gamma(h) = \sigma^2 \cos(2\pi\omega_0 h)$$

1.10 假设我们有一个一维平稳时间序列 x_t，其均值为 0，自相关系数为 $\gamma(h)$。需要预测在一些未来时间例如 $t + \ell$，$\ell > 0$ 的序列值。

(a) 如果我们仅仅应用序列 x_t 和缩放乘子 A，证明预测值的均方误差 $\mathrm{MSE}(A) = E[(x_{t+\ell} - Ax_t)^2]$ 在值 $A = \rho(\ell)$ 为最小。

(b) 证明预测值的均方误差为

$$\mathrm{MSE}(A) = \gamma(0)[1 - \rho^2(\ell)]$$

(c) 证明如果 $x_{x+\ell} = Ax_t$，则当 $A > 0$ 时，$\rho(\ell) = 1$；当 $A < 0$ 时，$\rho(\ell) = -1$。

1.11 考虑式(1.31)定义的线性过程。

(a) 验证该过程的自协方差函数由式(1.32)给出。用这个结果验证你的问题 1.7 的答案。

提示：$h \geqslant 0, \mathrm{cov}(x_{t+h}, x_t) = \mathrm{cov}\left(\sum_k \psi_k w_{t+h-k}, \sum_j \psi_j w_{t-j} \right)$。对于每个 $j \in \mathbb{Z}$，唯一剩下的项是当 $k = h + j$ 时。

(b) 证明 x_t 作为均方收敛的极限存在（见附录 A）。

1.12 对 2 个弱平稳的序列 x_t 和 y_t，验证式(1.30)。

1.13 考虑下面两个序列：

$$x_t = w_t$$
$$y_t = w_t - \theta w_{t-1} + u_t$$

其中 w_t 和 u_t 是独立的白噪声序列，它们的方差分别为 σ_w^2 和 σ_u^2，θ 为确定的常数。

(a) 对于 $h=0$，±1，±2，$\cdots$，把序列 y_t 的 ACF $\rho_y(h)$ 表示为 σ_w^2、σ_u^2 和 θ 的函数。

(b) 确定关于 x_t 和 y_t 的 CCF，$\rho_{xy}(h)$。

(c) 证明 x_t 和 y_t 是联合平稳的。

1.14 设 x_t 为平稳正态过程，均值为 μ_x，自协方差函数为 $\gamma(h)$。定义非线性时间序列

$$y_t = \exp\{x_t\}$$

(a) 用 μ_x 和 $\gamma(0)$ 表示 $E(y_t)$ 均值为 μ 且方差为 σ^2 的正态随机变量的矩函数为

$$M_x(\lambda) = E[\exp\{\lambda x\}] = \exp\left\{\mu\lambda + \frac{1}{2}\sigma^2\lambda^2\right\}$$

(b) 确定 y_t 的自协方差函数。两个正态随机变量的和 $x_{t+h} + x_t$ 还是正态随机变量。

1.15 设 w_t 为正态白噪声过程，其中 $t=0$，±1，±2，$\cdots$，考虑序列

$$x_t = w_t w_{t-1}$$

确定 x_t 的均值和自协方差函数，并说明是否为平稳的。

1.16 考虑序列

$$x_t = \sin(2\pi U t)$$

其中，$t=1$，2，$\cdots$，U 服从区间$(0, 1)$上的均匀分布。

(a) 证明 x_t 为弱平稳序列。

(b) 证明 x_t 不是严平稳序列。

1.17 假设我们具有下式生成的线性过程 x_t：

$$x_t = w_t - \theta w_{t-1}$$

其中，$t=0$，1，2，$\cdots$，w_t 是独立同分布的，其特征函数为 $\phi_w(\cdot)$，θ 为固定常数。（把特征函数换为矩生成函数也是成立的。）

(a) 用 $\phi_w(\cdot)$ 来表示 x_1，x_2，$\cdots$，x_n 的联合特征函数

$$\phi_{x_1, x_2, \cdots, x_n}(\lambda_1, \lambda_2, \cdots, \lambda_n)$$

(b) 从(a)推导出 x_t 是严平稳的。

1.18 假设 x_t 是形如式(1.31)的线性随机过程。证明

$$\sum_{h=-\infty}^{\infty} |\gamma(h)| < \infty$$

1.5 节

1.19 设 $x_t = \mu + w_t + \theta w_{t-1}$，其中 $w_t \sim wn(0, \sigma_w^2)$

(a) 证明均值函数为 $E(x_t) = \mu$。

(b) 证明 x_t 的自协方差函数为 $\gamma_x(0) = \sigma_w^2(1+\theta^2)$，$\gamma_x(\pm1) = \sigma_w^2\theta$，其他情况下 $\gamma_x(h) = 0$。

(c) 证明 x_t 对所有的 $\theta \in \mathbb{R}$ 是平稳的。

(d) 当(i) $\theta = 1$，(ii) $\theta = 0$，(iii) $\theta = -1$ 时，应用式(1.35)计算 $\mathrm{var}(\overline{x})$ 来估计 μ。

(e) 时间序列中，样本量 n 一般很大，因此 $\dfrac{(n-1)}{n} \approx 1$。考虑到这一点，对(d)部分的结果进行评价，特别地，对于三种不同情况均值 μ 估计的精度如何变化？

1.20 (a) 模拟一个 $n = 500$ 的如例 1.8 中的高斯白噪声观测值序列，然后对滞后 1 到 20 计算样本 ACF——$\hat{\rho}(h)$，把得到的样本 ACF 和真实的 ACF——$\rho(h)$ 进行比较。（回顾例 1.19。）

(b) 用 $n = 50$ 来重复运行(a)，变化 n 是如何影响结果的？

1.21 (a) 模拟一个 $n = 500$ 的如例 1.9 中的移动平均观测值序列，对滞后 1 到 20 计算 ACF——$\hat{\rho}(h)$，把得到的样本 ACF 和真实的 ACF——$\rho(h)$ 进行比较。（回顾例 1.20。）

(b) 用 $n = 50$ 来重复运行(a)，变化 n 是如何影响结果的？

1.22 尽管问题 1.2(a)中的模型不是平稳的（为什么？），样本 ACF 可以提供有用的信息。对于那个问题中生成的数据，计算并绘制样本 ACF，并做出评论。

1.23 模拟 $n = 500$ 个 $\sigma_w^2 = 1$ 的例 1.12 的信号加噪声模型的观测值，计算生成数据的滞后 1 到 100 的样本 ACF 并做出评论。

1.24 对例 1.26 中的时间序列 y_t，验证结论：$\rho_y(1) = -0.47$ 以及 $\rho_y(h) = 0$，$h > 1$。

1.25 定义在整数上的实值函数 $g(t)$ 是非负定的，当且仅当

$$\sum_{i=1}^{n} \sum_{j=1}^{n} a_i g(t_i - t_j) a_j \geqslant 0$$

对所有正整数 n，向量 $a = (a_1, a_2, \cdots, a_n)'$，和 $t = (t_1, t_2, \cdots, t_n)'$。对矩阵 $G = \{g(t_i - t_j); i, j = 1, 2, \cdots, n\}$，这表明对所有的向量 a，有 $a'Ga \geqslant 0$。如果对所有非零向量 $a \neq 0$，可以用"$>$"代替"$\geqslant$"，则称为正定的。

(a) 证明一个平稳过程的自协方差函数 $\gamma(h)$ 是非负定的。

(b) 验证样本自协方差函数 $\hat{\gamma}(h)$ 是非负定函数。

1.6 节

1.26 考虑在有噪声 e_{1t}，e_{2t}，$\cdots$，e_{Nt} 过程下观测一些共同信号 μ_t，收集观测到的时间序列集合 x_{1t}，x_{2t}，$\cdots$，x_{Nt}，第 j 个观测的序列服从模型

$$x_{jt} = \mu_t + e_{jt}$$

假设噪声序列有均值 0 并且对不同的 j 它们是不相关的。所有序列的共同自协方差函数为 $\gamma_e(s, t)$。定义样本均值

$$\overline{x}_t = \frac{1}{N} \sum_{j=1}^{N} x_{jt}$$

(a) 证明 $\mathrm{E}[\overline{x}_t] = \mu_t$。

(b) 证明 $\mathrm{E}[(\overline{x}_t - \mu)^2] = N^{-1} \gamma_e(t, t)$。

(c) 如何用上述结果来估计共同信号？

1.27　在 Journal and Huijbregts[109] 的文献或者 Cressie[45] 的文献中，地理统计学的一个概念是 variogram，对一个空间过程 x_s，$s=(s_1,\ s_2)$，其中 $s_1,\ s_2=0,\ \pm 1,\ \pm 2,\ \cdots$，variogram 的定义为：

$$V_x(h) = \frac{1}{2}\mathrm{E}\big[(x_{s+h}-x_s)^2\big]$$

证明：对一个平稳过程，variogram 和自协方差函数可以通过下式关联起来：

$$V_x(h) = \gamma(0) - \gamma(h)$$

其中 $\gamma(h)$ 是滞后 h 协方差函数，且 $0=(0,\ 0)$。注意可以容易扩展到任意空间维度。下面问题需要用到附录 A 里面的内容。

1.28　假设 $x_t=\beta_0+\beta_1 t$，其中 β_0 和 β_1 为常数，证明：当 $n\to\infty$ 时，对于固定的 h 有 $\hat{\rho}_x(h)\to 1$，其中 $\hat{\rho}_x(h)$ 是式(1.37)中的 ACF。

1.29　(a) 假设 x_t 是一个均值为 0 的弱平稳时间序列，具有绝对可加的自协方差函数 $\gamma(h)$，满足

$$\sum_{h=-\infty}^{\infty} \gamma(h) = 0$$

证明：$\sqrt{n}\overline{x} \xrightarrow{p} 0$，其中 $\overline{x}$ 为式(1.34)中的样本均值。

(b) 给出一个满足上述条件(a)的随机过程例子。这个过程有何特殊之处？

1.30　设 x_t 为形如式(A.43)～(A.44)的一个线性过程，如果我们定义

$$\widetilde{\gamma}(h) = n^{-1}\sum_{t=1}^{n}(x_{t+h}-\mu_x)(x_t-\mu_x)$$

证明：

$$n^{1/2}\big(\widetilde{\gamma}(h) - \hat{\gamma}(h)\big) = o_p(1)$$

提示：马尔可夫不等式

$$\mathrm{Pr}\{|x|\geqslant\varepsilon\} < \frac{\mathrm{E}|x|}{\varepsilon}$$

对于交叉乘积项会有帮助。

1.31　线性过程形如

$$x_t = \sum_{j=0}^{\infty}\phi^j w_{t-j}$$

其中 w_t 满足定理 A.7，且 $|\phi|<1$，证明：

$$\sqrt{n}\,\frac{(\hat{\rho}_x(1)-\rho_x(1))}{\sqrt{1-\rho_x^2(1)}} \xrightarrow{d} N(0,1)$$

当 $\hat{\rho}_x(1)=0.64$，$n=100$ 时，构建一个 ϕ 的 95% 的置信区间。

1.32　设 $\{x_t;\ t=0,\ \pm 1,\ \pm 2,\ \cdots\}$ 为独立同分布 iid$(0,\ \sigma^2)$。

(a) 对 $h\geqslant 1$ 和 $k\geqslant 1$，证明：对于 $s\neq t$，$x_t x_{t+h}$ 和 $x_s x_{s+k}$ 不相关。

(b) 对于固定的 $h\geqslant 1$，证明 $h\times 1$ 向量

$$\sigma^{-2}n^{-1/2}\sum_{t=1}^{n}(x_t x_{t+1},\cdots,x_t x_{t+h})' \xrightarrow{d} (z_1,\cdots,z_h)'$$

其中 z_1，$\cdots$，z_h 为 iid N(0，1)的随机变量。（提示：应用 Cramér-Wold 工具。）

(c) 证明对于每一个 $h \geqslant 1$，

$$n^{-1/2} \left[\sum_{t=1}^{n} x_t x_{t+h} - \sum_{t=1}^{n-h} (x_t - \overline{x})(x_{t+h} - \overline{x}) \right] \overset{p}{\to} 0 \quad \text{当 } n \to \infty$$

其中 $\overline{x} = n^{-1} \sum_{t=1}^{n} x_t$。

(d) 注意由 WLLN，$n^{-1} \sum_{t=1}^{n} x_t^2 \overset{d}{\to} \sigma^2$，证明

$$n^{1/2} \left[\hat{\rho}(1), \cdots, \hat{\rho}(h) \right]' \overset{d}{\to} (z_1, \cdots, z_h)'$$

其中，$\hat{\rho}(h)$ 是数据 x_1，$\cdots$，x_n 的样本 ACF。

第2章 时间序列回归和探索性数据分析

在本章中，我们将介绍时间序列背景下的经典多元线性回归、模型选择、预处理非平稳时间序列的探索性数据分析（例如趋势去除）、差分和后移算子的概念、方差稳定和时间序列的非参数平滑。

2.1 时间序列背景下的经典回归

我们开始讨论时间序列中的线性回归，假设有一些输出或依赖时间序列，即 x_t，对于 $t=1$，$\cdots$，n，受到一系列可能的输入或独立序列的影响，即 z_{t1}，z_{t2}，$\cdots$，z_{tq}，我们假设输入固定且已知。这种应用传统线性回归所必需的假设将在稍后放宽。我们通过线性回归模型表达这种关系，该模型为

$$x_t = \beta_0 + \beta_1 z_{t1} + \beta_2 z_{t2} + \cdots + \beta_q z_{tq} + w_t \tag{2.1}$$

其中 β_0，β_1，$\cdots$，β_q 是未知的固定回归系数，$\{w_t\}$ 是随机误差或噪声过程，由独立同分布的(iid)正态分布变量组成，均值为零且方差为 σ_w^2。对于时间序列回归，噪声很少是白噪声，我们最终需要放宽这个假设。在附录 B 中给出了具有均方估计和线性回归的更一般的设置，其中我们引入了 Hilbert 空间和投影定理。

例 2.1 估计线性趋势

考虑 2001 年中期到 2016 年中期(180 个月)美国鸡肉的每月价格(每磅(1 磅$\approx$0.453 59 公斤))，即图 2.1 所示的 x_t。该序列有一个明显的上升趋势，我们可以使用简单的线性回归进行拟合来估计该趋势，拟合的模型为

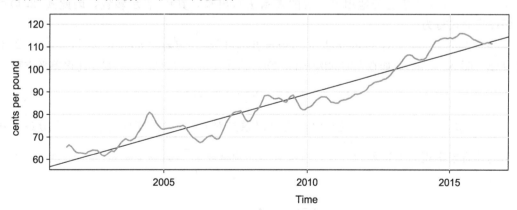

图 2.1 鸡肉价格：2001 年 8 月至 2016 年 7 月 Georgia 码头每月现货价格，以及拟合的线性趋势线(单位为美分/磅)

$$x_t = \beta_0 + \beta_1 z_t + w_t, \quad z_t = 2001\frac{7}{12}, 2001\frac{8}{12}, \cdots, 2016\frac{6}{12}$$

上式以回归模型(2.1)的形式呈现，其中 $q=1$。注意，我们假设误差 w_t 是一个独立同分布(iid)的正态分布的序列，这可能不成立，第 3 章详细讨论误差自相关的问题。

在普通最小二乘(OLS)中，我们最小化误差平方和

$$Q = \sum_{t=1}^{n} w_t^2 = \sum_{t=1}^{n} (x_t - [\beta_0 + \beta_1 z_t])^2$$

其中，对于 β_i，其下标 $i=0$，1，在这种情况下，我们可以使用简单的微积分来计算 $\partial Q / \partial \beta_i = 0$，以获得两个方程来求解 β_i，其中 $i=0$，1。系数的 OLS 估计则可以显式地由下式给出

$$\hat{\beta}_1 = \frac{\sum_{t=1}^{n} (x_t - \overline{x})(z_t - \overline{z})}{\sum_{t=1}^{n} (z_t - \overline{z})^2} \quad 且 \quad \hat{\beta}_0 = \overline{x} - \hat{\beta}_1 \overline{z}$$

其中 $\overline{x} = \sum_t x_t / n$ 和 $\overline{z} = \sum_t z_t / n$ 是各自的样本均值。

使用 R，我们得到估计的斜率系数 $\hat{\beta}_1 = 3.59$(标准误差为 0.08)，每年产生约 3.6 美分的增长，该估计是显著的。最后，图 2.1 显示了叠加估计趋势线的数据。以下为包含部分输出的 R 代码：

```
summary(fit <- lm(chicken~time(chicken), na.action=NULL))
                Estimate  Std.Error  t.value
  (Intercept)   -7131.02    162.41    -43.9
  time(chicken)     3.59      0.08     44.4
  --
  Residual standard error: 4.7 on 178 degrees of freedom
plot(chicken, ylab="cents per pound")
abline(fit)              # add the fitted line
```

式(2.1)描述的多元线性回归模型可以通过定义列向量 $z_t = (z_{t1}, z_{t2}, \cdots, z_{tq})'$ 和 $\beta = (\beta_0, \beta_1, \cdots, \beta_q)'$ 来更方便地用更一般的表示法写出来，其中 $'$ 表示转置，因此式(2.1)可以用替代形式写为

$$x_t = \beta_0 + \beta_1 z_{t1} + \cdots + \beta_q z_{tq} + w_t = \beta' z_t + w_t \tag{2.2}$$

其中 $w_t \sim$ iid $N(0, \sigma_w^2)$。如在先前的例子中，OLS 估计找到系数向量 β，它最小化误差平方和

$$Q = \sum_{t=1}^{n} w_t^2 = \sum_{t=1}^{n} (x_t - \beta' z_t)^2 \tag{2.3}$$

其中，$\beta = (\beta_0, \beta_1, \cdots, \beta_q)'$。这种最小化可以通过对式(2.3)关于向量 β 进行微分或使用投影的性质来实现。无论哪种方式，解决方案必须满足 $\sum_{t=1}^{n} (x_t - \hat{\beta}' z_t) z_t' = 0$。该程序给出了正规方程

$$\left(\sum_{t=1}^{n} z_t z_t' \right) \hat{\beta} = \sum_{t=1}^{n} z_t x_t \tag{2.4}$$

如果 $\sum_{t=1}^{n} z_t z_t' = 0$ 是非奇异的，则 β 的最小二乘估计是

$$\hat{\beta} = \left(\sum_{t=1}^{n} z_t z_t' \right)^{-1} \sum_{t=1}^{n} z_t x_t$$

最小化的误差平方和(2.3)，记为 SSE，可写为如下形式：

$$\text{SSE} = \sum_{t=1}^{n} (x_t - \hat{\beta}' z_t)^2 \tag{2.5}$$

普通最小二乘估计量是无偏的，即 $\text{E}(\hat{\beta}) = \beta$，并且在线性无偏估计量类别中具有最小的方差。

如果误差 w_t 是正态分布的，$\hat{\beta}$ 也是 β 的最大似然估计，并且具有正态分布

$$\text{cov}(\hat{\beta}) = \sigma_w^2 C \tag{2.6}$$

其中

$$C = \left(\sum_{t=1}^{n} z_t z_t' \right)^{-1} \tag{2.7}$$

这是一个简便的表示法。方差 σ_w^2 的无偏估计是

$$s_w^2 = \text{MSE} = \frac{\text{SSE}}{n-(q+1)} \tag{2.8}$$

其中 MSE 表示均方误差。在正态分布的假设下，

$$t = \frac{(\hat{\beta}_i - \beta_i)}{s_w \sqrt{c_{ii}}} \tag{2.9}$$

它服从自由度为 $n-(q+1)$ 的 t 分布；如式(2.7)中所定义的那样，c_{ii} 表示矩阵 C 的第 i 个对角线元素。对于 $i=1, \cdots, q$，该结果通常用于检验零假设 $\text{H}_0: \beta_i = 0$。

各种竞争模型通常关注于隔离或选择最佳自变量子集点。假设所提出的模型只选择 $r < q$ 个独立变量，即 $z_{t,1:r} = \{z_{t1}, z_{t2}, \cdots, z_{tr}\}$ 影响因变量 x_t。简化的模型是

$$x_t = \beta_0 + \beta_1 z_{t1} + \cdots + \beta_r z_{tr} + w_t \tag{2.10}$$

其中 $\beta_{t1}, \beta_{t2}, \cdots, \beta_{tr}$ 是原始的 q 个系数变量的一个子集。

在这种情况下的零假设是 $\text{H}_0: \beta_{r+1} = \cdots = \beta_q = 0$。我们可以使用 F-统计量比较两个模型下的平方误差和，据此来检验简化模型(2.10)与完整模型(2.2)。F-统计量为

$$F = \frac{(\text{SSE}_r - \text{SSE})/(q-r)}{\text{SSE}/(n-q-1)} = \frac{\text{MSR}}{\text{MSE}} \tag{2.11}$$

其中 SSE_r 是简化模型(2.10)下的误差平方和。请注意，$\text{SSE}_r \geqslant \text{SSE}$，因为完整模型具有更多参数。如果 $\text{H}_0: \beta_{r+1} = \cdots = \beta_q = 0$ 为真，则 $\text{SSE}_r \approx \text{SSE}$，因为那些 β 的估计值将接近 0。因此，如果 $\text{SSR} = \text{SSE}_r - \text{SSE}$ 很大，那么我们不相信 H_0。在零假设下，当式(2.10)是正确模型时，式(2.11)服从自由度为 $q-r$ 和 $n-q-1$ 的中心 F-分布。

对于该情况，这些结果通常总结在表 2.1 中给出的方差分析(ANOVA)表中。分子的差异通常称为回归平方和(SSR)。如果 $F > F_{n-q-1}^{q-r}(\alpha)$，则在 α 水平处拒绝零假设，即具有分子自由度 $q-r$、分母自由度 $n-q-1$ 的 F-分布的 $1-\alpha$ 百分位数。

表 2.1　回归分析的方差分析

误差源	自由度(df)	平方和	均方	F-统计量
$z_{t,r+1:q}$	$q-r$	$\text{SSR} = \text{SSE}_r - \text{SSE}$	$\text{MSR} = \text{SSR}/(q-r)$	$F = \dfrac{\text{MSR}}{\text{MSE}}$
Error	$n-(q+1)$	SSE	$\text{MSE} = \text{SSE}/(n-q-1)$	

一种特殊情况是，零假设 $\text{H}_0: \beta_1 = \cdots = \beta_q = 0$。在这种情况下，$r=0$，并且式(2.10)

中的模型变为

$$x_t = \beta_0 + w_t$$

我们可以使用下式来衡量所有变量能解释总的误差平方和的比例：

$$R^2 = \frac{\mathrm{SSE}_0 - \mathrm{SSE}}{\mathrm{SSE}_0} \tag{2.12}$$

其中简化模型下的残差平方和为

$$\mathrm{SSE}_0 = \sum_{t=1}^{n} (x_t - \overline{x})^2 \tag{2.13}$$

在这种情况下，SSE_0 是与均值 $\overline{x}$ 的偏差的平方之和，也称为调整后的总平方和。R^2 称为确定系数(coefficient of determination)。

前一段中讨论的技术通过使用式(2.11)中给出的 F 检验，来测试各种模型和其他模型的比较。在过去，这些检验以分步骤的方式使用，即当来自 F 检验的值超过或未超过某些预定水平时就添加或删除变量。这一过程称为逐步多元回归，在获得一组有用变量时很有效。另一种是并不按顺序进行的模型选择过程，而只是根据每个模型的优点来评估模型。假设我们考虑具有 k 个系数的正态回归模型，并将方差的最大似然估计表示为

$$\hat{\sigma}_k^2 = \frac{\mathrm{SSE}(k)}{n} \tag{2.14}$$

其中 $\mathrm{SSE}(k)$ 表示具有 k 个回归系数的模型的残差平方和。然后，Akaike[1-3]建议通过平衡拟合的误差与模型中参数的数量来测量该模型的拟合优度，我们定义以下信息准则[⊖]。

定义 2.1　Akaike 信息准则(AIC)

$$\mathrm{AIC} = \log \hat{\sigma}_k^2 + \frac{n+2k}{n} \tag{2.15}$$

其中 $\hat{\sigma}_k^2$ 由式(2.14)给出，k 是模型中的参数个数。

产生最小 AIC 的 k 值对应的模型是最佳模型。这个想法大致是最小化 $\hat{\sigma}_k^2$ 为一个合理的目标，随着 k 的增加，它将单调减少。因此，我们应该通过一个与参数数量成比例的项来惩罚误差方差。式(2.15)给出的惩罚项的选择不是唯一的，并且有相当多的文献提倡使用不同的惩罚项。Sugiura[196]提出并由 Hurvich 和 Tsai[100]扩展的修正形式是基于线性回归模型的小样本分布结果(详见问题 2.4 和问题 2.5)。修正后的形式如下。

定义 2.2　AIC，偏差修正(AICc)

$$\mathrm{AICc} = \log \hat{\sigma}_k^2 + \frac{n+k}{n-k-2} \tag{2.16}$$

其中 $\hat{\sigma}_k^2$ 由式(2.14)给出，k 是模型中参数的数量，n 是样本量。

我们也可以根据贝叶斯论证推导出一个修正项，如 Schwarz[175]的文献，其结果如下。

定义 2.3　贝叶斯信息准则(BIC)

$$\mathrm{BIC} = \log \hat{\sigma}_k^2 + \frac{k \log n}{n} \tag{2.17}$$

⊖　形式上，AIC 定义为 $-2\log L_k + 2k$，其中 L_k 是最大似然，k 是模型中参数的数量。对于正态分布的回归问题，AIC 可以简化为式(2.15)给出的形式。AIC 是对真实模型和候选模型之间的 Kullback-Leibler 差异的估计，有关详细信息，请参阅问题 2.4 和问题 2.5。

使用与定义 2.2 中相同的表示法。

BIC 也称为 Schwarz 信息准则(SIC)，另请参阅 Rissanen[166] 的文献，了解用最小描述长度参数来获得相同统计量的方法。请注意，BIC 中的惩罚项的值远大于 AIC 中的惩罚项的值，因此，BIC 倾向于选择较小的模型。各种模拟研究倾向于验证 BIC 在大样本中获得正确阶数方面表现良好，而 AICc 往往在参数相对数量较大的较小样本中表现优异，请参阅 McQuarrie and Tsai[138] 的文献进行详细比较。在拟合回归模型中，过去使用的两个度量为基于 s_w^2 的调整后 R^2，以及 Mallows C_p(见 Mallows[133] 的文献)，但我们在这里不予考虑。

例 2.2　污染、温度和死亡率

图 2.2 中所示的数据是从 Shumway 等人[183] 的研究中提取的序列。研究了温度和污染对洛杉矶每周死亡率可能造成的影响。请注意所有序列中强烈的对应于冬季和夏季变化的季节性成分以及 10 年期间心血管死亡率的下降趋势。

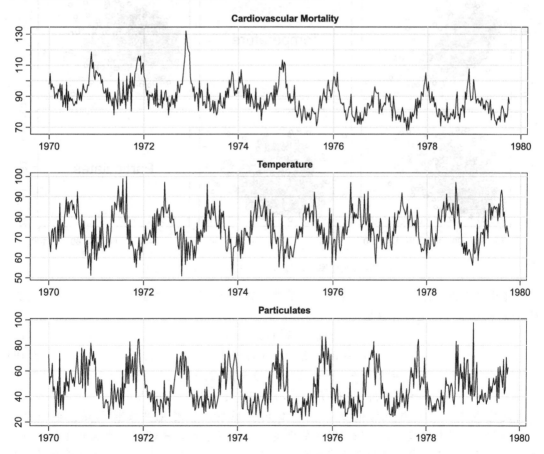

图 2.2　洛杉矶地区平均每周心血管死亡率(上)、温度(中)和颗粒污染(下)。在 1970—1979 年的 10 年期间，通过过滤日数据得到 508 个六日平滑平均值

图 2.3 所示的散点图矩阵表明，死亡率与污染物颗粒之间可能存在线性关系，并可能与温度有关。注意，温度死亡率曲线的形状表明，较高的温度以及较低的温度都与心血管死亡率的增加有关。

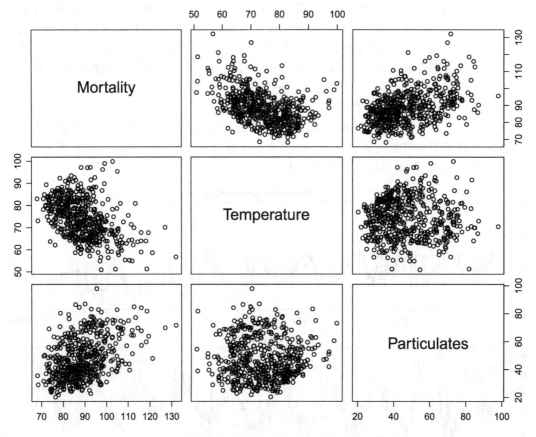

图 2.3   显示死亡率、温度和污染之间关系的散点图矩阵

基于散点图矩阵，我们暂时接受四种模型，其中 M_t 表示心血管死亡率，T_t 表示温度，P_t 表示颗粒水平。这四种模型是

$$M_t = \beta_0 + \beta_1 t + w_t \tag{2.18}$$

$$M_t = \beta_0 + \beta_1 t + \beta_2(T_t - T.) + w_t \tag{2.19}$$

$$M_t = \beta_0 + \beta_1 t + \beta_2(T_t - T.) + \beta_3(T_t - T.)^2 + w_t \tag{2.20}$$

$$M_t = \beta_0 + \beta_1 t + \beta_2(T_t - T.) + \beta_3(T_t - T.)^2 + \beta_4 P_t + w_t \tag{2.21}$$

在上述模型中，我们用平均值 $T. = 74.26$ 调整温度，以避免共线性问题。很明显，式(2.18)仅仅是趋势模型，式(2.19)中的温度变量是线性的，式(2.20)的温度变量是二次的，式(2.21)则含有非线性的曲线变量和污染变量。我们在表 2.2 中针对这一情况总结出了一些统计数据。

表 2.2　死亡率模型的汇总统计

模型	k	误差平方和(SSE)	自由度(df)	均方和(MSE)	可决系数(R^2)	AIC	BIC
(2.18)	2	40 020	506	79.0	0.21	5.38	5.40
(2.19)	3	31 413	505	62.2	0.38	5.14	5.17
(2.20)	4	27 985	504	55.5	0.45	5.03	5.07
(2.21)	5	20 508	503	40.8	0.60	4.72	4.77

我们注意到每个模型都比它前一个模型要好，包括温度、温度平方和颗粒变量的模型效果最好，可以解释 60% 的误差平方和、AIC 和 BIC 的最佳值（基于大样本量，AIC 和 AICc 几乎相同）。注意，可以使用残差平方和及式(2.11)来比较任何两个模型。因此，可以将仅具有趋势的模型与完整模型进行比较，检验 $H_0: \beta_2 = \beta_3 = \beta_4 = 0$，取 $q=4$，$r=1$，$n=508$，以及

$$F_{3,503} = \frac{(40\ 020 - 20\ 508)/3}{20\ 508/503} = 160$$

该值超过了 $F_{3,503}(0.001) = 5.51$。于是，我们得到了最好的死亡率预测模型，

$$\hat{M}_t = 2\ 831.5 - 1.396_{(0.10)}\, t - 0.472_{(0.032)}\,(T_t - 74.26)$$
$$+ 0.023_{(0.003)}\,(T_t - 74.26)^2 + 0.255_{(0.019)}\, P_t$$

其中，从式(2.6)～(2.8)计算的标准误差在括号中给出。正如预期的那样，时间呈现负趋势，调整温度的系数为负值。温度的二次效应可以在图 2.3 的散点图中清楚地看到。污染变量的权重为正，可以解释为每单位颗粒污染对每日死亡增量的贡献。检查残差 $\hat{w}_t = M_t - \hat{M}_t$ 自相关（其中有大量的残留物）仍然是必要的，但我们将这个问题推迟到 3.8 节，当我们讨论具有误差相关的回归时再详细探讨。

下面的 R 代码用于绘制时间序列，显示散点图矩阵，拟合最终回归模型(2.21)，并计算 AIC、AICc 和 BIC 的相应值⊖。最后，在 lm() 中使用参数 na.action，用于保留残差和拟合值的时间序列属性。

```
par(mfrow=c(3,1))       # plot the data
plot(cmort, main="Cardiovascular Mortality", xlab="", ylab="")
plot(tempr, main="Temperature", xlab="", ylab="")
plot(part, main="Particulates", xlab="", ylab="")
dev.new()               # open a new graphic device
ts.plot(cmort,tempr,part, col=1:3)  # all on same plot (not shown)
dev.new()
pairs(cbind(Mortality=cmort, Temperature=tempr, Particulates=part))
temp  = tempr-mean(tempr) # center temperature
temp2 = temp^2
trend = time(cmort)       # time
fit   = lm(cmort~ trend + temp + temp2 + part, na.action=NULL)
summary(fit)              # regression results
summary(aov(fit))         # ANOVA table   (compare to next line)
```

⊖　从 R 中的 lm() 运行中提取 AIC 和 BIC 的最简单方法是使用命令 AIC() 或 BIC()。我们的定义与 R 不同，术语不随模型而变化。在这个例子中，我们展示了如何从 R 输出中获得式(2.15)和式(2.17)。获得 AICc 更加困难。

```
summary(aov(lm(cmort~cbind(trend, temp, temp2, part)))) # Table 2.1
num = length(cmort)          # sample size
AIC(fit)/num - log(2*pi)     # AIC
BIC(fit)/num - log(2*pi)     # BIC
(AICc = log(sum(resid(fit)^2)/num) + (num+5)/(num-5-2)) # AICc
```

如前所述，可以在时间序列回归模型中包含滞后变量，我们将继续讨论这类问题。在问题 2.2 和问题 2.10 中进一步探讨了这个概念。以下是滞后回归的简单实例。

例 2.3　使用滞后变量的回归

在例 1.28 中，我们发现在时间 $t-6$ 个月测量的南方涛动指数（SOI）与在时间 t 的新鱼数量序列相关，表明 SOI 领先新鱼数量序列 6 个月。虽然有证据表明这种关系不是线性的（这将在例 2.8 和例 2.9 中进一步讨论），但考虑以下回归，

$$R_t = \beta_0 + \beta_1 S_{t-6} + w_t \tag{2.22}$$

其中 R_t 表示第 t 个月的新鱼数量，S_{t-6} 表示 6 个月前的 SOI。假设 w_t 序列是白噪声，拟合模型为

$$\hat{R}_t = 65.79 - 44.28_{(2.78)} S_{t-6} \tag{2.23}$$

在 445 个自由度上 $\hat{\sigma}_w = 22.5$。这一结果表明 SOI 提前六个月对新鱼数量有很强的预测能力。当然，检查模型假设仍然很重要，但我们再次把这部分放到后面的内容中讨论。

在 R 中执行滞后回归有点困难，因为在运行回归之前必须对齐序列。最简单的方法是使用 ts.intersect 创建一个数据框（我们称之为 fish），它将对齐滞后序列。

```
fish = ts.intersect(rec, soiL6=lag(soi,-6), dframe=TRUE)
summary(fit1 <- lm(rec~soiL6, data=fish, na.action=NULL))
```

通过使用必须下载和安装的 R 添加包 dynlm，可以避免对齐滞后序列的麻烦。

```
library(dynlm)
summary(fit2 <- dynlm(rec~ L(soi,6)))
```

我们注意到 fit2 与 fit1 对象类似，但是保留了时间序列属性而没有任何其他命令。

2.2　探索性数据分析

一般而言，如上一节所述，时间序列数据必须是平稳的，从而滞后项乘积的平均值是有意义的。对于时间序列数据，重要的是测量序列值之间的依赖关系；至少，我们必须能够精确地估计自相关。如果依赖结构不规则或在每个时间点都在变化，那么很难衡量这种依赖性。因此，为了实现对时间序列数据的任何有意义的统计分析，至关重要的是，如果没有其他要求，均值和自协方差函数（至少在一段合理的时间内）满足定义 1.7 中所述的平稳性条件。通常情况并非如此，我们将在本节中提及一些方法来淡化非平稳性的影响，以便研究序列的平稳特性。

我们的一些例子来自明显不平稳的序列。图 1.1 中的 Johnson&Johnson 序列的平均值随时间呈指数增长，并且围绕该趋势的波动幅度的增加引起协方差函数的变化，例如，随着序列长度的增加，该过程的方差明显增加。此外，图 1.2 所示的全球温度序列包含一些

随时间变化趋势的证据，人类引发的全球变暖这一理论支持者将此作为经验证据来支持温度正在上升的假设。

也许最简单的非平稳形式是趋势平稳模型，其中过程具有围绕趋势的平稳行为。我们可以将这种类型的模型写成

$$x_t = \mu_t + y_t \tag{2.24}$$

其中 x_t 是观察值，μ_t 表示趋势，y_t 是平稳过程。正如我们将在许多例子中看到的那样，强烈的趋势常常会模糊平稳过程 y_t 的行为。因此，作为对这种时间序列的探索性分析的第一步，消除趋势有一些优点。所涉及的步骤首先是获得趋势分量的合理估计，即 $\hat{\mu}_t$，然后使用残差

$$\hat{y}_t = x_t - \hat{\mu}_t \tag{2.25}$$

例 2.4　去趋势的鸡肉价格

这里我们假设模型的形式为式(2.24)，

$$x_t = \mu_t + y_t$$

其中，正如我们在分析例 2.1 中提供的鸡肉价格数据时所建议的那样，直线可能有助于消除数据趋势，即

$$\mu_t = \beta_0 + \beta_1 t$$

在该实例中，我们使用普通最小二乘估计趋势并发现

$$\hat{\mu}_t = -7\,131 + 3.59t$$

其中我们使用 t 而不是 z_t 表示时间。图 2.1 显示了叠加估计趋势线的数据。为了获得去趋势序列，我们简单地从观察值 x_t 中减去 $\hat{\mu}_t$，以获得去除趋势后的序列$^{\ominus}$。

$$\hat{y}_t = x_t + 7\,131 - 3.59t$$

图 2.4 的上图显示了去除趋势的时间序列。图 2.5 显示了原始数据(顶部)的 ACF 以及去趋势数据的 ACF(中间)。

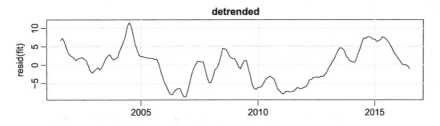

图 2.4　去趋势(顶部)和差分后(底部)鸡肉价格序列，原始数据如图 2.1 所示

⊖　因为误差项 y_t 没有被假定为独立同分布，所以读者可能会觉得在这种情况下需要加权最小二乘法。问题是，我们不知道 y_t 的行为，这正是我们在这个阶段要评估的内容。然而，Grenander 和 Rosenblatt[82,Ch7] 的一个值得注意的结果是，在 y_t 的温和条件下，对于多项式回归或周期回归，渐近地，普通最小二乘等效于加权最小二乘。

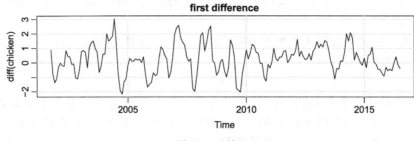

图 2.4   （续）

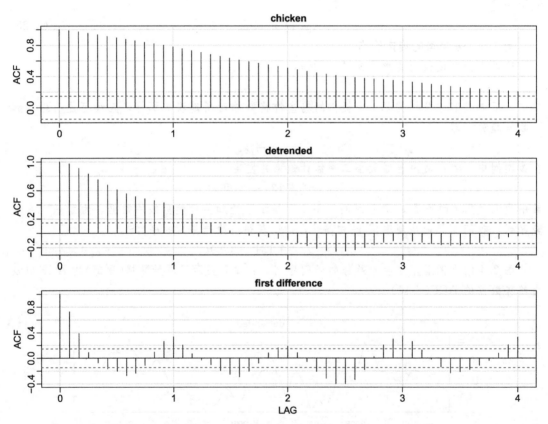

图 2.5   鸡肉价格(上)、去趋势(中)和差分(下)序列的 ACF 样本。
将上图中曲线与直线的样本 ACF (acf(1:100))进行比较   ■

在例 1.11 和相应的图 1.10 中，我们看到随机游走也可能是一个很好的趋势模型。也就是说，我们不是将趋势固定来建模(如例 2.4 所示)，而是使用带漂移项的随机游走模型把趋势建模为随机分量，

$$\mu_t = \delta + \mu_{t-1} + w_t \tag{2.26}$$

其中 w_t 是白噪声并且与 y_t 无关。如果适当的模型是式(2.24)，则对数据 x_t 进行差分，产生一个平稳过程，即

$$x_t - x_{t-1} = (\mu_t + y_t) - (\mu_{t-1} + y_{t-1}) = \delta + w_t + y_t - y_{t-1} \qquad (2.27)$$

通过 1.1 节很容易证明 $z_t = y_t - y_{t-1}$ 是平稳的。也就是说，因为 y_t 是平稳的，所以

$$\gamma_z(h) = \text{cov}(z_{t+h}, z_t) = \text{cov}(y_{t+h} - y_{t+h-1}, y_t - y_{t-1})$$
$$= 2\gamma_y(h) - \gamma_y(h+1) - \gamma_y(h-1)$$

与时间无关，我们把证明式(2.27)中的 $x_t - x_{t-1}$ 是平稳的留作练习(见问题 2.7)。

差分消除趋势的一个优点是在差分操作中不需要估计参数。然而，如式(2.27)中所示，差分的一个缺点是它不能产生平稳过程 y_t 的估计。如果估计 y_t 是必要的，那么去趋势可能更合适。如果目标是把数据转换为平稳的，则差分可能更合适。如果趋势是固定的，差分也是一个可行的工具，如例 2.4 所示。也就是说，例如，如果模型(2.24)中的 $\mu_t = \beta_0 + \beta_1 t$，则对数据进行差分会产生平稳性(见问题 2.6)：

$$x_t - x_{t-1} = (\mu_t + y_t) - (\mu_{t-1} + y_{t-1}) = \beta_1 + y_t - y_{t-1}$$

因为差分在时间序列分析中起着核心作用，因此它有自己的符号。一阶差分表示为

$$\nabla x_t = x_t - x_{t-1} \qquad (2.28)$$

正如我们所看到的，一阶差分消除了线性趋势。二阶差分，即式(2.28)的差分，可以消除二次趋势，以此类推。为了定义更高阶的差分，我们需要一个不同的记号，我们将在第 3 章中对 ARIMA 模型的讨论中经常使用。

定义 2.4 我们由下式定义**后移算子**

$$Bx_t = x_{t-1}$$

并将其扩展到 $B^2 x_t = B(Bx_t) = Bx_{t-1} = x_{t-2}$，以此类推。从而得到，

$$B^k x_t = x_{t-k} \qquad (2.29)$$

如果我们要求 $B^{-1}B = 1$，则可以给出逆算子的概念

$$x_t = B^{-1}Bx_t = B^{-1}x_{t-1}$$

也就是说，B^{-1} 是前移算子。此外，很明显我们可以将式(2.28)重写为

$$\nabla x_t = (1 - B)x_t \qquad (2.30)$$

我们可以进一步扩展这个概念。例如，根据算子的线性性，二阶差分变为

$$\nabla^2 x_t = (1 - B)^2 x_t = (1 - 2B + B^2)x_t = x_t - 2x_{t-1} + x_{t-2} \qquad (2.31)$$

要验证上式，只需对一阶差分再进行差分，即 $\nabla(\nabla x_t) = \nabla(x_t - x_{t-1}) = (x_t - x_{t-1}) - (x_{t-1} - x_{t-2})$。

定义 2.5 d **阶差分**定义为

$$\nabla^d = (1 - B)^d \qquad (2.32)$$

我们可以用代数方式扩展算子 $(1-B)^d$ 来得到高阶 d 的结果。当 $d = 1$ 时，我们将其从符号中省略。

一阶差分(2.28)是用于消除趋势的线性滤波器的一个例子。通过对 x_t 附近的值求平均而形成的滤波器可以产生调整后的序列，从而消除其他类型的不需要的波动，如第 4 章所示。差分技术是 Box 和 Jenkins 的 ARIMA 模型的一个重要组成部分[30]（见 Box et al.[31] 的文献），将在第 3 章中讨论。

例 2.5　鸡肉价格数据的差分

鸡肉价格序列的一阶差分，如图 2.4 所示，与通过回归来去除趋势产生不同的结果。例如，差分序列不包含我们在去趋势序列中观察到的长（五年）周期。该序列的 ACF 也如图 2.5 所示。在这种情况下，差分序列表现出在原始数据或去趋势数据中模糊的年度周期。

用于重现图 2.4 和图 2.5 的 R 代码如下。

```
fit = lm(chicken~time(chicken), na.action=NULL) # regress chicken on time
par(mfrow=c(2,1))
plot(resid(fit), type="o", main="detrended")
plot(diff(chicken), type="o", main="first difference")
par(mfrow=c(3,1))   # plot ACFs
acf(chicken, 48, main="chicken")
acf(resid(fit), 48, main="detrended")
acf(diff(chicken), 48, main="first difference")
```

例 2.6　全球温度数据的差分

图 1.2 中所示的全球温度序列似乎更像是随机游走，而不像趋势平稳序列。因此，使用差分将其强制转换为平稳更为合适，而不是消除数据的趋势。去趋势数据与相应的样本 ACF 一起显示在图 2.6 中。在这种情况下，似乎差分后的随机过程显示出最小的自相关，这可能意味着全球温度序列几乎是带漂移项的随机游走。值得注意的是，如果该序列是带漂移项的随机游走，则差分序列的平均值（即漂移的估计值）约为 0.008，或每 100 年增加约 1 摄氏度。

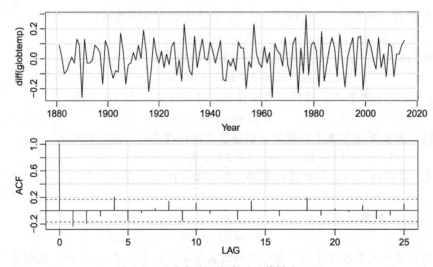

图 2.6　差分全球温度序列及其样本 ACF

用于重现图 2.4 和图 2.5 的 R 代码如下。

```
par(mfrow=c(2,1))
plot(diff(globtemp), type="o")
 mean(diff(globtemp))   # drift estimate = .008
acf(diff(gtemp), 48)
```

另一种差分以外的替代方法是不太严格的操作，仍然假设原时间序列的平稳。这种替代方法称为分数差分，它将差分算子(2.32)的概念扩展到分数幂 $-0.5 < d < 0.5$，它仍然定义了平稳过程。Granger 和 Joyeux[79] 以及 Hosking[97] 引入了长记忆时间序列，这与 $0 < d < 0.5$ 时的情况相对应。该模型通常用于水文学中出现的环境时间序列。我们将在 5.1 节中更详细地讨论长记忆过程。通常，如果数据存在明显的异常，这些异常会在观察到的时间序列中产生非平稳和非线性行为。在这种情况下，时间序列变换可能有助于把一段长度的时间序列的方差变为相等。一个特别有用的变换是

$$y_t = \log x_t \tag{2.33}$$

这倾向于抑制在数值较大的原始序列部分上发生的较大波动。另一种是 Box-Cox 中的幂律变换(power transformation)

$$y_t = \begin{cases} (x_t^\lambda - 1)/\lambda & \lambda \neq 0 \\ \log x_t & \lambda = 0 \end{cases} \tag{2.34}$$

有些选择幂 λ 值的方法(见 Johnson and Wichern[106] 的文献的 4.7 节)，但我们这里不讨论它们。通常，变换也用于提高与正态性的相似性，或者增强两个序列之间的线性关系。

例 2.7　古气候冰川纹层

在春季融化的季节，融化的冰川每年沉积一层沙子和淤泥，可以在新英格兰(大约12 600年前)开始到大约6 000年前的时间内重建。这种沉积物，称为**纹层**(varve)，可以用作古气候参数的代表，例如温度，因为在温暖的一年中，更多的沙子和淤泥从后退的冰川中沉积下来。图 2.7 显示了从马萨诸塞州的一个地方收集的年度纹层的厚度，从11 834年前开始，长度为634年。有关详细信息，请参阅 Shumway and Verosub[185] 的文献。因为厚度的变化与沉积量成比例地增加，所以对数变换可以消除方差中可观察到的随时间变化的非平稳性。图 2.7 显示了原始的和变换后的纹层，很明显已经有所改进。我们还可以绘制原始和变换数据的直方图，如问题 2.8，以证明正态性的近似得到改善。普通的一阶差分(2.30)也在问题 2.8 中计算，我们注意到一阶差分在滞后 $h=1$ 时具有显著的负相关。之后，在第 5 章中，我们将证明纹层序列可能具有长记忆并且将建议使用分数差分。使用如下代码在 R 中生成图 2.7。

```
par(mfrow=c(2,1))
plot(varve, main="varve", ylab="")
plot(log(varve), main="log(varve)", ylab="" )
```

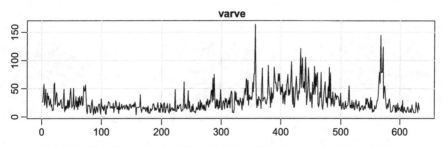

图 2.7　来自马萨诸塞州的冰川纹层厚度(顶部)与对数变换厚度(底部)相比较，$n=634$ 年

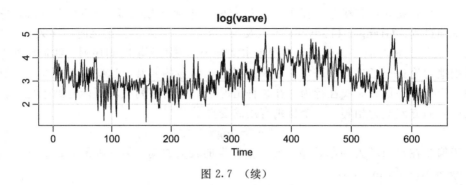

图 2.7   （续）

接下来，我们考虑另一种初步数据处理技术，用于可视化不同滞后的序列之间的关系，即散点图矩阵。在 ACF 的定义中，我们基本上对 x_t 和 x_{t-h} 之间的关系感兴趣，自相关函数是因为序列与其自身的滞后值之间存在基本的线性关系。ACF 给出了所有可能滞后的线性相关的分布，并显示了 h 的哪个值导致最佳可预测性。然而，这种思想对线性可预测性的限制可能掩盖了当前值 x_t 和过去值 x_{t-h} 之间可能存在的非线性关系。这个想法延伸到两个序列，其中有人可能对检查 y_t 与 y_{t-h} 的散点图感兴趣。

例 2.8   散点图矩阵、SOI 和新鱼数量

为了检查这种形式的非线性关系，可以方便地显示滞后散点图矩阵，如图 2.8 所示，它纵轴上显示 SOI 的值 S_t，横轴表示 S_{t-h}。样本自相关系数显示在右上角，叠加在散点图上的是局部加权的散点图平滑（locally weighted scatterplot smoothing，lowess）线，可用于帮助发现任何非线性。我们将在下一节讨论平滑，但是现在，将 lowess 视为拟合局部回归的稳健方法。

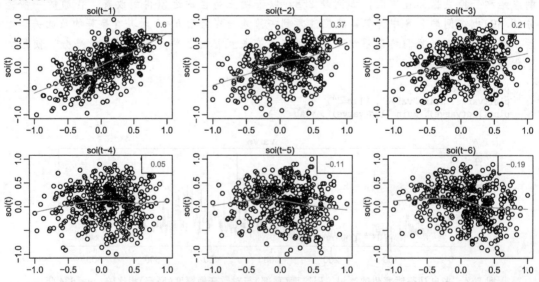

图 2.8   散点图矩阵将当前 SOI 值 S_t 与过去的 SOI 值 S_{t-h} 相关联，滞后 $h=1，2，\cdots，12$。右上角的值是样本自相关系数，直线是拟合的 lowess

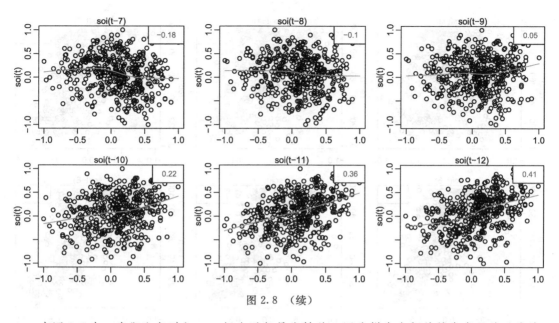

图 2.8 （续）

　　在图 2.8 中，我们注意到 lowess 拟合近似是线性的，因此样本自相关是有意义的。此外，我们在滞后 $h=1$，2，11，12 处看到强正线性关系，即在 S_t 和 S_{t-1}，S_{t-2}，S_{t-11}，S_{t-12} 之间，以及滞后 $h=6$，7 处呈现负线性关系。这些结果与图 1.16 中 ACF 中注意到的峰值很好地匹配。

　　类似地，我们可能想要看一个序列的值，比如新鱼数量序列，表示为 R_t，对不同滞后的另一个序列 S_{t-h} 绘制散点图，即 SOI，以寻找两个序列之间可能的非线性关系。例如，我们可能希望根据 SOI 序列的当前或过去值 S_{t-h} 来预测新鱼数量序列 R_t，其中 $h=0$，1，2，$\cdots$。检查散点图矩阵是有必要的。图 2.9 显示了滞后散点图，纵轴上为新鱼数量 R_t，横轴上为 SOI 指数 S_{t-h}。此外，该图还显示了样本的交叉相关以及 lowess 拟合。

　　图 2.9 显示了新鱼数量序列 R_t 和 SOI 序列 S_{t-5}，S_{t-6}，S_{t-7}，S_{t-8} 之间相当强的非线性关系，表明 SOI 序列倾向于先行于新鱼数量序列，系数为负，意味着 SOI 的增加导致新鱼数量减少。在散点图中观察到的非线性（借助于叠加的 lowess 拟合）表明，SOI 取正值和负值时，新鱼数量 SOI 之间的行为有所不同。

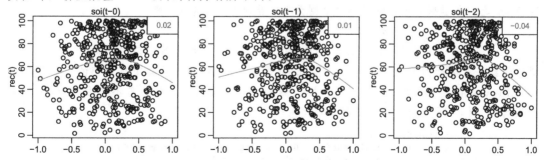

图 2.9　新鱼数量序列的散点图矩阵，纵轴为 R_t 序列，横轴为 SOI 序列 S_{t-h}，滞后 $h=0$，1，$\cdots$，8。右上角的值是样本交叉相关，直线是 lowess 拟合

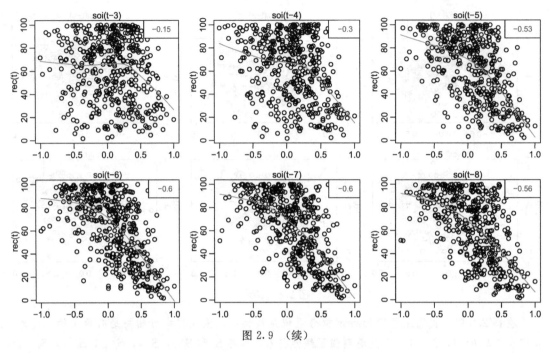

图 2.9 （续）

可以使用 lag.plot 命令在 R 中获得一个序列的简单散点图矩阵。可以使用 R 包 astsa 提供的以下脚本重现图 2.8 和图 2.9：

```
lag1.plot(soi, 12)       # Fig. 2.8
lag2.plot(soi, rec, 8)   # Fig. 2.9
```

例 2.9   使用滞后变量的回归（续）

在例 2.3 中，我们将新鱼数量序列对滞后 SOI 进行了回归，

$$R_t = \beta_0 + \beta_1 S_{t-6} + w_t$$

然而，在例 2.8 中，我们看到当 SOI 为正或负时，该关系是非线性的并且是不同的。在这种情况下，我们可以考虑添加一个虚拟变量来解释这一变化。特别地，我们拟合模型

$$R_t = \beta_0 + \beta_1 S_{t-6} + \beta_2 D_{t-6} + \beta_3 D_{t-6} S_{t-6} + w_t$$

其中 D_t 是一个虚拟变量，如果 $S_t < 0$ 则为 0，否则为 1。这意味着

$$R_t = \begin{cases} \beta_0 + \beta_1 S_{t-6} + w_t & \text{如果 } S_{t-6} < 0 \\ (\beta_0 + \beta_2) + (\beta_1 + \beta_3) S_{t-6} + w_t & \text{如果 } S_{t-6} \geqslant 0 \end{cases}$$

拟合的结果在下面的 R 代码中给出。图 2.10 显示了 R_t 和 S_{t-6}，其中有回归的拟合值和叠加的 lowess 值。分段回归拟合类似于 lowess 拟合，但我们注意到残差不是白噪声（见下面的代码）。例 3.45 中是其后续步骤。

```
dummy = ifelse(soi<0, 0, 1)
fish = ts.intersect(rec, soiL6=lag(soi,-6), dL6=lag(dummy,-6), dframe=TRUE)
summary(fit <- lm(rec~ soiL6*dL6, data=fish, na.action=NULL))
  Coefficients:
            Estimate  Std.Error  t.value
```

```
(Intercept)    74.479        2.865    25.998
soiL6         -15.358        7.401    -2.075
dL6            -1.139        3.711    -0.307
soiL6:dL6     -51.244        9.523    -5.381
---
Residual standard error: 21.84 on 443 degrees of freedom
Multiple R-squared:  0.4024
F-statistic: 99.43 on 3 and 443 DF
attach(fish)
plot(soiL6, rec)
lines(lowess(soiL6, rec), col=4, lwd=2)
points(soiL6, fitted(fit), pch='+', col=2)
plot(resid(fit))   # not shown ...
acf(resid(fit))    # ... but obviously not noise
```

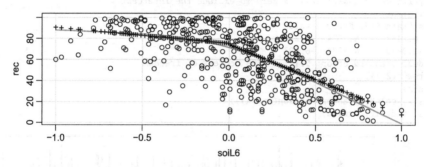

图 2.10　显示例 2.9：新鱼数量(R_t)与 SOI 滞后 6 个月(S_{t-6})，回归的拟合值为点(＋)，lowess 拟合值为(—)

　　作为最终的探索工具，我们讨论使用回归分析考察时间序列数据中的周期性行为。在例 1.12 中，我们简要讨论了识别时间序列的循环或周期信号的问题。到目前为止，我们看到的一些时间序列表现出周期性行为。例如，图 2.2 中给出的污染研究的数据表现出强烈的年度周期。图 1.1 所示的 Johnson & Johnson 数据每年循环一个周期（四个季度），并且总体呈现增长趋势，而在图 1.2 中，语音数据高度重复。图 1.6 中的月度 SOI 和新鱼数量显示了强烈的年度周期，这掩盖了较慢的厄尔尼诺循环。

例 2.10　使用回归发现噪声中的信号

　　在例 1.12 中，我们从以下模型中生成了 $n=500$ 个观测值：

$$x_t = A\cos(2\pi\omega t + \phi) + w_t \tag{2.35}$$

其中 $\omega=1/50$，$A=2$，$\phi=0.6\pi$，$\sigma_w=5$；数据显示在图 1.11 的底部。此时我们假设振荡频率 $\omega=1/50$ 是已知的，但 A 和 ϕ 是未知参数。在这种情况下，参数以非线性方式出现在式(2.35)中，因此我们使用三角恒等式⊖并写出

$$A\cos(2\pi\omega t + \phi) = \beta_1\cos(2\pi\omega t) + \beta_2\sin(2\pi\omega t)$$

其中 $\beta_1=A\cos(\phi)$ 且 $\beta_2=-A\sin(\phi)$。现在模型(2.35)可以用通常的线性回归形式写出来（这里不需要截距项）

⊖　$\cos(\alpha\pm\beta)=\cos(\alpha)\cos(\beta)\mp\sin(\alpha)\sin(\beta)$。

$$x_t = \beta_1 \cos(2\pi t/50) + \beta_2 \sin(2\pi t/50) + w_t \qquad (2.36)$$

使用线性回归，我们发现 $\hat{\beta}_1 = -0.74_{(0.33)}$，$\hat{\beta}_2 = -1.99_{(0.33)}$，$\hat{\sigma}_w = 5.18$；括号中的值是标准误差。我们注意到该例子中系数的实际值是 $\beta_1 = 2\cos(0.6\pi) = -0.62$，以及 $\beta_2 = -2\sin(0.6\pi) = -1.90$。很明显，即使信噪比很小，我们也可以使用回归检测噪声中的信号。图 2.11 显示了式 (2.35) 生成的数据，并且叠加了拟合线。

要在 R 中重现分析和图 2.11，请使用以下内容：

```
set.seed(90210)              # so you can reproduce these results
x  = 2*cos(2*pi*1:500/50 + .6*pi) + rnorm(500,0,5)
z1 = cos(2*pi*1:500/50)
z2 = sin(2*pi*1:500/50)
summary(fit <- lm(x~0+z1+z2))  # zero to exclude the intercept
  Coefficients:
     Estimate Std. Error t value
  z1 -0.7442     0.3274  -2.273
  z2 -1.9949     0.3274  -6.093
  Residual standard error: 5.177 on 498 degrees of freedom
par(mfrow=c(2,1))
plot.ts(x)
plot.ts(x, col=8, ylab=expression(hat(x)))
lines(fitted(fit), col=2)
```

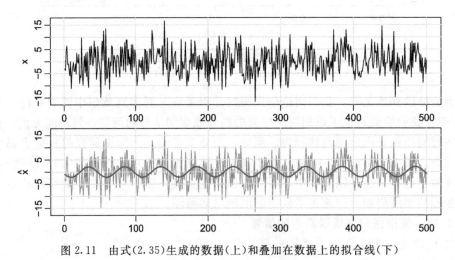

图 2.11　由式 (2.35) 生成的数据 (上) 和叠加在数据上的拟合线 (下)

2.3　时间序列中的平滑

在 1.2 节，我们介绍了过滤或平滑时间序列的概念，在例 1.9 中，我们讨论了使用移动平均来平滑白噪声。此方法可用于发现时间序列中的某些特征，例如长期趋势和季节性成分。特别地，如果 x_t 代表观测结果，那么

$$m_t = \sum_{j=-k}^{k} a_j x_{t-j} \qquad (2.37)$$

是数据的对称移动平均值，其中 $a_j = a_{-j} \geqslant 0$ 且 $\sum_{j=-k}^{k} a_j = 1$。

例 2.11   移动平均平滑器

例如，图 2.12 显示了例 1.5 中讨论的月度 SOI 序列，使用式(2.37)进行平滑，权重 $a_0 = a_{\pm 1} = \cdots = a_{\pm 5} = 1/12$，并且 $a_{\pm 6} = 1/24$；$k = 6$。这种特殊方法消除（滤除）明显的年度温度循环，并有助于强调厄尔尼诺循环。以下代码用于在 R 中重现图 2.12：

```
wgts = c(.5, rep(1,11), .5)/12
soif = filter(soi, sides=2, filter=wgts)
plot(soi)
lines(soif, lwd=2, col=4)
par(fig = c(.65, 1, .65, 1), new = TRUE)   # the insert
nwgts = c(rep(0,20), wgts, rep(0,20))
plot(nwgts, type="l", ylim = c(-.02,.1), xaxt='n', yaxt='n', ann=FALSE)
```

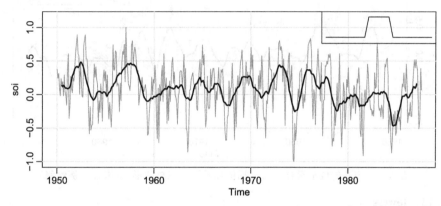

图 2.12   SOI 移动平均平滑器。右上插图显示了式(2.39)中描述的移动平均
（"boxcar"）核（未按比例绘制）的形状

尽管移动平均平滑器在突出厄尔尼诺效应方面做得很好，但可能会被认为过于波动。我们可以使用正态分布的权重获得更平滑的拟合，而不是式(2.37)的 boxcar 类型的权重。

例 2.12   核平滑

核平滑是一种移动平均平滑器，它使用权重函数或核函数来平均观测值。图 2.13 显示了 SOI 序列的核平滑，其中 m_t 为

$$m_t = \sum_{i=1}^{n} w_i(t) x_i \tag{2.38}$$

其中

$$w_i(t) = K\left(\frac{t-i}{b}\right) \Big/ \sum_{j=1}^{n} K\left(\frac{t-j}{b}\right) \tag{2.39}$$

是权重，$K(\cdot)$ 是核函数。这个估计量最初由 Parzen[148] 和 Rosenblatt[170] 研究，通常被称为 Nadaraya-Watson 估计（见 Watson[207] 的文献）。在该实例中，通常使用正态核 $K(z) = \frac{1}{\sqrt{2\pi}} \exp\left(-z^2/2\right)$。

要在 R 中实现此功能，请使用可选择带宽的 ksmooth 函数。带宽 b 越宽，结果越平滑。从 R 的函数 ksmooth 帮助文件中：对核进行缩放，使其四分位数（视为概率密度）为

±0.25 * 带宽。对于标准正态分布，四分位数为±0.674。在我们的例子中，我们随着时间的推移，对 SOI 时间序列以 $t/12$ 的形式进行平滑。在图 2.13 中，我们取 $b=1$ 对应近似一年的平滑。图 2.13 可以在 R 中使用如下代码重现。

```
plot(soi)
lines(ksmooth(time(soi), soi, "normal", bandwidth=1), lwd=2, col=4)
par(fig = c(.65, 1, .65, 1), new = TRUE)   # the insert
gauss = function(x) { 1/sqrt(2*pi) * exp(-(x^2)/2) }
x = seq(from = -3, to = 3, by = 0.001)
plot(x, gauss(x), type ="l", ylim=c(-.02,.45), xaxt='n', yaxt='n', ann=FALSE)
```

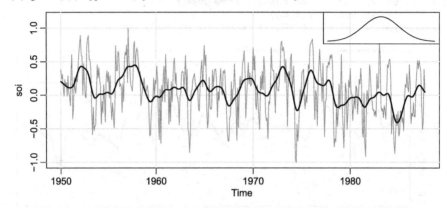

图 2.13　SOI 的核平滑器。右上插图显示了正态核的形状（未按比例绘制）

例 2.13　lowess

平滑时间图的另一种方法是最近邻回归。该技术基于 k-最近邻回归，其中仅使用数据 $\{x_{t-k/2}, \cdots, x_t, \cdots, x_{t+k/2}\}$ 通过回归预测 x_t，然后设置 $m_t = \hat{x}_t$。

lowess 是一种相当复杂的平滑方法，但基本思想接近最近邻回归。图 2.14 显示了使用 R 函数 lowess 平滑 SOI（见 Cleveland[42] 的文献）。首先，在加权方案中包括与 x_t 成一定比例的最近邻；值越接近 x_t，权重越大。然后，使用稳健加权回归来预测 x_t 并获得平滑值 m_t。包括的最近邻占的比例越大，拟合越平滑。在图 2.14 中，一个平滑器使用 5% 的数据来获得数据的厄尔尼诺循环的估计值。

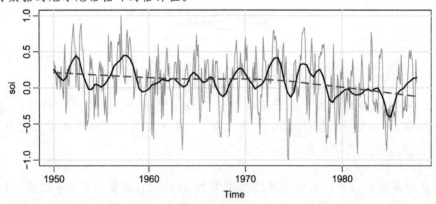

图 2.14　SOI 序列的局部加权散点图平滑（lowess）

此外，SOI 的（负）趋势将表明太平洋的长期变暖。为了研究这个问题，我们使用了 lowess，其默认平滑范围为 f = 2/3 的数据。图 2.14 可以在 R 中重现如下。

```
plot(soi)
lines(lowess(soi, f=.05), lwd=2, col=4)  # El Nino cycle
lines(lowess(soi), lty=2, lwd=2, col=2)  # trend (with default span)
```

例 2.14　平滑样条曲线

平滑数据的一种显而易见的方法是根据时间拟合多项式回归。例如，三次多项式具有 $x_t = m_t + w_t$，其中

$$m_t = \beta_0 + \beta_1 t + \beta_2 t^2 + \beta_3 t^3$$

然后我们可以通过普通最小二乘法拟合 m_t。

多项式回归的扩展是首先划分时间 $t=1，\cdots，n$，进入 k 个区间，$[t_0=1，t_1]$，$[t_1+1，t_2]$，$\cdots$，$[t_{k-1}+1，t_k=n]$；值 $t_0，t_1，\cdots，t_k$ 称为节点（knot）。然后，在每个区间中拟合多项式回归，通常阶数为 3，这称为三次样条（cubic splines）。

一种相关的方法是平滑样条，其最小化了拟合和平滑程度之间的折中

$$\sum_{t=1}^{n} [x_t - m_t]^2 + \lambda \int (m_t'')^2 \mathrm{d}t \tag{2.40}$$

其中 m_t 是一个三次样条，每个 t 都有一个结，上标表示差分。平滑度由 $\lambda > 0$ 控制。

考虑长途驾驶，其中 m_t 是你的车在时间 t 的位置。在这种情况下，m_t'' 是瞬时加速/减速，而 $\int (m_t'')^2 \mathrm{d}t$ 是旅行中加速和减速总量的度量。平滑驱动是保持恒定速度的驱动（即，$m_t''=0$）。当驾驶员不断加速和减速（例如新手驾驶员倾向于这样做）时，会出现波动。

如果 $\lambda=0$，我们不关心乘坐是多么波动，这导致 $m_t=x_t$，数据不平滑。如果 $\lambda=\infty$，我们坚持不加速或减速（$m_t''=0$）；在这种情况下，我们的驱动器必须处于恒定速度，$m_t=c+vt$，因此非常平滑。因此，λ 被视为线性回归（完全平滑）和数据本身（无平滑）之间的权衡。λ 的值越大，拟合越平滑。

在 R 中，平滑参数称为 spar，它与 λ 相关；输入？smooth.spline 以查看帮助文件以获取详细信息。图 2.15 显示了 SOI 序列上的平滑样条拟合，使用 spar=.5 强调厄尔尼诺循环，而使用 spar=1 强调趋势。该图可以在 R 中通过如下代码重现。

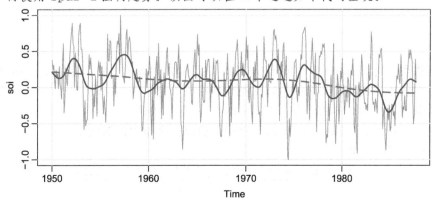

图 2.15　平滑样条拟合 SOI 序列

```
plot(soi)
lines(smooth.spline(time(soi), soi, spar=.5), lwd=2, col=4)
lines(smooth.spline(time(soi), soi, spar= 1), lty=2, lwd=2, col=2)
```

例 2.15 平滑一个序列作为另一个序列的函数

除了平滑时间序列图之外，还可以应用平滑技术来平滑一个时间序列作为另一时间序列的函数。我们已经看到了例 2.8 中使用的这个想法，当我们使用 lowess 来可视化新鱼数量和 SOI 之间在各种滞后期间的非线性关系时。在这个例子中，我们平滑了两个同时测量的时间序列的散点图，死亡率是温度的函数。在例 2.2 中，我们发现了死亡率和温度之间的非线性关系。继续沿着这些方向，图 2.16 显示了死亡率 M_t 和温度 T_t 的散点图，以及使用 lowess 平滑的 M_t 作为 T_t 的函数。请注意，在极端温度下死亡率会增加，但是会以不对称的方式增加；在较冷的温度下死亡率高于在较高温度下的死亡率。最低死亡率似乎发生在大约 83℉。

图 2.16 可以使用默认值在 R 中重现如下。

```
plot(tempr, cmort, xlab="Temperature", ylab="Mortality")
lines(lowess(tempr, cmort))
```

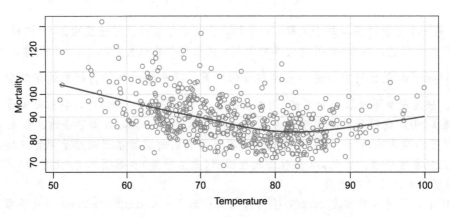

图 2.16   使用 lowess 平滑死亡率作为温度的函数

问题

2.1 节

2.1 **结构模型** 对于 Johnson&Johnson 数据，即 y_t，如图 1.1 所示，令 $x_t = \log(y_t)$。在这个问题中，我们将拟合一种特殊类型的结构模型，即 $x_t = T_t + S_t + N_t$，其中 T_t 是趋势分量，S_t 是季节性分量，N_t 是噪声。在我们的例子中，时间 t 是季度（或四分之一时间单位，1960.00，1960.25，…），所以一个单位的时间是一年。

（a）拟合回归模型

$$x_t = \underbrace{\beta t}_{\text{趋势}} + \underbrace{\alpha_1 Q_1(t) + \alpha_2 Q_2(t) + \alpha_3 Q_3(t) + \alpha_4 Q_4(t)}_{\text{季节}} + \underbrace{w_t}_{\text{噪声}}$$

其中如果时间 t 对应于 $i = 1, 2, 3, 4$，则 $Q_i(t) = 1$，否则为零。$Q_i(t)$ 被称为指

示变量。我们现在假设 w_t 是高斯白噪声序列。提示：详细代码在 D. 4 节给出，是 D. 4. 1 节之前的那个例子。

(b) 如果模型正确，那么平均每股对数收益率的年增长的估计值是多少？

(c) 如果模型正确，平均对数收益率从第三季度到第四季度会增加还是减少？增加或减少的百分比是多少？

(d) 如果在(a)中的模型中包含截距项，会发生什么？解释为什么会出现问题。

(e) 绘制数据 x_t，并在图表上叠加拟合值，即 $\hat{x}_t$。检查残差，$x_t - \hat{x}_t$，并陈述你的结论。模型是否拟合数据(残差是否是白噪声)？

2.2　对于例 2.2 中检验的死亡率数据：

(a) 在式(2.21)中为回归添加另一个组成部分，该组成部分考虑了四周前的颗粒物数量；也就是说，将 P_{t-4} 添加到式(2.21)的回归中。陈述你的结论。

(b) 绘制 M_t、T_t、P_t 和 P_{t-4} 的散点图矩阵，然后计算该序列之间的成对相关性。比较 M_t 和 P_t 与 M_t 和 P_{t-4} 之间的关系。

2.3　在这个问题中，我们探讨了随机游走和趋势平稳过程之间的区别。

(a) 生成四个带漂移项的随机游走序列，式(1.4)，长度 $n = 100$，$\delta = 0.01$ 以及 $\sigma_w = 1$。记为数据 x_t，$t = 1$，…，100。使用最小二乘拟合回归 $x_t = \beta t + w_t$。在同一图表上绘制数据、实际均值函数(即 $\mu_t = 0.01t$)和拟合线 $\hat{x}_t = \hat{\beta}t$。提示：以下 R 代码可能有用。

```
par(mfrow=c(2,2), mar=c(2.5,2.5,0,0)+.5, mgp=c(1.6,.6,0))  # set up
 for (i in 1:4){
  x = ts(cumsum(rnorm(100,.01,1)))         # data
  regx = lm(x~0+time(x), na.action=NULL)   # regression
  plot(x, ylab='Random Walk w Drift')      # plots
   abline(a=0, b=.01, col=2, lty=2)        # true mean (red - dashed)
   abline(regx, col=4)                     # fitted line (blue - solid)
}
```

(b) 生成四个序列，长度 $n = 100$，它们是线性趋势加上噪声，即 $y_t = 0.01t + w_t$，其中 t 和 w_t 如(a)部分所示。使用最小二乘拟合回归 $y_t = \beta t + w_t$。在同一图表上绘制数据、实际均值函数(即 $\mu_t = 0.01t$)和拟合线 $\hat{y}_t = \hat{\beta}t$。

(c) 评论(你从这项任务中学到了什么)。

2.4　**Kullback-Leibler 信息**　给定 $n \times 1$ 阶随机向量 y，我们定义用于区分同一分布族中由参数 θ 索引的两个密度的信息，即 $f(y; \theta_1)$ 和 $f(y; \theta_2)$，

$$I(\theta_1; \theta_2) = n^{-1} \mathrm{E}_1 \log \frac{f(y; \theta_1)}{f(y; \theta_2)} \qquad (2.41)$$

其中 E_1 表示相对于由 θ_1 确定的密度的期望。对于高斯回归模型，参数为 $\theta = (\beta', \sigma^2)'$。证明

$$I(\theta_1; \theta_2) = \frac{1}{2}\left(\frac{\sigma_1^2}{\sigma_2^2} - \log\frac{\sigma_1^2}{\sigma_2^2} - 1\right) + \frac{1}{2}\frac{(\beta_1 - \beta_2)'Z'Z(\beta_1 - \beta_2)}{n\sigma_2^2} \qquad (2.42)$$

2.5　**模型选择**　基于众所周知的 Kullback-Leibler 判别信息数(见 Kullback and Leibler[122] 的文献和 Kullback[123] 的文献)，两个选择标准式(2.15)和式(2.16)都是从信息理论

论证中推导出来的。由于 Hurvich 和 Tsai[100]，我们给出了一个论点。我们将度量式(2.42)视为测量两个密度之间的差异，其特征在于参数值 $\theta_1' = (\beta_1', \sigma_1^2)'$ 和 $\theta_2' = (\beta_2', \sigma_2^2)'$。现在，如果参数向量的真值是 θ_1，我们认为最佳模型是最小化理论值和样本之间的差异的模型，即 $I(\theta_1; \hat{\theta})$。因为不知道 θ_1，Hurvich 和 Tsai[100] 考虑找到 $\mathrm{E}_1[I(\beta_1, \sigma_1^2; \hat{\beta}, \hat{\sigma}^2)]$ 的无偏估计，其中

$$I(\beta_1, \sigma_1^2; \hat{\beta}, \hat{\sigma}^2) = \frac{1}{2}\left(\frac{\sigma_1^2}{\hat{\sigma}^2} - \log\frac{\sigma_1^2}{\hat{\sigma}^2} - 1\right) + \frac{1}{2}\frac{(\beta_1 - \hat{\beta})'Z'Z(\beta_1 - \hat{\beta})}{n\,\hat{\sigma}^2}$$

β 是 $k \times 1$ 阶回归向量。证明

$$\mathrm{E}_1[I(\beta_1, \sigma_1^2; \hat{\beta}, \hat{\sigma}^2)] = \frac{1}{2}\left(-\log\sigma_1^2 + \mathrm{E}_1\log\hat{\sigma}^2 + \frac{n+k}{n-k-2} - 1\right) \tag{2.43}$$

使用回归系数和误差方差的分布特性。$\mathrm{E}_1 \log \hat{\sigma}^2$ 的无偏估计是 $\log \hat{\sigma}^2$。因此，我们已经表明对上述差异信息的期望如前所述。考虑到具有不同维度 k 的模型，只有式(2.43)中的第二和第三项会有所不同，我们只需要这两个项的无偏估计。这给出了本章式(2.16)中引用的 AICc 的形式。你将需要两个分布结果

$$\frac{n\,\hat{\sigma}^2}{\sigma_1^2} \sim \chi_{n-k}^2 \quad \text{和} \quad \frac{(\hat{\beta} - \beta_1)'Z'Z(\hat{\beta} - \beta_1)}{\sigma_1^2} \sim \chi_k^2$$

这两个量独立地具有指示自由度的卡方分布。如果 $x \sim \chi_n^2$，则 $\mathrm{E}(1/x) = 1/(n-2)$。

2.2 节

2.6 考虑一个由线性趋势组成的过程，其中噪声项为独立随机变量 w_t，具有零均值和方差 σ_w^2，即

$$x_t = \beta_0 + \beta_1 t + w_t$$

其中 β_0、β_1 是固定常数。

(a) 证明 x_t 是非平稳的。

(b) 通过找出其均值和自协方差函数证明一阶差分序列 $\nabla x_t = x_t - x_{t-1}$ 是平稳的。

(c) 如果用一般的平稳过程(即 y_t)代替 w_t，使用均值函数 μ_y 和自协方差函数 $\gamma_y(h)$ 重复部分(b)。

2.7 证明式(2.27)是平稳的。

2.8 图 2.7 中绘制的冰川纹层数据表现出一些非平稳性，可以通过转换为对数和一些额外的非平稳性来改善，这些非平稳性可以通过差分对数来校正。

(a) 证明冰川纹层序列，即 x_t，通过在数据的前半部分和后半部分计算样本方差来表现出异方差性。证明变换 $y_t = \log x_t$ 稳定了序列的方差。绘制 x_t 和 y_t 的直方图，以查看是否通过变换数据来改善对正态性的近似。

(b) 绘制序列 y_t。是否存在 100 年的任何时间间隔，人们可以观察到与图 1.2 中的全球温度记录中观察到的行为相当的行为？

(c) 检查 y_t 的样本 ACF 并评论。

(d) 计算差分 $u_t = y_t - y_{t-1}$，检查其时序图以及样本 ACF，并且说明差分对数纹层数据会得到一个相当稳定的序列。你能想到对 u_t 的实际解释吗？提示：回顾例 2.2

中的脚注。

(e) 基于(c)中计算的差分纹层序列的样本 ACF，认为例 1.26 给出的模型的推广可能是合理的。假设

$$u_t = \mu + w_t + \theta w_{t-1}$$

当输入 w_t 是独立的，具有均值 0 和方差 σ_w^2 时，上式是平稳的。证明

$$\gamma_u(h) = \begin{cases} \sigma_w^2(1+\theta^2) & \text{如果 } h = 0 \\ \theta\sigma_w^2 & \text{如果 } h = \pm 1 \\ 0 & \text{如果 } |h| > 1 \end{cases}$$

(f) 基于(e)部分，使用 $\hat{\rho}_u(1)$ 和 u_t、$\hat{\gamma}_u(0)$ 的方差估计来推导 θ 和 σ_w^2 的估计。这是来自经典统计的矩的方法的应用，其中参数的估计通过使样本矩等于理论矩来导出。

2.9　在这个问题中，我们将探讨 S_t 的周期性，即图 1.5 中显示的 SOI 序列。

(a) 通过拟合 S_t 对时间 t 的回归来解决序列的趋势问题。海面温度是否有显著趋势？进行评论。

(b) 计算(a)部分获得的去趋势序列的周期图。确定两个主峰的频率(其中一个频率为每 12 个月一个周期)。次要峰值指示的厄尔尼诺现象周期可能是多少？

2.3 节

2.10　考虑 oil(石油)和 gas(天然气)两个时间序列周数据。石油序列以每桶美元计算，而天然气序列以每加仑美分计算。

(a) 在同一图表上绘制数据。1.2 节中显示的模拟序列中的哪一个最像？你相信这个序列是平稳的吗(解释你的答案)？

(b) 在经济学中，价格的百分比变化(称为增长率或收益率)通常比绝对价格变化更重要。将形式 $y_t = \nabla\log x_t$ 的变换应用于数据，其中 x_t 是石油或天然气价格序列。提示：回顾例 2.2 中脚注。

(c) 如(b)部分所述变换数据，在同一图表上绘制数据，查看变换数据的样本 ACF 并进行评论。

(d) 绘制变换数据的 CCF 并评论。当 gas 先行于 oil 时，小而显著的值可被视为反馈。

(e) 展示石油和天然气增长率序列的散点图，天然气最长先行于油价三周，在每个图中包含一个非参数平滑器并对结果进行评论(例如，是否存在异常值？这些关系是否是线性的？)。

(f) 有许多研究质疑当石油价格上涨时汽油价格的反应是否比石油价格下跌时更快("不对称")。我们将尝试使用简单的滞后回归来探索这个问题；我们将忽略一些明显的问题，如异常值和自相关误差，所以这不是一个明确的分析。令 G_t 和 O_t 表示天然气和石油的增长率。

(1) 拟合回归(并对结果进行评论)

$$G_t = \alpha_1 + \alpha_2 I_t + \beta_1 O_t + \beta_2 O_{t-1} + w_t$$

其中，如果 $O_t \geqslant 0$ 则 $I_t = 1$，否则为 0（I_t 是石油价格没有增长或正增长的指标）。提示：

```
poil = diff(log(oil))
pgas = diff(log(gas))
indi = ifelse(poil < 0, 0, 1)
mess = ts.intersect(pgas, poil, poilL = lag(poil,-1), indi)
summary(fit <- lm(pgas~ poil + poilL + indi, data=mess))
```

(2) 当在时间 t 石油价格出现负增长时，拟合模型是什么？当石油价格没有增长或出现正增长时，拟合模型是什么？这些结果是否支持不对称假设？

(3) 分析拟合中的残差并进行评论。

2.11 使用 2.3 节中描述的两种不同的平滑技术估计全球温度序列 globtemp 的趋势。并进行评论。

第 3 章　ARIMA 模型

传统的回归模型不能完全解释时间序列的所有波动变化。例如，例 2.4 中鸡肉价格数据的简单线性回归的残差 ACF 值显示了回归模型所不能解释的其他信息。因此，Whittle[209] 提出在滞后的线性关系中讨论相关性的做法促进了自回归(AR)模型和自回归移动平均(ARMA)模型的发展。Box 和 Jenkins[30] 引入了非平稳模型使得自回归移动平均求和(ARIMA)这个里程碑式的模型更加普及。本章将会阐述用于 ARIMA 模型识别的 Box-Jenkins 方法，以及模型的参数估计和预测方法。关于 ARMA 模型的偏自相关的识别方法也将会在 B.4 节中讨论。

3.1　自回归移动平均模型

第 2 章中传统的回归模型只在静态的过程中成立，换句话说，我们只允许因变量被自变量的当前值所影响。而在时间序列中，我们允许因变量被自变量的过去值，甚至被其自身的过去值所影响。如果一个当前值可以由仅包含其过去值的模型所拟合，我们称这样的预测是可行的。

自回归模型介绍

自回归模型是其当前值 x_t 可以被自身过去 p 阶滞后 x_{t-1}，x_{t-2}，$\cdots$，x_{t-p} 的函数所解释，p 决定了需要几个过去值来预测当前值。举一个典型的例子，例 1.10 的数据满足模型

$$x_t = x_{t-1} - 0.90x_{t-2} + w_t$$

w_t 是高斯白噪声，其方差 $\sigma_w^2 = 1$。我们假设当前值是由其过去值组成的线性函数。图 1.9 中所保留的规律性，意味着该预测模型可以写成

$$x_{n+1}^n = x_n - 0.90x_{n-1}$$

等式左边的形式表示基于已有的观测值 x_1，x_2，$\cdots$，x_n 来预测未来 $n+1$ 期的值。在之后讨论模型预测时会对此有更精确的表述(见 3.4 节)。

关于时间序列数据是否能由其过去值预测的问题，可以通过观察它的自相关函数和滞后散点图矩阵来评估。例如，在图 2.8 中的 SOI 的滞后散点图矩阵很清楚地显示了 1 阶滞后和 2 阶滞后与当前值存在线性关系。图 1.16 中的 ACF 图显示了在第 1、2、12、24 和 36 阶滞后有相对较大的正 ACF 值，在第 18、30 和 42 阶有较大的负 ACF 值。在图 2.9 的散点图矩阵中，我们也同样发现 SOI 与新鱼数量序列间存在一定的相关性。我们之后的章节会讨论转换函数和向量 AR 模型如何处理与其他时间序列间的依赖性。

上述的讨论引出了接下来的定义式。

定义 3.1　一个 p 阶的**自回归模型**，简写为 AR(p)，可以写成如下形式：

$$x_t = \phi_1 x_{t-1} + \phi_2 x_{t-2} + \cdots + \phi_p x_{t-p} + w_t \tag{3.1}$$

其中 x_t 是平稳的，且 $w_t \sim wn(0, \sigma_w^2)$，$\phi_1$，$\phi_2$，$\cdots$，$\phi_p$ 为常数($\phi_p \neq 0$)。在式(3.1)中 x_t 的均值为 0。如果 x_t 的均值 μ 不为 0，则需要将 x_t 写成 $x_t - \mu$：

$$x_t - \mu = \phi_1(x_{t-1} - \mu) + \phi_2(x_{t-2} - \mu) + \cdots + \phi_p(x_{t-p} - \mu) + w_t$$

或者写为

$$x_t = \alpha + \phi_1 x_{t-1} + \phi_2 x_{t-2} + \cdots + \phi_p x_{t-p} + w_t \tag{3.2}$$

其中 $\alpha = \mu(1 - \phi_1 - \cdots - \phi_p)$。

我们注意到式(3.2)和2.1节中的回归模型很相似，因此称它为自回归模型。由于回归变量 x_1，x_2，$\cdots$，x_p 是随机变量，很难给出一个确定的 z_t。我们利用后移算子(式(2.29))，可以将 AR(p)模型写成

$$(1 - \phi_1 B - \phi_2 B^2 - \cdots - \phi_p B^p) x_t = w_t \tag{3.3}$$

甚至简写为

$$\phi(B) x_t = w_t \tag{3.4}$$

$\phi(B)$ 的性质对通过式(3.4)求解 x_t 很重要。因此我们给出以下定义。

定义 3.2 **自回归模型的推移算子**定义为

$$\phi(B) = 1 - \phi_1 B - \phi_2 B^2 - \cdots - \phi_p B^p \tag{3.5}$$

例 3.1 **AR(1)模型**

我们通过研究 AR(1)来了解 AR 模型，给定 $x_t = \phi x_{t-1} + w_t$，后推 k 阶，我们得到

$$\begin{aligned}
x_t &= \phi x_{t-1} + w_t = \phi(\phi x_{t-2} + w_{t-1}) + w_t \\
&= \phi^2 x_{t-2} + \phi w_{t-1} + w_t \\
&\vdots \\
&= \phi^k x_{t-k} + \sum_{j=0}^{k-1} \phi^j w_{t-j}
\end{aligned}$$

该方法意味着通过不断向后推移，并且保证 $|\phi| < 1$ 和 $\sup_t \mathrm{var}(x_t) < \infty$，我们就可以将 AR(1) 模型写成一个线性表达式[⊖]

$$x_t = \sum_{j=0}^{\infty} \phi^j w_{t-j} \tag{3.6}$$

式(3.6)被称为模型的平稳解。事实上，我们可以通过简单的替换得到

$$\underbrace{\sum_{j=0}^{\infty} \phi^j w_{t-j}}_{x_t} = \phi \Big(\underbrace{\sum_{k=0}^{\infty} \phi^k w_{t-1-k}}_{x_{t-1}} \Big) + w_t$$

平稳 AR(1)过程均值应满足

$$\mathrm{E}(x_t) = \sum_{j=0}^{\infty} \phi^j \mathrm{E}(w_{t-j}) = 0$$

并且自协方差函数满足

$$\begin{aligned}
\gamma(h) &= \mathrm{cov}(x_{t+h}, x_t) = \mathrm{E}\Big[\Big(\sum_{j=0}^{\infty} \phi^j w_{t+h-j} \Big) \Big(\sum_{k=0}^{\infty} \phi^k w_{t-k} \Big) \Big] \\
&= \mathrm{E}[(w_{t+h} + \cdots + \phi^h w_t + \phi^{h+1} w_{t-1} + \cdots)(w_t + \phi w_{t-1} + \cdots)]
\end{aligned}$$

⊖ 注意 $\lim\limits_{k \to \infty} \mathrm{E}\Big(x_t - \sum_{j=0}^{k-1} \phi^j w_{t-j} \Big)^2 = \lim\limits_{k \to \infty} \phi^{2k} \mathrm{E}(x_{t-k}^2) = 0$，因此式(3.6)在均方情况下成立(见附录 A 的定义)。

$$= \sigma_w^2 \sum_{j=0}^{\infty} \phi^{h+j} \phi^j = \sigma_w^2 \phi^h \sum_{j=0}^{\infty} \phi^{2j} = \frac{\sigma_w^2 \phi^h}{1-\phi^2}, \quad h \geqslant 0 \tag{3.7}$$

因为 $\gamma(h) = \gamma(-h)$，因此我们只给出 $h \geqslant 0$ 的自协方差函数。从式(3.7)可得，AR(1)的 ACF 值为

$$\rho(h) = \frac{\gamma(h)}{\gamma(0)} = \phi^h, \quad h \geqslant 0 \tag{3.8}$$

$\rho(h)$满足递推关系式

$$\rho(h) = \phi\rho(h-1), \quad h = 1, 2, \cdots \tag{3.9}$$

我们在 3.3 节中会讨论 AR(p)模型的 ACF 一般形式。　■

例 3.2　AR(1)过程的序列图

图 3.1 显示了两个 AR(1)过程的时间序列图，其中一个 $\phi = 0.9$，另一个 $\phi = -0.9$；在这两种情况下都满足 $\sigma_w^2 = 1$。在第一种情况下，$\rho(h) = 0.9^h$，$h \geqslant 0$，因此相邻的观测值彼此正相关。这个结果意味着序列在连续的时点上趋于密切相关。图 3.1 的上图显示序列 x_t 随着时间变化比较平滑。现在，将其与 $\phi = -0.9$ 的情况进行对比，此时 $\rho(h) = (-0.9)^h$，$h \geqslant 0$。结果显示相邻的观测值是负相关的，但相邻两个时间点的观测值是正相关的。可以从图 3.1 的下图得出，如果观测值 x_t 是正的，下一个观测值 x_{t+1} 通常是负的，而再下一个观测值 x_{t+2} 应该是正的。因此，在这种情况下，图形随时间的推移呈锯齿状。

可以用以下 R 代码获取图 3.1：

```
par(mfrow=c(2,1))
plot(arima.sim(list(order=c(1,0,0), ar=.9), n=100), ylab="x",
        main=(expression(AR(1)~~~phi==+.9)))
plot(arima.sim(list(order=c(1,0,0), ar=-.9), n=100), ylab="x",
        main=(expression(AR(1)~~~phi==-.9)))
```

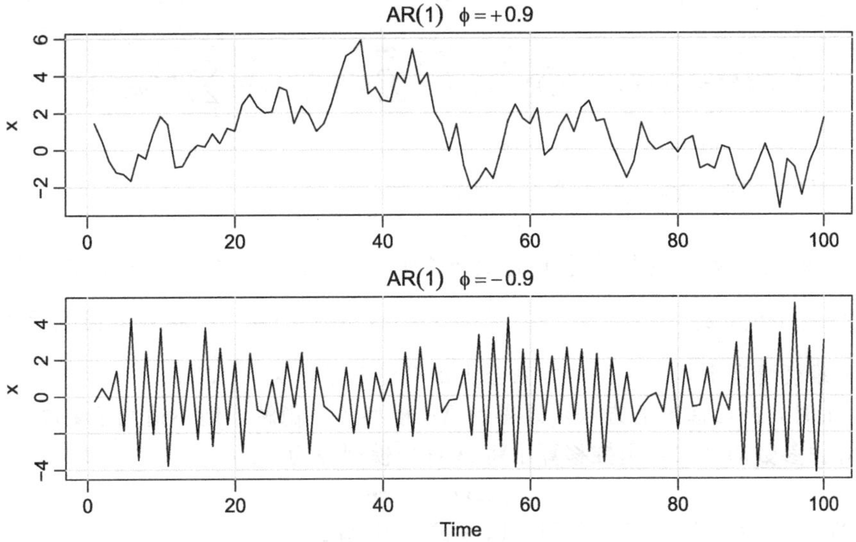

图 3.1　模拟的 AR(1)模型：$\phi = 0.9$(上)；$\phi = -0.9$(下)

例 3.3   爆炸式 AR 模型和因果关系

在例 1.18 中，发现随机游走 $x_t = x_{t-1} + w_t$ 不是平稳的。我们想知道是否存在一个平稳的 AR(1) 过程且 $|\phi| > 1$。这种情况称为爆炸式 AR 模型，因为时间序列的值随着时间推移迅速变大。很显然，因为当 $j \to \infty$，$k \to \infty$ 时，$|\phi|^j$ 会无限制地增加，$\sum_{j=0}^{k-1} \phi^j w_{t-j}$ 并不会（均方）收敛。因此之前得到的式 (3.6) 并不能直接使用。但我们可以通过修改等式获得一个平稳模型。通过向前递推 k 步，改写 $x_{t+1} = \phi x_t + w_{t+1}$ 如下：

$$x_t = \phi^{-1} x_{t+1} - \phi^{-1} w_{t+1} = \phi^{-1}(\phi^{-1} x_{t+2} - \phi^{-1} w_{t+2}) - \phi^{-1} w_{t+1}$$
$$\vdots$$
$$= \phi^{-k} x_{t+k} - \sum_{j=1}^{k-1} \phi^{-j} w_{t+j} \tag{3.10}$$

因为 $|\phi|^{-1} < 1$，这个结果展现了一个与未来相关的平稳 AR(1) 模型

$$x_t = -\sum_{j=1}^{\infty} \phi^{-j} w_{t+j} \tag{3.11}$$

读者可以自行证明 AR(1) 模型 $x_t = \phi x_{t-1} + w_t$ 是平稳的。不幸的是，这个模型是无用的，因为它要求我们知道未来并预测未来。当一个过程不依赖于未来时，比如当 $|\phi| < 1$ 时的 AR(1)，我们会说这个过程**存在因果关系**。在爆炸式模型的例子中，这个序列是平稳的，但它依赖未来，所以不存在因果关系。   ■

例 3.4   每一个爆炸都有原因

爆炸式模型有对应的因果表达式，因此我们可以不考虑爆炸式模型的研究。例如

$$x_t = \phi x_{t-1} + w_t, \quad |\phi| > 1$$

并且 $w_t \sim \text{iid } N(0, \sigma_w^2)$，然后使用式 (3.11)，$\{x_t\}$ 是一个非因果的平稳高斯过程，$E(x_t) = 0$ 且

$$\gamma_x(h) = \text{cov}(x_{t+h}, x_t) = \text{cov}\left(-\sum_{j=1}^{\infty} \phi^{-j} w_{t+h+j}, -\sum_{k=1}^{\infty} \phi^{-k} w_{t+k}\right)$$
$$= \sigma_w^2 \phi^{-2} \phi^{-h}/(1 - \phi^{-2})$$

因此，使用式 (3.7) 时，我们把这个因果过程写成

$$y_t = \phi^{-1} y_{t-1} + v_t$$

其中 $v_t \sim \text{iid } N(0, \sigma_w^2 \phi^{-2})$ 随机地等于 x_t 过程（即，所有过程的有限分布是相同的）。例如，如果 $x_t = 2x_{t-1} + w_t$，$\sigma_w^2 = 1$，那么 $y_t = \frac{1}{2} y_{t-1} + v_t$，$\sigma_v^2 = \frac{1}{4}$ 是一个等效的因果过程（见问题 3.3）。更高维度情况下，第 4 章的方法会更加简洁明了，见例 4.8。   ■

当 $p = 1$ 时，向后递推的方法可以得到 AR 模型的平稳解，但不适用于更高的维度。一般会采用寻找参数的方法，用推移算子将 AR(1) 模型写为

$$\phi(B) x_t = w_t \tag{3.12}$$

此时，$\phi(B) = 1 - \phi B$，$|\phi| < 1$。我们可以把式 (3.6) 写成

$$x_t = \sum_{j=0}^{\infty} \psi_j w_{t-j} = \psi(B) w_t \tag{3.13}$$

其中 $\psi(B) = \sum_{j=0}^{\infty} \psi_j B^j$，$\psi_j = \phi^j$。假设我们不知道 $\psi_j = \phi^j$，可以将式(3.12)中的 x_t 替换成式(3.13)中的 $\psi(B)w_t$，可得

$$\phi(B)\psi(B)w_t = w_t \tag{3.14}$$

式(3.14)左边 B 的系数等于右边的，这意味着

$$(1-\phi B)(1+\psi_1 B + \psi_2 B^2 + \cdots + \psi_j B^j + \cdots) = 1 \tag{3.15}$$

整理后可得

$$1 + (\psi_1 - \phi)B + (\psi_2 - \psi_1 \phi)B^2 + \cdots + (\psi_j - \psi_{j-1}\phi)B^j + \cdots = 1$$

我们看到对于 $j=1,2,\cdots$，左边 B^j 的系数必须为零，因为它在右边为零。左边 B 的系数是 $(\psi_1 - \phi)$ 并将其等于零，$\psi_1 - \phi = 0$，得到 $\psi_1 = \phi$。B^2 的系数是 $(\psi_2 - \psi_1 \phi)$，所以 $\psi_2 = \phi^2$。一般来说

$$\psi_j = \psi_{j-1}\phi$$

并且 $\psi_0 = 1$，所以得到了 $\psi_j = \phi^j$。

我们还可以用推移算子 $\phi(B)x_t = w_t$ 考虑这个式子，现在在等式两边同时乘以 $\phi^{-1}(B)$（假设它的逆矩阵存在）来得到

$$\phi^{-1}(B)\phi(B)x_t = \phi^{-1}(B)w_t$$

或

$$x_t = \phi^{-1}(B)w_t$$

我们已经知道

$$\phi^{-1}(B) = 1 + \phi B + \phi^2 B^2 + \cdots + \phi^j B^j + \cdots$$

这里的 $\phi^{-1}(B)$ 就是式(3.13)中的 $\psi(B)$。因此，我们注意到处理推移算子就像处理特征方程。也就是说考虑特征方程 $\phi(z) = 1 - \phi z$，其中 z 是一个复数并且 $|\phi| < 1$，则

$$\phi^{-1}(z) = \frac{1}{(1-\phi z)} = 1 + \phi z + \phi^2 z^2 + \cdots + \phi^j z^j + \cdots, \quad |z| \leqslant 1$$

并且，$\phi^{-1}(B)$ 中 B^j 的系数与 $\phi^{-1}(z)$ 中 z^j 的系数相同。换句话说，我们可以将推移算子 B 视为一个复数 z。我们在 ARMA 模型的讨论中会对这些结果进行概括。我们将发现推移算子对应的特征方程在探索 ARMA 模型的性质时非常有用。

移动平均模型介绍

作为自回归模型的替代，q 阶移动平均模型方程 MA(q)中，左边 x_t 是由右侧的白噪声 w_t 线性组合得到的。

定义 3.3 q 阶的**移动平均模型**(简写为 MA(q))定义为

$$x_t = w_t + \theta_1 w_{t-1} + \theta_2 w_{t-2} + \cdots + \theta_q w_{t-q} \tag{3.16}$$

其中 $w_t \sim wn(0, \sigma_w^2)$，并且 $\theta_1, \theta_2, \cdots, \theta_q (\theta_q \neq 0)$ 为参数[⊖]。

该过程与线性的无限移动平均过程(3.13)相同，其中 $\psi_0 = 1$，$\psi_j = \theta_j$，对于 $j=1,\cdots,q$；对于其他值，$\psi_j = 0$。我们可以使用下面的定义将 MA(q)过程写成

$$x_t = \theta(B)w_t \tag{3.17}$$

⊖ 一些文献和软件包中用负系数写 MA 模型，即 $x_t = w_t - \theta_1 w_{t-1} - \theta_2 w_{t-2} - \cdots - \theta_q w_{t-q}$。

定义 3.4 移动平均的推移算子为

$$\theta(B) = 1 + \theta_1 B + \theta_2 B^2 + \cdots + \theta_q B^q \tag{3.18}$$

不同于自回归模型，移动平均模型无论参数 θ 取任何值都是平稳的，具体的会在 3.3 节中详细解释。

例 3.5   MA(1)过程

考虑 MA(1)模型 $x_t = w_t + \theta w_{t-1}$，则 $\mathrm{E}(x_t) = 0$，

$$\gamma(h) = \begin{cases} (1+\theta^2)\sigma_w^2 & h = 0 \\ \theta\sigma_w^2 & h = 1 \\ 0 & h > 1 \end{cases}$$

ACF 为

$$\rho(h) = \begin{cases} \dfrac{\theta}{(1+\theta^2)} & h = 1 \\ 0 & h > 1 \end{cases}$$

注意 $|\rho(1)| \leqslant 1/2$ 对于 θ 的所有值成立(问题 3.1)。另外，x_t 与 x_{t-1} 相关，但与 x_{t-2}，x_{t-3}，…… 不相关。与 AR(1)模型的情况进行对比，其中 x_t 和 x_{t-k} 之间的相关系数从不为零。例如，当 $\theta = 0.9$ 时，x_t 和 x_{t-1} 呈正相关，$\rho(1) = 0.497$。当 $\theta = -0.9$ 时，x_t 和 x_{t-1} 是负相关的，$\rho(1) = -0.497$。图 3.2 显示了这两个过程的时间序列图，$\sigma_w^2 = 1$，其中 $\theta = 0.9$ 的序列比 $\theta = -0.9$ 的序列更平滑。

在 R 中可以创建图 3.2，如下所示：

```
par(mfrow = c(2,1))
plot(arima.sim(list(order=c(0,0,1), ma=.9), n=100), ylab="x",
        main=(expression(MA(1)~~~theta==+.5)))
plot(arima.sim(list(order=c(0,0,1), ma=-.9), n=100), ylab="x",
        main=(expression(MA(1)~~~theta==-.5)))
```

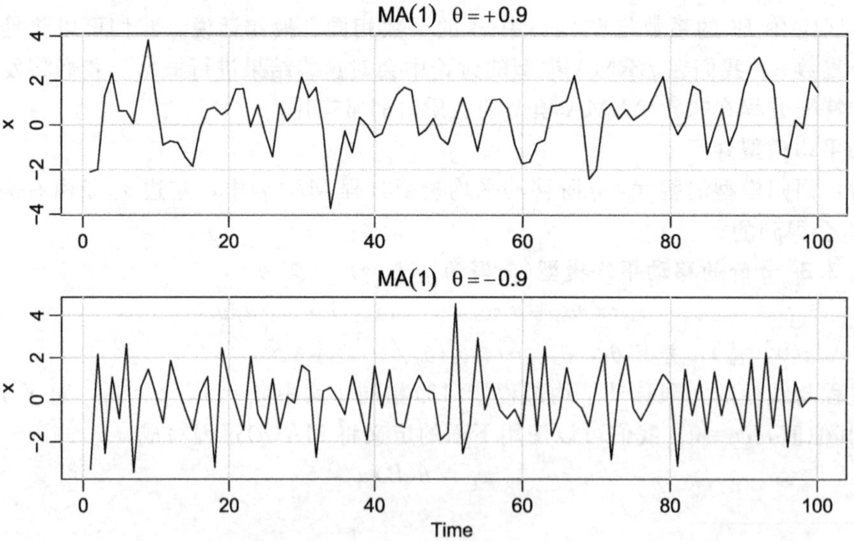

图 3.2   模拟的 MA(1)模型：$\theta = 0.9$(上图)；$\theta = -0.9$(下图)

例 3.6　MA 模型的非唯一性和可逆性

通过观察例 3.5，我们发现，对 MA(1) 模型来说，θ 与 $1/\theta$ 的 $\rho(h)$ 是一样的，不妨尝试下 5 和 1/5。另外，$\sigma_w^2=1$ 和 $\theta=5$ 会与 $\sigma_w^2=25$ 和 $\theta=1/5$ 产生相同的自协方差函数，即

$$\gamma(h) = \begin{cases} 26 & h=0 \\ 5 & h=1 \\ 0 & h>1 \end{cases}$$

因此，由于正态性（即所有有限分布是相同的），MA(1) 过程

$$x_t = w_t + \frac{1}{5}w_{t-1}, \quad w_t \sim \text{iid N}(0,25)$$

和

$$y_t = v_t + 5v_{t-1}, \quad v_t \sim \text{iid N}(0,1)$$

是相同的。我们只能观察时间序列 x_t 或 y_t，而无法观察噪声 w_t 或 v_t，所以我们不能区分这些模型。因此，我们将不得不选择其中之一。为方便起见，我们模仿 AR 模型的因果关系准则，选择可以写成无穷阶的自回归模型。这样的过程被称为一个可逆过程。

要发现哪个模型是可逆模型，我们可以改变 x_t 和 w_t（因为我们要模仿 AR 模型），将 MA(1) 模型写成：$w_t = -\theta w_{t-1} + x_t$。以下步骤会将其变为式 (3.6)，如果 $|\theta| < 1$，则 $w_t = \sum_{j=0}^{\infty} (-\theta)^j x_{t-j}$，这是所期望的无限 AR 表达式。因此，我们将选择 $\sigma_w^2 = 25$ 和 $\theta = 1/5$ 这个模型，因为它是可逆的。 ■

与 AR 模型情况中一样，特征方程 $\theta(z)$ 对应的移动平均推移算子 $\theta(B)$ 在研究 MA 过程的一般性质时很有用。例如，按照式 (3.12)～(3.15) 的步骤，我们可以将 MA(1) 模型写成 $x_t = \theta(B)w_t$，其中 $\theta(B) = 1 + \theta B$。如果 $|\theta| < 1$，那么我们可以把模型写成 $\pi(B)x_t = w_t$，其中 $\pi(B) = \theta^{-1}(B)$。令 $\theta(z) = 1 + \theta z$，对于 $|z| \leqslant 1, \pi(z) = \theta^{-1}(z) = 1/(1+\theta z) = \sum_{j=0}^{\infty} (-\theta)^j z^j$，我们认为 $\pi(B) = \sum_{j=0}^{\infty} (-\theta)^j B^j$。

自回归移动平均模型

我们现在处理的是平稳时间序列中的自回归、移动平均和混合自回归移动平均 (ARMA) 模型的一般情况。

定义 3.5　时间序列 $\{x_t; t=0, \pm1, \pm2, \cdots\}$ 是 **ARMA**(p,q) 模型，如果它是平稳序列并且满足

$$x_t = \phi_1 x_{t-1} + \cdots + \phi_p x_{t-p} + w_t + \theta_1 w_{t-1} + \cdots + \theta_q w_{t-q} \tag{3.19}$$

其中 $\phi_p \neq 0$，$\theta_q \neq 0$，$\sigma_w^2 > 0$。参数 p，q 分别为自回归和移动平均的阶数。如果 x_t 的均值 μ 非零，则我们设 $\alpha = \mu(1 - \phi_1 - \cdots - \phi_p)$，并把模型改写成

$$x_t = \alpha + \phi_1 x_{t-1} + \cdots + \phi_p x_{t-p} + w_t + \theta_1 w_{t-1} + \cdots + \theta_q w_{t-q} \tag{3.20}$$

其中 $w_t \sim wn(0, \sigma_w^2)$。

如前所述，当 $q=0$ 时，该模型被称为 p 阶自回归模型 AR(p)；当 $p=0$ 时，该模型被称为 q 阶移动平均模型 MA(q)。使用 AR 和 MA 模型的推移算子可以帮助我们更好地研究

ARMA 模型。式(3.19)的 ARMA(p,q)模型可以简化为

$$\phi(B)x_t = \theta(B)w_t \tag{3.21}$$

这个简化式会导致一个潜在的问题，我们不得不将等式两边同乘另一个式子且不改变其平稳性，使得模型复杂化：

$$\eta(B)\phi(B)x_t = \eta(B)\theta(B)w_t$$

考虑以下的例子。

例 3.7　参数冗余

考虑一个白噪声过程 $x_t = w_t$。如果在等式两边同乘 $\eta(B) = 1 - 0.5B$，那么模型会变成 $(1 - 0.5B)x_t = (1 - 0.5B)w_t$，或

$$x_t = 0.5x_{t-1} - 0.5w_{t-1} + w_t \tag{3.22}$$

这看起来很像 ARMA(1,1) 模型。当然，此时的 x_t 仍然是个白噪声，这点并没有改变（$x_t = w_t$ 是式(3.22)的解）。因为参数冗余或过度拟合，我们隐藏了 x_t 是白噪声这个事实。

在进行一般 ARMA 模型的估计时考虑参数冗余至关重要。正如这个例子所指出的，我们可能把白噪声数据拟合成 ARMA(1,1) 模型，证明参数估计的重要性。如果不知道参数冗余，我们可能会声称这些不相关数据为相关的（问题 3.20）。虽然还没有讨论过模型估计，但下面的例子可以阐述这个问题。我们用正态分布生成了 150 个独立同分布的数据，然后用 ARMA(1,1) 模型进行拟合。注意参数 $\hat{\phi} = -0.96$ 和 $\hat{\theta} = 0.95$ 都是显著的。以下是 R 代码（注意"截距"实际上是平均值的估计）。

```
set.seed(8675309)      # Jenny, I got your number
x = rnorm(150, mean=5) # generate iid N(5,1)s
arima(x, order=c(1,0,1)) # estimation
 Coefficients:
          ar1     ma1    intercept<= misnomer
      -0.9595   0.9527   5.0462
 s.e.  0.1688  0.1750    0.0727
```

忽略均值估计，这个拟合模型为

$$(1 + 0.96B)x_t = (1 + 0.95B)w_t$$

我们认为这是过度拟合模型。

例 3.3、例 3.6 和例 3.7 指出了 ARMA(p,q) 一般定义式的一系列问题，如式(3.19)，或等价的式(3.21)。总结一下，我们遇到了以下问题：

(1) 模型参数冗余

(2) 与未来值相关的平稳 AR 模型

(3) MA 模型并非唯一

为了克服这些问题，我们需要对模型参数增加约束条件。首先，我们建立以下定义。

定义 3.6　AR 和 MA 特征方程分别定义为

$$\phi(z) = 1 - \phi_1 z - \cdots - \phi_p z^p, \quad \phi_p \neq 0 \tag{3.23}$$

和

$$\theta(z) = 1 + \theta_1 z + \cdots + \theta_q z^q, \quad \theta_q \neq 0 \tag{3.24}$$

其中 z 为复数。

为了解决第一个问题，我们今后将提到的 ARMA(p,q)模型均为其最简形式。也就是说，除了原来式(3.19)中的定义外，我们还要求 $\phi(z)$ 和 $\theta(z)$ 没有公因子。因此，例 3.7 中讨论的过程 $x_t=0.5x_{t-1}-0.5w_{t-1}+w_t$ 并不是 ARMA(1,1)过程，因为它的简化形式 x_t 是白噪声。

为了解决模型的未来相关问题，我们正式引入了因果关系的概念。

定义 3.7 ARMA(p,q)模型**存在因果关系**，如果满足时间序列$\{x_t;\ t=0,\ \pm1,\ \pm2,\ \cdots\}$可以被写成单边的线性关系式：

$$x_t = \sum_{j=0}^{\infty} \psi_j w_{t-j} = \psi(B)w_t \tag{3.25}$$

其中 $\psi(B) = \sum_{j=0}^{\infty} \psi_j B^j$，并且 $\sum_{j=0}^{\infty} |\psi_j| < \infty$，记 $\psi_0=1$。

在例 3.3 中，AR(1)过程，$x_t=\phi x_{t-1}+w_t$，仅当 $|\phi|<1$ 时才存在因果关系。等价地，只有当 $\phi(z)=1-\phi z$ 的根的绝对值比 1 大时，该过程才存在因果关系。也就是说，$\phi(z)$ 的根 $z_0=1/\phi$（因为 $\phi(z_0)=0$）且 $|z_0|>1$，因为 $|\phi|<1$。一般来说，我们有以下性质。

性质 3.1   因果 ARMA(p,q)过程

对于 $|z|\leqslant 1$，一个 ARMA(p,q)模型存在因果关系，当且仅当 $\phi(z)\neq 0$。式(3.25)中线性过程的系数可以通过求解下式来确定

$$\psi(z) = \sum_{j=0}^{\infty} \psi_j z^j = \frac{\theta(z)}{\phi(z)}, \quad |z| \leqslant 1$$

另一种表述性质 3.1 的方法是：ARMA 过程只有在 $\phi(z)$ 的根位于单位圆外时存在因果关系，即当且仅当 $|z|>1$，$\phi(z)=0$ 时成立。最后，为了解决例 3.6 中讨论的唯一性问题，我们选择用无限的自回归模型表达式。

定义 3.8   一个 ARMA(p,q)模型称为可逆的，如果时间序列可以写为如下形式：

$$\pi(B)x_t = \sum_{j=0}^{\infty} \pi_j x_{t-j} = w_t \tag{3.26}$$

其中，$\pi(B) = \sum_{j=0}^{\infty} \pi_j B^j$ 以及 $\sum_{j=0}^{\infty} |\pi_j| < \infty$，我们设 $\pi_0=1$。

类比性质 3.1，其具有以下性质。

性质 3.2   ARMA(p,q)过程的可逆性

对于 $|z|\leqslant 1$，一个 ARMA(p,q)模型可逆，当且仅当 $\phi(z)\neq 0$。式(3.26)中 $\pi(B)$ 的系数 π_j 可以通过求解下式来确定

$$\pi(z) = \sum_{j=0}^{\infty} \pi_j z^j = \frac{\phi(z)}{\theta(z)}, \quad |z| \leqslant 1$$

另一种表达性质 3.2 的方法为：当且仅当 $\phi(z)$ 的根位于单位圆外时，ARMA 过程是可逆的。即当且仅当 $|z|>1$，$\phi(z)=0$ 时成立。性质 3.1 的证明在 B.2 节给出(性质 3.2 的证明与之相似)。以下实例说明了这些概念。

例 3.8   参数冗余、因果关系和可逆性

考虑如下过程：

$$x_t = 0.4x_{t-1} + 0.45x_{t-2} + w_t + w_{t-1} + 0.25w_{t-2}$$

其推移算子形式为

$$(1 - 0.4B - 0.45B^2)x_t = (1 + B + 0.25B^2)w_t$$

首先，x_t 是一个 ARMA(2,2) 过程，但是注意

$$\phi(B) = 1 - 0.4B - 0.45B^2 = (1 + 0.5B)(1 - 0.9B)$$

和

$$\theta(B) = (1 + B + 0.25B^2) = (1 + 0.5B)^2$$

拥有可以被消除的共同因子。消除后，算子变为 $\phi(B) = (1 - 0.9B)$ 和 $\theta(B) = (1 + 0.5B)$，所以这是个 ARMA(1,1) 模型，$(1 - 0.9B)x_t = (1 + 0.5B)w_t$ 或

$$x_t = 0.9x_{t-1} + 0.5w_{t-1} + w_t \tag{3.27}$$

这个模型存在因果关系，因为当 $z = 10/9$ 时，$\phi(z) = (1 - 0.9z) = 0$，它的根在单位圆外。这个模型同样可逆，因为 $\theta(z) = (1 + 0.5z)$ 的根为 $z = -2$，也在单位圆外。

为了将其写成线性过程，我们可以通过性质 3.1，$\phi(z)\psi(z) = \theta(z)$，或者

$$(1 - 0.9z)(1 + \psi_1 z + \psi_2 z^2 + \cdots + \psi_j z^j + \cdots) = 1 + 0.5z$$

获得 ψ 值。改写后，我们可以得到

$$1 + (\psi_1 - 0.9)z + (\psi_2 - 0.9\psi_1)z^2 + \cdots + (\psi_j - 0.9\psi_{j-1})z^j + \cdots = 1 + 0.5z$$

通过使等式左右两边的系数相等，对于 $j > 1$，我们得到 $\psi_1 - 0.9 = 0.5$ 和 $\psi_j - 0.9\psi_{j-1} = 0$。因此，对于 $j \geq 1$，$\psi_j = 1.4(0.9)^{j-1}$，式 (3.27) 可以写为

$$x_t = w_t + 1.4\sum_{j=1}^{\infty} 0.9^{j-1}w_{t-j}$$

ψ_j 的系数可以用 R 的代码得到：

```
ARMAtoMA(ar = .9, ma = .5, 10)   # first 10 psi-weights
[1] 1.40 1.26 1.13 1.02 0.92 0.83 0.74 0.67 0.60 0.54
```

使用性质 3.1 的可逆表达式是通过匹配 $\theta(z)\pi(z) = \phi(z)$ 中的系数得到的，

$$(1 + 0.5z)(1 + \pi_1 z + \pi_2 z^2 + \pi_3 z^3 + \cdots) = 1 - 0.9z$$

在这个例子中，对 $j \geq 1$，π 的值通过 $\pi_j = (-1)^j 1.4(0.5)^{j-1}$ 得到，因为 $w_t = \sum_{j=0}^{\infty} \pi_j x_{t-j}$，我们可以将式 (3.27) 写为

$$x_t = 1.4\sum_{j=1}^{\infty} (-0.5)^{j-1}x_{t-j} + w_t$$

π_j 的值可以在 R 中计算如下，通过反转 w_t 和 x_t 的位置，将模型写为 $w_t = -0.5w_{t-1} + x_t - 0.9x_{t-1}$：

```
ARMAtoMA(ar = -.5, ma = -.9, 10)    # first 10 pi-weights
[1] -1.400 .700 -.350 .175 -.087 .044 -.022 .011 -.006 .003
```

∎

例 3.9　因果 AR(2) 过程的条件

对于一个 AR(1) 模型，$(1 - \phi B)x_t = w_t$ 如果有因果关系，那么 $\phi(z) = 1 - \phi z$ 的根必须位于单位圆外。在这种情况下，当 $z = 1/\phi$ 时，$\phi(z) = 0$，所以很容易从因果关系在根上的条件 $|1/\phi| > 1$ 得到参数 $|\phi| < 1$ 的结论。但是在更高阶的模型中这个关系并不容易建立。

举一个例子，AR(2)模型，$(1-\phi_1 B-\phi_2 B^2)x_t = w_t$，当它的两个根 $\phi(z)=1-\phi_1 z-\phi_2 z^2$ 在单位圆外时，是具有因果关系的。使用二次方公式，这个条件可以写成

$$\left| \frac{\phi_1 \pm \sqrt{\phi_1^2 + 4\phi_2}}{-2\phi_2} \right| > 1$$

$\phi(z)$ 的根可能是不等的或相等的实数，或者是一个复共轭对。如果我们用 z_1 和 z_2 表示那些根，可以写出 $\phi(z)=(1-z_1^{-1}z)(1-z_2^{-1}z)$，注意 $\phi(z_1)=\phi(z_2)=0$。模型可以用推移算子形式写成 $(1-z_1^{-1}B)(1-z_2^{-1}B)x_t = w_t$。通过这样的形式，得到 $\phi_1=(z_1^{-1}+z_2^{-1})$ 和 $\phi_2 = -(z_1 z_2)^{-1}$。$|z_1|>1$ 和 $|z_2|>1$ 可以用来建立因果关系的等价条件：

$$\phi_1 + \phi_2 < 1, \quad \phi_2 - \phi_1 < 1, \quad \text{以及} |\phi_2| < 1 \tag{3.28}$$

这个因果关系的条件在参数空间中指定了一个三角形区域，见图 3.3。我们将等价性的细节留给读者自行研究（问题 3.5）。

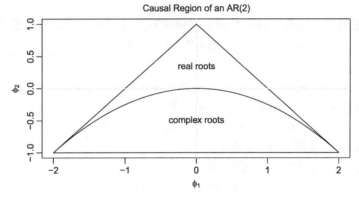

图 3.3　AR(2)参数的因果区域

3.2　差分方程

对 ARMA 过程及其 ACF 的研究大大增强了我们差分方程的基本知识，因为它们就是差分方程。我们会用一些例子和有用的理论来简短地启示这个问题。更多的细节，请参阅 Mickens[142] 的文献。

假设我们有一个序列 u_0，u_1，u_2，$\cdots$，并且

$$u_n - \alpha u_{n-1} = 0, \quad \alpha \neq 0, \quad n = 1,2,\cdots \tag{3.29}$$

例如，回顾式(3.9)中展现的 AR(1)过程的 ACF 值是一个时间序列，$\rho(h)$ 满足

$$\rho(h) - \phi\rho(h-1) = 0, \quad h = 1,2,\cdots$$

式(3.29)是 1 阶的齐次差分方程。为求解这个方程，我们写出等式：

$$u_1 = \alpha u_0$$
$$u_2 = \alpha u_1 = \alpha^2 u_0$$
$$\vdots$$
$$u_n = \alpha u_{n-1} = \alpha^n u_0$$

给定初始条件 $u_0 = c$ 后，我们可以得到式(3.29)的解为 $u_n = \alpha^n c$。

在运算过程中，式(3.29)可以写成 $(1-\alpha B)u_n=0$，这个特征方程与式(3.29)的联系是 $\alpha(z)=1-\alpha z$，特征方程的根为 $z_0=1/\alpha$，即 $\alpha(z_0)=0$。我们知道式(3.29)有初始条件 $u_0=c$，它的解为

$$u_n = \alpha^n c = (z_0^{-1})^n c \tag{3.30}$$

也就是说，差分方程(3.29)的解仅取决于初始值和与之相关的特征方程 $\alpha(z)$ 的根的倒数。

现在假设时间序列满足

$$u_n - \alpha_1 u_{n-1} - \alpha_2 u_{n-2} = 0, \quad \alpha_2 \neq 0, \quad n=2,3,\cdots \tag{3.31}$$

这个方程是 2 阶齐次差分方程。相应的特征方程是

$$\alpha(z) = 1 - \alpha_1 z - \alpha_2 z^2$$

它有两个根，分别是 z_1 和 z_2，即 $\alpha(z_1)=\alpha(z_2)=0$。我们分两种情况考虑。首先假设 $z_1 \neq z_2$，则通解为

$$u_n = c_1 z_1^{-n} + c_2 z_2^{-n} \tag{3.32}$$

c_1 和 c_2 依赖于它的初始条件。这意味着它的解可以直接从式(3.32)替换成式(3.31)：

$$\underbrace{(c_1 z_1^{-n} + c_2 z_2^{-n})}_{u_n} - \alpha_1 \underbrace{(c_1 z_1^{-(n-1)} + c_2 z_2^{-(n-1)})}_{u_{n-1}} - \alpha_2 \underbrace{(c_1 z_1^{-(n-2)} + c_2 z_2^{-(n-2)})}_{u_{n-2}}$$

$$= c_1 z_1^{-n}(1 - \alpha_1 z_1 - \alpha_2 z_1^2) + c_2 z_2^{-n}(1 - \alpha_1 z_2 - \alpha_2 z_2^2) = c_1 z_1^{-n}\alpha(z_1) + c_2 z_2^{-n}\alpha(z_2) = 0$$

给定两个初始条件 u_0 和 u_1，我们可以解出 c_1 和 c_2：

$$u_0 = c_1 + c_2 \quad \text{和} \quad u_1 = c_1 z_1^{-1} + c_2 z_2^{-1}$$

z_1 和 z_2 通过二次公式使用 α_1 和 α_2 表示。

当根相等时，$z_1 = z_2 (= z_0)$，通解为

$$u_n = z_0^{-n}(c_1 + c_2 n) \tag{3.33}$$

这意味着它的解可以直接从式(3.33)替换成式(3.31)：

$$\underbrace{z_0^{-n}(c_1 + c_2 n)}_{u_n} - \alpha_1 \underbrace{(z_0^{-(n-1)}[c_1 + c_2(n-1)])}_{u_{n-1}} - \alpha_2 \underbrace{(z_0^{-(n-2)}[c_1 + c_2(n-2)])}_{u_{n-2}}$$

$$= z_0^{-n}(c_1 + c_2 n)(1 - \alpha_1 z_0 - \alpha_2 z_0^2) + c_2 z_0^{-n+1}(\alpha_1 + 2\alpha_2 z_0) = c_2 z_0^{-n+1}(\alpha_1 + 2\alpha_2 z_0)$$

为了解释 $(\alpha_1 + 2\alpha_2 z_0) = 0$，记 $1 - \alpha_1 z - \alpha_2 z^2 = (1 - z_0^{-1}z)^2$，方程两边对 z 求导，得到 $(\alpha_1 + 2\alpha_2 z) = 2z_0^{-1}(1 - z_0^{-1}z)$。因此 $(\alpha_1 + 2\alpha_2 z_0) = 2z_0^{-1}(1 - z_0^{-1}z_0) = 0$。最后给定两个初始值 u_0 和 u_1，我们就可以解出 c_1 和 c_2：

$$u_0 = c_1 \quad \text{和} \quad u_1 = (c_1 + c_2)z_0^{-1}$$

可以证明，这些解是唯一的。

总结一下这些规律，在根不等的情况下，二阶齐次差分方程的解为

$$\begin{aligned} u_n = {} & z_1^{-n} \times (\text{一个自由度为 } m_1-1 \text{ 的关于 } n \text{ 的多项式}) \\ & + z_2^{-n} \times (\text{一个自由度为 } m_2-1 \text{ 的关于 } n \text{ 的多项式}) \end{aligned} \tag{3.34}$$

m_1 是根 z_1 的自由度，m_2 是根 z_2 的自由度。在这个例子中，$m_1 = m_2 = 1$，并且我们把次数为 0 的多项式分别称为 c_1 和 c_2。当两根相同时这个解为

$$u_n = z_0^{-n} \times (\text{一个自由度为 } m_0-1 \text{ 的关于 } n \text{ 的多项式}) \tag{3.35}$$

其中，m_0 是根 z_0 的自由度，即 $m_0 = 2$。在这种情况下，我们把一阶特征方程写成 $c_1 + c_2 n$。

在这两种情况下，我们都通过给定初始条件 u_0 和 u_1 来解得 c_1 和 c_2。

将这些结果推广到 p 阶齐次差分方程：

$$u_n - \alpha_1 u_{n-1} - \cdots - \alpha_p u_{n-p} = 0, \quad \alpha_p \neq 0, \quad n = p, p+1, \cdots \tag{3.36}$$

对应的特征方程为 $\alpha(z) = 1 - \alpha_1 z - \cdots - \alpha_p z^p$。假设 $\alpha(z)$ 有 r 个不同的解。m_1 是根 z_1 的自由度，m_2 是根 z_2 的自由度，$\cdots$，m_r 是根 z_r 的自由度，且 $m_1 + m_2 + \cdots + m_r = p$。式(3.36)的通解为

$$u_n = z_1^{-n} P_1(n) + z_2^{-n} P_2(n) + \cdots + z_r^{-n} P_r(n) \tag{3.37}$$

对于 $j = 1, 2, \cdots, r$，$P_j(n)$ 是一个 n 阶的特征方程，自由度为 $m_j - 1$。给定 p 个初始条件 $u_0, \cdots, u_{p-1}$，我们就可以精确地求解 $P_j(n)$。

例 3.10   AR(2)过程的 ACF 值

假设 $x_t = \phi_1 x_{t-1} + \phi_2 x_{t-2} + w_t$ 是一个因果 AR(2)过程，等式两边同乘以 x_{t-h}，$h > 0$，并取期望

$$\mathrm{E}(x_t x_{t-h}) = \phi_1 \mathrm{E}(x_{t-1} x_{t-h}) + \phi_2 \mathrm{E}(x_{t-2} x_{t-h}) + \mathrm{E}(w_t x_{t-h})$$

结果为

$$\gamma(h) = \phi_1 \gamma(h-1) + \phi_2 \gamma(h-2), \quad h = 1, 2, \cdots \tag{3.38}$$

在式(3.38)中，$\mathrm{E}(x_t) = 0$，$h > 0$，可得

$$\mathrm{E}(w_t x_{t-h}) = \mathrm{E}\left(w_t \sum_{j=0}^{\infty} \phi_j w_{t-h-j}\right) = 0$$

将式(3.38)除以 $\gamma(0)$ 得到该过程的 ACF 的差分方程：

$$\rho(h) - \phi_1 \rho(h-1) - \phi_2 \rho(h-2) = 0, \quad h = 1, 2, \cdots \tag{3.39}$$

初始条件为 $\rho(0) = 1$。当 $h = 1$ 时，我们可以从式(3.39)中推出 $\rho(-1) = \phi_1/(1-\phi_2)$，并且 $\rho(1) = \rho(-1)$。

利用二阶齐次差分方程的结果，令 z_1、z_2 为相关特征方程 $\phi(z) = 1 - \phi_1 z - \phi_2 z^2$ 的根。因为模型是因果的，我们知道根在单位圆外：$|z_1| > 1$ 并且 $|z_2| > 1$。现在，考虑三种情况的求解：

(1) 当 z_1、z_2 都是实数且不同时

$$\rho(h) = c_1 z_1^{-h} + c_2 z_2^{-h}$$

因此随 $h \to \infty$，以指数形式 $\rho(h) \to 0$。

(2) 当 $z_1 = z_2 (= z_0)$ 都是实数且相等时

$$\rho(h) = z_0^{-h}(c_1 + c_2 h)$$

因此随 $h \to \infty$，以指数形式 $\rho(h) \to 0$。

(3) 当 z_1 和 $\bar{z}_2$ 是复数共轭对，$c_2 = \bar{c}_1$（因为 $\rho(h)$ 是实数），且

$$\rho(h) = c_1 z_1^{-h} + \bar{c}_1 \bar{z}_1^{-h}$$

在极坐标中写出 c_1 和 z_1，例如，$z_1 = |z_1| e^{i\theta}$，其中 θ 是 z_1 的实部与虚部的夹角的正切角度（有时候也称为 $\arg(z_1)$，θ 的范围是 $[-\pi, \pi]$）。因为，$e^{i\alpha} + e^{-i\alpha} = 2\cos(\alpha)$，它的解为

$$\rho(h) = a |z_1|^{-h} \cos(h\theta + b)$$

参数 a, b 由初始条件决定。同样，当 $h \to \infty$ 时 $\rho(h)$ 以正弦方式以指数形式增长，快速趋近

于 0。在下一个例子中显示了这个结果的含义。

例 3.11   AR(2)有复数根的情况

图 3.4 展示了 AR(2)模型的 144 个观测值，模型形式如下：

$$x_t = 1.5x_{t-1} - 0.75x_{t-2} + w_t$$

$\sigma_w^2 = 1$，根为复数，该过程呈现每 12 次为一个周期的伪循环。这个模型的自回归特征方程为 $\phi(z) = 1 - 1.5z + 0.75z^2$。$\phi(z)$ 的根为 $1 \pm i/\sqrt{3}$，且 $\theta = \tan^{-1}(1/\sqrt{3}) = 2\pi/12$。将角度转换为循环单位时间，即除以 2π，发现单位时间旋转 1/12 圈。模型的 ACF 值在图 3.5 的左边。

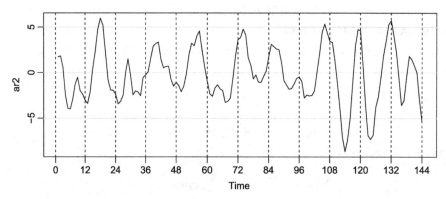

图 3.4   模拟 AR(2)模型，$n = 144$，$\phi_1 = 1.5$，$\phi_2 = -0.75$

在 R 中求解特征方程的根和 arg 的代码如下：

```
z = c(1,-1.5,.75)        # coefficients of the polynomial
(a = polyroot(z)[1])     # print one root = 1 + i/sqrt(3)
  [1] 1+0.57735i
arg = Arg(a)/(2*pi)      # arg in cycles/pt
1/arg                    # the pseudo period
  [1] 12
```

以下代码可重现图 3.4：

```
set.seed(8675309)
ar2 = arima.sim(list(order=c(2,0,0), ar=c(1.5,-.75)), n = 144)
plot(ar2, axes=FALSE, xlab="Time")
axis(2);  axis(1, at=seq(0,144,by=12));  box()
abline(v=seq(0,144,by=12), lty=2)
```

计算并演示该模型的 ACF 值：

```
ACF = ARMAacf(ar=c(1.5,-.75), ma=0, 50)
plot(ACF, type="h", xlab="lag")
abline(h=0)
```

例 3.12   ARMA 模型的 ψ 值

对一个因果的 ARMA(p,q) 模型，$\phi(B)x_t = \theta(B)w_t$，$\phi(z)$ 的零点在单位圆外，我们可以把它写成

$$x_t = \sum_{j=0}^{\infty} \psi_j w_{t-j}$$

此时，ψ 值可以由性质 3.1 来决定。

对于纯 MA(q) 模型，$\psi_0 = 1$，$\psi_j = \theta_j$，$j = 1$，$\cdots$，q，$\psi_j = 0$。对于普通的 ARMA(p, q) 来说，正如例 3.8 所展示的那样，ψ 值计算会变得复杂得多。使用齐次差分方程的理论在这里有所帮助。为了求解一般情况下的 ψ 值，我们必须让 $\phi(z)\psi(z) = \theta(z)$ 的系数相等：

$$(1 - \phi_1 z - \phi_2 z^2 - \cdots)(\psi_0 + \psi_1 z + \psi_2 z^2 + \cdots) = (1 + \theta_1 z + \theta_2 z^2 + \cdots)$$

前几个值为

$$\psi_0 = 1$$
$$\psi_1 - \psi_1 \psi_0 = \theta_1$$
$$\psi_2 - \phi_1 \psi_1 - \phi_2 \psi_0 = \theta_2$$
$$\psi_3 - \phi_1 \psi_2 - \phi_2 \psi_1 - \phi_3 \psi_0 = \theta_3$$
$$\vdots$$

$j > p$ 时 $\phi_j = 0$；$j > q$ 时 $\theta_j = 0$。ψ 值满足齐次差分方程

$$\psi_j - \sum_{k=1}^{p} \phi_k \psi_{j-k} = 0, \quad j \geqslant \max(p, q+1) \tag{3.40}$$

其初始条件为

$$\psi_j - \sum_{k=1}^{j} \phi_k \psi_{j-k} = \theta_j, \quad 0 \leqslant j < \max(p, q+1) \tag{3.41}$$

方程的通解依赖于 AR 模型特征方程 $\phi(z) = 1 - \phi_1 z - \cdots - \phi_p z^p$ 的根，如式 (3.40) 所示。其特解依赖于初始条件。

考虑式 (3.27) 中的 ARMA 模型，$x_t = 0.9 x_{t-1} + 0.5 w_{t-1} + w_t$。因为 $\max(p, q+1) = 2$，使用式 (3.41)，我们可以得到 $\psi_0 = 1$ 以及 $\psi_1 = 0.9 + 0.5 = 1.4$。通过式 (3.40)，对于 $j = 2$，3，$\cdots$，ψ 值满足 $\psi_j - 0.9\psi_{j-1} = 0$。方程的通解为 $\psi_j = c 0.9^j$。为了寻找特解，我们使用初始条件 $\psi_1 = 1.4$，因此 $1.4 = 0.9c$ 或 $c = 1.4/0.9$。最后得出我们在例 3.8 中所看到的 $\psi_j = 1.4(0.9)^{j-1}$，$j \geqslant 1$。

用 R 获得前 50 个 ψ 值的代码为：

```
ARMAtoMA(ar=.9, ma=.5, 50)      # for a list
plot(ARMAtoMA(ar=.9, ma=.5, 50)) # for a graph
```

3.3 自相关系数和偏相关系数

我们先展示 MA(q) 的 ACF 值，$x_t = \theta(B) w_t$，其中 $\theta(B) = 1 + \theta_1 B + \cdots + \theta_q B^q$。因为 x_t 是有限的线性噪声的组合，所以这个过程是平稳的且均值为

$$\mathrm{E}(x_t) = \sum_{j=0}^{q} \theta_j \mathrm{E}(w_{t-j}) = 0$$

我们记 $\theta_0 = 1$，且自相关函数为

$$\gamma(h) = \mathrm{cov}(x_{t+h}, x_t) = \mathrm{cov}\left(\sum_{j=0}^{q} \theta_j w_{t+h-j}, \sum_{k=0}^{q} \theta_k w_{t-k} \right)$$

$$= \begin{cases} \sigma_w^2 \sum_{j=0}^{q-h} \theta_j \theta_{j+h} & 0 \leqslant h \leqslant q \\ 0 & h > q \end{cases} \tag{3.42}$$

因为 $\gamma(h) = \gamma(-h)$，我们只展示 $h \geqslant 0$ 的值。注意，因为 $\theta_q \neq 0$，所以 $\gamma(q)$ 也不为零。$\gamma(h)$ 在 q 期滞后截尾是 MA(q) 模型的特征。将式(3.42)除以 $\gamma(0)$ 后得到 MA(q) 的 ACF 值：

$$\rho(h) = \begin{cases} \dfrac{\sum_{j=0}^{q-h} \theta_j \theta_{j+h}}{1 + \theta_1^2 + \cdots + \theta_q^2} & 1 \leqslant h \leqslant q \\ 0 & h > q \end{cases} \tag{3.43}$$

对一个因果 ARMA(p, q) 模型，$\phi(B) x_t = \theta(B) w_t$，$\phi(z)$ 的零点在单位圆外，写成

$$x_t = \sum_{j=0}^{\infty} \psi_j w_{t-j} \tag{3.44}$$

我们立即可以得到 $E(x_t) = 0$，以及 x_t 的自相关函数为

$$\gamma(h) = \mathrm{cov}(x_{t+h}, x_t) = \sigma_w^2 \sum_{j=0}^{\infty} \psi_j \psi_{j+h}, \quad h \geqslant 0 \tag{3.45}$$

我们可以解方程(3.40)和(3.41)而得到 ψ 的权值。之后，我们可以解得 $\gamma(h)$ 和 ACF $\rho(h) = \gamma(h)/\gamma(0)$。如例 3.10，也可能得到关于 $\gamma(h)$ 的齐次差分方程。首先，我们有

$$\gamma(h) = \mathrm{cov}(x_{t+h}, x_t) = \mathrm{cov}\Big(\sum_{j=1}^{p} \phi_j x_{t+h-j} + \sum_{j=0}^{q} \theta_j w_{t+h-j}, x_t \Big)$$

$$= \sum_{j=1}^{p} \phi_j \gamma(h-j) + \sigma_w^2 \sum_{j=h}^{q} \theta_j \psi_{j-h}, \quad h \geqslant 0 \tag{3.46}$$

上式中我们用到了下面的事实，即当 $h \geqslant 0$ 时

$$\mathrm{cov}(w_{t+h-j}, x_t) = \mathrm{cov}\Big(w_{t+h-j}, \sum_{k=0}^{\infty} \psi_k w_{t-k} \Big) = \psi_{j-h} \sigma_w^2$$

从式(3.46)，我们可以写出一个因果的 ARMA 过程 ACF 的通用齐次方程：

$$\gamma(h) - \phi_1 \gamma(h-1) - \cdots - \phi_p \gamma(h-p) = 0, \quad h \geqslant \max(p, q+1) \tag{3.47}$$

初始条件为

$$\gamma(h) - \sum_{j=1}^{p} \phi_j \gamma(h-j) = \sigma_w^2 \sum_{j=h}^{q} \theta_j \psi_{j-h}, \quad 0 \leqslant h < \max(p, q+1) \tag{3.48}$$

将式(3.47)与式(3.48)分别除以 $\gamma(0)$，则允许我们求解 ACF 的值，$\rho(h) = \gamma(h)/\gamma(0)$。

例 3.13 AR(p) 的 ACF

在例 3.10 中，我们考虑了 $p=2$ 的情况。一般情况下，从式(3.47)可以立即得到

$$\rho(h) - \phi_1 \rho(h-1) - \cdots - \phi_p \rho(h-p) = 0, \quad h \geqslant p \tag{3.49}$$

设 $z_1, \cdots, z_r$ 为 $\phi(z)$ 的根，$m_1, \cdots, m_r$ 分别为这些根的次数，并且 $m_1 + \cdots + m_r = p$。然后，根据式(3.37)，通解为

$$\rho(h) = z_1^{-h} P_1(h) + z_2^{-h} P_2(h) + \cdots + z_r^{-h} P_r(h), \quad h \geqslant p \tag{3.50}$$

其中，$P_j(h)$ 是关于 h 的多项式，其次数为 $m_j - 1$。

对一个因果模型，它所有的根都在单位圆 $|z_i|>1$ 之外，$i=1,\cdots,r$。如果所有的根都是实数，那么当 $h\to\infty$ 时，$\rho(h)$ 以指数形式快速衰减到零。如果一些根是复数，那么它们则是共轭对，$\rho(h)$ 将以正弦方式衰减，当 $h\to\infty$ 时会以指数形式快速地变为零。在复根的情况下，时间序列本质上是周期性的。当然，对于 AR 部分具有复根的 ARMA 模型，这也是正确的。 ■

例 3.14   ARMA(1,1) 的 ACF

考虑 ARMA(1，1) 过程 $x_t=\phi x_{t-1}+\theta w_{t-1}+w_t$，其中 $|\phi|<1$。基于式 (3.47)，其自相关函数满足

$$\gamma(h)-\phi\gamma(h-1)=0, \quad h=2,3,\cdots$$

根据式 (3.29) 和式 (3.30)，它的通解为

$$\gamma(h)=c\phi^h, \quad h=1,2,\cdots \tag{3.51}$$

为了得到初始条件，我们用式 (3.48)：

$$\gamma(0)=\phi\gamma(1)+\sigma_w^2[1+\theta\phi+\theta^2] \quad \text{和} \quad \gamma(1)=\phi\gamma(0)+\sigma_w^2\theta$$

然后解 $\gamma(0)$ 和 $\gamma(1)$，我们有：

$$\gamma(0)=\sigma_w^2\frac{1+2\theta\phi+\theta^2}{1-\phi^2} \quad \text{和} \quad \gamma(1)=\sigma_w^2\frac{(1+\theta\phi)(\phi+\theta)}{1-\phi^2}$$

为了解 c，注意由式 (3.51)，$\gamma(1)=c\phi$ 或 $c=\gamma(1)/\phi$。因此，$h\geq1$ 时的特解为

$$\gamma(h)=\frac{\gamma(1)}{\phi}\phi^h=\sigma_w^2\frac{(1+\theta\phi)(\phi+\theta)}{1-\phi^2}\phi^{h-1}$$

最后，把它除以 $\gamma(0)$ 获得 ACF

$$\rho(h)=\frac{(1+\theta\phi)(\phi+\theta)}{1+2\theta\phi+\theta^2}\phi^{h-1}, \quad h\geq1 \tag{3.52}$$

注意，式 (3.52) 中 $\rho(h)$ 的通常模式与式 (3.8) 中 AR(1) 模型的没什么不同。我们不太可能仅仅基于从样本估计的 ACF 来给出 ARMA(1,1) 和 AR(1) 之间的差异。因此我们考虑使用偏自相关函数。 ■

偏自相关函数 (PACF)

我们在式 (3.43) 中见过 MA(q) 的 ACF 值在 q 期滞后会为零。此外，因为 $\theta_q\neq0$，所以 ACF 在滞后 q 时不为零。因此，当过程是移动平均过程时，ACF 会提供大量关于依赖的阶数的信息。然而，如果过程为 ARMA 或 AR 模型，单靠 ACF 则仅能提供很少依赖的阶数信息。因此为了确定 AR 模型阶数，我们需要找一个像 MA(q) 模型的 ACF 那样可以提供模型阶数信息的函数，这个函数可以为 AR 模型提供阶数信息，该函数称为偏自相关函数 (PACF)。

回忆一下，如果 X、Y 和 Z 为随机变量，当给定 Z 时，X 和 Y 的偏相关的计算过程为：用 Z 回归 X 得到 $\hat{X}$，用 Z 回归 Y 得到 $\hat{Y}$，然后计算

$$\rho_{XY|Z}=\text{corr}\{X-\hat{X},Y-\hat{Y}\}$$

它的想法是 $\rho_{XY|Z}$ 衡量移除 (偏移出去) 变量 Z 的影响后 X 和 Y 的相关性。如果变量是多元正态分布，则该定义和给定 Z 的条件下 X 和 Y 相关系数是一致的，即 $\rho_{XY|Z}=\text{corr}(X, Y|Z)$。

要把上述想法应用到时间序列中，考虑一个因果 AR(1) 模型，$x_t=\phi x_{t-1}+w_t$。然后，

$$\gamma_x(2) = \mathrm{cov}(x_t, x_{t-2}) = \mathrm{cov}(\phi x_{t-1} + w_t, x_{t-2})$$
$$= \mathrm{cov}(\phi^2 x_{t-2} + \phi w_{t-1} + w_t, x_{t-2}) = \phi^2 \gamma_x(0)$$

这个结果遵循因果关系，因为 x_{t-2} 含有 $\{w_{t-2}, w_{t-3}, \cdots\}$，这些与 w_t 和 w_{t-1} 不相关。与 MA(1) 一样，x_t 和 x_{t-2} 之间的相关性不为零，因为 x_t 通过 x_{t-1} 与 x_{t-2} 依赖。假设我们通过移除（偏移出去）x_{t-1} 来打破这个依赖链。也就是说，我们考虑 $x_t - \phi x_{t-1}$ 和 $x_{t-2} - \phi x_{t-1}$ 之间的相关性，因为这就是 x_t 和 x_{t-2} 移除了对 x_{t-1} 的依赖性后的这两个变量之间的相关性。用这样的方式，我们可以打破 x_t 与 x_{t-2} 之间的依赖链。事实上，

$$\mathrm{cov}(x_t - \phi x_{t-1}, x_{t-2} - \phi x_{t-1}) = \mathrm{cov}(w_t, x_{t-2} - \phi x_{t-1}) = 0$$

我们所使用的工具就是偏自相关函数，就是任意 x_s 与 x_t 去除了二者"中间"的所有线性影响后的相关性。

为了正式定义零均值平稳时间序列的 PACF，对于 $h \geqslant 2$，用 $\hat{x}_{t+h}$ 表示用 $\{x_{t+h-1}, x_{t+h-2}, \cdots, x_{t+1}\}$ 对 x_{t+h} 的回归值[⊖]，写成

$$\hat{x}_{t+h} = \beta_1 x_{t+h-1} + \beta_2 x_{t+h-2} + \cdots + \beta_{h-1} x_{t+1} \tag{3.53}$$

式(3.53)中不会有截距，因为 x_t 是零均值的（如若不然，则用 $x_t - \mu_x$ 替代 x_t），此外用 $\hat{x}_t$ 表示用 $\{x_{t+1}, x_{t+2}, \cdots, x_{t+h-1}\}$ 对 x_t 的回归值，写成

$$\hat{x}_t = \beta_1 x_{t+1} + \beta_2 x_{t+2} + \cdots + \beta_{h-1} x_{t+h-1} \tag{3.54}$$

因为平稳性，式(3.53)和式(3.54)的系数 $\beta_1, \cdots, \beta_{h-1}$ 是一致的。我们会在下一节中解释，但接下来的例子会展示这个事实。

定义 3.9 一个平稳过程 x_t 的**偏自相关函数**（PACF）用 ϕ_{hh} 表示为

$$\phi_{11} = \mathrm{corr}(x_{t+1}, x_t) = \rho(1) \tag{3.55}$$

和

$$\phi_{hh} = \mathrm{corr}(x_{t+h} - \hat{x}_{t+h}, x_t - \hat{x}_t), \quad h \geqslant 2 \tag{3.56}$$

其中 $h = 1, 2, \cdots$。

使用双下标的原因将在下一节中解释。PACF，ϕ_{hh}，是 x_{t+h} 和 x_t 除去了 $\{x_{t+1}, \cdots, x_{t+h-1}\}$ 的线性影响后的相关系数。如果 x_t 过程是高斯分布，那么 $\phi_{hh} = \mathrm{corr}(x_{t+h}, x_t \mid x_{t+1}, \cdots, x_{t+h-1})$，$\phi_{hh}$ 是在条件 $\{x_{t+1}, \cdots, x_{t+h-1}\}$ 下的二元分布 (x_{t+h}, x_t) 的变量 x_{t+h} 和 x_t 之间的相关系数。

例 3.15 AR(1) 的 PACF

考虑 AR(1) 过程：$x_t = \phi x_{t-1} + w_t$，$|\phi| < 1$。根据定义，$\phi_{11} = \rho(1) = \phi$，为了计算 ϕ_{22}，考虑基于 x_{t+1} 的 x_{t+2} 回归，也就是 $\hat{x}_{t+2} = \beta x_{t+1}$。选择 β 最小化下式：

$$\mathrm{E}(x_{t+2} - \hat{x}_{t+2})^2 = \mathrm{E}(x_{t+2} - \beta x_{t+1})^2 = \gamma(0) - 2\beta\gamma(1) + \beta^2\gamma(0)$$

对 β 求导，让结果为零，我们得到 $\beta = \gamma(1)/\gamma(0) = \rho(1) = \phi$。下一步，考虑基于 x_{t+1} 的 x_t 回归，让 $\hat{x}_t = \beta x_{t+1}$，选择 β 最小化下式：

⊖ 这里的回归指的是在总体意义上的回归。也就是说，$\hat{x}_{t+h}$ 是 $\{x_{t+1}, x_{t+2}, \cdots, x_{t+h-1}\}$ 的一个能够最小化 $\mathrm{E}\left(x_{t+h} - \sum_{j=0}^{h-1} a_j x_{t+j}\right)^2$ 的一个线性组合。

$$E(x_t - \hat{x}_t)^2 = E(x_t - \beta x_{t+1})^2 = \gamma(0) - 2\beta\gamma(1) + \beta^2\gamma(0)$$

这和之前的等式一样，所以 $\beta = \phi$。所以，根据因果关系，得到：

$$\phi_{22} = \text{corr}(x_{t+2} - \hat{x}_{t+2}, x_t - \hat{x}_t) = \text{corr}(x_{t+2} - \phi x_{t+1}, x_t - \phi x_{t+1})$$
$$= \text{corr}(w_{t+2}, x_t - \phi x_{t+1}) = 0$$

因此，$\phi_{22} = 0$。在下一个例子中，我们会看到这里对任何 $h > 1$，$\phi_{hh} = 0$。 ■

例 3.16   AR(p)的 PACF

AR(p)模型为 $x_{t+h} = \sum_{j=1}^{p} \phi_j x_{t+h-j} + w_{t+h}$，其中 $\phi(z)$ 的根在单位圆外。当 $h > p$ 时，用 $x_{t+1}, \cdots, x_{t+h-1}$ 对 x_{t+h} 做回归，得到

$$\hat{x}_{t+h} = \sum_{j=1}^{p} \phi_j x_{t+h-j}$$

我们并没有证明这个明显的结果，但是在下一节我们会证明。因此，当 $h > p$ 时

$$\phi_{hh} = \text{corr}(x_{t+h} - \hat{x}_{t+h}, x_t - \hat{x}_t) = \text{corr}(w_{t+h}, x_t - \hat{x}_t) = 0$$

因为，根据因果关系，$x_t - \hat{x}_t$ 只取决于 $\{w_{t+h-1}, w_{t+h-2}, \cdots\}$，回忆式（3.54）。当 $h \leqslant p$ 时，ϕ_{pp} 不为零，而 $\phi_{11}, \cdots, \phi_{p-1,p-1}$ 不一定为零。我们稍后会发现，实际上 $\phi_{pp} = \phi_p$。图 3.5 展示了例 3.11 中 AR(2)模型的 ACF 和 PACF。为了再现图 3.5，使用以下 R 命令：

```
ACF = ARMAacf(ar=c(1.5,-.75), ma=0, 24)[-1]
PACF = ARMAacf(ar=c(1.5,-.75), ma=0, 24, pacf=TRUE)
par(mfrow=c(1,2))
plot(ACF,  type="h", xlab="lag", ylim=c(-.8,1));  abline(h=0)
plot(PACF, type="h", xlab="lag", ylim=c(-.8,1));  abline(h=0)
```

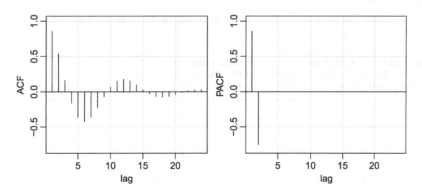

图 3.5   参数 $\phi_1 = 1.5$ 和 $\phi_2 = -0.75$ 的 AR(2)模型的 ACF 和 PACF 图 ■

例 3.17   可逆 MA(q)的 PACF

对可逆的 MA(q)模型，我们可以写成 $x_t = -\sum_{j=1}^{\infty} \pi_j x_{t-j} + w_t$。且不存在项数有限的表达形式。因此，从这个结果可以明显地看出，序列的 PACF 和 AR(p)模型一样，不可能截尾。

对 MA(1)，$x_t = w_t + \theta w_{t-1}$，其中 $|\theta| < 1$，像例 3.15 那样计算可得 $\phi_{22} = -\theta^2/(1 + \theta^2 + \theta^4)$。通常情况下 MA(1)模型的 ϕ_{hh} 可写成

$$\phi_{hh} = -\frac{(-\theta)^h(1-\theta^2)}{1-\theta^{2(h+1)}}, \quad h \geqslant 1$$

在下一节，我们会讨论 PACF 的计算。PACF 对 MA 模型的作用就像 ACF 对 AR 模型一样。AR 模型的 PACF 的表现也和 MA 模型的 ACF 很相似。因为一个可逆的 ARMA 模型有无限项数的 AR 形式表达式，因此它的 PACF 不可能截尾。我们在表 3.1 中总结了这些结论。

表 3.1   ARMA 模型的 ACF 和 PACF 的特征

	AR(p)	MA(q)	ARMA(p,q)
ACF	拖尾	在滞后 q 后截尾	拖尾
PACF	在滞后 p 后截尾	拖尾	拖尾

例 3.18   浅谈新鱼数量序列分析

我们考虑图 1.5 中新鱼数量序列的建模问题。在 1950—1987 年间，观测的新鱼数量数据跨度有 453 个月。图 3.6 中给出的 ACF 和 PACF 与 AR(2) 过程一致。ACF 序列以 12 个月为一个周期，PACF 在 $h=1$，2 时具有较大的值，然后对于高阶滞后而言基本为零。根据表 3.1，结果表示二阶自回归模型($p=2$)可以提供较好的拟合。我们会在 3.5 节详细讨论模型估计。我们用数据的 3 元组 $\{(x; z_1, z_2)$；$(x_3; x_2, x_1)$，$(x_4; x_3, x_2)$，…，$(x_{453}; x_{452}, x_{451})\}$ 来拟合一个如下形式的模型(参考 2.1 节)

$$x_t = \phi_0 + \phi_1 x_{t-1} + \phi_2 x_{t-2} + w_t$$

$t=3$，4，…，453。其估计值和标准误差(括号内)是 $\hat{\phi}_0 = 6.74_{(1.11)}$，$\hat{\phi}_1 = 1.35_{(0.04)}$，$\hat{\phi}_2 = -0.46_{(0.04)}$，以及 $\hat{\sigma}_w^2 = 89.72$。

可以用以下 R 代码实现，我们用 R 添加包 asta 中的函数 acf2 来分别打印和绘制 PACF 和 ACF。

```
acf2(rec, 48)      # will produce values and a graphic
(regr = ar.ols(rec, order=2, demean=FALSE, intercept=TRUE))
regr$asy.se.coef  # standard errors of the estimates
```

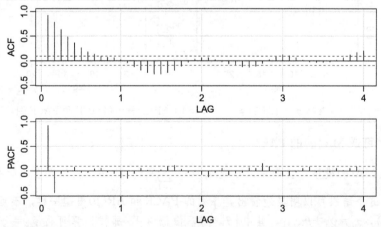

图 3.6   新鱼数量序列的 ACF 和 PACF。注意这里的水平轴上的滞后值是按季节计算的(这里是 12 个月)

3.4　模型预测

在预测中，目标是基于到现在为止收集到的数据 $x_{1:n} = \{x_1, x_2, \cdots, x_n\}$ 去预测时间序列的未来值 x_{n+m}，$m = 1, 2, \cdots$。在本节中，我们将假设 x_t 是平稳的并且模型参数是已知的。模型参数未知情况下的预测问题将在下一节讨论。另见问题 3.26。预测变量 x_{n+m} 的最小均方误差为

$$x_{n+m}^n = E(x_{n+m} \mid x_{1:n}) \tag{3.57}$$

因为条件期望是要最小化均方误差

$$E[x_{n+m} - g(x_{1:n})]^2 \tag{3.58}$$

其中 $g(x_{1:n})$ 是观察值 $x_{1:n}$ 的函数，见问题 3.14。

首先，我们将注意力集中在以数据的线性函数为预测变量的预测模型上，预测变量的表达式为

$$x_{n+m}^n = \alpha_0 + \sum_{k=1}^{n} \alpha_k x_k \tag{3.59}$$

其中 α_0，α_1，$\cdots$，α_n 为实数。我们注意到 α 取决于 n 和 m，但现在我们从表达式中去除依赖变量。例如，如果 $n = m = 1$，x_2^1 则是已知 x_1 时对 x_2 的向前一步预测。按式(3.59)的形式，$x_2^1 = \alpha_0 + \alpha_1 x_1$。但是如果 $n = 2$，x_3^2 则是已知 x_1、x_2 时对 x_3 的向前一步预测，按式(3.59)的形式，$x_3^2 = \alpha_0 + \alpha_1 x_1 + \alpha_2 x_2$。一般来说，$x_2^1$ 和 x_3^2 是不同的。

式(3.59)给出的线性估计最小化式(3.58)中的均方预测误差，称为最佳线性预测(BLP)。如我们看到的，线性预测仅取决于这个过程的二阶矩，而这很容易通过数据进行估计。本节内容的大部分是以附录 B 为基础。例如定理 B.3，它说如果一个随机过程是高斯过程，则最小均方误差预测和最佳线性预测是一致的。以下的性质是基于投影定理(定理 B.1)，该性质是一个关键结果。

性质 3.3　平稳随机过程的最佳线性预测

给定数据 x_1，$\cdots$，x_n，则 x_{n+m} 的最佳线性预测 $x_{n+m}^n = \alpha_0 + \sum_{k=1}^{n} \alpha_k x_k$ 可以通过求解下式得到：

$$E[(x_{n+m} - x_{n+m}^n)x_k] = 0, \quad k = 0, 1, \cdots, n \tag{3.60}$$

其中，对于 α_0，α_1，$\cdots$，α_n，$x_0 = 1$。

式(3.60)的方程被称为预测方程，被用来求解最佳线性预测模型的系数 $\{\alpha_0$，α_1，$\cdots$，$\alpha_n\}$。性质 3.3 的结果也可以通过最小二乘法获得，即关于 α 来最小化 $Q = E\left(x_{n+m} - \sum_{k=0}^{n} \alpha_k x_k\right)^2$，然后从 $\partial Q / \partial \alpha_j = 0$ 求解 α。这样就可以推导出式(3.60)。

如果 $E(x_t) = \mu$，式(3.60)的第一个方程($k = 0$)表明

$$E(x_{n+m}^n) = E(x_{n+m}) = \mu$$

对式(3.59)取期望，我们可得

$$\mu = \alpha_0 + \sum_{k=1}^{n} \alpha_k \mu \quad \text{或} \quad \alpha_0 = \mu\Big(1 - \sum_{k=1}^{n} \alpha_k\Big)$$

因此，BLP 的形式为

$$x_{n+m}^n = \mu + \sum_{k=1}^{n} \alpha_k (x_k - \mu)$$

因此，在我们讨论估计之前，考虑设 $\mu = 0$，即 $\alpha_0 = 0$ 亦不失一般性。

首先，考虑向前一步预测。就是已知 $x_1, \cdots, x_n$，我们期望预测下一个时间点 x_{n+1} 的值。x_{n+1} 的 BLP 为

$$x_{n+1}^n = \phi_{n1} x_n + \phi_{n2} x_{n-1} + \cdots + \phi_{m} x_1 \tag{3.61}$$

现在展示系数与 n 的依赖性，在式(3.59)中的 α_k 是式(3.61)中的 $\phi_{n,n+1-k}$，$k = 1, \cdots, n$。应用性质 3.3，系数 $\{\phi_{n1}, \phi_{n2}, \cdots, \phi_{m}\}$ 满足

$$\mathrm{E}\Big[\Big(x_{n+1} - \sum_{j=1}^{n} \phi_{nj} x_{n+1-j}\Big) x_{n+1-k}\Big] = 0, \quad k = 1, \cdots, n$$

或者

$$\sum_{j=1}^{n} \phi_{nj} \gamma(k-j) = \gamma(k), \quad k = 1, \cdots, n \tag{3.62}$$

式(3.62)中的预测方程可以写成矩阵形式：

$$\Gamma_n \phi_n = \gamma_n \tag{3.63}$$

其中 $(\Gamma_n = \gamma(k-j))_{j,k=1}^{n}$ 是一个 $n \times n$ 的矩阵，$\phi_n = (\phi_{n1}, \cdots, \phi_{m})'$ 是 $n \times 1$ 的向量，$\gamma_n = (\gamma(1), \cdots, \gamma(n))'$ 是 $n \times 1$ 的向量。

矩阵 Γ_n 是非负定矩阵。如果 Γ_n 是奇异的，那式(3.63)会有很多解，但是根据投影定理，x_{n+1}^n 是唯一的。如果 Γ_n 是非奇异的，那么 ϕ_n 的元素是唯一的，并由下式给出：

$$\phi_n = \Gamma_n^{-1} \gamma_n \tag{3.64}$$

对 ARMA 模型，$\sigma_w^2 > 0$ 和当 $h \to \infty$ 时 $\gamma(h) \to 0$ 可以确保 Γ_n 是正定的(问题 3.12)，有时候把向前一步预测写成向量的形式会更方便：

$$x_{n+1}^n = \phi_n' x \tag{3.65}$$

其中 $x = (x_n, x_{n-1}, \cdots, x_1)'$。

向前一步预测的均方预测误差为

$$P_{n+1}^n = \mathrm{E}(x_{n+1} - x_{n+1}^n)^2 = \gamma(0) - \gamma_n' \Gamma_n^{-1} \gamma_n \tag{3.66}$$

可以用式(3.64)和式(3.65)来证明式(3.66)：

$$\begin{aligned}
\mathrm{E}(x_{n+1} - x_{n+1}^n)^2 &= \mathrm{E}(x_{n+1} - \phi_n' x)^2 = \mathrm{E}(x_{n+1} - \gamma_n' \Gamma_n^{-1} x)^2 \\
&= \mathrm{E}(x_{n+1}^2 - 2\gamma_n' \Gamma_n^{-1} x x_{n+1} + \gamma_n' \Gamma_n^{-1} x x' \Gamma_n^{-1} \gamma_n) \\
&= \gamma(0) - 2\gamma_n' \Gamma_n^{-1} \gamma_n + \gamma_n' \Gamma_n^{-1} \Gamma_n \Gamma_n^{-1} \gamma_n \\
&= \gamma(0) - \gamma_n' \Gamma_n^{-1} \gamma_n
\end{aligned}$$

例 3.19 AR(2)的预测

假设我们有一个因果 AR(2)过程：$x_t = \phi_1 x_{t-1} + \phi_2 x_{t-2} + w_t$ 以及一个观测值 x_1。然后，用式(3.64)计算基于 x_1 的向前一步预测 x_2 为

$$x_2^1 = \phi_{11} x_1 = \frac{\gamma(1)}{\gamma(0)} x_1 = \rho(1) x_1$$

现在，我们想要基于 x_1 和 x_2 的 x_3 向前一步预测，即 $x_3^2 = \phi_{21} x_2 + \phi_{22} x_1$。我们应用式(3.62)得到

$$\phi_{21} \gamma(0) + \phi_{22} \gamma(1) = \gamma(1)$$
$$\phi_{21} \gamma(1) + \phi_{22} \gamma(0) = \gamma(2)$$

解得 ϕ_{21} 和 ϕ_{22}，或者应用式(3.64)的矩阵形式解得

$$\binom{\phi_{21}}{\phi_{22}} = \begin{pmatrix} \gamma(0) & \gamma(1) \\ \gamma(1) & \gamma(0) \end{pmatrix}^{-1} \binom{\gamma(1)}{\gamma(2)}$$

但是，这在模型中显而易见：$x_3^2 = \phi_1 x_2 + \phi_2 x_1$，因为 $\phi_1 x_2 + \phi_2 x_1$ 满足预测等式(3.60)，

$$\mathrm{E}\{[x_3 - (\phi_1 x_2 + \phi_2 x_1)] x_1\} = \mathrm{E}(w_3 x_1) = 0$$
$$\mathrm{E}\{[x_3 - (\phi_1 x_2 + \phi_2 x_1)] x_2\} = \mathrm{E}(w_3 x_2) = 0$$

可以确实得到 $x_3^2 = \phi_1 x_2 + \phi_2 x_1$，同时根据这里例子中系数的唯一性，得到 $\phi_{21} = \phi_1$ 和 $\phi_{22} = \phi_2$。这么推演下去，很容易证明当 $n \geqslant 2$ 时，

$$x_{n+1}^n = \phi_1 x_n + \phi_2 x_{n-1}$$

即，$\phi_{n1} = \phi_1$ 和 $\phi_{n2} = \phi_2$。当 $j = 3, 4, \cdots, n$. 时有 $\phi_{nj} = 0$。 ∎

从例 3.19 中，很清楚地发现(问题 3.45)，如果时间序列是一个有因果关系的 $\mathrm{AR}(p)$ 过程，那么当 $n \geqslant p$ 时，则有

$$x_{n+1}^n = \phi_1 x_n + \phi_2 x_{n-1} + \cdots + \phi_p x_{n-p+1} \tag{3.67}$$

对于一般的 ARMA 模型，预测等式不会像纯粹的 AR 情况那么简单。另外，对于 n 很大的情况，是不允许使用式(3.64)的，因为它需要求一个高阶矩阵的逆。有时候一些递推解决方法不需要对矩阵求逆。例如，由 Levinson[127]Durbin[54] 提出的递归解决方案。

性质 3.4　Durbin-Levinson 算法

方程(3.64)和(3.66)可以通过以下递推的方式求解：

$$\phi_{00} = 0, \quad P_1^0 = \gamma(0) \tag{3.68}$$

当 $n \geqslant 1$ 时，有

$$\phi_{nn} = \frac{\rho(n) - \sum_{k=1}^{n-1} \phi_{n-1,k} \rho(n-k)}{1 - \sum_{k=1}^{n-1} \phi_{n-1,k} \rho(k)}, \quad P_{n+1}^n = P_n^{n-1}(1 - \phi_{nn}^2) \tag{3.69}$$

其中，当 $n \geqslant 2$ 时，有

$$\phi_{nk} = \phi_{n-1,k} - \phi_{nn} \phi_{n-1,n-k}, \quad k = 1, 2, \cdots, n-1 \tag{3.70}$$

性质 3.4 的证明留作作业，参考问题 3.13。

例 3.20　使用 Durbin-Levinson 算法

为了使用这个算法，首先从 $\phi_{00} = 0$，$P_1^0 = \gamma(0)$ 开始。然后，当 $n = 1$ 时，有

$$\phi_{11} = \rho(1), \quad P_2^1 = \gamma(0)[1 - \phi_{11}^2]$$

当 $n = 2$ 时，有

$$\phi_{22} = \frac{\rho(2) - \phi_{11} \rho(1)}{1 - \phi_{11} \rho(1)}, \phi_{21} = \phi_{11} - \phi_{22} \phi_{11}$$

$$P_3^2 = P_2^1[1 - \phi_{22}^2] = \gamma(0)[1 - \phi_{11}^2][1 - \phi_{22}^2]$$

当 $n=3$ 时，有

$$\phi_{33} = \frac{\rho(3) - \phi_{21}\rho(2) - \phi_{22}\rho(1)}{1 - \phi_{21}\rho(1) - \phi_{22}\rho(2)}$$

$$\phi_{32} = \phi_{22} - \phi_{33}\phi_{21}, \phi_{31} = \phi_{21} - \phi_{33}\phi_{22}$$

$$P_4^3 = P_3^2[1 - \phi_{33}^2] = \gamma(0)[1 - \phi_{11}^2][1 - \phi_{22}^2][1 - \phi_{33}^2]$$

以此类推。注意，一般情况下向前一步预测的标准误差是下式的平方根：

$$P_{n+1}^n = \gamma(0) \prod_{j=1}^{n} [1 - \phi_{jj}^2] \tag{3.71}$$

Durbin-Levinson 算法的一个重要结果是（见习题 3.13）下面的性质。

性质 3.5　PACF 的递推解

平稳过程 x_t 的 PACF 的 ϕ_{nn}，$n=1$，2，$\cdots$ 可以通过式(3.69)递推获得。

对于一个 AR(p)模型，使用性质 3.5 并让式(3.61)和式(3.71)中 $n=p$，可以得到

$$x_{p+1}^p = \phi_{p1}x_p + \phi_{p2}x_{p-1} + \cdots + \phi_{pp}x_1 = \phi_1 x_p + \phi_2 x_{p-1} + \cdots + \phi_p x_1 \tag{3.72}$$

结果式(3.72)显示，对于 AR(p)模型，滞后 p 的偏自相关系数 ϕ_{pp}，如例 3.16 所述，也是模型的最后一个系数 ϕ_p。

例 3.21　AR(2)的 PACF

我们用例 3.20 和性质 3.5 的结论来计算 PACF 前三个值 ϕ_{11}，ϕ_{22}，ϕ_{33}。回忆例 3.10 中提到的 $\rho(h) - \phi_1\rho(h-1) - \phi_2\rho(h-2) = 0$，$h \geq 1$。当 $h=1$，2，3 时，我们有 $\rho(1) = \phi_1/(1-\phi_2)$，$\rho(2) = \phi_1\rho(1) + \phi_2$，$\rho(3) - \phi_1\rho(2) - \phi_2\rho(1) = 0$。所以，

$$\phi_{11} = \rho(1) = \frac{\phi_1}{1 - \phi_2}$$

$$\phi_{22} = \frac{\rho(2) - \rho(1)^2}{1 - \rho(1)^2} = \frac{\left[\phi_1\left(\frac{\phi_1}{1-\phi_2}\right) + \phi_2\right] - \left(\frac{\phi_1}{1-\phi_2}\right)^2}{1 - \left(\frac{\phi_1}{1-\phi_2}\right)^2} = \phi_2$$

$$\phi_{21} = \rho(1)[1 - \phi_2] = \phi_1$$

$$\phi_{33} = \frac{\rho(3) - \phi_1\rho(2) - \phi_2\rho(1)}{1 - \phi_1\rho(1) - \phi_2\rho(2)} = 0$$

正如式(3.72)所示，在 AR(2)模型中 $\phi_{22} = \phi_2$。

目前为止我们集中讨论了向前一步预测，但是性质 3.3 让我们可以计算 $m \geq 1$ 时任意 x_{n+m} 的 BLP。给定数据 x_1，$\cdots$，x_n，向前 m 步预测为

$$x_{n+m}^n = \phi_{n1}^{(m)} x_n + \phi_{n2}^{(m)} x_{n-1} + \cdots + \phi_{nn}^{(m)} x_1 \tag{3.73}$$

其中 $\{\phi_{n1}^{(m)}$，$\phi_{n2}^{(m)}$，$\cdots$，$\phi_{nn}^{(m)}\}$ 满足预测方程：

$$\sum_{j=1}^{n} \phi_{nj}^{(m)} E(x_{n+1-j}x_{n+1-k}) = E(x_{n+m}x_{n+1-k}), \quad k = 1, \cdots, n$$

或者

$$\sum_{j=1}^{n} \phi_{nj}^{(m)} \gamma(k-j) = \gamma(m+k-1), \quad k=1,\cdots,n \tag{3.74}$$

和以前一样，预测方程也可以写成矩阵的形式

$$\Gamma_n \phi_n^{(m)} = \gamma_n^{(m)} \tag{3.75}$$

其中 $\gamma_n^{(m)} = (\gamma(m), \cdots, \gamma(m+n-1))'$ 和 $\phi_n^{(m)} = (\phi_{n1}^{(m)}, \cdots, \phi_{nn}^{(m)})'$ 是 $n \times 1$ 的向量。向前 m 步的预测误差为

$$P_{n+m}^n = \mathrm{E}(x_{n+m} - x_{n+m}^n)^2 = \gamma(0) - \gamma_n^{(m)'} \Gamma_n^{-1} \gamma_n^{(m)} \tag{3.76}$$

另一个有用的计算预测的算法是由 Brockwell 和 Davis[36,第5章] 提出的。直接应用投影定理（定理 B.1）于新息 $x_t - x_t^{t-1}$，$t=1, \cdots, n$，应用当 $s \neq t$ 时 $x_t - x_t^{t-1}$ 和 $x_s - x_s^{s-1}$ 不相关的事实，我们将展示 x_t 是零均值的平稳时间序列的情况。

性质 3.6　新息算法

向前一步预测 x_{t+1}^t 和它的均方误差 P_{t+1}^t 可以通过递推计算得到：

$$x_1^0 = 0, \quad P_1^0 = \gamma(0)$$

$$x_{t+1}^t = \sum_{j=1}^{t} \theta_{tj}(x_{t+1-j} - x_{t+1-j}^{t-j}), \quad t=1,2,\cdots \tag{3.77}$$

$$P_{t+1}^t = \gamma(0) - \sum_{j=0}^{t-1} \theta_{t,t-j}^2 P_{j+1}^j \quad t=1,2,\cdots \tag{3.78}$$

其中，对于 $j=0, 1, \cdots, t-1$，我们有

$$\theta_{t,t-j} = \left(\gamma(t-j) - \sum_{k=0}^{j-1} \theta_{j,j-k} \theta_{t,t-k} P_{k+1}^k \right) / P_{j+1}^j \tag{3.79}$$

给定数据 $x_1, \cdots, x_n$，新息算法可以依次计算 $t=1$，然后 $t=2$ 等，在这种情况下，x_{n+1}^n 和 P_{n+1}^n 的计算是在最后一步 $t=n$ 做出。基于新息算法的 m 步向前预测和均方误差如下：

$$x_{n+m}^n = \sum_{j=m}^{n+m-1} \theta_{n+m-1,j}(x_{n+m-j} - x_{n+m-j}^{n+m-j-1}) \tag{3.80}$$

$$P_{n+m}^n = \gamma(0) - \sum_{j=m}^{n+m-1} \theta_{n+m-1,j}^2 P_{n+m-j}^{n+m-j-1} \tag{3.81}$$

其中，$\theta_{n+m-1,j}$ 是通过对式(3.79)反复递推获得的。

例 3.22　MA(1)的预测

新息算法非常适合移动平均过程的预测。考虑 MA(1)模型，$x_t = w_t + \theta w_{t-1}$。因为，$\gamma(0) = (1+\theta^2)\sigma_w^2$，$\gamma(1) = \theta \sigma_w^2$，且 $h>1$ 时 $\gamma(h)=0$。然后使用性质 3.6，可得

$$\theta_{n1} = \theta \sigma_w^2 / P_n^{n-1}$$

$$\theta_{nj} = 0, \quad j=2,\cdots,n$$

$$P_1^0 = (1+\theta^2)\sigma_w^2$$

$$P_{n+1}^n = (1+\theta^2 - \theta\theta_{n1})\sigma_w^2$$

最后，由式(3.77)，得到向前一步预测为

$$x_{n+1}^n = \theta(x_n - x_n^{n-1})\sigma_w^2 / P_n^{n-1}$$

预测 ARMA 过程

一般的预测方程(3.60)对通常的 ARMA 模型的预测提供了很少的洞察(insight)。有很多不同的方式来表示这些预测,并且每种方式都有助于理解 ARMA 预测的特殊结构。我们假设 x_t 是一个因果且可逆的 ARMA(p,q)过程,$\phi(B)x_t = \phi(B)w_t$,其中 $w_t \sim$ iid N(0, σ_w^2)。在零均值的情况下,$E(x_t) = \mu_x$,简单地在模型中把 x_t 替换成 $x_t - \mu_x$ 即可。首先我们考虑两种形式的预测。对于数据$\{x_n, \cdots, x_1\}$,我们用 x_{n+m}^n 表示 x_{n+m} 的最小均方误差预测,如下:

$$x_{n+m}^n = E(x_{n+m} \mid x_n, \cdots, x_1)$$

对于 ARMA 模型,如果我们具有完整的过去值$\{x_n, x_{n-1}, \cdots, x_1, x_0, x_{-1}, \cdots\}$,则计算 x_{n+m} 的预测变量会更容易。基于无限的序列的过去值的 x_{n+m} 的预测表达式如下:

$$\tilde{x}_{n+m} = E(x_{n+m} \mid x_n, x_{n-1}, \cdots, x_1, x_0, x_{-1}, \cdots)$$

一般情况下,x_{n+m} 和 $\tilde{x}_{n+m}$ 是不一样的,但是在大样本情况下,$\tilde{x}_{n+m}$ 是 x_{n+m} 的一个很好的近似。

现在,我们写出 x_{n+m} 的因果表达形式和可逆形式:

$$x_{n+m} = \sum_{j=0}^{\infty} \psi_j w_{n+m-j}, \quad \psi_0 = 1 \tag{3.82}$$

$$w_{n+m} = \sum_{j=0}^{\infty} \pi_j x_{n+m-j}, \quad \pi_0 = 1 \tag{3.83}$$

然后,对式(3.82)取条件期望,可得

$$\tilde{x}_{n+m} = \sum_{j=0}^{\infty} \psi_j \, \tilde{w}_{n+m-j} = \sum_{j=m}^{\infty} \psi_j w_{n+m-j} \tag{3.84}$$

因为因果关系和可逆性,得到

$$\tilde{w}_t = E(w_t \mid x_n, x_{n-1}, \cdots, x_0, x_{-1}, \cdots) = \begin{cases} 0 & t > n \\ w_t & t \leqslant n \end{cases}$$

类似地,因为 $E(x_t \mid x_n, x_{n-1}, \cdots, x_0, x_{-1}, \cdots) = x_t$,$t \leqslant n$,对式(3.83)取条件期望,可得

$$0 = \tilde{x}_{n+m} + \sum_{j=1}^{\infty} \pi_j \, \tilde{x}_{n+m-j}$$

或者

$$\tilde{x}_{n+m} = -\sum_{j=1}^{m-1} \pi_j \, \tilde{x}_{n+m-j} - \sum_{j=m}^{\infty} \pi_j x_{n+m-j} \tag{3.85}$$

从向前一步预测 $m=1$ 开始,继续计算 $m=2, 3, \cdots$,以此类推,递推地应用式(3.85)则可以完成预测过程。利用式(3.84),我们可得

$$x_{n+m} - \tilde{x}_{n+m} = \sum_{j=0}^{m-1} \psi_j w_{n+m-j}$$

因此均方预测误差可以写成

$$P_{n+m}^n = E(x_{n+m} - \tilde{x}_{n+m})^2 = \sigma_w^2 \sum_{j=0}^{m-1} \psi_j^2 \tag{3.86}$$

另外，我们注意到，对于固定样本大小 n，预测误差是相关的。即，对于 $k \geqslant 1$，我们有

$$E\{(x_{n+m} - \widetilde{x}_{n+m})(x_{n+m+k} - \widetilde{x}_{n+m+k})\} = \sigma_w^2 \sum_{j=0}^{m-1} \psi_j \psi_{j+k} \qquad (3.87)$$

例 3.23　长期预测

考虑均值为 μ_x 的 ARMA 模型预测。将式（3.82）中的 x_{n+m} 替换成 $x_{n+m} - \mu_x$，像前面式（3.84）一样取条件期望，我们推测出 m 步向前预测可以写成

$$\widetilde{x}_{n+m} = \mu_x + \sum_{j=m}^{\infty} \psi_j w_{n+m-j} \qquad (3.88)$$

注意到 ψ 的权值以指数速度（这里是指在均方差的意义下）衰减至零，显然有

$$\widetilde{x}_{n+m} \to \mu_x \qquad (3.89)$$

另外，根据式（3.86），当 $m \to \infty$ 时，下面的均方预测误差以指数速度衰减至零：

$$P_{n+m}^n \to \sigma_w^2 \sum_{j=0}^{\infty} \psi_j^2 = \gamma_x(0) = \sigma_x^2 \qquad (3.90)$$

从式（3.89）和式（3.90）中可以清楚地看到，随着预测步长 m 的增加，ARMA 预测迅速达到平均水平，并具有恒定的预测误差。这个效果可以在图 3.7 中看出，其中预测了新鱼数量序列的未来 24 个月的值。

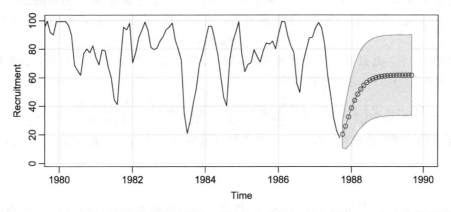

图 3.7　二十四个月的新鱼数量序列预测。显示的是从 1980 年 1 月到 1987 年 9 月的实际数据，图中展示的是预测值加上和减去一个标准误差

当 n 很小时，可以直接应用一般的预测式（3.60）。但是当 n 很大时，我们只能通过截断来应用式（3.85），因为我们没有观测值 x_0，x_{-1}，x_{-2}，…，只有 x_1，x_2，…。在这种情况下，我们可以通过设置 $\sum_{j=n+m}^{\infty} \pi_j x_{n+m-j} = 0$ 来截断式（3.85）。截断预测可以写为

$$\widetilde{x}_{n+m}^n = -\sum_{j=1}^{m-1} \pi_j \widetilde{x}_{n+m-j}^n - \sum_{j=m}^{n+m-1} \pi_j x_{n+m-j} \qquad (3.91)$$

它也是通过递推获得，$m = 1$，2，…。这个情况下预测的均方误差使用式（3.86）近似。

对 AR(p) 模型，当 $n > p$ 时，式（3.67）可以获得 x_{n+m} 的精确的预测 x_{n+m}^n，从而没有必

要近似。当 $n > p$ 时，$\tilde{x}_{n+m}^n = \tilde{x}_{n+m} = x_{n+m}^n$。此外，这个情况下，向前一步预测的误差为：$E(x_{n+1} - x_{n+1}^n)^2 = \sigma_w^2$。对纯 MA($q$)或者 ARMA($p,q$)模型，截断预测是一个很好的形式。

性质 3.7   ARMA 模型的截断预测

对 ARMA(p,q)模型，对于 $m = 1, 2, \cdots$，截断预测为

$$\tilde{x}_{n+m}^n = \phi_1 \tilde{x}_{n+m-1}^n + \cdots + \phi_p \tilde{x}_{n+m-p}^n + \theta_1 \tilde{w}_{n+m-1}^n + \cdots + \theta_q \tilde{w}_{n+m-q}^n \tag{3.92}$$

其中，$\tilde{x}_t^n = x_t$，$1 \leqslant t \leqslant n$ 并且 $\tilde{x}_t^n = 0$，$t \leqslant 0$。截断预测误差为：对于 $t \leqslant 0$ 或 $t > n$，$\tilde{w}_t^n = 0$，并且对于 $1 \leqslant t \leqslant n$，

$$\tilde{w}_t^n = \phi(B) \tilde{x}_t^n - \theta_1 \tilde{w}_{t-1}^n - \cdots - \theta_q \tilde{w}_{t-q}^n$$

例 3.24   ARMA(1,1)序列的预测

已知数据 $x_1, \cdots, x_n$，为了预测方便把模型写成

$$x_{n+1} = \phi x_n + w_{n+1} + \theta w_n$$

基于式(3.92)，向前一步截断预测为

$$\tilde{x}_{n+1}^n = \phi x_n + 0 + \theta \tilde{w}_n^n$$

当 $m \geqslant 2$ 时，我们有

$$\tilde{x}_{n+m}^n = \phi \tilde{x}_{n+m-1}^n$$

上式可以递推地得到，$m = 2, 3, \cdots$。

为了计算连续预测的初始化值，需要先计算 $\tilde{w}_n^n$，模型可写为 $w_t = x_t - \phi x_{t-1} - \theta w_{t-1}$，$t = 1, 2, \cdots, n$。为使用式(3.92)的截断预测，设 $\tilde{w}_0^n = 0$，$x_0 = 0$，然后把误差向前迭代

$$\tilde{w}_t^n = x_t - \phi x_{t-1} - \theta \tilde{w}_{t-1}^n, \quad t = 1, \cdots, n$$

如例 3.12 中所示，近似的误差方差由式(3.86)应用 ψ 值计算得到。特别地，ψ 值满足：$\psi_j = (\phi + \theta)\phi^{j-1}$，$j \geqslant 1$。这个结论如下：

$$P_{n+m}^n = \sigma_w^2 \left[1 + (\phi + \theta)^2 \sum_{j=1}^{m-1} \phi^{2(j-1)} \right] = \sigma_w^2 \left[1 + \frac{(\phi + \theta)^2 (1 - \phi^{2(m-1)})}{(1 - \phi^2)} \right]$$

■

为了评估预测的精确度，预测区间通常与预测值一起计算。一般来说，$(1-\alpha)$的预测区间是

$$x_{n+m}^n \pm c_{\frac{\alpha}{2}} \sqrt{P_{n+m}^n} \tag{3.93}$$

其中，选择 $c_{\alpha/2}$ 以便获得期望的置信水平。例如，如果是高斯过程，选用 $c_{\alpha/2} = 2$ 会产生大约 95% 的 x_{n+m} 预测区间。如果我们想要建立超过一个时期的预测区间，那么 $c_{\alpha/2}$ 应适当调整。例如，使用 Bonferroni 不等式。（参看第 4 章式(4.63)或者参考 Johnson and Wichern (1992)[106]的文献的第 5 章）。

例 3.25   预测新鱼数量序列

使用参数估计值作为实际参数值，图 3.7 显示了例 3.18 给出的新鱼数量序列的 24 个月预测值，$m = 1, 2, \cdots, 24$。对于 $n = 453$ 和 $m = 1, 2, \cdots, 12$ 实际预测值的计算如下：

$$x_{n+m}^n = 6.74 + 1.35 x_{n+m-1}^n - 0.46 x_{n+m-2}^n$$

当 $t \leqslant s$ 时，$x_t^s = x_t$ 预测误差 P_{n+m}^n 通过式(3.86)计算。因为 $\hat{\sigma}_w^2 = 89.72$，使用例 3.12 中的式(3.40)，可得 $\psi_j = 1.35 \psi_{j-1} - 0.46 \psi_{j-2}$，$j \geqslant 2$，其中 $\psi_0 = 1$，$\psi_1 = 1.35$。因此，对于 $n = 453$，有

$$P^n_{n+1} = 89.72$$

$$P^n_{n+2} = 89.72(1 + 1.35^2)$$

$$P^n_{n+3} = 89.72(1 + 1.35^2 + [1.35^2 - 0.46]^2)$$

依此类推。

注意，即使这里的预测范围仅仅基于一个标准误差，预测水平如何快速偏离并且预测区间变宽，即 $x^n_{n+m} \pm \sqrt{P^n_{n+m}}$。

可以用以下 R 代码来重新生成这里的分析并生成图 3.7：

```
regr = ar.ols(rec, order=2, demean=FALSE, intercept=TRUE)
fore = predict(regr, n.ahead=24)
ts.plot(rec, fore$pred, col=1:2, xlim=c(1980,1990), ylab="Recruitment")
 U = fore$pred+fore$se;  L = fore$pred-fore$se
 xx = c(time(U), rev(time(U)));  yy = c(L, rev(U))
polygon(xx, yy, border = 8, col = gray(.6, alpha = .2))
lines(fore$pred, type="p", col=2)
```

我们简单回溯。在回溯中，人们希望基于数据 $\{x_1, \cdots, x_n\}$ 预测 x_{1-m}，$m=1, 2, \cdots$。其表达式写成

$$x^n_{1-m} = \sum^n_{j=1} \alpha_j x_j \tag{3.94}$$

类比式 (3.74)，预测方程 (假设 $\mu_x = 0$) 写成：

$$\sum^n_{j=1} \alpha_j \mathrm{E}(x_j x_k) = \mathrm{E}(x_{1-m} x_k), \quad k = 1, \cdots, n \tag{3.95}$$

或者

$$\sum^n_{j=1} \alpha_j \gamma(k - j) = \gamma(m + k - 1), \quad k = 1, \cdots, n \tag{3.96}$$

这些等式是向前预测的精确表达式。即 $\alpha_j = \phi^{(m)}_{nj}$，$j = 1, \cdots, n$，其中 $\phi^{(m)}_{nj}$ 是由式 (3.75) 得到，最后回溯的表达式为

$$x^n_{1-m} = \phi^{(m)}_{n1} x_1 + \cdots + \phi^{(m)}_{nn} x_n, \quad m = 1, 2, \cdots \tag{3.97}$$

例 3.26　ARMA(1,1) 的回溯分析

考虑一个 ARMA(1,1) 过程：$x_t = \phi x_{t-1} + \theta w_{t-1} + w_t$，我们称之为向前模型 (forward model)。我们发现对平稳时间序列来说，最佳向后时间预测与最佳向前预测一样。假设这个序列是正态的，时间向前与时间向后预测的最小均方误差一致⊖。因此，这个过程也可以表示成向后模型：

$$x_t = \phi x_{t+1} + \theta v_{t+1} + v_t$$

其中，v_t 是高斯白噪声，且均值为 σ^2_w。我们可以写成 $x_t = \sum^{\infty}_{j=0} \psi_j v_{t+j}$，其中 $\psi_0 = 1$。这意味

⊖　在平稳的高斯分布条件下，(a) $\{x_{n+1}, x_n, \cdots, x_1\}$ 的分布和 (b) $\{x_0, x_1, \cdots, x_n\}$ 的分布是一样的。在预测时，我们应用 (a) 得到 $\mathrm{E}(x_{n+1} \mid x_n, \cdots, x_1)$；在向后预测时，我们用 (b) 来得到 $\mathrm{E}(x_0 \mid x_1, \cdots, x_n)$。因为 (a) 和 (b) 是一样的，两个问题是等价的。

着 x_t 与 $\{v_{t-1},\ v_{t-2},\ \cdots\}$ 无关，这和向前模型类似。

已知数据 $\{x_1,\ \cdots,\ x_n\}$，截断 $v_n^n = \mathrm{E}(v_n \mid x_1,\ \cdots,\ x_n)$ 至零，然后向后递推。就是把 $\tilde{v}_n^n = 0$ 作为初始逼近，然后向后生成误差

$$\tilde{v}_t^n = x_t - \phi x_{t+1} - \theta\, \tilde{v}_{t+1}^n, \quad t = (n-1),(n-2),\cdots,1$$

那么，因为 $\tilde{v}_t^n = 0$，$t \leqslant 0$，有

$$\tilde{x}_0^n = \phi x_1 + \theta\, \tilde{v}_1^n + \tilde{v}_0^n = \phi x_1 + \theta\, \tilde{v}_1^n$$

继续推导，一般的向后截断预测为

$$\tilde{x}_{1-m}^n = \phi\, \tilde{x}_{2-m}^n, \quad m = 2,3,\cdots$$

为了在 R 中进行数据回溯，简单地将数据倒置，然后拟合模型并进行预测。接下来，我们对一个模拟的 ARMA(1,1)过程进行回溯分析（见图 3.8）：

```
set.seed(90210)
x      = arima.sim(list(order = c(1,0,1), ar =.9, ma=.5), n = 100)
xr     = rev(x)                          # xr is the reversed data
pxr    = predict(arima(xr, order=c(1,0,1)), 10)   # predict the reversed data
pxrp   = rev(pxr$pred)                    # reorder the predictors (for plotting)
pxrse  = rev(pxr$se)                      # reorder the SEs
nx     = ts(c(pxrp, x), start=-9)         # attach the backcasts to the data
plot(nx, ylab=expression(X[~t]), main='Backcasting')
 U  =  nx[1:10] + pxrse;  L = nx[1:10] - pxrse
 xx = c(-9:0, 0:-9);  yy = c(L, rev(U))
polygon(xx, yy, border = 8, col = gray(0.6, alpha = 0.2))
lines(-9:0, nx[1:10], col=2, type='o')
```

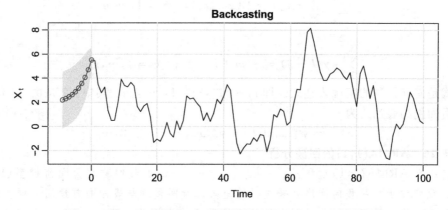

图 3.8   例 3.26 的图形，一个模拟的 ARMA(1，1)序列的回溯   ■

3.5   模型估计

在本节中，假设我们有 n 个观察值，$x_1,\ \cdots,\ x_n$，是一个因果可逆高斯 ARMA(p,q) 过程，且阶参数 p 和 q 是已知的。我们的目标就是估计参数 $\phi_1,\ \cdots,\ \phi_p$，$\theta_1,\ \cdots,\ \theta_q$ 和 σ_w^2 的值，关于 p 和 q 的确定会在本节讨论。

我们从矩估计开始。这些估计量背后的想法就是让样本矩等于总体矩，然后根据样本矩来求解参数。我们会很快发现，如果 $\mathrm{E}(x_t) = \mu$，那么 μ 的矩估计方法就得到估计值为样

本均值 $\overline{x}$。因此，在讨论矩的方法时，我们假设 $\mu=0$。尽管矩估计方法可以产生好的估计量，但它们有时会导致次优的估计量。我们首先考虑该方法导致最优（有效）估计量的情况，即考虑如下的 AR(p) 模型

$$x_t = \phi_1 x_{t-1} + \cdots + \phi_p x_{t-p} + w_t$$

其中，式（3.47）和式（3.48）的前 $p+1$ 个方程可以得出：

定义 3.10　Yule-Walker 方程 由下式给出

$$\gamma(h) = \phi_1 \gamma(h-1) + \cdots + \phi_p \gamma(h-p), \quad h = 1, 2, \cdots, p \tag{3.98}$$
$$\sigma_w^2 = \gamma(0) - \phi_1 \gamma(1) - \cdots - \phi_p \gamma(p) \tag{3.99}$$

上面 2 个方程可以由矩阵方式来表达为

$$\Gamma_p \phi = \gamma_p, \quad \sigma_w^2 = \gamma(0) - \phi' \gamma_p \tag{3.100}$$

其中 $\Gamma_p = \{\gamma(k-j)\}_{j,k=1}^p$ 是一个 $p \times p$ 的矩阵，$\phi = (\phi_1, \cdots, \phi_p)'$ 是 $p \times 1$ 的向量，$\gamma_p = (\gamma(1), \cdots, \gamma(p))'$ 是 $p \times 1$ 的向量。使用矩估计方法时，我们把式（3.100）中的 $\gamma(h)$ 替换成 $\hat{\gamma}(h)$（见式（1.36）），然后求解

$$\hat{\phi} = \hat{\Gamma}_p^{-1} \hat{\gamma}_p, \quad \hat{\sigma}_w^2 = \hat{\gamma}(0) - \hat{\gamma}_p' \hat{\Gamma}_p^{-1} \hat{\gamma}_p \tag{3.101}$$

这些估计量就称为 Yule-Walker 估计量。为了计算方便，我们有时会使用样本 ACF。通过分解式（3.101）中的 $\hat{\gamma}(0)$，我们可以将 Yule-Walker 估计写为

$$\hat{\phi} = \hat{R}_p^{-1} \hat{\rho}_p, \quad \hat{\sigma}_w^2 = \hat{\gamma}(0)[1 - \hat{\rho}_p' \hat{R}_p^{-1} \hat{\rho}_p] \tag{3.102}$$

其中 $\hat{R}_p = \{\hat{\rho}(k-j)\}_{j,k=1}^p$ 是一个 $p \times p$ 的矩阵，$\hat{\rho}_p = (\hat{\rho}(1), \cdots, \hat{\rho}(p))'$ 是 $p \times 1$ 的向量。

对于 AR(p) 模型，如果样本量很大，则 Yule-Walker 估计量为近似正态分布，且 $\hat{\sigma}_w^2$ 接近于 σ_w^2 的真实值。我们在性质 3.8 中详细说明了这些结果，见 B.3 节。

性质 3.8　大样本情况下的 Yule-Walker 估计量

在因果 AR(p) 过程中，Yule-Walker 估计量的渐近（$n \to \infty$）行为如下：

$$\sqrt{n}(\hat{\phi} - \phi) \xrightarrow{d} N(0, \sigma_w^2 \Gamma_p^{-1}), \quad \hat{\sigma}_w^2 \xrightarrow{p} \sigma_w^2 \tag{3.103}$$

在 Durbin-Levinson 算法式中，可以用 $\hat{\gamma}(h)$ 来替换 $\gamma(h)$，应用式（3.68）～（3.70）来计算 $\hat{\phi}$，而不需要对 $\hat{\Gamma}_p$ 或者 $\hat{R}_p$ 求逆。在运行该算法时，我们将迭代计算 $h \times 1$ 的向量 $\hat{\phi}_h = (\hat{\phi}_{h1}, \cdots, \hat{\phi}_{hh})'$，$h = 1, 2, \cdots$。因此，除了获得期望的预测值之外，Durbin-Levinson 算法也给出了 $\hat{\phi}_{hh}$，即样本 PACF。使用式（3.103），我们可以得到下面的性质。

性质 3.9　PACF 的大样本分布

对于因果 AR(p) 过程，渐近地有（$n \to \infty$），

$$\sqrt{n}\, \hat{\phi}_{hh} \xrightarrow{d} N(0, 1), \quad h > p \tag{3.104}$$

例 3.27　AR(2) 过程的 Yule-Walker 预测

图 3.4 所示的数据是来自 AR(2) 模型的 $n = 144$ 个模拟观测数据。模型为

$$x_t = 1.5 x_{t-1} - 0.75 x_{t-2} + w_t$$

其中，$w_t \sim$ iid N(0, 1)。对于这些数据，有 $\hat{\gamma}(0) = 8.903$，$\hat{\rho}(1) = 0.849$，并且 $\hat{\rho}(2) = 0.519$。因此，

$$\hat{\phi} = \begin{pmatrix} \hat{\phi}_1 \\ \hat{\phi}_2 \end{pmatrix} = \begin{bmatrix} 1 & 0.849 \\ 0.849 & 1 \end{bmatrix}^{-1} \begin{pmatrix} 0.849 \\ 0.519 \end{pmatrix} = \begin{pmatrix} 1.463 \\ -0.723 \end{pmatrix}$$

和

$$\hat{\sigma}_w^2 = 8.903 \left[1 - (0.849, 0.519) \begin{pmatrix} 1.463 \\ -0.723 \end{pmatrix} \right] = 1.187$$

根据性质 3.8，$\hat{\phi}$ 的渐近方差——$\hat{\phi}$ 的协方差矩阵是

$$\frac{1}{144} \frac{1.187}{8.903} \begin{bmatrix} 1 & 0.849 \\ 0.849 & 1 \end{bmatrix}^{-1} = \begin{bmatrix} 0.058^2 & -0.003 \\ -0.003 & 0.058^2 \end{bmatrix}$$

它可以用来得到 $\hat{\phi}$ 或它的分量的置信区域，或者对 $\hat{\phi}$ 及其分量进行推断。例如 ϕ_2 的 95% 置信区间是 $-0.723 \pm 2(0.058)$ 或者 $(-0.838, -0.608)$，该区间包含 ϕ_2 的真实值 -0.75。

对这些数据，前三个样本偏自相关系数为 $\hat{\phi}_{11} = \hat{\rho}(1) = 0.849$，$\hat{\phi}_{22} = \hat{\phi}_2 = -0.721$，且 $\hat{\phi}_{33} = -0.085$。依据性质 3.9 $\hat{\phi}_{33}$ 的渐近标准误差为 $1/\sqrt{144} = 0.083$，而其观测值为 -0.085，它仅偏离 $\phi_{33} = 0$ 大约一个标准差。 ■

例 3.28　新鱼数量序列的 Yule-Walker 预测

在例 3.18 中，我们使用最小二乘法（OLS）将新鱼数量序列拟合成 AR(2) 模型。对于 AR 模型，通过 OLS 和 Yule-Walker 得到的估计量几乎相同。在式（3.111）～（3.116）中讨论条件平方和估计量时，我们会详细讨论这点。

以下是使用 R 中的 Yule-Walker 估计来拟合同一模型的结果，它们与例 3.18 中的值几乎相同。

```
rec.yw = ar.yw(rec, order=2)
rec.yw$x.mean     # = 62.26 (mean estimate)
rec.yw$ar         # = 1.33, -.44  (coefficient estimates)
sqrt(diag(rec.yw$asy.var.coef)) # = .04, .04  (standard errors)
rec.yw$var.pred   # = 94.80 (error variance estimate)
```

为了获得 24 个月的向前预测和它们的标准误差，并像例 3.25 一样绘制结果（这里没有给出），应用下面的 R 代码：

```
rec.pr = predict(rec.yw, n.ahead=24)
ts.plot(rec, rec.pr$pred, col=1:2)
lines(rec.pr$pred + rec.pr$se, col=4, lty=2)
lines(rec.pr$pred - rec.pr$se, col=4, lty=2)
```
■

在 AR(p) 模型的情况下，在渐近分布——式（3.103）是最优渐近正态分布的意义下，式（3.102）给出的 Yule-Walker 估计量是最优的。这是因为，在初始条件下，AR(p) 模型是线性的模型，Yule-Walker 估计量实质上就是最小二乘估计量。如果我们使用矩估计方法来估计 MA 或者 ARMA 模型，则不能得到最优估计量，因为这些过程的参数是非线性的。

例 3.29　MA(1) 的矩估计方法

考虑时间序列

$$x_t = w_t + \theta w_{t-1}$$

其中 $|\theta| < 1$。这个模型可以写成

$$x_t = \sum_{j=1}^{\infty} (-\theta)^j x_{t-j} + w_t$$

对参数 θ，它是非线性的。前两个总体自协方差为 $\gamma(0) = \sigma_w^2(1+\theta^2)$ 和 $\gamma(1) = \sigma_w^2\theta$，因此 θ 的估计值可以通过求解下式得到：

$$\hat{\rho}(1) = \frac{\hat{\gamma}(1)}{\hat{\gamma}(0)} = \frac{\hat{\theta}}{1+\hat{\theta}^2}$$

虽然有两个解，但我们只选取可逆的。如果 $|\hat{\rho}(1)| \leqslant \frac{1}{2}$，解是实数；否则，就不存在实数解。尽管对于可逆 MA(1) 模型，有 $\rho(1) < \frac{1}{2}$，但因为得到的是估计值，所以 $|\hat{\rho}(1)| \geqslant \frac{1}{2}$ 仍可能发生。例如，在下面的 R 中，模拟得 $\hat{\rho}(1) = 0.507$，但是其真实值为 $\rho(1) = 0.9/(1+0.9^2) = 0.497$。

```
set.seed(2)
ma1 = arima.sim(list(order = c(0,0,1), ma = 0.9), n = 50)
acf(ma1, plot=FALSE)[1]   # = .507 (lag 1 sample ACF)
```

当 $|\hat{\rho}(1)| < \frac{1}{2}$ 时，它可逆的估计值为

$$\hat{\theta} = \frac{1 - \sqrt{1 - 4\hat{\rho}(1)^2}}{2\hat{\rho}(1)} \tag{3.105}$$

可以证明，有下式[⊖]：

$$\hat{\theta} \sim \mathrm{AN}\left(\theta, \frac{1+\theta^2+4\theta^4+\theta^6+\theta^8}{n(1-\theta^2)^2}\right)$$

AN 读为渐近正态，并在定义 A.5 中被定义。在这种情况下 θ 的最大似然估计量（我们将在下面讨论）具有 $(1-\theta^2)/n$ 的渐近方差。例如，当 $\theta = 0.5$ 时，矩估计方法的渐近方差与 θ 的最大似然估计量的渐进方差的比值约为 3.5。也就是说，对于大样本，当 $\theta = 0.5$ 时，矩估计方法的方差约等于 θ 的 MLE 方差的 3.5 倍。 ■

最大似然估计和最小二乘估计

为了解决这些问题，我们首先关注因果 AR(1) 案例。设

$$x_t = \mu + \phi(x_{t-1} - \mu) + w_t \tag{3.106}$$

其中，$|\phi| < 1$，且 $w_t \sim$ iid $\mathrm{N}(0, \sigma_w^2)$。已知数据 $x_1, x_2, \cdots, x_n$，我们寻找似然函数

$$L(\mu, \phi, \sigma_w^2) = f(x_1, x_2, \cdots, x_n | \mu, \phi, \sigma_w^2)$$

在 AR(1) 模型中，似然函数可以写为

$$L(\mu, \phi, \sigma_w^2) = f(x_1)f(x_2|x_1)\cdots f(x_n|x_{n-1}),$$

其中，我们在密度函数 $f(\cdot)$ 中去除一些参数来简化记号。因为 $x_t | x_{t-1} \sim \mathrm{N}(\mu + \phi(x_{t-1} - \mu), \sigma_w^2)$，可得

$$f(x_t|x_{t-1}) = f_w[(x_t - \mu) - \phi(x_{t-1} - \mu)]$$

⊖ 该结果可以从附录的定理 A.7 和 delta 方法得到。

这里 $f_w(\cdot)$ 是 w_t 的密度函数，它是均值为零且方差为 σ_w^2 的正态密度。我们可以把似然函数写成

$$L(\mu, \phi, \sigma_w) = f(x_1) \prod_{t=2}^{n} f_w\big[(x_t - \mu) - \phi(x_{t-1} - \mu)\big]$$

为了解得 $f(x_1)$，可以使用因果表达式

$$x_1 = \mu + \sum_{j=0}^{\infty} \phi^j w_{1-j}$$

可以看出 x_1 是均值为 μ 且方差为 $\sigma_w^2/(1-\phi^2)$ 的正态分布。最后，AR(1) 的似然函数为

$$L(\mu, \phi, \sigma_w^2) = (2\pi\sigma_w^2)^{-n/2}(1-\phi^2)^{1/2}\exp\Big[-\frac{S(\mu,\phi)}{2\sigma_w^2}\Big] \tag{3.107}$$

其中，

$$S(\mu, \phi) = (1-\phi^2)(x_1-\mu)^2 + \sum_{t=2}^{n}\big[(x_t-\mu)-\phi(x_{t-1}-\mu)\big]^2 \tag{3.108}$$

通常，$S(\mu, \phi)$ 被称为无条件平方和。我们也可以考虑使用无条件最小二乘估计 μ 和 ϕ，即通过最小化 $S(\mu, \phi)$ 来进行估计。

对式(3.107)的对数关于 σ_w^2 求偏导数，并让结果为零，可以得到参数空间中任意的 μ 和 ϕ 的正常结果，$\sigma_w^2 = n^{-1}S(\mu,\phi)$ 可以使得似然函数最大化。因此，σ_w^2 的最大似然估计是

$$\hat{\sigma}_w^2 = n^{-1}S(\hat{\mu}, \hat{\phi}) \tag{3.109}$$

其中，$\hat{\mu}$ 和 $\hat{\phi}$ 分别是 μ 和 ϕ 的 MLE。如果我们把式(3.109)中的 n 替换成 $n-2$，那么就可以得到 σ_w^2 的无条件最小二乘估计。

如果在式(3.107)中，我们取对数，用 $\hat{\sigma}_w^2$ 代替 σ_w^2，并忽略常数，那么 $\hat{\mu}$ 和 $\hat{\phi}$ 就是最小化下述准则函数的取值。

$$l(\mu, \phi) = \log[n^{-1}S(\mu,\phi)] - n^{-1}\log(1-\phi^2) \tag{3.110}$$

也就是说，$l(\mu, \phi) \propto -2\log L(\mu, \phi, \hat{\sigma}_w^2)^{\ominus}$。因为式(3.108)和式(3.110)是参数的复杂函数，所以 $l(\mu, \phi)$ 或 $S(\mu, \phi)$ 的最小化是由数值计算得出。对 AR 模型而言，其优点是，在初始值的条件下它们是线性模型。也就是说，我们可以删除似然函数中导致非线性的项。x_1 条件下的条件似然函数为

$$L(\mu, \phi, \sigma_w^2 | x_1) = \prod_{t=2}^{n} f_w\big[(x_t-\mu)-\phi(x_{t-1}-\mu)\big]$$

$$= (2\pi\sigma_w^2)^{-(n-1)/2}\exp\Big[-\frac{S_c(\mu,\phi)}{2\sigma_w^2}\Big] \tag{3.111}$$

其中，条件平方和为

$$S_c(\mu, \phi) = \sum_{t=2}^{n}\big[(x_t-\mu)-\phi(x_{t-1}-\mu)\big]^2 \tag{3.112}$$

㊀ 准则函数有时候也被称为总则(profile)或者集中似然(concentrated likelihood)函数。

σ_w^2 的条件 MLE 为

$$\hat{\sigma}_w^2 = S_c(\hat{\mu}, \hat{\phi})/(n-1) \tag{3.113}$$

其中，$\hat{\mu}$ 和 $\hat{\phi}$ 是最小化条件平方和 $S_c(\mu, \phi)$ 时的取值。假设 $\alpha = \mu(1-\phi)$，条件平方和可写为

$$S_c(\mu, \phi) = \sum_{t=2}^{n} [x_t - (\alpha + \phi x_{t-1})]^2 \tag{3.114}$$

现在问题就转换成 2.1 节所述的线性回归问题。根据最小二乘估计的结果，我们有 $\hat{\alpha} = \overline{x}_{(2)} - \hat{\phi}\,\overline{x}_{(1)}$，其中，$\hat{x}_{(1)} = (n-1)^{-1}\sum_{t=1}^{n-1} x_t$，$\overline{x}_{(2)} = (n-1)^{-1}\sum_{t=2}^{n} x_t$，且条件估计为

$$\hat{\mu} = \frac{\overline{x}_{(2)} - \hat{\phi}\,\overline{x}_{(1)}}{1 - \hat{\phi}} \tag{3.115}$$

$$\hat{\phi} = \frac{\sum_{t=2}^{n} (x_t - \overline{x}_{(2)})(x_{t-1} - \overline{x}_{(1)})}{\sum_{t=2}^{n} (x_{t-1} - \overline{x}_{(1)})^2} \tag{3.116}$$

从式(3.115)和式(3.116)可以得出，$\hat{\mu} \approx \overline{x}$ 和 $\hat{\phi} \approx \hat{\rho}(1)$。也就是说，Yule-Walker 估计量和条件最小二乘估计量大致相同。唯一的区别是等式是否包含或排除涉端点的项 x_1 和 x_n。我们也可以调整式(3.113)中的 σ_w^2 估计值，使其等价于最小二乘估计值，即在式(3.113)中将 $S_c(\hat{\mu}, \hat{\phi})$ 除以 $(n-3)$ 而不是 $(n-1)$。

对于一般 AR(p) 模型，最大似然估计、无条件最小二乘和条件最小二乘都与例子中的 AR(1)类似。对于一般的 ARMA 模型，则很难写成有关参数的明确函数形式。因此，一般会基于新息(innovation)，或者基于向前一步预测误差 $x_t - x_t^{t-1}$ 来写出似然函数，这样有其好处。这对我们在第 6 章中研究状态空间模型也很有帮助。

对一个普通 ARMA(p, q)模型，令 $\beta = (\mu, \phi_1, \cdots, \phi_p, \theta_1, \cdots, \theta_q)'$ 为模型的($p+q+1$)维参数向量。最大似然函数可写成

$$L(\beta, \sigma_w^2) = \prod_{t=1}^{n} f(x_t | x_{t-1}, \cdots, x_1)$$

给定 $x_{t-1}, \cdots, x_1, x_t$ 的条件分布是均值为 x_t^{t-1} 且方差为 P_t^{t-1} 的高斯分布。回顾式(3.71)中，$P_t^{t-1} = \gamma(0) \prod_{j=1}^{t-1} (1-\phi_{jj}^2)$。对 ARMA 模型，$\gamma(0) = \sigma_w^2 \sum_{j=0}^{\infty} \psi_j^2$，所以我们可以把方差写为

$$P_t^{t-1} = \sigma_w^2 \left\{ \left[\sum_{j=0}^{\infty} \psi_j^2 \right] \left[\prod_{j=1}^{t-1} (1-\phi_{jj}^2) \right] \right\} \overset{\text{def}}{=} \sigma_w^2 r_t$$

其中右端的 r_t 是大括号中的项。注意，r_t 项仅是回归参数的函数，它们可以在初始条件为 $r_1 = \sum_{j=0}^{\infty} \psi_j^2$ 的情况下，递推得出 $r_{t+1} = (1-\phi_{tt}^2)r_t$。这个数据的似然函数可以写成

$$L(\beta, \sigma_w^2) = (2\pi\sigma_w^2)^{-n/2} [r_1(\beta) r_2(\beta) \cdots r_n(\beta)]^{-1/2} \exp\left[-\frac{S(\beta)}{2\sigma_w^2} \right] \tag{3.117}$$

其中，

$$S(\beta) = \sum_{t=1}^{n} \left[\frac{(x_t - x_t^{t-1}(\beta))^2}{r_t(\beta)} \right] \tag{3.118}$$

可以从式(3.117)和式(3.118)显式地得出，x_t^{t-1} 和 r_t 都是 β 的函数。给定 β 和 σ_w^2 的值后，可以使用 3.4 节的方法进行估计。β 的 σ_w^2 最大似然估计即为最大化式(3.117)的解。在 AR(1)的例子中，有

$$\hat{\sigma}_w^2 = n^{-1} S(\hat{\beta}) \tag{3.119}$$

其中$\hat{\beta}$是使得集中似然估计为最小的 β 值。集中似然为

$$l(\beta) = \log[n^{-1} S(\beta)] + n^{-1} \sum_{t=1}^{n} \log r_t(\beta) \tag{3.120}$$

对于先前式(3.106)中讨论的 AR(1)模型，回顾 $x_1^0 = \mu$ 和 $x_t^{t-1} = \mu + \phi(x_{t-1} - \mu)$，其中 $t = 2, \cdots, n$。所以，应用 $\phi_{11} = \phi$ 和 $h > 0$，$\phi_{hh} = 0$ 的事实，我们有 $r_1 = \sum_{j=0}^{\infty} \phi^{2j} = (1 - \phi^2)^{-1}$，$r_2 = (1 - \phi^2)^{-1}(1 - \phi^2) = 1$，以及一般的对于 $t = 2, \cdots, n$ 有 $r_t = 1$。因此，式(3.107)中似然估计与式(3.117)新息表达形式相同。此外，式(3.118)中 $S(\beta)$ 的一般形式为式(3.108)中的 $S(\mu, \phi)$；式(3.120)中 $l(\beta)$ 的一般形式为式(3.110)中的 $l(\mu, \phi)$。

关于 β 的无条件最小二乘将通过最小化式(3.118)来执行。β 的条件最小二乘估计是在最小化式(3.118)的基础上得到的，但是为了减轻计算负担，它们的预测和误差通过调节数据的初始值来获得。一般来说，应用数值优化程序来获得实际的估计值和它们的标准误差。

例 3.30　牛顿-拉夫逊和评分算法

用于计算最大似然估计的两个常见数值优化程序是牛顿-拉夫逊(Newton-Raphson)和评分(scoring)算法。我们这里简要介绍一下它们的数学思想。这些算法的实际实现比我们这里讨论的情况复杂得多。有关详细信息，读者可以参考任何数值算法的书籍，例如 Press et al.[156] 的文献。

令 $l(\beta)$ 是我们希望关于 β 最小化的 k 个参数 $\beta = (\beta_1, \cdots, \beta_k)$ 的准则函数。例如，考虑由式(3.110)或式(3.120)给出的似然函数。假设 $l(\hat{\beta})$ 是我们要找的极值，$\hat{\beta}$ 是通过解 $\partial l(\beta) / \partial \beta_j = 0$，$j = 1, \cdots, k$ 得到的。令 $l^{(1)}(\beta)$ 表示 $k \times 1$ 的 1 阶偏微分向量

$$l^{(1)}(\beta) = \left(\frac{\partial l(\beta)}{\partial \beta_1}, \cdots, \frac{\partial l(\beta)}{\partial \beta_k} \right)'$$

注意，$l^{(1)}(\hat{\beta}) = 0$ 是 $k \times 1$ 的零向量。$l^{(2)}(\beta)$ 表示二阶偏微分的 $k \times k$ 矩阵

$$l^{(2)}(\beta) = \left\{ -\frac{\partial l^2(\beta)}{\partial \beta_i \partial \beta_j} \right\}_{i,j=1}^{k}$$

并假设 $l^{(2)}(\beta)$ 是非奇异的。设 $\beta_{(0)}$ 是一个"足够好"的 β 初始估计量。然后，使用泰勒展开式，我们有以下逼近：

$$0 = 1^{(1)}(\hat{\beta}) \approx l^{(1)}(\beta_{(0)}) - l^{(2)}(\beta_{(0)})[\hat{\beta} - \beta_{(0)}]$$

让右侧等于零并求解$\hat{\beta}$(称为解 $\beta_{(1)}$)，得到

$$\beta_{(1)} = \beta_{(0)} + [l^{(2)}(\beta_{(0)})]^{-1} l^{(1)}(\beta_{(0)})$$

牛顿-拉夫逊算法就是对这个结果进行迭代，用 $\beta_{(1)}$ 代替 $\beta_{(0)}$ 得到 $\beta_{(2)}$，以此类推，直到收敛。在一组适当的条件下，估计序列 $\beta_{(1)}$，$\beta_{(2)}$，$\cdots$ 将收敛于 β 的 MLE，即 $\hat{\beta}$。

对于最大似然估计，所使用的准则函数是式（3.120）中的 $l(\beta)$，$l^{(1)}(\beta)$ 称为评分向量，$l^{(2)}(\beta)$ 称为**海森**（Hessian）。在评分（scoring）方法中，我们用信息矩阵 $\mathrm{E}[l^{(1)}(\beta)]$ 代替 $l^{(2)}(\beta)$。在适当的条件下，信息矩阵的逆是估计量 $\hat{\beta}$ 的渐近方差——协方差矩阵。有时候也用在 $\hat{\beta}$ 处的海森矩阵的逆来近似。如果难以得到导数，可能可以应用拟最大似然估计，该方法使用数值方法来得到倒数的近似值。　■

例 3.31　新鱼数量序列的 MLE

到目前为止，我们已经应用普通最小二乘法（例 3.18）和 Yule-Walker（例 3.28），对新鱼数量序列拟合了 AR(2) 模型。我们可以使用以下 R 代码，应用最大似然估计法对新鱼数量序列拟合一个 AR(2) 模型。可以将这些结果与例 3.18 和例 3.28 中的结果进行比较。

```
rec.mle = ar.mle(rec, order=2)
rec.mle$x.mean    # 62.26
rec.mle$ar        # 1.35, -.46
sqrt(diag(rec.mle$asy.var.coef))  # .04, .04
rec.mle$var.pred  # 89.34
```
■

我们现在讨论 ARMA(p, q) 模型应用高斯-牛顿（Gauss-Newton）的最小二乘法。对于高斯-牛顿过程的一般和完整细节，读者可以参考 Fuller[66] 的文献。和以前一样，为了讨论方便，我们假设 $\mu=0$，记 $\beta=(\phi_1, \cdots, \phi_p, \theta_1, \cdots, \theta_q)'$。我们基于误差项来写出模型

$$w_t(\beta) = x_t - \sum_{j=1}^{p} \phi_j x_{t-j} - \sum_{k=1}^{q} \theta_k w_{t-k}(\beta) \tag{3.121}$$

以强调误差对参数的依赖性。

对于条件最小二乘法，我们通过调整 x_1，$\cdots$，x_p（如果 $p>0$）和 $w_p=w_{p-1}=w_{p-2}=\cdots=w_{1-q}=0$（如果 $q>0$）来逼近残差平方和。在这种情况下，给定 β，对 $t=p+1$，$p+2$，$\cdots$，n，我们可以估计式（3.121）。在这个条件下，条件误差平方和是

$$S_c(\beta) = \sum_{t=p+1}^{n} w_t^2(\beta) \tag{3.122}$$

关于 β 最小化 $S_c(\beta)$ 得到条件最小二乘估计。如果 $q=0$，则问题是线性回归，并且不需要迭代得到最小化 $S_c(\phi_1, \cdots, \phi_p)$。如果 $q>0$，问题就变成非线性回归，而我们将不得不依赖于数值优化。

当 n 较大时，一些初始值条件的调整将对最终参数估计几乎没有影响。在小到中等样本大小的情况下，人们可能希望依赖于无条件最小二乘法。无条件最小二乘问题是选择 β 来最小化无条件平方和，一般用 $S(\beta)$ 表示。无条件平方和可以写成不同的形式，Box 等推导出了一个对 ARMA(p, q) 模型有用的形式[31, A7.3节]。他们证明了（见问题 3.19）无条件平方和可以写成

$$S(\beta) = \sum_{t=-\infty}^{n} \widetilde{w}_t^2(\beta) \tag{3.123}$$

其中 $\widetilde{w}_t(\beta)=\mathrm{E}(w_t|x_1, \cdots, x_n)$。当 $t \leqslant 0$ 时，$\hat{w}_t(\beta)$ 是向后预测得到的。实际上，我们通

过从 $t=-M+1$ 开始来近似求和 $S(\beta)$，这里让 M 足够大来保证 $\sum\limits_{t=-\infty}^{-M} \widetilde{w}_t^2(\beta) \approx 0$。在无条件最小二乘估计的情况下，即使在 $q=0$ 时也需要数值优化技术。

为了应用 Gauss-Newton 方法，设 $\beta_0 = (\phi_1^{(0)}, \cdots, \phi_p^{(0)}, \theta_1^{(0)}, \cdots, \theta_q^{(0)})'$ 为 β 的初始值。例如，通过矩估计求得 $\beta_{(0)}$。则 $w_t(\beta)$ 的一阶泰勒展开式为

$$w_t(\beta) \approx w_t(\beta_{(0)}) - (\beta - \beta_{(0)})' z_t(\beta_{(0)}) \tag{3.124}$$

其中

$$z_t'(\beta_{(0)}) = \left(-\frac{\partial w_t(\beta)}{\partial \beta_1}, \cdots, -\frac{\partial w_t(\beta)}{\partial \beta_{p+q}} \right) \Big|_{\beta = \beta_{(0)}}, \quad t = 1, \cdots, n$$

$S_c(\beta)$ 的线性近似为

$$Q(\beta) = \sum_{t=p+1}^{n} \left[w_t(\beta_{(0)}) - (\beta - \beta_{(0)})' z_t(\beta_{(0)}) \right]^2 \tag{3.125}$$

这是我们需要最小化的数值。对于近似无条件最小二乘及取值较大的 M，式(3.125)将从 $t=-M+1$ 开始来求和，然后应用后向求值。

利用普通最小二乘法的结论(2.1节)我们知道

$$\widehat{(\beta - \beta_{(0)})} = \left(n^{-1} \sum_{t=p+1}^{n} z_t(\beta_{(0)}) z_t'(\beta_{(0)}) \right)^{-1} \left(n^{-1} \sum_{t=p+1}^{n} z_t(\beta_{(0)}) w_t(\beta_{(0)}) \right) \tag{3.126}$$

最小化 $Q(\beta)$。从式(3.126)，我们可以写出向前一步高斯-牛顿预测

$$\beta_{(1)} = \beta_{(0)} + \Delta(\beta_{(0)}) \tag{3.127}$$

其中，$\Delta(\beta_{(0)})$ 表示式(3.126)的右边。高斯-牛顿估计是通过在式(3.127)中用 $\beta_{(1)}$ 代替 $\beta_{(0)}$ 来完成的。该过程通过迭代 $j=2,3,\cdots$ 重复计算

$$\beta_{(j)} = \beta_{(j-1)} + \Delta(\beta_{(j-1)})$$

直到收敛。

例 3.32 MA(1)的高斯-牛顿计算

考虑一个可逆的 MA(1) 过程 $x_t = w_t + \theta w_{t-1}$。其截断误差写为

$$w_t(\theta) = x_t - \theta w_{t-1}(\theta), \quad t = 1, \cdots, n \tag{3.128}$$

我们加上 $w_0(\theta) = 0$ 这个条件。对其两边关于 θ 求导，然后两边都乘以 -1，得到

$$-\frac{\partial w_t(\theta)}{\partial \theta} = w_{t-1}(\theta) + \theta \frac{\partial w_{t-1}(\theta)}{\partial \theta}, \quad t = 1, \cdots, n \tag{3.129}$$

因为 $\partial w_0(\theta)/\partial \theta = 0$。我们可以把式(3.129)写成

$$z_t(\theta) = w_{t-1}(\theta) - \theta z_{t-1}(\theta), \quad t = 1, \cdots, n \tag{3.130}$$

其中，$z_t(\theta) = -\partial w_t(\theta)/\partial \theta$ 且 $z_0(\theta) = 0$。

设 $\theta_{(0)}$ 为 θ 的一个初始估计，例如，像式(3.29)中的估计。然后，条件最小二乘法的高斯-牛顿过程为

$$\theta_{(j+1)} = \theta_{(j)} + \frac{\sum\limits_{t=1}^{n} z_t(\theta_{(j)}) w_t(\theta_{(j)})}{\sum\limits_{t=1}^{n} z_t^2(\theta_{(j)})}, \quad j = 0, 1, 2, \cdots \tag{3.131}$$

其中，式(3.131)中的值使用式(3.128)和式(3.130)递归计算得出。当 $|\theta_{(j+1)}-\theta_{(j)}|$ 或 $|Q(\theta_{(j+1)})-Q(\theta_{(j)})|$ 小于某些预设量时，停止计算。 ■

例 3.33 拟合冰川纹层序列

考虑马萨诸塞州 $n=634$ 年来的冰川纹层厚度序列，如在例 2.7 和问题 2.8 中所分析的，其中认为一阶移动平均模型可能适合对数差分后的时间序列数据，即

$$\nabla\log(x_t)=\log(x_t)-\log(x_{t-1})=\log\left(\frac{x_t}{x_{t-1}}\right)$$

这可以解释为近似厚度变化百分比。

图 3.9 中的样本 ACF 和 PACF 确认了 $\nabla\log(x_t)$ 的趋势有一阶移动平均过程。因为 ACF 在滞后 1 处只有一个显著的峰值，且 PACF 呈指数下降。应用表 3.1，这个样本数据很好地满足了 MA(1) 的条件。

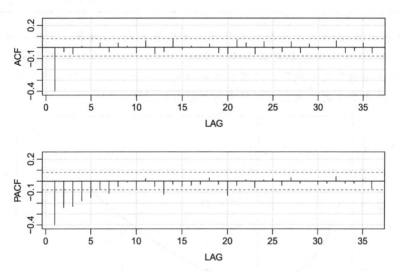

图 3.9　变换的冰川纹层序列的 ACF 和 PACF

因为 $\hat{\rho}(1)=-0.397$，通过式(3.105)得出我们的初始估计为 $\theta_{(0)}=-0.495$。式(3.131)的高斯-牛顿过程的十一次迭代的结果，是从表 3.2 中给出的 $\theta_{(0)}$ 开始计算而得。最终估计是 $\hat{\theta}=\theta_{(11)}=-0.773$；中间值和相应的条件平方和，即式(3.122)中的 $S_c(\theta)$，也显示在表中。最后的误差方差的估计为 $\hat{\sigma}_w^2=148.98/632=0.236$。自由度为 632（一个自由度在求差的过程中失去了）。收敛的平方导数之和的值 $\sum\limits_{t=1}^{n}z_t^2(\theta_{(11)})=368.741$，对应的估计的标准差为 $\sqrt{0.236/368.741}=0.025$ [⊖]，t 值为 $-0.773/0.025=-30.92$，自由度为 632。

⊖　为了估计标准误差，我们用式(2.6)得到的回归结果作为近似值。

表 3.2　例 3.33 的高斯-牛顿法的结果

j	$\theta_{(j)}$	$S_c(\theta_{(j)})$	$\sum\limits_{t=1}^{n} z_t^2(\theta_{(j)})$
0	-0.495	158.739	171.240
1	-0.668	150.747	235.266
2	-0.733	149.264	300.562
3	-0.756	149.031	336.823
4	-0.766	148.990	354.173
5	-0.769	148.982	362.167
6	-0.771	148.980	365.801
7	-0.772	148.980	367.446
8	-0.772	148.980	368.188
9	-0.772	148.980	368.522
10	-0.773	148.980	368.673
11	-0.773	148.980	368.741

图 3.10 显示 $S_c(\theta)$ 作为 θ 函数的条件平方和以及高斯-牛顿算法的每一步的值。请注意，开始时，高斯-牛顿过程朝着最小值方向的步长很大，然后在接近最小值时，步长很小。在只有一个参数时的情况下，很容易在网格点上评估 $S_c(\theta)$，即从网格中选择适当的 θ 值。然而，当参数很多时，执行网格搜索将是非常困难的。

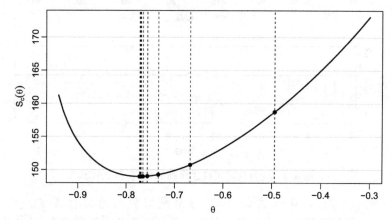

图 3.10　例 3.33 冰川纹层序列的条件平方和与移动平均参数值。垂直的线是通过高斯-牛顿法得到的参数值，见表 3.2 中的真实参数值

以下是例子中用到的代码：

```
x = diff(log(varve))
# Evaluate Sc on a Grid
c(0) -> w  -> z
c() -> Sc -> Sz -> Szw
num = length(x)
th  = seq(-.3,-.94,-.01)
for (p in 1:length(th)){
    for (i in 2:num){ w[i] = x[i]-th[p]*w[i-1] }
       Sc[p] = sum(w^2)    }
plot(th, Sc, type="l", ylab=expression(S[c](theta)), xlab=expression(theta),
       lwd=2)
```

```
# Gauss-Newton Estimation
r      = acf(x, lag=1, plot=FALSE)$acf[-1]
rstart = (1-sqrt(1-4*(r^2)))/(2*r)        # from (3.105)
c(0)    -> w -> z
c()     -> Sc -> Sz -> Szw -> para
niter   = 12
para[1] = rstart
for (p in 1:niter){
  for (i in 2:num){ w[i] = x[i]-para[p]*w[i-1]
                    z[i] = w[i-1]-para[p]*z[i-1] }
  Sc[p]      = sum(w^2)
  Sz[p]      = sum(z^2)
  Szw[p]     = sum(z*w)
  para[p+1] = para[p] + Szw[p]/Sz[p]  }
round(cbind(iteration=0:(niter-1), thetahat=para[1:niter] , Sc , Sz ), 3)
abline(v = para[1:12], lty=2)
points(para[1:12], Sc[1:12], pch=16)
```

在一般因果和可逆 ARMA(p, q)模型的情况下，最大似然估计、条件和无条件最小二乘估计(以及 AR 模型中的 Yule-Walker 估计)都可以得到最优估计。这个结果的证明可以在一些理论时间序列分析的教材中找到(例如，Brockwell and Davis[36] 的文献或 Hannan[86] 的文献。我们用 $\beta = (\phi_1, \cdots, \phi_p, \theta_1, \cdots, \theta_q)'$ 表示 ARMA 系数参数。

性质 3.10　估计量的大样本分布

在适当的情况下，因果可逆 ARMA 过程的最大似然估计、条件和无条件最小二乘估计，每个估计量用矩估计法进行初始化，都提供了 σ_w^2 和 β 的最优估计量。从 $\hat{\sigma}_w^2$ 是一致的意义上来说，$\hat{\beta}$ 的最佳渐近分布是渐近正态分布。特别地，当 $n \to \infty$ 时

$$\sqrt{n}(\hat{\beta} - \beta) \overset{d}{\to} N(0, \sigma_w^2 \Gamma_{p,q}^{-1}) \tag{3.132}$$

估计量 $\hat{\beta}$ 的渐近方差-协方差矩阵是信息矩阵的逆。特别地，$(p+q) \times (p+q)$ 矩阵 $\Gamma_{p,q}$ 有这样的形式：

$$\Gamma_{p,q} = \begin{pmatrix} \Gamma_{\phi\phi} & \Gamma_{\phi\theta} \\ \Gamma_{\theta\phi} & \Gamma_{\theta\theta} \end{pmatrix} \tag{3.133}$$

由式(3.100)给出的 $p \times p$ 矩阵 $\Gamma_{\phi\phi}$，即 $\Gamma_{\phi\phi}$ 的第 i 行第 j 列元素，i, $j = 1, \cdots, p$，是来自 AR(p)过程 $\phi(B)x_t = w_t$ 的 $\gamma_x(i-j)$。同样，$q \times q$ 矩阵 $\Gamma_{\theta\theta}$ 的第 i 行第 j 列元素，i, $j = 1, \cdots, q$，等于 AR(q)过程 $\theta(B)y_t = w_t$ 的 $\gamma_y(i-j)$。对于 $p \times q$ 矩阵 $\Gamma_{\phi\theta} = \{\gamma_{xy}(i-j)\}$，$i = 1, \cdots, p$，$j = 1, \cdots, q$；也就是说，第 i 行第 j 列元素是两个 AR 过程 $\phi(B)x_t = w_t$ 和 $\theta(B)y_t = w_t$ 之间的交叉协方差。最后，$\Gamma_{\phi\theta} = \Gamma_{\theta\phi}'$ 是 $q \times p$ 矩阵。

关于性质 3.10 的进一步讨论，包括 AR(p)过程的最小二乘估计量的证明，都在 B.3 节中。

例 3.34　一些特殊的渐近分布

以下是性质 3.10 的一些特殊情况。

AR(1)：$\gamma_x(0) = \sigma_w^2/(1-\phi^2)$，于是 $\sigma_w^2 \Gamma_{1,0}^{-1} = (1-\phi^2)$。因此

$$\hat{\phi} \sim AN[\phi, n^{-1}(1-\phi^2)] \tag{3.134}$$

AR(2)：读者可以自行证明

$$\gamma_x(0) = \left(\frac{1-\phi_2}{1+\phi_2}\right)\frac{\sigma_w^2}{(1-\phi_2)^2-\phi_1^2}$$

并且 $\gamma_x(1)=\phi_1\gamma_x(0)+\phi_2\gamma_x(1)$。从这些事实，我们可以计算出 $\Gamma_{2,0}^{-1}$。特别地，有

$$\begin{bmatrix}\hat{\phi}_1\\\hat{\phi}_2\end{bmatrix} \sim \mathrm{AN}\left[\begin{pmatrix}\phi_1\\\phi_2\end{pmatrix}, \quad n^{-1}\begin{bmatrix}1-\phi_2^2 & -\phi_1(1-\phi_2)\\ \mathrm{sym} & 1-\phi_2^2\end{bmatrix}\right] \tag{3.135}$$

MA(1)： 在这种情况下，写成 $\theta(B)y_t=w_t$，或者 $y_t+\theta y_{t-1}=w_t$。然后类比 AR(1)过程，$\gamma_y(0)=\sigma_w^2/(1-\theta^2)$，所以 $\sigma_w^2\Gamma_{0,1}^{-1}=(1-\theta^2)$。因此，

$$\hat{\theta} \sim \mathrm{AN}[\theta, n^{-1}(1-\theta^2)] \tag{3.136}$$

MA(2)： 记为 $y_t+\theta_1 y_{t-1}+\theta_2 y_{t-2}=w_t$，类比 AR(2)模型，我们有

$$\begin{bmatrix}\hat{\theta}_1\\\hat{\theta}_2\end{bmatrix} \sim \mathrm{AN}\left[\begin{pmatrix}\theta_1\\\theta_2\end{pmatrix}, \quad n^{-1}\begin{bmatrix}1-\theta_2^2 & \theta_1(1+\theta_2)\\ \mathrm{sym} & 1-\theta_2^2\end{bmatrix}\right] \tag{3.137}$$

ARMA(1, 1)： 为了计算 $\Gamma_{\phi\theta}$，我们必须求得 $\gamma_{xy}(0)$，其中 $x_t-\phi x_{t-1}=w_t$ 以及 $y_t+\theta y_{t-1}=w_t$。我们有

$$\gamma_{xy}(0) = \mathrm{cov}(x_t, y_t) = \mathrm{cov}(\phi x_{t-1}+w_t, -\theta y_{t-1}+w_t) = -\phi\theta\gamma_{xy}(0)+\sigma_w^2$$

求解上式，我们得到 $\gamma_{xy}(0)=\sigma_w^2/(1+\phi\theta)$。因此，

$$\begin{bmatrix}\hat{\phi}\\\hat{\theta}\end{bmatrix} \sim \mathrm{AN}\left[\begin{pmatrix}\phi\\\theta\end{pmatrix}, n^{-1}\begin{bmatrix}(1-\phi^2)^{-1} & (1+\phi\theta)^{-1}\\ \mathrm{sym} & (1-\theta^2)^{-1}\end{bmatrix}^{-1}\right] \tag{3.138}$$

■

例 3.35   过度拟合警告

参数估计的渐近表现让我们更深入地了解数据拟合 ARMA 模型的问题。例如，假设时间序列遵循 AR(1)过程，但我们决定用 AR(2)模型拟合数据。这样做是否会发生额外的问题？更一般地说，为什么不简单地拟合高阶 AR 模型以确保我们捕捉流程的动态？毕竟，如果过程确实是一个 AR(1)，其他自回归参数将不会很大。答案是，如果我们过度拟合，我们会得到效率较低或参数估计不准确的情况。例如，我们将 AR(1)拟合到 AR(1)过程，当 n 很大时，$\mathrm{var}(\hat{\phi}_1)\approx n^{-1}(1-\phi_1^2)$。但是，如果将 AR(2)拟合到 AR(1)过程，当 n 很大时，因为 $\phi_2=0$，所以 $\mathrm{var}(\hat{\phi}_1)\approx n^{-1}(1-\phi_2^2)=n^{-1}$。因此，$\phi_1$ 的方差变大了，这会使得估计量的精确度有损失。

然而，我们这里想说的是，过度拟合可以用作诊断工具。例如，如果我们用 AR(2)拟合数据并且对模型满意。那么再多添加一个参数并拟合 AR(3)应该与拟合的 AR(2)模型大致相同。我们将在 3.7 节详细讨论模型诊断。■

例如，读者可能会想，为什么来自 AR(1)的 $\hat{\phi}$ 的渐近分布和来自 MA(1)的 $\hat{\theta}$ 的渐近分布是相同的形式，比较式(3.134)~(3.136)。这个意外结果可能可以用线性回归的直觉来解释。也就是说，对于 2.1 节中的没有截距项的正则回归模型形式 $x_t=\beta z_t+w_t$，我们知道 $\hat{\beta}$ 是正态分布的，均值为 β，从式(2.6)，得到

$$\text{var}\{\sqrt{n}(\hat{\beta}-\beta)\} = n\sigma_w^2 \Big(\sum_{t=1}^{n} z_t^2\Big)^{-1} = \sigma_w^2 \Big(n^{-1} \sum_{t=1}^{n} z_t^2\Big)^{-1}$$

对于因果 AR(1) 模型 $x_t = \phi x_{t-1} + w_t$，回归分析可以直觉告诉我们当 n 很大时，我们希望

$$\sqrt{n}(\hat{\phi}-\phi)$$

是近似正态分布，均值为零，方差为

$$\sigma_w^2 \Big(n^{-1} \sum_{t=2}^{n} x_{t-1}^2\Big)^{-1}$$

现在，$n^{-1} \sum_{t=2}^{n} x_{t-1}^2$ 是 x_t 的样本方差（记得 x_t 的均值为零），所以当 n 变大时，我们可以期望它接近 $\text{var}(x_t) = \gamma(0) = \sigma_w^2/(1-\phi^2)$。因此，$\sqrt{n}(\hat{\phi}-\phi)$ 的大样本方差为：

$$\sigma_w^2 \gamma_x(0)^{-1} = \sigma_w^2 \Big(\frac{\sigma_w^2}{1-\phi^2}\Big)^{-1} = (1-\phi^2)$$

即，式(3.314)成立。

在 MA(1) 的情况下，我们可以应用例 3.32 中所讨论的为 MA(1) 写一个近似回归模型。也就是说，把近似式(3.130)的近似作为回归模型

$$z_t(\hat{\theta}) = -\theta z_{t-1}(\hat{\theta}) + w_{t-1}$$

其中，$z_{t-1}(\hat{\theta})$ 如例 3.32 中所定义，它起回归自变量的作用。继续这种类比，我们期望 $\sqrt{n}(\hat{\theta}-\theta)$ 的渐近分布是近似正态分布，均值为零，方差为

$$\sigma_w^2 \Big(n^{-1} \sum_{t=2}^{n} z_{t-1}^2(\hat{\theta})\Big)^{-1}$$

和 AR(1) 的情况一样，$n^{-1} \sum_{t=2}^{n} z_{t-1}^2(\hat{\theta})$ 是 $z_t(\hat{\theta})$ 的样本方差，所以对大样本 n，它应该是 $\text{var}\{z_t(\theta)\} = \gamma_z(0)$。但是请注意，从式(3.130)可以看出，$z_t(\theta)$ 近似是一个参数为 $-\theta$ 的 AR(1) 过程。所以

$$\sigma_w^2 \gamma_z(0)^{-1} = \sigma_w^2 \Big(\frac{\sigma_w^2}{1-(-\theta)^2}\Big)^{-1} = (1-\theta^2)$$

这与式(3.136)一致。最后，AR 参数估计和 MA 参数估计的渐近分布具有相同的形式，因为在 MA 情况下，"回归量"（即回归模型的自变量）是具有 AR 结构的差分过程 $z_t(\theta)$，并且正是这种结构决定估计量的渐近方差。关于一般情况下这种方法的严格说明，见 Fuller[66] 的文献的定理 5.5.4。

在例 3.33 中，$\hat{\theta}$ 的标准差估计值为 0.025。在这个例子中，我们使用回归结果来估算标准误差，该标准误差为下式的平方根

$$n^{-1} \hat{\sigma}_w^2 \Big(n^{-1} \sum_{t=1}^{n} z_t^2(\hat{\theta})\Big)^{-1} = \frac{\hat{\sigma}_w^2}{\sum_{t=1}^{n} z_t^2(\hat{\theta})}$$

其中，$n=632$，$\hat{\sigma}_w^2=0.236$，$\sum_{t=1}^{n} z_t^2(\hat{\theta}) = 368.74$ 且 $\hat{\theta}=-0.773$。应用式(3.136)，我们也可以使用渐近逼近来计算这个值，即$(1-(-0.773)^2)/632$ 的平方根，也就是 0.025。

如果 n 很小，或者参数接近临界值，则渐近近似值效果会很差。自助法(bootstrap 法)在这种情况下可能会有所帮助，见 Efron and Tibshirani[56] 的文献。我们先在这里讨论 AR(1)的情况，其余的我们会在第 6 章中进行讨论。现在，我们给出一个 AR(1)过程的自助法简单例子。

例 3.36   AR(1)的自助法

我们考虑一个 AR(1)模型，其回归系数在因果临界值附近，它的误差是一个对称的非正态过程。具体来说，考虑因果模型

$$x_t = \mu + \phi(x_{t-1} - \mu) + w_t \tag{3.139}$$

其中，$\mu=50$，$\phi=0.95$，且 w_t 是独立同分布的双指数(拉普拉斯)分布，其位置为零且尺度参数 $\beta=2$。w_t 的密度由下式给出

$$f(w) = \frac{1}{2\beta}\exp\{-|w|/\beta\} \quad -\infty < w < \infty$$

在这个例子中，$\mathrm{E}(w_t)=0$ 且 $\mathrm{var}(w_t)=2\beta^2=8$。图 3.11 显示来自该过程的 $n=100$ 个模拟观测值。这个特殊的实现是有趣的，数据看起来像是从具有三种不同平均水平的非平稳过程生成的。事实上，这些数据是从一个尽管非正态，但表现良好而平稳的因果模型生成的。为了展示自助法的优点，我们先假定不知道实际误差的分布。图 3.11 中的数据通过如下代码生成。

```
set.seed(101010)
e = rexp(150, rate=.5); u = runif(150,-1,1); de = e*sign(u)
dex = 50 + arima.sim(n=100, list(ar=.95), innov=de, n.start=50)
plot.ts(dex, type='o', ylab=expression(X[~t]))
```

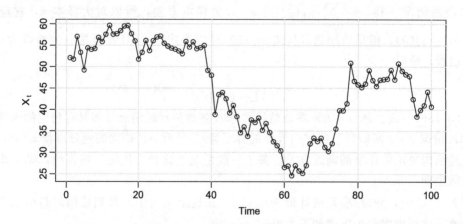

图 3.11   从例 3.36 中模型生成的 100 个观测值的时序图

用这些数据，我们得到 Yule-Walker 估计量 $\hat{\mu}=45.25$，$\hat{\phi}=0.96$，$\hat{\sigma}_w^2=7.88$，如下所示：

```
fit = ar.yw(dex, order=1)
round(cbind(fit$x.mean, fit$ar, fit$var.pred), 2)
  [1,]    45.25   0.96   7.88
```

为了评估当 $n=100$ 时 $\hat{\phi}$ 的有限样本分布，我们模拟了 1 000 次这个 AR(1)过程并通过 Yule-Walker 估计了参数。基于 1 000 次重复模拟的 Yule-Walker 估计值的有限抽样密度如图 3.12 所示。基于性质 3.10，我们可以说 $\hat{\phi}$ 近似服从均值为 ϕ(我们假定不知道)和方差为 $(1-\phi^2)/100$ 的正态分布，我们可以用 $(1-0.96^2)/100=0.03^2$ 来近似方差，这个分布也同时绘制在图 3.12 上。很明显，这个样本量的抽样分布并不接近正态分布。执行模拟的 R 代码如下所示。我们使用本例结尾处的结果。

```
set.seed(111)
phi.yw = rep(NA, 1000)
for (i in 1:1000){
  e = rexp(150, rate=.5); u = runif(150,-1,1); de = e*sign(u)
  x = 50 + arima.sim(n=100,list(ar=.95), innov=de, n.start=50)
  phi.yw[i] = ar.yw(x, order=1)$ar }
```

前面的模拟需要了解完整的模型，参数值和噪声分布。当然，在抽样情况下，我们不会获得这些进行前面模拟的必要信息，因此也将无法产生如图 3.12 那样的图形。然而，自助法为我们提供了一种解决问题的方法。

为了简化讨论和符号，整个实例是基于 x_1 为条件的。在这种情况下，向前一步预测的简单表达式为

$$x_t^{t-1} = \mu + \phi(x_{t-1} - \mu), \quad t = 2, \cdots, 100$$

接下来，新息 $\varepsilon_t = x_t - x_t^{t-1}$ 由下式给出：

$$\varepsilon_t = (x_t - \mu) - \phi(x_{t-1} - \mu), \quad t = 2, \cdots, 100 \tag{3.140}$$

每一个的 MSPE $P_t^{t-1} = E(\varepsilon_t^2) = E(w_t^2) = \sigma_w^2$, $t=2$, $\cdots$, 100。我们可以用式(3.140)把模型改写成新息的形式

$$x_t = x_t^{t-1} + \varepsilon_t = \mu + \phi(x_{t-1} - \mu) + \varepsilon_t \quad t = 2, \cdots, 100 \tag{3.141}$$

为了使用自助法模拟，我们用式(3.141)中的估计代替参数，即 $\hat{\mu} = 45.25$ 和 $\hat{\phi} = 0.96$，并将样本新息表示为 $\{\hat{\varepsilon}_2, \cdots, \hat{\varepsilon}_{100}\}$。为了获得一个自助法样本，首先进行有放回的随机抽样，样本新息集合中有 $n=99$ 个值 $\{\varepsilon_2^*, \cdots, \varepsilon_{100}^*\}$，称它们为抽样值。现在通过以下法则生成一个自助法抽样数据

$$x_t^* = 45.25 + 0.96(x_{t-1}^* - 45.25) + \varepsilon_t^*, \quad t = 2, \cdots, 100 \tag{3.142}$$

其中，x_1^* 固定为 x_1。接下来，假设数据是 x_t^*，进行参数估计。把这些估计记为 $\hat{\mu}(1)$、$\hat{\phi}(1)$ 和 $\sigma_w^2(1)$。大量重复这个过程 B 次，生成了自助法抽样参数估计值的一个集合 $\{\hat{\mu}(b)$，$\hat{\phi}(b)$，$\sigma_w^2(b)$; $b=1$, $\cdots$, $B\}$。然后，我们可以从自助法参数估计值得到估计量的近似抽样分布。例如，我们可以用 $\hat{\phi}(b) - \hat{\phi}$ 的经验分布近似 $\hat{\phi} - \phi$ 的分布，$b=1$, $\cdots$, B。

图 3.12 显示了图 3.11 的数据经过自助法抽样后获得的 500 个 ϕ 的估计值的直方图。请注意，$\hat{\phi}$ 的自助法分布接近图 3.12 所示的 $\hat{\phi}$ 分布。以下代码可以获得以上结论：

```
set.seed(666)                       # not that 666
fit     = ar.yw(dex, order=1)  # assumes the data were retained
m       = fit$x.mean                # estimate of mean
phi     = fit$ar                    # estimate of phi
nboot   = 500                       # number of bootstrap replicates
resids  = fit$resid[-1]             # the 99 innovations
x.star  = dex                       # initialize x*
phi.star.yw = rep(NA, nboot)
# Bootstrap
for (i in 1:nboot) {
 resid.star = sample(resids, replace=TRUE)
    for (t in 1:99){  x.star[t+1] = m + phi*(x.star[t]-m) + resid.star[t]   }
 phi.star.yw[i] = ar.yw(x.star, order=1)$ar
}
# Picture
culer = rgb(.5,.7,1,.5)
hist(phi.star.yw, 15, main="", prob=TRUE, xlim=c(.65,1.05), ylim=c(0,14),
           col=culer, xlab=expression(hat(phi)))
lines(density(phi.yw, bw=.02), lwd=2)   # from previous simulation
u = seq(.75, 1.1, by=.001)              # normal approximation
lines(u, dnorm(u, mean=.96, sd=.03), lty=2, lwd=2)
legend(.65, 14, legend=c('true distribution', 'bootstrap distribution',
           'normal approximation'), bty='n', lty=c(1,0,2), lwd=c(2,0,2),
           col=1, pch=c(NA,22,NA), pt.bg=c(NA,culer,NA), pt.cex=2.5)
```

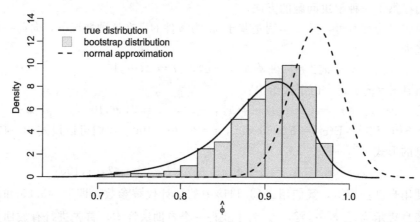

图 3.12　例 3.36 中 Yule-Walker 估计值(实线)的有限样本密度函数和相应的渐近正态密度函数(虚线)。
$\hat{\phi}$ 的自助法直方图基于 500 个自助法样本

3.6　非平稳数据的差分模型

在第 1 章和第 2 章，如果 x_t 是一个随机过程，$x_t = x_{t-1} + w_t$，那么通过差分 x_t，我们发现 $\nabla x_t = w_t$ 是平稳过程。在许多情况下，时间序列可以被认为是由两部分组成，即非平稳趋势分量和零均值平稳分量。例如，在 2.1 节我们考虑了如下模型

$$x_t = \mu_t + y_t \tag{3.143}$$

其中，$\mu_t = \beta_0 + \beta_1 t$ 和 y_t 是平稳的。差分这样一个过程可以获得一个平稳序列：

$$\nabla x_t = x_t - x_{t-1} = \beta_1 + y_t - y_{t-1} = \beta_1 + \nabla y_t$$

另一个可以进行一阶差分的模型是式(3.143)中的 μ_t，它是随机的并且按照一个随机游走缓慢变化。即：

$$\mu_t = \mu_{t-1} + v_t$$

其中 v_t 是平稳的。这种情况下，

$$\nabla x_t = v_t + \nabla y_t$$

是平稳的，如果式(3.143)中的 μ_t 是 k 阶多项式，$\mu_t = \sum_{j=0}^{k} \beta_j t^j$，那么(问题 3.27 中的)差分序列 $\nabla^k x_t$ 是平稳的。随机趋势模型也可能导致高阶差分。例如，假设

$$\mu_t = \mu_{t-1} + v_t \quad \text{和} \quad v_t = v_{t-1} + e_t$$

其中，e_t 是平稳的。那么，$\nabla x_t = v_t + \nabla y_t$ 是非平稳的，但是

$$\nabla^2 x_t = e_t + \nabla^2 y_t$$

是平稳的。

差分 ARMA(或称为 ARIMA)模型是包含差分过程的 ARMA 模型扩展。

定义 3.11　一个 x_t 过程被称为 ARIMA(p，d，q)，如果

$$\nabla^d x_t = (1 - B)^d x_t$$

是 ARMA(p，q)。一般情况下，我们把该模型写成

$$\phi(B)(1 - B)^d x_t = \theta(B) w_t \tag{3.144}$$

如果 $E(\nabla^d x_t) = \mu$，我们把模型写成

$$\phi(B)(1 - B)^d x_t = \delta + \theta(B) w_t$$

其中 $\delta = \mu(1 - \phi_1 - \cdots - \phi_p)$。

由于非平稳性，在推导预测时必须小心。为了完整性，我们在此简单要地讨论这个问题，但我们强调该问题的理论和计算最好通过状态空间模型来处理。我们将在第 6 章中讨论其理论细节。有关在 R 中基于状态空间的计算方面的知识，请参阅 ARIMA 帮助文件(?arima 和 ?predict.Arima)；我们的脚本 sarima 和 sarima.for 基本上是这些 R 脚本的封装。

很清楚，因为 $y_t = \Delta^d x_t$ 是 ARMA 模型，我们可以使用 3.4 节的方法获取 y_t 的预测，从而通过它就可以对 x_t 进行预测。例如，如果 $d = 1$，给定预测 y_{n+m}^n，$m = 1, 2, \cdots$，我们有 $y_{n+m}^n = x_{n+m}^n - x_{n+m-1}^n$，所以

$$x_{n+m}^n = y_{n+m}^n + x_{n+m-1}^n$$

有初始值 $x_{n+1}^n = y_{n+1}^n + x_n$(注意 $x_n^n = x_n$)。

获得预测误差 P_{n+m}^n 会困难一些，但对于大样本 n，也可以使用 3.4 节中式(3.86)的近似值公式。预测的均方误差可以近似为

$$P_{n+m}^n = \sigma_w^2 \sum_{j=0}^{m-1} \psi_j^{*2} \tag{3.145}$$

其中，ψ_j^* 是 $\psi^*(z) = \theta(z)/\phi(z)(1 - z)^d$ 中 z^j 的系数。

为了更好地理解差分模型，我们考察一些简单例子的性质，问题 3.29 涵盖了 ARIMA(1，1，0)的情况。

例 3.37 带漂移项的随机游走

我们考虑在例 1.11 中带漂移项的随机游走模型。即

$$x_t = \delta + x_{t-1} + w_t$$

其中 $t=1, 2, \cdots$，以及 $x_0=0$。从理论上来说，这个模型不是 ARIMA，但可以把它认为是 ARIMA(0, 1, 0)模型。已知 $x_1, \cdots, x_n$，向前一步预测可以写成

$$x_{n+1}^n = \mathrm{E}(x_{n+1} \mid x_n, \cdots, x_1) = \mathrm{E}(\delta + x_n + w_{n+1} \mid x_n, \cdots, x_1) = \delta + x_n$$

向前两步预测可以写为 $x_{n+2}^n = \delta + x_{n+1}^n = 2\delta + x_n$，接下来向前 $m(m=1, 2, \cdots)$步预测为

$$x_{n+m}^n = m\delta + x_n \tag{3.146}$$

为了获得预测误差，可以方便地使用式(1.4)，即 $x_n = n\delta + \sum_{j=1}^n w_j$，这时我们可以写为

$$x_{n+m} = (n+m)\delta + \sum_{j=1}^{n+m} w_j = m\delta + x_n + \sum_{j=n+1}^{n+m} w_j$$

由此可知，向前 m 步预测误差由下式给出：

$$P_{n+m}^n = \mathrm{E}(x_{n+m} - x_{n+m}^n)^2 = \mathrm{E}\left(\sum_{j=n+1}^{n+m} w_j \right)^2 = m\sigma_w^2 \tag{3.147}$$

因此，与平稳情况(例 3.23)不同，随着预测范围的增长，预测误差(3.147)会无界限地增加，预测结果沿一条从 x_n 发出的斜率为 δ 的直线。我们注意到式(3.145)正是这种情况，因为 $\psi^*(z) = 1/(1-z) = \sum_{j=0}^{\infty} z^j$，其中 $|z|<1$，所以对所有 j，满足 $\psi_j^*=1$。

w_t 是高斯过程，所以估计是直接的，因为差分数据(比如 $y_t = \nabla x_t$)是独立且均匀分布的，它是均值为 δ，方差为 σ_w^2 的正态变量。因此，δ 和 σ_w^2 的最优估计分别是 y_t 的样本均值和方差。 ■

例 3.38 IMA(1, 1)和 EWMA

很多经济时间序列可以成功地用 ARIMA(0, 1, 1)或 IMA(1, 1)建模。此外，该模型有一种经常被使用且过分使用的预测方法，称为指数加权移动平均(EWMA)。我们将把该模型写成

$$x_t = x_{t-1} + w_t - \lambda w_{t-1} \tag{3.148}$$

其中 $|\lambda|<1$，$t=1, 2, \cdots$，并且 $x_0=0$。这样写会让公式处理起来更简单，这也引出了 EWMA 的标准表达式。我们可以在式(3.148)中包含一个漂移项，就像前面的例子中所做的那样，但为了简单起见，我们就不讨论这个问题了。如果我们写成

$$y_t = w_t - \lambda w_{t-1}$$

我们也可以把式(3.148)写成 $x_t = x_{t-1} + y_t$。因为 $|\lambda|<1$，y_t 有一个可逆表达式，$y_t = \sum_{j=1}^{\infty} \lambda^j y_{t-j} + w_t$，并且代入 $y_t = x_t - x_{t-1}$，t 值很大时，我们可以把下式：

$$x_t = \sum_{j=1}^{\infty} (1-\lambda)\lambda^{j-1} x_{t-j} + w_t \tag{3.149}$$

作为一个近似($x_t = 0$，$t \leqslant 0$)。式(3.149)的证明留给读者(练习 3.28)。应用近似式(3.149)，采用 3.4 节的记号，我们可以获得向前一步预测的近似值：

$$\widetilde{x}_{n+1} = \sum_{j=1}^{\infty} (1-\lambda)\lambda^{j-1} x_{n+1-j} = (1-\lambda)x_n + \lambda \sum_{j=1}^{\infty} (1-\lambda)\lambda^{j-1} x_{n-j}$$

$$= (1-\lambda)x_n + \lambda\widetilde{x}_n \qquad (3.150)$$

从式 (3.150) 中, 可知新的预测是旧的预测值和新观察值的线性组合。基于式 (3.150) 和我们只观测到 x_1, $\cdots$, x_n 的事实, 因此 y_1, $\cdots$, y_n (因为 $y_t = x_t - x_{t-1}$; $x_0 = 0$) 的截短预测是

$$\widetilde{x}_{n+1}^n = (1-\lambda)x_n + \lambda\widetilde{x}_n^{n-1}, \quad n \geqslant 1 \qquad (3.151)$$

其中, $\widetilde{x}_1^0 = x_1$ 是初始值。注意, $|z| < 1$ 时, $\psi^*(z) = (1-\lambda z)/(1-z) = 1 + (1-\lambda)\sum_{j=1}^{\infty} z^j$, 所以可以使用式 (3.145) 来近似均方预测误差; 对应地, 对大样本 n, 根据式 (3.145) 我们有

$$P_{n+m}^n \approx \sigma_w^2 [1 + (m-1)(1-\lambda)^2]$$

在 EWMA 中, 参数 $1-\lambda$ 通常被称为平滑参数, 并且被限制在 0 和 1 之间。λ 值越大会让预测更平滑。这种预测方法因为易于使用, 所以非常流行。我们只需要保留之前的预测值和当前的观测值来预测下一期。不幸的是, 如前所述, 该方法经常被过度使用, 因为一些使用者不会验证观测值是否遵循 IMA(1, 1) 过程, 并经常任意选择 λ 的值。在下面, 我们展示如何生成 $\lambda = -\theta = 0.8$ 的 IMA(1, 1) 模型的 100 个观测值, 然后计算和显示应用 EWMA 模型拟合的数据。我们使用 R 中的 Holt-Winters 命令来完成上述模型拟合(具体参见? HoltWinters 给出的帮助文档; 这里没有给出帮助文档)。

```
set.seed(666)
x = arima.sim(list(order = c(0,1,1), ma = -0.8), n = 100)
(x.ima = HoltWinters(x, beta=FALSE, gamma=FALSE))  # α below is 1-λ
  Smoothing parameter:  alpha:  0.1663072
plot(x.ima)
```

3.7   建立 ARIMA 模型

拟合时间序列数据的 ARIMA 模型有几个基本步骤。这些步骤涉及

- 绘制数据。
- 数据可能的变换。
- 模型定阶。
- 参数估计。
- 模型诊断。
- 模型选择。

首先, 与任何数据分析一样, 我们应该构建数据的时序图, 并检查时序图是否存在任何异常。例如, 如果数据的方差随着时间而变化, 则有必要将数据变成等方差形式。在这种情况下, 可以使用如式 (2.34) 所示的 Box-Cox 一类的幂变换。此外, 特定应用可能有其需要的合适变换。例如, 我们已经看到许多例子, 数据表现为 $x_t = (1+p_t)x_{t-1}$, 其中 p_t 是从期数 $t-1$ 到 t 的一个较小的百分比变化, 它可以是负的。如果 p_t 是一个相对稳定的过程, 那么 $\nabla \log(x_t) \approx p_t$ 将相对稳定。$\nabla \log(x_t)$ 常常被称为收益率或增长率。这个常见的想法在例 3.33 中被使用, 我们将在例 3.39 中再次使用它。

在适当地转换数据后，下一步是确定自回归阶数 p 的初步值、差分阶数 d 和移动平均阶数 q。数据的时序图会告诉我们是否有差分的必要。如果需要差分，则对数据进行一阶差分，$d=1$，然后检查 ∇x_t 的时序图。如果需要额外的差分，则需要再次差分并检查 $\nabla^2 x_t$ 的时序图。注意不要过度差分，因为这可能会引入不存在的依赖性。例如，$x_t = w_t$ 是依次不相关的，但是 $\nabla x_t = w_t - w_{t-1}$ 是 MA(1)。除了时序图，样本的 ACF 值也可以帮我们判断是否需要差分。因为多项式 $\phi(z)(1-z)^d$ 具有单位根，所以样本 ACF $\hat{\rho}(h)$ 在 h 增加时不会快速衰减到零。因此，$\hat{\rho}(h)$ 的缓慢衰减表明可能需要差分。

当 d 的初值已经确定时，下一步是查看样本数据中 d 取任何值时的 $\nabla^d x_t$ 的 ACF 和 PACF 值。运用表 3.1 作为指导来选择 p 和 q 的初值。请注意，它不存在 ACF 和 PACF 都是截尾的情况。因为我们正在处理估计值时，很难清楚确定样本的 ACF 或 PACF 值是拖尾或是截尾。此外，看起来不同的两个模型实际上可能非常相似。考虑到这一点，我们不应担心在模型拟合的这个阶段的精确度问题。此时，可以得到 p、d 和 q 的一部分初值，接下来我们可以开始估计参数。

例 3.39　分析 GNP 数据

在这个例子中，我们考虑从 1947 年 1 月到 2002 年 3 月对美国 GNP(国民生产总值)的季度分析，$n=223$。这些数据是季节调整后的实际美国 GNP，其单位是在 1996 年通胀调整后的十亿美元。数据是从圣路易斯联邦储备银行获得的(http://research.stlouisfed.org/)。图 3.13 显示了数据 y_t 序列图。因为强趋势往往掩盖其他影响，因此很难看到数据除了经济中的周期性大幅下

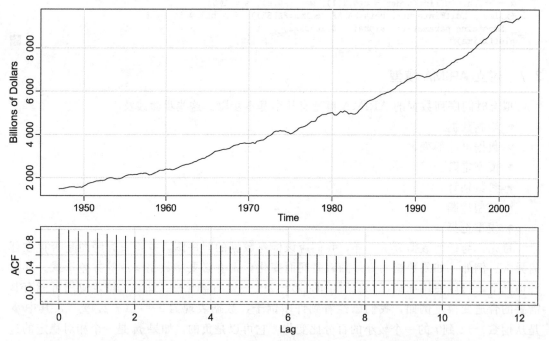

图 3.13　上图：从 1947(1)到 2002(30)美国的季度 GNP。下图：GNP 数据的样本 ACF。
滞后是以年为单位

跌以外的其他变化。当报告 GNP 和类似的经济指标时，通常给出的是增长率(变化百分比)而不是实际(或调整)利率。增长率，比如 $x_t = \nabla \log(y_t)$，如图 3.14 所示，它似乎是一个稳定的过程。

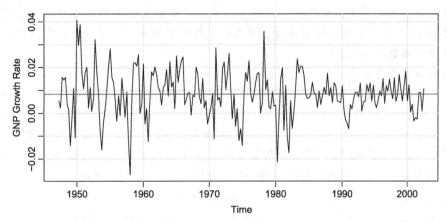

图 3.14　美国 GNP 季度增长率。水平线给出了时间序列的平均增长，该值接近 1%

图 3.15 中绘制了季度增长率的样本 ACF 和 PACF。观察样本 ACF 和 PACF，我们可能会觉得 ACF 在滞后 2 时截尾，PACF 拖尾。这表明 GNP 增长率遵循 MA(2)过程，或者 log GNP 遵循 ARIMA(0，1，2)模型。不是专注一个模型，我们还可以认为 ACF 在滞后 1 处拖尾并且 PACF 在滞后 1 处截尾。这表明增长率适合 AR(1)模型，或对于 log GNP 适合 ARIMA(1，1，0)。作为初步分析，我们将用两种模型拟合。

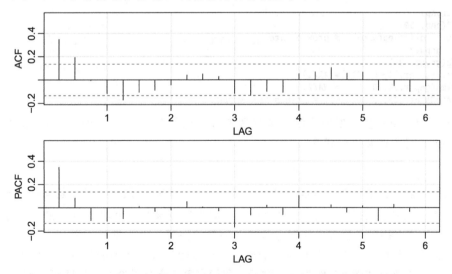

图 3.15　季度 GNP 增长率的样本 ACF 和 PACF。滞后以年为单位

使用 MLE 来对增长率 x_t 拟合 MA(2)模型，估计的模型是

$$\hat{x}_t = 0.008_{(0.001)} + 0.303_{(0.065)}\,\hat{w}_{t-1} + 0.204_{(0.064)}\,\hat{w}_{t-2} + \hat{w}_t \tag{3.152}$$

其中 $\hat{\sigma}_w = 0.0094$，自由度是 219。括号中的值是相应的估计标准误差。所有回归系数包括

常数都是显著的。我们特别注意这一点，因为默认情况下，某些计算机程序包不包含差分模型中的常量。也就是说，默认情况下，这些软件包假定不存在漂移项。在这个例子中，不包括常数项会导致对美国经济性质的错误结论。不包括常数项意味着平均季度增长率为零，但图 3.14 中可以很容易地看到美国 GNP 平均季度增长率约为 1%。我们留给读者自行研究不包含常数的情况。

AR(1)模型的估计为

$$\hat{x}_t = 0.008_{(0.001)} (1 - 0.347) + 0.347_{(0.063)} \hat{x}_{t-1} + \hat{w}_t \tag{3.153}$$

其中，$\hat{\sigma}_w = 0.0095$，自由度为 220。注意，式(3.153)中的常数为 $0.008(1 - 0.347) = 0.005$。

我们接下来将进行模型诊断，虽然假设这两个模型都很适合，但我们如何理解式(3.152)和式(3.153)这两个模型的明显差异？事实上，这两个拟合模型几乎是一样的。为了更好地理解，我们把式(3.153)中的 AR(1)模型变成没有常数项的形式：

$$x_t = 0.35 x_{t-1} + w_t$$

并把它写成因果形式，$x_t = \sum_{j=0}^{\infty} \psi_j w_{t-j}$，其中 $\psi_j = 0.35^j$。因此，$\psi_0 = 1$，$\psi_1 = 0.350$，$\psi_2 = 0.123$，$\psi_3 = 0.043$，$\psi_4 = 0.015$，$\psi_5 = 0.005$，$\psi_6 = 0.002$，$\psi_7 = 0.001$，$\psi_8 = 0$，$\psi_9 = 0$，$\psi_{10} = 0$，以此类推。

$$x_t \approx 0.35 w_{t-1} + 0.12 w_{t-2} + w_t$$

这与式(3.153)中拟合的 MA(2)模型很相似。

上述分析可以在 R 中如下进行：

```
plot(gnp)
acf2(gnp, 50)
gnpgr = diff(log(gnp))    # growth rate
plot(gnpgr)
acf2(gnpgr, 24)
sarima(gnpgr, 1, 0, 0)    # AR(1)
sarima(gnpgr, 0, 0, 2)    # MA(2)
ARMAtoMA(ar=.35, ma=0, 10)    # prints psi-weights
```

模型拟合的下一步是模型诊断，包含残差分析以及模型比较。同样，第一步涉及新息(或残差)$x_t - \hat{x}_t^{t-1}$ 或标准化新息

$$e_t = (x_t - \hat{x}_t^{t-1}) / \sqrt{\hat{P}_t^{t-1}} \tag{3.154}$$

的时序图的绘制。其中，$\hat{x}_t^{t-1}$ 是基于拟合模型对 x_t 的向前一步预测，$\hat{P}_t^{t-1}$ 是向前一步预测的误差的方差。如果模型拟合良好，那么标准残差的表现应该像一个均值为 0 和方差为 1 的 iid 序列。需要检查时序图是否有任何明显偏离此假设的情况。除非是高斯序列，否则仅仅残差是不相关的是不够的。例如，在非高斯情况下，有可能就有不相关的过程，但它的值在连续一段时间上存在高度依赖性。作为一个例子，我们在第 5 章会讨论 GARCH 模型族。

通过查看残差的直方图可以研究边际正态性。除此之外，正态概率图或 Q-Q 图有助于识别是否偏离正态。有关正态性检验以及其他的多变量正态性的检验的详细信息，见 Johnson and Wichern[106] 的文献的第 4 章。

有几种随机性的检验，例如可以应用于残差的游程检验(runs test)。对于任何模式或

较大值，我们还可以检查样本残差的自相关系数 $\hat{\rho}_e(h)$。回想一下，对于白噪声序列，样本自相关近似独立且满足均值为 0 和方差为 $1/n$ 的正态分布。因此，检验残差相关性结构的一个较好的方法是绘制 $\hat{\rho}_e(h)$ 与 h，同时绘制误差的范围 $\pm 2/\sqrt{n}$。然而，来自拟合模型的残差将不具有白噪声序列的特性，并且 $\hat{\rho}_e(h)$ 的方差会远小于 $1/n$。具体内容可以在 Box and Pierce[29] 的文献以及 McLeod[137] 的文献中找到。这部分诊断可以看作是对 $\hat{\rho}_e(h)$ 的简单可视化检查，主要观测是否与独立性假设有明显偏差。

除了绘制 $\hat{\rho}_e(h)$ 之外，我们还可以将 $\hat{\rho}_e(h)$ 的大小作为一组进行检验。例如，可能的情况是，单独地每个 $\hat{\rho}_e(h)$ 的取值较小，例如每个取值略小于 $2/\sqrt{n}$。但是总体放在一起的值是大的。Ljung-Box-Pierce 的 Q 统计量

$$Q = n(n+2) \sum_{h=1}^{H} \frac{\hat{\rho}_e^2(h)}{n-h} \tag{3.155}$$

可以用于执行这种检验。式(3.155)中的值 H 在某种程度上可以任意选择，通常为 $H=20$。在模型充分性的原假设下，渐近($n \to \infty$)，$Q \sim \chi_{H-p-q}^2$。因此，如果 Q 的值超过 χ_{H-p-q}^2 分布的 $(1-\alpha)$ 分位数，我们将在显著性水平 α 下拒绝原假设。详细内容见 Box and Pierce[30] 的文献、Ljung and Box[129] 的文献以及 Davies et al.[49] 的文献。其基本思想是，如果 w_t 是白噪声，那么因为性质 1.2，$n\hat{\rho}_w^2(h)$，$h=1,\cdots,H$，是渐近独立的 χ_1^2 随机变量。这意味着 $n \sum_{h=1}^{H} \hat{\rho}_w^2(h)$ 近似为 χ_H^2 随机变量。因为检验涉及来自拟合模型残差的 ACF，所以存在 $p+q$ 个自由度的损失；式(3.155)中的值均被用来调整统计量以更好地匹配渐近卡方分布。

例 3.40　GNP 增长率模型诊断实例

我们将重点关注例 3.39 中的 MA(2) 模型，AR(1) 残差的分析也是类似的。图 3.16 显示了标准化残差的图形，在滞后 $H=3$ 到 $H=20$（具有相应的自由度 $H-2$）处，残差的 ACF、标准化残差的箱图和式(3.155)中 Q 统计量的 p 值。

图 3.16 中标准化残差的时序图没有明显的模式。请注意，可能存在异常值，其中一些值超过 3 个标准差。标准化残差的 ACF 没有显示明显偏离模型假设，并且 Q 统计量在给出的滞后处也从来不显著。残差的 Q-Q 图显示，除了可能的异常值外，正态假设是合理的。该模型看起来很合适。图 3.16 中所示的诊断是前一个例子中 sarima 命令的附带结果⊖。

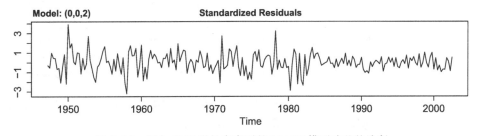

图 3.16　拟合 GNP 增长率序列的 MA(2) 模型残差的诊断

⊖ R 中有运行 ARMA 对象诊断的脚本 tsdiag，然而该脚本有错误，故此我们不推荐用它。

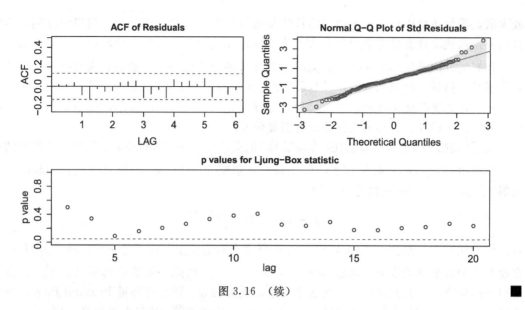

图 3.16   （续）

例 3.41   冰川纹层序列的模型诊断

在例 3.33 中，到冰川纹层数据的对数形式拟合了 ARIMA(0，1，1)模型，并且在残差中似乎存在少量自相关，并且 Q 检验都是显著的，见图 3.17。

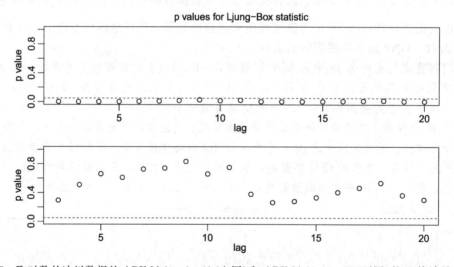

图 3.17   取对数的冰川数据的 ARIMA(0，1，1)(上图)和 ARIMA(1，1，1)(下图)的 Q 统计量的 p 值

为了适合此问题，我们对冰川数据的对数序列拟合 ARIMA(1，1，1)并得到估计值

$$\hat{\phi} = 0.23_{(0.05)}，\hat{\theta} = -0.89_{(0.03)}，\hat{\sigma}_w^2 = 0.23$$

因此，AR 项是显著的。该模型的 Q 统计量的 p 值也显示在图 3.17 中，看起来该模型能很好地拟合数据。

如前所述，模型诊断是 sarima 代码运行后的附带结果。我们注意到，因为该时间序列的差分、对数形式的数据没有明显的漂移，所以我们在任意模型中都不包含常数。当命令的参数 no.constant= TRUE 被删除后，常数不显著，从而验证了上述事实：

```
sarima(log(varve), 0, 1, 1, no.constant=TRUE)    # ARIMA(0,1,1)
sarima(log(varve), 1, 1, 1, no.constant=TRUE)    # ARIMA(1,1,1)
```

在例 3.39 中，我们有两个竞争模型，即 GNP 增长率的 AR(1) 和 MA(2)，它们似乎都很好地拟合了数据。此外，我们可能还会考虑 AR(2) 或 MA(3) 可能更适合预测。也许将两种模型结合起来，即用 ARMA(1, 2) 来拟合 GNP 增长率会是最好的。如前所述，我们必须关注模型过度拟合，事情并不总是越多越好。过度拟合会导致精确度降，添加更多参数可能会更好地适应数据，但也可能导致预测变得糟糕。以下实例说明了此结果。∎

例 3.42　过度拟合的问题

图 3.18 显示了美国官方的人口普查数据，从 1910 年到 1990 年每十年一次。如果我们使用这 9 个观测值来预测未来的人口，我们可以使用 8 元多项式，这样九个观测值的拟合结果是很好的。在这种情况下的模型是

$$x_t = \beta_0 + \beta_1 t + \beta_2 t^2 + \cdots + \beta_8 t^8 + w_t$$

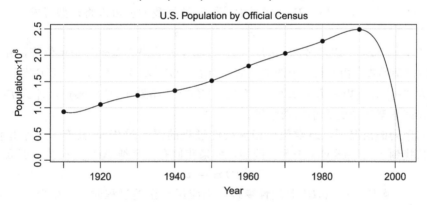

图 3.18　非常好的拟合但预测十分糟糕

在图中绘制了拟合线段，正通过九个观测值。但该模型预测 2000 年美国人口将接近于零，并且在 2002 年某个时候将低于零！∎

模型拟合的最后一步是模型选择。也就是说，我们必须决定将保留哪一个模型用于预测。最常用的方法是 AIC、AICc 和 BIC，这些在 2.1 节回归模型的内容中有讨论。

例 3.43　美国 GNP 序列的模型选择

回到例 3.39 和例 3.40 中给出的美国 GNP 数据的分析，回忆 AR(1) 和 MA(2) 两个模型，它们都很好地拟合了 GNP 增长率。为了选择最终模型，我们比较两个模型的 AIC、AICc 和 BIC。这些都是例 3.39 结尾处显示的 sarima 代码运行后的附带结果，但为方便起见，我们再展示一次（回想一下增长率数据存储在 R 变量 gnpgr 中）：

```
sarima(gnpgr, 1, 0, 0)  # AR(1)
  $AIC: -8.294403   $AICc: -8.284898   $BIC: -9.263748
sarima(gnpgr, 0, 0, 2)  # MA(2)
  $AIC: -8.297693   $AICc: -8.287854   $BIC: -9.251711
```
∎

AIC 和 AICc 都倾向于 MA(2)模型, 而 BIC 倾向于更简单的 AR(1)模型。通常情况, BIC 会选择一个比 AIC 或 AICc 更低阶的模型。在任何一种情况下, 保留 AR(1)并不是不合理的, 因为纯自回归模型会更容易使用。

3.8   使用自相关误差进行回归

在 2.1 节中, 我们讨论了误差 w_t 不相关的经典回归模型。在本节中, 我们将讨论在误差相关时可能会导致的改变。也就是说, 考虑回归模型

$$y_t = \sum_{j=1}^{r} \beta_j z_{tj} + x_t \tag{3.156}$$

其中 x_t 是具有某自协方差函数 $\gamma_x(s, t)$ 的过程。在普通最小二乘法中, 假设 x_t 是高斯白噪声, 在这种情况下, 对于 $s \neq t$ 时, $\gamma_x(s, t) = 0$ 和 $\gamma_x(t, t) = \sigma^2$, 都与 t 无关。如果不是这种情况, 则应使用加权最小二乘法。

用矢量符号写出模型, $y = Z\beta + x$, 其中 $y = (y_1, \cdots, y_n)'$, $x = (x_1, \cdots, x_n)'$ 是 $n \times 1$ 矢量, $\beta = (\beta_1, \cdots, \beta_r)'$ 是 $r \times 1$, $Z = [z_1 \mid z_2 \mid \cdots \mid z_n]'$ 是由输入变量组成的 $n \times r$ 矩阵。设 $\Gamma = \{\gamma_x(s, t)\}$, 然后 $\Gamma^{-1/2} y = \Gamma^{-1/2} Z\beta + \Gamma^{-1/2} x$, 这样我们就可以将模型写成

$$y^* = Z^* \beta + \delta$$

其中 $y^* = \Gamma^{-1/2} y$, $Z^* = \Gamma^{-1/2} Z$ 和 $\delta = \Gamma^{-1/2} x$。因此, δ 的协方差矩阵是单位阵, 并且模型是经典的线性模型形式。由此得出 β 的加权估计为 $\hat{\beta}_w = (Z^{*'} Z^*)^{-1} Z^{*'} y^* = (Z' \Gamma^{-1} Z)^{-1} Z' \Gamma^{-1} y$, 估计量的方差-协方差矩阵为 $\text{var}(\hat{\beta}_w) = (Z' \Gamma^{-1} Z)^{-1}$。如果 x_t 是白噪声, 那么 $\Gamma = \sigma^2 I$, 并且这些结果简化至通常的最小二乘结果。

在时间序列的情况下, 通常假设相应线性过程的误差过程 x_t 具有一个平稳协方差结构, 并尝试找到 x_t 的 ARMA 表示。例如, 如果我们有一个纯 AR(p)误差, 那么

$$\phi(B) x_t = w_t$$

并且 $\phi(B) = 1 - \phi_1 B - \cdots - \phi_p B^p$ 是线性变换, 当应用于误差过程时, 产生白噪声 w_t。将回归方程乘以变换 $\phi(B)$ 得到

$$\underbrace{\phi(B) y_t}_{y_t^*} = \sum_{j=1}^{r} \beta_j \underbrace{\phi(B) z_{tj}}_{z_{tj}^*} + \underbrace{\phi(B) x_t}_{w_t}$$

我们继续观察这个线性回归模型, 观察值已经经过变换, 所以 $y_t^* = \phi(B) y_t$ 是因变量; 对于 $j = 1, \cdots, r$, $z_{tj}^* = \phi(B) z_{tj}$ 是自变量, 但 β 与原始模型中的相同。例如, 如果 $p = 1$, 则 $y_t^* = y_t - \phi y_{t-1}$ 且 $z_{tj}^* = z_{tj} - \phi z_{t-1,j}$。

在 AR 情况下, 我们可以将最小二乘问题转化为关于所有参数 $\phi = \{\phi_1, \cdots, \phi_p\}$ 和 $\beta = \{\beta_1, \cdots, \beta_r\}$ 来最小化误差平方和

$$S(\phi, \beta) = \sum_{t=1}^{n} w_t^2 = \sum_{t=1}^{n} \left[\phi(B) y_t - \sum_{j=1}^{r} \beta_j \phi(B) z_{tj} \right]^2$$

当然, 使用数值方法进行优化。

如果误差过程是 ARMA(p, q), 即 $\phi(B) x_t = \theta(B) w_t$, 那么在上面的讨论中, 我们进行 $\pi(B) x_t = w_t$ 变换, 其中 $\pi(B) = \theta(B)^{-1} \phi(B)$。这种情况下, 误差平方和依赖于 $\theta =$

$\{\theta_1, \cdots, \theta_q\}$：

$$S(\phi, \theta, \beta) = \sum_{t=1}^{n} w_t^2 = \sum_{t=1}^{n} \left[\pi(B) y_t - \sum_{j=1}^{r} \beta_j \pi(B) z_{tj} \right]^2$$

此时，主要问题是我们通常不会在分析之前了解噪声 x_t。解决这个问题的一个简单方法最先在 Cochrane and Orcutt[43] 的文献中提出，随着廉价计算的出现进行了现代化的改变：

（1）首先，在 $z_{t1}, \cdots, z_{tr}$ 上运行 y_t 的普通回归（就像误差不相关一样）。保留残差 $\hat{x}_t = y_t - \sum_{j=1}^{r} \hat{\beta}_j z_{tj}$。

（2）确定残差 x_t 的 ARMA 模型。

（3）使用步骤（2）中误差模型的自相关误差，在回归模型上运行加权最小二乘（或 MLE）。

（4）检查残差 $\hat{w}_t$ 是否为白噪声，并在必要时调整模型。

例 3.44   死亡率、温度和污染

我们考虑例 2.2 中给出的分析，将平均调节温度 T_t 和颗粒水平 P_t 与心血管死亡率 M_t 相关联。我们考虑回归模型

$$M_t = \beta_1 + \beta_2 t + \beta_3 T_t + \beta_4 T_t^2 + \beta_5 P_t + x_t \qquad (3.157)$$

现在，我们假设 x_t 是白噪声。式（3.157）的一般最小二乘拟合的残差的样本 ACF 和 PACF 显示在图 3.19 中，并且结果表明残差适用 AR(2) 模型。

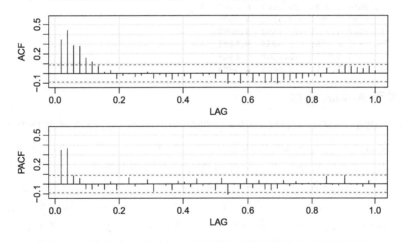

图 3.19   样本 ACF 和 PACF 的死亡率残差表明这是 AR(2) 过程

我们的下一步是拟合式（3.157）的相关误差模型，但其中 x_t 是 AR(2)，

$$x_t = \phi_1 x_{t-1} + \phi_2 x_{t-2} + w_t$$

w_t 是白噪声。可以使用 sarima 函数拟合模型，如下所示（显示部分输出）。

```
trend = time(cmort); temp = tempr - mean(tempr); temp2 = temp^2
summary(fit <- lm(cmort~trend + temp + temp2 + part, na.action=NULL))
acf2(resid(fit), 52)    # implies AR2
```

```
sarima(cmort, 2,0,0, xreg=cbind(trend,temp,temp2,part))
 Coefficients:
          ar1     ar2   intercept    trend     temp    temp2    part
        0.3848  0.4326   80.2116   -1.5165   -0.0190   0.0154  0.1545
 s.e.  0.0436  0.0400    1.8072    0.4226    0.0495   0.0020  0.0272
 sigma^2 estimated as 26.01: loglikelihood = -1549.04, aic = 3114.07
```

来自 sarima 的残差分析输出(未给出)显示残差与白噪声(whiteness)没有明显偏离。 ■

例 3.45   具有滞后变量的回归(续)

在例 2.9 中,我们拟合模型

$$R_t = \beta_0 + \beta_1 S_{t-6} + \beta_2 D_{t-6} + \beta_3 D_{t-6} S_{t-6} + w_t$$

其中 R_t 是就业率,S_t 是 SOI,D_t 是虚拟变量并且如果 $S_t < 0$ 则为 0,否则为 1。但是,残差分析表明残差不是白噪声。残差的样本(P)ACF 表明 AR(2)模型可能是合适的,这与例 3.44 的结果类似。我们在下面显示最终模型的部分结果。

```
dummy = ifelse(soi<0, 0, 1)
fish  = ts.intersect(rec, soiL6=lag(soi,-6), dL6=lag(dummy,-6), dframe=TRUE)
summary(fit <- lm(rec ~soiL6*dL6, data=fish, na.action=NULL))
attach(fish)
plot(resid(fit))
acf2(resid(fit))        # indicates AR(2)
intract = soiL6*dL6     # interaction term
sarima(rec,2,0,0, xreg = cbind(soiL6, dL6, intract))
$ttable
            Estimate      SE  t.value  p.value
ar1           1.3624  0.0440  30.9303   0.0000
ar2          -0.4703  0.0444 -10.5902   0.0000
intercept    64.8028  4.1121  15.7590   0.0000
soiL6         8.6671  2.2205   3.9033   0.0001
dL6          -2.5945  0.9535  -2.7209   0.0068
intract     -10.3092  2.8311  -3.6415   0.0003
```

3.9   乘法季节 ARIMA 模型

在本节中,我们介绍对 ARIMA 模型进行的若干变换,以说明季节性和非平稳行为。通常情况下,对过去的依赖在某些潜在季节性滞后 s 的倍数上表现得最为强烈。

例如,根据月度经济数据,由于所有活动与年份的紧密联系,当滞后时间是 $s=12$ 的倍数时会有很强的年度关系。按季度采集的数据将会以 $s=4$ 为周期重复。温度等自然现象也具有与季节相关的很强的成分。因此,许多物理、生物和经济过程的自然变化趋向于与季节性波动相匹配。因此,引入识别季节性滞后的自回归和移动平均多项式是合适的。由此产生的纯季节性自回归移动平均模型,例如 ARMA$(P, Q)_s$,形式如下:

$$\Phi_P(B^s)x_t = \Theta_Q(B^s)w_t \tag{3.158}$$

变换为

$$\Phi_P(B^s) = 1 - \Phi_1 B^s - \Phi_2 B^{2s} - \cdots - \Phi_P B^{Ps} \tag{3.159}$$

和

$$\Theta_Q(B^s) = 1 + \Theta_1 B^s + \Theta_2 B^{2s} + \cdots + \Theta_Q B^{Qs} \tag{3.160}$$

是 P 阶季节性自回归算子和 Q 阶季节性移动平均算子,季节周期为 s。

类似于非季节性 ARMA 模型的性质,纯季节性 ARMA$(P, Q)_s$ 仅在 $\Phi_P(z^s)$ 的根位于单位圆外时才是因果关系，并且只有当 $\Theta_Q(z^s)$ 的根位于单位圆外时它才是可逆的。

例 3.46　季节性 AR 序列

一个可能持续数月的一阶季节性自回归序列可以写成

$$(1-\Phi B^{12})x_t = w_t$$

或

$$x_t = \Phi x_{t-12} + w_t$$

该模型展现了序列 x_t 的以年为单位的季节性，季节周期为 $s=12$ 个月。从上述形式可以清楚地看出，对这种过程的估计和预测仅需要直接修改以前处理的单位周期滞后的情况。特别是，因果过程需要条件 $|\Phi|<1$。

我们用 $\Phi=0.9$ 的模型模拟了 3 年的数据，并展示了模型的理论 ACF 和 PACF。见图 3.20。

```
set.seed(666)
phi = c(rep(0,11),.9)
sAR = arima.sim(list(order=c(12,0,0), ar=phi), n=37)
sAR = ts(sAR, freq=12)
layout(matrix(c(1,1,2, 1,1,3), nc=2))
par(mar=c(3,3,2,1), mgp=c(1.6,.6,0))
plot(sAR, axes=FALSE, main='seasonal AR(1)', xlab="year", type='c')
Months = c("J","F","M","A","M","J","J","A","S","O","N","D")
points(sAR, pch=Months, cex=1.25, font=4, col=1:4)
axis(1, 1:4); abline(v=1:4, lty=2, col=gray(.7))
axis(2); box()
ACF = ARMAacf(ar=phi, ma=0, 100)
PACF = ARMAacf(ar=phi, ma=0, 100, pacf=TRUE)
plot(ACF,type="h", xlab="LAG", ylim=c(-.1,1)); abline(h=0)
plot(PACF, type="h", xlab="LAG", ylim=c(-.1,1)); abline(h=0)
```

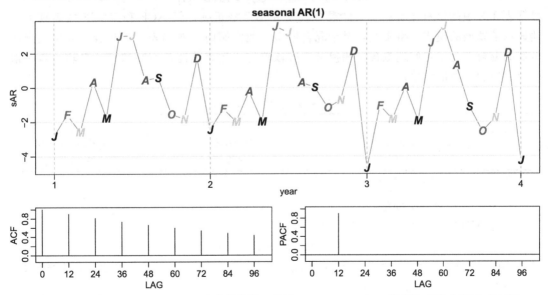

图 3.20　从季节性 $(s=12)$ AR(1) 生成的数据，以及 $x_t = 0.9x_{t-12} + w_t$ 模型的真实 ACF 和 PACF

对于一阶季节 MA 模型($s=12$)，$x_t = w_t + \Theta w_{t-12}$，很容易验证

$$\gamma(0) = (1 + \Theta^2)\sigma^2$$

$$\gamma(\pm 12) = \Theta \sigma^2$$

$$\gamma(h) = 0, \quad \text{否则}$$

因此，除了在滞后零处之外，唯一的非零相关是

$$\rho(\pm 12) = \Theta / (1 + \Theta^2)$$

对于一阶季节 AR($s=12$)模型，使用非季节性 AR(1)的方法，我们有

$$\gamma(0) = \sigma^2 / (1 - \Phi^2)$$

$$\gamma(\pm 12k) = \sigma^2 \Phi^k / (1 - \Phi^2) \quad k = 1, 2, \cdots$$

$$\gamma(h) = 0, \quad \text{否则}$$

在这种情况下，唯一的非零相关是

$$\rho(\pm 12k) = \Phi^k, \quad k = 0, 1, 2, \cdots$$

这些结论可以通过计算 $\gamma(h) = \Phi\gamma(h-12)$，$h \geq 1$，来证明。

例如，当 $h=1$ 时，$\gamma(1) = \Phi\gamma(11)$，但是当 $h=11$ 时，我们有 $\gamma(11) = \Phi\gamma(1)$，这意味着 $\gamma(1) = \gamma(11) = 0$。除了这些结果，PACF 具有从非季节性模型到季节性模型的类似扩展。这些结果如图 3.20 所示。

作为初始诊断标准，我们可以使用表 3.3 中列出的纯季节性自回归和移动平均值序列的属性。这些属性可以被视为表 3.1 中列出的非季节性模型的属性的推广。

一般来说，我们可以将季节性和非季节性算子组合成乘法季节自回归移动平均模型，用 $\text{ARMA}(p, q) \times (P, Q)_s$ 表示，并把整体模型写成

$$\Phi_P(B^s)\phi(B)x_t = \Theta_Q(B^s)\theta(B)w_t \tag{3.161}$$

尽管表 3.3 中的诊断性质对于整体混合模型并不严格正确，但 ACF 和 PACF 的表现大致地显示了模型的模式。事实上，对于混合模型，我们倾向于看到表 3.1 和表 3.3 中列出的事实的混合。为了更好地拟合这些模型，应该首先关注季节性自回归和移动平均分量一般会得到更加满意的结果。

表 3.3　纯 SARMA 模型的 ACF 和 PACF 表现

	AR(P)$_s$	MA(Q)$_s$	ARMA(P, Q)$_s$
ACF*	在滞后 k 处拖尾，$k=1, 2, \cdots$	在滞后 Q 处截尾	在滞后 k 处拖尾
PACF*	在滞后 P 处截尾	在滞后 k 处拖尾，$k=1, 2, \cdots$	在滞后 k 处拖尾

*该值在非季节滞后 $h \neq k$，$k=1, 2, \cdots$ 处为 0

例 3.47　混合季节模型

考虑 $\text{ARMA}(0, 1) \times (1, 0)_{12}$ 模型

$$x_t = \Phi x_{t-12} + w_t + \theta w_{t-1}$$

其中 $|\Phi| < 1$ 和 $|\theta| < 1$。然后，因为 x_{t-12}、w_t 和 w_{t-1} 是不相关的，并且 x_t 是平稳的，$\gamma(0) = \Phi^2 \gamma(0) + \sigma_w^2 + \theta^2 \sigma_w^2$，或者

$$\gamma(0) = \frac{1 + \theta^2}{1 - \Phi^2} \sigma_w^2$$

另外，将模型乘以 x_{t-h}，$h>0$，并且取期望。对于 $h \geqslant 2$，我们得到 $\gamma(1) = \Phi\gamma(11) + \theta\sigma_w^2$ 和 $\gamma(h) = \Phi\gamma(h-12)$。因此，这个模型的 ACF 是

$$\rho(12h) = \Phi^h \quad h = 1, 2, \cdots$$

$$\rho(12h-1) = \rho(12h+1) = \frac{\theta}{1+\theta^2}\Phi^h \quad h = 0, 1, 2, \cdots$$

$$\rho(h) = 0, \quad 否则$$

该模型的 ACF 和 PACF 为 $\phi = 0.8$ 和 $\theta = -0.5$，如图 3.21 所示。这类相关关系虽然在这里是理想化的，但对于季节性数据一般是常见的。

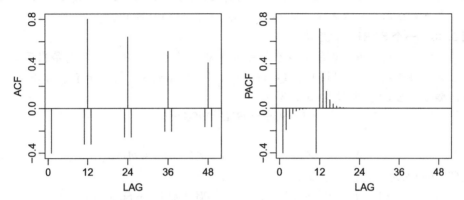

图 3.21　混合季节性 ARMA 模型 $x_t = 0.8x_{t-12} + w_t - 0.5w_{t-1}$ 的 ACF 和 PACF

可以使用以下代码，在 R 中生成图 3.21：

```
phi = c(rep(0,11),.8)
ACF = ARMAacf(ar=phi, ma=-.5, 50)[-1]        # [-1] removes 0 lag
PACF = ARMAacf(ar=phi, ma=-.5, 50, pacf=TRUE)
par(mfrow=c(1,2))
plot(ACF,  type="h", xlab="LAG", ylim=c(-.4,.8));  abline(h=0)
plot(PACF, type="h", xlab="LAG", ylim=c(-.4,.8));  abline(h=0)
```

当序列在季节上接近具有周期性时，季节性成分就会存在。例如，对于多年来的平均月度温度，每年 1 月将大致相同，每年 2 月将大致相同，以此类推。在这种情况下，我们可能会对平均每月温度 x_t 建模

$$x_t = S_t + w_t$$

其中，S_t 是季节性成分且不同年份的变化并不大，根据随机游走：

$$S_t = S_{t-12} + v_t$$

在该模型中，w_t 和 v_t 是不相关的白噪声过程。服从这类模型的数据中的模式通常在样本 ACF 中显示出来，其样本 ACF 在滞后 $h = 12k (k=1, 2, \cdots)$ 时较大，并缓慢地衰减。如果减去下一个连续周期中的这种影响，就会发现

$$(1-B^{12})x_t = x_t - x_{t-12} = v_t + w_t - w_{t-12}$$

该模型是一个平稳的 $MA(1)_{12}$，它的 ACF 只有在滞后 12 处才有一个峰值。一般来说，当 ACF 在某个季节 s 的倍数下缓慢衰减，但在周期之间的值小得可以忽略不计时，这就意味着可以进行季节差分。所以，一个 D 阶的季节差分的定义如下：

$$\nabla_s^D x_t = (1 - B^s)^D x_t \tag{3.162}$$

其中，$D=1$，2，…取正整数。通常情况下，在 $D=1$ 就足以得到一个季节平稳序列。把这些想法放入一般的模型，得到如下定义。

定义 3.12   乘法**季节自回归差分移动平均**模型或 SARIMA 模型由下式定义：

$$\Phi_P(B^s)\phi(B)\,\nabla_s^D\nabla^d x_t = \delta + \Theta_Q(B^s)\theta(B)w_t \tag{3.163}$$

其中 w_t 是通常的高斯白噪声过程。一般模型表示为 ARIMA$(p, d, q)\times(P, D, Q)$。非季节因素的自回归和移动平均部分分别用 p 阶多项式 $\phi(B)$ 和 q 阶多项式 $\theta(B)$ 表示；季节因素的自回归和移动平均部分则分别为阶数为 P 的多项式 $\Phi_P(B^s)$ 与阶数为 Q 的多项式 $\Theta_Q(B^s)$。季节差分部分分别表示为 $\nabla^d = (1-B)^d$ 和 $\nabla_s^D = (1-B^s)^D$。

例 3.48   一个 SARIMA 模型

下列模型通常能合理地表示具有季节性的非平稳经济时间序列。我们给出了模型的方程，用上面给出的定义 ARIMA$(0, 1, 1)\times(0, 1, 1)_{12}$ 表示，其中季节波动每 12 个月出现一次。然后，当 $\delta=0$ 时模型(3.163)变为

$$\nabla_{12}\nabla x_t = \Theta(B^{12})\theta(B)w_t$$

或

$$(1 - B^{12})(1 - B)x_t = (1 + \Theta B^{12})(1 + \theta B)w_t \tag{3.164}$$

展开式(3.164)两边，得到以下表示：

$$(1 - B - B^{12} + B^{13})x_t = (1 + \theta B + \Theta B^{12} + \Theta\theta B^{13})w_t$$

或者表示为差分方程的形式：

$$x_t = x_{t-1} + x_{t-12} - x_{t-13} + w_t + \theta w_{t-1} + \Theta w_{t-12} + \Theta\theta w_{t-13}$$

注意，该模型的乘法性质意味着 w_{t-13} 的系数不是自由参数，而是 w_{t-1} 和 w_{t-12} 的系数的乘积。乘法模型的假设适用于许多季节时间序列数据集，它同时减少了需要估计的参数的数量。 ■

对于给定的数据集，在式(3.163)代表的这些模型中选择合适的模型是一项艰巨的任务。我们通常首先考虑寻找差分算子，产生一个大致平稳的序列，然后再寻找一组简单的自回归移动平均或乘法季节 ARMA 模型来拟合所得残差序列。首先应用差分运算，然后从长度变小的序列构造出残差。下一步是，对这些残差的 ACF 和 PACF 进行评估。根据表 3.1 和表 3.3 的一般性质，可以通过拟合自回归或移动平均部分来消除出现在这些函数中的峰值。在考虑该模型是否令人满意时，我们仍需要应用 3.7 节中提到的诊断方法。

例 3.49   航空旅客

我们考虑的 R 数据集 AirPassengers(航空旅客)，这是 1949 年—1960 年每月的国际航空旅客总数，数据来源于 Box and Jenkins[30] 的文献。在图 3.22 中给出了原始数据和变换数据的各种图形，获得这些图形的 R 代码如下：

```
x = AirPassengers
lx = log(x); dlx = diff(lx); ddlx = diff(dlx, 12)
plot.ts(cbind(x,lx,dlx,ddlx), main="")
# below of interest for showing seasonal RW (not shown here):
par(mfrow=c(2,1))
monthplot(dlx); monthplot(ddlx)
```

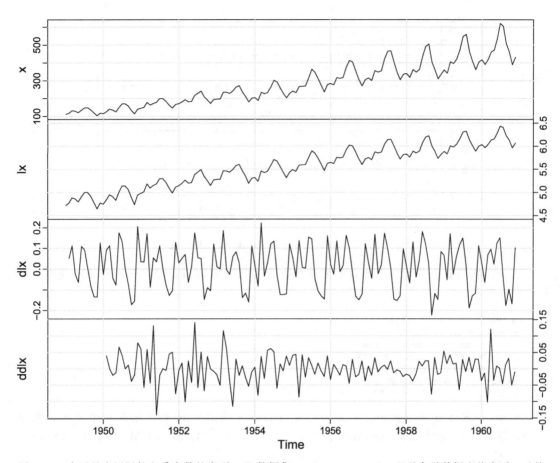

图 3.22 表示月度国际航空乘客数的序列 x(R 数据集 AirPassengers)，以及各种数据变换序列：对数序列、对数序列一阶差分、对数序列季节差分($\mathrm{lx}=\log x_t$，$\mathrm{dlx}=\nabla \log x_t$，$\mathrm{ddlx}=\nabla_{12}\nabla\log x_t$

注意 x 是原始序列，它显示具有趋势以及逐渐增大的方差。取对数后的数据为 lx，该变换使得方差变得稳定。取对数后的数据再进行差分来去除趋势，存储在 dlx 中。很明显，还存在着季节性成分(即 $\mathrm{dlx}_t \approx \mathrm{dlx}_{t-12}$)，所以应用一个 12 阶的差分，并把差分后数据存储为 ddlx。经过上述变换后的数据看起来是平稳的，此时可以进行建模了。

通过 $\mathrm{ddlx}(\nabla_{12}\nabla\log x_t)$ 变换后数据的样本 ACF 和 PACF 如图 3.23 所示。计算它们的 R 代码为：

```
acf2(ddlx,50)
```

季节性成分：在季节部分中，看起来 ACF 在 $1s(s=12)$ 处截尾，而 PACF 在滞后 $1s$，$2s$，$3s$，$4s$，$\cdots$ 处拖尾。这些结果意味着，在季节($s=12$)部分，SMA(1)，$P=0$，$Q=1$。

非季节性成分：检查较小的滞后值对应的样本 ACF 和 PACF，看起来两者都拖尾。这表明在季节内部分可以考虑 ARMA(1，1)，$p=q=1$。

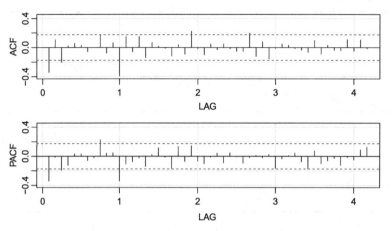

图 3.23　ddlx($\nabla_{12}\nabla\log x_t$)的样本 ACF 和 PACF

因此，我们首先在对数变换后的数据上尝试 ARIMA$(1，1，1)\times(0，1，1)_{12}$ 模型，其 R 代码如下：

```
sarima(lx, 1,1,1, 0,1,1,12)
 Coefficients:
         ar1       ma1      sma1
      0.1960   -0.5784   -0.5643
 s.e.  0.2475   0.2132    0.0747
 sigma^2 estimated as 0.001341
 $AIC -5.5726  $AICc -5.556713  $BIC -6.510729
```

然而，AR 参数并不显著，因此我们应该尝试从季节内模型中删除一个参数。在这种情况下，我们同时尝试 ARIMA$(0，1，1)\times(0，1，1)_{12}$ 和 ARIMA$(1，1，0)\times(0，$ $1，1)_{12}$ 模型：

```
sarima(lx, 0,1,1, 0,1,1,12)
 Coefficients:
          ma1      sma1
      -0.4018   -0.5569
 s.e.  0.0896    0.0731
 sigma^2 estimated as 0.001348
 $AIC -5.58133  $AICc -5.56625  $BIC -6.540082
sarima(lx, 1,1,0, 0,1,1,12)
 Coefficients:
         ar1      sma1
      -0.3395   -0.5619
 s.e.  0.0822    0.0748
 sigma^2 estimated as 0.001367
 $AIC -5.567081  $AICc -5.552002  $BIC -6.525834
```

所有的信息准则都倾向于选择 ARIMA$(0，1，1)\times(0，1，1)_{12}$ 模型，即式(3.164)中的模型。残差诊断如图 3.24 所示，除了一个或两个异常值外，看起来模型拟合得很好。

最后，我们对对数数据进行 12 月的预测，预测结果显示在图 3.25 中。

```
sarima.for(lx, 12, 0,1,1, 0,1,1,12)
```

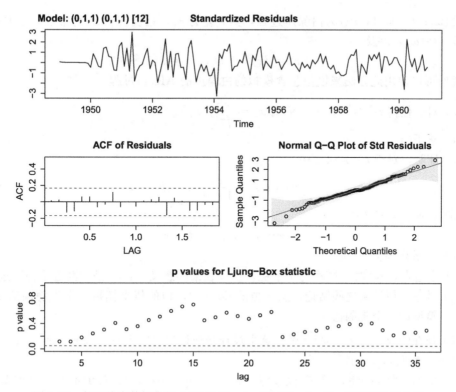

图 3.24 航空旅客数据集的 ARIMA(0，1，1)×(0，1，1)₁₂模型的残差分析

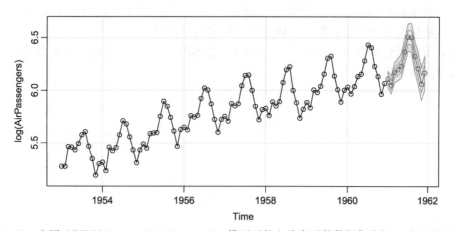

图 3.25 应用 ARIMA(0，1，1)×(0，1，1)₁₂模型对航空旅客对数数据集进行 12 个月的预测 ■

问题

3.1 节

3.1 给定一个 MA(1)模型，$x_t = w_t + \theta w_{t-1}$，对于任意 θ，证明 $|\rho_x(1)| \leqslant 1/2$。当 θ 取何值时，$\rho_x(1)$ 达到最大值和最小值？

3.2 设 $\{w_t; t=0, 1, \cdots\}$ 为白噪声过程，其方差为 σ_w^2，且设 $|\phi|<1$ 为常数。考虑随机过程 $x_0=w_0$，以及

$$x_t = \phi x_{t-1} + w_t, \quad t=1,2,\cdots$$

我们可以使用此方法来模拟包含模拟的白噪声的 AR(1) 过程。

(a) 对于任何 $t=0, 1, \cdots$，证明 $x_t = \sum_{j=0}^{t} \phi^j w_{t-j}$。

(b) 求 $E(x_t)$。

(c) 证明，对于 $t=0, 1, \cdots$，

$$\mathrm{var}(x_t) = \frac{\sigma_w^2}{1-\phi^2}(1-\phi^{2(t+1)})$$

(d) 证明，对于 $h \leqslant 0$，

$$\mathrm{cov}(x_{t+h},x_t) = \phi^h \mathrm{var}(x_t)$$

(e) x_t 平稳吗？

(f) 论述当 $t\to\infty$ 时，过程趋于平稳，所以在某种意义上，x_t 是"渐近平稳"过程。

(g) 讨论如何使用这些结论，从模拟的 iid $N(0，1)$ 的值来模拟一个平稳高斯 AR(1) 模型的 n 个观测值。

(h) 现在假设 $x_0=w_0/\sqrt{1-\phi^2}$。这个过程是平稳的吗？提示：证明 $\mathrm{var}(t_x)$ 是常量。

3.3 如下进行例 3.4 中计算的验证。

(a) 令 $x_t=\phi x_{t-1}+w_t$，其中 $|\phi|>1$，且 $w_t\sim$ iid $N(0, \sigma_w^2)$。对于 $h\geqslant 0$，证明 $E(x_t)=0$ 且 $\gamma_x(h)=\sigma_w^2\phi^{-2}\phi^{-h}/(1-\phi^{-2})$。

(b) 令 $y_t=\phi^{-1}y_{t-1}+v_t$，其中 $v_t\sim$ iid $N(0, \sigma_w^2\phi^{-2})$，且 ϕ 和 σ_w 如 (a) 中所示。证明 y_t 是具有相同均值函数和自协方差函数的因果过程。

3.4 将以下模型标识为 ARMA(p, q) 模型（注意参数冗余），并确定它们是否为因果过程，以及是否可逆：

(a) $x_t=0.80x_{t-1}-0.15x_{t-2}+w_t-0.30w_{t-1}$

(b) $x_t=x_{t-1}-0.50x_{t-2}+w_t-w_{t-1}$

3.5 验证式 (3.28) 中给出的 AR(2) 模型的因果条件。即证明：当且仅当式 (3.28) 成立时，AR(2) 是因果过程。

3.2 节

3.6 对于由 $x_t=-0.9x_{t-2}+w_t$ 给出的 AR(2) 模型，找到自回归多项式的根，然后绘制 ACF 和 $\rho(h)$。

3.7 对于下面显示的 AR(2) 过程，使用例 3.10 的结果确定一组可用于求出 ACF $\rho(h)$，$h=0, 1, \cdots$ 的差分方程。使用初始条件求解 ACF 中的常数。然后绘制滞后 10 期的 ACF 值（使用 `ARMAacf` 来检查你的答案）。

(a) $x_t+1.6x_{t-1}+0.64x_{t-2}=w_t$

(b) $x_t-0.40x_{t-1}-0.45x_{t-2}=w_t$

(c) $x_t-1.2x_{t-1}+0.85x_{t-2}=w_t$

3.3 节

3.8 验证例 3.14 中 ARMA(1，1)过程的自相关函数的计算。对于 ARMA(1，0)和 ARMA (0，1)过程，对该自相关函数的形式与 ARMA(1，0)和 ARMA(0，1)的 ACF 形式进行比较。在同一图上绘制这三个序列的 ACF，其中 $\phi=0.6$，$\theta=0.9$，并讨论本例中的 ACF 的诊断能力。

3.9 对问题 3.8 中讨论的三个模型，分别生成 $n=100$ 个观测值。计算每个模型的样本 ACF 并将其与理论值进行比较。计算每个生成的序列的样本 PACF，并将样本 ACF 和 PACF 与表 3.1 中给出的一般结果进行比较。

3.4 节

3.10 设 x_t 代表例 2.2 中讨论的心血管死亡率序列(cmort)。

(a) 使用线性回归对 x_t 拟合 AR(2)过程，如例 3.18 所示。

(b) 假设(a)中的拟合模型是真实模型，预测未来四期 x_{n+m}^n，$m=1$，2，3，4，以及相应的 95%预测区间。

3.11 考虑 MA(1)过程

$$x_t = w_t + \theta w_{t-1}$$

其中 w_t 是白噪声，方差为 σ_w^2。

(a) 基于历史数据求解最小均方误差向前一步预测，并确定该预测的均方误差。

(b) 令 $\tilde{x}_{n+1}^n$ 为式(3.92)中给出的截断的向前一步预测。证明

$$\mathrm{E}\big[(x_{n+1} - \tilde{x}_{n+1}^n)^2\big] = \sigma^2(1+\theta^{2+2n})$$

3.12 对于式(3.63)，证明如果 $\gamma(0)>0$，且当 $h\to\infty$ 时，有 $\gamma(h)\to0$，则 Γ_n 为正定。

3.13 假设 x_t 是平稳的零均值过程，回顾式(3.55)和式(3.56)给出的 PACF 的定义。即，令

$$\varepsilon_t = x_t - \sum_{i=1}^{h-1} a_i x_{t-i} \quad \text{和} \quad \delta_{t-h} = x_{t-h} - \sum_{j=1}^{h-1} b_j x_{t-j}$$

为 2 个残差，其中，$\{a_1, \cdots, a_{h-1}\}$ 和 $\{b_1, \cdots, b_{h-1}\}$ 是选定的数，它们使得均方误差

$$\mathrm{E}[\varepsilon_t^2] \quad \text{和} \quad \mathrm{E}[\delta_{t-h}^2]$$

达到最小。滞后 h 处的 PACF 定义为 ε_t 和 δ_{t-h} 之间的交叉相关系数，即

$$\phi_{hh} = \frac{\mathrm{E}(\varepsilon_t \delta_{t-h})}{\sqrt{\mathrm{E}(\varepsilon_t^2)\mathrm{E}(\delta_{t-h}^2)}}$$

令 R_h 为 $h\times h$ 矩阵，其元素为 $\rho(i-j)$，$i,j=1, \cdots, h$，并且令 $\rho_h=(\rho(1), \rho(2), \cdots, \rho(h))'$ 为滞后自相关的向量，即 $\rho(h)=\mathrm{corr}(x_{t+h}, x_t)$。令 $\tilde{\rho}_h=(\rho(h), \rho(h-1), \cdots, \rho(1))'$ 是反向向量。另外，给定 $\{x_{t-1}, \cdots, x_{t-h}\}$，记 x_t^h 为性质 3.3 所述的 x_t 的 BLP：

$$x_t^h = \alpha_{h1}x_{t-1} + \cdots + \alpha_{hh}x_{t-h}$$

证明：

$$\phi_{hh} = \frac{\rho(h) - \widetilde{\rho}'_{h-1} R_{h-1}^{-1} \rho_h}{1 - \widetilde{\rho}'_{h-1} R_{h-1}^{-1} \widetilde{\rho}_{h-1}} = \alpha_{hh}$$

特别的，这个结果证明了性质 3.4。

提示：将预测方程(见式(3.63))除以 $\gamma(0)$，并将矩阵方程以分块形式写为

$$\begin{pmatrix} R_{h-1} & \widetilde{\rho}_{h-1} \\ \widetilde{\rho}'_{h-1} & \rho(0) \end{pmatrix} \begin{pmatrix} \alpha_1 \\ \alpha_{hh} \end{pmatrix} = \begin{pmatrix} \rho_{h-1} \\ \rho(h) \end{pmatrix}$$

其中系数 $\alpha = (\alpha_{h1}, \cdots, \alpha_{hh})'$ 为 $h \times 1$ 向量，它被划分为 $\alpha = (\alpha'_1, \alpha_{hh})'$。

3.14 假设我们希望找到一个预测函数 $g(x)$，使得能够最小化

$$\mathrm{MSE} = \mathrm{E}[(y - g(x))^2]$$

其中 x 和 y 是密度函数为 $f(x, y)$ 的联合分布随机变量。

(a) 证明当选择下式时，MSE 达到最小值：

$$g(x) = \mathrm{E}(y|x)$$

提示：

$$\mathrm{MSE} = \mathrm{EE}[(y - g(x))^2 | x]$$

(b) 将上述结果应用于模型

$$y = x^2 + z$$

其中 x 和 z 是相互独立的方差为 1 的零均值正态变量。证明 MSE=1。

(c) 假设我们将函数 $g(x)$ 的选择限制为如下形式的线性函数

$$g(x) = a + bx$$

并确定 a 和 b 以最小化 MSE。证明 $a=1$ 且

$$b = \frac{\mathrm{E}(xy)}{\mathrm{E}(x^2)} = 0$$

以及 MSE=3。如何解释它们？

3.15 对于 AR(1)模型，确定向前 m 步预测 x^t_{t+m} 的一般形式，并证明

$$\mathrm{E}[(x_{t+m} - x^t_{t+m})^2] = \sigma_w^2 \frac{1 - \phi^{2m}}{1 - \phi^2}$$

3.16 考虑例 3.8，式(3.27)中讨论的 ARMA(1, 1)模型，即，$x_t = 0.9x_{t-1} + 0.5w_{t-1} + w_t$。证明式(3.91)中定义的截断预测等价于使用递归公式(3.92)的截断预测。

3.17 验证式(3.87)，即对于固定样本大小，ARMA 预测误差是相关的。

3.5 节

3.18 分别使用线性回归和 Yule-Walker，将 AR(2)模型拟合到例 2.2 中讨论的心血管死亡率序列(cmort)。

(a) 比较两种方法获得的参数估计值。

(b) 将线性回归得到的系数的估计标准误差与其对应的渐近近似值进行比较，如性质 3.10 中所示。

3.19 假设 $x_1, \cdots, x_n$ 是来自 AR(1)过程的观测值，其中 $\mu=0$。

(a) 证明该过程可以写成 $x^n_t = \phi^{1-t} x_1$，$t \leqslant 1$。

(b) 然后基于(a)，证明对于 $t \leqslant 1$，反向误差为

$$\widetilde{w}_t(\phi) = x_t^n - \phi x_{t-1}^n = \phi^{1-t}(1 - \phi^2)x_1$$

(c) 使用(b)的结果证明 $\sum_{t=-\infty}^{1} \widetilde{w}_t^2(\phi) = (1 - \phi^2)x_1^2$。

(d) 使用(c)的结果验证无条件平方和 $S(\phi)$ 可写为 $\sum_{t=-\infty}^{n} \widetilde{w}_t^2(\phi)$。

(e) 对于 $1 \leqslant t \leqslant n$，求 x_t^{t-1} 和 r_t，并验证

$$S(\phi) = \sum_{t=1}^{n} (x_t - x_t^{t-1})^2 / r_t$$

3.20　重复以下数值练习三次。从 ARMA 模型中生成 $n=500$ 个观测值

$$x_t = 0.9x_{t-1} + w_t - 0.9w_{t-1}$$

其中 $w_t \sim$ iid N(0, 1)。绘制模拟数据，计算模拟数据的样本 ACF 和 PACF，并对数据拟合 ARMA(1, 1)模型。发生了什么，你如何解释结果？

3.21　生成参数为 $\phi=0.9$，$\theta=0.5$ 和 $\sigma^2=1$ 的 ARMA(1, 1)过程的 $n=200$ 个观测值，一共进行 10 次这样的模拟。在每种情况下找到 3 个参数的 MLE，并将估计值与真实值进行比较。

3.22　从高斯 AR(1, 1)模型中生成 $n=50$ 个观测值，其中 $\phi=0.99$ 且 $\sigma_w=1$。使用你选择的估计技术，比较估计的近似渐近分布(你将用于推断的那个)与自助法实验的结果(使用 $B=200$)。

3.23　使用例 3.32 作为指南，给定数据 $x_1, \cdots, x_n$，找到 Gauss-Newton 算法过程，以用于估计 AR(1)模型 $x_t = \phi x_{t-1} + w_t$ 中的自回归参数 ϕ。此算法过程是否产生无条件估计或条件估计？提示：将模型写为 $w_t(\phi) = x_t - \phi x_{t-1}$，你的解决方案应该成为一个非递归过程。

3.24　考虑由下式生成的平稳序列

$$x_t = \alpha + \phi x_{t-1} + w_t + \theta w_{t-1}$$

其中，$E(x_t) = \mu$，$|\theta| < 1$，$|\phi| < 1$ 且 w_t 是独立同分布的随机变量，具有零均值和方差 σ_w^2。

(a) 确定上述模型的关于 α 的均值函数。求 x_t 的自协方差和 ACF，并证明该随机过程是弱平稳的。这个过程是严格平稳的吗？

(b) 证明随 $n \to \infty$，样本均值的极限分布

$$\overline{x} = n^{-1} \sum_{t=1}^{n} x_t$$

是正态的，并找到用 α、ϕ、θ 和 σ_w^2 表示的极限均值和方差。

(注意：本部分使用附录 A 中的结果。)

3.25　地球物理时间序列分析的问题，涉及观测数据的简单模型，该模型包含信号和具有未知放大因子 a 以及未知时间延迟 δ 的信号的反射版本。例如，地震的深度与 P 波的时间延迟 δ 及其在地震记录上的反射形式 pP 成比例。假设信号 s_t 是白噪声，它服从方差为 σ_s^2 的高斯过程，并考虑其生成模型

$$x_t = s_t + a s_{t-\delta}$$

(a) 证明过程 x_t 是平稳的。如果 $|a|<1$，证明

$$s_t = \sum_{j=0}^{\infty} (-a)^j x_{t-\delta j}$$

是信号 s_t 的均方收敛表示，$t = 1, \pm 1, \pm 2, \cdots$。

(b) 如果假定时间延迟 δ 已知，则建议使用最大似然估计和高斯-牛顿法近似计算参数 a 和 σ_s^2。

(c) 如果时间延迟 δ 是未知整数，请说明我们如何估计包括 δ 在内的参数。生成具有参数 $a=0.9$，$\sigma_w^2=1$ 且 $\delta=5$ 的 $n=500$ 个观测值的序列。通过搜索 $\delta=3, 4, \cdots, 7$ 来估计整数时间延迟 δ。

3.26 使用估计参数进行预测：设 $x_1, x_2, \cdots, x_n$ 是来自因果 AR(1) 过程的大小为 n 的样本，$x_t=\phi x_{t-1}+w_t$。设 $\hat{\phi}$ 是 ϕ 的 Yule-Walker 估计量。

(a) 证明 $\hat{\phi}-\phi=O_p(n^{-1/2})$。$O_p(\cdot)$ 的定义见附录 A。

(b) 给定数据 $x_1, \cdots, x_n$，假设 x_{n+1}^n 是 x_{n+1} 的基于已知参数 ϕ 的向前一步预测，设 $\hat{x}_{n+1}^n$ 为参数 ϕ 由 $\hat{\phi}$ 代替时的向前一步预测。证明 $x_{n+1}^n - \hat{x}_{n+1}^n = O_p(n^{-1/2})$。

3.6 节

3.27 假设

$$y_t = \beta_0 + \beta_1 t + \cdots + \beta_q t^q + x_t, \quad \beta_q \neq 0$$

其中 x_t 是平稳的。首先，对于任何 $k=1, 2, \cdots$，证明 $\nabla^k x_t$ 是平稳的，并证明 $\nabla^k y_t$ 对于 $k<q$ 是不平稳的，但对于 $k \geqslant q$ 是平稳的。

3.28 验证式 (3.148) 中给出的 IMA(1, 1) 模型可逆，并将其写为式 (3.149)。

3.29 对于带漂移的 ARIMA(1, 1) 模型，$(1-\phi B)(1-B)x_t = \delta + w_t$，令 $y_t = (1-B)x_t = \nabla x_t$。

(a) 注意到 y_t 是 AR(1)，证明对于 $j \geqslant 1$，有

$$y_{n+j}^n = \delta[1 + \phi + \cdots + \phi^{j-1}] + \phi^j y_n$$

(b) 使用 (a) 中的结论，证明对于 $m=1, 2, \cdots$，有

$$x_{n+m}^n = x_n + \frac{\delta}{1-\phi}\Big[m - \frac{\phi(1-\phi^m)}{(1-\phi)}\Big] + (x_n - x_{n-1})\frac{\phi(1-\phi^m)}{(1-\phi)}$$

提示：根据 (a)，$x_{n+j}^n - x_{n+j-1}^n = \delta \dfrac{1-\phi^j}{1-\phi} + \phi^j(x_n - x_{n-1})$。现在将两边的 j 从 1 到 m 相加。

(c) 使用式 (3.145) 寻找 P_{n+m}^n。首先证明 $\psi_0^*=1$，$\psi_1^*=(1+\phi)$，以及对于 $j \geqslant 2$，$\psi_j^* - (1+\phi)\psi_{j-1}^* + \phi\psi_{j-2}^* = 0$，对于 $j \geqslant 1$，$\psi_j^* = \dfrac{1-\phi^{j+1}}{1-\phi}$。注意，如例 3.37 所示，式 (3.145) 在这里是精确的。

3.30 对于冰川纹层序列的对数数据，即 x_t，如例 3.33 所示，使用开始的 100 个观测值，并设 $\lambda=0.25$，0.50 和 0.75，根据式 (3.151) 计算 EWMA，$\tilde{x}_{t+1}^t$，$t=1, \cdots, 100$，并在同一图形上绘制 EWMA 和时间序列数据。对结果进行讨论。

3.7 节

3.31 在例 3.40 中，我们给出了拟合 GNP 增长率序列的 MA(2) 模型的诊断。使用该例作为指导，完成 AR(2) 拟合的诊断。

3.32 数据集 oil 中包含每桶原油以美元计价的价格。执行所有必要的诊断，使用 ARIMA(p, d, q) 模型拟合增长率数据。对结果进行评论。

3.33 使用 ARIMA(p, d, q) 模型拟合全球温度数据 globtemp，并执行所有必要的模型诊断。在确定适当的模型后，预测未来 10 年的温度（同时给出预测值范围）。对结果进行评论。

3.34 使用 ARIMA(p, d, q) 模型拟合二氧化硫序列 so2，并执行所有必要的诊断。在确定合适的模型后，对未来的四个时间段（约一个月）进行预测，并计算四个预测中每个预测的 95% 预测区间。对结果进行评论。（二氧化硫是例 2.2 中描述的死亡率研究中监测的污染物之一。）

3.8 节

3.35 设 S_t 代表数据集 sales 中的月度销售数据（$n=150$），设 L_t 作为数据集 lead 中的领先指标。

(a) 使用 ARIMA 模型拟合月度销售数据 S_t。逐步讨论你的模型拟合过程，给出 (A) 数据的初始检查，(B) 进行的数据变换（如有必要的话），(C) 模型的初始阶数和差分阶数的识别，(D) 参数估计，(E) 残差诊断和模型选择。

(b) 在 ∇S_t 和 ∇L_t 之间使用 CCF 图形和滞后曲线来论证用 ∇L_{t-3} 对 ∇S_t 回归是合理的。（注意在 lag2.plot() 中，第一个命名序列是滞后后的序列）。

(c) 拟合回归模型 $\nabla S_t = \beta_0 + \beta_1 \nabla L_{t-3} + x_t$，其中 x_t 是 ARMA 过程（解释你如何确定模型中的 x_t）。对结果进行讨论。（有关编写此问题 R 代码的帮助，见例 3.45。）

3.36 计算机行业中一项显著的技术发展是能够将信息密集存储在硬盘上。此外，存储成本稳步下降，导致数据过多而产生大数据问题。本问题的数据集是 cpg，其中包括从 1980 年到 2008 年的硬盘制造商样本中得到的数据，即每 GB 硬盘驱动器的年度零售价格中位数，记为 c_t。

(a) 绘制 c_t，并对其时序图进行描述。

(b) 通过拟合 $\log c_t$ 对 t 的线性回归，论证 c_t 与 t 间的曲线关系类似于 $c_t \approx \alpha e^{\beta t}$，然后绘制拟合曲线，并将拟合曲线与对数时间序列数据进行比较。对结果进行评论。

(c) 检查线性回归模型拟合的残差，并对结果进行评论。

(d) 使用误差自相关的事实，再次拟合回归模型。对结果进行评论。

3.37 重新完成问题 2.2，不再假设误差项是白噪声。

3.9 节

3.38 考虑 ARIMA 模型

$$x_t = w_t + \Theta w_{t-2}$$

(a) 使用 ARIMA(p, d, q) × (P, D, Q)$_s$ 来识别模型。

(b) 证明该序列对于 $|\Theta| < 1$ 是可逆的，并找到下式中的系数

$$w_t = \sum_{k=0}^{\infty} \pi_k x_{t-k}$$

(c) 根据历史数据 x_n，x_{n-1}，$\cdots$，求向前 m 步的预测方程 $\tilde{x}_{n+m}$，并根据无限的过去值 x_n，x_{n-1}，$\cdots$，计算其方差。

3.39 绘制季节性 ARIMA$(0, 1) \times (1, 0)_{12}$ 模型的 ACF，其中 $\Phi = 0.8$，$\theta = 0.5$。

3.40 使用你选择的季节 ARIMA 模型拟合数据集 chicken 中的鸡肉价格数据。使用估计的模型预测未来 12 个月的值。

3.41 使用你选择的季节 ARIMA 模型拟合数据集 unemp 中的失业数据。使用估计的模型预测未来 12 个月的值。

3.42 使用你选择的季节 ARIMA 模型拟合数据集 UnempRate 中的失业数据。使用估计的模型预测未来 12 个月的值。

3.43 使用你选择的季节 ARIMA 模型拟合数据集 birth 中的美国出生数据。使用估计的模型预测未来 12 个月的值。

3.44 使用适当的季节 ARIMA 模型拟合例 1.1 中经过对数变换后的 Johnson and Johnson 收益率序列(jj)。使用估计的模型预测未来四个季度的数值。

以下问题需要使用附录 B 中给出的补充材料。

3.45 假设 $x_t = \sum_{j=1}^{p} \phi_j x_{t-j} + w_t$，其中 $\phi_p \neq 0$ 且 w_t 是白噪声，所以 w_t 与 $\{x_k; k < t\}$ 不相关。使用投影定理(定理 B.1)，证明对于 $n > p$，基于 $\overline{sp}\{x_k, k \leqslant n\}$ 对 x_{n+1} 的最优线性预测(BLP)为

$$\hat{x}_{n+1} = \sum_{j=1}^{p} \phi_j x_{n+1-j}$$

3.46 使用投影定理推导新息算法，即推导性质 3.6，式(3.77)～(3.79)。然后，使用定理 B.2 推导式(3.80)和式(3.81)中给出的向前 m 步预测结果。

3.47 考虑序列 $x_t = w_t - w_{t-1}$，其中 w_t 是均值为零且方差为 σ_w^2 的白噪声过程。假设我们考虑仅仅基于 $x_1, \cdots, x_n$ 来预测 x_{n+1} 的问题。使用投影定理回答以下问题。

(a) 证明最优线性预测为

$$x_{n+1}^n = -\frac{1}{n+1} \sum_{k=1}^{n} k x_k$$

(b) 证明均方误差为

$$E(x_{n+1} - x_{n+1}^n)^2 = \frac{n+2}{n+1} \sigma_w^2$$

3.48 使用定理 B.2 和定理 B.3 验证式(3.117)。

3.49 证明定理 B.2。

3.50 证明性质 3.2。

第4章 频谱分析与滤波

在本章中，我们重点介绍时间序列分析的频域方法。我们认为，一个序列的规则性最好可以用产生该序列的潜在现象的周期性变化来表示。1.1节中的许多例子是由周期性分量驱动的时间序列。例如，图1.3中的语音记录包含了与声门打开和关闭相关的复杂频率混合。图1.5显示的每月SOI包含两个周期性，12个月的季节性周期分量和大约三到七年的厄尔尼诺分量。根本的因素是厄尔尼诺现象的重现期，这对当地气候有着深远影响。

分析频域和时域数据的一个重要部分是对非时变线性滤波器性质的研究和探索。这种特殊的线性变换与传统统计中的线性回归类似，我们在时间序列上下文中使用了许多相同的术语。

我们还引入了一致性作为关联两个序列的共同周期行为的工具。一致性是在给定频率下基于频率对两个序列之间相关性的度量，稍后我们会展示其测量与两个序列相关的最佳线性滤波器的性能。

根据问题的性质，许多频率标度通常会共存。例如，在图1.1中的Johnson & Johnson数据集中，振荡的主要频率是每年一个周期(4个季度)，或每个观测$\omega=0.25$个周期。图1.5中SOI和新鱼数量序列中的主要频率也是每年一个周期，但这相当于每12个月1个周期，或每个观测$\omega=0.083$个周期。在本书中，我们以每个时间点的循环数来测量频率ω，而不是用表示每个点的弧度的$\lambda=2\pi\omega$。描述时间序列的一个关注点是时间序列的周期(period)，该周期由一个循环内含有的点数(number of points in a cycle)来定义，即$1/\omega$。因此，Johnson & Johnson序列的主要周期为每个循环1/0.25或4个季度，而SOI序列的主要周期为每个循环12个月。

4.1 循环性行为和周期性

我们已经在第1~3章的许多例子中遇到了周期性的概念。通过引入一些术语可以使周期性的一般概念更加精确。为了定义一个序列振荡的速率，我们首先将一个循环(cycle)定义为在某个时间区间内正弦或余弦函数的一个完整周期。如式(1.5)中所述，我们考虑周期性过程

$$x_t = A\cos(2\pi\omega t + \phi) \tag{4.1}$$

对于$t=0, \pm1, \pm2, \cdots$，其中ω是频率指数(frequency index)，定义为每单位时间内的循环(cycles)个数；A确定函数的高度或振幅(amplitude)；ϕ称为相位(phase)，确定余弦函数的起点。我们可以通过允许振幅和相位随机变化，进而在这个时间序列中引入随机变量。

如例2.10所述，为了进行数据分析，可以容易地使用三角函数等式$^\ominus$，将式(4.1)写作

$$x_t = U_1\cos(2\pi\omega t) + U_2\sin(2\pi\omega t) \tag{4.2}$$

其中$U_1=A\cos\phi$和$U_2=-A\sin\phi$通常被认为是正态分布的随机变量。在这种情况下，振幅

$\ominus$ $\cos(\alpha\pm\beta)=\cos(\alpha)\cos(\beta)\mp\sin(\alpha)\sin(\beta)$。

为 $A=\sqrt{(U_1^2+U_2^2)}$，相位为 $\phi=\tan^{-1}(-U_2/U_1)$。从这些事实我们可以证明，当且仅当式 (4.1) 中 A 和 ϕ 是独立的随机变量，其中 A^2 服从自由度为 2 的卡方分布且 ϕ 在 $(-\pi，\pi)$ 上服从均匀分布，那么 U_1 和 U_2 是独立的标准正态随机变量（见问题 4.3）。

如果我们假设 U_1 和 U_2 是均值为 0 且方差为 σ^2 的不相关随机变量，则式 (4.2) 中的 x_t 是平稳的，均值 $E(x_t)=0$，并且记 $c_t=\cos(2\pi\omega t)$ 和 $s_t=\sin(2\pi\omega t)$，则自协方差函数为

$$
\begin{aligned}
\gamma_x(h) &= \mathrm{cov}(x_{t+h},x_t) = \mathrm{cov}(U_1c_{t+h}+U_2s_{t+h},U_1c_t+U_2s_t) \\
&= \mathrm{cov}(U_1c_{t+h},U_1c_t) + \mathrm{cov}(U_1c_{t+h},U_2s_t) \\
&\quad + \mathrm{cov}(U_2s_{t+h},U_1c_t) + \mathrm{cov}(U_2s_{t+h},U_2s_t) \\
&= \sigma^2 c_{t+h}c_t + 0 + 0 + \sigma^2 s_{t+h}s_t = \sigma^2\cos(2\pi\omega h)
\end{aligned}
\tag{4.3}
$$

根据式 (4.2) 上面的脚注，并且注意到 $\mathrm{cov}(U_1，U_2)=0$。从式 (4.3)，我们可以得到

$$
\mathrm{var}(x_t) = \gamma_x(0) = \sigma^2
$$

因此，如果我们观察到 $U_1=a$ 和 $U_2=b$，那么 σ^2 的估计值就是这两个观测值的样本方差，在这种情况下估计值为 $S^2=\dfrac{a^2+b^2}{2-1}=a^2+b^2$。

式 (4.2) 中的随机过程是其频率 ω 的函数。对于 $\omega=1$，该序列每个时间单位产生一个循环；对于 $\omega=0.50$，该序列每两个时间单位产生一个循环；对于 $\omega=0.25$，每四个时间单位产生一个循环，以此类推。一般来说，对于在离散时间点出现的数据，我们至少需要两个点来确定一个循环，因此最高频率是每个点 0.5 个循环。这种频率被称为折叠频率（folding frequency），它定义了离散采样中可以看到的最高频率。以这种方式采样的较高频率会出现在较低频率处，称为混叠（aliases），一个例子是摄像机在电影中采样移动中汽车的旋转车轮的方式，其中轮子看起来以不同的速率旋转，并且有时反向旋转（车轮效应，wagon wheel effect）。例如，大多数电影以每秒 24 帧（或 24 赫兹）录制。如果相机正在拍摄以 24 赫兹旋转的轮子，则轮子会看起来静止不动。

考虑式 (4.2) 的推广，它允许多个频率和振幅的周期序列的混合，

$$
x_t = \sum_{k=1}^{q}\left[U_{k1}\cos(2\pi\omega_k t)+U_{k2}\sin(2\pi\omega_k t)\right]
\tag{4.4}
$$

其中，对于 $k=1，2，\cdots，q$，U_{k1}，U_{k2} 是方差为 σ_k^2 的不相关的零均值随机变量；ω_k 是不同的频率。注意，式 (4.4) 将过程表示为不相关的分量之和，频率为 ω_k 时的方差为 σ_k^2。如式 (4.3) 所示，很容易得到（问题 4.4）该过程的自协方差函数为

$$
\gamma_x(h) = \sum_{k=1}^{q}\sigma_k^2\cos(2\pi\omega_k h)
\tag{4.5}
$$

我们注意到自协方差函数是周期性分量的加权和，权重与方差 σ_k^2 成比例。因此，x_t 是零均值平稳过程，其方差为

$$
\gamma_x(0) = \mathrm{var}(x_t) = \sum_{k=1}^{q}\sigma_k^2
\tag{4.6}
$$

它表明总体方差可以表示为每个组成部分的方差之和。

就像在简单情况下一样，如果我们在 $k=1，\cdots，q$ 时观察 $U_{k1}=a_k$ 和 $U_{k2}=b_k$，那么

$var(x_t)$的第k个方差分量σ_k^2的估计将是样本方差$S_k^2 = a_k^2 + b_k^2$。另外，x_t的总方差的估计，即，$\gamma_x(0)$将是样本方差的总和，

$$\hat{\gamma}_x(0) = \text{v\^ar}(x_t) = \sum_{k=1}^{q}(a_k^2 + b_k^2) \tag{4.7}$$

记住这个思想，因为我们将在例4.2中使用它。

例 4.1　一个周期性序列

图4.1显示了以下列方式构建的$q=3$的式(4.4)实例。首先，对于$t=1,\cdots,100$，我们产生了三个序列

$$x_{t1} = 2\cos(2\pi t6/100) + 3\sin(2\pi t6/100)$$
$$x_{t2} = 4\cos(2\pi t10/100) + 5\sin(2\pi t10/100)$$
$$x_{t3} = 6\cos(2\pi t40/100) + 7\sin(2\pi t40/100)$$

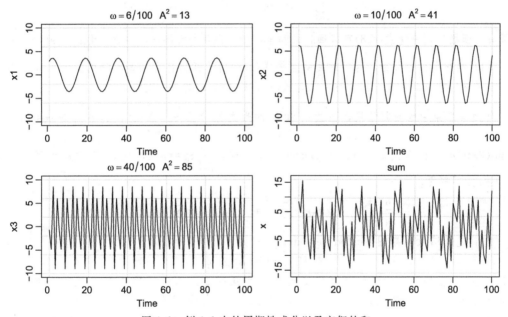

图 4.1　例4.1中的周期性成分以及它们的和

图4.1显示了这三个序列以及相应的频率和平方振幅。例如，x_{t1}的平方振幅是$A^2 = 2^2 + 3^2 = 13$。因此，x_{t1}将达到的最大值和最小值为$\pm\sqrt{13} = \pm3.61$。

最后，我们构建序列

$$x_t = x_{t1} + x_{t2} + x_{t3}$$

该序列也显示在图4.1中。我们注意到x_t似乎表现为我们在第1章和第2章中看到的一些周期性序列。系统地对时间序列中的基本频率分量进行整理，包括它们的相对贡献，构成了频谱分析的主要目标之一。生成图4.1的R代码是

```
x1 = 2*cos(2*pi*1:100*6/100)  + 3*sin(2*pi*1:100*6/100)
x2 = 4*cos(2*pi*1:100*10/100) + 5*sin(2*pi*1:100*10/100)
x3 = 6*cos(2*pi*1:100*40/100) + 7*sin(2*pi*1:100*40/100)
```

```
x   = x1 + x2 + x3
par(mfrow=c(2,2))
plot.ts(x1, ylim=c(-10,10), main=expression(omega==6/100~~~A^2==13))
plot.ts(x2, ylim=c(-10,10), main=expression(omega==10/100~~~A^2==41))
plot.ts(x3, ylim=c(-10,10), main=expression(omega==40/100~~~A^2==85))
plot.ts(x,  ylim=c(-16,16), main="sum")
```

式(4.4)中给出的模型以及式(4.5)中给出的相应自协方差函数是人为构造。虽然在式(4.7)中，我们暗示了如何估计方差分量，但我们现在讨论对于给定的数据 x_1，$\cdots$，x_n，如何给出式(4.6)中的方差分量 σ_k^2 的实际估计。

例 4.2　估计和周期图

对于任何时间序列样本 x_1，$\cdots$，x_n，其中 n 是奇数，对于 $t=1$，$\cdots$，n，以及适当选择的系数，我们可以确切地写出

$$x_t = a_0 + \sum_{j=1}^{(n-1)/2} \left[a_j\cos(2\pi tj/n) + b_j\sin(2\pi tj/n) \right] \tag{4.8}$$

如果 n 是偶数，则表达式(4.8)可以通过求和至 $(n/2-1)$ 项进行修正，并添加由 $a_{n/2}\cos\left(2\pi t\,\dfrac{1}{2}\right) = a_{n/2}(-1)^t$ 给出的附加分量。这里的关键点是式(4.8)对于任何样本都是准确的。因为式(4.8)中的许多系数可能接近于零，因此可以认为式(4.4)是式(4.8)的一个近似。

使用第 2 章中的回归结果，系数 a_j 和 b_j 的形式为 $\sum\limits_{t=1}^{n} x_t z_{tj} / \sum\limits_{t=1}^{n} z_{tj}^2$，其中 z_{tj} 是 $\cos(2\pi tj/n)$ 或 $\sin(2\pi tj/n)$。根据问题 4.1，当 $j/n\neq 0$，$1/2$ 时，$\sum\limits_{t=1}^{n} z_{tj}^2 = n/2$，所以回归系数可以写成 ($a_0 = \bar{x}$) 如下形式：

$$a_j = \frac{2}{n}\sum_{t=1}^{n} x_t\cos(2\pi tj/n) \quad \text{和} \quad b_j = \frac{2}{n}\sum_{t=1}^{n} x_t\sin(2\pi tj/n)$$

我们定义缩放周期图（scaled periodogram）为

$$P(j/n) = a_j^2 + b_j^2 \tag{4.9}$$

因为它表明式(4.8)中的哪些频率强度大，哪些强度小。缩放周期图仅仅是每个频率分量的样本方差，因此也是在频率 $\omega_j = j/n$ 时相应的正弦波的 σ^2 的估计。这些特定频率称为傅里叶频率或基频（Fourier or fundamental frequency）。较大的 $P(j/n)$ 值意味着频率 $\omega_j = j/n$ 在该序列中占主导地位，而较小的 $P(j/n)$ 值可能与噪声相关。周期图由 Schuster[173] 的文献引入，在 Schuster[174] 的文献中用于研究太阳黑子序列的周期图（见图 4.22）。

幸运的是，没有必要运行大量回归来获得 a_j 和 b_j 的值，因为如果 n 是高度复合的整数（即，该数值有很多因数），则可以通过快速计算获得。虽然我们将在 4.3 节中更详细地讨论离散傅里叶变换（Discrete Fourier Transform，DFT），但它其实是以复数为权重的数据的加权平均值，对于 $j=0$，1，$\cdots$，$n-1$，DFT 由下式⊖给出：

⊖　欧拉公式：$e^{i\alpha} = \cos(\alpha) + i\sin(\alpha)$。所以，$\cos(\alpha) = \dfrac{e^{i\alpha} + e^{-i\alpha}}{2}$，$\sin(\alpha) = \dfrac{e^{i\alpha} - e^{-i\alpha}}{2i}$。同时，因为 $-i\times i = 1$，所以 $\dfrac{1}{i} = -i$。如果 $z = a+ib$ 为复数，则 $|z|^2 = zz^* = (a+ib)(a-ib) = a^2 + b^2$，其中 $*$ 代表共轭。

$$d(j/n) = n^{-1/2} \sum_{t=1}^{n} x_t \exp(-2\pi itj/n)$$

$$= n^{-1/2} \Big(\sum_{t=1}^{n} x_t \cos(2\pi tj/n) - i \sum_{t=1}^{n} x_t \sin(2\pi tj/n) \Big) \qquad (4.10)$$

其中频率 j/n 是傅里叶频率或基频。在计算中有大量的类似重复计算，因此可以使用**快速傅里叶变换（FFT）**来快速计算式（4.10）。注意

$$|d(j/n)|^2 = \frac{1}{n} \Big(\sum_{t=1}^{n} x_t \cos(2\pi tj/n) \Big)^2 + \frac{1}{n} \Big(\sum_{t=1}^{n} x_t \sin(2\pi tj/n) \Big)^2 \qquad (4.11)$$

这个数值被称为周期图（periodogram）。我们可以通过下面的公式，用周期图来计算缩放周期图（4.9）。

$$P(j/n) = \frac{4}{n} |d(j/n)|^2 \qquad (4.12)$$

例 4.1 中模拟的数据 x_t 的缩放周期图如图 4.2 所示，它清楚地标识了 x_t 的三个分量 x_{t1}、x_{t2} 和 x_{t3}。注意

$$P(j/n) = P(1 - j/n), \quad j = 0,1,\cdots,n-1$$

所以在折叠频率为 1/2 时有镜像效果。因此，对于高于折叠频率的频率，通常不绘制周期图。另外，请注意，图中所示的缩放周期图的高度分别为

$$P\Big(\frac{6}{100}\Big) = P\Big(\frac{94}{100}\Big) = 13, \quad P\Big(\frac{10}{100}\Big) = P\Big(\frac{90}{100}\Big) = 41, \quad P\Big(\frac{40}{100}\Big) = P\Big(\frac{60}{100}\Big) = 85$$

否则为 $P(j/n)=0$。这些正是例 4.1 中生成的分量的平方振幅值。

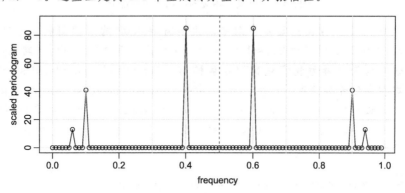

图 4.2　例 4.1 生成的数据的缩放周期图（式（4.12））

假设从前一个例子中保留了模拟数据 x，生成图 4.2 的 R 代码是

```
P = Mod(2*fft(x)/100)^2;  Fr = 0:99/100
plot(Fr, P, type="o", xlab="frequency", ylab="scaled periodogram")
```

不同的实现软件以不同的方式对 FFT 进行缩放，因此最好参考 FFT 软件的文档。R 计算它时没使用因子 $n^{-1/2}$，但是加入了一个多余的因子 $e^{2\pi i \omega j}$，该因子可以忽略，因为我们只对平方振幅感兴趣。■

如果我们将例 4.1 中的数据 x_t 视为由各种强度（振幅）的原色 x_{t1}，x_{t2}，x_{t3} 组成的颜色

(waveform，波形)，那么我们可以将周期图视为将颜色 x_t 分解为其原色的棱镜(spectrum，频谱)。因此，使用术语谱分析(spectral analysis)。以下是使用真实数据的实例

例 4.3   星级

图 4.3 中的数据是连续 600 天在午夜拍摄的恒星的大小。这些数据来自 E. T. Whittaker 和 G. Robinson 的经典文献 *The Calculus of Observations，a Treatise on Numerical Mathematics* (1923，Blackie & Son，Ltd.)。

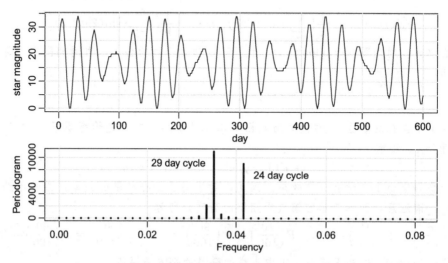

图 4.3   星级和相应的周期图的一部分

频率小于 0.08 的周期图也显示在图中；频率高于 0.08 的周期图纵坐标基本上为零。注意，29($\approx$1/0.035)日周期和 24($\approx$1/0.041)日周期是数据中最突出的周期性成分。

可以把这个结果解释为我们观察的是调幅信号(amplitude modulated signal)。例如，假设我们正在观察信号加噪声，$x_t = s_t + v_t$，其中 $s_t = \cos(2\pi\omega t)\cos(2\pi\delta t)$，并且 δ 非常小。在这种情况下，该过程将以频率 ω 振荡，但振幅将由 $\cos(2\pi\delta t)$ 调制。由于 $2\cos(\alpha)\cos(\delta) = \cos(\alpha+\delta)+\cos(\alpha-\delta)$，因此 x_t 产生的数据的周期图将具有接近 $\alpha\pm\delta$ 处的两个峰值。自己尝试下述代码：

```
t = 1:200
plot.ts(x  <- 2*cos(2*pi*.2*t)*cos(2*pi*.01*t))  # not shown
lines(cos(2*pi*.19*t)+cos(2*pi*.21*t), col=2)     # the same
Px = Mod(fft(x))^2; plot(0:199/200, Px, type='o') # the periodogram
```

生成图 4.3 的 R 代码如下：

```
n = length(star)
par(mfrow=c(2,1), mar=c(3,3,1,1), mgp=c(1.6,.6,0))
plot(star, ylab="star magnitude", xlab="day")
Per = Mod(fft(star-mean(star)))^2/n
Freq = (1:n -1)/n
plot(Freq[1:50], Per[1:50], type='h', lwd=3, ylab="Periodogram",
        xlab="Frequency")
u = which.max(Per[1:50])        # 22  freq=21/600=.035 cycles/day
uu = which.max(Per[1:50][-u])   # 25  freq=25/600=.041 cycles/day
```

```
1/Freq[22]; 1/Freq[26]              # period = days/cycle
text(.05, 7000, "24 day cycle"); text(.027, 9000, "29 day cycle")
### another way to find the two peaks is to order on Per
y = cbind(1:50, Freq[1:50], Per[1:50]);  y[order(y[,3]),]
```

4.2 谱密度

在本节中，我们定义基本的频域工具，即频谱密度（spectral density）。此外，将讨论平稳过程的谱表示（spectral representation）。正如 Wold 分解（定理 B.5）在理论上证明了使用回归分析时间序列是合理的，谱表示定理提供了将平稳时间序列按照构成它的周期性分量的方差比例进行分解的理论依据。附录 C 中有详细解释。

例 4.4　周期性平稳过程

考虑由式（4.2）给出的周期性平稳随机过程，具有固定频率 ω_0

$$x_t = U_1 \cos(2\pi\omega_0 t) + U_2 \sin(2\pi\omega_0 t) \tag{4.13}$$

其中 U_1 和 U_2 是不相关的零均值随机变量，它们的方差 σ^2 相等。上述序列完成一个循环所需的时间周期数恰好为 $1/\omega_0$，并且对于 $t=0$，± 1，± 2，该过程每个点对应 ω_0 个循环（cycle）。回顾（4.3）并使用例 4.2 中的脚注，我们有表达式

$$\gamma(h) = \sigma^2 \cos(2\pi\omega_0 h) = \frac{\sigma^2}{2} e^{-2\pi i\omega_0 h} + \frac{\sigma^2}{2} e^{2\pi i\omega_0 h} = \int_{-\frac{1}{2}}^{\frac{1}{2}} e^{2\pi i\omega h} \, dF(\omega)$$

使用 Riemann-Stieltjes 积分（见 C.4.1 节），其中 $F(\omega)$ 函数定义为

$$F(\omega) = \begin{cases} 0 & \omega < -\omega_0, \\ \sigma^2/2 & -\omega_0 \leqslant \omega < \omega_0, \\ \sigma^2 & \omega \geqslant \omega_0 \end{cases}$$

函数 $F(\omega)$ 类似于离散随机变量累积分布函数，除了 $F(\infty) = \sigma^2 = \mathrm{var}(x_t) \neq 1$。事实上，$F(\omega)$ 是方差的累计分布函数，而不是概率的累计分布函数，其中 $F(\infty)$ 是过程 x_t 的总方差。因此，我们将 $F(\omega)$ 称为**谱分布函数**（spectral distribution function）。本例子会在例 4.9 中继续讨论。

例 4.4 中给出的表达式总是存在于平稳过程中。有关详细信息，请参阅定理 C.1 及其证明，在 C.4.1 节中给出了 Riemann-Stieltjes 积分的描述。

性质 4.1　自协方差函数的谱表示

如果序列 $\{x_t\}$ 是平稳的，具有自协方差 $\gamma(h) = \mathrm{cov}(x_{t+h}, x_t)$，则存在唯一的被称为谱分布函数的单调递增函数 $F(\omega)$，其中 $F(-\infty) = F(-1/2) = 0$，并且 $F(\infty) = F(1/2) = \gamma(0)$，使得

$$\gamma(h) = \int_{-\frac{1}{2}}^{\frac{1}{2}} e^{2\pi i\omega h} \, dF(\omega) \tag{4.14}$$

一个我们反复使用这个公式的情形是，自协方差函数是绝对可加的，在这种情况下，谱分布函数绝对连续，并且 $dF(\omega) = f(\omega)d\omega$，由式（4.14）启发可以得到接下来的性质。

性质 4.2　谱密度

如果平稳序列的自协方差函数 $\gamma(h)$ 满足

$$\sum_{h=-\infty}^{\infty} |\gamma(h)| < \infty \tag{4.15}$$

则该自协方差函数有如下的表达式

$$\gamma(h) = \int_{-\frac{1}{2}}^{\frac{1}{2}} e^{2\pi i \omega h} f(\omega) d\omega \quad h = 0, \pm 1, \pm 2, \cdots \tag{4.16}$$

该式是下式给出的频谱密度的逆变换。频谱密度为

$$f(\omega) = \sum_{h=-\infty}^{\infty} \gamma(h) e^{-2\pi i \omega h} \quad -1/2 \leqslant \omega \leqslant 1/2 \tag{4.17}$$

谱密度可以与概率密度函数做类比；$\gamma(h)$ 是非负定的，这确保了对所有的 ω，$f(\omega) \geqslant 0$。从式(4.17)，可以立即得到

$$f(\omega) = f(-\omega)$$

这表明谱密度函数是偶函数。由于对称性，我们通常只绘制 $f(\omega)$，$0 \leqslant \omega \leqslant 1/2$。另外，将 $h=0$ 代入式(4.16)，得到

$$\gamma(0) = \text{var}(x_t) = \int_{-\frac{1}{2}}^{\frac{1}{2}} f(\omega) d\omega$$

它表明了总方差是所有频率上的谱密度的积分。稍后我们讨论线性滤波器可以在某些频率区间或频带分离方差。

现在应该清楚的是自协方差和谱分布函数包含相同的信息。但是这些信息以不同的方式呈现。自协方差函数以滞后的方式表达信息，而谱分布以循环的方式表达相同的信息。一些问题在考虑滞后信息时会更容易处理，此时，我们倾向于在时间域中处理这些问题。然而，其他问题在考虑周期性信息时更容易处理时，我们倾向于在频率域中处理这些问题。

我们注意到式(4.16)中的自协方差函数 $\gamma(h)$ 和式(4.17)中的谱密度 $f(\omega)$ 是傅里叶变换对。这意味着如果 $f(\omega)$ 和 $g(\omega)$ 是两个谱密度

$$\gamma_f(h) = \int_{-\frac{1}{2}}^{\frac{1}{2}} f(\omega) e^{2\pi i \omega h} d\omega = \int_{-\frac{1}{2}}^{\frac{1}{2}} g(\omega) e^{2\pi i \omega h} d\omega = \gamma_g(h) \tag{4.18}$$

对于所有的 $h = 0$，± 1，± 2，$\cdots$，然后

$$f(\omega) = g(\omega) \tag{4.19}$$

最后，前面我们用式(4.5)为例介绍了谱表示的概念，该式不满足式(4.15)中的绝对可加性条件。然而，ARMA 模型却满足绝对可加性条件。

仔细回顾之前所讨论的序列的谱密度可能会得到一些启发。

例 4.5 白噪声序列

举一个简单的例子，考虑一系列不相关随机变量 w_t 的理论功率谱(power spectrum)，方差为 σ_w^2。模拟的数据集显示在图 1.8 的上部。自协方差函数在例 1.16 中计算得到：$\gamma_w(h) = \sigma_w^2$，$h=0$；否则，$\gamma_w(h) = 0$，$h > 0$。由式(4.17)可得

$$f_w(\omega) = \sigma_w^2$$

其中，$-1/2 \leqslant \omega \leqslant 1/2$。因此，该过程在所有频率上都包含相同的功率(power)。在实现中可以看到这个特性，它包含各种频率的近似平等的混合。事实上，白噪声的名称来自白光的类比，强度相同的所有色彩(即所有频率)组成白光。图 4.4 的上部显示了 $\sigma_w^2 = 1$ 的白噪

声谱图。在例 4.7 的末尾有生成该图的 R 代码。

由于线性过程是必不可少的工具，因此我们需要研究这种过程的频谱。通常情况下，线性滤波器使用一组指定系数，比如 a_j，对于 $j=0$，± 1，± 2，$\cdots$，使输入序列 x_t 转换成输出序列 y_t

$$y_t = \sum_{j=-\infty}^{\infty} a_j x_{t-j}, \quad \sum_{j=-\infty}^{\infty} |a_j| < \infty \tag{4.20}$$

式(4.20)在一些统计文献中被称为卷积。它的系数统称为脉冲响应函数，傅里叶变换称为频率响应函数(frequency response function)：

$$A(\omega) = \sum_{j=-\infty}^{\infty} a_j \mathrm{e}^{-2\pi i \omega j} \tag{4.21}$$

如果在式(4.20)中，x_t 具有谱密度 $f(\omega)$，则得到以下性质。

性质 4.3　滤波平稳序列的输出频谱

在式(4.20)的随机过程中，如果 x_t 有谱密度 $f_x(\omega)$，那么滤波输出结果 y_t 的谱密度 $f_y(\omega)$ 与输入 x_t 的谱密度有如下的关系

$$f_y(\omega) = |A(\omega)|^2 f_x(\omega) \tag{4.22}$$

频率响应函数 $A(\omega)$ 的定义在式(4.21)中。

证明：式(4.20)中的滤波后所得序列 y_t 的自协方差函数为

$$\gamma_y(h) = \mathrm{cov}(x_{t+h}, x_t) = \mathrm{cov}\Big(\sum_r a_r x_{t+h-r}, \sum_s a_s x_{t-s}\Big) = \sum_r \sum_s a_r \gamma_x(h-r+s) a_s$$

$$\overset{(1)}{=\!=\!=} \sum_r \sum_s a_r \Big[\int_{-\frac{1}{2}}^{\frac{1}{2}} \mathrm{e}^{2\pi i \omega (h-r+s)} f_x(\omega) \mathrm{d}\omega\Big] a_s = \int_{-\frac{1}{2}}^{\frac{1}{2}} \Big(\sum_r a_r \mathrm{e}^{-2\pi i \omega r}\Big)\Big(\sum_s a_s \mathrm{e}^{2\pi i \omega s}\Big) \mathrm{e}^{2\pi i \omega h} f_x(\omega) \mathrm{d}\omega$$

$$\overset{(2)}{=\!=\!=} \int_{-\frac{1}{2}}^{\frac{1}{2}} \mathrm{e}^{2\pi i \omega h} \underbrace{|A(\omega)|^2 f_x(\omega)}_{f_y(\omega)} \mathrm{d}\omega$$

其中，上面的(1)用式(4.16)的表达式替换 $\gamma_x(\cdot)$，(2)用式(4.21)替换 $A(\omega)$。通过利用傅里叶变换的唯一性可以证明结果成立。

性质 4.3 会在之后的 4.7 节中详细讨论。如果 x_t 是 ARMA，那么它的谱密度可以明确地用线性过程写出。例如 $x_t = \sum_{j=0}^{\infty} \psi_j w_{t-j}$，其中 $\sum_{j=0}^{\infty} |\psi_j| < \infty$。因为白噪声的谱密度为 $f_w(\omega) = \sigma_w^2$，同时根据性质 3.1，有 $\psi(z) = \theta(z)/\phi(z)$，所以由性质 4.3 可直接推导出下面的性质。

性质 4.4　ARMA 的谱密度

如果 x_t 是 ARMA(p, q)，$\phi(B)x_t = \theta(B)w_t$，则它的谱密度为

$$f_x(\omega) = \sigma_w^2 \frac{|\theta(\mathrm{e}^{-2\pi i \omega})|^2}{|\phi(\mathrm{e}^{-2\pi i \omega})|^2} \tag{4.23}$$

其中 $\phi(z) = 1 - \sum_{k=1}^{p} \phi_k z^k$ 且 $\theta(z) = 1 + \sum_{k=1}^{q} \theta_k z^k$。

例 4.6　移动平均

我们考虑移动平均模型为不相同频率序列混合的一个序列。具体来说，考虑以下给出

的 MA(1)模型：

$$x_t = w_t + 0.5w_{t-1}$$

实例实现显示在图 3.2 的上部，我们注意到该序列中较高或较快的频率比较少。谱密度可以验证这一观察结果。

在例 3.5 中可以找到该序列的自协方差函数，对于该特定的序列，我们有

$$\gamma(0) = (1 + 0.5^2)\sigma_w^2 = 1.25\sigma_w^2; \quad \gamma(\pm 1) = 0.5\sigma_w^2; \quad \gamma(\pm h) = 0, h > 1$$

将其直接代入式(4.17)中给出的定义，我们有

$$f(\omega) = \sum_{h=-\infty}^{\infty} \gamma(h)e^{-2\pi i\omega h} = \sigma_w^2[1.25 + 0.5(e^{-2\pi i\omega} + e^{2\pi i\omega})]$$
$$= \sigma_w^2[1.25 + \cos(2\pi\omega)] \tag{4.24}$$

我们也可以用性质 4.4 来计算谱密度，对 MA 模型来说 $f(\omega) = \sigma_w^2 |\theta(e^{-2\pi i\omega})|^2$，$\theta(z) = 1 + 0.5z$，我们有

$$|\theta(e^{-2\pi i\omega})|^2 = |1 + 0.5e^{-2\pi i\omega}|^2 = (1 + 0.5e^{-2\pi i\omega})(1 + 0.5e^{2\pi i\omega})$$
$$= 1.25 + 0.5(e^{-2\pi i\omega} + e^{2\pi i\omega})$$

这与式(4.24)一致。

如图 4.4 中部所示绘制 $\sigma_w^2 = 1$ 的频谱，显示较低或较慢的频率比较高或较快的频率具有更大的功率。

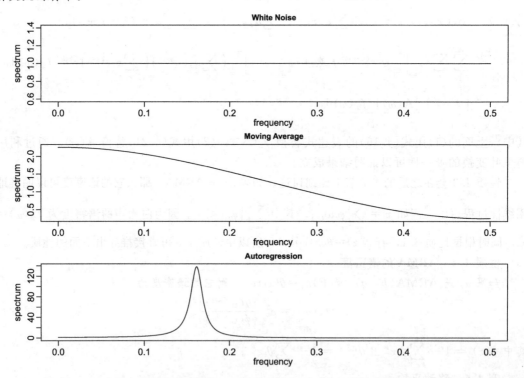

图 4.4　白噪声的理论谱(上部)，一阶移动平均(中部)，二阶自回归过程(底部)

例 4.7　二阶自回归序列

我们考虑以下 AR(2) 序列的波谱：

$$x_t - \phi_1 x_{t-1} - \phi_2 x_{t-2} = w_t$$

其中，$\phi_1 = 1$，$\phi_2 = -0.9$。图 1.9 显示了一个 $\sigma_w = 1$ 的随机过程的样本实现。我们注意到数据表现出明显的周期性，每六个点构成一个循环。

应用性质 4.4，注意，$\theta(z) = 1$，$\phi(z) = 1 - z + 0.9z^2$，并且

$$
\begin{aligned}
\left| \phi(\mathrm{e}^{-2\pi i\omega}) \right|^2 &= (1 - \mathrm{e}^{-2\pi i\omega} + 0.9\mathrm{e}^{-4\pi i\omega})(1 - \mathrm{e}^{2\pi i\omega} + 0.9\mathrm{e}^{4\pi i\omega}) \\
&= 2.81 - 1.9(\mathrm{e}^{2\pi i\omega} + \mathrm{e}^{-2\pi i\omega}) + 0.9(\mathrm{e}^{4\pi i\omega} + \mathrm{e}^{-4\pi i\omega}) \\
&= 2.81 - 3.8\cos(2\pi\omega) + 1.8\cos(4\pi\omega)
\end{aligned}
$$

用式 (4.23) 的结论，我们有 x_t 的谱密度

$$f_x(\omega) = \frac{\sigma_w^2}{2.81 - 3.8\cos(2\pi\omega) + 1.8\cos(4\pi\omega)}$$

设 $\sigma_w = 1$，图 4.4 的底部显示了 $f_x(\omega)$，并且它显示大约在每个点 $\omega = 0.16$ 个循环处，或每 6 到 7 个点构成的一个循环处，呈现强功率分量，其他频率处的功率非常小。在这种情况下，通过应用二阶 AR 模型来修改白噪声序列可以将所得序列的功率或方差集中在非常窄的频带中。

谱密度也可以从第一原理获得，而不必使用性质 4.4。因为在这个例子中 $w_t = x_t - x_{t-1} + 0.9x_{t-2}$，我们有

$$
\begin{aligned}
\gamma_w(h) &= \mathrm{cov}(w_{t+h}, w_t) \\
&= \mathrm{cov}(x_{t+h} - x_{t+h-1} + 0.9x_{t+h-2}, x_t - x_{t-1} + 0.9x_{t-2}) \\
&= 2.81\gamma_x(h) - 1.9[\gamma_x(h+1) + \gamma_x(h-1)] + 0.9[\gamma_x(h+2) + \gamma_x(h-2)]
\end{aligned}
$$

现在，用式 (4.16) 中的谱表示代替上述方程中的 $\gamma_x(h)$，可以得到

$$
\begin{aligned}
\gamma_w(h) &= \int_{-\frac{1}{2}}^{\frac{1}{2}} [2.81 - 1.9(\mathrm{e}^{2\pi i\omega} + \mathrm{e}^{-2\pi i\omega}) + 0.9(\mathrm{e}^{4\pi i\omega} + \mathrm{e}^{-4\pi i\omega})]\mathrm{e}^{2\pi i\omega h} f_x(\omega)\,\mathrm{d}\omega \\
&= \int_{-\frac{1}{2}}^{\frac{1}{2}} [2.81 - 3.8\cos(2\pi\omega) + 1.8\cos(4\pi\omega)]\mathrm{e}^{2\pi i\omega h} f_x(\omega)\,\mathrm{d}\omega
\end{aligned}
$$

如果白噪声过程 w_t 的谱为 $g_w(\omega)$，傅里叶变换的唯一性使我们能够得到

$$g_w(\omega) = [2.81 - 3.8\cos(2\pi\omega) + 1.8\cos(4\pi\omega)]f_x(\omega)$$

而我们已经发现 $g_w(\omega) = \sigma_w^2$，所以可以推导出自回归序列的谱表示

$$f_x(\omega) = \frac{\sigma_w^2}{2.81 - 3.8\cos(2\pi\omega) + 1.8\cos(4\pi\omega)}$$

可以用 R 添加包 astsa 中的 arma.spec 函数生成图 4.4：

```
par(mfrow=c(3,1))
arma.spec(log="no", main="White Noise")
arma.spec(ma=.5, log="no", main="Moving Average")
arma.spec(ar=c(1,-.9), log="no", main="Autoregression")
```

例 4.8　每次爆炸都有原因 (续)

在例 3.4 中，我们讨论了爆炸模型具有因果对应的部分。在例 3.4 中，我们也指出一般在谱域中更容易证明该结果。在本例中，我们将详细的地介绍 AR(1) 模型，这里用到的

技巧也将提示如何把该结果一般化。

和例 3.4 那样，我们假设 $x_t = 2x_{t-1} + w_t$，其中 $w_t \sim \text{iid N}(0, \sigma_w^2)$。则 x_t 的谱密度为

$$f_x(\omega) = \sigma_w^2 |1 - 2e^{-2\pi i \omega}|^{-2} \tag{4.25}$$

但是，$|1 - 2e^{-2\pi i \omega}| = |1 - 2e^{2\pi i \omega}| = \left| (2e^{2\pi i \omega})\left(\frac{1}{2}e^{-2\pi i \omega} - 1\right) \right| = 2\left|1 - \frac{1}{2}e^{-2\pi i \omega}\right|$。因此，式 (4.25) 可以写成

$$f_x(\omega) = \frac{1}{4}\sigma_w^2 \left|1 - \frac{1}{2}e^{-2\pi i \omega}\right|^{-2}$$

这意味着 $x_t = 1/2 x_{t-1} + v_t$，$v_t \sim \text{iid N}\left(0, \frac{1}{4}\sigma_w^2\right)$ 是这个模型的等价表达式。

我们通过介绍另一个直接处理该随机过程的谱表示来结束本节。对非技术术语而言，该结果表明式 (4.4) 对任何平稳时间序列都是近似正确的，这为将时间序列分解为谐波分量提供了额外的理论依据。∎

例 4.9 周期性平稳过程 (续)

在例 4.4 中，我们考虑了式 (4.13) 中给出的周期性平稳过程，即，$x_t = U_1\cos(2\pi\omega_0 t) + U_2\sin(2\pi\omega_0 t)$。利用例 4.2 中的脚注，我们可以把它写成

$$x_t = \frac{1}{2}(U_1 + iU_2)e^{-2\pi i \omega_0 t} + \frac{1}{2}(U_1 - iU_2)e^{2\pi i \omega_0 t}$$

U_1 和 U_2 是不相关、零均值且方差为 σ^2 的随机变量。如果我们设 $Z = \frac{1}{2}(U_1 + iU_2)$，那么 $Z^* = \frac{1}{2}(U_1 - iU_2)$，其中 * 表示共轭。在这个例子中，$\text{E}(Z) = \frac{1}{2}(\text{E}(U_1) + i\text{E}(U_2)) = 0$，类似地 $\text{E}(Z^*) = 0$。对于零均值复数随机变量，例如 X 和 Y，有 $\text{cov}(X, Y) = \text{E}(XY^*)$。因此，

$$\text{var}(Z) = \text{E}(|Z|^2) = \text{E}(ZZ^*) = \frac{1}{4}\text{E}[(U_1 + iU_2)(U_1 - iU_2)]$$

$$= \frac{1}{4}[\text{E}(U_1^2) + \text{E}(U_2^2)] = \frac{\sigma^2}{2}$$

类似地，$\text{var}(Z^*) = \sigma^2/2$。此外，因为 $Z^{**} = Z$，所以有

$$\text{cov}(Z, Z^*) = \text{E}(ZZ^{**}) = \frac{1}{4}\text{E}[(U_1 + iU_2)(U_1 + iU_2)] = \frac{1}{4}[\text{E}(U_1^2) - \text{E}(U_2^2)] = 0$$

因此，式 (4.13) 也可以写成

$$x_t = Ze^{-2\pi i \omega_0 t} + Z^* e^{2\pi i \omega_0 t} = \int_{-\frac{1}{2}}^{\frac{1}{2}} e^{2\pi i \omega t}\, dZ(\omega)$$

其中 $Z(\omega)$ 是一个复值随机过程，它在 $-\omega_0$ 和 ω_0 处产生不相关的跳跃，其中均值为零，方差为 $\sigma^2/2$。随机积分将在 C.4.2 节中进一步讨论。这个概念推广到所有平稳序列得到以下性质 (另请参见定理 C.2)。∎

性质 4.5 平稳序列的谱表示

如果 x_t 是一个零均值平稳过程，具有如性质 4.1 中给出的谱分布 $F(\omega)$，那么在区间

$\omega \in [-1/2, 1/2]$ 上存在复值随机过程 $Z(\omega)$，具有平稳不相关的非重叠增量，使得 x_t 可以写成随机积分（见 C.4.2 节）

$$x_t = \int_{-\frac{1}{2}}^{\frac{1}{2}} e^{2\pi i \omega t} \, dZ(\omega)$$

其中，对于 $-1/2 \leqslant \omega_1 \leqslant \omega_2 \leqslant 1/2$，有

$$\text{var}\{Z(\omega_2) - Z(\omega_1)\} = F(\omega_2) - F(\omega_1)$$

4.3　周期图和离散傅里叶变换

我们现在准备将 4.1 节中提出的基于样本的周期图概念与 4.2 节中基于总体的谱密度概念联系起来。

定义 4.1　已知数据 x_1，x_2，$\cdots$，x_n，我们定义**离散傅里叶变换**（DFT）为

$$d(\omega_j) = n^{-1/2} \sum_{t=1}^{n} x_t e^{-2\pi i \omega_j t} \tag{4.26}$$

其中，$j = 0$，1，$\cdots$，$n-1$，频率 $\omega_j = j/n$ 被称为**傅里叶频率**或者**基频**（Fourier or fundamental frequency）。

如果 n 是高度复合的整数（即它具有许多因子），则可以通过 Cooley and Tukey[44] 的文献中引入的快速傅里叶变换（FFT）来计算 DFT。此外，不同的傅里叶变换软件包以不同的方式计算 FFT，因此最好查阅傅里叶变换软件包的帮助文档。R 计算式（4.26）中定义的 DFT 时，去掉了因子 $n^{-1/2}$，但增加了一个多余因子 $e^{2\pi i \omega_j}$，因为我们对 DFT 的平方模数（squared modulus）感兴趣，因此这个增加的因子是可以忽略的。有时利用 DFT 的逆运算会有帮助，该运算也表明线性变换是一对一的。对于我们的逆 DFT，我们有

$$x_t = n^{-1/2} \sum_{j=0}^{n-1} d(\omega_j) e^{2\pi i \omega_j t} \tag{4.27}$$

其中 $t = 1$，$\cdots$，n。下一个例子展现了如何用 R 计算数据集 $\{1, 2, 3, 4\}$ 的 DFT 以及它的逆；注意 R 中复数 $z = a + ib$ 写成 a+ bi。

```
(dft = fft(1:4)/sqrt(4))
  [1]  5+0i  -1+1i  -1+0i  -1-1i
(idft = fft(dft, inverse=TRUE)/sqrt(4))
  [1]  1+0i  2+0i  3+0i  4+0i
(Re(idft))  # keep it real
  [1] 1  2  3  4
```

我们现在将 DFT 的平方模数定义为周期图。

定义 4.2　已知数据 x_1，x_2，$\cdots$，x_n，我们定义周期图为

$$I(\omega_j) = |d(\omega_j)|^2 \tag{4.28}$$

其中，$j = 0$，1，2，$\cdots$，$n-1$。

注意，$I(0) = n\bar{x}^2$，$\bar{x}$ 是样本均值。此外，$\sum_{t=1}^{n} \exp\left(-2\pi i t \frac{j}{n}\right) = 0$，$j \neq 0$，因此我们可以把 DFT 写成

$$d(\omega_j) = n^{-1/2} \sum_{t=1}^{n} (x_t - \bar{x}) e^{-2\pi i \omega_j t} \tag{4.29}$$

其中 $j \neq 0$ [⊖]，因此

$$I(\omega_j) = |d(\omega_j)|^2 = n^{-1} \sum_{t=1}^{n} \sum_{s=1}^{n} (x_t - \overline{x})(x_s - \overline{x}) \mathrm{e}^{-2\pi i \omega_j (t-s)}$$

$$= n^{-1} \sum_{h=-(n-1)}^{n-1} \sum_{t=1}^{n-|h|} (x_{t+|h|} - \overline{x})(x_t - \overline{x}) \mathrm{e}^{-2\pi i \omega_j h} = \sum_{h=-(n-1)}^{n-1} \hat{\gamma}(h) \mathrm{e}^{-2\pi i \omega_j h} \tag{4.30}$$

其中 $j \neq 0$，$\hat{\gamma}(h)$ 如式 (1.36) [⊖] 所示，并设 $h = t - s$。在式 (4.30) 中的周期图 $I(\omega_j)$ 是式 (4.17) 给出的 $f(\omega_j)$ 的样本版本。也就是说，我们可以将周期图视为 x_t 的样本谱密度。

起初，式 (4.30) 似乎是一种明显的估算谱密度 (4.17) 的方法，即简单地在 $\gamma(h)$ 放一个尖号，然后对所有允许范围的样本求和。然而，在进一步考虑之后，事实证明这不是一个非常好的估计，因为它使用了一些不好的 $\gamma(h)$ 估计。例如，只有一对观测值 (x_1, x_n) 用于估计 $\gamma(n-1)$，只有 (x_1, x_{n-1}) 和 (x_2, x_n) 两对可用于估算 $\gamma(n-2)$，以此类推。随着我们的深入学习，将进一步讨论这个问题，但是对式 (4.30) 的明显改进将类似于 $\hat{f}(\omega) = \sum_{|h| \leqslant m} \hat{\gamma}(h) \mathrm{e}^{-2\pi i \omega h}$，其中 m 远小于 n。

有时候单独对实部和虚部使用 DFT 是有用的。为此，我们定义了以下转换：

定义 4.3 已知数据 $x_1, \cdots, x_n$，我们定义**余弦变换**（cosine transform）

$$d_c(\omega_j) = n^{-1/2} \sum_{t=1}^{n} x_t \cos(2\pi \omega_j t) \tag{4.31}$$

和正弦变换

$$d_s(\omega_j) = n^{-1/2} \sum_{t=1}^{n} x_t \sin(2\pi \omega_j t) \tag{4.32}$$

其中，对于 $j = 0, 1, \cdots, n-1$，定义 $\omega_j = j/n$。

我们注意到 $d(\omega_j) = d_c(\omega_j) - i d_s(\omega_j)$，因此

$$I(\omega_j) = d_c^2(\omega_j) + d_s^2(\omega_j) \tag{4.33}$$

我们还讨论过一个事实，即可以认为频谱分析是一种方差分析。下一个例子解释了这个概念。

例 4.10 谱方差分析

$x_1, \cdots, x_n$ 是一个样本容量为 n 的样本，为简单起见，令 n 是奇数。回忆例 4.2，有

$$x_t = a_0 + \sum_{j=1}^{m} [a_j \cos(2\pi \omega_j t) + b_j \sin(2\pi \omega_j t)] \tag{4.34}$$

其中，$m = (n-1)/2$，对 $t = 1, \cdots, n$ 确切地成立。特别地，使用多元回归公式，我们有 $a_0 = \overline{x}$，

$$a_j = \frac{2}{n} \sum_{t=1}^{n} x_t \cos(2\pi \omega_j t) = \frac{2}{\sqrt{n}} d_c(\omega_j)$$

⊖ 当 $z \neq 1$ 时，有 $\sum_{t=1}^{n} z^t = z \frac{1-z^n}{1-z}$，此时，$z^n = \mathrm{e}^{-2\pi i j} = 1$。

⊖ 注意：通过对 $I(\omega_j)$ 进行逆傅里叶变换（DFT），式 (4.30) 可以用于得到 $\hat{\gamma}(h)$。该方法在例 1.31 中被用于得到二维 ACF。

$$b_j = \frac{2}{n}\sum_{t=1}^{n} x_t \sin(2\pi\omega_j t) = \frac{2}{\sqrt{n}} d_s(\omega_j)$$

因此，我们可以写成

$$(x_t - \overline{x}) = \frac{2}{\sqrt{n}}\sum_{j=1}^{m}\left[d_c(\omega_j)\cos(2\pi\omega_j t) + d_s(\omega_j)\sin(2\pi\omega_j t)\right]$$

其中，$t = 1, \cdots, n$。把等式两边平方并累加，使用问题 4.1 的结论，我们可得到

$$\sum_{t=1}^{n}(x_t - \overline{x})^2 = 2\sum_{j=1}^{m}\left[d_c^2(\omega_j) + d_s^2(\omega_j)\right] = 2\sum_{j=1}^{m} I(\omega_j)$$

因此，我们将平方和划分为由频率 ω_j 表示的谐波分量，其中周期图 $I(\omega_j)$ 是均方回归。这导致奇数 n 的 ANOVA 表：

源	自由度	SS	MS
ω_1	2	$2I(\omega_1)$	$I(\omega_1)$
ω_2	2	$2I(\omega_2)$	$I(\omega_2)$
$\vdots$	$\vdots$	$\vdots$	$\vdots$
ω_m	2	$2I(\omega_m)$	$I(\omega_m)$
总计	$n-1$	$\sum_{t=1}^{n}(x_t - \overline{x})^2$	

下面用一个 R 语言的例子来帮助理解这个概念。我们考虑 $n=5$，$x_1=1$，$x_2=2$，$x_3=3$，$x_4=2$，$x_5=1$。注意数据完成一个循环，但不是以正弦方式。因此，我们应该期望 $\omega_1 = 1/5$ 分量相对较大但不是大得离奇，并且 $\omega_2 = 2/5$ 分量较小。

```
x = c(1, 2, 3, 2, 1)
c1 = cos(2*pi*1:5*1/5);  s1 = sin(2*pi*1:5*1/5)
c2 = cos(2*pi*1:5*2/5);  s2 = sin(2*pi*1:5*2/5)
omega1 = cbind(c1, s1);  omega2 = cbind(c2, s2)
anova(lm(x~omega1+omega2))     # ANOVA Table
          Df   Sum Sq  Mean Sq
   omega1   2  2.74164  1.37082
   omega2   2   .05836   .02918
   Residuals 0  .00000
Mod(fft(x))^2/5      # the periodogram (as a check)
   [1] 16.2  1.37082  .029179  .029179  1.37082
   #  I(0)   I(1/5)   I(2/5)   I(3/5)   I(4/5)
```

注意 $I(0) = n\overline{x}^2 = 5 \times 1.8^2 = 16.2$。此外，与残差（SSE）相关的平方和为零，意味着给出了精确的拟合。■

例 4.11　谱分析和主成分分析

其实也可以将谱分析视为主成分分析。在 C.5 节，我们证明谱密度可以作为平稳过程的协方差矩阵的近似特征值。如果 $X = (x_1, \cdots, x_n)$ 是零均值时间序列的 n 个值，且 x_t 具有谱密度 $f_x(\omega)$，那么

$$\text{cov}(X) = \Gamma_n = \begin{bmatrix} \gamma(0) & \gamma(1) & \cdots & \gamma(n-1) \\ \gamma(1) & \gamma(0) & \cdots & \gamma(n-2) \\ \vdots & \vdots & \ddots & \vdots \\ \gamma(n-1) & \gamma(n-2) & \cdots & \gamma(0) \end{bmatrix}$$

当 n 足够大的时候，$\Gamma(n)$ 的特征值是

$$\lambda_j \approx f(\omega_j) = \sum_{h=-\infty}^{\infty} \gamma(h) e^{-2\pi i h j/n}$$

相应的特征向量为

$$g_j^* = \frac{1}{\sqrt{n}} (e^{-2\pi i 0 j/n}, e^{-2\pi i 1 j/n}, \cdots, e^{-2\pi i (n-1) j/n})$$

其中，$j = 0, 1, \cdots, n-1$。如果 G 是列为 g_j 的复数矩阵，则对于 $j = 0, 1, \cdots, n-1$，复数向量 $Y = G^* X$ 的列向量为 DFT，

$$y_j = \frac{1}{\sqrt{n}} \sum_{t=1}^{n} x_t e^{-2\pi i t j/n}$$

在这种情况下，Y 的元素是渐近不相关的具有零均值和方差为 $f(\omega_j)$ 的复随机变量。此外，X 可以改写为 $X = GY$，因此 $x_t = \frac{1}{\sqrt{n}} \sum_{j=0}^{n-1} y_j e^{2\pi i t j/n}$。 ■

我们现在给出一些周期图的大样本属性。首先，设平稳随机过程 x_t 具有绝对可加的自协方差函数 $\gamma(h)$ 和谱密度 $f(\omega)$，μ 为该过程的均值。我们可以使用与式(4.30)中相同的参数，用式(4.29)中的 μ 替换 $\bar{x}$，可得

$$I(\omega_j) = n^{-1} \sum_{h=-(n-1)}^{n-1} \sum_{t=1}^{n-|h|} (x_{t+|h|} - \mu)(x_t - \mu) e^{-2\pi i \omega_j h} \tag{4.35}$$

其中，ω_j 是一个均值非零的基频。对式(4.35)取期望，得到

$$E[I(\omega_j)] = \sum_{h=-(n-1)}^{n-1} \left(\frac{n-|h|}{n}\right) \gamma(h) e^{-2\pi i \omega_j h} \tag{4.36}$$

对任何给定 $\omega \neq 0$，选择一个基频序列：$\omega_{j:n} \to \omega$ $^{\ominus}$，由(4.36)得出，当 $n \to \infty$ $^{\ominus}$ 时，有下式：

$$E[I(\omega_{j:n})] \to f(\omega) = \sum_{h=-\infty}^{\infty} \gamma(h) e^{-2\pi i h \omega} \tag{4.37}$$

换句话说，在 $\gamma(h)$ 的绝对可加条件下，谱密度是周期图的长期平均值。

可以在自协方差函数满足以下条件下拥有附加的渐近性质：

$$\theta = \sum_{h=-\infty}^{\infty} |h| |\gamma(h)| < \infty \tag{4.38}$$

首先，我们可以直接得到以下计算

$$\text{cov}[d_c(\omega_j), d_c(\omega_k)] = n^{-1} \sum_{s=1}^{n} \sum_{t=1}^{n} \gamma(s-t) \cos(2\pi \omega_j s) \cos(2\pi \omega_k t) \tag{4.39}$$

$$\text{cov}[d_c(\omega_j), d_s(\omega_k)] = n^{-1} \sum_{s=1}^{n} \sum_{t=1}^{n} \gamma(s-t) \cos(2\pi \omega_j s) \sin(2\pi \omega_k t) \tag{4.40}$$

$\ominus$ 从定义 4.2，我们有 $I(0) = n\bar{x}^2$，所以当 $\omega = 0$ 时，和式(4.37)类似的结果是，当 $n \to \infty$，$E[I(0)] - n\mu^2 = n \, \text{var}(\bar{x}) \to f(0)$。

$\ominus$ 这里，它意味着 $\omega_{j:n} = j_n/n$，其中 $\{j_n\}$ 是选中的一个整数序列，它使得 j_n/n 为最接近于 ω 的傅里叶变换。因此，$|j_n/n - \omega| \leqslant \frac{1}{2n}$。

$$\text{cov}\big[d_s(\omega_j),d_s(\omega_k)\big] = n^{-1}\sum_{s=1}^{n}\sum_{t=1}^{n}\gamma(s-t)\sin(2\pi\omega_j s)\sin(2\pi\omega_k t) \tag{4.41}$$

通过在式(4.39)和式(4.41)中设置 $\omega_j = \omega_k$ 获得方差项。在 C.2 节中，我们显示式(4.39)～(4.41)中的等式在假设式(4.38)成立时具有一些有趣的性质。特别地，对于 ω_j，$\omega_k \neq 0$ 或 1/2，

$$\text{cov}\big[d_c(\omega_j),d_c(\omega_k)\big] = \begin{cases} f(\omega_j)/2 + \varepsilon_n & \omega_j = \omega_k, \\ \varepsilon_n & \omega_j \neq \omega_k \end{cases} \tag{4.42}$$

$$\text{cov}\big[d_s(\omega_j),d_s(\omega_k)\big] = \begin{cases} f(\omega_j)/2 + \varepsilon_n & \omega_j = \omega_k, \\ \varepsilon_n & \omega_j \neq \omega_k, \end{cases} \tag{4.43}$$

$$\text{cov}\big[d_c(\omega_j),d_s(\omega_k)\big] = \varepsilon_n \tag{4.44}$$

其中，近似中的误差项 ε_n 可以是有界的，即

$$|\varepsilon_n| \leqslant \theta/n \tag{4.45}$$

θ 由式(4.38)给出。如果式(4.42)中的 $\omega_j = \omega_k = 0$ 或 1/2，则乘子 1/2 消失；请注意，$d_s(0) = d_s(1/2) = 0$，因此式(4.43)不适用于这些情况。

例 4.12　正弦和余弦变换的协方差

对于例 1.9 的三点移动平均值序列和 $n = 256$ 个观测值，应用式(4.39)～(4.41)得到理论协方差矩阵 $D = (d_c(\omega_{26}), d_s(\omega_{26}), d_c(\omega_{27}), d_s(\omega_{27}))'$：

$$\text{cov}(D) = \left(\begin{array}{cc|cc} 0.3752 & -0.0009 & -0.0022 & -0.0010 \\ -0.0009 & 0.3777 & -0.0009 & 0.0003 \\ \hline -0.0022 & -0.0009 & 0.3667 & -0.0010 \\ -0.0010 & 0.0003 & -0.0010 & 0.3692 \end{array} \right)$$

对于频率为 $\omega_{26} = 26/256$ 的频谱，对角线元素可以与 $1/2\,f(\omega_{26}) = 0.3774$ 的理论频谱值的一半进行比较，对于 $\omega_{27} = 27/256$ 的频谱，对角线元素可以与 $1/2 f(\omega_{27}) = 0.3689$ 进行比较。因此，余弦和正弦变换产生几乎不相关的变量，其方差大约等于理论谱的一半。对于这种特殊情况，均匀界限由 $\theta = 8/9$ 确定，产生近似误差的界限 $|\varepsilon_{256}| \leqslant 0.0035$。■

如果 $x_t \sim \text{iid}(0,\sigma^2)$，依据式(4.38)～(4.44)和中心极限定理[⊖]，我们有：当 $\omega_{j:n} \to \omega_1$ 和 $\omega_{k:n} \to \omega_2$，其中 $0 < \omega_1 \neq \omega_2 < 1/2$ 时，

$$d_c(\omega_{j:n}) \sim \text{AN}(0,\sigma^2/2) \quad \text{和} \quad d_s(\omega_{j:n}) \sim \text{AN}(0,\sigma^2/2) \tag{4.46}$$

联合且独立地与 $d_c(\omega_{k:n})$ 和 $d_s(\omega_{k:n})$ 独立。我们注意到上述问题中，$f_x(\omega) = \sigma^2$。在式(4.46)中，当 $n \to \infty$ 时，满足以下性质：

$$\frac{2I(\omega_{j:n})}{\sigma^2} \xrightarrow{d} \chi_2^2 \quad \text{和} \quad \frac{2I(\omega_{k:n})}{\sigma^2} \xrightarrow{d} \chi_2^2 \tag{4.47}$$

其中 $I(\omega_{j:n})$ 和 $I(\omega_{k:n})$ 渐近独立，其中 χ_v^2 表示具有 v 自由度的卡方随机变量。如果该过程

⊖　如果 $\{Y_j\} \sim \text{iid}(0,\sigma^2)$，且 $\{a_j\}$ 为常数，使得当 $n \to \infty$ 时，有 $\sum_{j=1}^{n} a_j^2 / \max_{1 \leqslant j \leqslant n} a_j^2 \to \infty$，则 $\sum_{j=1}^{n} a_j Y_j \sim \text{AN}\left(0,\sigma^2 \sum_{j=1}^{n} a_j^2\right)$。AN 读作渐进正态；参见定义 A.5。

也是高斯过程，那么上述说法对于任何样本容量都是成立的。

使用 C.2 节的中心极限理论，可以简单地将独立同分布案例的结果扩展到线性过程。

性质 4.6   周期图纵坐标的分布

如果

$$x_t = \sum_{j=-\infty}^{\infty} \psi_j w_{t-j}, \qquad \sum_{j=-\infty}^{\infty} |\psi_j| < \infty \tag{4.48}$$

其中，$w_t \sim \text{iid}(0, \sigma_w^2)$，且式（4.38）成立。那么，对于 m 个不同频率的任何集合 $\omega_j \in \left(0, \frac{1}{2}\right)$，其中 $\omega_{j:n} \to \omega_j$，如果 $f(\omega_j) > 0$，$j = 1, \cdots, m$，则有

$$\frac{2I(\omega_{j:n})}{f(\omega_j)} \xrightarrow{d} \text{iid}\chi_2^2 \tag{4.49}$$

在定理 C.7 中更准确地说明了这个结果。计算正态大样本的周期图纵坐标的其他方法是根据累积量（如 Brillinger[35] 的文献中），或者根据混合条件（如 Rosenblatt[169] 的文献中）。这里我们采用 Hannan[86] 的文献、Fuller[66] 的文献和 Brockwell and Davis[36] 的文献使用的方法。

式（4.49）的分布结果通常用来推导出近似的谱的置信区间。设 $\chi_\nu^2(\alpha)$ 表示自由度为 ν 的卡方分布的左尾概率为 α 的分位数，即

$$\Pr\{\chi_\nu^2 \leqslant \chi_\nu^2(\alpha)\} = \alpha \tag{4.50}$$

然后，谱密度函数的近似 $100(1-\alpha)\%$ 置信区间为

$$\frac{2I(\omega_{j:n})}{\chi_2^2(1-\alpha/2)} \leqslant f(\omega) \leqslant \frac{2I(\omega_{j:n})}{\chi_2^2(\alpha/2)} \tag{4.51}$$

通常，在计算周期图之前应该消除趋势。趋势在周期图中引入极低频率分量，这往往会掩盖较高频率的展现。因此，通常在频谱分析之前使用形如 $x_t - \overline{x}$ 进行均值调整的数据，以便消除零或者 d-c 成分。或使用形如 $x_t - \hat{\beta}_1 - \hat{\beta}_2 t$ 的消除了趋势的数据，以便消除谱分析中被视为半循环的项。注意到在非线性趋势的情况下，可以使用 t 或非参数平滑（线性滤波）的高阶多项式回归。

如前所述，因为计算 DFT 方便，因此我们使用傅里叶变换计算周期图。当 n 高度复合时，FFT 利用了计算 DFT 时的大量冗余计算；也就是说，一个具有 2、3 或 5 因子的整数，最好的情况是 $n=2^p$，拥有因子 2。详细信息可以在 Cooley and Tukey[44] 的文献中找到。为了满足这个性质，我们可以通过添加零来将长度为 n 的中心化（或去趋势）数据填充到下一个高度复合的整数 n。即，设 $x_{n+1}^c = x_{n+2}^c = \cdots = x_{n'}^c = 0$，此时 x_t^c 表示中心化的数据。这意味着基频坐标从 j/n 变成 $\omega_j = \frac{j}{n'}$。我们通过观察图 1.5 中所示的 SOI 和新鱼数量序列的周期图来说明。回想一下，它们是月度序列，$n = 453$ 个月。要在 R 中计算 n'，使用命令 nextn(453) 可以看到默认情况下在谱分析中将使用 $n' = 480$。

例 4.13   SOI 和新鱼数量序列的周期图

图 4.5 给出了每个序列的周期图，其中频率轴的单位标度是 $\Delta = 1/12$。前面提到过，中心化的数据被填充到了长度为 480 的序列。我们注意到，在以年度（12 个月）循环中的一

个狭窄带状的波峰，$\omega=1\Delta=1/12$。另外，在以 4 年(48 月)循环$\left(\omega=\dfrac{1}{4}\Delta=1/48\right)$的低频的较宽区间内，有一个很大的势(power)，它表示可能的厄尔尼诺效应。这个较宽的区域行为说明可能的厄尔尼诺循环是不规则的，但是平均而言倾向于 4 年。我们在进行更多复杂的分析时会继续讨论这个问题。

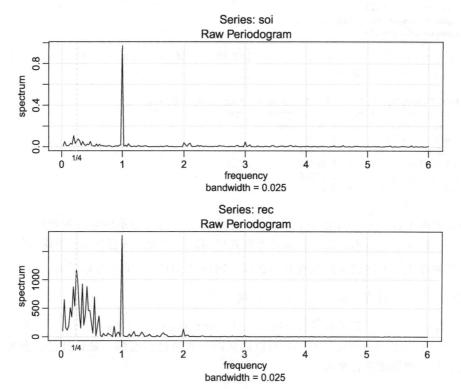

图 4.5 SOI 序列和新鱼序列的周期图 $n=453(n'=480)$。其中，频率轴的标记为 $\Delta=1/12$ 的倍数。注意到共同的高点在 $\omega=1\Delta=1/12$，或者一年一个循环(12 个月)。一些大的值接近 $\omega=\dfrac{1}{4}\Delta=1/48$，或者每四年一个循环(48 个月)。

   注意，$\chi_2^2(0.25)=0.05$ 和 $\chi_2^2(0.975)=7.38$，可以得到我们感兴趣的频率的 95% 的置信区间。例如，在年度循环中，SOI 序列的周期图为 $I_s(1/12)=0.97$。谱 $f_s(1/12)$ 的近似95% 的置信区间为

$$[2(0.97)/7.38, 2(0.97)/0.05] = [0.26, 38.4]$$

该区间太宽而没有多少用处。我们注意到，区间左端点 0.26 比周期图的所有纵坐标都大，所以该值是显著的。另一方面，4 年循环的谱的 95% 置信区间 $f_s(1/48)$ 为

$$[2(0.05)/7.38, 2(0.05)/0.05] = [0.01, 2.12]$$

同样，该区间太宽，我们不能用它来判定波峰的显著性。

   下面给出生成图 4.5 的 R 代码。我们用 R 添加包 astsa 中的命令 mvspec 来计算和绘

制周期图。注意到 Δ 的值是时间序列的 frequence 值的倒数。如果数据不是时间序列数据，frequency 设为 1。同时，因为周期图默认的标度是 $\log_{10}$，所以设 log= "no"。图 4.5 显示了一个 bandwith。下一节将讨论带宽，现在暂时忽略。

```
par(mfrow=c(2,1))
soi.per = mvspec(soi, log="no")
abline(v=1/4, lty=2)
rec.per = mvspec(rec, log="no")
abline(v=1/4, lty=2)
```

SOI 序列的年度循环的 $\omega=1/12=40/480$ 的置信区间，以及可能的厄尔尼诺 4 年循环的 $\omega=1/48=10/480$ 的置信区间可以应用 R 进行计算，程序如下：

```
soi.per$spec[40]   # 0.97223; soi pgram at freq 1/12 = 40/480
soi.per$spec[10]   # 0.05372; soi pgram at freq 1/48 = 10/480
#  conf intervals  -  returned value:
U = qchisq(.025,2)   #  0.05063
L = qchisq(.975,2)   #  7.37775
2*soi.per$spec[10]/L   #  0.01456
2*soi.per$spec[10]/U   #  2.12220
2*soi.per$spec[40]/L   #  0.26355
2*soi.per$spec[40]/U   #  38.40108
```

前面的例子也表明，周期图作为一个估计量容易受到大的不确定性的影响，所以我们需要找到一种减小方差的方法。如果考虑到式(4.49)，以及对于任何 n，周期图仅仅基于 2 个观测值的事实，上述结果的出现并不奇怪。回顾 χ_υ^2 的均值和方差分别为 υ 和 2υ。所以，应用式(4.49)，我们有 $I(\omega) \overset{\cdot}{\sim} \frac{1}{2} f(\omega) \chi_2^2$，这表明

$$\mathrm{E}[I(\omega)] \approx f(\omega) \quad 和 \quad \mathrm{var}[I(\omega)] \approx f^2(\omega)$$

因此，当 $n \to \infty$ 时，$\mathrm{var}[I(\omega)] \not\to \infty$，所以周期图并不是谱密度的一致估计量。解决这个难题的方法是对周期图进行平滑。

4.4 非参数谱估计

继续上一节结束时的讨论，我们引入了 $L \ll n$ 个连续基频的频带(frequency band)的概念，记为 $\mathcal{B}$，它以频率 $\omega_j = j/n$ 为中心，一般选择 ω_j 靠近我们感兴趣的频率 ω。对于形如 $\omega^* = \omega_j + k/n$ 的频率，令

$$\mathcal{B} = \left\{ \omega^* : \omega_j - \frac{m}{n} \leqslant \omega^* \leqslant \omega_j + \frac{m}{n} \right\} \tag{4.52}$$

其中

$$L = 2m + 1 \tag{4.53}$$

是一个奇数，选择该数值使得区间 $\mathcal{B}$ 中的谱值，

$$f(\omega_j + k/n), \quad k = -m, \cdots, 0, \cdots, m$$

约等于 $f(\omega)$。这种结构可以通过大样本量来实现，严格形式如 C.2 节中所示。对于下面定义的平滑谱，该频带中的谱值应相对恒定，以作为良好的估计量。例如，要查看图 4.4 所示的 AR(2)谱(靠近峰值)的一小部分，请使用如下代码

```
arma.spec(ar=c(1,-.9), xlim=c(.15,.151), n.freq=100000)
```

在图 4.6 中展示。

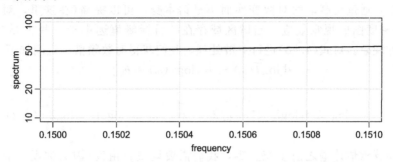

图 4.6   图 4.4 所示的 AR(2)谱的一小部分(靠近波峰)

我们现在将平均(或平滑)周期图定义为在频带 $\mathcal{B}$ 上的周期图值的平均值,即

$$\overline{f}(\omega) = \frac{1}{L}\sum_{k=-m}^{m} I(\omega_j + k/n) \tag{4.54}$$

假设频谱密度在频带 $\mathcal{B}$ 中相当恒定,考虑到式(4.49),我们可以证明在适当的条件下[⊖],对于大的 n,式(4.54)中的周期图大致分布为独立的 $f(\omega)\chi_2^2/2$ 随机变量,对于 $0<\omega<1/2$,只要我们保持 L 相对于 n 相当小。这个结果在 C.2 节中正式讨论。因此,在这些条件下,$L\overline{f}(\omega)$ 是 L 个近似独立的 $f(\omega)\chi_2^2/2$ 随机变量的和。因此,对于大的 n,

$$\frac{2L\overline{f}(\omega)}{f(\omega)} \overset{.}{\sim} \chi_{2L}^2 \tag{4.55}$$

其中~意味着近似分布为。

在这种情况下,我们通过简单平均来平滑周期图,把式(4.52)定义的频率区间的宽度,

$$B = \frac{L}{n} \tag{4.56}$$

称为带宽(bandwidth)[⊖]是合理的。然而,随着具有不同权重的平滑谱估计量的引入,带宽的概念变得更加复杂。注意式(4.56)意味着自由度可以表示为

$$2L = 2Bn \tag{4.57}$$

或两倍的时间和带宽乘积(time-bandwidth product)。可以重新排列式(4.55)的结果以获得真实谱 $f(\omega)$ 的如下式的近似 $100(1-\alpha)\%$ 置信区间

⊖ 充分条件为 x_t 是一个线性过程,如性质 4.6 所述,$\sum_j \sqrt{|j|}\,|\psi_j|<\infty$,并且 w_t 具有一个有限的四阶矩。

⊖ 带宽有很多定义,在 Percival and Walden[152]的文献的 6.7 节中可以找到很好的讨论。R 中用于 spec.pgram 的带宽值基于 Grenander[80]的文献。基本思想是,带宽可以与加权分布的标准偏差相关。对于频率范围从 $-m/n$ 到 m/n 的均匀分布,标准偏差是 $L/n\sqrt{12}$(使用连续性修正)。因此,在式(4.54)的情况下,R 将报告带宽为 $L/n\sqrt{12}$,这相当于将我们的定义除以 $\sqrt{12}$。注意,在极端情况 $L=n$ 下,我们有 B=1,意味着在估算中使用了所有信息。在这种情况下,R 会报告 $1/\sqrt{12}\approx0.29$ 的带宽,这似乎没抓住重点。

$$\frac{2L\overline{f}(\omega)}{\chi^2_{2L}(1-\alpha/2)} \leqslant f(\omega) \leqslant \frac{2L\overline{f}(\omega)}{\chi^2_{2L}(\alpha/2)} \tag{4.58}$$

很多时候，通过绘制谱的对数变换而不是谱本身，可以提高（在这里，对数变换能使方差稳定）谱密度图的视觉效应。当谱区域存在的目标峰值远小于一些主要功率分量时，就会发生这种现象。对式(4.58)进行对数处理，我们获得对数频谱的区间如下

$$[\log\overline{f}(\omega) - a_L, \log\overline{f}(\omega) + b_L] \tag{4.59}$$

其中

$$a_L = -\log 2L + \log\chi^2_{2L}(1-\alpha/2) \quad 和 \quad b_L = \log 2L - \log\chi^2_{2L}(\alpha/2)$$

不依赖于 ω。

如果在计算谱估计量之前填充上零，我们需要调整自由度（因为你没有通过填充零而获得更多信息），并且用 $2Ln/n'$ 代替 $2L$ 进行近似。因此，我们将调整后的自由度定义为

$$\mathrm{df} = \frac{2Ln}{n'} \tag{4.60}$$

并在置信区间式(4.58)和式(4.59)中使用它代替 $2L$。例如，式(4.58)变为

$$\frac{\mathrm{df}\overline{f}(\omega)}{\chi^2_{\mathrm{df}}(1-\alpha/2)} \leqslant f(\omega) \leqslant \frac{\mathrm{df}\overline{f}(\omega)}{\chi^2_{\mathrm{df}}(\alpha/2)} \tag{4.61}$$

在计算上面给出的近似置信区间时做出了许多假设，这在实际中可能不成立。在这种情况下，采用重抽样技术可能是合理的，例如 Hurvich 和 Zeger[99] 提出的参数自助法，或者 Paparoditis 和 Politis[147] 提出的非参数局部自助法。为了研究自助法分布，我们假设形如式(4.52)的频带中的连续 DFT 都来自具有相同频谱 $f(\omega)$ 的时间序列。事实上，这与推导大样本理论的假设完全相同。然后，我们可以简单地重抽样频带中的 L 个 DFT，并进行替换，从每个自助法样本计算频谱估计。自助法估计量的抽样分布近似于非参数谱估计量的分布。有关详细信息，包括此类估计的理论性质，请参阅 Paparoditis and Politis[147] 的文献。

在继续之前，我们考虑计算 SOI 和新鱼数量序列的平均周期图。

例 4.14　SOI 和新鱼数量序列的平均周期图

通常，如周期图所示，尝试几个似乎与频谱的一般整体形状兼容的带宽是个好主意。我们将在例子之后更详细地讨论这个问题。先前在图 4.5 中计算的 SOI 和新鱼数量序列周期图表明，较低的厄尔尼诺频率的功率需要平滑以确定主导的整体周期。尝试不同的 L 值，发现应选择 $L=9$ 作为合理的值，结果显示在图 4.7 中。

平滑谱在图 4.5 所示的噪声版本和更平滑的谱之间提供了合理的折中，这可能会丢失一些峰值。在年度循环 $\omega=1\Delta$ 时可以注意到不希望出现的平均效应，其中出现在图 4.5 中的周期图中的窄带峰值已经变平并扩散到附近的频率。我们还注意到并且已经标记了年循环的**谐波**(harmonics)的出现，即形如 $\omega=k\Delta$ 的频率，$k=2，3，\cdots$。谐波通常在存在周期性非正弦分量时发生，见例 4.15。

图 4.7 可以使用以下命令在 R 中重现。要计算平均周期图，请使用 Daniell 核 (kernel)，并指定 m，其中 $L=2m+1$（在此例中 $L=9$ 且 $m=4$）。我们将在本节后面，具体

而言是在例 4.16 之前，解释核的概念。

```
soi.ave = mvspec(soi, kernel('daniell',4)), log='no')
abline(v=c(.25,1,2,3), lty=2)
soi.ave$bandwidth          # = 0.225
# Repeat above lines using rec in place of soi on line 3
```

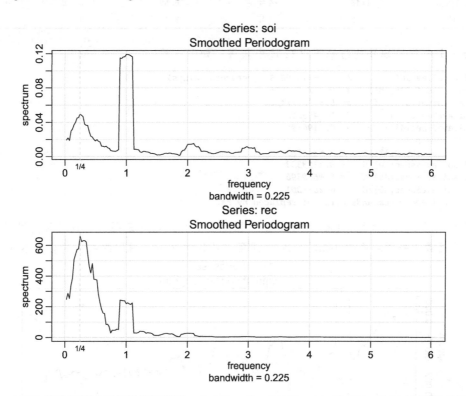

图 4.7　SOI 和新鱼数量序列的平均周期图，$n=453$，$n'=480$，$L=9$，df=17。显示四年期的共同峰值，$\omega=\dfrac{1}{4}\Delta=1/48$ 循环/月；一年期内，$\omega=1\Delta=1/12$ 循环/月，以及一些谐波 $\omega=k\Delta$，$k=2,3$

  显示的带宽(0.225)根据图中的频率标度是以每年的循环个数而不是每月的循环个数进行了调整。使用式(4.56)，以月为单位的带宽为 9/480＝0.018 75；显示的值只是简单地转换为年，即 0.018 75×12＝0.225。

  调整后的自由度为 df=2(9)(453)/480≈17。我们可以将此值用于构建 95％置信区间，其中 $\chi^2_{df}(0.025)=7.56$ 和 $\chi^2_{df}(0.975)=30.17$。把这 2 个值代入式(4.61)中，给出了表 4.1 中被识别为具有最大功率的两个频带所在的区间。为了检验两个峰值功率的可能性，我们可以查看 95％置信区间，并查看区间下限是否远大于相邻的基准谱水平。例如，如果谱函数是平滑的而没有峰值，则 48 个月的厄尔尼诺频率具有的下限则超过谱的所有值。功率(power)在频率上的相对分布是不同的，相对于季节周期，SOI 在较低频率处具有较少的功率，并且新鱼数量序列在较低频率或厄尔尼诺频率处具有较多功率。

表 4.1   SOI 和新鱼数量序列的谱的置信区间

序列	ω	周期	功率	下限	上限
SOI	1/48	4 年	0.05	0.03	0.11
	1/12	1 年	0.12	0.07	0.27
新鱼数量	1/48	4 年	6.59	3.71	14.82
$\times 10^2$	1/12	1 年	2.19	1.24	4.93

表 4.1 中关于 SOI 的结果可以在 R 中获得，如下所示：

```
df = soi.ave$df          #  df = 16.9875   (returned values)
U = qchisq(.025, df)     #  U = 7.555916
L = qchisq(.975, df)     #  L = 30.17425
soi.ave$spec[10]         #  0.0495202
soi.ave$spec[40]         #  0.1190800
# intervals
df*soi.ave$spec[10]/L    #  0.0278789
df*soi.ave$spec[10]/U    #  0.1113333
df*soi.ave$spec[40]/L    #  0.0670396
df*soi.ave$spec[40]/U    #  0.2677201
# repeat above commands with soi replaced by rec
```

最后，图 4.8 显示了以 $\log_{10}$ 标度绘制的图 4.7 中的平均周期图。对数坐标是默认设置，所以要在函数中先删除语句 log= "no"。注意，默认情况下，图形的右上角会显示式(4.59)

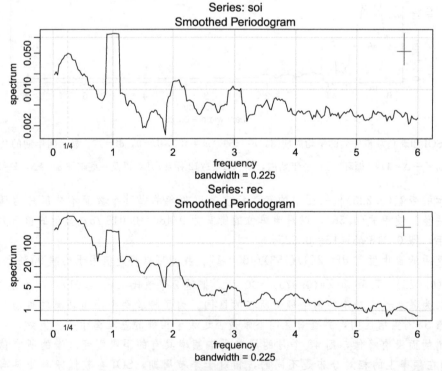

图 4.8   以 $\log_{10}$ 变换图 4.7 中的平均周期图后的图形。右上角的显示表示一个普通的
的 95% 置信区间，其中中间刻度线是带宽的宽度

（通过 $\log_{10}$ 进行对数变换）给出的一般置信区间。要使用它，想象一下将中间刻度标记（宽度是带宽）放在平均周期图纵坐标上；然后，得到的条就形成了该频率的谱的大约 95% 置信区间。我们注意到，在对数尺度上显示估计值往往会突出谐波分量。■

例 4.15　谐波

在前面的例子中，我们看到年度信号的谱在谐波处显示出微小的峰值，也就是说，信号谱在 $\omega=1\Delta=1/12$ 循环/月（一年循环）时有一个大峰值，而在谐波 $\omega=k\Delta$ 时有小峰值，$k=2，3，\cdots$（两个、三个，等等，每年循环数）。因为大多数信号不是完美的正弦曲线（或完全循环），所以上面这种情况是常见的。在这种情况下，需要谐波来捕获信号的非正弦行为。作为一个例子，考虑图 4.9 中形成的信号，它是由每单位时间两个周期振荡的（基本）正弦波以及第二到第六个振幅变小的谐波构成。具体地说，信号构成

$$x_t = \sin(2\pi 2t) + 0.5\sin(2\pi 4t) + 0.4\sin(2\pi 6t)$$
$$+ 0.3\sin(2\pi 8t) + 0.2\sin(2\pi 10t) + 0.1\sin(2\pi 12t) \tag{4.62}$$

对于 $0\leqslant t\leqslant 1$。请注意，信号在外观上是非正弦的，并且迅速上升然后缓慢下降。

可以使用如下代码在 R 中生成图 4.9。

```
t = seq(0, 1, by=1/200)
amps = c(1, .5, .4, .3, .2, .1)
x = matrix(0, 201, 6)
for (j in 1:6){ x[,j] = amps[j]*sin(2*pi*t*2*j) }
x = ts(cbind(x, rowSums(x)), start=0, deltat=1/200)
ts.plot(x, lty=c(1:6, 1), lwd=c(rep(1,6), 2), ylab="Sinusoids")
names = c("Fundamental","2nd Harmonic","3rd Harmonic","4th Harmonic", "5th
          Harmonic", "6th Harmonic", "Formed Signal")
legend("topright", names, lty=c(1:6, 1), lwd=c(rep(1,6), 2))
```

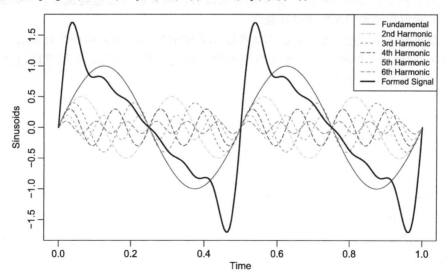

图 4.9　由每单位时间以两个周期振荡的正弦曲线（细实线）和它的如式（4.62）所示的谐波一起构成的信号（粗实线）

例 4.14 指出有必要采用一些相对系统的程序来决定峰值是否显著。决定单个峰是否显著的问题通常取决于建立我们的经验谱基线水平，即没有谱峰存在时我们所期望看到的波谱水平。通常可以通过查看包括峰的谱的整体形状来猜测该轮廓；通常，如果峰值似乎从一种基线水平出现，则该谱基线是明显的。如果谱值的置信下限仍然大于某个预定显著性水平的基线水平，我们可以认为该频率值是统计上显著的峰值。为了与置信上限一致，我们可能使用单侧置信区间。

解释置信区间和涉及谱的检验的显著性的一个重要方面是，我们通常对多于一个频率感兴趣，因此我们可能对关于整个频率集合的同时检验感兴趣。例如，在表 4.1 中，如果声称我们关注的频率具有统计显著性而所有其他潜在候选者在 $\alpha=0.05$ 的总体水平上不显著，那将是不合适的。在这种情况下，我们遵循通常的统计方法，如果在显著性水平 α 下有 K 个声明：S_1，S_2，$\cdots$，S_k，即 $P\{S_k\}=1-\alpha$，那么所有声明为真的总概率满足 Bonferroni 不等式

$$P\{\text{所有 } S_k \text{ 为真}\} \geqslant 1-K\alpha \qquad (4.63)$$

因此，如果存在 K 个感兴趣的频率，则把用于测试每个频率的显著性水平设置为 α/K 是合适的。如果已知感兴趣的是 $K=10$ 个潜在频率，则设置 $\alpha=0.01$，这将给出整体显著性水平的上界 0.10。

置信区间的使用和必要的平滑要求我们确定能使频谱基本上恒定的带宽 B。当在频带上不满足方差为常数的假设时，采用过宽的频带将趋于平滑数据中的有效峰值。采用太窄的频带将导致置信区间过宽，以至于峰值不再具有统计显著性。因此，我们注意到波动性或带宽稳定性(bandwidth stability)和分辨率(resolution)之间存在冲突，前者可以通过增加 B 来改善，而后者分辨率可以通过减少 B 来改善。通常的方法是尝试许多不同的带宽，并且定性地观察在每种情况的谱估计量。

为了解决分辨率问题，显然，图 4.7 和图 4.8 中的峰值变平是由于在计算式(4.54)中定义的 $\overline{f}(\omega)$ 时使用了简单平均。没有特别的理由使用简单平均值，我们可以通过如下方式，采用加权平均来改进估计量，即

$$\hat{f}(\omega) = \sum_{k=-m}^{m} h_k I(\omega_j + k/n) \qquad (4.64)$$

使用与式(4.54)中相同的定义但权重 $h_k > 0$ 满足

$$\sum_{k=-m}^{m} h_k = 1$$

特别是，如果我们使用随着距中心权重 h_0 的距离增加而减小的权重，那么估计量的分辨率提高是合理的。我们很快就会回到这个想法。为了获得平均周期图 $\overline{f}(\omega)$，在式(4.64)中，对于所有 k，设置 $h_k = L^{-1}$，其中 $L = 2m+1$。为 $\overline{f}(\omega)$ 建立的渐近理论仍然适用于 $\hat{f}(\omega)$，假设权重满足附加条件，即如果随着 $n \to \infty$，$m \to \infty$，且 $m/n \to 0$，则

$$\sum_{k=-m}^{m} h_k^2 \to 0$$

在这些条件下，随着 $n \to \infty$，

(1) $\mathrm{E}(\hat{f}(\omega)) \to f(\omega)$

(2) $\left(\sum\limits_{k=-m}^{m} h_k^2 \right)^{-1} \mathrm{cov}(\hat{f}(\omega), \hat{f}(\lambda)) \to f^2(\omega)$　　对于 $\omega = \lambda \neq 0, 1/2$

在(2)中，如果 $\omega \neq \lambda$，则将 $f^2(\omega)$ 替换为 0；如果 $\omega = \lambda = 0$ 或 $1/2$，则将其替换为 $2f^2(\omega)$。

我们已经在 $\overline{f}(\omega)$ 的情况下看到了这些结果，其中权重是常数 $h_k = L^{-1}$，在这种情况下，$\sum\limits_{k=-m}^{m} h_k^2 = L^{-1}$。现在式(4.64)的分布性质更加复杂，因为 $\hat{f}(\omega)$ 是渐近独立的 χ^2 随机变量的加权线性组合。一种好的近似是使用 $\left(\sum\limits_{k=-m}^{m} h_k^2 \right)^{-1}$ 替代 L。也就是说，定义

$$L_h = \left(\sum_{k=-m}^{m} h_k^2 \right)^{-1} \tag{4.65}$$

并使用近似[⊖]

$$\frac{2 L_h \hat{f}(\omega)}{f(\omega)} \dot{\sim} \chi^2_{2L_h} \tag{4.66}$$

与式(4.56)类似，我们将在这种情况下定义带宽

$$\mathrm{B} = \frac{L_h}{n} \tag{4.67}$$

使用近似式(4.66)，我们得到如下形式的真实谱 $f(\omega)$ 的近似 $100(1-\alpha)\%$ 置信区间

$$\frac{2 L_h \hat{f}(\omega)}{\chi^2_{2L_h}(1-\alpha/2)} \leqslant f(\omega) \leqslant \frac{2 L_h \hat{f}(\omega)}{\chi^2_{2L_h}(\alpha/2)} \tag{4.68}$$

如果把数据填充到 n'，则将式(4.68)中的 $2L_h$ 替换为式(4.60)中的 $\mathrm{df} = 2L_h n/n'$。

在 R 中生成权重的简单方法是重复使用 Daniell 核。例如，当 $m=1$ 且 $L = 2m+1 = 3$ 时，Daniell 核的权重为 $\{h_k\} = \left\{ \dfrac{1}{3}, \dfrac{1}{3}, \dfrac{1}{3} \right\}$；将此核应用于数字序列 $\{u_t\}$，生成

$$\hat{u}_t = \frac{1}{3} u_{t-1} + \frac{1}{3} u_t + \frac{1}{3} u_{t+1}$$

我们可以再次对 $\hat{u}_t$ 使用相同的核，

$$\hat{\hat{u}}_t = \frac{1}{3} \hat{u}_{t-1} + \frac{1}{3} \hat{u}_t + \frac{1}{3} \hat{u}_{t+1}$$

简化为

$$\hat{\hat{u}}_t = \frac{1}{9} u_{t-2} + \frac{2}{9} u_{t-1} + \frac{3}{9} u_t + \frac{2}{9} u_{t+1} + \frac{1}{9} u_{t+2}$$

修正后的 Daniell 核在端点处权重减半，因此当 $m=1$ 时，权重为 $\{h_k\} = \left\{ \dfrac{1}{4}, \dfrac{1}{2}, \dfrac{1}{4} \right\}$ 并且

⊖　近似过程如下：如果 $\hat{f} \sim c\chi^2_v$ 其中 c 是常数，那么 $\mathrm{E}\,\hat{f} \approx cv$ 和 $\mathrm{var}\,\hat{f} \approx f^2 \sum\limits_k h_k^2 \approx c^2 2v$。求解得到，$c \approx f \sum\limits_k h_k^2 / 2 = f/2L_h$ 和 $v \approx 2 \left(\sum\limits_k h_k^2 \right)^{-1} = 2L_h$。

$$\hat{u}_t = \frac{1}{4}u_{t-1} + \frac{1}{2}u_t + \frac{1}{4}u_{t+1}$$

再次对 $\hat{u}_t$ 应用相同的核，生成

$$\hat{\hat{u}}_t = \frac{1}{16}u_{t-2} + \frac{4}{16}u_{t-1} + \frac{6}{16}u_t + \frac{4}{16}u_{t+1} + \frac{1}{16}u_{t+2}$$

这些系数可以在 R 中通过 kernel 命令获得。例如，kernel("modified.daniell",c(1,1))将产生最后一个例子的系数。R 中目前可用的其他核是 Dirichlet 核和 Fejér 核，我们将在稍后讨论。

有趣的是，这些核权重构成了一个概率分布。如果 X 和 Y 是在整数 $\{-1, 0, 1\}$ 上的独立离散均匀分布，概率均为 $\frac{1}{3}$，则卷积 $X+Y$ 在整数 $\{-2, -1, 0, 1, 2\}$ 上是离散的，具有相应的概率 $\left\{\dfrac{1}{9}, \dfrac{2}{9}, \dfrac{3}{9}, \dfrac{2}{9}, \dfrac{1}{9}\right\}$。

例 4.16 SOI 和新鱼数量序列的平滑周期图

在本例中，我们使用式(4.64)中的平滑周期图估计来估计 SOI 和新鱼数量序列的谱。我们使用了两次修改过的 Daniell 核，每次都取 $m=3$。得到 $L_h = \dfrac{1}{\sum_{k=-m}^{m} h_k^2} = 9.232$，其接近于例 4.14 中使用的 $L=9$ 的值。在这种情况下，带宽是 $B=\dfrac{9.232}{480}=0.019$，修正的自由度是 $df=\dfrac{2L_h 453}{480}=17.43$。可以在 R 中获得权重 h_k，并绘制如下：

```
kernel("modified.daniell", c(3,3))
   coef[-6] = 0.006944 = coef[ 6]
   coef[-5] = 0.027778 = coef[ 5]
   coef[-4] = 0.055556 = coef[ 4]
   coef[-3] = 0.083333 = coef[ 3]
   coef[-2] = 0.111111 = coef[ 2]
   coef[-1] = 0.138889 = coef[ 1]
   coef[ 0] = 0.152778
plot(kernel("modified.daniell", c(3,3)))   # not shown
```

得到的频谱估计值可以在图 4.10 中看到，我们注意到估计值比图 4.7 中的估计值更具吸引力。在 R 中绘制图 4.10 的代码如下；我们在这段代码中还展示了如何获得相应的带宽和自由度。

```
k = kernel("modified.daniell", c(3,3))
soi.smo = mvspec(soi, kernel=k, taper=.1, log="no")
abline(v=c(.25,1), lty=2)
## Repeat above lines with rec replacing soi in line 3
df = soi.smo$df            # df = 17.42618
soi.smo$bandwidth          # B = 0.2308103
```

注意，在估计过程中应用了锥度(taper)，我们将在下一部分讨论这一问题。重新运行删除了 log= "no"的 mvspec 命令将产生与图 4.8 类似的图形。最后，我们提到默认情况下使用修正后的 Daniell 核，获取 soi.smo 的更简单方法是运行命令：

```
soi.smo = mvspec(soi, taper=.1, spans=c(7,7))
```

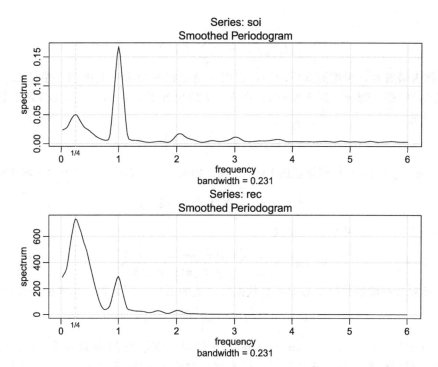

图 4.10　SOI 和新鱼数量序列的平滑(锥形)谱估计,有关详细信息,参见例 4.16

这里要注意的是,spans 是奇数整型向量,表示为 $L=2m+1$ 而不是 m。　■

已经有许多尝试来处理以自动方式平滑周期图的问题,早期的参考文献是 Wahba[205] 的文献。从例 4.16 中可以明显看出,厄尔尼诺行为(接近 4 年循环)带宽的平滑带宽应远大于年度循环(1 年循环)的带宽。因此,或许执行自适应平滑来估计频谱会更好。我们向感兴趣的读者介绍 Fan and Kreutzberger[61] 的文献及其他众多文献。

锥度

我们现在准备介绍锥度(tapering)的概念;可以在 Bloomfield[25] 的文献的 9.5 节中找到更详细的讨论。假设 x_t 是一个零均值平稳过程,其谱密度为 $f_x(\omega)$。如果我们将原来的序列替换为锥形序列

$$y_t = h_t x_t \tag{4.69}$$

对于 $t=1, 2, \cdots, b$,使用修正的 DFT

$$d_y(\omega_j) = n^{-1/2} \sum_{t=1}^{n} h_t x_t \mathrm{e}^{-2\pi i \omega_j t} \tag{4.70}$$

令 $I_y(\omega_j)=|d_y(\omega_j)|^2$,我们得到(见问题 4.17)

$$\mathrm{E}[I_y(\omega_j)] = \int_{-\frac{1}{2}}^{\frac{1}{2}} W_n(\omega_j - \omega) f_x(\omega) \mathrm{d}\omega \tag{4.71}$$

其中

$$W_n(\omega) = |H_n(\omega)|^2 \tag{4.72}$$

以及

$$H_n(\omega) = n^{-1/2} \sum_{t=1}^{n} h_t \mathrm{e}^{-2\pi i \omega t} \tag{4.73}$$

$W_n(\omega)$被称为谱窗口，考虑到式(4.71)，它用于确定在平均水平上由估计量 $I_y(\omega_j)$ "看到" 谱密度 $f_x(\omega)$ 的哪一部分。对于所有 t，在 $h_t=1$ 的情况下，$I_y(\omega_j)=I_x(\omega_j)$ 只是数据的周期图，窗口是

$$W_n(\omega) = \frac{\sin^2(n\pi\omega)}{n\sin^2(\pi\omega)} \tag{4.74}$$

其 $W_n(0)=n$，称为 Fejér 核或修正的 Bartlett 核。如果我们考虑式(4.54)中的平均周期图，即

$$\overline{f}_x(\omega) = \frac{1}{L} \sum_{k=-m}^{m} I_x(\omega_j + k/n)$$

窗口 $W_n(\omega)$ 在式(4.71)中将采用形式

$$W_n(\omega) = \frac{1}{nL} \sum_{k=-m}^{m} \frac{\sin^2[n\pi(\omega + k/n)]}{\sin^2[\pi(\omega + k/n)]} \tag{4.75}$$

锥度通常具有增强数据中心而不是数据极端值的形状，例如如下形式的余弦钟

$$h_t = 0.5\Big[1 + \cos\Big(\frac{2\pi(t - \bar{t})}{n}\Big)\Big] \tag{4.76}$$

其中 $\bar{t}=(n+1)/2$，由 Blackman 和 Tukey[23] 提出。该锥形的形状如图 4.12 所示。在图 4.11 中，我们绘制了两个窗口 $W_n(\omega)$ 的形状，对于 $n=480$ 和 $L=9$，当 $h_t\equiv1$，在这种情况下，式(4.75)适用，以及当 h_t 是式(4.76)中的余弦锥度时。在两种情况下，预测带宽应为每点 $B=\frac{9}{480}=0.018\,75$ 个周期，这对应于图 4.11 中所示窗口的"宽度"。两个窗口都在这个频段上产生了一个整合的平均频谱，但顶部图形中的非锥形窗口在频段内和频段外显示出相当大的波纹。频带外的波纹称为旁瓣(sidelobe)，并且倾向于从区间外引入频率，

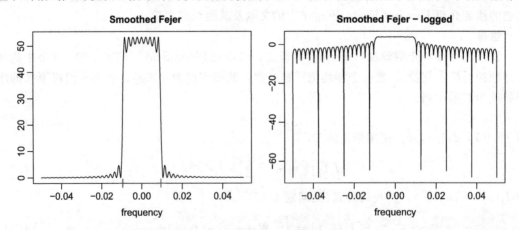

图 4.11 平均 Fejér 窗口（顶行）和相应的余弦锥形窗口（底行），$L=9$，$n=480$。左侧图的横轴上的额外标记显示预测带宽，$B=\frac{9}{480}=0.018\,75$

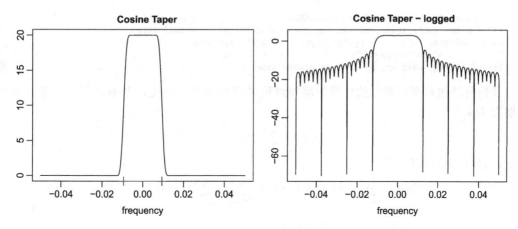

图 4.11 （续）

这可能污染频带内的期望频谱估计。例如，频谱中的值的大部分动态范围引入的频谱在连续的频率间隔中比感兴趣的区间中的值大几个数量级。这种效应有时被称为泄漏 (leakage)。图 4.11 强调了当使用余弦锥时抑制 Fejér 核中的旁瓣。

例 4.17　锥化 SOI 序列的效果

通过锥化数据的上下 10% 来获得例 4.16 中的估计值。在这个例子中，我们研究了锥化对 SOI 序列频谱估计的影响（新鱼数量序列的结果是相似的）。图 4.12 显示了以对数标度绘制的两个谱估计值。图 4.12 中的虚线表示没有任何锥化的估计。实线显示完全锥化的结果。请注意，锥形谱在分离年循环（$\omega=1$）和厄尔尼诺循环（$\omega=1/4$）方面做得更好。

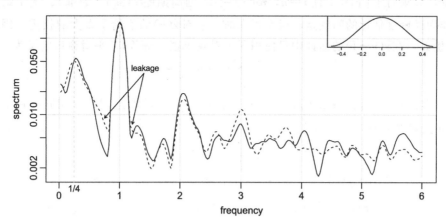

图 4.12　SOI 的平滑谱估计，没有锥化（虚线）和完全锥化（实线），见例 4.17。对于 $t=1$，图中显示了一个式 (4.76) 中的全余弦钟形锥度，水平轴为 $(t-\bar{t})/n$, $t=1$, …, n

以下 R 代码用于生成图 4.12。我们注意到，默认情况下，mvspec 不会锥化。对于完全锥化，我们使用参数 taper= .5 作为参数，使 mvspec 锥化数据末尾的 50%；0 到 0.5 之间的任何值都是可以接受的。在例 4.16 中，我们使用了 taper= .1。

```
s0 = mvspec(soi, spans=c(7,7), plot=FALSE)              # no taper
s50 = mvspec(soi, spans=c(7,7), taper=.5, plot=FALSE)    # full taper
plot(s50$freq, s50$spec, log="y", type="l", ylab="spectrum",
        xlab="frequency")              # solid line
lines(s0$freq, s0$spec, lty=2)   # dashed line
```

我们将通过对滞后窗口估计量的简要讨论来结束本节。首先，考虑式(4.30)中显示的周期图 $I(\omega_j)$，

$$I(\omega_j) = \sum_{|h|<n} \hat{\gamma}(h) \mathrm{e}^{-2\pi i \omega_j h}$$

因此，式(4.64)可以写成

$$\hat{f}(\omega) = \sum_{|k|\leqslant m} h_k I(\omega_j + k/n) = \sum_{|k|\leqslant m} h_k \sum_{|h|<n} \hat{\gamma}(h) \mathrm{e}^{-2\pi i(\omega_j + k/n)h}$$

$$= \sum_{|h|<n} g\left(\frac{h}{n}\right) \hat{\gamma}(h) \mathrm{e}^{-2\pi i \omega_j h} \tag{4.77}$$

其中 $g\left(\dfrac{h}{n}\right) = \sum_{|k|\leqslant m} h_k \exp(-2\pi i k h/n)$。式(4.77)表明了如下形式的估计量

$$\widetilde{f}(\omega) = \sum_{|h|\leqslant r} w\left(\frac{h}{r}\right) \hat{\gamma}(h) \mathrm{e}^{-2\pi i \omega h} \tag{4.78}$$

其中 $w(\cdot)$ 是一个称为滞后窗口的权重函数，它满足

(1) $w(0)=1$

(2) $|w(x)|\leqslant 1$ 和 $w(x)=0$，$|x|>1$

(3) $w(x)=w(-x)$

注意，如果对于 $|x|<1$ 且 $r=n$，$w(x)=1$，则周期图 $\widetilde{f}(\omega_j)=I(\omega_j)$。这个结果表明周期图作为谱密度估计的问题是，当 h 很大时，它对 $\hat{\gamma}(h)$ 的值给予太大的权重，因此是不可靠的(例如，在 $\hat{\gamma}(n-1)$ 的估计中只使用了一对观测值，等等)。平滑窗口定义为

$$W(\omega) = \sum_{h=-r}^{r} w\left(\frac{h}{r}\right) \mathrm{e}^{-2\pi i \omega h} \tag{4.79}$$

它确定周期图的哪一部分将用于形成 $f(\omega)$ 的估计。$\hat{f}(\omega)$ 的渐近理论在相同条件下适用于 $\widetilde{f}(\omega)$，并且随着 $n\to\infty$，$r\to\infty$ 但 $r/n\to0$。即

$$\mathrm{E}\{\widetilde{f}(\omega)\} \to f(\omega) \tag{4.80}$$

$$\frac{n}{r}\mathrm{cov}(\widetilde{f}(\omega), \widetilde{f}(\lambda)) \to f^2(\omega)\int_{-1}^{1} w^2(x)\mathrm{d}x \quad \omega=\lambda\neq 0,1/2 \tag{4.81}$$

在式(4.81)中，如果 $\omega\neq\lambda$ 则将 $f^2(\omega)$ 替换为 0，如果 $\omega=\lambda=0$ 或 $1/2$ 则将其替换为 $2f^2(\omega)$。

许多作者开发了各种窗口，Brillinger[35] 的文献的第 3 章和 Brockwell and Davis[36] 的文献的第 10 章是这个主题的很好的参考资料。

4.5　参数谱估计

前一节的方法由于没有关于谱密度的参数形式的假设，通常被称为非参数谱估计量。

在性质 4.4 中，我们展示了 ARMA 过程的频谱，我们可能会考虑在此函数上建立一个频谱估计量，将拟合数据的 ARMA(p, q) 的参数估计值替换为式(4.23)中给出的频谱密度 $f_x(\omega)$。这种估计量称为参数谱估计量。为方便起见，通过将 AR(p)拟合到数据来获得参数谱估计量，其中阶数 p 由一个模型选择标准确定，例如式（2.15）～（2.17）中定义的 AIC、AICc 和 BIC。当存在几个紧密区间的窄谱峰时，参数自回归谱估计量通常具有优异的分辨率，并且被工程师用于解决各种各样的问题（见 Kay[115] 的文献）。Parzen[149] 总结了自回归谱估计的发展。

如果 $\hat{\phi}_1$, $\hat{\phi}_2$, $\cdots$, $\hat{\phi}_p$ 和 $\hat{\sigma}_w^2$ 是用 AR(p) 模型来拟合 x_t 而得到的参数估计值，则基于性质 4.4，通过将这些估计值代入式(4.23)来获得 $f_x(\omega)$的参数谱估计，即

$$\hat{f}_x(\omega) = \frac{\hat{\sigma}_w^2}{|\hat{\phi}(\mathrm{e}^{-2\pi i \omega})|^2} \tag{4.82}$$

其中

$$\hat{\phi}(z) = 1 - \hat{\phi}_1 z - \hat{\phi}_2 z^2 - \cdots - \hat{\phi}_p z^p \tag{4.83}$$

Berk[19] 在随着 p, $n \to \infty$, 有 $p \to \infty$, $p^3/n \to 0$ 的条件下得到了自回归谱估计的渐近分布，这对于大多数应用来说可能过于严格。限制结果意味着如下形式的置信区间：

$$\frac{\hat{f}_x(\omega)}{(1 + C z_{\alpha/2})} \leqslant f_x(\omega) \leqslant \frac{\hat{f}_x(\omega)}{(1 - C z_{\alpha/2})} \tag{4.84}$$

其中 $C = \sqrt{2p/n}$ 和 $z_{\alpha/2}$ 是对应于标准正态分布的上 $\alpha/2$ 概率的纵坐标。如果要检查抽样分布，我们建议应用自助法估计量得到 $\hat{f}_x(\omega)$ 的抽样分布，使用类似例 3.36 中用于 $p=1$ 的程序。高阶自回归序列的另一种选择是将 AR(p)置于状态空间形式并使用 6.7 节中讨论的自助法程序。

关于形如式(4.23)的有理谱的一个有趣的事实是任何谱密度可以通过 AR 过程的谱近似，任意地近似。

性质 4.7　AR 频谱近似

设 $g(\omega)$ 为平稳过程的频谱密度，给定 $\varepsilon > 0$, 存在具有如下形式的时间序列

$$x_t = \sum_{k=1}^{p} \phi_k x_{t-k} + w_t$$

其中 w_t 是具有方差 σ_w^2 的白噪声，则

$$|f_x(\omega) - g(\omega)| < \varepsilon \quad 对于所有 \quad \omega \in [-1/2, 1/2]$$

此外，p 是有限的，并且 $\phi(z) = 1 - \sum_{k=1}^{p} \phi_k z^k$ 的根在单位圆之外。

该性质的一个缺点是它没有告诉我们在近似合理之前必须有多大 p；在某些情况下，p 可能非常大。性质 4.7 也适用于 MA 和 ARMA 过程，结果的证明可以在 C.6 节中找到。我们在以下实例中演示了该技术。

例 4.18　SOI 的自回归谱估计量

考虑为 SOI 序列获得与图 4.7 所示的非参数估计量相当的结果。对于 $p=1$, 2, $\cdots$, 30，连续拟合高阶 AR(p)模型，在 $p=15$ 时产生最小 BIC 和最小 AIC，如图 4.13 所示。

从图 4.13 可以看出，BIC 对于选择哪种模型非常明确；也就是说，最小 BIC 非常明显。另一方面，目前尚不清楚 AIC 将会发生什么；也就是说，最小值并不是那么清楚，并且有一些担心 AIC 将在 $p=30$ 之后开始下降。最小 AICc 选择 $p=15$ 模型，但具有与 AIC 相同的不确定性。频谱如图 4.14 所示，我们注意到四年和一年循环附近的强峰，与在 4.4 节中得到的非参数估计一致。此外，年度循环的谐波在估计的频谱中很明显。

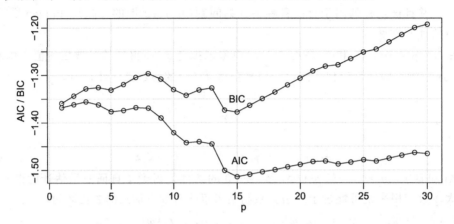

图 4.13   模型使用标准 AIC 和 BIC 选择拟合 SOI 序列的自回归模型阶数 p

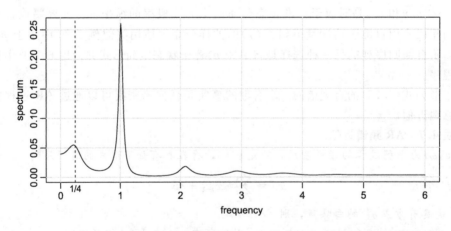

图 4.14   使用由 AIC、AICc 和 BIC 选择的 AR(15) 模型的 SOI 序列的自回归谱估计量

要在 R 中执行类似的分析，可以使用命令 spec.ar 通过 AIC 拟合最佳模型并绘制得到的谱。获取 AIC 值的快速方法是运行 ar 命令，如下所示。

```
spaic = spec.ar(soi, log="no")        # min AIC spec
abline(v=frequency(soi)*1/52, lty=3)  # El Nino peak
(soi.ar = ar(soi, order.max=30))      # estimates and AICs
dev.new()
plot(1:30, soi.ar$aic[-1], type="o")  # plot AICs
```

这里没有计算似然率，因此 AIC 这个术语的使用是宽松的。为了生成图 4.13，我们使用以下代码（宽松地）获得 AIC、AICc 和 BIC。因为在这个例子中 AIC 和 AICc 几乎相同，所以我们只绘制了 AIC 和 BIC+1，我们在 BIC 中添加了 1 以减少图形中的空白区域。

```
n = length(soi)
AIC = rep(0, 30) -> AICc -> BIC
for (k in 1:30){
 sigma2   = ar(soi, order=k, aic=FALSE)$var.pred
 BIC[k]   = log(sigma2) + (k*log(n)/n)
 AICc[k]  = log(sigma2) + ((n+k)/(n-k-2))
 AIC[k]   = log(sigma2) + ((n+2*k)/n)       }
IC = cbind(AIC, BIC+1)
ts.plot(IC, type="o", xlab="p", ylab="AIC / BIC")
```

最后，应该提到的是，任何参数谱，比如 $f(\omega;\theta)$，取决于向量参数 θ，可以通过 Whittle 似然（见 Whittle[210] 的文献），使用离散傅里叶变换的近似性质来估计，推导过程在附录 C 中得出。我们得到，DFT $d(\omega_j)$ 近似复杂正态分布，均值为零且方差为 $f(\omega_j;\theta)$，并且对于 $\omega_j \neq \omega_k$ 近似独立。这意味着可以以如下形式写出近似对数似然：

$$\ln L(x;\theta) \approx - \sum_{0<\omega_j<1/2} \left(\ln f_x(\omega_j;\theta) + \frac{\left| d(\omega_j) \right|^2}{f_x(\omega_j;\theta)} \right) \tag{4.85}$$

其中求和有时扩展到包括频率 $\omega_j = 0$，$1/2$。如果使用具有两个附加频率的形式，则求和的乘子都是 1，除了 $\omega_j = 0$，$1/2$ 的纯实数点，乘子为 $1/2$。关于将 Whittle 近似应用于 ARMA 谱中参数估计问题的讨论，见 Anderson[6] 的文献。Whittle 似然对于拟合将在第 5 章中讨论的长记忆模型特别有用。

4.6　多序列和交叉谱

使用经典统计思想分析频率波动的概念延伸到存在若干联合平稳序列的情况，例如 x_t 和 y_t。在这种情况下，我们可以引入由频率索引的相关性的概念，称为相干性。C.2 节中的结果意味着协方差函数

$$\gamma_{xy}(h) = \mathrm{E}\big[(x_{t+h} - \mu_x)(y_t - \mu_y) \big]$$

具有如下形式

$$\gamma_{xy}(h) = \int_{-\frac{1}{2}}^{\frac{1}{2}} f_{xy}(\omega) \mathrm{e}^{2\pi i \omega h} \mathrm{d}\omega \quad h = 0, \pm 1, \pm 2, \cdots \tag{4.86}$$

其中交叉谱被定义为傅里叶变换

$$f_{xy}(\omega) = \sum_{h=-\infty}^{\infty} \gamma_{xy}(h) \mathrm{e}^{-2\pi i \omega h} \quad -1/2 \leqslant \omega \leqslant 1/2 \tag{4.87}$$

假设交叉协方差函数是绝对可加的，就像自协方差的情况一样。交叉谱通常是一个复值函数，通常写成

$$f_{xy}(\omega) = c_{xy}(\omega) - iq_{xy}(\omega) \tag{4.88}$$

其中

$$c_{xy}(\omega) = \sum_{h=-\infty}^{\infty} \gamma_{xy}(h) \cos(2\pi\omega h) \tag{4.89}$$

和

$$q_{xy}(\omega) = \sum_{h=-\infty}^{\infty} \gamma_{xy}(h)\sin(2\pi\omega h) \tag{4.90}$$

被定义为 cospectrum 和 quadspectrum。由于 $\gamma_{yx}(h)=\gamma_{xy}(-h)$，通过代入式(4.87)并重新排列，

$$f_{yx}(\omega) = f_{xy}^{*}(\omega) \tag{4.91}$$

其中 * 表示共轭。反之，这个结果意味着 cospectrum 和 quadspectrum 满足

$$c_{yx}(\omega) = c_{xy}(\omega) \tag{4.92}$$

和

$$q_{yx}(\omega) = -q_{xy}(\omega) \tag{4.93}$$

应用交叉谱的一个重要例子是通过线性滤波器关系(例如下面考虑的三点移动平均值)预测来自某些输入序列 x_t 的输出序列 y_t。衡量这种关系强度的方法是*平方相干*(squared coherence)函数，定义为

$$\rho_{y\cdot x}^{2}(\omega) = \frac{|f_{yx}(\omega)|^{2}}{f_{xx}(\omega)f_{yy}(\omega)} \tag{4.94}$$

其中 $f_{xx}(\omega)$ 和 $f_{yy}(\omega)$ 分别是 x_t 和 y_t 序列的谱。虽然我们稍后考虑适用于多个输入的更一般形式，但将单输入情况显示为式(4.94)以强调与传统平方相关(squared correlation)的类比是有益的，对于方差为 σ_x^2 和 σ_y^2 以及协方差 $\sigma_{yx}=\sigma_{xy}$ 的随机变量，定义为如下形式：

$$\rho_{yx}^{2} = \frac{\sigma_{yx}^{2}}{\sigma_x^2\sigma_y^2}$$

这样就启示了平方相干性的解释，以及在频率 ω 处两个时间序列之间的平方相关性的解释。

例 4.19 三点移动平均值

作为一个简单的例子，我们计算 x_t 和三点移动平均值之间的交叉谱 $y_t=(x_{t-1}+x_t+x_{t+1})/3$，其中 x_t 是一个平稳过程，谱密度为 $f_{xx}(\omega)$。首先，

$$\begin{aligned}
\gamma_{xy}(h) &= \operatorname{cov}(x_{t+h}, y_t) = \frac{1}{3}\operatorname{cov}(x_{t+h}, x_{t-1}+x_t+x_{t+1}) \\
&= \frac{1}{3}\left[\gamma_{xx}(h+1)+\gamma_{xx}(h)+\gamma_{xx}(h-1)\right] \\
&= \frac{1}{3}\int_{-\frac{1}{2}}^{\frac{1}{2}}(e^{2\pi i\omega}+1+e^{-2\pi i\omega})e^{2\pi i\omega h}f_{xx}(\omega)\,d\omega \\
&= \frac{1}{3}\int_{-\frac{1}{2}}^{\frac{1}{2}}\left[1+2\cos(2\pi\omega)\right]f_{xx}(\omega)e^{2\pi i\omega h}\,d\omega
\end{aligned}$$

其中我们使用式(4.16)。利用傅里叶变换的唯一性，并根据式(4.86)的谱表达式，我们可以得出

$$f_{xy}(\omega) = \frac{1}{3}\left[1+2\cos(2\pi\omega)\right]f_{xx}(\omega)$$

在这种情况下，交叉谱是实数。使用性质4.3，y_t 的谱密度为

$$f_{yy}(\omega) = \frac{1}{9}\left|e^{2\pi i\omega}+1+e^{-2\pi i\omega}\right|^{2}f_{xx}(\omega) = \frac{1}{9}\left[1+2\cos(2\pi\omega)\right]^{2}f_{xx}(\omega)$$

代入式(4.94)得到,

$$\rho_{y \cdot x}^2(\omega) = \frac{\left| \frac{1}{3}[1 + 2\cos(2\pi\omega)]f_{xx}(\omega) \right|^2}{f_{xx}(\omega) \cdot \frac{1}{9}[1 + 2\cos(2\pi\omega)]^2 f_{xx}(\omega)} = 1$$

也就是说,x_t 和 y_t 之间的平方相干性在所有频率上都是一致的。这是更一般的线性滤波器继承的特性,见问题 4.30。但是,如果在三点移动平均值上加一些噪声,则相干性不统一,稍后将详细考虑这些模型。 ■

性质 4.8   向量平稳过程的谱形式

如果 $x_t = (x_{t1}, x_{t2}, \cdots, x_{tp})'$ 是具有自协方差矩阵 $\Gamma(h) = \mathrm{E}[(x_{t+h} - \mu)(x_t - \mu)'] = \{\gamma_{jk}(h)\}$ 的 $p \times 1$ 阶平稳过程,满足

$$\sum_{h=-\infty}^{\infty} |\gamma_{jk}(h)| < \infty \tag{4.95}$$

对于所有 $j, k = 1, \cdots, p$,则 $\Gamma(h)$ 具有形式

$$\Gamma(h) = \int_{-\frac{1}{2}}^{\frac{1}{2}} \mathrm{e}^{2\pi i \omega h} f(\omega) \mathrm{d}\omega \quad h = 0, \pm 1, \pm 2, \cdots \tag{4.96}$$

作为谱密度矩阵的逆变换,$f(\omega) = \{f_{jk}(\omega)\}$,对于 $j, k = 1, \cdots, p$。矩阵 $f(\omega)$ 有如下形式

$$f(\omega) = \sum_{h=-\infty}^{\infty} \Gamma(h) \mathrm{e}^{-2\pi i \omega h} \quad -1/2 \leqslant \omega \leqslant 1/2 \tag{4.97}$$

谱矩阵 $f(\omega)$ 是 Hermitian,$f(\omega) = f^*(\omega)$,其中 $*$ 表示共轭转置。

例 4.20   双变量过程的谱矩阵

考虑一个联合平稳的双变量过程 (x_t, y_t)。我们在矩阵中设定自协方差

$$\Gamma(h) = \begin{pmatrix} \gamma_{xx}(h) \gamma_{xy}(h) \\ \gamma_{yx}(h) \gamma_{yy}(h) \end{pmatrix}$$

谱矩阵由下式给出

$$f(\omega) = \begin{pmatrix} f_{xx}(\omega) f_{xy}(\omega) \\ f_{yx}(\omega) f_{yy}(\omega) \end{pmatrix}$$

其中傅里叶变换式(4.96)和式(4.97)涉及自协方差和谱矩阵。 ■

谱估计向量序列的扩展是相当明显的。对于向量序列 $x_t = (x_{t1}, x_{t2}, \cdots, x_{tp})'$,我们可以使用 DFT 的向量,比如 $(d_1(\omega_j), d_2(\omega_j), \cdots, d_p(\omega_j))'$,并通过下式估计谱矩阵:

$$\overline{f}(\omega) = L^{-1} \sum_{k=-m}^{m} I(\omega_j + k/n) \tag{4.98}$$

其中

$$I(\omega_j) = d(\omega_j)d^*(\omega_j) \tag{4.99}$$

是一个 $p \times p$ 阶复矩阵。在将 DFT 引入式(4.98)之前,该序列可能是锥形的,我们可以使用加权估计,

$$\hat{f}(\omega) = \sum_{k=-m}^{m} h_k I(\omega_j + k/n) \tag{4.100}$$

其中 $\{h_k\}$ 是式(4.64)中定义的权重。序列 y_t 和 x_t 间的平方相干的估计是

$$\hat{\rho}_{y\cdot x}^2(\omega) = \frac{|\hat{f}_{yx}(\omega)|^2}{\hat{f}_{xx}(\omega)\,\hat{f}_{yy}(\omega)} \tag{4.101}$$

如果使用相等的权重获得式(4.101)中的谱估计,我们将平方相干的估计记为 $\bar{\rho}_{y\cdot x}^2(\omega)$。

在一般条件下,如果 $\rho_{y\cdot x}^2(\omega) > 0$,那么

$$|\hat{\rho}_{y\cdot x}(\omega)| \sim \mathrm{AN}(|\rho_{y\cdot x}(\omega)|, (1-\rho_{y\cdot x}^2(\omega))^2/2L_h) \tag{4.102}$$

其中 L_h 在式(4.65)中定义。这个结果的细节可以在 Brockwell and Davis[36] 的文献的第 11 章中找到。我们可以使用式(4.102)来获得平方相干的近似置信区间 $\rho_{y\cdot x}^2(\omega)$。

如果我们使用 $\bar{\rho}_{y\cdot x}^2(\omega)$ 估计 $L > 1$ ⊖,我们也可以检验 $\rho_{y\cdot x}^2(\omega) = 0$ 的零假设,即

$$\bar{\rho}_{y\cdot x}^2(\omega) = \frac{|\bar{f}_{yx}(\omega)|^2}{\bar{f}_{xx}(\omega)\bar{f}_{yy}(\omega)} \tag{4.103}$$

在这种情况下,在零假设下,统计量

$$F = \frac{\bar{\rho}_{y\cdot x}^2(\omega)}{(1-\bar{\rho}_{y\cdot x}^2(\omega))}(L-1) \tag{4.104}$$

具有自由度为 2 和 $2L-2$ 的近似 F-分布。当序列扩展到长度 n' 时,我们用 df-2 代替 $2L-2$,其中 df 在式(4.60)中定义。在特定显著性水平 α 下求解式(4.104),得到

$$C_\alpha = \frac{F_{2,2L-2}(\alpha)}{L-1+F_{2,2L-2}(\alpha)} \tag{4.105}$$

作为近似临界值,当原始平方相干值大于该临界值时,我们拒绝在给定频率 ω 处 $\rho_{y\cdot x}^2(\omega)=0$。

例 4.21　SOI 与新鱼数量序列之间的一致性

图 4.15 显示了 SOI 和新鱼数量序列在比频谱更宽的频带上的平方相干性。在这种情况下,我们在显著性水平 $\alpha=0.001$ 下使用 $L=19$,df$=2(19)(453/480)\approx36$ 和 $F_{2,\mathrm{df}-2}(0.011)\approx8.53$。因此,对于 $\bar{\rho}_{y\cdot x}^2(\omega)$ 取值大于 $C_{0.001}=0.32$ 的频率,我们可以认为不相干的假设是不成立的。我们强调这种方法很粗糙,因为除了 F-统计量是近似的这一事实外,我们还考虑了 Bonferroni 不等式(4.63)中所有频率的平方相干性。图 4.15 还展示了置信带作为 R 绘图程序的一部分。我们强调这些频带仅对 $\rho_{y\cdot x}^2(\omega)>0$ 的 ω 有效。

在这种情况下,这两个序列在年度季节频率上显然是强相干的。该序列在较低频率下也具有很强的相干性,可能归因于厄尔尼诺循环,我们声称该循环有 3 到 7 年的时间。然而,相干性的峰值更接近 9 年循环。其他频率也是相干的,尽管强相干性不那么令人印象深刻,因为这些较高频率下的基础功率谱相当小。最后,我们注意到相干性在季节性谐波频率上是持久的。

可以使用以下 R 命令来再现该实例。

```
sr = mvspec(cbind(soi,rec), kernel("daniell",9), plot=FALSE)
sr$df                     # df = 35.8625
f = qf(.999, 2, sr$df-2)  # = 8.529792
C = f/(18+f)              # = 0.321517
plot(sr, plot.type = "coh", ci.lty = 2)
abline(h = C)
```

⊖　如果 $L=1$,那么 $\rho_{y\cdot x}^2(\omega)\equiv1$。

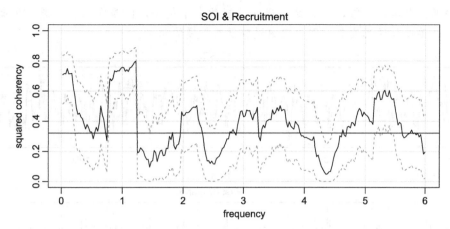

图 4.15　SOI 和新鱼数量序列之间的平方相干性；$L=19$，$n=453$，$n'=480$，$\alpha=0.001$。
水平线为 $C_{0.001}$

4.7　线性滤波器

前面部分的一些例子暗示了可以通过线性变换来修改时间序列中的功率或方差的分布的可能性。在本节中，我们通过展示线性滤波器如何用于从时间序列中提取信号来进一步探索这一概念。这些滤波器以可预测的方式修改时间序列的频谱特征，并且开发系统的方法来利用线性滤波器的特殊性质也是时间序列分析中的重要主题。

回顾性质 4.3，如果

$$y_t = \sum_{j=-\infty}^{\infty} a_j x_{t-j}, \quad \sum_{j=-\infty}^{\infty} |a_j| < \infty$$

并且 x_t 具有频谱 $f_{xx}(\omega)$，则 y_t 具有频谱

$$f_{yy}(\omega) = |A_{yx}(\omega)|^2 f_{xx}(\omega)$$

其中

$$A_{yx}(\omega) = \sum_{j=-\infty}^{\infty} a_j e^{-2\pi i \omega j}$$

是频率响应函数。该结果表明，滤波效果可以表征为逐频率乘以频率响应函数的平方幅度。

例 4.22　一阶差分和移动平均滤波器

我们用两个常见的例子，即一阶差分滤波器

$$y_t = \nabla x_t = x_t - x_{t-1}$$

和年度对称移动平均滤波器，

$$y_t = \frac{1}{24}(x_{t-6} + x_{t+6}) + \frac{1}{12} \sum_{r=-5}^{5} x_{t-r}$$

来说明滤波的效果。这是一个修正的 Daniell 核，$m=6$。使用两个滤波器对 SOI 序列进行滤波的结果显示在图 4.16 的中图和下图中。请注意，差分的影响是粗糙化序列，因为它倾向于保留较高或较快的频率。中心移动平均值使序列平滑，因为它保留较低的频率并倾向

于衰减较高的频率。通常，差分是**高通滤波器**的一个例子，因为它保留或通过较高频率，而移动平均值是**低通滤波器**，因为它通过较低或较慢的频率。

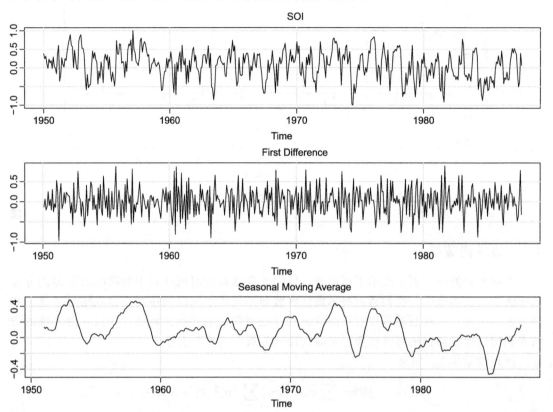

图 4.16   SOI 序列(上)与差分 SOI(中)和中心化 12 个月移动平均值(下)相比较

请注意，对称移动平均值中较慢的周期会增强，季节或年度频率会减弱。滤波后的序列在数据长度上约 9 个循环(每 52 个月大约一个循环)，移动平均滤波器倾向于增强或提取厄尔尼诺信号。此外，通过对数据进行低通滤波，我们可以更好地了解厄尔尼诺效应及其不规则性。

现在，完成滤波后，必须确定滤波器改变输入频谱的确切方式。为此，我们将使用式(4.21)和式(4.22)。一阶差分滤波器可以通过让 $a_0 = 1$，$a_1 = -1$ 和 $a_r = 0$ 来以式(4.20)的形式写入。这意味着

$$A_{yx}(\omega) = 1 - e^{-2\pi i \omega}$$

频率响应的平方变为

$$|A_{yx}(\omega)|^2 = (1 - e^{-2\pi i \omega})(1 - e^{2\pi i \omega}) = 2[1 - \cos(2\pi\omega)] \tag{4.106}$$

图 4.17 的上图显示，一阶差分滤波器将衰减较低频率并增强较高频率，因为频谱的乘数 $|A_{yx}(\omega)|^2$ 对于较高频率较大而对较低频率较小。通常，由于这种滤波器是缓慢上升的，所以不特别推荐它来作为仅保留高频率的滤波器。

对于中心化 12 个月移动平均值，当 $-5 \leqslant k \leqslant 5$，我们可以取 $a_{-6} = a_6 = 1/24$，$a_k = 1/12$，否则 $a_k = 0$。替换和识别余弦项，得到

$$A_{yx}(\omega) = \frac{1}{12}\Big[1 + \cos(12\pi\omega) + 2\sum_{k=1}^{5}\cos(2\pi\omega k)\Big] \tag{4.107}$$

如图 4.17 下图所绘制的该函数的平方频率响应表明，我们可以期望该滤波器将大多数频率内容削减到每点 0.05 个循环以上，并且几乎所有频率内容都高于 $1/12 \approx 0.083$。特别是，这会使每年的分量减少 12 个月，并提高厄尔尼诺现象的频率，这个频率有时很小。滤波器在衰减高频时效率不高，如函数 $|A_{yx}(\omega)|^2$ 所示，一些功率贡献保留在较高频率。

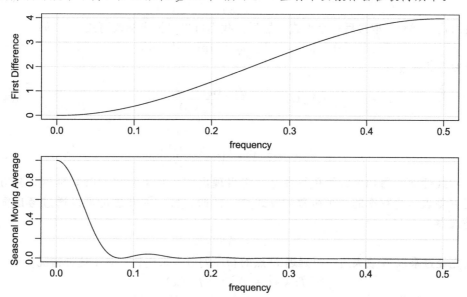

图 4.17   一阶差分(上)和十二个月移动平均(下)滤波器的平方频率响应函数

以下 R 代码显示如何过滤数据，执行滤波序列的频谱分析，以及绘制差分和移动平均滤波器的平方频率响应曲线。

```
par(mfrow=c(3,1), mar=c(3,3,1,1), mgp=c(1.6,.6,0))
plot(soi)                        # plot data
plot(diff(soi))                  # plot first difference
k = kernel("modified.daniell", 6) # filter weights
plot(soif <- kernapply(soi, k))  # plot 12 month filter
dev.new()
spectrum(soif, spans=9, log="no") # spectral analysis (not shown)
abline(v=12/52, lty="dashed")
dev.new()
##-- frequency responses --##
par(mfrow=c(2,1), mar=c(3,3,1,1), mgp=c(1.6,.6,0))
w = seq(0, .5, by=.01)
FRdiff = abs(1-exp(2i*pi*w))^2
plot(w, FRdiff, type='l', xlab='frequency')
u = cos(2*pi*w)+cos(4*pi*w)+cos(6*pi*w)+cos(8*pi*w)+cos(10*pi*w)
FRma = ((1 + cos(12*pi*w) + 2*u)/12)^2
plot(w, FRma, type='l', xlab='frequency')
```

前一个例子中讨论的两个滤波器的不同之处在于，一阶差分的频率响应函数是复值的，而移动平均值的频率响应是纯实数的。应用一个验证式(4.22)那样的简单推导，表明当 x_t 和 y_t 之间具有式(4.20)的线性滤波关系时，交叉谱满足

$$f_{yx}(\omega) = A_{yx}(\omega) f_{xx}(\omega)$$

所以频率响应形式为

$$A_{yx}(\omega) = \frac{f_{yx}(\omega)}{f_{xx}(\omega)} \tag{4.108}$$

$$= \frac{c_{yx}(\omega)}{f_{xx}(\omega)} - i \frac{q_{yx}(\omega)}{f_{xx}(\omega)} \tag{4.109}$$

我们使用式(4.88)获取最后一个形式。然后，我们可以以极坐标改写式(4.109)

$$A_{yx}(\omega) = |A_{yx}(\omega)| \exp\{-i\phi_{yx}(\omega)\} \tag{4.110}$$

其中滤波器的幅度和相位由

$$|A_{yx}(\omega)| = \frac{\sqrt{c_{yx}^2(\omega) + q_{yx}^2(\omega)}}{f_{xx}(\omega)} \tag{4.111}$$

和

$$\phi_{yx}(\omega) = \tan^{-1}\left(-\frac{q_{yx}(\omega)}{c_{yx}(\omega)}\right) \tag{4.112}$$

定义。对线性滤波器相位的简单解释是，它表现出作为频率函数的时间延迟，其方式与频谱把方差表示为频率的一个函数的方式是一样的。另一种方法是可以通过考虑简单的延迟滤波器

$$y_t = A x_{t-D}$$

序列由先经过乘以 A 放大后，再延迟 D 点的新序列版本来代替。对于这种情况，

$$f_{yx}(\omega) = A e^{-2\pi i \omega D} f_{xx}(\omega)$$

振幅为 $|A|$，相位为

$$\phi_{yx}(\omega) = -2\pi\omega D$$

或者只是频率 ω 的线性函数。对于这种情况，应用简单的时间延迟会导致相位延迟，这取决于周期性分量的频率被延迟。通过设置

$$x_t = \cos(2\pi\omega t)$$

会更容易解释。在这种情况下

$$y_t = A\cos(2\pi\omega t - 2\pi\omega D)$$

因此，输出序列 y_t 与输入序列 x_t 具有相同的周期，但输出的幅度增加了一个因子 $|A|$。同时相位变化了一个因子 $-2\pi\omega D$。

例 4.23 差分和移动平均滤波器

我们考虑计算例 4.22 中讨论的两个滤波器的幅度和相位。移动平均值的情况很容易，因为式(4.107)中给出的 $A_{yx}(\omega)$ 是纯实数的。因此，幅度只是 $|A_{yx}(\omega)|$ 并且相位是 $\phi_{yx}(\omega) = 0$。通常，对称($a_j = a_{-j}$)滤波器的相位为零。然而，一阶差分改变了这一点，正如我们可能从上面涉及时间延迟滤波器的例子中所预期的那样。在这种情况下，平方幅度在式(4.106)中给出。为了计算相位，

$$A_{yx}(\omega) = 1 - e^{-2\pi i\omega} = e^{-i\pi\omega}(e^{i\pi\omega} - e^{-i\pi\omega})$$

$$= 2ie^{-i\pi\omega}\sin(\pi\omega) = 2\sin^2(\pi\omega) + 2i\cos(\pi\omega)\sin(\pi\omega)$$

$$= \frac{c_{yx}(\omega)}{f_{xx}(\omega)} - i\,\frac{q_{yx}(\omega)}{f_{xx}(\omega)}$$

因此

$$\phi_{yx}(\omega) = \tan^{-1}\left(-\frac{q_{yx}(\omega)}{c_{yx}(\omega)}\right) = \tan^{-1}\left(\frac{\cos(\pi\omega)}{\sin(\pi\omega)}\right)$$

注意到

$$\cos(\pi\omega) = \sin(-\pi\omega + \pi/2)$$

并且

$$\sin(\pi\omega) = \cos(-\pi\omega + \pi/2)$$

从而，我们得到

$$\phi_{yx}(\omega) = -\pi\omega + \pi/2$$

并且相位也是频率的线性函数。

在该序列的滤波版本中，频率在不同时间到达的上述趋势仍然是差分类型滤波器的两个令人讨厌的特征之一。另一个缺点是频率响应函数的温和增加。如果低频确实不重要并且要保留高频，我们希望得到比图 4.17 中明显更敏锐的响应。类似地，如果低频很重要而高频不重要，则移动平均滤波器在通过低频和衰减高频时也不是很有效。可以通过设计更好和更长的滤波器进行改进，但我们不在此讨论。

我们偶尔会使用与式(4.22)中所示的简单性质相当的多变量序列 $x_t = (x_{t1}, \cdots, x_{tp})'$ 的结果。考虑矩阵滤波器

$$y_t = \sum_{j=-\infty}^{\infty} A_j x_{t-j} \tag{4.113}$$

其中 $\{A_j\}$ 表示 $q \times p$ 阶矩阵的序列，使得 $\sum\limits_{j=-\infty}^{\infty} \|A_j\| < \infty$ ，且 $\|\cdot\|$ 表示任何矩阵范数，$x_t = (x_{t1}, \cdots, x_{tp})'$ 是具有平均向量 μ_x 和 $p \times p$ 矩阵协方差函数 $\Gamma_{xx}(h)$ 和谱矩阵 $f_{xx}(\omega)$ 的 $p \times 1$ 阶平稳向量过程，并且 y_t 是 $q \times 1$ 向量输出过程。然后，我们可以获得以下性质。

性质 4.9　滤波向量序列的输出谱矩阵

式(4.113)中滤波后的输出 y_t 的频谱矩阵与输入 x_t 的频谱有关

$$f_{yy}(\omega) = \mathcal{A}(\omega) f_{xx}(\omega) \mathcal{A}^*(\omega) \tag{4.114}$$

其中矩阵频率响应函数 $\mathcal{A}(\omega)$ 定义为

$$\mathcal{A}(\omega) = \sum_{j=-\infty}^{\infty} A_j \exp(-2\pi i\omega j) \tag{4.115}$$

4.8　滞后回归模型

例 4.21 中讨论的 SOI 和新鱼数量序列之间关系的相干性分析提供了一个有趣的可能性，那就是将经典回归扩展到对如下形式的滞后回归模型的分析

$$y_t = \sum_{r=-\infty}^{\infty} \beta_r x_{t-r} + v_t \tag{4.116}$$

其中 v_t 是平稳噪声过程, x_t 是观察到的输入序列, y_t 是观察到的输出序列。我们感兴趣的是估计将 x_t 的相邻滞后值与输出序列 y_t 相关联的滤波器系数 β_r。

在 SOI 和新鱼数量序列的情况下, 我们可能会将厄尔尼诺序列和 SOI 确定为驱动序列, 即输入序列 x_t, 将新鱼数量序列作为输出序列 y_t。通常, 可能存在多于一个的输入序列, 并且我们可以设想驱动序列为一个 $q \times 1$ 向量。第 7 章介绍了这种多变量输入情况。由式(4.116)给出的模型在几种不同的情景下是有用的, 对应于可以对分量做出的不同假设。

我们假设输入和输出具有零均值并且与具有如下形式的谱矩阵的 2×1 阶向量联合平稳过程 $(x_t, y_t)'$:

$$f(\omega) = \begin{pmatrix} f_{xx}(\omega) f_{xy}(\omega) \\ f_{yx}(\omega) f_{yy}(\omega) \end{pmatrix} \tag{4.117}$$

这里, $f_{xy}(\omega)$ 是将输入 x_t 与输出 y_t 相关联的交叉谱, $f_{xx}(\omega)$ 和 $f_{yy}(\omega)$ 分别是输入和输出序列的谱。通常, 我们观察两个序列, 视为输入和输出, 并搜索将输入与输出相关联的回归函数 $\{\beta_r\}$。我们假设所有自协方差函数都满足式(4.38)的绝对可加条件。

然后, 最小化均方误差

$$\text{MSE} = \text{E}\Big(y_t - \sum_{r=-\infty}^{\infty} \beta_r x_{t-r}\Big)^2 \tag{4.118}$$

得到一般的正交性条件

$$\text{E}\Big[\Big(y_t - \sum_{r=-\infty}^{\infty} \beta_r x_{t-r}\Big)x_{t-s}\Big] = 0 \tag{4.119}$$

对于所有 $s = 0, \pm 1, \pm 2, \cdots$。考虑内部的期望得到正规方程

$$\sum_{r=-\infty}^{\infty} \beta_r \gamma_{xx}(s-r) = \gamma_{yx}(s) \tag{4.120}$$

对于 $s = 0, \pm 1, \pm 2, \cdots$。如果准确地知道协方差函数, 可以通过一些努力来解出这些方程。如果 $t = 1, \cdots, n$ 的数据 (x_t, y_t) 可用, 我们可以使用上述方程的有限近似, 将 $\hat{\gamma}_{xx}(h)$ 和 $\hat{\gamma}_{yx}(h)$ 代入式(4.120)。对于 $|s| \geqslant M/2$, 且 $M < n$, 如果回归向量基本为零, 方程组(4.120)将满秩, 对它求解将需要对一个 $(M-1) \times (M-1)$ 的矩阵求逆。

在这种情况下, 频域近似解决方案更容易, 原因有两个。首先, 使用 4.5 节中的技术, 计算依赖于可以从样本数据估计的谱和交叉谱。此外, 尽管必须针对每个频率计算频域比, 但不必反转矩阵。为了计算频域解, 使用式(4.117)中定义的约定将式(4.96)代入正规方程。然后式(4.120)的左侧可以以如下形式写出

$$\int_{-\frac{1}{2}}^{\frac{1}{2}} \sum_{r=-\infty}^{\infty} \beta_r e^{2\pi i\omega(s-r)} f_{xx}(\omega)\,\mathrm{d}\omega = \int_{-\frac{1}{2}}^{\frac{1}{2}} e^{2\pi i\omega s} B(\omega) f_{xx}(\omega)\,\mathrm{d}\omega$$

其中

$$B(\omega) = \sum_{r=-\infty}^{\infty} \beta_r e^{-2\pi i\omega r} \tag{4.121}$$

是回归系数 β_t 的傅里叶变换。现在, 因为 $\gamma_{yx}(s)$ 是交叉谱 $f_{yx}(\omega)$ 的逆变换, 我们可以使用

傅里叶变换的唯一性在频域中给出如下方程组：

$$B(\omega) f_{xx}(\omega) = f_{yx}(\omega) \tag{4.122}$$

这个方程可以类比于通常的正规方程。我们可以采取

$$\hat{B}(\omega_k) = \frac{\hat{f}_{yx}(\omega_k)}{\hat{f}_{xx}(\omega_k)} \tag{4.123}$$

作为回归系数的傅里叶变换的估计量，在基频的一些子集 $\omega_k = k/M$ 处用 $M \ll n$ 进行评估。通常，我们在形如 $\{\omega_k + l/n; \ l = -m, \cdots, 0, \cdots, m\}$ 的区间内假设 $B(\cdot)$ 的平滑度，$L = 2m+1$。函数 $\hat{B}(\omega)$ 的逆变换得到 $\hat{\beta}_t$，对于离散时间，$t = 0, \pm 1, \pm 2, \cdots, \pm(M/2-1)$，可以近似写为

$$\hat{\beta}_t = M^{-1} \sum_{k=0}^{M-1} \hat{B}(\omega_k) e^{2\pi i \omega_k t} \tag{4.124}$$

对于 $|t| \geqslant M/2$，如果我们使用式（4.124）定义 $\hat{\beta}_t$，最终得到一系列周期为 M 的系数。在实际中，对于 $|t| \geqslant M/2$，我们定义 $\hat{\beta}_t = 0$。问题 4.32 探讨了这种近似产生的误差。

例 4.24   SOI 和新鱼数量序列的滞后回归

例 4.21 中提到的 SOI 和新鱼数量序列之间的高度相干性表明两个序列之间存在滞后回归关系。这种情况暗示的一个自然方向是隐含的，因为我们认为海面温度或 SOI 应该是输入变量，而新鱼数量序列应该是输出变量。考虑到这一点，令 x_t 为 SOI 序列和 y_t 为新鱼数量序列。

虽然我们自然而然地认为 SOI 是输入，而新鱼数量则是输出，但两种输入输出配置是有意义的。以 SOI 为输入，模型是

$$y_t = \sum_{r=-\infty}^{\infty} a_r x_{t-r} + w_t$$

而反转这两个角色的模型将是

$$x_t = \sum_{r=-\infty}^{\infty} b_r y_{t-r} + v_t$$

其中 w_t 和 v_t 是白噪声过程。尽管对于这两个模型中的第二个模型没有合理的环境解释，但显示这两种可能性有助于解决简约的传递函数模型。

根据 astsa 中的脚本 LagReg，当 $M = 32$ 且 $L = 15$ 时，SOI 的估计回归或脉冲响应函数是

```
LagReg(soi, rec, L=15, M=32, threshold=6)
          lag s     beta(s)
    [1,]     5  -18.479306
    [2,]     6  -12.263296
    [3,]     7   -8.539368
    [4,]     8   -6.984553
The prediction equation is
rec(t) = alpha + sum_s[ beta(s)*soi(t-s) ], where alpha = 65.97
MSE = 414.08
```

注意图 4.18 的上图滞后 5 个点的负峰值，在这种情况下，SOI 是输入序列。在滞后 5 期之后的下降似乎是近似指数的下降，并且可能的模型是

$$y_t = 66 - 18.5 x_{t-5} - 12.3 x_{t-6} - 8.5 x_{t-7} - 7 x_{t-8} + w_t$$

如果我们检查反向关系，即以新鱼数量序列 y_t 为输入的回归模型，图 4.18 的下图意味着一个更简单的模型，

```
LagReg(rec, soi, L=15, M=32, inverse=TRUE, threshold=.01)
        lag s     beta(s)
  [1,]     4   0.01593167
  [2,]     5  -0.02120013
The prediction equation is
soi(t) = alpha + sum_s[ beta(s)*rec(t+s) ], where alpha = 0.41
MSE = 0.07
```

仅取决于两个系数，即

$$x_t = 0.41 + 0.016 y_{t+4} - 0.02 y_{t+5} + v_t$$

将双方乘以 $50B^5$ 并重新排列，得到

$$(1 - 0.8B) y_t = 20.5 - 50B^5 x_t + \varepsilon_t$$

最后，我们检查噪声 ε_t 是否为白噪声。此外，在这一点上，如果我们用自相关误差重新运行回归并重新估计系数，它就会简化问题。该模型被称为 ARMAX 模型（X 代表外生，参见 5.6 和 6.6.1 节）：

```
fish = ts.intersect(R=rec, RL1=lag(rec,-1), SL5=lag(soi,-5))
(u = lm(fish[,1]~fish[,2:3], na.action=NULL))
acf2(resid(u))  # suggests ar1
sarima(fish[,1], 1, 0, 0, xreg=fish[,2:3])   # armax model
  Coefficients:
          ar1   intercept    RL1       SL5
       0.4487    12.3323    0.8005   -21.0307
  s.e. 0.0503     1.5746    0.0234     1.0915
  sigma^2 estimated as 49.93
```

我们最后的简约拟合模型是（有四舍五入）

$$y_t = 12 + 0.8 y_{t-1} - 21 x_{t-5} + \varepsilon_t \quad 和 \quad \varepsilon_t = 0.45 \varepsilon_{t-1} + w_t$$

其中 w_t 是白噪声，$\sigma_w^2 = 50$。这个例子也在第 5 章中进行了研究。最终模型的拟合值可以参见图 5.12。

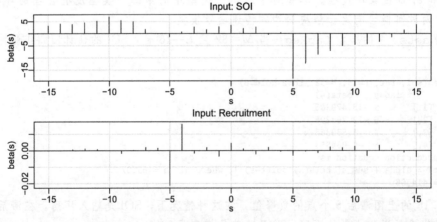

图 4.18 估计的将 SOI 序列与新鱼数量序列关联的脉冲响应函数（上）和将新鱼数量序列与 SOI 序列相关联的脉冲响应函数（下），其中，$L=15$，$M=32$

这个例子表明，如果相干性 $\hat{\rho}_{xy}^2(\omega)$ 很大，我们可以得到与两个序列相关的传递函数的干净估计量。原因是，应用投影定理中关于数据和误差项的正交性的结论，我们可以将最小化均方误差(4.118)写为

$$\text{MSE} = \text{E}\Big[\Big(y_t - \sum_{r=-\infty}^{\infty}\beta_r x_{t-r}\Big)y_t\Big] = \gamma_{yy}(0) - \sum_{r=-\infty}^{\infty}\beta_r\gamma_{xy}(-r)$$

然后，将自协方差和互协方差函数的频谱表达式进行替换并在结果中识别傅里叶变换(4.121)，得到

$$\text{MSE} = \int_{-\frac{1}{2}}^{\frac{1}{2}}\big[f_{yy}(\omega) - B(\omega)f_{xy}(\omega)\big]\mathrm{d}\omega = \int_{-\frac{1}{2}}^{\frac{1}{2}}f_{yy}(\omega)\big[1-\rho_{yx}^2(\omega)\big]\mathrm{d}\omega \quad (4.125)$$

其中 $\rho_{xy}^2(\omega)$ 就是式(4.94)给出的平方相干性。式(4.125)与通过 x 预测 y 得到的均方误差的相似性是显而易见的。在那种情况下，我们有

$$\text{E}(y-\beta x)^2 = \sigma_y^2(1-\rho_{xy}^2)$$

对于联合分布的随机变量 x 和 y，具有零均值，方差为 σ_x^2 和 σ_y^2，以及协方差 $\sigma_{xy} = \rho_{xy}\sigma_x\sigma_y$。由于式(4.125)中的均方误差满足 $\text{MSE} \geqslant 0$ 且 $f_{yy}(\omega)$ 为非负函数，因此，对于所有 ω，相干性满足

$$0 \leqslant \rho_{xy}^2(\omega) \leqslant 1$$

此外，问题 4.33 表明，当输出与滤波器关系(4.116)线性相关时，平方相干性为 1，并且没有噪声，即 $v_t = 0$。因此，多重相干性作为频率的函数给出了输入和输出序列间的关联性或相关性的度量。

当样本相干性值代替理论值时，验证式(4.104)所要求的 F-分布的问题仍然存在。同样，F-统计量的形式与回归中检验相关性的 t 检验完全类似。我们稍后使用 C.3 节中的结果给出一个导致这个结论的论据。本节中尚未解决的另一个问题是对多个输入 x_{t1}, x_{t2}, …, x_{tq} 的扩展。通常，存在不止一个输入序列，其可能形成输出序列 y_t 的滞后预测器。一个例子是心血管死亡率序列，可能依赖于许多污染序列和温度。我们讨论了此特定扩展，它是第 7 章中考虑的多变量时间序列技术的一部分。

4.9　信号提取和最佳滤波

本节研究一个与回归密切相关的模型。假设

$$y_t = \sum_{r=-\infty}^{\infty}\beta_r x_{t-r} + v_t \quad (4.126)$$

但 β 是已知的，而 x_t 是一些与噪声过程 v_t 不相关的未知随机信号。在这种情况下，我们只观察 y_t，并对如下形式的信号 x_t 的估计量感兴趣

$$\hat{x}_t = \sum_{r=-\infty}^{\infty}a_r y_{t-r} \quad (4.127)$$

在频域中，可以简单地做出额外的假设，即序列 x_t 和 v_t 都是具有频谱 $f_{xx}(\omega)$ 和 $f_w(\omega)$ 的零均值平稳序列，通常分别称为信号频谱和噪声频谱。通常我们感兴趣的是一个特例，即 $\beta_t = \delta_t$，其中 δ_t 是罗内克 δ 函数(Kronecker Delta)，因为式(4.126)简化为简单信号加噪声模型

$$y_t = x_t + v_t \tag{4.128}$$

在这种情况下。通常，我们要找到滤波器的系数 a_r，从而最小化估计量的均方误差，即最小化

$$\text{MSE} = \text{E}\left[\left(x_t - \sum_{r=-\infty}^{\infty} a_r y_{t-r}\right)^2\right] \tag{4.129}$$

这个问题最初由 Kolmogorov[120] 和 Wiener[211] 解决，他们在 1941 年得出结果并在第二次世界大战期间将其以内参形式发表。

我们可以应用正交原理，对于 $s = 0, \pm 1, \pm 2, \cdots$，有

$$\text{E}\left[\left(x_t - \sum_{r=-\infty}^{\infty} a_r y_{t-r}\right) y_{t-s}\right] = 0$$

从而得到

$$\sum_{r=-\infty}^{\infty} a_r \gamma_{yy}(s-r) = \gamma_{xy}(s)$$

求解得到滤波器系数。将自协方差函数的频谱代入上式，并通过傅里叶变换的唯一性识别频谱密度

$$A(\omega) f_{yy}(\omega) = f_{xy}(\omega) \tag{4.130}$$

其中 $A(\omega)$ 和最佳滤波器 a_t 是 $B(\omega)$ 和 β_t 的傅里叶变换对。现在，模型的一个特殊结果是（见问题 4.30）

$$f_{xy}(\omega) = B^*(\omega) f_{xx}(\omega) \tag{4.131}$$

和

$$f_{yy}(\omega) = |B(\omega)|^2 f_{xx}(\omega) + f_{vv}(\omega) \tag{4.132}$$

意味着最优滤波器将是傅里叶变换

$$A(\omega) = \frac{B^*(\omega)}{\left(|B(\omega)|^2 + \dfrac{f_{vv}(\omega)}{f_{xx}(\omega)}\right)} \tag{4.133}$$

分母中的第二项恰好是信噪比的倒数，即，

$$\text{SNR}(\omega) = \frac{f_{xx}(\omega)}{f_{vv}(\omega)} \tag{4.134}$$

结果表明，如果信号和噪声谱都是已知的，或者如果我们可以假设信噪比 $\text{SNR}(\omega)$ 为频率的函数，则可以为该模型计算最佳滤波器。在第 7 章，我们给出了一些用于估计这两个参数的方法以及方差模型的随机效应分析，但是我们在此假设可以先验地指定信噪比。如果已知信噪比，则可以通过函数 $A(\omega)$ 的逆变换来计算最佳滤波器。逆变换可能是更难以处理的，并且可以将类似于前一部分中使用的有限滤波器近似应用于数据。在这种情况下，我们将有

$$a_t^M = M^{-1} \sum_{k=0}^{M-1} A(\omega_k) \text{e}^{2\pi i \omega_k t} \tag{4.135}$$

作为估计的滤波器函数。通常情况是，指定频率响应的形式在信噪比高的区域和信号很少的区域之间会有一些相当尖锐的过渡。在这些情况下，频率响应函数的形状将具有可以引入不同幅度的频率的波纹。这个问题的较好的解决方案是引入锥度，如式（4.69）～（4.76）中的谱估计所做的那样。我们在锥度滤波器下方使用 $\tilde{a}_t = h_t a_t$，其中 h_t 是式（4.76）中给出

的余弦锥度。得到的滤波器的平方频率响应为 $|\widetilde{A}(\omega)|^2$，其中

$$\widetilde{A}(\omega) = \sum_{t=-\infty}^{\infty} a_t h_t e^{-2\pi i\omega t} \tag{4.136}$$

例 4.25 展示了上述结果，该实例提取了海面温度序列的厄尔尼诺分量。

例 4.25　通过最佳滤波器估算厄尔尼诺信号

图 4.7 显示了 SOI 序列的频谱，我们注意到基本上有两个分量具有功率，厄尔尼诺频率为每月约 0.02 个循环(四年循环)，每年频率约为 0.08 个循环(年度循环)。对于这个例子，我们假设希望将较低频率保持为信号并消除较高阶频率，特别是年循环。在这种情况下，我们假设简单的信号加噪声模型

$$y_t = x_t + v_t$$

因此没有卷积函数 β_t。此外，假设信噪比高达每月约 0.06 个循环，之后为零。假设最佳频率响应为每点 0.05 个循环的单位，然后在几个步骤中线性衰减到零。图 4.19 显示了由式 (4.135)指定的系数，其中 $M=64$，以及式(4.136)给出的余弦递减系数的频率响应函数；回顾图 4.11，我们证明了需要锥化以避免窗口出现严重的波纹。我们将构建的响应函数与图 4.19 中的理想窗口进行比较。

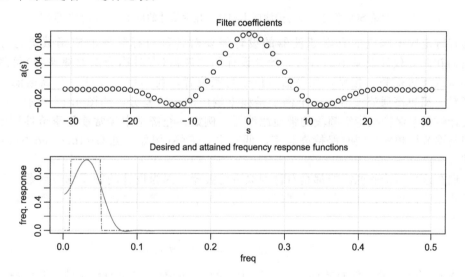

图 4.19　SOI 滤波器的滤波器系数(上)和频率响应函数(下)

图 4.20 显示了原始和过滤的 SOI 指数，我们看到了一个平滑的提取信号，它传达了潜在的厄尔尼诺信号的本质。滤波器的频率响应可以与应用于例 4.22 中相同序列的对称 12 个月移动平均值的频率响应进行比较。滤波后的序列如图 4.16 所示，显示了平滑版本上的大量高频振荡，这是由频率响应平方中泄漏的较高频率引入的，如图 4.17 所示。

可以使用脚本 SigExtract 重现这一分析。

```
SigExtract(soi, L=9, M=64, max.freq=.05)
```

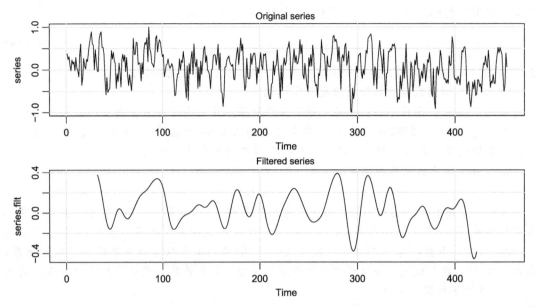

图 4.20　原始 SOI 序列(上)与过滤版本相比，显示估计的厄尔尼诺温度信号(下)　■

　　具有特定频率响应的有限滤波器的设计需要对各种目标频率响应函数进行一些实验，我们在此处仅涉及其中的方法。此处设计的滤波器(有时称为低通滤波器)可降低高频并保持或通过低频。相反，如果信号位于高频位置，我们可以设计一个高通滤波器来保持高频。简单高通滤波器的一个例子是频率响应的一阶差分，如图 4.17 所示。我们还可以设计将频率保持在指定频段的带通滤波器。例如，经济学中经常使用季节性调整滤波器来抑制季节性频率，同时保持高频率、低频率和趋势(例如，见 Grether and Nerlove[83]的文献)。

　　我们在这里讨论的滤波器都是对称的双边滤波器，因为设计的频率响应函数是纯实数的。或者，我们可以设计递归滤波器以产生期望的响应。递归滤波器的一个例子是通过滤波的输出

$$y_t = \sum_{k=1}^{p} \phi_k y_{t-k} + x_t - \sum_{k=1}^{q} \theta_k x_{t-k} \tag{4.137}$$

替换输入 x_t 的滤波器。注意式(4.137)和 ARMA(p，q)模型之间的相似性，其中白噪声分量被输入替换。转换涉及 y_t 的项并使用性质 4.3 中的基本线性滤波器结果得到

$$f_y(\omega) = \frac{\left| \theta(e^{-2\pi i\omega}) \right|^2}{\left| \phi(e^{-2\pi i\omega}) \right|^2} f_x(\omega) \tag{4.138}$$

其中

$$\phi(e^{-2\pi i\omega}) = 1 - \sum_{k=1}^{p} \phi_k e^{-2\pi i k\omega}$$

和

$$\theta(e^{-2\pi i\omega}) = 1 - \sum_{k=1}^{q} \theta_k e^{-2\pi i k\omega}$$

诸如式(4.138)给出的递归滤波器会使得到达频率的相位失真，这里我们不考虑设计这种滤波器的细节问题。

4.10　多维时间序列的谱分析

多维时间序列 x_s 在中 1.6 节中引入，其中 $s = (s_1, s_2, \cdots, s_r)'$ 是空间坐标的 r 维向量或空间和时间坐标的组合。1.6 节给出的例子，如图 1.18 所示，是一个采用矩形域的温度测量的集合。这些数据将形成一个二维过程，在空间中由行和列索引。在该部分，r 维平稳序列的多维自协方差函数给出为 $\gamma_x(h) = \mathrm{E}[x_{s+h} x_s]$，其中多维滞后向量为 $h = (h_1, h_2, \cdots, h_r)'$。

多维波数谱作为自协方差的傅里叶变换给出，即

$$f_x(\omega) = \sum_h \cdots \sum \gamma_x(h) \mathrm{e}^{-2\pi i \omega' h} \tag{4.139}$$

再次，反解后的结果

$$\gamma_x(h) = \int_{-\frac{1}{2}}^{\frac{1}{2}} \cdots \int_{-\frac{1}{2}}^{\frac{1}{2}} f_x(\omega) \mathrm{e}^{2\pi i \omega' h} \mathrm{d}\omega \tag{4.140}$$

其中积分区间是向量 ω 的多维值域。波数参数完全类似于频率参数，并且我们具有相应的直观解释，即在第 i 个方向上每行移动距离 s_i 所对应的循环速率 ω_i。

在实际应用中经常出现二维过程，上面的表示将改为

$$f_x(\omega_1, \omega_2) = \sum_{h_1 = -\infty}^{\infty} \sum_{h_2 = -\infty}^{\infty} \gamma_x(h_1, h_2) \mathrm{e}^{-2\pi i(\omega_1 h_1 + \omega_2 h_2)} \tag{4.141}$$

和

$$\gamma_x(h_1, h_2) = \int_{-\frac{1}{2}}^{\frac{1}{2}} \int_{-\frac{1}{2}}^{\frac{1}{2}} f_x(\omega_1, \omega_2) \mathrm{e}^{2\pi i(\omega_1 h_1 + \omega_2 h_2)} \mathrm{d}\omega_1 \mathrm{d}\omega_2 \tag{4.142}$$

在 $r=2$ 的情况下。线性滤波的概念可以容易地推广到二维情况，通过将脉冲响应函数 a_{s_1, s_2} 和空间滤波器输出定义为

$$y_{s_1, s_2} = \sum_{u_1} \sum_{u_2} a_{u_1, u_2} x_{s_1 - u_1, s_2 - u_2} \tag{4.143}$$

该滤波器的输出频谱可以推导为

$$f_y(\omega_1, \omega_2) = |A(\omega_1, \omega_2)|^2 f_x(\omega_1, \omega_2) \tag{4.144}$$

其中

$$A(\omega_1, \omega_2) = \sum_{u_1} \sum_{u_2} a_{u_1, u_2} \mathrm{e}^{-2\pi i(\omega_1 u_1 + \omega_2 u_2)} \tag{4.145}$$

这些结果类似于性质 4.3 中描述的一维情况。

多维 DFT 也是单变量表达式的直接推广。在具有矩形网格上的数据的二维情况下，$\{x_{s_1, s_2}; s_1 = 1, \cdots, n_1, s_2 = 1, \cdots, n_2\}$，对于 $-1/2 \leqslant \omega_1, \omega_2 \leqslant 1/2$，有

$$d(\omega_1, \omega_2) = (n_1 n_2)^{-1/2} \sum_{s_1=1}^{n_1} \sum_{s_2=1}^{n_2} x_{s_1, s_2} \mathrm{e}^{-2\pi i(\omega_1 s_1 + \omega_2 s_2)} \tag{4.146}$$

作为二维 DFT，其中频率 ω_1 和 ω_2 在空间频率标度上以 $(1/n_1, 1/n_2)$ 的倍数被求值。可以通过平滑的样本波数谱

$$\overline{f}_x(\omega_1,\omega_2) = (L_1 L_2)^{-1} \sum_{\ell_1,\ell_2} |d(\omega_1 + \ell_1/n_1, \omega_2 + \ell_2/n_2)|^2 \qquad (4.147)$$

来估计二维波数谱。其中求和是在网格 $\{-m_j \leqslant \ell_j \leqslant m_j;\ j=1,\ 2\}$ 上进行的，$L_1 = 2m_1 + 1$ 且 $L_2 = 2m_2 + 1$。统计量

$$\frac{2L_1 L_2 \overline{f}_x(\omega_1,\omega_2)}{f_x(\omega_1,\omega_2)} \sim \chi^2_{2L_1 L_2} \qquad (4.148)$$

可用于设置置信区间或对固定的假设频谱 $f_0(\omega_1,\ \omega_2)$ 进行近似检验。

例 4.26   土壤表面温度

例如，考虑图 1.18 所示的二维温度序列的周期图，该图由 Bazza 等人[15]分析得到。在这种情况下的空间坐标是 $(s_1,\ s_2)$，它们定义空间坐标行和列，以便两个方向上的频率表示为每行的周期和每列的周期。图 4.21 显示了二维温度序列的周期图，我们注意到在列频率为零的情况下在行上运行的强谱峰的脊。一个明显的周期性成分出现在每行 0.0625 和 -0.0625 循环的频率，相当于 16 行或约 272 英尺。在对该田地以前的灌溉模式进一步研究时，盐的处理水平在列上周期性变化。问题 4.24 中对此分析进行了扩展，我们在行中恢复盐处理剖面并将其与通过对列进行平均计算的信号进行比较。

图 4.21 可以使用如下代码在 R 中再现。在本例的代码中，周期图 per 在一个步骤中计算；其余的代码只是操作以获得一个漂亮的图形。

```
per = Mod(fft(soiltemp-mean(soiltemp))/sqrt(64*36))^2
per2 = cbind(per[1:32,18:2], per[1:32,1:18])
per3 = rbind(per2[32:2,],per2)
par(mar=c(1,2.5,0,0)+.1)
persp(-31:31/64, -17:17/36, per3, phi=30, theta=30, expand=.6,
        ticktype="detailed", xlab="cycles/row", ylab="cycles/column",
        zlab="Periodogram Ordinate")
```

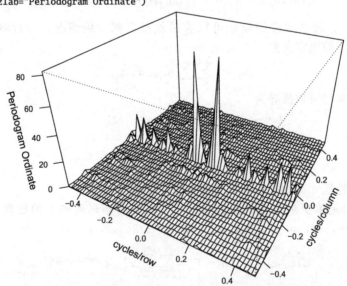

图 4.21   土壤温度剖面的二维周期图显示在 0.0625 循环/行的峰值。周期为 16 行，
这相当于 16×17 英尺 $= 272$ 英尺

McBratney 和 Webster[134] 给出了农业田间试验的二维谱分析的另一种应用，他们用它来检测产量中的垄沟和沟纹模式。在相当大的网格上对规则的、等间距的样本的要求对严格的二维谱分析有限制。例外情况是当存在来自给定速度和方位角的传播信号时，将波数谱预测为速度和方位角的函数变得可行(见 Shumway et al.[186] 的文献)。

问题

4.1 节

4.1　对于任何正整数 n 和 j，$k=0$，1，$\cdots$，$[[n/2]]$，其中 $[[\cdot]]$ 表示最大整数函数，验证：

(a) 除了 $j=0$ 或 $j=n/2$ ⊖，

$$\sum_{t=1}^{n} \cos^2(2\pi tj/n) = \sum_{t=1}^{n} \sin^2(2\pi tj/n) = n/2$$

(b) 当 $j=0$ 或 $j=n/2$ 时，

$$\sum_{t=1}^{n} \cos^2(2\pi tj/n) = n \quad 但 \quad \sum_{t=1}^{n} \sin^2(2\pi tj/n) = 0$$

(c) 对于 $j \neq k$，

$$\sum_{t=1}^{n} \cos(2\pi tj/n)\cos(2\pi tk/n) = \sum_{t=1}^{n} \sin(2\pi tj/n)\sin(2\pi tk/n) = 0$$

同时，对于 j 和 k，

$$\sum_{t=1}^{n} \cos(2\pi tj/n)\sin(2\pi tk/n) = 0$$

4.2　重复例 4.1 和例 4.2 中的模拟和分析，并进行以下改变：

(a) 将样本大小更改为 $n=128$，生成并绘制与例 4.1 中相同的序列

$$x_{t1} = 2\cos(2\pi 0.06t) + 3\sin(2\pi 0.06t)$$
$$x_{t2} = 4\cos(2\pi 0.10t) + 5\sin(2\pi 0.10t)$$
$$x_{t3} = 6\cos(2\pi 0.40t) + 7\sin(2\pi 0.40t)$$
$$x_t = x_{t1} + x_{t2} + x_{t3}$$

这些序列与例 4.1 中生成的序列有什么主要区别？(提示：答案是基础的。但如果你的答案是序列更长，你可能会受到严厉的惩罚。)

(b) 如例 4.2 所示，计算并绘制(a)中生成的序列 x_t 的周期图，并对结果进行评论。

(c) 重复(a)和(b)的分析，但是 $n=100$(如例 4.1 所示)，并向 x_t 添加噪声，即

$$x_t = x_{t1} + x_{t2} + x_{t3} + w_t$$

其中 $w_t \sim$ iid $N(0，25)$。也就是说，你应该模拟并绘制数据，然后绘制 x_t 的周期图，并对结果进行评论。

⊖　提示：我们将解决部分问题。

$$\sum_{t=1}^{n} \cos^2(2\pi tj/n) = \frac{1}{4}\sum_{t=1}^{n}(e^{2\pi itj/n} + e^{-2\pi itj/n})(e^{2\pi itj/n} + e^{-2\pi itj/n}) = \frac{1}{4}\sum_{t=1}^{n}(e^{4\pi itj/n} + 1 + 1 + e^{-4\pi itj/n}) = \frac{n}{2}$$

4.3 参考式(4.1)和式(4.2)，令 $Z_1 = U_1$ 和 $Z_2 = -U_2$ 是独立的标准正态变量。考虑点 $(Z_1，Z_2)$ 的极坐标，即

$$A^2 = Z_1^2 + Z_2^2 \quad 和 \quad \phi = \tan^{-1}(Z_2/Z_1)$$

(a) 求出 A^2 和 ϕ 的联合密度，并从结果中得出结论：A^2 和 ϕ 是独立的随机变量，其中 A^2 是具有 2 个自由度的卡方随机变量，并且 ϕ 均匀分布在 $(-\pi，\pi)$。

(b) 从极坐标到直角坐标反过来，假设 A^2 和 ϕ 是独立的随机变量，其中 A^2 是 2 df 的卡方随机变量，并且 ϕ 均匀地分布在 $(-\pi，\pi)$ 上。当 $Z_1 = A \cos(\phi)$ 且 $Z_2 = A \sin(\phi)$ 时，其中 A 是 A^2 的正平方根，证明 Z_1 和 Z_2 是独立的标准正态随机变量。

4.4 验证 (4.5)。

4.2 节

4.5 首先从具有零均值和方差为 1 的正态分布绘制白噪声序列 w_t。观察到的序列 x_t 是由下式得到

$$x_t = w_t - \theta w_{t-1}，\quad t = 0，\pm 1，\pm 2，\cdots$$

其中 θ 是一个参数。

(a) 推导 x_t 和 w_t 序列的理论平均值和自协方差函数。序列 x_t 和 w_t 是平稳的吗？给出你的理由。

(b) 给出 x_t 的功率谱的公式，用 θ 和 ω 表示。

4.6 使用下式生成一阶自回归模型，其中包含白噪声序列 w_t。

$$x_t = \phi x_{t-1} + w_t$$

其中 ϕ，对于 $|\phi| < 1$，是一个参数，w_t 是独立的随机变量，均值为零，方差为 σ_w^2。

(a) 证明 x_t 的功率谱由下式给出

$$f_x(\omega) = \frac{\sigma_w^2}{1 + \phi^2 - 2\phi \cos(2\pi\omega)}$$

(b) 验证此过程的自协方差函数

$$\gamma_x(h) = \frac{\sigma_w^2 \phi^{|h|}}{1 - \phi^2}$$

$h = 0，\pm 1，\pm 2，\cdots$。即证明 $\gamma_x(h)$ 的逆变换是在(a)部分中得到的谱。

4.7 在应用中，我们经常会观察到一系列信号，这些信号已被延迟了一段未知的时间 D，即

$$x_t = s_t + A s_{t-D} + n_t$$

其中 s_t 和 n_t 是平稳的并且分别独立于零均值 $f_s(\omega)$ 和谱密度和 $f_n(\omega)$。延迟信号乘以一些未知常数 A。证明

$$f_x(\omega) = [1 + A^2 + 2A \cos(2\pi\omega D)] f_s(\omega) + f_n(\omega)$$

4.8 假设 x_t 和 y_t 是平稳的零均值时间序列，对于所有 s 和 t，x_t 独立于 y_s。考虑序列

$$z_t = x_t y_t$$

证明 z_t 的谱密度可写为

$$f_z(\omega) = \int_{-\frac{1}{2}}^{\frac{1}{2}} f_x(\omega - \nu) f_y(\nu) \, d\nu$$

4.3 节

4.9　图 4.22 显示了 1749 年 6 月至 1978 年 12 月的太阳黑子平均数（12 个月移动平均值），其中 $n=459$ 点，每年两次；数据包含在 sunspotz 中。以例 4.13 为指南，执行识别主要时段的周期图分析，并获得所识别时段的置信区间。解释你的发现。

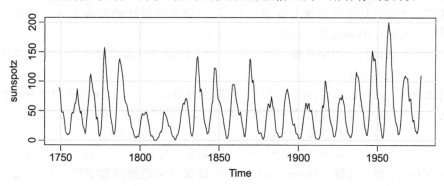

图 4.22　平滑的 12 个月太阳黑子数量（sunspotz），每年采样两次

4.10　已知在行上发生的盐浓度水平，与图 1.18 和图 1.19 中考虑的土壤科学数据的平均温度水平相对应，即 salt 和 saltemp。绘制序列，然后通过对两个序列进行单独的谱分析来识别主导频率。包括主导频率的置信区间并解释你的发现。

4.11　令观察到的序列 x_t 由周期信号和噪声组成，因此它可以写成

$$x_t = \beta_1 \cos(2\pi\omega_k t) + \beta_2 \sin(2\pi\omega_k t) + w_t$$

其中 w_t 是白噪声过程，方差为 σ_w^2。假设频率 ω_k 是已知的，并且在该问题中为 k/n。假设我们考虑通过最小二乘法估计 β_1、β_2 和 σ_w^2，或等效地，如果假设 w_t 为高斯过程，则通过最大似然估计 β_1、β_2 和 σ_w^2。

（a）证明，对于固定的 ω_k，可以通过如下方法得到最小平方误差

$$\begin{pmatrix} \hat{\beta}_1 \\ \hat{\beta}_2 \end{pmatrix} = 2n^{-1/2} \begin{pmatrix} d_c(\omega_k) \\ d_s(\omega_k) \end{pmatrix}$$

其中余弦和正弦变换式（4.31）和式子（4.32）出现在右侧。

（b）证明误差平方和可写为

$$\text{SSE} = \sum_{t=1}^{n} x_t^2 - 2I_x(\omega_k)$$

因此，最小化平方误差的 ω_k 的值与最大化周期图 $I_x(\omega_k)$ 估计量（4.28）相同。

（c）在高斯假设和固定 ω_k 下，证明没有回归的 F 检验导致 F -统计量是 $I_x(\omega_k)$ 的单调函数。

4.12　证明 DFT 的卷积特性，即

$$\sum_{s=1}^{n} a_s x_{t-s} = \sum_{k=0}^{n-1} d_A(\omega_k) d_x(\omega_k) \exp\{2\pi\omega_k t\}$$

对于 $t=1$，2，$\cdots$，n，其中 $d_A(\omega_k)$ 和 $d_x(\omega_k)$ 分别是 a_t 和 x_t 的离散傅里叶变换，我

们假设 $x_t = x_{t+n}$ 是周期性的。

4.4 节

4.13 使用非参数谱估算程序分析鸡肉价数据（chicken）。除了在例 2.5 中发现的明显的年度循环外，还揭示了其他有趣的循环？

4.14 使用非参数谱估计程序重复问题 4.9。除了详细讨论你的发现之外，还要评论你对平滑的和锥化的谱估计的选择。

4.15 使用非参数谱估计程序重复问题 4.10。除了详细讨论你的发现之外，还要评论你对平滑的和锥化的谱估计的选择。

4.16 **倒谱分析**。由回波引起的时间序列的周期性行为也可以在该序列的谱中观察到，从问题 4.7 中的结果可以看出这一事实。使用该问题的符号，假设我们观察到 $x_t = s_t + As_{t-D} + n_t$，这意味着谱满足 $f_x(\omega) = [1 + A^2 + 2A\cos(2\pi\omega D)]f_x(\omega) + f_n(\omega)$。如果噪声可以忽略不计（$f_n(\omega) \approx 0$），那么 $\log f_x(\omega)$ 是周期分量 $\log[1 + A^2 + 2A\cos(2\pi\omega D)]$ 与 $\log f_s(\omega)$ 之和的近似。Bogartetal 等人[27] 建议将去趋势对数谱作为伪时间序列进行处理并计算其频谱或倒频谱，其应在对应于 $1/D$ 的倒频率处显示峰值。可以将倒频谱（cepstrum）作为倒频率（quefrency）的函数绘制，从中可以估计延迟 D。

对于例 1.3 中给出的语音序列，如下使用倒谱分析估计音调周期。数据是在 speech 中。

(a) 计算并展示数据的对数周期图。周期图是否是预测的周期性？

(b) 对去趋势记录的周期图进行倒谱（频谱）分析，并使用结果估计延迟 D。你的答案与基于 ACF 的例 1.27 的分析相比如何？

4.17 使用性质 4.2 验证式(4.71)。然后验证式(4.74)和式(4.75)。

4.18 考虑两个时间序列

$$x_t = w_t - w_{t-1}$$
$$y_t = \frac{1}{2}(w_t + w_{t-1})$$

由白噪声序列 w_t 形成，方差 $\sigma_w^2 = 1$。

(a) x_t 和 y_t 是否联合平稳？回想一下，交叉协方差函数也必须只是滞后 h 的函数，并且不能依赖于时间。

(b) 计算谱 $f_x(\omega)$ 和 $f_y(\omega)$，并评论两个结果之间的差异。

(c) 假设使用 $L=3$ 计算序列的样本谱估计量 $\overline{f}_y(0.10)$。找到 a 和 b 使得

$$P\{a \leqslant \overline{f}_y(0.10) \leqslant b\} = 0.90$$

该表达式给出两个点，其将包含 90% 的样本谱值。每个尾部放置 5% 的面积。

4.5 节

4.19 通常，通过拟合足够高阶的自回归谱来研究太阳黑子序列的周期性。主要周期通常在 11 年左右。使用你选择的模型选择方法将自回归谱估计量拟合到太阳黑子数据中。将结果与问题 4.9 中的常规非参数谱估计进行比较。

4.20 使用参数谱估计程序分析鸡肉价格数据（chicken）。将结果与问题 4.13 进行比较。

4.21　在新鱼数量序列中拟合自回归谱估计量，并将其与例 4.16 的结果进行比较。

4.22　假设一阶自回归模型可以得到 $n=256$ 个点的样本时间序列。此外，假设用 $L=3$ 计算的样本谱产生估计值 $\overline{f}_y(1/8)=2.25$。该样本值是否与 $\sigma_w^2=1$，$\phi=0.5$ 一致？如果我们碰巧获得了相同的样本值，则重复使用 $L=11$。

4.23　假设我们希望单独检验噪声假设 $H_0:x_t=n_t$ 和信号加噪声假设 $H_1:x_t=s_t+n_t$，其中 s_t 和 n_t 是不相关的零均值平稳过程，其频谱为 $f_s(\omega)$ 和 $f_n(\omega)$。对于 $k=0$，±1，±2，$\cdots$，$\pm m$，假设我们想要在一个固定频率 ω 附近的 $\omega_{j:n}+k/n$ 形式的 $L=2m+1$ 频率的频带上进行检验。假设信号和噪声频谱在该间隔内近似恒定。

(a) 证明检验 H_0 与 H_1 的近似似然检验统计量与下式成正比

$$T = \sum_k |d_x(\omega_{j:n}+k/n)|^2 \left(\frac{1}{f_n(\omega)} - \frac{1}{f_s(\omega)+f_n(\omega)} \right)$$

(b) 在 H_0 与 H_1 下找出 T 的近似分布。

(c) 将误报和信号检测概率分别定义为 $P_F=P\{T>K\,|\,H_0\}$ 和 $P_d=P\{T>K\,|\,H_1\}$。根据信噪比 $f_s(\omega)/f_n(\omega)$ 和适当的卡方积分表示这些概率。

4.6 节

4.24　分析问题 4.10 中讨论的温度和盐数据之间的一致性。讨论你的发现。

4.25　考虑两个过程

$$x_t = w_t \quad 和 \quad y_t = \phi x_{t-D} + v_t$$

其中 w_t 和 v_t 是具有公共方差 σ^2 的独立白噪声过程，ϕ 是常数，D 是固定的整数延迟。

(a) 计算 x_t 和 y_t 之间的一致性。

(b) 模拟来自 x_t 和 y_t 的 $n=1\,024$ 个正常观测值，其中 $\phi=0.9$，$\sigma^2=1$ 和 $D=1$。然后估计并绘制以下 L 值的模拟序列之间的一致性并进行评论：

(1)$L=1$，(2)$L=3$，(3)$L=41$，(4)$L=101$。

4.7 节

4.26　对于问题 4.25 中的过程：

(a) 计算 x_t 和 y_t 之间的相位。

(b) 从 x_t 和 y_t 模拟 $n=1\,024$ 个观测值，$\phi=0.9$，$\sigma^2=1$ 和 $D=1$。对于以下 L 值，估计并绘制模拟序列之间的相位，并对结果进行解释：

(1)$L=1$，(2)$L=3$，(3)$L=41$，(4)$L=101$。

4.27　考虑按美国联邦储备委员会生产指数和月度失业率序列(unemp)衡量的包含每月美国产量(prod)的双变量时间序列记录。

(a) 计算每个序列的谱和对数谱，并确定统计上显著的峰。解释可能产生峰值的原因。计算相干性，并解释在特定频率观察到高相干性时的含义。

(b) 对上述序列使用滤波器

$$u_t = x_t - x_{t-1}, 然后是 v_t = u_t - u_{t-12}$$

会有什么影响？绘制简单差分滤波器的预测频率响应和一阶差分的季节差异。

（c）将滤波器连续应用于两个序列中的一个并绘制输出。在获得一阶差分后检查输出并评论平稳性是否是合理的假设。为什么合理或者为什么不合理？绘制一阶差分后的季节性差异。对于与频率响应预测一致的输出，可以注意到什么？通过计算滤波后的输出频谱进行验证。

4.28 确定通过组合白噪声序列 w_t 形成的序列的理论功率谱

$$y_t = w_{t-2} + 4w_{t-1} + 6w_t + 4w_{t+1} + w_{t+2}$$

通过绘制功率谱确定存在哪些频率。

4.29 设 $x_t = \cos(2\pi\omega t)$，并考虑输出序列

$$y_t = \sum_{k=-\infty}^{\infty} a_k x_{t-k}$$

其中 $\sum_k |a_k| < \infty$。证明

$$y_t = |A(\omega)| \cos(2\pi\omega t + \phi(\omega))$$

其中 $|A(\omega)|$ 和 $|\phi(\omega)|$ 分别是滤波器的幅度和相位。根据输入序列 x_t 和输出序列 y_t 之间的关系，对结果进行解释。

4.30 假设 x_t 是一个平稳的序列，我们连续应用两个滤波操作，即，

$$y_t = \sum_r a_r x_{t-r}，然后是 z_t = \sum_s b_s y_{t-s}$$

（a）证明输出的频谱为

$$f_z(\omega) = |A(\omega)|^2 |B(\omega)|^2 f_x(\omega)$$

其中 $A(\omega)$ 和 $B(\omega)$ 分别是滤波器序列 a_t 和 b_t 的傅里叶变换。

（b）对时间序列应用滤波器

$$u_t = x_t - x_{t-1}，然后是 v_t = u_t - u_{t-12}$$

会产生什么影响？

（c）绘制简单差分滤波器的预测频率响应和一阶差分的季节差异。像这样的滤波器在经济学中被称为季节性调整滤波器，因为它们趋近于在月度周期的倍数处衰减频率。差分滤波器趋近于衰减低频趋势。

4.31 假设我们给定一个带有频谱 $f_x(\omega)$ 的平稳零均值序列 x_t，然后构造派生序列

$$y_t = a y_{t-1} + x_t, \quad t = \pm 1, \pm 2, \cdots$$

（a）证明理论 $f_y(\omega)$ 与 $f_x(\omega)$ 的关系。

（b）绘制将（a）中的 $f_x(\omega)$ 乘以 $a = 0.1$ 和 $a = 0.8$ 的函数。此滤波器称为递归滤波器。

4.8 节

4.32 考虑近似滤波器输出的问题，滤波器为

$$y_t = \sum_{k=-\infty}^{\infty} a_k x_{t-k}, \quad \sum_{-\infty}^{\infty} |a_k| < \infty$$

通过

$$y_t^M = \sum_{|k|<M/2} a_k^M x_{t-k}$$

对于 $t=M/2-1$，$M/2$，…，$n-M/2$，其中 x_t 可用于 $t=1$，…，n，且

$$a_t^M = M^{-1} \sum_{k=0}^{M-1} A(\omega_k) \exp\{2\pi i \omega_k t\}$$

$\omega_k = k/M$。证明

$$\mathrm{E}\{(y_t - y_t^M)^2\} \leqslant 4\gamma_x(0) \Big(\sum_{|k|\geqslant M/2} |a_k|\Big)^2$$

4.33　证明对于所有 ω，当下式成立时，$\rho_{y\cdot x}^2(\omega)=1$ 的平方相干：

$$y_t = \sum_{r=-\infty}^{\infty} a_r x_{t-r}$$

即 x_t 和 y_t 可以通过线性滤波器完全相关。

4.34　数据集 climhyd 包含加利福尼亚州的沙斯塔湖 454 个月的六个气候变量的测量值：(1)空气温度(Temp)，(2)露点(DewPt)，(3)云层(CldCvr)，(4)风速(WndSpd)，(5)降水量(Precip)和(6)流入量(Inflow)，数据显示在图 7.3 中。我们想看看天气因素之间以及天气因素和沙斯塔湖流入量之间的关系。

(a) 首先将流入量和降水量序列变换如下：$I_t = \log i_t$，i_t 代表流入量，$P_t = \sqrt{p_t}$，其中 p_t 是降水量。然后，计算所有天气变量和变换后的流入量之间的平方相关性，并说明流入量序列的最强决定因素是(变换后的)降水量。（提示：如果 x 包含多个时间序列，那么显示所有平方一致性的最简单方法是绘制抑制置信区间的一致性，例如，mvspec(x, spans=c(7,7), taper=.5, plot.type="coh", ci=-1)。

(b) 拟合如下形式的滞后回归模型

$$I_t = \beta_0 + \sum_{j=0}^{\infty} \beta_j P_{t-j} + w_t$$

使用阈值，然后评论降水量对流入量的预测能力。

4.9 节

4.35　考虑信号加噪声模型

$$y_t = \sum_{r=-\infty}^{\infty} \beta_r x_{t-r} + v_t$$

其中信号和噪声序列 x_t 和 v_t 都是固定的，分别具有谱 $f_x(\omega)$ 和 $f_v(\omega)$。假设 x_t 和 v_t 对于所有 t 彼此独立，验证式(4.131)和式(4.132)。

4.36　考虑模型

$$y_t = x_t + v_t$$

其中

$$x_t = \phi x_{t-1} + w_t$$

使得 v_t 是高斯白噪声并且独立于具有 $\mathrm{var}(v_t)=\sigma_v^2$ 的 x_t，并且 w_t 是高斯白噪声，与 v_t 无关，$\mathrm{var}(w_t)=\sigma_w^2$，$|\phi|<0$ 且 $\mathrm{E}x_0=0$。证明观察到的序列 y_t 的谱是

$$f_y(\omega) = \sigma^2 \frac{|1-\theta \mathrm{e}^{-2\pi i \omega}|^2}{|1-\phi \mathrm{e}^{-2\pi i \omega}|^2}$$

其中

$$\theta = \frac{c \pm \sqrt{c^2 - 4}}{2}, \quad \sigma^2 = \frac{\sigma_v^2 \phi}{\theta}$$

以及

$$c = \frac{\sigma_w^2 + \sigma_v^2 (1 + \phi^2)}{\sigma_v^2 \phi}$$

4.37 考虑与上述问题相同的模型。

(a) 证明如下形式的最佳平滑估计

$$\hat{x}_t = \sum_{s=-\infty}^{\infty} a_s y_{t-s}$$

具有

$$a_s = \frac{\sigma_w^2}{\sigma^2} \frac{\theta^{|s|}}{1 - \theta^2}$$

(b) 证明均方误差如下

$$E\{(x_t - \hat{x}_t)^2\} = \frac{\sigma_v^2 \sigma_w^2}{\sigma^2 (1 - \theta^2)}$$

(c) 将(b)估计量的均方误差与下式的最优有限估计量的均方误差进行比较:

$$\hat{x}_t = a_1 y_{t-1} + a_2 y_{t-2}$$

$\sigma_v^2 = 0.053$, $\sigma_w^2 = 0.172$, 并且 $\phi_1 = 0.9$。

4.10 节

4.38 考虑输出序列(4.143)的二维线性滤波器。

(a) 写出关于 x_s 的自协方差函数和滤波器系数 a_{s_1, s_2} 的无限和来表示输出的二维自协方差函数,即 $\gamma_y(h_1, h_2)$。

(b) 使用(a)中得出的表达式,结合式(4.142)和式(4.145)得出滤波输出的频谱(4.144)。

以下问题需要附录 C 中的补充材料。

4.39 令 w_t 为高斯白噪声序列,方差为 σ_w^2。证明定理 C.4 的结果对于 w_t 的 DFT 没有错误。

4.40 证明条件(4.48)意味着式(C.19),即证明

$$n^{-1/2} \sum_{h \geq 0} h |\gamma(h)| \leq \sigma_w^2 \sum_{k \geq 0} |\psi_k| \sum_{j \geq 0} \sqrt{j} |\psi_j|$$

4.41 证明引理 C.4。

4.42 完成定理 C.5 的证明。

4.43 对于零均值复数随机向量 $z = x_c - i x_s$,其中 $cov(z) = \Sigma = C - iQ$,其中 $\Sigma = \Sigma^*$,定义

$$w = 2 \mathrm{Re}(a^* z)$$

其中 $a = a_c - i a_s$ 是任意非零复数向量。证明

$$\mathrm{cov}(w) = 2 a^* \Sigma a$$

其中 * 表示复共轭转置。

第 5 章　其他的时域主题

在本章中，我们将介绍在时域中可能被认为是特殊或高级主题的内容。第 6 章致力于介绍最有用和最有趣的时间序列主题之一，即状态空间模型。因此，本章不涉及状态空间模型或相关主题（其中有很多内容）。本章包含的独立主题可以按任意顺序阅读。大多数章节都依赖于 ARMA 模型的基本知识、预测和估计，即第 3 章所涵盖的内容。有一些章节，例如关于长记忆模型的章节，需要一些关于谱分析的知识和第 4 章中涉及的相关主题。除了长记忆模型之外，我们还讨论了单位根检验、GARCH 模型、阈值模型、滞后回归或传递函数以及多元 ARMAX 模型中选定的主题。

5.1　长记忆 ARMA 模型和分数阶差分

传统的 ARMA(p，q)过程通常被称为短记忆过程，因为表达式

$$x_t = \sum_{j=0}^{\infty} \psi_j w_{t-j}$$

中的系数通过求解下式获得：

$$\phi(z)\psi(z) = \theta(z)$$

这些系数是以指数速率衰减的。正如 3.2 节和 3.3 节所指出的那样。该结果表明，当 $h \rightarrow \infty$ 时，$\rho(h)$ 以指数速率快速地趋近于 0。当时间序列的样本 ACF 缓慢衰减时，在第 3 章中已经给出了建议，对序列进行差分处理，直到它看起来平稳。遵循这一建议，对首先在例 3.33 中提出的冰川纹层（varve）序列进行一阶差分处理，序列被表示为一阶移动平均的形式。在例 3.41 中，对残差的进一步分析导致对序列拟合 ARIMA(1，1，1)模型，

$$\nabla x_t = \phi \nabla x_{t-1} + w_t + \theta w_{t-1}$$

我们理解 x_t 是对数变换后的 varve 序列。特别地，参数（和标准误差）的估计是 $\hat{\phi} = 0.23(0.05)$，$\hat{\theta} = -0.89(0.03)$，并且 $\hat{\sigma}_w^2 = 0.23$。

然而，在非平稳模型可能代表了原始过程的过度分散的性质，在这个意义上，使用一阶差分 $\nabla x_t = (1-B)x_t$ 有时可能是太严格的修改。在 Hosking[97] 的文献和 Granger and Joyeux[79] 的文献中考虑了长记忆（或持续）时间序列作为短记忆 ARMA 类型模型与 Box-Jenkins 类中完全积分的非平稳过程之间的妥协。生成长记忆序列的最简单方法是考虑使用分数阶差分算子 $(1-B)^d$，其中 d 为分数值，比如 $0 < d < 0.5$，由此生成一个基本的长记忆序列

$$(1 - B)^d x_t = w_t \tag{5.1}$$

其中 w_t 仍然表示方差为 σ_w^2 的白噪声。对于 $|d| < 0.5$，分数阶差分序列(5.1)通常称为分数阶噪声（除非 d 为零）。现在，d 成为与 σ_w^2 一起估计的参数。像 Box-Jenkins 方法那样对原始过程进行差分可以被认为是简单地指定 $d = 1$。这个想法已经扩展到分数阶积分 ARMA 或 ARFIMA 模型类，其中 $-0.5 < d < 0.5$；当 d 为负时，称之为反持久性（antipersistent）。长期记忆过程发生在水文学（见 Hurst[98] 的文献和 McLeod and Hipel[137] 的文献）和环境序列中，例如我们之前分析过的 varve 数据，在此仅举几个例子。长记忆时间序列数据的样本自相关系

数往往不一定表现得很大(如 $d=1$ 的情况),但持续很长时间。图 5.1 显示了对数变换 varve 序列的样本 ACF,滞后 100 阶,它表现出经典的长记忆行为:

```
acf(log(varve), 100)
acf(cumsum(rnorm(1000)), 100)   # compare to ACF of random walk (not shown)
```

图 5.1 可以与图 3.13 所示的原始 GNP 序列的 ACF 形成对比,后者也是持久的并且线性衰减,但 ACF 的值很大。

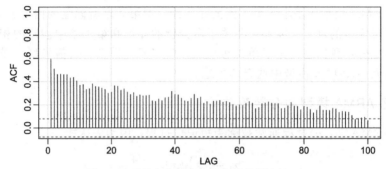

图 5.1   对数变换的 varve 序列的样本 ACF

为了研究它的性质,我们可以将它写成二项式展开的形式,对于 $d>-1$

$$w_t = (1-B)^d x_t = \sum_{j=0}^{\infty} \pi_j B^j x_t = \sum_{j=0}^{\infty} \pi_j x_{t-j} \tag{5.2}$$

其中

$$\pi_j = \frac{\Gamma(j-d)}{\Gamma(j+1)\Gamma(-d)} \tag{5.3}$$

$\Gamma(x+1)=x\Gamma(x)$ 即为 gamma 函数。类似地,对于 $d<1$,我们可以写成

$$x_t = (1-B)^{-d} w_t = \sum_{j=0}^{\infty} \psi_j B^j w_t = \sum_{j=0}^{\infty} \psi_j w_{t-j} \tag{5.4}$$

其中

$$\psi_j = \frac{\Gamma(j+d)}{\Gamma(j+1)\Gamma(d)} \tag{5.5}$$

当 $|d|<0.5$,过程(5.2)和(5.4)是明确定义的平稳过程(详见 Brockwell and Davis[36] 的文献)。然而,在分数阶差分的情况下,系数满足 $\sum \pi_j^2 < \infty$ 和 $\sum \psi_j^2 < \infty$,而 ARMA 过程中的系数则满足绝对可加性。

使用表达式(5.4)和(5.5),并在一些特殊的操作之后,可以证明 x_t 的 ACF 是

$$\rho(h) = \frac{\Gamma(h+d)\Gamma(1-d)}{\Gamma(h-d+1)\Gamma(d)} \sim h^{2d-1} \tag{5.6}$$

对于 h 较大的情况。由此我们看到,对于 $0<d<0.5$

$$\sum_{h=-\infty}^{\infty} |\rho(h)| = \infty$$

因此称之为长记忆(long memory)。

为了检查诸如 varve 之类的序列中可能的长记忆模式,可以很方便地查看估计 d 的方

法。使用式(5.3)可以很容易地推导出递归式

$$\pi_{j+1}(d) = \frac{(j-d)\pi_j(d)}{(j+1)} \qquad (5.7)$$

对于 $j=0$，1，…，且 $\pi_0(d)=1$。正态情况下最大化误差的联合似然函数，即 $w_t(d)$，将需要最小化误差平方和

$$Q(d) = \sum w_t^2(d)$$

通过 3.5 节中提到的常用的高斯-牛顿(Gauss-Newton)方法，可推导出以下拓展式

$$w_t(d) = w_t(d_0) + w_t'(d_0)(d-d_0)$$

其中

$$w_t'(d_0) = \left. \frac{\partial w_t}{\partial d} \right|_{d=d_0}$$

并且 d_0 是对 d 值的初始估计(猜测)。设置通常的回归，得到

$$d = d_0 - \frac{\sum_t t w_t'(d_0) w_t(d_0)}{\sum_t w_t'(d_0)^2} \qquad (5.8)$$

通过对式(5.7)关于 d 进行连续微分来递归地计算导数：

$$\pi_{j+1}'(d) = \frac{(j-d)\pi_j'(d) - \pi_j(d)}{j+1}$$

其中 $\pi_0'(d)=0$。应用式(5.2)的一个近似式来计算误差，即

$$w_t(d) = \sum_{j=0}^{t} \pi_j(d) x_{t-j} \qquad (5.9)$$

在式(5.8)中，建议从计算中省略一些初始项，并在一个相当大的 t 值处开始求和，以得到合理的近似值。

例 5.1　varve 序列的长记忆拟合

我们考虑分析最先在例 2.7 中提出并且在各种例题中讨论的 varve 序列。图 2.7 显示了原始和对数转换后的序列(我们用 x_t 表示)。在例 3.41 中，我们指出，该序列可以被建模为 ARIMA(1，1，1)过程。我们将分数阶差分模型(5.1)拟合到均值调整后的序列 $x_t - \bar{x}$。应用先前描述的 Gauss-Newton 迭代过程，从 $d=0.1$ 开始并省略计算中的前 30 个点，得到最终值 $d=0.384$，这意味着系数集 $\pi_j(0.384)$ 如图 5.2 所示，且 $\pi_0(0.384)=1$。我们可以通过检查两个残差序列的自相关函数，粗略地比较分数阶差分算子与 ARIMA 模型的性能，如图 5.3 所示。两个残差序列的 ACF 与白噪声模型大致相当。

要在 R 中执行此分析，请首先下载并安装 fracdiff 包。然后使用以下代码：

```
library(fracdiff)
lvarve = log(varve)-mean(log(varve))
varve.fd = fracdiff(lvarve, nar=0, nma=0, M=30)
varve.fd$d                 # = 0.3841688
varve.fd$stderror.dpq      # = 4.589514e-06 (questionable result!!)
p = rep(1,31)
for (k in 1:30){ p[k+1] = (k-varve.fd$d)*p[k]/(k+1) }
plot(1:30, p[-1], ylab=expression(pi(d)), xlab="Index", type="h")
res.fd = diffseries(log(varve), varve.fd$d)        # frac diff resids
```

```
res.arima = resid(arima(log(varve), order=c(1,1,1)))   # arima resids
par(mfrow=c(2,1))
acf(res.arima, 100, xlim=c(4,97), ylim=c(-.2,.2), main="")
acf(res.fd, 100, xlim=c(4,97), ylim=c(-.2,.2), main="")
```

R 中的包使用 Haslett and Raftery[95] 的文献中讨论的截断极大似然过程，这比简单地将初始值清零要精细得多。R 中的默认截断值是 $M=100$。在默认情况下，估计值为 $\hat{d}=0.37$，并且近似给出了一个可疑的标准误差。该标准误差(推测)如例 3.30 所述，根据 Hessian 描述的方法得出。在例 5.2 中给出了更可信的标准误差。

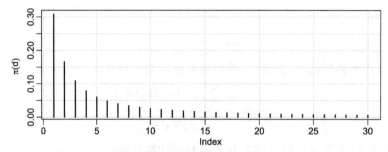

图 5.2   式(5.7)中的系数 $\pi_j(0.384)$，$j=1, 2, \cdots, 30$

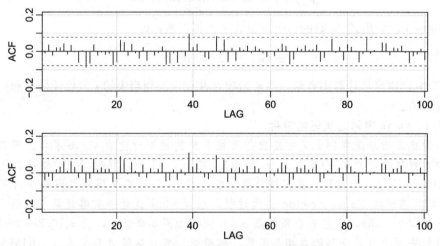

图 5.3   对数处理的 varve 序列拟合的 ARIMA(1，1，1)的残差的 ACF(上)和拟合的长记忆模型 $(1-B)^d x_t = w_t$，$d=0.384$ 的残差的 ACF(下)

预测长记忆过程与预测 ARIMA 模型类似。也就是说，式(5.2)和式(5.7)可用于获得截断预测

$$\tilde{x}^n_{n+m} = -\sum_{j=1}^{n} \pi_j(\hat{d}) \tilde{x}^n_{n+m-j} \tag{5.10}$$

对于 $m=1, 2, \cdots$，可以通过使用下式来近似误差界限

$$P^n_{n+m} = \hat{\sigma}^2_w \Big(\sum_{j=0}^{m-1} \psi^2_j(\hat{d}) \Big) \tag{5.11}$$

其中，如式(5.7)所示，

$$\psi_j(\hat{d}) = \frac{(j+\hat{d})\psi_j(\hat{d})}{(j+1)} \tag{5.12}$$

且 $\psi_0(\hat{d}) = 1$。

在图 5.3 中所示的分数阶差分变量序列的残差的 ACF 中，没有明显的短记忆 ARMA 型分量。然而，很自然地存在这样的情况，即在具有长记忆的数据中也存在大量的短记忆类型分量。因此，自然地，将一般 ARFIMA(p，d，q)($-0.5 < d < 0.5$)过程定义为

$$\phi(B)\nabla^d(x_t - \mu) = \theta(B)w_t \tag{5.13}$$

其中，$\phi(B)$ 和 $\theta(B)$ 在第 3 章中给出。将模型写成如下形式

$$\phi(B)\pi_d(B)(x_t - \mu) = \theta(B)w_t \tag{5.14}$$

该式清楚地说明我们如何估算更一般模型的参数。可以很容易地预测 ARFIMA(p，d，q)序列，注意，我们可以让下面两个等式的系数相等：

$$\phi(z)\psi(z) = (1-z)^{-d}\theta(z) \tag{5.15}$$

以及

$$\theta(z)\pi(z) = (1-z)^d\phi(z) \tag{5.16}$$

从而获得表达式

$$x_t = \mu + \sum_{j=0}^{\infty} \psi_j w_{t-j} \quad \text{和} \quad w_t = \sum_{j=0}^{\infty} \pi_j(x_{t-j} - \mu)$$

然后我们可以按照式(5.10)和式(5.11)中的讨论进行。

Beran[18]、Palma[145] 和 Robinson[168] 的文章对长记忆时间序列模型给出了综合的分析，应该注意的是，用于估计参数的几种其他技术，尤其是长记忆参数，可以在频域中得到发展。在这种情况下，我们可以认为方程是由无穷阶自回归序列生成的，系数 π_j 由(5.7)给出。使用与以前相同的方法，我们可以得到

$$f_x(\omega) = \frac{\sigma_w^2}{\left| \sum_{k=0}^{\infty} \pi_k e^{-2\pi i k\omega} \right|^2} = \sigma_w^2 |1 - e^{-2\pi i\omega}|^{-2d} = [4\sin^2(\pi\omega)]^{-d}\sigma_w^2 \tag{5.17}$$

作为长记忆过程的频谱的等价表示。随着频率 $\omega \to 0$，长记忆频谱接近无穷大。

定义对数似然函数的 Whittle 近似的主要原因是，建议将其用于估计长记忆情况中的参数 d，作为前面提到的时域方法的替代。时域方法很有用，因为它简单且易于计算标准误差。人们也可以通过开发似然函数的新息形式来使用精确似然法，如 Brockwell and Davis[36] 的文献。

对于使用 Whittle 似然函数(4.85)的近似方法，我们考虑使用 Fox 和 Taqqu[62] 的方法，他们证明，将式(4.85)视作传统的对数似然函数，最大化 Whittle 对数似然函数将得到服从渐近正态分布的一致估计(见 Dahlhaus[46] 的文献；Robinson[167] 的文献；Hurvich et al.[102] 的文献)。不幸的是，尽管 Whittle 逼近形式的伪似然很有效，并且具有良好的渐近性质，但是周期图的纵坐标不是渐近独立的(见 Hurvich and Beltrao[101] 的文献)。

要了解它对于纯粹的长记忆情况如何工作，首先请将长记忆频谱写为

$$f_x(\omega_k; d, \sigma_w^2) = \sigma_w^2 g_k^{-d} \tag{5.18}$$

其中

$$g_k = 4\sin^2(\pi\omega_k) \tag{5.19}$$

然后，对对数似然函数求微分，即

$$\ln L(x; d, \sigma_w^2) \approx - m\ln\sigma_w^2 + d\sum_{k=1}^{m}\ln g_k - \frac{1}{\sigma_w^2}\sum_{k=1}^{m}g_k^d I(\omega_k) \tag{5.20}$$

对于频率 $m = n/2 - 1$，并求解 σ_w^2

$$\sigma_w^2(d) = \frac{1}{m}\sum_{k=1}^{m}g_k^d I(\omega_k) \tag{5.21}$$

作为方差参数的近似极大似然估计。为了估计 d，我们可以使用集中对数似然函数的网格搜索

$$\ln L(x; d) \approx - m\ln\sigma_w^2(d) + d\sum_{k=1}^{m}\ln g_k - m \tag{5.22}$$

在区间 $(0, 0.5)$ 内，通过 Newton-Raphson 程序进行收敛。

例 5.2 varve 序列的长记忆频谱估计

在例 5.1 中，我们通过时域方法，对 varve 数据拟合一个长记忆模型。使用频域方法和上面的 Whittle 近似拟合相同的模型给出 $\hat{d} = 0.380$，估计的标准误差为 0.028。之前的时域方法得到，当 $M = 30$ 时，$\hat{d} = 0.384$，当 $M = 100$ 时，$\hat{d} = 0.370$。通过时域方法获得的两个估计值都具有约 4.6×10^{-6} 的标准误差，这似乎难以置信。在这种情况下的误差方差估计是 $\hat{\sigma}_w^2 = 0.2293$；在例 5.1 中，我们可以使用 var(res.fd) 作为估计，得到的结果为 0.2298。执行此分析的 R 代码是

```
series = log(varve)      # specify series to be analyzed
d0 = .1                  # initial value of d
n.per = nextn(length(series))
m = (n.per)/2  - 1
per = Mod(fft(series-mean(series))[-1])^2  # remove 0 freq and
per = per/n.per                       # scale the peridogram
g = 4*(sin(pi*((1:m)/n.per))^2)
# Function to calculate -log.likelihood
whit.like = function(d){
 g.d=g^d
 sig2 = (sum(g.d*per[1:m])/m)
 log.like = m*log(sig2) - d*sum(log(g)) + m
 return(log.like)    }
# Estimation (output not shown)
(est = optim(d0, whit.like, gr=NULL, method="L-BFGS-B", hessian=TRUE,
         lower=-.5, upper=.5, control=list(trace=1,REPORT=1))
##-- Results:  d.hat = .380, se(dhat) = .028, and sig2hat = .229 --##
cat("d.hat =", est$par, "se(dhat) = ",1/sqrt(est$hessian),"\n")
g.dhat = g^est$par;  sig2 = sum(g.dhat*per[1:m])/m
cat("sig2hat =",sig2,"\n")
```

人们还可以考虑使用类似例 4.18 中所用的程序，将自回归模型拟合到这些数据中。按照这种方法给出了一个自回归模型，其中 $p = 8$，$\hat{\phi}_{1.8} = \{0.34, 0.11, 0.04, 0.09, 0.08, 0.08, 0.02, 0.09\}$，误差方差估计 $\hat{\sigma}_w^2 = 0.23$。图 5.4 绘制了对于 $\omega > 0$ 时，两个对数序列的频谱，并且我们注意到长记忆频谱最终将变为无穷大，而 AR(8) 频谱在 $\omega = 0$ 时是有限

的。用于该部分实例的 R 代码(假设以前的结果已被保留)如下：

```
u = spec.ar(log(varve), plot=FALSE)   # produces AR(8)
g = 4*(sin(pi*((1:500)/2000))^2)
fhat = sig2*g^{-est$par}   # long memory spectral estimate
plot(1:500/2000, log(fhat), type="l", ylab="log(spectrum)", xlab="frequency")
lines(u$freq[1:250], log(u$spec[1:250]), lty="dashed")
ar.mle(log(varve))   # to get AR(8) estimates
```

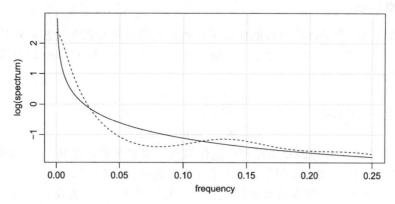

图 5.4　古气候 varve 序列的长记忆($d=0.380$)(实线)和自回归 AR(8)(虚线)频谱　　■

通常，时间序列不是纯粹的长记忆。常见情况是长记忆分量乘以短记忆分量，从而导致式(5.18)的替代版本

$$f_x(\omega_k; d, \theta) = g_k^{-d} f_0(\omega_k; \theta) \qquad (5.23)$$

其中 $f_0(\omega_k; \theta)$可能是具有向量参数 θ 的自回归移动平均过程的频谱，或者可能是未指定的。如果频谱具有参数形式，则可以使用 Whittle 似然法。然而，当初始 $f_0(\omega; \theta)$未知时，大量的半参数文献给出了估计量。一类高斯半参数估计量简单地使用相同的 Whittle 似然法(5.22)，在低频子带上进行估计，比如 $m' = \sqrt{n}$。由于式(5.23)中的短记忆分量，在选择相对没有低频干扰的频带方面存在一定的自由度。如果频谱是高度参数化的，可以使用式(5.23)下的 Whittle 对数似然法(5.19)进行估计，并使用 Newton-Raphson 方法联合估计参数 d 和 θ。如果我们对非参数估计量感兴趣，使用传统的平滑频谱估计量作周期图，根据长记忆分量进行调整，比如 $g_k^d I(\omega_k)$可能是一种可行的方法。

Geweke 和 Porter-Hudak[72]基于回归模型开发了一种估算 d 的近似方法，该方法来源于式(5.22)。注意，我们可以写一个简单的方程，用于频谱的对数形式

$$\ln f_x(\omega_k; d) = \ln f_0(\omega_k; \theta) - d\ln[4\sin^2(\pi\omega_k)] \qquad (5.24)$$

频率 $\omega_k = k/n$ 限制在零频率附近的范围，$k = 1, 2, \cdots, m$，且建议 $m = \sqrt{n}$。式(5.24)中的关系建议使用简单线性回归模型进行表示，

$$\ln I(\omega_k) = \beta_0 - d\ln[4\sin^2(\pi\omega_k)] + e_k \qquad (5.25)$$

通过周期图来估计参数 σ_w^2 和 d。在这种情况下，使用 $\ln I(\omega_k)$作为因变量，进行最小二乘，并且将 $\ln[4\sin^2(\pi\omega_k)]$作为独立变量，$k = 1, 2, \cdots, m$。然后将得到的斜率估计值用作 $-d$ 的估计值。有关选择 m 的各种方法的详细讨论，请参阅 Hurvich and Deo[103] 的文

献。R 中的包 fracdiff 还通过命令 fdGPH() 提供此方法，有关详细信息，请参阅帮助文件。以下是使用对数处理的 varve 数据的快速实例。

```
library(fracdiff)
fdGPH(log(varve), bandw=.9)  # m = n^bandw
  dhat = 0.383    se(dhat) = 0.041
```

5.2 单位根检验

如前一节所述，非平稳模型可能代表了原始过程的过度分散的性质，在这个意义上，使用一阶差分 $\nabla x_t = (1-B)x_t$ 可能过于严格。例如，考虑一个因果 AR(1) 过程（我们在本节假设噪声服从高斯分布），

$$x_t = \phi x_{t-1} + w_t \tag{5.26}$$

将 $(1-B)$ 应用于两侧以表示差分，$\nabla x_t = \phi \nabla x_{t-1} + \nabla w_t$，或

$$y_t = \phi y_{t-1} + w_t - w_{t-1}$$

其中 $y_t = \nabla x_t$，引入了外部的相关性和可逆性问题。也就是说，虽然 x_t 是因果 AR(1) 过程，但使用差分过程 y_t 将存在问题，因为它是不可逆的 ARMA(1, 1)。

单位根检验提供了一种方法来检验式(5.26)是随机游走（零假设），或者是因果过程（备择假设）。也就是说，它提供了一个程序来检验

$$H_0 : \phi = 1 \quad 与 \quad H_1 : |\phi| < 1$$

一个明显的检验统计量是考虑 $(\hat{\phi} - 1)$，适当归一化，希望得到渐近正态检验统计量，其中 $\hat{\phi}$ 是第 3 章中讨论的最优估计量之一。不幸的是，3.5 节的理论在零假设下不起作用，因为该过程是非平稳的。此外，如例 3.36 所示，在平稳边界附近的估计会产生高度偏斜的样本分布（见图 3.12），这是一个很好的迹象，表明问题不典型。

为了检验 $\phi = 1$ 的零假设下的 $(\hat{\phi} - 1)$ 的行为，或者更准确地说，是检验该模型是随机游走 $x_t = \sum_{j=1}^{t} w_j$，或者 $x_t = x_{t-1} + w_t$，其中 $x_0 = 0$，考虑 ϕ 的最小二乘估计。注意到 $\mu_x = 0$，最小二乘估计可以写成

$$\hat{\phi} = \frac{\sum_{t=1}^{n} x_t x_{t-1}}{\sum_{t=1}^{n} x_{t-1}^2} = 1 + \frac{\frac{1}{n}\sum_{t=1}^{n} w_t x_{t-1}}{\frac{1}{n}\sum_{t=1}^{n} x_{t-1}^2} \tag{5.27}$$

我们在分子中写了 $x_t = x_{t-1} + w_t$，回想一下 $x_0 = 0$，并且在最小二乘中，我们用 x_{t-1} 对 x_t 进行回归，$t = 1, \cdots, n$。因此，在 H_0 下，我们有

$$\hat{\phi} - 1 = \frac{\frac{1}{n\sigma_w^2}\sum_{t=1}^{n} w_t x_{t-1}}{\frac{1}{n\sigma_w^2}\sum_{t=1}^{n} x_{t-1}^2} \tag{5.28}$$

考虑式(5.28)的分子。首先对 $x_t = x_{t-1} + w_t$ 两边进行平方，我们得到 $x_t^2 = x_{t-1}^2 + 2x_{t-1}w_t + w_t^2$，因此

$$x_{t-1} w_t = \frac{1}{2}(x_t^2 - x_{t-1}^2 - w_t^2)$$

然后进行加总

$$\frac{1}{n\sigma_w^2} \sum_{t=1}^n x_{t-1} w_t = \frac{1}{2}\left[\frac{x_n^2}{n\sigma_w^2} - \frac{\sum_{t=1}^n w_t^2}{n\sigma_w^2} \right]$$

由于 $x_t = \sum_1^n w_t$，我们得到 $x_t \sim N(0, n\sigma_w^2)$，因此 $\chi_1^2 = \frac{1}{n\sigma_w^2} x_n^2$ 服从自由度为 1 的卡方分布。

另外，因为 w_t 是高斯白噪声，$\frac{1}{n}\sum_1^n w_t^2 \to_p \sigma_w^2$，或 $\frac{1}{n\sigma_w^2}\sum_1^n w_t^2 \to_p 1$。因此，随 $n \to \infty$

$$\frac{1}{n\sigma_w^2} \sum_{t=1}^n x_{t-1} w_t \xrightarrow{d} \frac{1}{2}(\chi_1^2 - 1) \tag{5.29}$$

接下来我们关注式(5.28)的分母。首先，我们介绍标准布朗运动(standard Brownian motion)。

定义 5.1　连续时间过程 $\{W(t); t \geqslant 0\}$ 称为**标准布朗运动**，如果满足以下条件：

(1) $W(0) = 0$。

(2) $\{W(t_2) - W(t_1), W(t_3) - W(t_2), \cdots, W(t_n) - W(t_{n-1})\}$ 对任何点集合都是独立的，$0 \leqslant t_1 < t_2 \cdots < t_n$，且 $n > 2$ 为整数。

(3) 对于 $\Delta t > 0$，$W(t + \Delta t) - W(t) \sim N(0, \Delta t)$。

除了(1)~(3)之外，假设 $W(t)$ 的几乎所有样本路径在 t 中是连续的。分母的结果使用泛函中心极限定理，可以在 Billlingsley[22] 的文献的 2.8 节中找到。特别地，如果 $\xi_1, \cdots, \xi_n$ 是一个独立同分布的随机变量序列，其均值为 0，方差为 1，则对于 $0 \leqslant t \leqslant 1$，连续时间过程⊖

$$S_n(t) = \frac{1}{\sqrt{n}} \sum_{j=1}^{[[nt]]} \xi_j \xrightarrow{d} W(t) \tag{5.30}$$

当 $n \to \infty$ 时，其中 $[[\ ]]$ 是最大取整函数，$W(t)$ 是在 $[0, 1]$ 上的标准布朗运动。注意，在零假设下，$x_s = w_1 + \cdots + w_s \sim N(0, s\sigma_w^2)$，并且根据式(5.30)，我们有 $\frac{x_s}{\sigma_w \sqrt{n}} \to_d W(s)$。从这个事实，我们可以证明，随 $n \to \infty$

$$\sum_{t=1}^n \left(\frac{x_{t-1}}{\sigma_w \sqrt{n}}\right)^2 \frac{1}{n} \xrightarrow{d} \int_0^1 W^2(t)\,dt \tag{5.31}$$

式(5.28)中的分母与式(5.31)的左侧相差一个 n^{-1} 因子，并且我们相应地进行调整，最终得到，随 $n \to \infty$，

⊖　这里的直觉是，对于 $k = [[nt]]$ 和固定 t，随 $n \to \infty$，中心极限定理具有 $\sqrt{t} \frac{1}{\sqrt{k}} \sum_{j=1}^k \xi_j \sim AN(0, t)$。

$$n(\hat{\phi}-1) = \frac{\dfrac{1}{n\sigma_w^2}\displaystyle\sum_{t=1}^{n}w_t x_{t-1}}{\dfrac{1}{n^2\sigma_w^2}\displaystyle\sum_{t=1}^{n}x_{t-1}^2} \xrightarrow{d} \frac{\dfrac{1}{2}(\chi_1^2-1)}{\displaystyle\int_0^1 W^2(t)\,\mathrm{d}t} \tag{5.32}$$

检验统计量 $n(\hat{\phi}-1)$ 被称为单位根或 Dickey-Fuller(DF)统计量(见 Fuller[65-66] 的文献),尽管实际 DF 检验统计量的标准化略有不同。相关的推导在 Rao[162,Correction 1980] 的文献和 Evans and Savin[59] 的文献中进行了讨论。由于检验统计量的分布不具有封闭形式,因此必须通过数值近似或模拟来计算分布的分位数。R 中的添加包 tseries 提供了这个检验以及我们将简要提到的更一般的检验。

对于更一般的模型,我们注意到 DF 检验是通过观察 $x_t = \phi x_{t-1} + w_t$,然后得到 $\nabla x_t = (\phi-1)x_{t-1} + w_t = \gamma x_{t-1} + w_t$,并且在最小二乘中,我们用 x_{t-1} 对 x_t 进行回归,检验 $H_0: \gamma = 0$。它们形成了一个 Wald 统计量并得出了它的极限分布(之前基于布朗运动的推导是参照 Phillips[154] 的文献)。扩展该检验以适应 AR(p)模型,$x_t = \displaystyle\sum_{j=1}^{p}\phi_j x_{t-j} + w_t$,如下所述。从两侧减去 x_{t-1} 得到

$$\nabla x_t = \gamma x_{t-1} + \sum_{j=1}^{p-1}\psi_j \nabla x_{t-j} + w_t \tag{5.33}$$

其中,对于 $j=2$,$\cdots$,p,有 $\gamma = \displaystyle\sum_{j=1}^{p}\phi_j - 1$ 和 $\psi_j = -\displaystyle\sum_{i=j}^{p}\phi_i$。为了在 $p=2$ 时对式(5.33)进行快速检查,注意 $x_t = (\phi_1+\phi_2)x_{t-1} - \phi_2(x_{t-1}-x_{t-2}) + w_t$;现在从等式两边减去 x_{t-1}。为了检验过程的单位根为 1(即,当 $z=1$ 时 AR 多项式 $\phi(z)=0$)的假设,并且在最小二乘中,我们可以通过估算用 x_{t-1},∇x_{t-1},$\cdots$,∇x_{t-p+1} 对 ∇x_t 的回归中的 γ 来检验 $H_0: \gamma=0$,并基于 $t_\gamma = \hat{\gamma}/\mathrm{se}(\hat{\gamma})$ 形成 Wald 检验。该检验导致所谓的增强 Dickey-Fuller 检验(ADF)。虽然获得渐近原分布的计算发生了变化,但基本思想和机制仍然与简单情况相同。p 的选择至关重要,我们将在实例中讨论一些建议。对于 ARMA(p,q)模型,可以假设 p 足够大以捕获基本相关结构来进行 ADF 检验;另一种选择是 Phillips-Perron(PP)检验,它与 ADF 检验的不同之处主要在于它们处理误差项中序列相关性和异方差性的方式。

可以扩展模型以包括截距项,甚至包括非随机趋势。例如,考虑模型

$$x_t = \beta_0 + \beta_1 t + \phi x_{t-1} + w_t$$

如果我们假设 $\beta_1=0$,那么在零假设下,$\phi=1$,该过程是具有漂移项 β_0 的随机游走过程。在备选假设下,该过程是因果 AR(1),其均值 $\mu_x = \beta_0/(1-\phi)$。如果我们不能假设 $\beta_1=0$,那么这里感兴趣的是检验零假设 $(\beta_1, \phi)=(0, 1)$,同时,备择假设是 $\beta_1 \neq 0$ 和 $|\phi| < 1$。在这种情况下,零假设为该过程是随机漂移,而备择假设为该过程是趋势平稳的,例如,可以考虑例 2.1 中的鸡肉价格序列。

例 5.3   冰川纹层序列中的单位根检验

在这个例子中,我们使用 R 中的添加包 tseries 来测试对数处理后的冰川纹层序列具有单位根的零假设,而备择假设为该过程是平稳的。我们使用可用的 DF、ADF 和 PP

检验来检验零假设；请注意，在每种情况下，一般回归方程都包含截距项和线性趋势。在 ADF 检验中，默认包含在模型中的 AR 分量的数量 k 为 $[[(n-1)^{\frac{1}{3}}]]$，它建议对于一般 ARMA(p, q)，滞后项的个数 k 的建议上限应随样本大小而增长。对于 PP 检验，k 的默认值是 $[[0.04n^{\frac{1}{4}}]]$。

```
library(tseries)
adf.test(log(varve), k=0)                # DF test
   Dickey-Fuller = -12.8572, Lag order = 0, p-value < 0.01
   alternative hypothesis: stationary
adf.test(log(varve))                     # ADF test
   Dickey-Fuller = -3.5166, Lag order = 8, p-value = 0.04071
   alternative hypothesis: stationary
pp.test(log(varve))                      # PP test
   Dickey-Fuller Z(alpha) = -304.5376,
   Truncation lag parameter = 6, p-value < 0.01
   alternative hypothesis: stationary
```

在每个检验中，我们拒绝零假设，即对数处理的纹层序列具有单位根。这些检验的结论支持上一节的结论，即对数处理的纹层序列是长记忆的而不是完全积分的。■

5.3 GARCH 模型

诸如金融期权定价之类的各种问题促使研究时间序列的波动性或可变性。当条件方差恒定时，ARMA 模型用于模拟过程的条件均值。我们使用 AR(1)作为实例，假设

$$\mathrm{E}(x_t | x_{t-1}, x_{t-2}, \cdots) = \phi x_{t-1}, \quad \text{以及} \quad \mathrm{var}(x_t | x_{t-1}, x_{t-2}, \cdots) = \mathrm{var}(w_t) = \sigma_w^2$$

然而，在许多问题中，将违反条件方差为常数的假设。Engle[57] 首次引入的自回归条件异方差(AutoRegressive Conditionally Heteroscedastic，ARCH)模型等来用于对波动率的变化进行建模。这些模型后来扩展到 Bollerslev[28] 的广义 ARCH(Generalized ARCH，GARCH)模型。

在这些问题中，我们关注的是对序列的收益率或增长率进行建模。例如，如果 x_t 是在时间 t 的资产价值，那么资产在时间 t 的收益率或相对收益 r_t 是

$$r_t = \frac{x_t - x_{t-1}}{x_{t-1}} \tag{5.34}$$

定义(5.34)意味着 $x_t = (1 + r_t)x_{t-1}$。因此，基于 3.7 节中的讨论，如果收益率代表一个小的(数量级)百分比变化，那么

$$\nabla \log(x_t) \approx r_t \tag{5.35}$$

$\nabla \log(x_t)$ 或 $(x_t - x_{t-1})/x_{t-1}$ 被称为收益率$^\ominus$，并由 r_t 表示。GARCH 模型的另一种选择是随机波动率模型，我们将在第 6 章中讨论这些模型，因为它们是状态空间模型。

通常，对于金融序列，收益率 r_t 不具有恒定的条件方差，并且高度不稳定的时期倾向

$\ominus$ 如果 $r_t = (x_t - x_{t-1})/x_{t-1}$ 是一个小的百分比，那么 $\log(1 + r_t) \approx r_t$。对 $\nabla \log x_t$ 进行编程更容易，因此通常使用它而不是直接计算 r_t。虽然用词不当，$\nabla \log x_t$ 通常称为对数收益率(log-return)，但实际上收益率没有取对数。

于聚集在一起。换句话说，在序列自身过去的收益率中，突然爆发的波动存在强烈依赖性。例如，图 1.4 显示了道琼斯工业平均指数（DJIA）从 2006 年 4 月 20 日到 2016 年 4 月 20 日的每日收益率。在这种情况下，通常收益率相当稳定，除了短期爆发的高波动性。

最简单的 ARCH 模型，ARCH(1)，对收益率进行如下建模

$$r_t = \sigma_t \varepsilon_t \tag{5.36}$$

$$\sigma_t^2 = \alpha_0 + \alpha_1 r_{t-1}^2 \tag{5.37}$$

其中 ε_t 是标准高斯白噪声，$\varepsilon_t \sim \text{iid } N(0, 1)$。这一正态假设可以被放宽，我们稍后会讨论这个问题。与 ARMA 模型一样，我们必须对模型参数施加一些约束以获得所需的性质。一个明显的约束是 α_0，$\alpha_1 \geqslant 0$，因为 σ_t^2 是方差。

正如我们将要看到的，ARCH(1)对收益率进行非常数条件方差的白噪声过程建模，并且条件方差取决于先前的收益率。首先，请注意，给定 r_{t-1} 的 r_t 的条件分布是高斯分布：

$$r_t \,|\, r_{t-1} \sim N(0, \alpha_0 + \alpha_1 r_{t-1}^2) \tag{5.38}$$

另外，可以将 ARCH(1)模型写为收益率平方 r_t^2 的非高斯 AR(1)模型。首先，将式(5.36)和式(5.37)重写为

$$r_t^2 = \sigma_t^2 \varepsilon_t^2$$

$$\alpha_0 + \alpha_1 r_{t-1}^2 = \sigma_t^2$$

两式相减，得到

$$r_t^2 - (\alpha_0 + \alpha_1 r_{t-1}^2) = \sigma_t^2 \varepsilon_t^2 - \sigma_t^2$$

现在，把这个等式写成

$$r_t^2 = \alpha_0 + \alpha_1 r_{t-1}^2 + v_t \tag{5.39}$$

其中 $v_t = \sigma_t^2(\varepsilon_t^2 - 1)$。因为 ε_t^2 是服从 N(0，1)的随机变量的平方，所以 $\varepsilon_t^2 - 1$ 是一个变换后（具有零均值）的 χ_1^2 随机变量。

为了探索 ARCH 的性质，我们定义 $\mathcal{R}_s = \{r_s, r_{s-1}, \cdots\}$。然后，使用式(5.38)，我们立即看到 r_t 的平均值为零：

$$E(r_t) = EE(r_t \,|\, \mathcal{R}_{t-1}) = EE(r_t \,|\, r_{t-1}) = 0 \tag{5.40}$$

因为 $E(r_t \,|\, \mathcal{R}_{t-1}) = 0$，所以过程 r_t 被认为是鞅差（martingale difference）。

因为 r_t 是鞅差，所以它也是不相关的序列。例如，对于 $h > 0$，

$$\text{cov}(r_{t+h}, r_t) = E(r_t r_{t+h}) = EE(r_t r_{t+h} \,|\, \mathcal{R}_{t+h-1}) = E\{r_t E(r_{t+h} \,|\, \mathcal{R}_{t+h-1})\} = 0 \tag{5.41}$$

式(5.41)的最后一个等式是因为，对于 $h > 0$，r_t 属于信息集 $\mathcal{R}_{t+h-1}$，并且 $E(r_{t+h} \,|\, \mathcal{R}_{t+h-1}) = 0$，如式(5.40)中所示。

类似式(5.40)和式(5.41)的论证将确定式(5.39)中的误差过程 v_t 也是鞅差，因此是不相关的序列。如果 v_t 的方差是有限的并且相对于时间是恒定的，并且 $0 \leqslant \alpha_1 < 1$，则基于性质 3.1，式(5.39)给出 r_t^2 的一个因果 AR(1)过程。因此，$E(r_t^2)$ 和 $\text{var}(r_t^2)$ 必须相对于时间 t 恒定。这意味着

$$E(r_t^2) = \text{var}(r_t) = \frac{\alpha_0}{1 - \alpha_1} \tag{5.42}$$

经过一些处理，

$$\mathrm{E}(r_t^4) = \frac{3\alpha_0^2}{(1-\alpha_1)^2} \frac{1-\alpha_1^2}{1-3\alpha_1^2} \tag{5.43}$$

给定 $3\alpha_1^2 < 1$。注意

$$\mathrm{var}(r_t^2) = \mathrm{E}(r_t^4) - [\mathrm{E}(r_t^2)]^2$$

当且仅当 $0 < \alpha_1 < \frac{1}{\sqrt{3}} \approx 0.58$ 时才存在。另外，这些结果意味着 r_t 的峰度 κ 是

$$\kappa = \frac{\mathrm{E}(r_t^4)}{[\mathrm{E}(r_t^2)]^2} = 3 \frac{1-\alpha_1^2}{1-3\alpha_1^2} \tag{5.44}$$

它永远不会小于正态分布的峰度 3。因此，收益 r_t 的边际分布是尖峰（leptokurtic），或者具有"厚尾"。总之，如果 $0 \leqslant \alpha_1 < 1$，则过程 r_t 本身是白噪声，其无条件分布是在零附近的对称分布；这个分布是尖峰的。此外，如果 $3\alpha_1^2 < 1$，则对于所有 $h > 0$，该过程的平方 r_t^2 遵循 ACF 为 $\rho_{y^2}(h) = \alpha_1^h \geqslant 0$ 的因果 AR(1) 模型。如果 $3\alpha_1 \geqslant 1$，但 $\alpha_1 < 1$，则可以证明 r_t^2 是严格平稳的，具有无穷方差（见 Douc, et al.[53] 的文献）。

ARCH(1) 模型的参数 α_0 和 α_1 的估计通常通过条件 MLE 来完成。给定 r_1，数据 $r_2, \cdots, r_n$ 的条件似然函数为

$$L(\alpha_0, \alpha_1 \mid r_1) = \prod_{t=2}^{n} f_{\alpha_0, \alpha_1}(r_t \mid r_{t-1}) \tag{5.45}$$

其中概率密度 $f_{\alpha_0, \alpha_1}(r_t \mid r_{t-1})$ 是式 (5.38) 中指定的正态概率密度。因此，准则函数被最小化，$l(\alpha_0, \alpha_1) \propto -\ln L(\alpha_0, \alpha_1 \mid r_1)$ 由下式给出

$$l(\alpha_0, \alpha_1) = \frac{1}{2} \sum_{t=2}^{n} \ln(\alpha_0 + \alpha_1 r_{t-1}^2) + \frac{1}{2} \sum_{t=2}^{n} \left(\frac{r_t^2}{\alpha_0 + \alpha_1 r_{t-1}^2} \right) \tag{5.46}$$

估算是通过数值方法完成的，如 3.5 节所述。在这种情况下，如例 3.30 所述，梯度向量的解析表达式 $l^{(1)}(\alpha_0, \alpha_1)$ 和 Hessian 矩阵 $l^{(2)}(\alpha_0, \alpha_1)$，可以通过向前计算得到。例如，$2 \times 1$ 阶梯度向量 $l^{(1)}(\alpha_0, \alpha_1)$ 由下式给出

$$\begin{pmatrix} \partial l / \partial \alpha_0 \\ \partial l / \partial \alpha_1 \end{pmatrix} = \sum_{t=2}^{n} \begin{pmatrix} 1 \\ r_{t-1}^2 \end{pmatrix} \times \frac{\alpha_0 + \alpha_1 r_{t-1}^2 - r_t^2}{2(\alpha_0 + \alpha_1 r_{t-1}^2)^2}$$

Hessian 矩阵的计算留作练习（见问题 5.8）。除非 n 非常大，否则 ARCH 模型的似然函数将趋于平缓。关于这个问题的讨论可以在 Shephard[177] 的文献中找到。

也可以将回归或均值 ARMA 模型与误差项的 ARCH 模型组合。例如，包含 ARCH(1) 误差的回归模型将观测值 x_t 作为 p 个回归量 $z_t = (z_{t1}, \cdots, z_{tp})'$ 和 ARCH(1) 噪声 y_t 的线性函数，即，

$$x_t = \beta' z_t + y_t$$

其中 y_t 满足式 (5.36) ~ (5.37)，但在这种情况下，是未被观测到的。类似地，例如，包含 ARCH(1) 误差的关于数据 x_t 的 AR(1) 模型将是

$$x_t = \phi_0 + \phi_1 x_{t-1} + y_t$$

Weiss[208] 探索了这些类型的模型。

例 5.4　美国 GNP 分析

在例 3.39 中，我们对美国 GNP 序列拟合一个 MA(2) 模型和一个 AR(1) 模型，并且

得出结论，来自两个模型拟合的残差似乎表现得像白噪声过程。在例 3.43 中我们得出结论，在这种情况下，AR(1) 可能是更好的模型。有观点认为，美国 GNP 序列有 ARCH 误差项，在本例中，我们将研究此观点。如果 GNP 噪声项是 ARCH，则拟合得到的残差的平方应该如式 (5.39) 中所指出的那样，表现得像非高斯 AR(1) 过程。图 5.5 显示了残差平方的 ACF 和 PACF，看起来残差中可能存在一些依赖性，尽管很小。该图在 R 中生成如下。

```
u = sarima(diff(log(gnp)), 1, 0, 0)
acf2(resid(u$fit)^2, 20)
```

我们使用 R 中的包 fGarch 对美国 GNP 增长率拟合 AR(1)-ARCH(1) 模型，结果如下。显示部分输出；我们注意到，在下面的代码中的 garch(1,0) 指定了 ARCH(1) 模型（稍后详述）。

```
library(fGarch)
summary(garchFit(~arma(1,0)+garch(1,0), diff(log(gnp))))
           Estimate   Std.Error  t.value   p.value
   mu       0.005      0.001      5.867     0.000
   ar1      0.367      0.075      4.878     0.000
   omega    0.000      0.000      8.135     0.000
   alpha1   0.194      0.096      2.035     0.042
   --
   Standardised Residuals Tests:   Statistic p-Value
   Jarque-Bera Test   R   Chi^2     9.118    0.010
   Shapiro-Wilk Test  R   W         0.984    0.014
   Ljung-Box Test     R   Q(20)    23.414    0.269
   Ljung-Box Test     R^2 Q(20)    37.743    0.010
```

请注意，估计结果中给出的 p 值是双侧的，因此在考虑 ARCH 参数时应将它们减半。在本例中，我们得到 $\hat{\phi}_0 = 0.005$（在输出中称为 mu）和 $\hat{\phi}_1 = 0.367$（称为 ar1）用于 AR(1) 参数估计；在例 3.39 中，这两个参数的值分别为 0.005 和 0.347。ARCH(1) 参数估计值对于常数是 $\hat{\alpha}_0 = 0$（称为 omega），而 $\hat{\alpha}_1 = 0.194$，p 值约为 0.02，是显著的。对残差 R 或残差平方 R^2 进行了多项检验。例如，Jarque-Bera 统计量基于观察到的偏度和峰度来检验拟合的残差是否正态，并且看起来残差具有一些非正态的偏度和峰度。Shapiro-Wilk 统计量根据经验次序统计量检验拟合的残差是否正态。基于 Q 统计量的其他检验用于对残差及其平方进行检验。

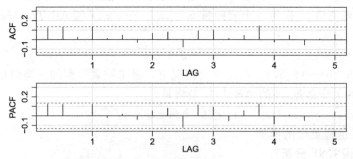

图 5.5　用 AR(1) 模型拟合美国 GNP 序列的残差平方和序列的 ACF 和 PACF　　■

显然，ARCH(1)模型可以扩展到一般的 ARCH(p) 模型。也就是说，式(5.36)，$r_t = \sigma_t \varepsilon_t$ 被保留，但是式(5.37)被扩展到

$$\sigma_t^2 = \alpha_0 + \alpha_1 r_{t-1}^2 + \cdots + \alpha_p r_{t-p}^2 \tag{5.47}$$

ARCH(p)的估计也从关于 ARCH(1)模型估计的讨论中明显得出。也就是说，给定 $r_t, \cdots, r_p$，数据 $r_{p+1}, \cdots, r_n$ 的条件似然函数，由下式给出

$$L(\alpha \mid r_1, \cdots, r_p) = \prod_{t=p+1}^{n} f_\alpha(r_t \mid r_{t-1}, \cdots, r_{t-p}) \tag{5.48}$$

其中 $\alpha = (\alpha_0, \alpha_1, \cdots, \alpha_p)$，并且在正态假设下，对于 $t > p$，式(5.48)中的条件密度 $f_\alpha(\cdot \mid \cdot)$ 由下式给出

$$r_t \mid r_{t-1}, \cdots, r_{t-p} \sim \mathrm{N}(0, \alpha_0 + \alpha_1 r_{t-1}^2 + \cdots + \alpha_p r_{t-p}^2)$$

ARCH 的另一个扩展是由 Bollerslev[28] 开发的广义 ARCH 或 GARCH 模型。例如，GARCH(1，1)模型保留式(5.36)，$r_t = \sigma_t \varepsilon_t$，但扩展式(5.37)如下：

$$\sigma_t^2 = \alpha_0 + \alpha_1 r_{t-1}^2 + \beta_1 \sigma_{t-1}^2 \tag{5.49}$$

在 $\alpha_1 + \beta_1 < 1$ 的条件下，使用与式(5.39)中类似的处理，GARCH(1，1)模型，式(5.36)和式(5.49)，允许非高斯 ARMA(1，1)模型用于平方过程

$$r_t^2 = \alpha_0 + (\alpha_1 + \beta_1) r_{t-1}^2 + v_t - \beta_1 v_{t-1} \tag{5.50}$$

其中 v_t 如式(5.39)中所定义。表达式(5.50)遵循式(5.36)的形式，写为

$$r_t^2 - \sigma_t^2 = \sigma_t^2 (\varepsilon_t^2 - 1)$$

$$\beta_1(r_{t-1}^2 - \sigma_{t-1}^2) = \beta_1 \sigma_{t-1}^2 (\varepsilon_{t-1}^2 - 1)$$

从第一个方程中减去第二个方程，并使用从式(5.49)中得到的式子 $\sigma_t^2 - \beta_1 \sigma_{t-1}^2 = \alpha_0 + \alpha_1 r_{t-1}^2$。GARCH($p$，$q$)模型保留式(5.36)并将式(5.49)扩展到

$$\sigma_t^2 = \alpha_0 + \sum_{j=1}^{p} \alpha_j r_{t-j}^2 + \sum_{j=1}^{q} \beta_j \sigma_{t-j}^2 \tag{5.51}$$

GARCH(p，q)模型参数的条件极大似然估计类似于 ARCH(p)情况，其中条件似然函数（即式(5.48)）是 $\mathrm{N}(0, \sigma_t^2)$ 的密度函数的乘积，其中 σ_t^2 由式(5.51)给出，并且其条件是给出前 $\max(p, q)$ 个观测值，满足 $\sigma_1^2 = \cdots = \sigma_q^2 = 0$。一旦获得参数估计，该模型可用于获得波动率的向前一步预测，即 $\hat{\sigma}_{t+1}^2$，由下式给出

$$\hat{\sigma}_{t+1}^2 = \hat{\alpha}_0 + \sum_{j=1}^{p} \hat{\alpha}_j r_{t+1-j}^2 + \sum_{j=1}^{q} \hat{\beta}_j \hat{\sigma}_{t+1-j}^2 \tag{5.52}$$

我们在以下实例中探索这些概念。

例 5.5　道琼斯工业平均指数收益率的 ARCH 模型分析

如前所述，图 1.4 所示的道琼斯工业平均指数(DJIA)的日收益率表现出经典的 GARCH 特征。此外，序列本身存在一些低阶自相关，为了描述这种行为，我们使用 R 中的 fGarch 包对序列拟合一个服从 t 分布的 AR(1)-GARCH(1，1)模型：

```
library(xts)
djiar = diff(log(djia$Close))[-1]
acf2(djiar)      # exhibits some autocorrelation  (not shown)
acf2(djiar^2)    # oozes autocorrelation (not shown)
library(fGarch)
```

```
summary(djia.g <- garchFit(~arma(1,0)+garch(1,1), data=djiar,
          cond.dist='std'))
plot(djia.g)    # to see all plot options
          Estimate    Std.Error    t.value    p.value
   mu      8.585e-04   1.470e-04    5.842      5.16e-09
   ar1    -5.531e-02   2.023e-02   -2.735      0.006239
   omega   1.610e-06   4.459e-07    3.611      0.000305
   alpha1  1.244e-01   1.660e-02    7.497      6.55e-14
   beta1   8.700e-01   1.526e-02   57.022      < 2e-16
   shape   5.979e+00   7.917e-01    7.552      4.31e-14
   ---
   Standardised Residuals Tests:
                              Statistic    p-Value
   Ljung-Box Test   R   Q(10)  16.81507    0.0785575
   Ljung-Box Test   R^2 Q(10)  15.39137    0.1184312
```

为了探索 GARCH 模型的波动率预测，我们计算并绘制了 2008 年金融危机前后的部分数据以及相应波动率的向前一步预测，σ_t^2 如图 5.6 中的实线所示。

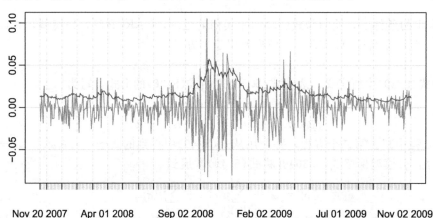

图 5.6   GARCH 模型对 2008 年金融危机前后的道琼斯工业平均指数波动率$\hat{\sigma}_t$ 的向前一步预测   ■

我们简要提到的另一个模型是非对称幂（asymmetric power）ARCH（APARCH）模型。该模型保留式（5.36），$r_t = \sigma_t \varepsilon_t$，但条件方差被建模为

$$\sigma_t^\delta = \alpha_0 + \sum_{j=1}^{p} \alpha_j (|r_{t-j}| - \gamma_j r_{t-j})^\delta + \sum_{j=1}^{q} \beta_j \sigma_{t-j}^\delta \tag{5.53}$$

注意，对于 $j \in \{1, \cdots, p\}$，当 $\delta = 2$ 且 $\gamma_j = 0$ 时，模型为 GARCH 模型。参数 $\gamma_j (|\gamma_j| \leqslant 1)$ 是杠杆参数，它是非对称性的度量，$\delta > 0$ 是幂项的参数。γ_j 的正［负］值意味着过去的负［正］冲击对当前的条件波动具有比过去的正［负］冲击有更深的影响。该模型将可变指数的灵活性与不对称系数结合，以考虑杠杆效应。此外，为了保证 $\sigma_t > 0$，我们假设 $\alpha_0 > 0$，$\alpha_j \geqslant 0$ 且至少有一个 $\alpha_j > 0$，并且 $\beta_j \geqslant 0$。

我们继续在以下实例中分析道琼斯工业平均指数。

例 5.6   道琼斯工业平均指数收益率的 APARCH 模型分析

R 中的 fGarch 包用于对例 5.5 中讨论的道琼斯工业平均指数（DJIA）收益率序列拟合一个 AR-APARCH 模型。与前面的实例一样，我们在模型中包含一个 AR(1) 来计算条件均值。在这种情况下，我们可以将模型视为 $r_t = \mu_t + y_t$，其中 μ_t 是 AR(1)模型，y_t 是式 (5.53)APARCH 模型中具有条件方差的噪声，服从 t 分布。下面给出了分析的部分输出。我们不包括图像显示，但展示了如何获取它们。当然，预测的波动率与图 5.6 中所示的值不同，但绘制的图看起来相似。

```
library(xts)
library(fGarch)
summary(djia.ap <- garchFit(~arma(1,0)+aparch(1,1), data=djiar,
          cond.dist='std'))
plot(djia.ap)    # to see all plot options (none shown)
          Estimate  Std. Error  t value   p.value
   mu      5.234e-04  1.525e-04    3.432   0.000598
   ar1    -4.818e-02  1.934e-02   -2.491   0.012727
   omega   1.798e-04  3.443e-05    5.222   1.77e-07
   alpha1  9.809e-02  1.030e-02    9.525   < 2e-16
   gamma1  1.000e+00  1.045e-02   95.731   < 2e-16
   beta1   8.945e-01  1.049e-02   85.280   < 2e-16
   delta   1.070e+00  1.350e-01    7.928   2.22e-15
   shape   7.286e+00  1.123e+00    6.489   8.61e-11
   ---
   Standardised Residuals Tests:
                                 Statistic p-Value
   Ljung-Box Test    R    Q(10)  15.71403  0.108116
   Ljung-Box Test    R^2  Q(10)  16.87473  0.077182
```

在大多数应用中，式(5.36)中噪声的分布 ε_t 很少是正态的。R 中的包 fGarch 允许使用各种分布拟合数据，可以参考帮助文件。GARCH 和相关模型有一些缺点：(1) GARCH 模型假设正负收益率具有相同的影响，因为波动性取决于收益率平方，非对称模型有助于缓解这个问题；(2) 由于对模型参数的严格要求(例如，对于 ARCH(1)，$0 \leqslant \alpha_1^2 < \frac{1}{3}$)，这些模型通常具有限制性；(3) 除非 n 非常大，否则似然函数是平缓的；(4) 模型倾向于过度预测波动性，因为它们对大量孤立的收益率反应缓慢。

已经对原始模型提出了各种扩展来克服我们刚才提到的一些缺点。例如，我们已经讨论了 fGarch 允许收益率非对称。在持续存在波动性的情况下，可以使用求和 GARCH (Integrated GARCH，IGARCH)模型。回顾式(5.50)，我们可以将 GARCH(1, 1)模型写成

$$r_t^2 = \alpha_0 + (\alpha_1 + \beta_1) r_{t-1}^2 + v_t - \beta_1 v_{t-1}$$

如果 $\alpha_1 + \beta_1 < 1$，则 r_t^2 是平稳的。IGARCH 模型设定了条件 $\alpha_1 + \beta_1 = 1$，在这种情况下 IGARCH(1，1)模型是

$$r_t = \sigma_t \varepsilon_t \quad 和 \quad \sigma_t^2 = \alpha_0 + (1 - \beta_1) r_{t-1}^2 + \beta_1 \sigma_{t-1}^2$$

基础的 ARCH 模型有许多不同的扩展，它们是为处理实践中注意到的各种情况而开发的。有兴趣的读者可以在 Engle et al.[58] 的文献的综述中找到，Shephard[177] 的文献也值得一读。此外，Gouriéroux[78] 的文献详细介绍了 ARCH 和相关模型以及金融应用程序，并包含广泛的参考书目。Chan[40] 的文献和 Tsay[204] 的文献是两篇关于金融时间序列分析的优秀论文。

最后，我们简要讨论随机波动率模型(stochastic volatility model)，第 6 章将详细介绍这些模型。GARCH 和相关模型中的波动率分量 σ_t^2 是条件非随机的。例如，在 ARCH(1)

模型中，任何时候的前期收益率的值，例如 c，即 $r_{t-1}=c$，必须有 $\sigma_t^2=\alpha_0+\alpha_1 c^2$。这个假设似乎有点不切实际。随机波动率模型以下列方式为波动率增加了随机因素。在 GARCH 模型中，收益率 r_t 为

$$r_t = \sigma_t \varepsilon_t \quad \Rightarrow \quad \log r_t^2 = \log \sigma_t^2 + \log \varepsilon_t^2 \tag{5.54}$$

因此，观测值 $\log r_t^2$ 由两个分量产生，即未观察到的波动率 $\log \sigma_t^2$ 和未观察到的噪声 $\log \varepsilon_t^2$。例如，当 GARCH(1，1)模型的波动率不包含误差项时，$\sigma_{t+1}^2=\alpha_0+\alpha_1 r_t^2+\beta_1 \sigma_t^2$，基本的随机波动率模型假设潜在变量的对数是自回归过程，

$$\log \sigma_{t+1}^2 = \phi_0 + \phi_1 \log \sigma_t^2 + w_t \tag{5.55}$$

其中 $w_t \sim$ iid $N(0,\sigma_w^2)$。噪声项 w_t 的引入使得潜在波动率过程具有随机性。结合式(5.54)和式(5.55)构成了随机波动率模型。给定 n 个观测值，目标是估计参数 ϕ_0、ϕ_1 和 σ_w^2，然后预测未来的波动率。具体细节在 6.11 节中提供。

5.4　阈值模型

在 3.4 节我们讨论了这样一个事实：对于一个平稳的时间序列，时间上向前的最佳线性预测与时间上向后的最佳线性预测相同。该结果遵循以下事实：$x_{1:n}=\{x_1,\ x_2,\ \cdots,\ x_n\}$ 的方差-协方差矩阵，即 $\Gamma=\{\gamma(i-j)\}_{i,j=1}^n$，与 $x_{n:1}=\{x_n,\ x_{n-1},\ \cdots,\ x_1\}$ 的方差-协方差矩阵相同。此外，如果过程是高斯分布，则 $x_{1:n}$ 和 $x_{n:1}$ 的分布是相同的。在这种情况下，$x_{1:n}$ 的时序图（即，在时间上向前绘制的数据）应该与 $x_{n:1}$ 的时序图（即，在时间上向后绘制的数据）看起来相似。

但是，有许多序列不适合这一类模型。例如，图 5.7 显示了 1968 年至 1978 年的 11 年间美国每万人每月肺炎和流感死亡人数的情况。通常情况下，死亡人数增加的速度往往快于减少的速度，尤其是在疾病流行期间。因此，如果数据是在时间上向后绘制的，那么该序列增加的速度往往会比它减少的速度慢。同时，如果每月肺炎和流感死亡遵循线性高斯过程，我们不会期望在本序列中周期性地发生如此大的正面和负面变化。此外，尽管冬季的死亡人数通常最多，但数据并不是完全季节性的。也就是说，尽管该序列的高峰期通常发生在 1 月，但在其他年份，峰值出现在 2 月或 3 月。因此，季节性 ARMA 模型不会捕获此行为。

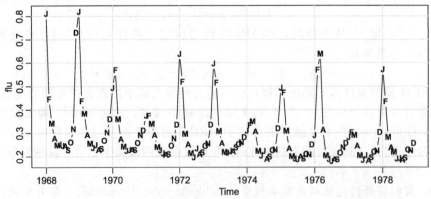

图 5.7　美国月度每万人中肺炎和流感死亡人数

有许多可以使用的非线性序列建模方法（见 Priestley[159] 的文献），在这里，我们关注 Tong[202-203] 的文献中提出的一类阈值模型（TARMA）。这些模型的基本思想是拟合局部线性 ARMA 模型，它们的吸引力在于我们可以使用拟合全局线性 ARMA 模型的思路。例如，对于 k-区制自激励阈值（self-exciting threshold，SETARMA）模型

$$x_t = \begin{cases} \phi_0^{(1)} + \sum\limits_{i=1}^{p_1} \phi_i^{(1)} x_{t-i} + w_t^{(1)} + \sum\limits_{j=1}^{q_1} \theta_j^{(1)} w_{t-j}^{(1)} & \text{如果 } x_{t-d} \leqslant r_1 \\ \phi_0^{(2)} + \sum\limits_{i=1}^{p_2} \phi_i^{(2)} x_{t-i} + w_t^{(2)} + \sum\limits_{j=1}^{q_2} \theta_j^{(2)} w_{t-j}^{(2)} & \text{如果 } r_1 < x_{t-d} \leqslant r_2 \\ \quad\vdots & \qquad\vdots \\ \phi_0^{(k)} + \sum\limits_{i=1}^{p_k} \phi_i^{(k)} x_{t-i} + w_t^{(k)} + \sum\limits_{j=1}^{q_k} \theta_j^{(k)} w_{t-j}^{(k)} & \text{如果 } r_{k-1} < x_{t-d} \end{cases} \tag{5.56}$$

其中，对于 $j = 1, \cdots, k$，正整数 d 是指定的 em 延迟，并且 $-\infty < r_1 < \cdots < r_{k-1} < \infty$ 是 $\mathbb{R}$ 的一个区间。

这些模型允许 ARMA 系数随时间变化，并且这些变化通过将先前的值（经过时间 d 期滞后）与固定阈值进行比较来确定。每种不同的 ARMA 模型被称为区制（regime）。在上面的定义中，ARMA 模型的阶数 (p_j, q_j) 在每个区制中可以不同，尽管在许多应用中它们是相等的。在拟合时间序列模型时，平稳性和可逆性是明显的关注点。然而，对于阈值时间序列模型（例如 TAR、TMA 和 TARMA 模型），文献中的平稳和可逆条件一般不太为人所知，并且通常限制在了一阶的模型。

该模型可以推广为包括依赖于过程中过去观测值集合的区制，或者依赖于外生变量（在这种情况下模型不是自激励模型）的区制的情况，例如捕食者-猎物（predator-prey）案例。例如，加拿大 lynx 数据集已被广泛研究（见 R 数据集 lynx），该序列通常用于证明阈值模型的拟合。lynx 的猎物从小型啮齿动物到鹿不等，其中 Snowshoe Hare 是其最受宠的猎物。事实上，在某些地区，lynx 与 Snowshoe Hare 的关系如此密切，以至于它的种群与 Snowshoe Hare 的种群一起上升和下降，即使其他食物来源可能很丰富。在这种情况下，将式（5.56）中的 x_{t-d} 替换为 y_{t-d} 似乎是合理的，其中 y_t 是 Snowshoe Hare 种群的大小。

与许多其他非线性时间序列模型相比，TAR 模型的普及是由于它们的设定、估计和解释相对简单。此外，尽管 TAR 模型具有明显的简单性，但它可以再现许多非线性现象。在下面的例子中，我们使用这些方法将阈值模型拟合到前面提到的月度肺炎和流感死亡序列。

例 5.7　流感序列的阈值模型建模

如前所述，图 5.7 的检查使我们相信，每月肺炎和流感死亡的时间序列 flu_t 是非线性的。从图 5.7 中也可以看出，数据中存在轻微的负向趋势。我们发现，在消除趋势的同时，将阈值模型拟合到这些数据的最方便的方法是使用一阶差分。即差分数据

$$x_t = \text{flu}_t - \text{flu}_{t-1}$$

在图 5.9 中表示为代表观察值的点（＋）。

在一阶差分 x_t 的图中,数据的非线性更加明显。很明显 x_t 慢慢上升了几个月,然后,在冬天的某个时候,一旦 x_t 超过约 0.05,就有可能跳到很大的数字。如果该过程进行了大的跳跃,则随后 x_t 将出现显著的减少。另一个有说服力的图形是图 5.8 中所示的 x_t 与 x_{t-1} 的关系图,表明 x_{t-1} 是否超过 0.05 的两种线性区间的概率。

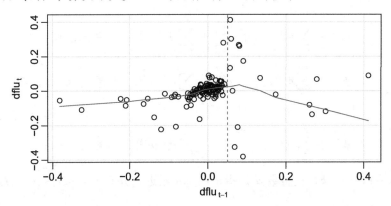

图 5.8　$dflu_t = flu_t - flu_{t-1}$ 与 $dflu_{t-1}$ 的散点图,包括一条叠加的拟合线。垂直虚线表示 $dflu_{t-1} = 0.05$

作为初步分析,我们拟合以下阈值模型

$$
\begin{aligned}
x_t &= \alpha^{(1)} + \sum_{j=1}^{p} \phi_j^{(1)} x_{t-j} + w_t^{(1)}, \quad x_{t-1} < 0.05; \\
x_t &= \alpha^{(2)} + \sum_{j=1}^{p} \phi_j^{(2)} x_{t-j} + w_t^{(2)}, \quad x_{t-1} \geqslant 0.05
\end{aligned}
\tag{5.57}
$$

其中 $p = 6$,假定这将大于必要的滞后阶数。使用两个线性回归模型可以很容易拟合模型 (5.57),一个模型在 $x_{t-1} < 0.05$ 时进行拟合,另一个在 $x_t \geqslant 0.05$ 时进行拟合。详细信息在本例末尾的 R 代码中提供。

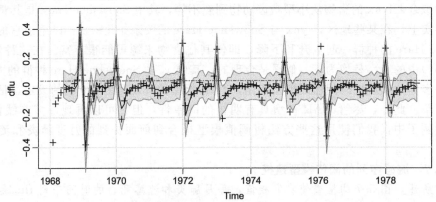

图 5.9　美国月度肺炎和流感死亡序列的一阶差分(+),具有 ±2 预测误差界限的向前一个月预测
　　　　(实线)。水平线是阈值

最后选择了阶数 $p = 4$ 进行拟合,结果为

$$\hat{x}_t = 0 + 0.51_{(0.08)}\, x_{t-1} - 0.20_{(0.06)}\, x_{t-2} + 0.12_{(0.05)}\, x_{t-3}$$
$$- 0.11_{(0.05)}\, x_{t-4} + \hat{w}_t^{(1)}, \quad \text{对于 } x_{t-1} < 0.05$$

$$\hat{x}_t = 0.40 - 0.75_{(0.17)}\, x_{t-1} - 1.03_{(0.21)}\, x_{t-2} - 2.05_{(1.05)}\, x_{t-3}$$
$$- 6.71_{(1.25)}\, x_{t-4} + \hat{w}_t^{(2)}, \quad \text{对于 } x_{t-1} \geq 0.05$$

其中 $\hat{\sigma}_1 = 0.05$ 且 $\hat{\sigma}_2 = 0.07$。阈值 0.05 被超过了 17 次。

使用最终模型，可以进行向前一个月的预测，这些预测在图 5.9 中显示为一条实线。该模型在预测流感疫情方面做得非常好，然而，这个模型错过了 1976 年的高峰期。当我们拟合一个具有较低阈值 0.04 的模型时，流感疫情有些被低估，但是第八年的流感疫情被提前一个月预测。我们选择了阈值为 0.05 的模型，因为残差的诊断显示没有明显偏离模型的设定（除了 1976 年的一个异常值）；阈值为 0.04 的模型在残差中仍然存在一些相关性，并且存在多个异常值。最后，对于该模型超过一个月的预测是复杂的，但存在一些相似的技术（见 Tong[202] 的文献）。以下命令可用于在 R 中执行此分析。

```
# Plot data with month initials as points
plot(flu, type="c")
Months = c("J","F","M","A","M","J","J","A","S","O","N","D")
points(flu, pch=Months, cex=.8, font=2)
# Start analysis
dflu  = diff(flu)
lag1.plot(dflu, corr=FALSE)     # scatterplot with lowess fit
thrsh = .05                     # threshold
Z     = ts.intersect(dflu, lag(dflu,-1), lag(dflu,-2), lag(dflu,-3),
           lag(dflu,-4) )
ind1  = ifelse(Z[,2] < thrsh, 1, NA)  # indicator < thrsh
ind2  = ifelse(Z[,2] < thrsh, NA, 1)  # indicator >= thrsh
X1    = Z[,1]*ind1
X2    = Z[,1]*ind2
summary(fit1 <- lm(X1~ Z[,2:5]) )     # case 1
summary(fit2 <- lm(X2~ Z[,2:5]) )     # case 2
D     = cbind(rep(1, nrow(Z)), Z[,2:5])  # design matrix
p1    = D %*% coef(fit1)         # get predictions
p2    = D %*% coef(fit2)
prd   = ifelse(Z[,2] < thrsh, p1, p2)
plot(dflu, ylim=c(-.5,.5), type='p', pch=3)
lines(prd)
prde1 = sqrt(sum(resid(fit1)^2)/df.residual(fit1) )
prde2 = sqrt(sum(resid(fit2)^2)/df.residual(fit2) )
prde  = ifelse(Z[,2] < thrsh, prde1, prde2)
  tx  = time(dflu)[-(1:4)]
  xx  = c(tx, rev(tx))
  yy  = c(prd-2*prde, rev(prd+2*prde))
polygon(xx, yy, border=8, col=gray(.6, alpha=.25) )
abline(h=.05, col=4, lty=6)
```

最后，我们注意到 R 中有一个名为 tsDyn 的添加包可用于拟合这些模型，我们假设 dflu 已经存在。

```
library(tsDyn)          # load package - install it if you don't have it
# vignette("tsDyn")  # for package details
(u = setar(dflu, m=4, thDelay=0, th=.05)) # fit model and view results
(u = setar(dflu, m=4, thDelay=0)) # let program fit threshold (=.036)
BIC(u); AIC(u)   # if you want to try other models; m=3 works well too
plot(u)                 # graphics - ?plot.setar for information
```

这里找到的阈值是 0.036，其中包括比使用 0.04 时更多的观察值，但是存在前面提到的相同的缺点。 ∎

5.5　滞后回归和传递函数建模

在 4.8 节，我们考虑了基于一致性的频域方法的滞后回归。例如，考虑例 4.24 中分析的 SOI 和新鱼数量序列，该序列如图 1.5 所示。在那个例子中，我们感兴趣的是从输入 SOI 序列 x_t 预测输出新鱼数量序列 y_t。

我们考虑了滞后回归模型

$$y_t = \sum_{j=0}^{\infty} \alpha_j x_{t-j} + \eta_t = \alpha(B)x_t + \eta_t \tag{5.58}$$

其中 $\sum_j |\alpha_j| < \infty$。我们假设输入过程 x_t 和式(5.58)中的噪声过程 η_t 既是平稳的又是相互独立的。系数 α_0，α_1，⋯描述分配给用于预测 y_t 的过去 x_t 值的权重，我们使用了滞后算子

$$\alpha(B) = \sum_{j=0}^{\infty} \alpha_j B^j \tag{5.59}$$

在 Box and Jenkins[30] 的文献的公式中，我们将 ARIMA 模型，即 ARIMA(p，d，q) 和 ARIMA(p_η，d_η，q_η)分配给 x_t 和 η_t 序列。在 4.8 节，我们假设噪声 η_t 是白噪声。对于输入序列和噪声的简单 ARMA(p，q)建模的情况，式(5.58)中的分量使用滞后算子表示为

$$\phi(B)x_t = \theta(B)w_t \tag{5.60}$$

以及

$$\phi_\eta(B)\eta_t = \theta_\eta(B)z_t \tag{5.61}$$

其中 w_t 和 z_t 分别是具有方差 σ_w^2 和 σ_z^2 的独立白噪声过程。Box 和 Jenkins[30] 提出了在系数 α_j 中经常观察到的系统模式，对于 $j=1$，2，⋯，通常可以表示为涉及少量系数的多项式的比率，以及指定的延迟 d，因此

$$\alpha(B) = \frac{\delta(B)B^d}{\omega(B)} \tag{5.62}$$

其中

$$\omega(B) = 1 - \omega_1 B - \omega_2 B^2 - \cdots - \omega_r B^r \tag{5.63}$$

以及

$$\delta(B) = \delta_0 + \delta_1 B + \cdots + \delta_s B^s \tag{5.64}$$

是指示的算子，在本节中，我们发现将算子的倒数 $\omega(B)^{-1}$ 表示为 $1/\omega(B)$ 很方便。

确定涉及 $\alpha(B)$ 的简单形式的简约模型并估计上述模型中的所有参数是传递函数方法的主要任务。由于参数数量众多，因此有必要开发一种顺序方法。假设我们首先关注为输入 x_t 找到 ARIMA 模型并将此算子应用于式(5.58)的两侧，从而获得新模型

$$\widetilde{y}_t = \frac{\phi(B)}{\theta(B)}y_t = \alpha(B)\frac{\phi(B)}{\theta(B)}x_t + \frac{\phi(B)}{\theta(B)}\eta_t$$
$$= \alpha(B)w_t + \widetilde{\eta}_t$$

其中 w_t 和变换后的噪声 $\widetilde{\eta}_t$ 是独立的。

序列 w_t 是输入序列的预白化版本，它与变换后的输出序列 $\widetilde{y}_t$ 的交叉相关将是

$$\gamma_{\widetilde{y}w}(h) = \mathrm{E}[\widetilde{y}_{t+h}w_t] = \mathrm{E}\left[\sum_{j=0}^{\infty}\alpha_j w_{t+h-j}w_t\right] = \sigma_w^2\alpha_h \tag{5.65}$$

因为白噪声的自协方差函数将为零，除非式(5.65)中 $j=h$。因此，通过计算预先白化的输入序列和变换的输出序列之间的交叉相关将会产生 $\alpha(B)$ 的行为的粗略估计。

例 5.8 将预先白化的 SOI 与转化后的新鱼数量序列相关联

我们用 SOI 和新鱼数量序列作为例子来说明我们建议的程序。图 5.10 显示了去趋势 SOI 的样本 ACF 和 PACF，从 PACF 可以清楚地看出，$p=1$ 的自回归模型可以合理地拟合序列。拟合该序列得到 $\hat{\phi}=0.588$，其中 $\hat{\sigma}_w^2=0.092$，我们将算子 $(1-0.588B)$ 应用于 x_t 和 y_t 并计算交叉相关函数，如图 5.11 所示。注意到 $d=5$ 个月的明显变化和此后的减少，似乎有理由假设模型形式

$$\alpha(B) = \delta_0 B^5(1+\omega_1 B + \omega_1^2 B^2 + \cdots) = \frac{\delta_0 B^5}{1-\omega_1 B}$$

用于传递函数。在这种情况下，我们期望 ω_1 为负。以下 R 代码用于本例。

```
soi.d = resid(lm(soi~time(soi), na.action=NULL)) # detrended SOI
acf2(soi.d)
fit = arima(soi.d, order=c(1,0,0))
ar1 = as.numeric(coef(fit)[1])     # = 0.5875
soi.pw = resid(fit)
rec.fil = filter(rec, filter=c(1, -ar1), sides=1)
ccf(soi.pw, rec.fil, ylab="CCF", na.action=na.omit, panel.first=grid())
```

在上面的代码中，soi.pw 是预白化的去趋势 SOI 序列，rec.fil 是过滤后的新鱼数量序列。

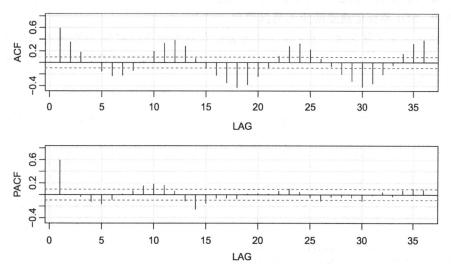

图 5.10 去趋势 SOI 的样本 ACF 和 PACF

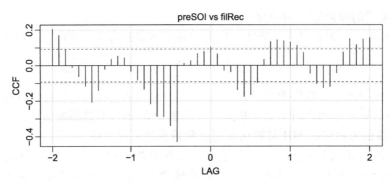

图 5.11   预白化、去趋势 SOI 和类似转化的新鱼数量序列的样本 CCF，负滞后
表明 SOI 导致新鱼数量序列

在某些情况下，我们可以假设分量 $\delta(B)$ 和 $\omega(B)$ 的形式，所以我们可以将方程

$$y_t = \frac{\delta(B)B^d}{\omega(B)}x_t + \eta_t$$

写成

$$\omega(B)y_t = \delta(B)B^d x_t + \omega(B)\eta_t$$

或以回归形式

$$y_t = \sum_{k=1}^{r}\omega_k y_{t-k} + \sum_{k=0}^{s}\delta_k x_{t-d-k} + u_t \tag{5.66}$$

其中

$$u_t = \omega(B)\eta_t \tag{5.67}$$

一旦我们有了式(5.66)，如果我们无视 η_t 并且允许 u_t 有任何 ARMA 行为，那么很容易拟合模型。我们在下面的例子中说明了这种技术。

例 5.9   SOI 和新鱼数量的传递函数模型

我们举例说明了使用例 5.8 中建议的滞后回归模型拟合去趋势 SOI 序列 (x_t) 和新鱼数量序列 (y_t) 的过程。这里报告的结果实际上与例 4.24 中使用的频域方法获得的结果相同。

根据例 5.8，我们确定了

$$y_t = \alpha + \omega_1 y_{t-1} + \delta_0 x_{t-5} + u_t$$

是一个合理的模型。在这一点上，我们只是运行了回归，基于 3.8 节中讨论的技术，允许误差项自相关。基于这些技术，拟合模型与例 4.24 中获得的模型相同，即，

$$y_t = 12 + 0.8y_{t-1} - 21x_{t-5} + u_t, \quad 以及 \quad u_t = 0.45u_{t-1} + w_t$$

其中 w_t 是白噪声，$\sigma_w^2 = 50$。

图 5.12 显示了估计噪声 u_t 的 ACF 和 PACF，表明 AR(1)是合适的模型。此外，该图显示了新鱼数量序列以及基于最终模型的向前一步预测。以下 R 代码用于本例。

```
soi.d = resid(lm(soi~time(soi), na.action=NULL))
fish = ts.intersect(rec, RL1=lag(rec,-1), SL5=lag(soi.d,-5))
(u = lm(fish[,1]~fish[,2:3], na.action=NULL))
acf2(resid(u))                              # suggests ar1
(arx = sarima(fish[,1], 1, 0, 0, xreg=fish[,2:3]))    # final model
```

```
Coefficients:
          ar1   intercept    RL1      SL5
       0.4487   12.3323    0.8005   -21.0307
 s.e.  0.0503    1.5746    0.0234    1.0915
 sigma^2 estimated as 49.93
pred = rec + resid(arx$fit)   # 1-step-ahead predictions
ts.plot(pred, rec, col=c('gray90',1), lwd=c(7,1))
```

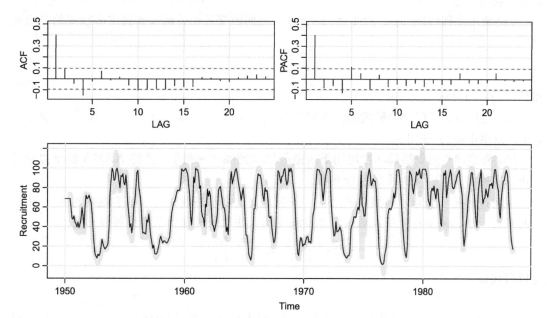

图 5.12　上图：估计噪声 u_t 的 ACF 和 PACF。下图：基于最终传递函数模型的新鱼数量序列（实线）和
　　　　向前一步预测（灰色部分）

为了完整起见，我们完成了对更复杂的拟合传递函数模型的 Box-Jenkins 方法的讨论。然而，我们注意到该方法没有可识别的整体最优性，并且通常不比先前讨论的方法更好或更差。

式(5.66)的形式建议对输入和输出序列的滞后项进行回归以获得 $\hat{\beta}$，即 $(r+s+1) \times 1$ 阶回归向量的估计

$$\beta = (\omega_1, \cdots, \omega_r, \delta_0, \delta_1, \cdots, \delta_s)'$$

回归的残差，比方说，

$$\hat{u}_t = y_t - \hat{\beta}' z_t$$

其中

$$z_t = (y_{t-1}, \cdots, y_{t-r}, x_{t-d}, \cdots, x_{t-d-s})'$$

表示通常的自变量向量，可用于逼近噪声过程 η_t 的最佳 ARMA 模型，因为我们可以使用式(5.67)中的估计量 $\hat{u}_t$ 和 $\hat{\omega}(B)$ 并应用移动平均算子得到 $\hat{\eta}_t$。用 ARMA(p_η, q_η) 模型来拟合该估计的噪声，然后完成参数设定。前面提出了以下顺序过程，用于将传递函数模型拟合到数据。

(1) 将 ARMA 模型拟合到输入序列 x_t 以估计式 (5.60) 中参数 ϕ_1, $\cdots$, ϕ_p, θ_1, $\cdots\theta_q$, σ_w^2。保留用于步骤 (2) 的 ARMA 系数和用于步骤 (3) 的拟合残差 $\hat{w}_t$。

(2) 应用步骤 (1) 中确定的算子，即

$$\hat{\phi}(B)y_t = \hat{\theta}(B)\,\widetilde{y}_t$$

确定变换后的输出序列 $\widetilde{y}_t$。

(3) 使用步骤 (1) 中的 $\hat{w}_t$ 和步骤 (2) 中的 $\widetilde{y}_t$ 之间的交叉相关函数来确定多项式的分量的形式

$$\alpha(B) = \frac{\delta(B)B^d}{\omega(B)}$$

和估计的时间延迟 d。

(4) 通过拟合式 (5.66) 形式的线性回归得到 $\hat{\beta} = (\hat{\omega}_1, \cdots, \hat{\omega}_r, \hat{\delta}_0, \hat{\delta}_1, \cdots, \hat{\delta}_s)$。保留残差 $\hat{u}_t$，以供步骤 (5) 使用。

(5) 将移动平均变换 (5.67) 应用于残差 $\hat{u}_t$ 以找到噪声序列 $\hat{\eta}_t$，并将 ARMA 模型拟合到噪声，获得 $\hat{\phi}_\eta(B)$ 和 $\hat{\theta}_\eta(B)$ 中的估计系数。

上述过程相当合理，但如前所述，在任何意义上都不是最佳的。基于观察到的 x_t 和 y_t 同时进行最小二乘估计，可以通过以下步骤完成，注意到传递函数模型可以写为

$$y_t = \frac{\delta(B)B^d}{\omega(B)}x_t + \frac{\theta_\eta(B)}{\phi_\eta(B)}z_t$$

可以写成以下形式

$$\omega(B)\phi_\eta(B)y_t = \phi_\eta(B)\delta(B)B^d x_t + \omega(B)\theta_\eta(B)z_t \tag{5.68}$$

很明显，如前所述，可以使用最小二乘法来最小化 $\sum_t z_t^2$。在例 5.9 中，我们简单地允许式 (5.68) 中的 $u_t = \frac{\theta_\eta(B)}{\phi_\eta(B)}z_t$ 具有任何 ARMA 结构。最后，我们提到也可以将状态空间形式的传递函数表示为 ARMAX 模型，见 5.6 节和 6.6.1 节。

5.6   多元 ARMAX 模型

为了理解多元时间序列模型及其能力，我们首先介绍多元时间序列回归技术。由于所有过程都是向量过程，我们不使用粗体表示向量。2.1 节中提出的基本单变量回归模型的一个有用扩展，是有多个输出序列的情况，即多元回归分析。假设，k 个输出变量 y_{t1}, y_{t2}, $\cdots$, y_{tk} 的集合 (而不是单个输出变量 y_t) 与输入相关，对于每个输出变量，$i = 1, 2, \cdots, k$，我们有

$$y_{ti} = \beta_{i1}z_{t1} + \beta_{i2}z_{t2} + \cdots + \beta_{ir}z_{tr} + w_{ti} \tag{5.69}$$

我们假设不同的下标 i 对应的 w_{ti} 变量是相关的，但是不同时间 t 对应的 w_{ti} 变量仍然是独立的。形式上，对于 $s = t$，我们假设 $\text{cov}\{w_{si}, w_{tj}\} = \sigma_{ij}$，否则为零。然后，以矩阵表示法改写式 (5.69)，其中 $y_t = (y_{t1}, y_{t2}, \cdots, y_{tk})'$ 是输出向量，并且对于 $i = 1, \cdots, k$，$j = 1, \cdots, r$,

$\mathcal{B} = \{\beta_{ij}\}$ 是包含回归系数的一个 $k \times r$ 矩阵，导致以下简单的形式

$$y_t = \mathcal{B} z_t + w_t \tag{5.70}$$

这里，假设 $k \times 1$ 向量过程 w_t 是具有公共协方差矩阵 $\mathrm{E}\{w_t w'_t\} = \Sigma_w$ 的独立向量的集合，该 $k \times k$ 阶协方差矩阵包含协方差 σ_{ij}。在正态假设下，回归矩阵的极大似然估计是

$$\hat{\mathcal{B}} = \Big(\sum_{t=1}^{n} y_t z'_t \Big) \Big(\sum_{t=1}^{n} z_t z'_t \Big)^{-1} \tag{5.71}$$

误差协方差矩阵 Σ_w 由下式估计

$$\hat{\Sigma}_w = \frac{1}{n-r} \sum_{t=1}^{n} (y_t - \hat{\mathcal{B}} z_t)(y_t - \hat{\mathcal{B}} z_t)' \tag{5.72}$$

可以从下式计算估计量的不确定性

$$\mathrm{se}(\hat{\beta}_{ij}) = \sqrt{c_{ii} \hat{\sigma}_{jj}} \tag{5.73}$$

对于 $i=1, \cdots, r$, $j=1, \cdots, k$，其中 se 表示估计的标准误差，$\hat{\sigma}_{jj}$ 是 $\hat{\Sigma}_w$ 的第 j 个对角元素，c_{ii} 是 $\Big(\sum_{t=1}^{n} z_t z'_t \Big)^{-1}$ 的第 i 个对角元素。

此外，信息准则也变为

$$\mathrm{AIC} = \ln|\hat{\Sigma}_w| + \frac{2}{n}\Big(kr + \frac{k(k+1)}{2}\Big) \tag{5.74}$$

并且 BIC 用 $K\ln n/n$ 代替式(5.74)中的第二项，其中 $K = kr + k(k+1)/2$。Bedrick 和 Tsai[16] 在多元情况下给出了 AIC 的更正形式

$$\mathrm{AICc} = \ln|\hat{\Sigma}_w| + \frac{k(r+n)}{n-k-r-1} \tag{5.75}$$

许多数据集涉及多个时间序列，我们通常对与所有序列相关的动态感兴趣。在这种情况下，我们感兴趣的是对 $k \times 1$ 阶向量时间序列 $x_t = (x_{t1}, \cdots, x_{tk})'$ 进行建模和预测，$t = 0, \pm 1, \pm 2, \cdots$。不幸的是，将单变量 ARMA 模型扩展到多元情形并非如此简单。然而，多元自回归模型是单变量 AR 模型的直接扩展。

对于一阶向量自回归模型 VAR(1)，我们采取

$$x_t = \alpha + \Phi x_{t-1} + w_t \tag{5.76}$$

其中 Φ 是表示 x_t 对 x_{t-1} 的依赖的 $k \times k$ 转移矩阵。假设向量白噪声过程 w_t 是服从零均值且协方差矩阵如下的多元正态分布：

$$\mathrm{E}(w_t w'_t) = \Sigma_w \tag{5.77}$$

向量 $\alpha_t = (\alpha_1, \alpha_2, \cdots, \alpha_k)'$ 在回归设置中显示为常数项。如果 $\mathrm{E}(x_t) = \mu$，则 $\alpha = (I - \Phi)\mu$。

注意 VAR 模型和多元线性回归模型(5.70)之间的相似性。回归公式结束后，我们可以观察 $x_1, \cdots, x_n$，通过 $y_t = x_t$，$\mathcal{B} = (\alpha, \Phi)$ 和 $z_t = (1, x'_{t-1})'$ 设置模型(5.76)。然后，将求解方案写为式(5.71)，其中协方差矩阵由条件极大似然估计给出

$$\hat{\Sigma}_w = (n-1)^{-1} \sum_{t=2}^{n} (x_t - \hat{\alpha} - \hat{\Phi} x_{t-1})(x_t - \hat{\alpha} - \hat{\Phi} x_{t-1})' \tag{5.78}$$

假设式(5.76)中的向量 AR 模型的常数分量 α 的特殊形式可以推广为包括固定的 $r \times 1$ 阶输入向量 u_t。也就是说，我们可以提出向量 ARX 模型，

$$x_t = \Gamma u_t + \sum_{j=1}^{p} \Phi_j x_{t-j} + w_t \tag{5.79}$$

其中 Γ 是 $p \times r$ 参数矩阵。ARX 中的 X 指的是用 u_t 表示的外生向量过程。通过用 Γu_t 代替 α 引入外生变量并不会在推理中出现任何特殊问题，我们经常会因为多余而放弃 X。

例 5.10　污染、天气和死亡率

例如，对于由例 2.2 中引入的心血管死亡率 x_{t1}、温度 x_{t2} 和颗粒水平 x_{t3} 组成的三维序列，取 $x_t = (x_{t1}, x_{t2}, x_{t3})'$ 作为 $k=3$ 维的向量。我们可能设想将三个向量之间的动态关系定义为一阶关系，

$$x_{t1} = \alpha_1 + \beta_1 t + \phi_{11} x_{t-1,1} + \phi_{12} x_{t-1,2} + \phi_{13} x_{t-1,3} + w_{t1}$$

它将死亡率的当前值表示为趋势与其过去值、过去的温度和颗粒水平值的线性组合。同样地，

$$x_{t2} = \alpha_2 + \beta_2 t + \phi_{21} x_{t-1,1} + \phi_{22} x_{t-1,2} + \phi_{23} x_{t-1,3} + w_{t2}$$

以及

$$x_{t3} = \alpha_3 + \beta_3 t + \phi_{31} x_{t-1,1} + \phi_{32} x_{t-1,2} + \phi_{33} x_{t-1,3} + w_{t3}$$

表示温度和颗粒水平对其他序列的依赖性。当然，我们将很快讨论初步识别这些模型的方法。式(5.79)形式的模型是

$$x_t = \Gamma u_t + \Phi x_{t-1} + w_t$$

其中，$\Gamma = [\alpha | \beta]$ 是 3×2 阶矩阵，$u_t = (1, t)'$ 是 2×1 阶矩阵。

在本节的大部分内容中，我们将使用 R 中的 vars 添加包来通过最小二乘拟合向量 AR 模型。对于这个特定的例子，我们有(显示了部分输出)：

```
library(vars)
x = cbind(cmort, tempr, part)
summary(VAR(x, p=1, type='both'))        # 'both' fits constant + trend
Estimation results for equation cmort:   # other equations not shown
   cmort = cmort.l1 + tempr.l1 + part.l1 + const + trend
             Estimate Std. Error t value  p.value
   cmort.l1  0.464824   0.036729  12.656  < 2e-16
   tempr.l1 -0.360888   0.032188 -11.212  < 2e-16
   part.l1   0.099415   0.019178   5.184 3.16e-07
   const    73.227292   4.834004  15.148  < 2e-16
   trend    -0.014459   0.001978  -7.308 1.07e-12
   --
   Residual standard error: 5.583 on 502 degrees of freedom
   Multiple R-Squared: 0.6908,     Adjusted R-squared: 0.6883
   F-statistic: 280.3 on 4 and 502 DF,  p-value: < 2.2e-16

   Covariance matrix of residuals:   Correlation matrix of residuals:
           cmort tempr   part              cmort  tempr   part
   cmort  31.172 5.975  16.65      cmort  1.0000 0.1672 0.2484
   tempr   5.975 40.965 42.32      tempr  0.1672 1.0000 0.5506
   part   16.654 42.323 144.26     part   0.2484 0.5506 1.0000
```

对于这个特例，我们获得了

$$\hat{\alpha} = (73.23, 67.59, 67.46)', \quad \hat{\beta} = (-0.014, -0.007, -0.005)',$$

$$\hat{\Phi} = \begin{bmatrix} 0.46(0.04) & -0.36(0.03) & 0.10(0.02) \\ -0.24(0.04) & 0.49(0.04) & -0.13(0.02) \\ -0.12(0.08) & -0.48(0.07) & 0.58(0.04) \end{bmatrix}, \quad \hat{\Sigma}_w = \begin{bmatrix} 31.17 & 5.98 & 16.65 \\ 5.98 & 40.965 & 42.32 \\ 16.65 & 42.32 & 144.26 \end{bmatrix}$$

其中标准误差，如式(5.73)计算，在括号中给出。

对于向量$(x_{t1}, x_{t2}, x_{t3}) = (M_t, T_t, P_t)$，$M_t$、$T_t$ 和 P_t 分别表示死亡率、温度和颗粒水平，我们得到死亡率的预测方程，

$$\hat{M}_t = 73.23 - 0.014t + 0.46M_{t-1} - 0.36T_{t-1} + 0.10P_{t-1}$$

将观察到的死亡率和通过该模型预测的死亡率进行比较，R^2 约为 0.69。 ∎

很容易将 VAR(1)过程扩展到更高阶的 VAR(p)。为此，我们使用式(5.70)的符号并将回归元的向量记为

$$z_t = (1, x'_{t-1}, x'_{t-2}, \cdots x'_{t-p})'$$

并且回归矩阵为 $\mathcal{B} = (\alpha, \Phi_1, \Phi_2, \cdots, \Phi_p)$。然后，这个回归模型可写成

$$x_t = \alpha + \sum_{j=1}^{p} \Phi_j x_{t-j} + w_t \tag{5.80}$$

对于 $t = p+1, \cdots, n$。$k \times k$ 误差平方和的矩阵形式变为

$$\text{SSE} = \sum_{t=p+1}^{n} (x_t - \mathcal{B}z_t)(x_t - \mathcal{B}z_t)' \tag{5.81}$$

因此，误差协方差矩阵 Σ_w 的条件极大似然估计量是

$$\hat{\Sigma}_w = \text{SSE}/(n-p) \tag{5.82}$$

与多元回归情况一样，除了现在式(5.81)中仅存在 $n-p$ 个残差。对于多元情况，我们发现 Schwarz 准则

$$\text{BIC} = \log|\hat{\Sigma}_w| + k^2 p \ln n / n \tag{5.83}$$

给出了比 AIC 或更正版本 AICc 更合理的分类。结果与 Lütkepohl[130] 的模拟报告的结果一致。当然，通过 Yule-Walker，无条件最小二乘和 MLE 的估计直接对应于单变量情况下的估计过程。

例 5.11   污染、天气和死亡率(续)

我们首先使用 R 包来选择 VAR(p)模型，然后拟合模型。添加包中使用的选择标准是 AIC、Hannan-Quinn(HQ; 见 Hannan and Quinn[87] 的文献)、BIC(SC)和最终预测误差(FPE)。Hannan-Quinn 的过程类似于 BIC，但在惩罚项中将 $\ln n$ 替换为 $2\ln(\ln(n))$。FPE 可以找到最小化近似均方向前一步预测误差的模型(详见 Akaike[1] 的文献)，它很少被使用。

```
VARselect(x, lag.max=10, type="both")
$selection
  AIC(n)   HQ(n)   SC(n)  FPE(n)
       9       5       2       9
$criteria
              1       2       3       4       5       6       7       8       9      10
AIC(n)  11.738  11.302  11.268  11.230  11.176  11.153  11.152  11.129  11.119  11.120
HQ(n)   11.788  11.381  11.377  11.370  11.346  11.352  11.381  11.388  11.408  11.439
SC(n)   11.865  11.505  11.547  11.585  11.608  11.660  11.736  11.788  11.855  11.932
```

注意，BIC 选择阶数 $p=2$ 模型，而 AIC 和 FPE 选择阶数 $p=9$ 模型，Hannan-Quinn 选择阶数 $p=5$ 模型。

拟合 BIC 选择的模型，我们得到

$$\hat{\alpha} = (56.1, 49.9, 59.6)', \qquad \hat{\beta} = (-0.011, -0.005, -0.008)',$$

$$\hat{\Phi}_1 = \begin{bmatrix} 0.30(0.04) & -0.20(0.04) & 0.04(0.02) \\ -0.11(0.05) & 0.26(0.05) & -0.05(0.03) \\ 0.08(0.09) & -0.39(0.09) & 0.39(0.05) \end{bmatrix}$$

$$\hat{\Phi}_2 = \begin{bmatrix} 0.28(0.04) & -0.08(0.03) & 0.07(0.03) \\ -0.04(0.05) & 0.36(0.05) & -0.10(0.03) \\ -0.33(0.09) & 0.05(0.09) & 0.38(0.05) \end{bmatrix}$$

其中标准偏差在括号中给出。Σ_w 的估计是

$$\hat{\Sigma}_w = \begin{bmatrix} 28.03 & 7.08 & 16.33 \\ 7.08 & 37.63 & 40.88 \\ 16.33 & 40.88 & 123.45 \end{bmatrix}$$

要使用添加包 vars 拟合模型，请使用以下命令：

```
summary(fit <- VAR(x, p=2, type="both"))  # partial results displayed
cmort = cmort.l1 + tempr.l1 + part.l1 + cmort.l2 + tempr.l2 + part.l2 +
        const + trend

          Estimate Std. Error t value  p.value
cmort.l1  0.297059   0.043734   6.792 3.15e-11
tempr.l1 -0.199510   0.044274  -4.506 8.23e-06
part.l1   0.042523   0.024034   1.769  0.07745
cmort.l2  0.276194   0.041938   6.586 1.15e-10
tempr.l2 -0.079337   0.044679  -1.776  0.07639
part.l2   0.068082   0.025286   2.692  0.00733
const    56.098652   5.916618   9.482  < 2e-16
trend    -0.011042   0.001992  -5.543 4.84e-08

Covariance matrix of residuals:
      cmort  tempr   part
cmort 28.034  7.076  16.33
tempr  7.076 37.627  40.88
part  16.325 40.880 123.45
```

使用前一个例子的符号，估计心血管死亡率的预测模型

$$\hat{M}_t = 56 - 0.01t + 0.3M_{t-1} - 0.2T_{t-1} + 0.04P_{t-1} + 0.28M_{t-2} - 0.08T_{t-2} + 0.07P_{t-2}$$

为了检查残差，我们可以绘制残差的交叉相关图，并检查 Q 检验的多元版本，如下所示：

```
acf(resid(fit), 52)
serial.test(fit, lags.pt=12, type="PT.adjusted")
    Portmanteau Test (adjusted)
    data:  Residuals of VAR object fit
    Chi-squared = 162.3502, df = 90, p-value = 4.602e-06
```

交叉相关矩阵如图 5.13 所示。该图沿对角线显示了各个残差序列的 ACF。例如，第

一个对角线图是 $M_t - \hat{M}_t$ 的 ACF，以此类推。对角线以外的部分显示残差序列对之间的 CCF。如果非对角线图的标题是 x & y，则在图形中 y 是先行的；也就是说，在上对角线上，该图显示了 corr[x(t+ Lag),y(t)]，在下对角线上，如果标题是 x & y，则得到 corr[x(t+ lag),y(t)]（是的，它是相同的，但是在下对角线的滞后是负的）。图形以奇怪的方式标记，只需要记住，命名的第二个序列是先行的序列。在图 5.13 中，我们注意到残差序列中的大部分相关性可以忽略不计，但是，死亡率与温度残差的零阶相关性约为 0.22，死亡率与颗粒残差的零阶相关性约 0.28（输入 acf(resid(fit),52)\$ acf 查看实际值）。这意味着 AR 模型没有捕获温度和污染对死亡率的同时影响（回想一下数据在一周内发展）。可以拟合同步模型，有关详细信息，请参阅 Reinsel[163] 的文献。因此，并不意外的是，Q 检验拒绝了 w_t 为白噪声的零假设。Q 检验统计量由下式给出

$$Q = n^2 \sum_{h=1}^{H} \frac{1}{n-h} \mathrm{tr}\Big[\hat{\Gamma}_w(h)\, \hat{\Gamma}_w(0)^{-1}\, \hat{\Gamma}_w(h)\, \hat{\Gamma}_w(0)^{-1} \Big] \tag{5.84}$$

其中

$$\hat{\Gamma}_w(h) = n^{-1} \sum_{t=1}^{n-h} \hat{w}_{t+h}\, \hat{w}_t'$$

并且 $\hat{w}_t$ 是残差过程。在 w_t 为白噪声的零假设下，式(5.84)服从一个具有 $k^2(H-p)$ 自由度的渐近 χ^2 分布。

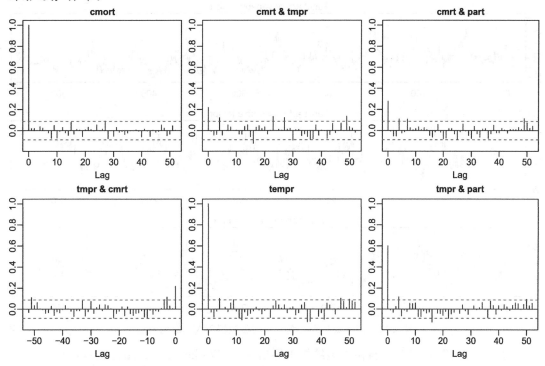

图 5.13 拟合 LA 死亡率——污染数据集的三元 VAR(2)的残差的 ACF(对角线)和 CCF(非对角线)。在对角线上，第二个序列是先行的序列

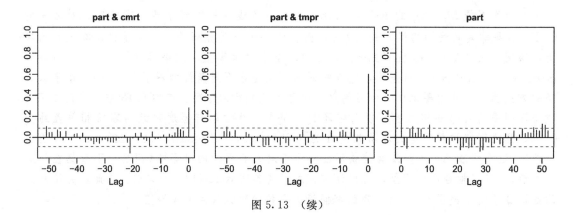

图 5.13 （续）

最后，使用从单变量情况直接得出的方法进行预测。使用 R 添加包 vars，使用 predict 命令和 fanchart 命令，它会生成一个漂亮的图形：

```
(fit.pr = predict(fit, n.ahead = 24, ci = 0.95))  # 4 weeks ahead
fanchart(fit.pr)  # plot prediction + error
```

结果如图 5.14 所示，我们注意到添加包在作图时剥离了时间，水平轴标记为 1，2，3，…。

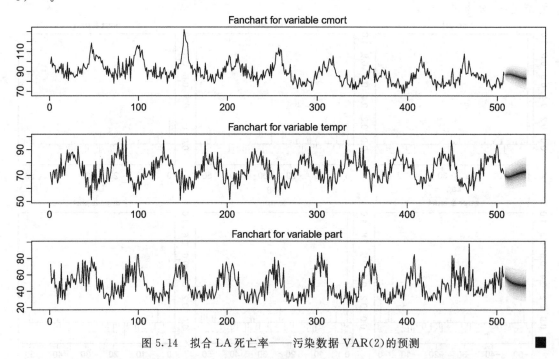

图 5.14   拟合 LA 死亡率——污染数据 VAR(2) 的预测

对于纯 VAR(p) 模型，自协方差结构推导出 Yule-Walker 方程的多元版本：

$$\Gamma(h) = \sum_{j=1}^{p} \Phi_j \Gamma(h-j), \quad h = 1, 2, \cdots \tag{5.85}$$

$$\Gamma(0) = \sum_{j=1}^{p} \Phi_j \Gamma(-j) + \Sigma_w \tag{5.86}$$

其中 $\Gamma(h) = \text{cov}(x_{t+h}, x_t)$ 是 $k \times k$ 阶矩阵，并且 $\Gamma(-h) = \Gamma(h)'$。

自协方差矩阵的估计类似于单变量情形，即 $\overline{x} = n^{-1} \sum_{t=1}^{n} x_t$，作为 $\mu = Ex_t$ 的估计，

$$\hat{\Gamma}(h) = n^{-1} \sum_{t=1}^{n-h} (x_{t+h} - \overline{x})(x_t - \overline{x})', \quad h = 0, 1, 2, \cdots, n-1 \tag{5.87}$$

以及 $\hat{\Gamma}(-h) = \hat{\Gamma}(h)'$。如果 $\hat{\gamma}_{i,j}(h)$ 表示 $\hat{\Gamma}(h)$ 的第 i 行和第 j 列中的元素，则如式(1.35)中所讨论的，交叉相关函数(CCF)由下式估计：

$$\hat{\rho}_{i,j}(h) = \frac{\hat{\gamma}_{i,j}(h)}{\sqrt{\hat{\gamma}_{i,i}(0)} \, \sqrt{\hat{\gamma}_{j,j}(0)}} \quad h = 0, 1, 2, \cdots, n-1 \tag{5.88}$$

对于式(5.88)中 $i = j$ 的情况，我们得到单个序列估计的自相关函数(ACF)。

尽管在例 5.10 和例 5.11 中使用了最小二乘估计，但我们也可以使用 Yule-Walker 估计、条件或无条件极大似然估计。与单变量情形一样，Yule-Walker 估计量，极大似然估计量和最小二乘估计量是渐近等价的。为了展示自回归参数估计量的渐近分布，我们给出

$$\phi = \text{vec}(\Phi_1, \cdots, \Phi_p)$$

其中运算符 vec 将矩阵的列堆叠到向量中。例如，对于二元 AR(2)模型，

$$\phi = \text{vec}(\Phi_1, \Phi_2) = (\Phi_{1_{11}}, \Phi_{1_{21}}, \Phi_{1_{12}}, \Phi_{1_{22}} \Phi_{2_{11}}, \Phi_{2_{21}}, \Phi_{2_{12}}, \Phi_{2_{22}})'$$

其中 $\Phi_{\ell_{ij}}$ 是 Φ_ℓ 的第 ij 个元素，$\ell = 1, 2$。因为 $(\Phi_1, \cdots, \Phi_p)$ 是 $k \times kp$ 阶矩阵，所以 ϕ 是 $k^2 p \times 1$ 阶向量。我们现在给出以下性质。

性质 5.1　VAR 估计量的大样本分布

令 $\hat{\phi}$ 表示 k 维 AR(p)模型的参数估计量的向量(通过 Yule-Walker、最小二乘或极大似然获得)。然后，

$$\sqrt{n}(\hat{\phi} - \phi) \sim \text{AN}(0, \Sigma_w \otimes \Gamma_{pp}^{-1}) \tag{5.89}$$

其中 $\Gamma_{pp} = \{\Gamma(i-j)\}_{i,j=1}^{p}$ 是 $kp \times kp$ 阶矩阵，并且 $\Sigma_w \otimes \Gamma_{pp}^{-1} = \{\sigma_{ij} \Gamma_{pp}^{-1}\}_{i,j=1}^{p}$ 是 $k^2 p \times k^2 p$ 阶矩阵，其中 σ_{ij} 表示 Σ_w 的第 ij 个元素。

估计量 $\hat{\phi}$ 的方差-协方差矩阵通过使用 $\hat{\Sigma}_w$ 替换 Σ_w 来近似得到，并在 Γ_{pp} 中用 $\hat{\Gamma}(h)$ 代替 $\Gamma(h)$。$\hat{\Sigma}_w \otimes \hat{\Gamma}_{pp}^{-1}$ 的对角元素的平方根除以 $\sqrt{n}$ 给出了各个变量的标准误差。对于死亡率数据实例，VAR(2)拟合的估计标准误差在例 5.11 中列出，尽管这些标准误差来自回归模型，但它们也可以使用性质 5.1 进行计算。

如果 x_t 是平稳的，则对于 $t = 0, \pm 1, \pm 2, \cdots$，$k \times 1$ 向量时间序列 x_t 被称为 VARMA(p, q)，且

$$x_t = \alpha + \Phi_1 x_{t-1} + \cdots + \Phi_p x_{t-p} + w_t + \Theta_1 w_{t-1} + \cdots + \Theta_q w_{t-q} \tag{5.90}$$

其中 $\Phi_p \neq 0$，$\Theta_q \neq 0$，且 $\Sigma_w > 0$(即 Σ_w 为正定)。系数矩阵 $\Phi_j (j = 1, \cdots, p)$ 和 $\Theta_j (j = 1, \cdots, q)$ 都是 $k \times k$ 阶矩阵。如果 x_t 具有均值 μ，则 $\alpha = (I - \Phi_1 - \cdots - \Phi_p)\mu$。与单变量情况一样，我们必须在多元 ARMA 模型上放置一些条件，以确保模型是唯一的并且具有期望的属性，例如因

果关系。将很快讨论这些条件。

与在 VAR 模型中一样，为常量分量假定的特殊形式可以推广为包括固定的 $r \times 1$ 阶输入向量 u_t。也就是说，我们可以提出向量 ARMAX 模型，

$$x_t = \Gamma u_t + \sum_{j=1}^{p} \Phi_j x_{t-j} + \sum_{k=1}^{q} \Theta_k w_{t-k} + w_t \tag{5.91}$$

其中 Γ 是 $p \times r$ 阶参数矩阵。

虽然将单变量 AR(或纯 MA)模型扩展到向量情况相当容易，但将单变量 ARMA 模型扩展到多元情况并非易事。我们的讨论很简短，但感兴趣的读者可以在 Lütkepohl[131] 的文献、Reinsel[163] 的文献和 Tiao and Tsay[200] 的文献中获得更多细节。

在多元情况下，自回归算子是

$$\Phi(B) = I - \Phi_1 B - \cdots - \Phi_p B^p \tag{5.92}$$

而移动平均线算子是

$$\Theta(B) = I + \Theta_1 B + \cdots + \Theta_q B^q \tag{5.93}$$

然后将零均值 VARMA(p, q) 模型以简明的形式写成

$$\Phi(B) x_t = \Theta(B) w_t \tag{5.94}$$

如果 $|\Phi(z)|$(其中 $|\cdot|$ 表示行列式)的根在单位圆外，$|z| > 1$，则该模型被认为是因果模型；即，对于任何满足 $|z| \leqslant 1$ 的 z，有 $|\Phi(z)| \neq 0$。在这种情况下，我们可以写出

$$x_t = \Psi(B) w_t$$

其中 $\Psi(B) = \sum_{j=0}^{\infty} \Psi_j B^j$，$\Psi_0 = I$，且 $\sum_{j=0}^{\infty} \|\Psi_j\| < \infty$。如果 $|\Theta(z)|$ 的根在单位圆外面，那么该模型是可逆的。然后，我们可以写出

$$w_t = \Pi(B) x_t$$

其中 $\Pi(B) = \sum_{j=0}^{\infty} \Pi_j B^j$，$\Pi_0 = I$，且 $\sum_{j=0}^{\infty} \|\Pi_j\| < \infty$。类似于单变量的情况，我们可以通过求解 $\Psi(z) = \Phi(z)^{-1} \Theta(z)$ 来确定矩阵 Ψ_j，其中 $|z| \leqslant 1$。矩阵 Π_j 通过求解 $\Pi(z) = \Theta(z)^{-1} \Phi(z)$ 来确定，其中 $|z| \leqslant 1$。

对于因果模型，我们可以写出 $x_t = \Psi(B) w_t$，因此 ARMA(p, q) 模型的一般自协方差结构是 $(h \geqslant 0)$

$$\Gamma(h) = \text{cov}(x_{t+h}, x_t) = \sum_{j=0}^{\infty} \Psi_{j+h} \Sigma_w \Psi_j' \tag{5.95}$$

并且 $\Gamma(-h) = \Gamma(h)'$。对于纯 MA(q) 过程，式(5.95)变为

$$\Gamma(h) = \sum_{j=0}^{q-h} \Theta_{j+h} \Sigma_w \Theta_j' \tag{5.96}$$

其中 $\Theta_0 = I$。当然，对于 $h > q$，式(5.96)指出 $\Gamma(h) = 0$。

与单变量情况一样，我们需要模型唯一性的条件。这些条件类似于单变量情况下的条件，即自回归和移动平均多项式没有共同因子。为了探索我们遇到的多元 ARMA 模型的唯一性问题，考虑一个二元 AR(1)过程，$x_t = (x_{t,1}, x_{t,2})'$，由下式给出：

$$x_{t,1} = \phi x_{t-1,2} + w_{t,1}$$

$$x_{t,2} = w_{t,2}$$

其中 $w_{t,1}$ 和 $w_{t,2}$ 是独立的白噪声过程且 $|\phi| < 1$。$x_{t,1}$ 和 $x_{t,2}$ 都是因果和可逆的。此外，这些过程是联合平稳的，因为 $\mathrm{cov}(x_{t+h,1}, x_{t,2}) = \phi\mathrm{cov}(x_{t+h-1,2}, x_{t,2}) \equiv \phi\gamma_{2,2}(h-1) = \phi\sigma_{w_2}^2\delta_1^h$ 不依赖于时间 t；注意，当 $h=1$ 时 $\delta_1^h = 1$，否则，$\delta_1^h = 0$。在矩阵表示法中，我们可以将此模型改写为

$$x_t = \Phi x_{t-1} + w_t, \quad \text{其中} \quad \Phi = \begin{bmatrix} 0 & \phi \\ 0 & 0 \end{bmatrix} \tag{5.97}$$

我们可以用滞后算子表示法将式(5.97)改写为

$$\Phi(B)x_t = w_t \quad \text{其中} \quad \Phi(z) = \begin{bmatrix} 1 & -\phi z \\ 0 & 1 \end{bmatrix}$$

此外，模型(5.97)可以写成二元 ARMA(1,1)模型

$$x_t = \Phi_1 x_{t-1} + \Theta_1 w_{t-1} + w_t \tag{5.98}$$

其中

$$\Phi_1 = \begin{bmatrix} 0 & \phi+\theta \\ 0 & 0 \end{bmatrix} \quad \text{且} \quad \Theta_1 = \begin{bmatrix} 0 & -\theta \\ 0 & 0 \end{bmatrix}$$

θ 是任意的。为了验证这一点，我们将式(5.98)写作 $\Phi_1(B)x_t = \Theta_1(B)w_t$，或

$$\Theta_1(B)^{-1}\Phi_1(B)x_t = w_t$$

其中

$$\Phi_1(z) = \begin{bmatrix} 1 & -(\phi+\theta)z \\ 0 & 1 \end{bmatrix} \quad \text{且} \quad \Theta_1(z) = \begin{bmatrix} 1 & -\theta z \\ 0 & 1 \end{bmatrix}$$

然后

$$\Theta_1(z)^{-1}\Phi_1(z) = \begin{bmatrix} 1 & \theta z \\ 0 & 1 \end{bmatrix}\begin{bmatrix} 1 & -(\phi+\theta)z \\ 0 & 1 \end{bmatrix} = \begin{bmatrix} 1 & -\phi z \\ 0 & 1 \end{bmatrix} = \Phi(z)$$

其中 $\Phi(z)$ 是与式(5.97)中的二元 AR(1)模型相关的多项式。因为 θ 是任意的，所以式(5.98)中给出的 ARMA(1,1)模型的参数是不可识别的。然而，在拟合式(5.97)中给出的 AR(1)模型时不存在问题。

前面讨论中的问题是由 $\Theta(B)$ 和 $\Theta(B)^{-1}$ 都是有限的这一事实引起的，这种矩阵运算符称为幺模矩阵(unimodular)。如果 $U(B)$ 是幺模矩阵，$|U(z)|$ 则是不变的。两个看似不同的多元 ARMA(p, q)模型也可能存在这样的情况，例如，$\Phi(B)x_t = \Theta(B)w_t$ 和 $\Phi_*(B)x_t = \Theta_*(B)w_t$，通过与幺模矩阵运算符相关，$U(B)$ 满足 $\Phi_*(B) = U(B)\Phi(B)$ 和 $\Theta_*(B) = U(B)\Theta(B)$，$\Phi(B)$ 和 $\Theta(B)$ 的阶数分别与 $\Phi_*(B)$ 和 $\Theta_*(B)$ 的阶数相同。例如，考虑由下式给定的二元 ARMA(1,1)模型

$$\Phi x_t \equiv \begin{bmatrix} 1 & -\phi B \\ 0 & 1 \end{bmatrix}x_t = \begin{bmatrix} 1 & \theta B \\ 0 & 1 \end{bmatrix}w_t \equiv \Theta w_t$$

并且

$$\Phi_*(B)x_t \equiv \begin{bmatrix} 1 & (\alpha-\phi)B \\ 0 & 1 \end{bmatrix}x_t = \begin{bmatrix} 1 & (\alpha+\theta)B \\ 0 & 1 \end{bmatrix}w_t \equiv \Theta_*(B)w_t$$

其中 α、ϕ 和 θ 是任意常数。注意，

$$\Phi_*(B) \equiv \begin{bmatrix} 1 & (\alpha - \phi)B \\ 0 & 1 \end{bmatrix} = \begin{bmatrix} 1 & \alpha B \\ 0 & 1 \end{bmatrix} \begin{bmatrix} 1 & -\phi B \\ 0 & 1 \end{bmatrix} \equiv U(B)\Phi(B)$$

并且

$$\Theta_*(B) \equiv \begin{bmatrix} 1 & (\alpha + \theta)B \\ 0 & 1 \end{bmatrix} = \begin{bmatrix} 1 & \alpha B \\ 0 & 1 \end{bmatrix} \begin{bmatrix} 1 & \theta B \\ 0 & 1 \end{bmatrix} \equiv U(B)\Theta(B)$$

在这种情况下，两个模型都具有相同的无限 MA 部分 $x_t = \Psi(B)w_t$，其中

$$\Psi(B) = \Phi(B)^{-1}\Theta(B) = \Phi(B)^{-1}U(B)^{-1}U(B)\Theta(B) = \Phi_*(B)^{-1}\Theta_*(B)$$

该结果意味着两个模型具有相同的自协方差函数 $\Gamma(h)$。这样两个 ARMA(p, q) 模型在观察上是等效的。

如前所述，除了要求因果和可逆性之外，我们还需要在多元情况下进行一些额外的假设，以确保模型是唯一的。为了确保多元 ARMA(p, q) 模型参数的可识别性，我们需要以下两个条件：(1) 矩阵算子 $\Phi(B)$ 和 $\Theta(B)$ 除了幺模矩阵因子外没有共同的因子(即，如果 $\Phi(B) = U(B)\Phi_*(B)$ 和 $\Theta(B) = U(B)\Theta_*(B)$，公因子必须是幺模矩阵)和 (2) p 和 q 尽可能小，矩阵$[\Phi_p, \Theta_q]$ 必须是满秩 k。避免大多数上述问题的一个建议是，在多元情况下仅拟合向量 AR(p) 模型。尽管这一建议在许多情况下可能是合理的，但这种理念并不符合简约法则，因为我们可能需要拟合大量参数来描述过程的动态。

向量 ARMA 模型的一般情况的渐近推断比纯 AR 模型更复杂，例如，可以在 Reinsel[163] 的文献或 Lütkepohl[131] 的文献中找到详细信息。我们还注意到，VARMA 模型的估计可以重新定义为状态空间模型的估计问题，将在第 6 章中讨论。

例 5.12　拟合向量 ARMA 的 Spliid 算法

Spliid[189] 的文献的用于拟合向量 ARMA 模型的简单算法值得一提，因为它重复使用多元回归方程。考虑具有非零均值的时间序列的一般 ARMA(p, q) 模型

$$x_t = \alpha + \Phi_1 x_{t-1} + \cdots + \Phi_p x_{t-p} + w_t + \Theta_1 w_{t-1} + \cdots + \Theta_q w_{t-q} \tag{5.99}$$

如果 $\mu = \mathrm{E}x_t$，则 $\alpha = (I - \Phi_1 - \cdots - \Phi_p)\mu$。如果观察到 $w_{t-1}, \cdots, w_{t-q}$，我们可以重新排列式(5.99)作为多元回归模型

$$x_t = \mathcal{B}z_t + w_t \tag{5.100}$$

其中

$$z_t = (1, x'_{t-1}, \cdots, x'_{t-p}, w'_{t-1}, \cdots, w'_{t-q})' \tag{5.101}$$

以及

$$\mathcal{B} = [\alpha, \Phi_1, \cdots, \Phi_p, \Theta_1, \cdots, \Theta_q] \tag{5.102}$$

对于 $t = p+1, \cdots, n$。给定 $\mathcal{B}$ 的初始估计量 $\mathcal{B}_0$，我们可以通过设置下式进而重构$\{w_{t-1}, \cdots, w_{t-q}\}$：

$$w_{t-j} = x_{t-j} - \mathcal{B}_0 z_{t-j}, \quad t = p+1, \cdots, n, \quad j = 1, \cdots, q \tag{5.103}$$

其中，如果 $q > p$，对于 $t-j \leqslant 0$，有 $w_{t-j} = 0$。然后将$\{w_{t-1}, \cdots, w_{t-q}\}$ 的新值放入回归元 z_t 中，并获得新的估计值，即 $\mathcal{B}_1$。初始值 $\mathcal{B}_0$ 可以通过拟合 p 阶或更高阶的纯自回归来计算，并且取 $\Theta_1 = \cdots = \Theta_q = 0$。然后迭代该过程直到参数估计稳定。该算法通常收敛，但不收敛于极大似然估计。经验表明，估计量可以合理地接近极大似然估计量。该算法可以被

认为是一种快速简便的方法，可以将初始 VARMA 模型作为使用极大似然估计的起点，而这最好通过下一章介绍的状态空间模型来完成。

我们使用 R 中的添加包 marima，对死亡率-污染数据集拟合一个向量 ARMA(2，1) 模型，并显示部分输出。我们注意到在分析之前，死亡率序列已经剔除了趋势。对死亡率的向前一步预测显示在图 5.15 中。

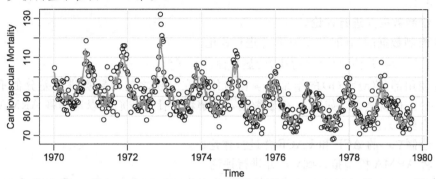

图 5.15　使用 Spliid 算法将 VARMA(2，1)拟合到 LA 死亡率(点)数据得到的预测(线)

```
library(marima)
model = define.model(kvar=3, ar=c(1,2), ma=c(1))
arp = model$ar.pattern;  map = model$ma.pattern
cmort.d = resid(detr <- lm(cmort~ time(cmort), na.action=NULL))
xdata = matrix(cbind(cmort.d, tempr, part), ncol=3)  # strip ts attributes
fit = marima(xdata, ar.pattern=arp, ma.pattern=map, means=c(0,1,1),
           penalty=1)
# resid analysis (not displayed)
innov = t(resid(fit)); plot.ts(innov);  acf(innov, na.action=na.pass)
#  fitted values for cmort
pred = ts(t(fitted(fit))[,1], start=start(cmort), freq=frequency(cmort)) +
           detr$coef[1] + detr$coef[2]*time(cmort)
plot(pred, ylab="Cardiovascular Mortality", lwd=2, col=4); points(cmort)
# print estimates and corresponding t^2-statistic
short.form(fit$ar.estimates, leading=FALSE)
short.form(fit$ar.fvalues,   leading=FALSE)
short.form(fit$ma.estimates, leading=FALSE)
short.form(fit$ma.fvalues,   leading=FALSE)
   parameter estimate      t^2 statistic
  AR1
  -0.311  0.000 -0.114    51.21   0.0    7.9
   0.000 -0.656  0.048     0.00  41.7    3.1
  -0.109  0.000 -0.861     1.57   0.0  113.3
  AR2:
  -0.333  0.133 -0.047    67.24 11.89   2.52
   0.000 -0.200  0.055     0.00  8.10   2.90
   0.179 -0.102 -0.151     4.86  1.77   6.48
  MA1:
   0.000 -0.187 -0.106     0.00 14.51   4.75
  -0.114 -0.446  0.000     4.68 16.38   0.00
   0.000 -0.278 -0.673     0.00  8.08  47.56
fit$resid.cov    # estimate of noise cov matrix
   27.3   6.5   13.8
    6.5  36.2   38.1
   13.8  38.1  109.2
```

问题

5.1 节

5.1 数据集 arf 是来自 ARFIMA(1，1，0)模型的 1 000 次模拟观测，其中 $\phi = 0.75$ 且 $d = 0.4$。

    (a) 绘制数据并进行评论。

    (b) 绘制数据的 ACF 和 PACF 并进行评论。

    (c) 估计参数并检验估计值 $\hat{\phi}$ 和 $\hat{d}$ 的显著性。

    (d) 使用部分(a)和(b)的结果，解释为什么在分析之前对数据进行差分似乎是合理的。也就是说，如果 x_t 代表数据，请解释为什么我们可以选择将 ARMA 模型拟合到 ∇x_t。

    (e) 绘制 ∇x_t 的 ACF 和 PACF 并进行评论。

    (f) 将 ARMA 模型拟合到 ∇x_t 并进行评论。

5.2 计算图 1.4 中显示的纽约证券交易所收益率绝对值的样本 ACF，最多滞后 200，并评论 ACF 是否表示长记忆。将 ARFIMA 模型拟合到绝对值序列并进行评论。

5.2 节

5.3 绘制全球气温序列 globtemp，然后使用例 5.3 中讨论的 DF、ADF 和 PP 检验，原假设为存在单位根，备择假设为过程平稳。并对结果进行评论。

5.4 绘制 GNP 序列 gnp，然后对该过程进行检验，原假设为存在单位根，备择假设为过程是发散的。陈述你的结论。

5.5 证明式(5.33)。

5.3 节

5.6 数据集 oil 中包含了美元计价的每桶原油现货价格的周数据，有关详细信息，请参阅问题 2.10 和附录 D。调查每周油价的增长率是否表现出 GARCH 效应。如果是这样，请对增长率拟合适当的模型。

5.7 R 的 stats 添加包包含四个主要欧洲股票指数的每日收盘价，请输入 help(EuStockMarkets)了解详情。将 GARCH 模型拟合到其中一个序列的收益率并对结果进行讨论。(注意：数据集包含实际值，而不是收益率。因此，必须在模型拟合之前转换数据。)

5.8 给定式(5.47)中的 ARCH(1)模型，有 2×1 阶梯度向量 $l^{(1)}(\alpha_0, \alpha_1)$。验证式(5.47)并使用结果计算 2×2 Hessian 矩阵

$$l^{(2)}(\alpha_0, \alpha_1) = \begin{bmatrix} \partial^2 l / \partial \alpha_0^2 & \partial^2 l / \partial \alpha_0 \partial \alpha_1 \\ \partial^2 l / \partial \alpha_0 \partial \alpha_1 & \partial^2 l / \partial \alpha_1^2 \end{bmatrix}$$

5.4 节

5.9 太阳黑子数据(sunspotz)绘制在图 4.22 中。从数据的时间图中，讨论为什么将阈值模型拟合到数据是合理的，并拟合阈值模型。

5.5 节

5.10　在 Shasta 湖，climhyd 数据集中包含 454 个月的气候变量如气温（air temperature）、露点（dew point）、云量（cloud cover）、风速（wind speed）、降水（precipitation）p_t 和流入量（inflow）i_t 的测量值，数据显示在图 7.3 中。我们想看看天气因素与 Shasta 湖流入量（inflow）之间可能存在的关系。

　　(a) 将 ARIMA$(0, 0, 0) \times (0, 1, 1)_{12}$ 模型拟合到(1)按 $P_t = \sqrt{p_t}$ 变换后的降水量和(2)按 $I_t = \log i_t$ 变换后的流入量（inflow）。

　　(b) 将(a)中对变换后的降水量拟合的 ARIMA 模型应用于 flow 序列，以生成降水量模型假定下的预白化的 flow 残差。计算使用降水量 ARIMA 模型得到的 inflow 残差和降水量模型得到的降水量残差之间的交叉相关系数，并进行解释。使用 ARIMA 模型中的系数构建变换的 inflow 残差。

5.11　对于数据集 climhyd，考虑根据按 $P_t = \sqrt{p_t}$ 变换后的降水量预测按 $I_t = \log i_t$ 变换后的流入量，使用如下形式的传递函数模型

$$(1 - B^{12}) I_t = \alpha(B)(1 - B^{12}) P_t + n_t$$

我们假设季节性差异是合理的事情。你可能认为它应该拟合

$$y_t = \alpha(B) x_t + n_t$$

其中 y_t 和 x_t 是季节性差分变化后的 flow 和降水量。

　　(a) 认为 x_t 可以通过一阶季节移动平均拟合，并使用获得的变换对序列 x_t 进行预白化处理。

　　(b) 将(a)中应用的变换应用于 y_t 序列，并计算关于预白化的序列与变换后的序列的交叉相关函数。讨论以下形式的传递函数

$$\alpha(B) = \frac{\delta_0}{1 - \omega_1 B}$$

　　(c) 写出以回归形式获得的整体模型以估计 δ_0 和 ω_1。请注意，将要最小化变换后的噪声序列 $(1 - \hat{\omega}_1 B) n_t$ 的残差平方和。保留残差以进行涉及噪声的进一步建模。观察到的残差 $u_t = (1 - \hat{\omega}_1 B) n_t$。

　　(d) 将(c)中获得的噪声残差拟合 ARMA 模型，并根据前面部分的分析给出建议的最终模型形式。

　　(e) 讨论使用 y_t 的过去值和 x_t 的当前值和过去值来预测 y_{t+m}。确定预测值和预测方差。

5.6 节

5.12　考虑数据集 econ5，其中包含 1948 年第三季度至 1988 年第二季度的美国季度失业率、GNP、消费以及政府和私人投资。季节性分量已从数据中删除。集中考虑失业率 (U_t)、GNP(G_t) 和消费 (C_t)，在对每个序列进行一阶对数处理并去除线性趋势后，将向量 ARMA 模型拟合到数据中。也就是说，将向量 ARMA 模型拟合到 $x_t = (x_{1t}, x_{2t}, x_{3t})'$，如 $x_{1t} = \log(U_t) - \hat{\beta}_0 - \hat{\beta}_1 t$，其中 $\hat{\beta}_0$ 和 $\hat{\beta}_1$ 是 $\log(U_t)$ 对时间 t 回归的最小二乘估计。对残差运行一套完整的诊断。

第6章 状态空间模型

状态空间模型或动态线性模型是非常综合的模型，包含了一整类感兴趣的特殊情况，与线性回归的方式非常相似，它是在 Kalman[112] 的文献和 Kalman and Bucy[113] 的文献中引入的。该模型出现在空间跟踪设置中，其中状态方程定义了具有位置 x_t 的航天器的位置或状态的运动方程，数据 y_t 反映了可以从跟踪装置观察到的信息（例如速度和方位角）。尽管该模型引入时主要用于航空航天相关研究，但该模型现已应用于经济数据建模（Harrison and Stevens[90] 的文献；Harvey and Pierse[92] 的文献；Harvey and Todd[91] 的文献；Kitagawa and Gersch[119] 的文献，Shumway and Stoffer[181] 的文献）、医学（Jones[108] 的文献）和土壤科学（Shumway[183] 的文献的 3.4.5 节）。Durbin 和 Koopman[55] 的论文很好地处理了基于状态空间模型的时间序列分析。在 Douc，Moulines and Stoffer[53] 的文献中可以找到非线性状态空间模型的现代处理方法。

在本章中，我们主要关注线性高斯状态空间模型。我们提出了各种形式的模型，介绍了预测、滤波和平滑状态空间模型的概念，并包括它们的推导。我们解释了如何使用各种技术执行极大似然估计，并包括处理丢失数据的方法。此外，我们还提出了几个特殊主题，如隐马尔可夫模型（Hidden Markov Model，HMM）、切换自回归（switching autoregression）、平滑样条（smoothing spline）、ARMAX 模型、自助法、随机波动（stochastic volatility）以及带切换的状态空间模型。最后，我们讨论了使用马尔可夫链蒙特卡罗（Markov Chain Monte Carlo，MCMC）技术拟合状态空间模型的贝叶斯方法。基础知识在 6.1～6.3 节中提供。之后，其他节可以按任何顺序阅读，偶尔会需要一些回顾。

一般而言，状态空间模型的特征在于两个原则。首先，有一个隐藏或潜在的过程 x_t，称为状态过程。假设状态过程是马尔可夫过程，这意味着，给定现在状态 x_t 的条件下，未来状态 $\{x_s; s>t\}$ 和过去状态 $\{x_s; s<t\}$ 是相互独立的。第二个原则是给定状态 x_t 时，观测值 y_t 是独立的。这意味着观测值之间的依赖性由状态过程产生。这两个原则如图 6.1 所示。

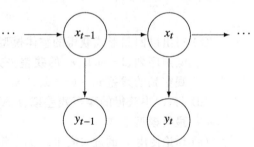

图 6.1 状态空间模型

6.1 线性高斯模型

线性高斯状态空间模型或动态线性模型（DLM）的基本形式采用 1 阶 p 维向量自回归作为状态方程，

$$x_t = \Phi x_{t-1} + w_t \tag{6.1}$$

w_t 是具有协方差矩阵 Q 的 $p \times 1$ 阶独立且服从正态分布的零均值向量，我们把它写成 $w_t \sim$ iid $N_p(0, Q)$。在 DLM 中，我们假设该过程以正态向量 x_0 开始，使得 $x_0 \sim N_p(\mu_0, \Sigma_0)$。

我们无法直接观察状态向量 x_t，而可以直接观察到的是状态向量的一个具有噪声的线

性变换版本，即

$$y_t = A_t x_t + v_t \tag{6.2}$$

其中 A_t 是 $q \times p$ 阶测量或观测矩阵；式(6.2)称为观测方程。观测数据向量 y_t 是 q 维的，其维度可以大于或小于状态维度 p。附加的观察噪声是 $v_t \sim$ iid $N_q(0, R)$。另外，我们最初假设，为简单起见，x_0、$\{w_t\}$ 和 $\{v_t\}$ 是不相关的。这种假设不是必要的，但它有助于解释第一个概念。误差项相关的情况将在 6.6 节中讨论。

与 5.6 节的 ARMAX 模型一样，外生变量或固定输入都可以进入状态或观测过程。在这种情况下，我们假设有一个 $r \times 1$ 阶输入向量 u_t，并将模型写为

$$x_t = \Phi x_{t-1} + \Upsilon u_t + w_t \tag{6.3}$$

$$y_t = A_t x_t + \Gamma u_t + v_t \tag{6.4}$$

其中 Υ 是 $p \times r$ 阶矩阵，Γ 是 $q \times r$ 阶矩阵，这些矩阵中的任何一个都可以是零矩阵。

例 6.1　生物医学案例

假设我们考虑在癌症患者进行骨髓移植后监测几种生物医学标记物水平的问题。Jones[108] 使用的图 6.2 中的数据是在三个变量上进行 91 天的测量，log(white blood count)[WBC]、log(platelet)[PLT]和血细胞比容(hematocrit)[HCT]，表示为 $y_t = (y_{t1}, y_{t2}, y_{t3})'$。大约有 40% 的值缺失，缺失值主要发生在第 35 天之后。主要目标是使用状态空间方法对三个变量建模，并估计缺失值。根据 Jones 的说法，"移植后约 100 天的血小板计数已经被证明是以后长期存活的良好指标。"对于这种特殊情况，我们用状态方程(6.1)对三个变量进行建模。即，

$$\begin{bmatrix} x_{t1} \\ x_{t2} \\ x_{t3} \end{bmatrix} = \begin{bmatrix} \phi_{11} & \phi_{12} & \phi_{13} \\ \phi_{21} & \phi_{22} & \phi_{23} \\ \phi_{31} & \phi_{32} & \phi_{33} \end{bmatrix} \begin{bmatrix} x_{t-1,1} \\ x_{t-1,2} \\ x_{t-1,3} \end{bmatrix} + \begin{bmatrix} w_{t1} \\ w_{t2} \\ w_{t3} \end{bmatrix} \tag{6.5}$$

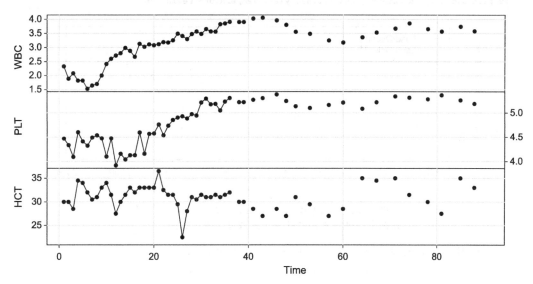

图 6.2　骨髓移植后($n=91$ 天)监测的血液参数 log(white blood count)[WBC]、log(platelet)[PLT]和血细胞比容[HCT]的纵向序列

观测方程将是 $y_t = A_t x_t + v_t$，其中观测矩阵 A_t 是 3×3 阶的单位矩阵或零矩阵，取决于当天是否采集血样。协方差矩阵 R 和 Q 均为 3×3 阶矩阵。类似于图 6.2 的图可以使用如下代码产生。

```
plot(blood, type='o', pch=19, xlab='day', main='')
```

之后我们将在本章中逐步完成，很明显，尽管模型看起来过于简单，但却非常普遍。例如，如果状态过程是 VAR(2)，我们可以将状态方程写为 $2p$ 维过程，

$$\begin{pmatrix} x_t \\ x_{t-1} \end{pmatrix}_{2p \times 1} = \begin{pmatrix} \Phi_1 & \Phi_2 \\ I & 0 \end{pmatrix}_{2p \times 2p} \begin{pmatrix} x_{t-1} \\ x_{t-2} \end{pmatrix}_{2p \times 1} + \begin{pmatrix} w_t \\ 0 \end{pmatrix}_{2p \times 1} \tag{6.6}$$

以及将观测方程作为 q 维过程：

$$y_t \atop q \times 1 = \begin{bmatrix} A_t | 0 \end{bmatrix}_{q \times 2p} \begin{pmatrix} x_t \\ x_{t-1} \end{pmatrix}_{2p \times 1} + v_t \atop q \times 1 \tag{6.7}$$

然而，在上面给出的简单例子中，状态空间公式的真正优点实际上并没有体现。针对不同的矩阵 A_t 和不同的矩阵 Φ 所定义的转移模式，可以用具有更少描述多元时间序列参数的简约结构来建立各种特殊形式的状态空间模型。我们将在本章中看到许多例子，6.5 节中的结构模型是模型灵活性的一个很好的例子。下面给出的简单实例具有指导意义。

例 6.2 全球变暖

图 6.3 显示了 1880 至 2015 年全球温度序列的两种不同估算值。其中一种是第 1 章中考虑的 globtemp，它是全球平均陆地-海洋温度指数数据。第二个序列 globtempl 是仅使用气象站数据的地面气温指数数据。从概念上讲，两个序列都应该测量相同的潜在气候信号，我们可能会考虑提取这个潜在信号的问题。生成图的 R 代码是

```
ts.plot(globtemp, globtempl, col=c(6,4), ylab='Temperature Deviations')
```

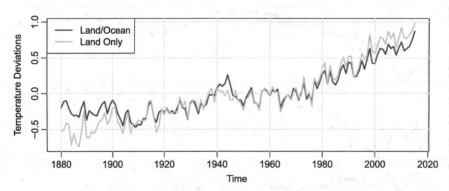

图 6.3　年度全球温度偏差序列，以摄氏度为单位，1880 至 2015 年。
这两个序列的不同之处在于是否包含海洋数据

我们假设这两个序列都观察到具有不同噪声的相同信号，即

$$y_{t1} = x_t + v_{t1} \quad \text{和} \quad y_{t2} = x_t + v_{t2}$$

或更紧凑地合并为

$$\begin{pmatrix} y_{t1} \\ y_{t2} \end{pmatrix} = \begin{pmatrix} 1 \\ 1 \end{pmatrix} x_t + \begin{pmatrix} v_{t1} \\ v_{t2} \end{pmatrix} \tag{6.8}$$

其中

$$R = \mathrm{var}\begin{pmatrix} v_{t1} \\ v_{t2} \end{pmatrix} = \begin{pmatrix} r_{11} & r_{12} \\ r_{21} & r_{22} \end{pmatrix}$$

我们可以合理地假设，未知的公共信号 x_t 可以被建模为如下形式的具有漂移项的随机游走

$$x_t = \delta + x_{t-1} + w_t \tag{6.9}$$

其中 $Q = \mathrm{var}(w_t)$。根据模型 (6.3)~(6.4)，本例中有 $p=1$，$q=2$，$\Phi=1$，并且 $\varUpsilon=\delta$，其中 $u_t\equiv1$。 ■

　　引入状态空间方法作为社会和生物科学数据建模的工具需要模型识别和参数估计，因为很少有明确定义的微分方程描述状态转换。动态线性模型 (6.3) 和 (6.4) 中一般感兴趣的问题涉及估计 Φ、$\varUpsilon$、Q、Γ、A_t 和 R 中包含的未知参数，这些参数定义了特定模型，并估计或预测了潜在的未观测过程 x_t。状态空间公式的优点在于我们可以轻松处理各种缺失数据情况，以及可以从式 (6.3) 和式 (6.4) 生成的令人难以置信的模型序列。将观测矩阵 A_t 与通常的回归和方差分析设置中的设计矩阵进行类比是有用的。我们可以生成固定和随机效应结构，这些结构要么是常数，要么随着时间的推移而变化，只需对矩阵 A_t 和转换结构 Φ 做出适当的选择即可。

　　在继续对一般模型的研究之前，考虑一个简单的单变量状态空间模型是有益的，其中使用噪声数据观察 AR(1) 过程。

例 6.3　带有观测噪声的 AR(1) 过程

　　考虑一个单变量的状态空间模型，其中观测结果是带噪声的，

$$y_t = x_t + v_t \tag{6.10}$$

并且信号（状态）是 AR(1) 过程，

$$x_t = \phi x_{t-1} + w_t \tag{6.11}$$

其中 $v_t \sim \mathrm{iid}\, N(0, \sigma_v^2)$，$w_t \sim \mathrm{iid}\, N(0, \sigma_w^2)$，以及 $x_0 \sim N\left(0, \dfrac{\sigma_w^2}{1-\phi^2}\right)$；对于 $t=1, 2, \cdots$，$\{v_t\}$、$\{w_t\}$ 和 x_0 相互独立。

　　在第 3 章，我们研究了状态 x_t 的性质，因为它是一个平稳的 AR(1) 过程（回顾问题 3.2）。例如，我们知道 x_t 的自协方差函数是

$$\gamma_x(h) = \frac{\sigma_w^2}{1-\phi^2}\phi^h, \quad h = 0,1,2,\cdots \tag{6.12}$$

但在这里，我们必须研究观测噪声的增加如何影响动态系统。虽然这不是必要的假设，但我们在这个例子中假设 x_t 是平稳的。在这种情况下，观测值也是平稳的，因为 y_t 是两个独立的平稳分量 x_t 和 v_t 之和。我们有

$$\gamma_y(0) = \mathrm{var}(y_t) = \mathrm{var}(x_t + v_t) = \frac{\sigma_w^2}{1-\phi^2} + \sigma_v^2 \tag{6.13}$$

并且，当 $h \geqslant 1$ 时，

$$\gamma_y(h) = \mathrm{cov}(y_t, y_{t-h}) = \mathrm{cov}(x_t + v_t, x_{t-h} + v_{t-h}) = \gamma_x(h) \tag{6.14}$$

因此，对于 $h \geqslant 1$，观测值的 ACF 为

$$\rho_y(h) = \frac{\gamma_y(h)}{\gamma_y(0)} = \left(1 + \frac{\sigma_v^2}{\sigma_w^2}(1 - \phi^2)\right)^{-1} \phi^h \tag{6.15}$$

从式(6.15)给出的相关性结构可以清楚地看出，除非 $\sigma_v^2 = 0$，否则观测值 y_t 不是 AR(1)。此外，y_t 的自相关结构与 ARMA(1，1)过程的自相关结构相同，如例 3.14 所示。因此，观测值也可以用 ARMA(1，1)形式写成：

$$y_t = \phi y_{t-1} + \theta u_{t-1} + u_t$$

其中 u_t 是具有方差 σ_u^2 的高斯白噪声，并且适当地选择 θ 和 σ_u^2。我们暂时不考虑这个问题的具体细节，相关的讨论会在 6.6 节进行，具体参见例 6.11。   ■

尽管平稳 ARMA 模型与平稳状态空间模型之间存在等价关系(见 6.6 节)，但有时使用平稳状态空间模型形式比使用平稳 ARMA 模型形式更容易。如前所述，在缺少数据、多变量系统复杂性、具有混合效应和某些类型的非平稳性的情况下，在状态空间模型的框架中工作更容易。

6.2   滤波、平滑和预测

从实际的角度来看，任何涉及状态空间模型(6.3)～(6.4)的分析的主要目的都是在给定数据 $y_{1:s} = \{y_1, \cdots, y_s\}$ 时，为潜在的未观测信号 x_t 生成估计量。可以看到，状态估计是参数估计的一个重要组成部分。当 $s < t$ 时，这个问题被称为预测。当 $s = t$ 时，这个问题叫作滤波。当 $s > t$ 时，这个问题叫作平滑。除了这些估计之外，我们还希望测量它们的精度。这些问题的解决方案是通过卡尔曼滤波和平滑完成的，这将是本节的重点。

在本章中，我们将使用以下定义：

$$x_t^s = \mathrm{E}(x_t | y_{1:s}) \tag{6.16}$$

以及

$$P_{t_1, t_2}^s = \mathrm{E}\{(x_{t_1} - x_{t_1}^s)(x_{t_2} - x_{t_2}^s)'\} \tag{6.17}$$

当式(6.17)中有 $t_1 = t_2 (= t)$ 时，为简单起见，我们将写成 P_t^s。

在获得滤波和平滑方程时，我们将主要依赖于高斯假设。附录 B 中材料的一些知识将有助于理解本节的细节(尽管这些细节可能在一般阅读时被略过)。即使在非高斯情况下，我们得到的估计量也是线性估计量中的最小均方误差估计量。也就是说，我们可以把式(6.16)中的 E 看作是 B.1 节意义上的投影算子，而不是期望，把 $y_{1:s}$ 看作线性组合空间 $\{y_1, \cdots, y_s\}$；在这种情况下，P_t^s 是相应的均方误差。由于过程是高斯过程，式(6.17)也是条件误差协方差，也就是说，

$$P_{t_1, t_2}^s = \mathrm{E}\{(x_{t_1} - x_{t_1}^s)(x_{t_2} - x_{t_2}^s)' | y_{1:s}\}$$

从这一事实可以看出，例如，对于任意 t 和 s，$(x_t - x_t^s)$ 和 $y_{1:s}$ 之间的协方差矩阵是零；我们可以说它们在 B.1 节的意义上是正交的。这个结果意味着 $(x_t - x_t^s)$ 和 $y_{1:s}$ 是独立的(因为是正态的)，因此，给定 $y_{1:s}$，$(x_t - x_t^s)$ 的条件分布即为 $(x_t - x_t^s)$ 的无条件分布。在 Meinhold and Singpurwalla[139] 的文献中，从贝叶斯角度推导了滤波和平滑方程；Jazwinski[105] 的文献和 Anderson and Moore[5] 的文献给出了更多基于投影概念和多元正态分布理论的传统方法。

首先，我们给出了卡尔曼滤波器，它给出了滤波和预测的方程。"滤波器"一词来自这样一个事实，x_t^t 是观测值 $y_{1:t}$ 的线性滤波器，即对于适当选择的 $p \times q$ 阶矩阵 B_s，$x_t^t = \sum_{s=1}^{t} B_s y_s$。卡尔曼滤波器的优点是，它指定了如何从 x_{t-1}^{t-1} 到 x_t^t 更新滤波器，一旦获得一个新的观测值 y_t，就无须再处理整个数据集 $y_{1:t}$。

性质 6.1 卡尔曼滤波器

对于式(6.3)和式(6.4)中规定的状态空间模型，初始条件为 $x_0^0 = \mu_0$ 和 $P_0^0 = \Sigma_0$，对于 $t = 1，\cdots，n$，

$$x_t^{t-1} = \Phi x_{t-1}^{t-1} + \Upsilon u_t \tag{6.18}$$

$$P_t^{t-1} = \Phi P_{t-1}^{t-1} \Phi' + Q \tag{6.19}$$

以及

$$x_t^t = x_t^{t-1} + K_t (y_t - A_t x_t^{t-1} - \Gamma u_t) \tag{6.20}$$

$$P_t^t = [I - K_t A_t] P_t^{t-1} \tag{6.21}$$

其中

$$K_t = P_t^{t-1} A_t' [A_t P_t^{t-1} A_t' + R]^{-1} \tag{6.22}$$

被称为卡尔曼增益。对 $t > n$ 时的预测，是在给定初始条件 x_n^n 和 P_n^n 的情况下，应用式(6.18)和式(6.19)来完成的。滤波器的重要副产品是新息(预测误差)

$$\varepsilon_t = y_t - \mathrm{E}(y_t | y_{1:t-1}) = y_t - A_t x_t^{t-1} - \Gamma u_t \tag{6.23}$$

和相应的方差-协方差矩阵

$$\Sigma_t \overset{\text{def}}{=} \mathrm{var}(\varepsilon_t) = \mathrm{var}[A_t(x_t - x_t^{t-1}) + v_t] = A_t P_t^{t-1} A_t' + R \tag{6.24}$$

对于 $t = 1，\cdots，n$。我们假设 $\Sigma_t > 0$ (是正定的)，这是有保证的，例如，如果 $R > 0$。这个假设不是必需的，可以放宽。

证明： 式(6.18)和式(6.19)的推导来自直接计算，因为从式(6.3)我们有

$$x_t^{t-1} = \mathrm{E}(x_t | y_{1:t-1}) = \mathrm{E}(\Phi x_{t-1} + \Upsilon u_t + w_t | y_{1:t-1}) = \Phi x_{t-1}^{t-1} + \Upsilon u_t$$

因此

$$P_t^{t-1} = \mathrm{E}\{(x_t - x_t^{t-1})(x_t - x_t^{t-1})'\} = \mathrm{E}\{[\Phi(x_{t-1} - x_{t-1}^{t-1}) + w_t][\Phi(x_{t-1} - x_{t-1}^{t-1}) + w_t]'\}$$
$$= \Phi P_{t-1}^{t-1} \Phi' + Q$$

为了推导式(6.20)，我们注意到，$s < t$ 时，有 $\mathrm{cov}(\varepsilon_t，y_s) = 0$，鉴于新息序列是高斯过程的事实，暗示新息独立于过去的观测值。此外，给定 $y_{1:t-1}$，x_t 和 ε_t 之间的条件协方差是

$$\mathrm{cov}(x_t, \varepsilon_t | y_{1:t-1}) = \mathrm{cov}(x_t, y_t - A_t x_t^{t-1} - \Gamma u_t | y_{1:t-1})$$
$$= \mathrm{cov}(x_t - x_t^{t-1}, y_t - A_t x_t^{t-1} - \Gamma u_t | y_{1:t-1})$$
$$= \mathrm{cov}[x_t - x_t^{t-1}, A_t(x_t - x_t^{t-1}) + v_t] = P_t^{t-1} A_t' \tag{6.25}$$

使用这些结果，我们得到给定 $y_{1:t-1}$ 的 x_t 和 ε_t 的联合条件分布是正态的

$$\begin{pmatrix} x_t \\ \varepsilon_t \end{pmatrix} \Big| y_{1:t-1} \sim \mathrm{N} \left[\begin{bmatrix} x_t^{t-1} \\ 0 \end{bmatrix}, \begin{bmatrix} P_t^{t-1} & P_t^{t-1} A_t' \\ A_t P_t^{t-1} & \Sigma_t \end{bmatrix} \right] \tag{6.26}$$

因此，使用附录 B 的式(B.9)，我们可以写出

$$x_t^t = \mathrm{E}(x_t | y_{1:t}) = \mathrm{E}(x_t | y_{1:t-1}, \varepsilon_t) = x_t^{t-1} + K_t \varepsilon_t \tag{6.27}$$

其中
$$K_t = P_t^{t-1} A_t' \Sigma^{-1} = P_t^{t-1} A_t' (A_t P_t^{t-1} A_t' + R)^{-1}$$
P_t^t 的估计很容易从式(6.26)(见式(B.10))计算得到
$$P_t^t = \operatorname{cov}(x_t \mid y_{1:t-1}, \varepsilon_t) = P_t^{t-1} - P_t^{t-1} A_t' \Sigma_t^{-1} A_t P_t^{t-1}$$
这可以简化为式(6.21)。∎

性质 6.1 的证明中没有任何内容排除了部分或全部参数随时间变化,或者观测值维度随时间变化的情况,这导致以下推论。

推论 6.1 卡尔曼滤波器:时变情况

如果式(6.3)和式(6.4)中,任何或所有参数都是时间依赖的,则状态方程中有 $\Phi = \Phi_t$,$\Upsilon = \Upsilon_t$,$Q = Q_t$,或观测方程中有 $\Gamma = \Gamma_t$,$R = R_t$,或观测方程的维数是时间依赖的,$q = q_t$,则经过适当替换后,性质 6.1 成立。

接下来,我们从密度的角度探索模型、预测和滤波。为了简化表示法,我们将从模型中删除输入。状态空间模型有两个关键要素。设 $p_\Theta(\cdot)$ 表示带参数 Θ 的通用密度函数,状态过程是马尔可夫过程:
$$p_\Theta(x_t \mid x_{t-1}, x_{t-2}, \cdots, x_0) = p_\Theta(x_t \mid x_{t-1}) \tag{6.28}$$
给定状态,观测值是条件独立的:
$$p_\Theta(y_{1:n} \mid x_{1:n}) = \prod_{t=1}^{n} p_\Theta(y_t \mid x_t) \tag{6.29}$$
由于我们关注的是线性高斯模型,如果令 $\mathfrak{g}(x; \mu, \Sigma)$ 表示多元正态密度,其中均值 μ 和协方差矩阵 Σ 如式(1.33)所示,那么
$$p_\Theta(x_t \mid x_{t-1}) = \mathfrak{g}(x_t; \Phi x_{t-1}, Q) \quad \text{且} \quad p_\Theta(y_t \mid x_t) = \mathfrak{g}(y_t; A_t x_t, R)$$
初始条件 $p_\Theta(x_0) = \mathfrak{g}(x_0; \mu_0, \Sigma_0)$。

就密度而言,卡尔曼滤波器可以看作是一种简单的更新方案,其中,为了确定预测密度,我们有,
$$p_\Theta(x_t \mid y_{1:t-1}) = \int_{\mathbb{R}^p} p_\Theta(x_t, x_{t-1} \mid y_{1:t-1}) \, \mathrm{d}x_{t-1} = \int_{\mathbb{R}^p} p_\Theta(x_t \mid x_{t-1}) p_\Theta(x_{t-1} \mid y_{1:t-1}) \, \mathrm{d}x_{t-1}$$
$$= \int_{\mathbb{R}^p} \mathfrak{g}(x_t; \Phi x_{t-1}, Q) \, \mathfrak{g}(x_{t-1}; x_{t-1}^{t-1}, P_{t-1}^{t-1}) \mathrm{d}x_{t-1} = \mathfrak{g}(x_t; x_t^{t-1}, P_t^{t-1}) \tag{6.30}$$
其中 x_t^{t-1} 和 P_t^{t-1} 的值在式(6.18)和式(6.19)中给出。这些值是在使用常用的配方技巧计算积分时获得的,见例 6.4。由于正在寻求迭代过程,我们引入式(6.30)中的 x_{t-1},因为我们(可能)先前已经评估了滤波器密度 $p_\Theta(x_{t-1} \mid y_{1:t-1})$。一旦得到预测器,就得到了滤波器密度
$$p_\Theta(x_t \mid y_{1:t}) = p_\Theta(x_t \mid y_t, y_{1:t-1}) \propto p_\Theta(y_t \mid x_t) p_\Theta(x_t \mid y_{1:t-1})$$
$$= \mathfrak{g}(y_t; A_t x_t, R) \, \mathfrak{g}(x_t; x_t^{t-1}, P_t^{t-1}) \tag{6.31}$$
我们推导出 $\mathfrak{g}(x_t; x_t^t, P_t^t)$,其中 x_t^t 和 P_t^t 在式(6.20)和式(6.21)中给出。以下实例针对简单的单变量情况说明了这些想法。

例 6.4 局部水平模型

在这个例子中，假设我们观察到一个单变量序列 y_t，它由趋势分量 μ_t 和噪声分量 v_t 组成，其中

$$y_t = \mu_t + v_t \tag{6.32}$$

并且 $v_t \sim \text{iid N}(0, \sigma_v^2)$。特别地，我们假设趋势分量是随机游走过程

$$\mu_t = \mu_{t-1} + w_t \tag{6.33}$$

其中 $w_t \sim \text{iid N}(0, \sigma_w^2)$ 与 $\{v_t\}$ 无关。回顾例 6.2，我们为全球温度序列建议了这种类型的趋势模型。

当然，该模型是状态空间模型，其中式 (6.32) 是观测方程，式 (6.33) 是状态方程。我们将使用 Blight[24] 的文献中介绍的以下符号。令

$$\{x; \mu, \sigma^2\} = \exp\left\{-\frac{1}{2\sigma^2}(x - \mu)^2\right\} \tag{6.34}$$

然后，经过简单运算可得

$$\{x; \mu, \sigma^2\} = \{\mu; x, \sigma^2\} \tag{6.35}$$

并通过完成配方技巧计算积分，

$$\{x; \mu_1, \sigma_1^2\}\{x; \mu_2, \sigma_2^2\} = \left\{x; \frac{\mu_1/\sigma_1^2 + \mu_2/\sigma_2^2}{1/\sigma_1^2 + 1/\sigma_2^2}, (1/\sigma_1^2 + 1/\sigma_2^2)^{-1}\right\}$$
$$\times \{\mu_1; \mu_2, \sigma_1^2 + \sigma_2^2\} \tag{6.36}$$

因此，使用式 (6.30)、式 (6.35) 和式 (6.36)，我们有

$$p(\mu_t | y_{1:t-1}) \propto \int \{\mu_t; \mu_{t-1}, \sigma_w^2\}\{\mu_{t-1}; \mu_t^{t-1}, P_t^{t-1}\}d\mu_{t-1} = \int \{\mu_{t-1}; \mu_t, \sigma_w^2\}\{\mu_{t-1}; \mu_t^{t-1}, P_t^{t-1}\}d\mu_{t-1}$$
$$= \{\mu_t; \mu_t^{t-1}, P_t^{t-1} + \sigma_w^2\} \tag{6.37}$$

从式 (6.37) 中，我们得出结论

$$\mu_t | y_{1:t-1} \sim \text{N}(\mu_t^{t-1}, P_t^{t-1}) \tag{6.38}$$

其中

$$\mu_t^{t-1} = \mu_{t-1}^{t-1} \quad 且 \quad p_t^{t-1} = P_{t-1}^{t-1} + \sigma_w^2 \tag{6.39}$$

这与性质 6.1 的第一部分一致。使用式 (6.31) 和式 (6.35) 得到滤波器密度

$$p(\mu_t | y_{1:t}) \propto \{y_t; \mu_t, \sigma_v^2\}\{\mu_t; \mu_t^{t-1}, P_t^{t-1}\} = \{\mu_t; y_t, \sigma_v^2\}\{\mu_t; \mu_t^{t-1}, P_t^{t-1}\} \tag{6.40}$$

给出式 (6.36) 的一个应用

$$\mu_t | y_{1:t} \sim \text{N}(\mu_t^t, P_t^t) \tag{6.41}$$

以及

$$\mu_t^t = \frac{\sigma_v^2 \mu_t^{t-1}}{P_t^{t-1} + \sigma_v^2} + \frac{P_t^{t-1} y_t}{p_t^{t-1} + \sigma_v^2} = \mu_t^{t-1} + K_t(y_t - \mu_t^{t-1}) \tag{6.42}$$

其中，我们定义

$$K_t = \frac{P_t^{t-1}}{P_t^{t-1} + \sigma_v^2} \tag{6.43}$$

以及

$$P_t^t = \left(\frac{1}{\sigma_v^2} + \frac{1}{P_t^{t-1}}\right)^{-1} = \frac{\sigma_v^2 P_t^{t-1}}{P_t^{t-1} + \sigma_v^2} = (1 - K_t) P_t^{t-1} \tag{6.44}$$

当然，这种特定情况的滤波器与性质 6.1 一致。

接下来，我们考虑基于整个数据样本 $y_1, \cdots, y_n$ 来获得 x_t 的估计量 x_t^n 的问题，其中 $t \leqslant n$。这些估计量之所以称为平滑器(smoother)，是因为序列 $\{x_t^n; t=1, \cdots, n\}$ 的时序图通常比预测 $\{x_t^{t-1}; t=1, \cdots, n\}$ 或滤波器 $\{x_t^t; t=1, \cdots, n\}$ 更平滑。从上面的论述可以明显看出，平滑意味着每个估计值都是现在、未来和过去的函数，而滤波后的估计值取决于现在和过去。像往常一样，预测只取决于过去。

性质 6.2 卡尔曼平滑器

对于式(6.3)和式(6.4)中规定的状态空间模型，初始条件 x_n^n 和 P_n^n 通过性质 6.1 获得，对于 $t = n, n-1, \cdots, 1$，

$$x_{t-1}^n = x_{t-1}^{t-1} + J_{t-1}(x_t^n - x_t^{t-1}) \tag{6.45}$$

$$P_{t-1}^n = P_{t-1}^{t-1} + J_{t-1}(P_t^n - P_t^{t-1})J_{t-1}' \tag{6.46}$$

其中

$$J_{t-1} = P_{t-1}^{t-1}\Phi'[P_t^{t-1}]^{-1} \tag{6.47}$$

证明： 可以通过多种方式获得平滑器。在这里，我们提供了一个 Ansley 和 Kohn[9] 给出的证明。首先，对于 $1 \leqslant t \leqslant n$，定义

$$y_{1:t-1} = \{y_1, \cdots, y_{t-1}\} \quad \text{和} \quad \eta_t = \{v_t, \cdots, v_n, w_{t+1}, \cdots, w_n\}$$

$y_{1:0}$ 为空，令

$$m_{t-1} = E\{x_{t-1} \mid y_{1:t-1}, x_t - x_t^{t-1}, \eta_t\}$$

那么，因为 $y_{1:t-1}$，$\{x_t - x_t^{t-1}\}$ 和 η_t 是相互独立的，并且 x_{t-1} 和 η_{t-1} 是独立的，所以使用式(B.9)，我们有

$$m_{t-1} = x_{t-1}^{t-1} + J_{t-1}(x_t - x_t^{t-1}) \tag{6.48}$$

其中

$$J_{t-1} = \text{cov}(x_{t-1}, x_t - x_t^{t-1})[P_t^{t-1}]^{-1} = P_{t-1}^{t-1}\Phi'[P_t^{t-1}]^{-1}$$

最后，因为 $y_{1:t-1}$，$x_t - x_t^{t-1}$ 和 η_t，生成 $y_{1:t-1} = \{y_1, \cdots, y_n\}$，

$$x_{t-1}^n = E\{x_{t-1} \mid y_{1:n}\} = E\{m_{t-1} \mid y_{1:n}\} = x_{t-1}^{t-1} + J_{t-1}(x_t^n - x_t^{t-1})$$

这就得到了式(6.45)。

通过直接计算获得误差协方差 P_{t-1}^n 的递归。使用式(6.45)我们获得

$$x_{t-1} - x_{t-1}^n = x_{t-1} - x_{t-1}^{t-1} - J_{t-1}(x_t^n - \Phi x_{t-1}^{t-1})$$

或

$$(x_{t-1} - x_{t-1}^n) + J_{t-1}x_t^n = (x_{t-1} - x_{t-1}^{t-1}) + J_{t-1}\Phi x_{t-1}^{t-1} \tag{6.49}$$

通过自身的转置乘以式(6.49)的每一边并且取期望，我们有

$$P_{t-1}^n + J_{t-1}E(x_t^n x_t^{n\prime})J_{t-1}' = P_{t-1}^{t-1} + J_{t-1}\Phi E(x_{t-1}^{t-1} x_{t-1}^{t-1\prime})\Phi' J_{t-1}' \tag{6.50}$$

这里使用了交叉积为零的事实。而

$$E(x_t^n x_t^{n\prime}) = E(x_t x_t') - P_t^n = \Phi E(x_{t-1} x_{t-1}')\Phi' + Q - P_t^n$$

以及

$$E(x_{t-1}^{t-1} x_{t-1}^{t-1\prime}) = E(x_{t-1} x_{t-1}') - P_{t-1}^{t-1}$$

因此，式(6.50)简化为式(6.46)。

例 6.5   局部水平模型的预测、滤波和平滑

对于本例，我们从例 6.4 中讨论的局部水平趋势模型模拟了 $n=50$ 个观测值。我们生成了一个随机游走过程

$$\mu_t = \mu_{t-1} + w_t \tag{6.51}$$

其中 $w_t \sim \text{iid } N(0,1)$ 和 $\mu_0 \sim N(0,1)$。然后假设我们观察到由趋势分量 μ_t 和噪声分量 v_t 组成的单变量序列 y_t，其中 $v_t \sim \text{iid } N(0,1)$，即

$$y_t = \mu_t + v_t \tag{6.52}$$

序列 $\{w_t\}$、$\{v_t\}$ 和 μ_0 是独立生成的。然后我们应用实际的参数，运行性质 6.1 中的卡尔曼滤波器和性质 6.2 中的平滑器。图 6.4 的上图用点来表示 μ_t 的实际值，用实线来表示 $t=1,2,\cdots,50$ 时的预测值 μ_t^{t-1}；用虚线来表示 $\mu_t^{t-1} \pm 2\sqrt{P_t^{t-1}}$。图 6.4 的中图的实线表示 $t=1,\cdots,50$ 时的滤波值 μ_t^t；虚线表示 $\mu_t^t \pm 2\sqrt{P_t^t}$。图 6.4 的下图显示了平滑值 μ_t^n 的类似图形。

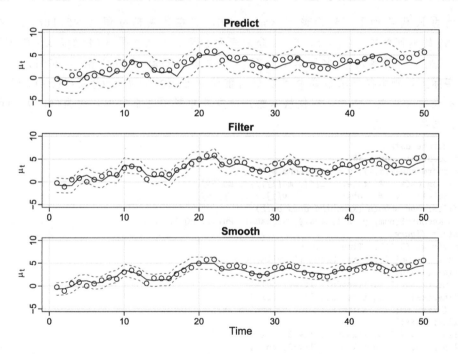

图 6.4   展示例 6.5。对于 $t=1,\cdots,50$，通过式 (6.51) 将 μ_t 的模拟值显示为点。上图中实线表示预测 μ_t^{t-1}；虚线表示 $\pm 2\sqrt{P_t^{t-1}}$ 的误差界限。中图类似，显示 $\mu_t^t \pm 2\sqrt{P_t^t}$ 的误差界限。下图显示 $\mu_t^n \pm 2\sqrt{P_t^n}$ 的误差界限

表 6.1 显示了前 10 个观测值以及相应的状态值、预测、滤波器和平滑器。注意，向前一步预测比相应的滤波值更不准确，而滤波值又比相应的平滑值（即 $P_t^{t-1} \geqslant P_t^t \geqslant P_t^n$）更不准确。而且，在每种情况下，误差方差都会很快稳定下来。

表 6.1　例 6.5 的前 10 个观测值

t	y_t	μ_t	μ_t^{t-1}	P_t^{t-1}	μ_t^t	P_t^t	μ_t^n	P_t^n
0	—	−0.63	—	—	0.00	1.00	−0.32	0.62
1	−1.05	−0.44	0.00	2.00	−0.70	0.67	−0.65	0.47
2	−0.94	−1.28	−0.70	1.67	−0.85	0.63	−0.57	0.45
3	−0.81	0.32	−0.85	1.63	−0.83	0.62	−0.11	0.45
4	2.08	0.65	−0.83	1.62	0.97	0.62	1.04	0.45
5	1.81	−0.17	0.97	1.62	1.49	0.62	1.16	0.45
6	−0.05	0.31	1.49	1.62	0.53	0.62	0.63	0.45
7	0.01	1.05	0.53	1.62	0.21	0.62	0.78	0.45
8	2.20	1.63	0.21	1.62	1.44	0.62	1.70	0.45
9	1.19	1.32	1.44	1.62	1.28	0.62	2.12	0.45
10	5.24	2.83	1.28	1.62	3.73	0.62	3.48	0.45

本例的 R 代码如下。我们使用 Ksmooth0，它在滤波部分调用 Kfilter0。在来自 Ksmooth0 的返回值中，字母 p、f、s 分别表示预测、滤波和平滑(例如，xp 是 x_t^{t-1}，xf 是 x_t^t，xs 是 x_t^n，等等)。这些脚本使用 Q 和 R 的 Cholesky 类型分解[⊖]，它们用 cQ 和 cR 表示。实际上，脚本仅要求 Q 或 R 可以分别重建为 t(cQ)%*% (cQ)或 t(cR)%*% (cR)，这允许更大的灵活性。例如，即使状态噪声协方差矩阵不是正定的，模型(6.6)~(6.7)也不会产生问题。

```
# generate data
set.seed(1);  num = 50
w = rnorm(num+1,0,1); v = rnorm(num,0,1)
mu = cumsum(w)  # state:  mu[0], mu[1],..., mu[50]
y = mu[-1] + v  #  obs:         y[1],..., y[50]
# filter and smooth (Ksmooth0 does both)
ks = Ksmooth0(num, y, A=1, mu0=0, Sigma0=1, Phi=1, cQ=1, cR=1)
# start figure
par(mfrow=c(3,1));  Time = 1:num
plot(Time, mu[-1], main='Predict', ylim=c(-5,10))
  lines(ks$xp)
  lines(ks$xp+2*sqrt(ks$Pp), lty=2, col=4)
  lines(ks$xp-2*sqrt(ks$Pp), lty=2, col=4)
plot(Time, mu[-1], main='Filter', ylim=c(-5,10))
  lines(ks$xf)
  lines(ks$xf+2*sqrt(ks$Pf), lty=2, col=4)
  lines(ks$xf-2*sqrt(ks$Pf), lty=2, col=4)
plot(Time, mu[-1],  main='Smooth', ylim=c(-5,10))
  lines(ks$xs)
  lines(ks$xs+2*sqrt(ks$Ps), lty=2, col=4)
  lines(ks$xs-2*sqrt(ks$Ps), lty=2, col=4)
mu[1]; ks$x0n; sqrt(ks$P0n)   # initial value info
```

当我们在下一节讨论通过 EM 算法进行极大似然估计时，如式(6.17)中所定义，需要

⊖　给定正定矩阵 A，其 Cholesky 分解是找到一个对角线元素为严格正值的上三角矩阵 U，使得 $A=U'U$。在 R 中，使用 chol(A)。对于单变量情况，它只是 A 的正平方根。

一组递归来获得 $P_{t,t-1}^n$。我们在以下性质中给出必要的递归。

性质 6.3　滞后一期协方差平滑器

对于式 (6.3) 和式 (6.4) 中指定的状态空间模型，由性质 6.1 和性质 6.2 得到 K_t，J_t $(t=1，\cdots，n)$，和 P_n^n，初始条件

$$P_{n,n-1}^n = (I - K_n A_n)\Phi P_{n-1}^{n-1} \tag{6.53}$$

对于 $t=n，n-1，\cdots，2$，则有

$$P_{t-1,t-2}^n = P_{t-1}^{t-1} J_{t-2}' + J_{t-1}(P_{t,t-1}^n - \Phi P_{t-1}^{t-1})J_{t-2}' \tag{6.54}$$

证明： 因为计算的是协方差，我们可以假设 $u_t \equiv 0$ 而不失一般性。为了得出初始项 (6.53)，我们首先定义

$$\widetilde{x}_t^s = x_t - x_t^s$$

然后，使用式 (6.20) 和式 (6.45)，我们可以写出

$$P_{t,t-1}^t = \mathrm{E}(\widetilde{x}_t^t \ \widetilde{x}_{t-1}^t{}') = \mathrm{E}\{[\widetilde{x}_t^{t-1} - K_t(y_t - A_t x_t^{t-1})][\widetilde{x}_{t-1}^{t-1} - J_{t-1}K_t(y_t - A_t x_t^{t-1})]'\}$$

$$= \mathrm{E}\{[\widetilde{x}_t^{t-1} - K_t(A_t \ \widetilde{x}_t^{t-1} + v_t)][\widetilde{x}_{t-1}^{t-1} - J_{t-1}K_t(A_t \ \widetilde{x}_t^{t-1} + v_t)]'\}$$

将式子展开并取期望，我们得到

$$P_{t,t-1}^t = P_{t,t-1}^{t-1} - P_t^{t-1} A_t' K_t' J_{t-1}' - K_t A_t P_{t,t-1}^{t-1} + K_t(A_t P_t^{t-1} A_t' + R)K_t' J_{t-1}'$$

注意，$\mathrm{E}(\widetilde{x}_t^{t-1} v_t')=0$。通过 $K_t(A_t P_t^{t-1} A_t' + R)=P_t^{t-1} A_t'$ 以及 $P_{t,t-1}^{t-1}=\Phi P_{t-1}^{t-1}$，将式子进行简化。这些关系适用于任何 $t=1，\cdots，n$ 和式 (6.53) 中 $t=n$ 的情况。

我们给出了式 (6.54) 推导的基本步骤。第一步是使用式 (6.45) 写出

$$\widetilde{x}_{t-1}^n + J_{t-1} x_t^n = \widetilde{x}_{t-1}^{t-1} + J_{t-1}\Phi x_{t-1}^{t-1} \tag{6.55}$$

以及

$$\widetilde{x}_{t-2}^n + J_{t-2} x_{t-1}^n = \widetilde{x}_{t-2}^{t-2} + J_{t-2}\Phi x_{t-2}^{t-2} \tag{6.56}$$

接下来，在式 (6.55) 左侧乘以式 (6.56) 左侧的转置，并将其等同于式 (6.55) 和式 (6.56) 右边的相应结果。然后，对两边取期望，左侧结果减少到

$$P_{t-1,t-2}^n + J_{t-1}\mathrm{E}(x_t^n x_{t-1}^{n}{}')J_{t-2}' \tag{6.57}$$

右侧的结果减少到

$$P_{t-1,t-2}^{t-2} - K_{t-1}A_{t-1}P_{t-1,t-2}^{t-2} + J_{t-1}\Phi K_{t-1}A_{t-1}P_{t-1,t-2}^{t-2} + J_{t-1}\Phi\mathrm{E}(x_{t-1}^{t-1} x_{t-2}^{t-2}{}')\Phi' J_{t-2}' \tag{6.58}$$

对于式 (6.57)，我们写出

$$\mathrm{E}(x_t^n x_{t-1}^{n}{}') = \mathrm{E}(x_t x_{t-1}') - P_{t,t-1}^n = \Phi\mathrm{E}(x_{t-1}x_{t-2}')\Phi' + \Phi Q - P_{t,t-1}^n$$

对于式 (6.58)，我们写出

$$\mathrm{E}(x_{t-1}^{t-1} x_{t-2}^{t-2}{}') = \mathrm{E}(x_{t-2}^{t-2} x_{t-2}^{t-2}{}') = \mathrm{E}(x_{t-1}x_{t-2}') - P_{t-1,t-2}^{t-2}$$

使用这些关系将式 (6.57) 等同于式 (6.58) 并简化结果，得到式 (6.54)。 ∎

6.3　极大似然估计

状态空间模型 (6.3) 和 (6.4) 的参数的估计非常复杂。我们使用 Θ 来表示未知参数向量，其中初始均值为 μ_0，协方差为 Σ_0，转移矩阵为 Φ，状态协方差矩阵和观测协方差矩阵分别为 Q 和 R，以及输入系数矩阵为 Υ 和 Γ。我们在假设初始状态是正态分布的情况下使用极大似然，$x_0 \sim \mathrm{N}_p(\mu_0, \Sigma_0)$，并且误差项是正态的，$w_t \sim \mathrm{iid}\ \mathrm{N}_p(0, Q)$ 以及 $v_t \sim \mathrm{iid}\ \mathrm{N}_q(0, R)$。

为简单起见，我们继续假设，$\{w_t\}$ 和 $\{v_t\}$ 是不相关的。

使用新息 ε_1，ε_2，$\cdots$，ε_n 来计算似然函数，这由式(6.23)定义，

$$\varepsilon_t = y_t - A_t x_t^{t-1} - \Gamma u_t$$

数据 $y_{1:n}$ 的似然函数的新息形式首先由 Schweppe[176] 给出，是使用类似于推导式(3.117)的论证获得的，注意新息是独立的零均值高斯随机向量，如式(6.24)所示，得到协方差矩阵

$$\Sigma_t = A_t P_t^{t-1} A_t' + R \tag{6.59}$$

因此，忽略常数，我们可以将似然函数 $L_Y(\Theta)$ 写为

$$-\ln L_Y(\Theta) = \frac{1}{2} \sum_{t=1}^n \ln |\Sigma_t(\Theta)| + \frac{1}{2} \sum_{t=1}^n \varepsilon_t(\Theta)' \Sigma_t(\Theta)^{-1} \varepsilon_t(\Theta) \tag{6.60}$$

在这里我们强调了新息对参数 Θ 的依赖性。当然，式(6.60)是未知参数的高度非线性和复杂函数。通常的过程是固定 x_0，为对数似然函数及其前两个导数建立一组递归(例如，Gupta and Mehra[84] 的文献)。然后，可以连续使用 Newton-Raphson 算法(见例 3.30)来更新参数值，直到负的对数似然函数达到最小值。例如，Jones[107] 提出了这种方法，他通过将 ARMA 模型置于状态空间形式来给出 ARMA 估计。对于单变量情况，式(6.60)在形式上与式(3.117)中给出的 ARMA 模型的似然估计相同。

执行 Newton-Raphson 估计程序所涉及的步骤如下。

(1) 选择参数的初始值，即 $\Theta^{(0)}$。

(2) 使用初始参数值 $\Theta^{(0)}$ 来运行性质 6.1 卡尔曼滤波器，以获得一组新息和误差协方差，即 $\{\varepsilon_t^{(0)}; t=1, \cdots, n\}$ 和 $\{\Sigma_t^{(0)}; t=1, \cdots, n\}$。

(3) 以 $-\ln L_Y(\Theta)$ 作为准则函数运行 Newton-Raphson 程序的一次迭代(详见例 3.30)，以获得一组新的估计，即 $\Theta^{(1)}$。

(4) 在第 j 次迭代($j=1, 2, \cdots$)时，重复步骤(2)，使用 $\Theta^{(j)}$ 代替 $\Theta^{(j-1)}$ 获得一组新的新息值 $\{\varepsilon_t^{(j)}; t=1, \cdots, n\}$ 和 $\{\Sigma_t^{(j)}; t=1, \cdots, n\}$。然后重复步骤(3)以获得新的估计 $\Theta^{(j+1)}$。当估计或似然函数稳定时停止，例如，当 $\Theta^{(j+1)}$ 的值与 $\Theta^{(j)}$ 只有微小的不同时，或者当 $L_Y(\Theta^{(j+1)})$ 与 $L_Y(\Theta^{(j)})$ 只有微小的不同时，停止运行程序。

例 6.6　用于例 6.3 的 Newton-Raphson 程序

在本例中，我们使用例 6.3 中给出的带噪声的 AR 模型生成 $n=100$ 个观测值 $y_{1:100}$，以执行参数 ϕ、σ_w^2 和 σ_v^2 的 Newton-Raphson 估计。在 6.2 节的符号中，我们将得到 $\Phi = \phi$，$Q = \sigma_w^2$ 和 $R = \sigma_w^2$。参数的实际值为 $\phi = 0.8$，$\sigma_w^2 = \sigma_v^2 = 1$。

在具有观测噪声的 AR(1) 的简单情况下，可以使用例 6.3 的结果完成初始值估计。例如，使用式(6.15)，我们设置

$$\phi^{(0)} = \hat{\rho}_y(2) / \hat{\rho}_y(1)$$

同样，从式(6.14)得到，$\gamma_x(1) = \gamma_y(1) = \phi \sigma_w^2 / (1 - \phi^2)$，所以我们初始设定

$$\sigma_w^{2(0)} = (1 - \phi^{(0)^2}) \hat{\gamma}_y(1) / \phi^{(0)}$$

最后，使用式(6.13)，我们得到 σ_v^2 的初始估计，即

$$\sigma_v^{2(0)} = \hat{\gamma}_y(0) - [\sigma_w^{2(0)} / (1 - \phi^{(0)^2})]$$

Newton-Raphson 估计是使用 R 中的 optim 函数完成的。下面给出了用于本例的代

码。在该程序中，我们必须提供需要最小化的评估函数，即 $-\ln L_Y(\Theta)$。在本例中，函数调用结合步骤(2)和(3)，使用参数的当前值 $\Theta^{(j-1)}$，首先获得滤波后的值，然后获得新息，再计算需要最小化的准则函数，$-\ln L_Y(\Theta^{(j-1)})$。我们还可以在优化程序中提供梯度或分数向量(score vector)的解析形式 $-\partial \ln L_Y(\Theta)/\partial \Theta$，以及 Hessian 矩阵 $-\partial^2 \ln L_Y(\Theta)/\partial \Theta \partial \Theta'$，或者允许程序以数值方式计算这些值。在本例中，我们让程序以数值方式进行计算，注意，在数值计算梯度时需要谨慎。Press 等[156,第10章]建议，最好使用数值方法进行推导计算，至少对于 Hessian 以及 Broyden-Fletcher-Goldfarb-Shanno(BFGS)方法是如此。问题 6.9 和问题 6.10 中提供了关于梯度和 Hessian 的细节，详见 Gupta and Mehra[84] 的文献。

```
# Generate Data
set.seed(999); num = 100
x = arima.sim(n=num+1, list(ar=.8), sd=1)
y = ts(x[-1] + rnorm(num,0,1))
# Initial Estimates
u    = ts.intersect(y, lag(y,-1), lag(y,-2))
varu = var(u); coru = cor(u)
phi  = coru[1,3]/coru[1,2]
q    = (1-phi^2)*varu[1,2]/phi
r    = varu[1,1] - q/(1-phi^2)
(init.par = c(phi, sqrt(q), sqrt(r)))   # = .91, .51, 1.03
# Function to evaluate the likelihood
Linn = function(para){
  phi = para[1]; sigw = para[2]; sigv = para[3]
  Sigma0 = (sigw^2)/(1-phi^2); Sigma0[Sigma0<0]=0
  kf = Kfilter0(num, y, 1, mu0=0, Sigma0, phi, sigw, sigv)
  return(kf$like)       }
# Estimation   (partial output shown)
(est = optim(init.par, Linn, gr=NULL, method='BFGS', hessian=TRUE,
         control=list(trace=1, REPORT=1)))
SE = sqrt(diag(solve(est$hessian)))
cbind(estimate=c(phi=est$par[1],sigw=est$par[2],sigv=est$par[3]),SE)
        estimate     SE
  phi     0.814    0.081
  sigw    0.851    0.175
  sigv    0.874    0.143
```

从输出中可以看出，最终估计值及其标准误差(在括号中)为 $\hat{\phi}=0.81(0.08)$，$\hat{\sigma}_w=0.85(0.18)$，$\hat{\sigma}_v=0.87(0.14)$。来自 optim 的报告得出以下估算程序的结果：

```
initial  value 81.313627
iter   2 value 80.169051
iter   3 value 79.866131
iter   4 value 79.222846
iter   5 value 79.021504
iter   6 value 79.014723
iter   7 value 79.014453
iter   7 value 79.014452
iter   7 value 79.014452
final  value 79.014452
converged
```

注意，该算法在七个步骤后收敛，对数似然取负后的最终值为 79.014 452。标准误差是估算程序的副产品，我们将在本节的性质 6.4 之后讨论对它们的评估。■

例 6.7   用于全球温度偏差的 Newton-Raphson 程序

在例 6.2 中，我们考虑了两个不同的全球温度序列，每个序列包含 $n=136$ 个观测值，它们绘制在图 6.3 中。在那个例子中，我们认为两个序列都应该测量相同的基础气候信号 x_t，我们将其建模为带漂移项的随机游走，

$$x_t = \delta + x_{t-1} + w_t$$

回想一下，观测方程写作

$$\begin{pmatrix} y_{t1} \\ y_{t2} \end{pmatrix} = \begin{pmatrix} 1 \\ 1 \end{pmatrix} x_t + \begin{pmatrix} v_{t1} \\ v_{t2} \end{pmatrix}$$

模型协方差矩阵由 $Q=q_{11}$ 和下式给出

$$R = \begin{pmatrix} r_{11} & r_{12} \\ r_{21} & r_{22} \end{pmatrix}$$

因此，有五个参数需要估计：漂移项 δ 和方差分量 q_{11}，r_{11}，r_{12}，r_{22}，注意 $r_{21}=r_{12}$。我们在这个例子中保持固定的初始状态参数为 $\mu_0 = -0.35$ 和 $\Sigma_0 = 1$，这相对于数据而言较大。最终的估计是(R 矩阵在代码中重新建立)

```
       estimate    SE
sigw    0.055     0.011
cR11    0.074     0.010
cR22    0.127     0.015
cR12    0.129     0.038
drift   0.006     0.005
```

信号的观测值及其平滑估计值、误差区间 $\hat{x}_t^n \pm 2\sqrt{\hat{p}_t^n}$ 都显示在图 6.5 中。使用 Kfilter1 和 Ksmooth1 的代码如下。

```
# Setup
y    = cbind(globtemp, globtempl); num = nrow(y); input = rep(1,num)
A    = array(rep(1,2), dim=c(2,1,num))
mu0 = -.35; Sigma0 = 1;  Phi = 1
# Function to Calculate Likelihood
Linn   = function(para){
 cQ    = para[1]    # sigma_w
  cR1   = para[2]    # 11 element of chol(R)
  cR2   = para[3]    # 22 element of chol(R)
  cR12  = para[4]    # 12 element of chol(R)
 cR    = matrix(c(cR1,0,cR12,cR2),2)  # put the matrix together
 drift = para[5]
 kf    = Kfilter1(num,y,A,mu0,Sigma0,Phi,drift,0,cQ,cR,input)
 return(kf$like)            }
# Estimation
init.par = c(.1,.1,.1,0,.05)  # initial values of parameters
(est = optim(init.par, Linn, NULL, method='BFGS', hessian=TRUE,
          control=list(trace=1,REPORT=1)))  # output not shown
SE = sqrt(diag(solve(est$hessian)))
# Display estimates
u = cbind(estimate=est$par, SE)
rownames(u)=c('sigw','cR11', 'cR22', 'cR12', 'drift'); u
# Smooth (first set parameters to their final estimates)
```

```
cQ    = est$par[1]
 cR1   = est$par[2]
 cR2   = est$par[3]
 cR12  = est$par[4]
cR    = matrix(c(cR1,0,cR12,cR2), 2)
(R    = t(cR)%*%cR)    # to view the estimated R matrix
drift = est$par[5]
ks    = Ksmooth1(num,y,A,mu0,Sigma0,Phi,drift,0,cQ,cR,input)
# Plot
xsm  = ts(as.vector(ks$xs), start=1880)
rmse = ts(sqrt(as.vector(ks$Ps)), start=1880)
plot(xsm, ylim=c(-.6, 1), ylab='Temperature Deviations')
  xx = c(time(xsm), rev(time(xsm)))
  yy = c(xsm-2*rmse, rev(xsm+2*rmse))
  polygon(xx, yy, border=NA, col=gray(.6, alpha=.25))
lines(globtemp, type='o', pch=2, col=4, lty=6)
lines(globtempl, type='o', pch=3, col=3, lty=6)
```

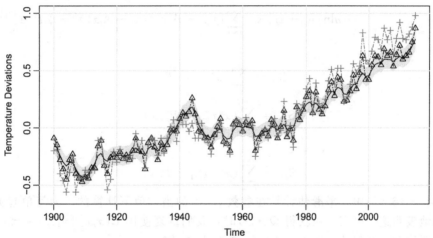

图 6.5　例 6.7 的图示。带点(＋和△)的虚线是图 6.3 中所示的两个平均全球温度偏差。实线是估计的平滑值 $\hat{x}_t^n$，灰色部分是相应的两个均方根误差界限。仅显示 1900 年以后的值 ■

　　除了 Newton-Raphson 之外，Shumway 和 Stoffer[181] 提出了一种基于 Baum-Welch 算法(Baum et al.[14] 的文献)，从概念上简化了估计程序，该算法也叫 EM(Expectation-Maximization，期望最大化)算法(Dempster et al.[51] 的文献)。为简洁起见，我们忽略输入并以式(6.1)和式(6.2)的形式考虑模型。该算法的基本想法是，如果我们能观察到状态 $x_{0:n}=\{x_0,\ x_1,\ \cdots,\ x_n\}$ 和观测值 $y_{1:n}=\{y_1,\ \cdots,\ y_n\}$，那么我们会将 $\{x_{0:n},\ y_{1:n}\}$ 视为完整数据，具有联合密度

$$p_\Theta(x_{0:n},y_{1:n}) = p_{\mu_0,\Sigma_0}(x_0)\prod_{t=1}^{n}p_{\Phi,Q}(x_t\,|\,x_{t-1})\prod_{t=1}^{n}p_R(y_t\,|\,x_t) \tag{6.61}$$

在高斯假设和忽略常数的情况下，完整数据的似然函数式(6.61)可以写成

$$-2\ln L_{X,Y}(\Theta) = \ln|\Sigma_0| + (x_0-\mu_0)'\Sigma_0^{-1}(x_0-\mu_0)$$

$$+ n\ln|Q| + \sum_{t=1}^{n}(x_t-\Phi x_{t-1})'Q^{-1}(x_t-\Phi x_{t-1})$$

$$+ n\ln|R| + \sum_{t=1}^{n}(y_t - A_t x_t)'R^{-1}(y_t - A_t x_t) \tag{6.62}$$

因此，鉴于式(6.62)，如果确实有完整的数据，那么我们可以使用多元正态理论的结果来轻松获得 Θ 的 MLE。虽然没有完整的数据，但 EM 算法为我们提供了一种迭代方法，通过连续最大化完整数据似然函数的条件期望，基于不完整数据 $y_{1:n}$ 找到 Θ 的 MLE。为了实现 EM 算法，我们在迭代 $j(j=1,2,\cdots)$ 处写出：

$$Q(\Theta|\Theta^{(j-1)}) = \mathrm{E}\{-2\ln L_{X,Y}(\Theta)\,|\,y_{1:n},\Theta^{(j-1)}\} \tag{6.63}$$

式(6.63)的计算是期望步骤(expectation step)。当然，给定参数的当前值 $\Theta^{(j-1)}$，我们可以使用性质 6.2 来获得平滑估计作为所需的条件期望。这个性质可以得到

$$Q(\Theta|\Theta^{(j-1)}) = \ln|\Sigma_0| + \mathrm{tr}\{\Sigma_0^{-1}[P_0^n + (x_0^n - \mu_0)(x_0^n - \mu_0)']\}$$
$$+ n\ln|Q| + \mathrm{tr}\{Q^{-1}[S_{11} - S_{10}\Phi' - \Phi S_{10}' + \Phi S_{00}\Phi']\}$$
$$+ n\ln|R| + \mathrm{tr}\left\{R^{-1}\sum_{t=1}^{n}[(y_t - A_t x_t^n)(y_t - A_t x_t^n)' + A_t P_t^n A_t']\right\} \tag{6.64}$$

其中

$$S_{11} = \sum_{t=1}^{n}(x_t^n x_t^{n\prime} + P_t^n) \tag{6.65}$$

$$S_{10} = \sum_{t=1}^{n}(x_t^n x_{t-1}^{n\prime} + P_{t,t-1}^n) \tag{6.66}$$

并且

$$S_{00} = \sum_{t=1}^{n}(x_{t-1}^n x_{t-1}^{n\prime} + P_{t-1}^n) \tag{6.67}$$

在式(6.64)～(6.67)中，平滑估计是在参数 $\Theta^{(j-1)}$ 的当前值下计算的。为简单起见，我们没有明确地表明这一事实。在获得 $Q(\cdot|\cdot)$ 时，我们重复使用 $\mathrm{E}(x_s x_t'\,|\,y_{1:n}) = x_s^n x_t^{n\prime} + P_{s,t}^n$；重要的是要注意，在似然函数中，不能简单地用 x_t^n 替换 x_t。

在迭代 j 处，关于参数的最小化式(6.64)构成最大化步骤(maximization step)，并且类似于通常的多元回归方法，产生更新的估计

$$\Phi^{(j)} = S_{10}S_{00}^{-1} \tag{6.68}$$
$$Q^{(j)} = n^{-1}(S_{11} - S_{10}S_{00}^{-1}S_{10}') \tag{6.69}$$

并且

$$R^{(j)} = n^{-1}\sum_{t=1}^{n}[(y_t - A_t x_t^n)(y_t - A_t x_t^n)' + A_t P_t^n A_t'] \tag{6.70}$$

通过最小化式(6.64)，得到初始均值和初始方差-协方差矩阵的更新值如下：

$$\mu_0^{(j)} = x_0^n \quad 和 \quad \Sigma_0^{(j)} = P_0^n \tag{6.71}$$

整个过程可以被视为在卡尔曼滤波和平滑递归之间的简单交替，多元正态最大似然估计如式(6.68)～(6.71)所示。在一般条件下，EM 算法的收敛结果可以在 Wu[212] 的文献中找到。在 Douc et al.[53] 的文献的附录 D 中可以找到关于 EM 算法和相关方法的收敛性的详尽讨论。我们总结了迭代过程如下。

(1) 通过选择 $\{\mu_0,\Sigma_0,\Phi,Q,R\}$ 中的参数的起始值进行初始化，即 $\Theta^{(0)}$，并计算不

完整数据的似然函数，$-\ln L_Y(\Theta^{(0)})$，见式(6.60)。

在迭代 $j(j=1,2,\cdots)$ 处：

(2) 执行 E 步骤：使用参数 $\Theta^{(j-1)}$，使用性质 6.1、6.2 和 6.3 获得平滑估计 x_t^n、P_t^n 和 $P_{t,t-1}^n$，$t=1,\cdots,n$，并计算式(6.65)~(6.67)中给出的 S_{11}，S_{10}，S_{00}。

(3) 执行 M 步骤：使用式(6.68)~(6.71)更新 $\{\mu_0,\Sigma_0,\Phi,Q,R\}$ 中的估计，获得 $\Theta^{(j)}$。

(4) 计算不完整数据的似然函数，$-\ln L_Y(\Theta^{(j)})$。

(5) 重复步骤(2)~(4)直到收敛。

例 6.8　用于例 6.3 的 EM 算法

使用在例 6.6 中生成的相同数据，我们使用脚本 EM0 对参数 Φ、σ_w^2 和 σ_v^2 以及初始参数 μ_0 和 Σ_0 进行 EM 算法估计。与 Newton-Raphson 程序相比，EM 算法的收敛速度很慢。在本例中，当对数似然的相对变化小于 0.000 01 时即为收敛，算法在 59 次迭代后达到收敛。下面列出了最终估计值及其标准误差，结果与例 6.6 中的结果非常接近。

```
        estimate    SE
phi       0.810   0.078
sigw      0.853   0.164
sigv      0.864   0.136
mu0      -1.981   NA
Sigma0    0.022   NA
```

对标准误差的评估调用 R 的 nlme 添加包中的 fdHess 来评估最终估计的 Hessian。必须在调用 fdHess 之前加载 nlme 添加包。

```
library(nlme)   # loads package nlme
# Generate data (same as Example 6.6)
set.seed(999); num = 100
x = arima.sim(n=num+1, list(ar = .8), sd=1)
y = ts(x[-1] + rnorm(num,0,1))
# Initial Estimates (same as Example 6.6)
u    = ts.intersect(y, lag(y,-1), lag(y,-2))
varu = var(u); coru = cor(u)
phi  = coru[1,3]/coru[1,2]
q    = (1-phi^2)*varu[1,2]/phi
r    = varu[1,1] - q/(1-phi^2)
# EM procedure - output not shown
(em = EM0(num, y, A=1, mu0=0, Sigma0=2.8, Phi=phi, cQ=sqrt(q), cR=sqrt(r),
          max.iter=75, tol=.00001))
# Standard Errors   (this uses nlme)
phi  = em$Phi; cq = sqrt(em$Q); cr = sqrt(em$R)
mu0  = em$mu0; Sigma0 = em$Sigma0
para = c(phi, cq, cr)
Linn = function(para){  # to evaluate likelihood at estimates
  kf = Kfilter0(num, y, 1, mu0, Sigma0, para[1], para[2], para[3])
return(kf$like)          }
emhess = fdHess(para, function(para) Linn(para))
SE     = sqrt(diag(solve(emhess$Hessian)))
# Display Summary of Estimation
estimate = c(para, em$mu0, em$Sigma0); SE = c(SE, NA, NA)
u = cbind(estimate, SE)
rownames(u) = c('phi','sigw','sigv','mu0','Sigma0'); u
```

MLE 的稳态和渐近分布

模型参数的估计量的渐近分布，即 $\hat{\Theta}_n$，在 Douc，Moulines and Stoffer[53] 的文献的第 13 章中以非常笼统的方式进行了研究。早期的解决方法可以在 Caines[38] 的文献的第 7 章和第 8 章以及 Hannan and Deistler[88] 的文献的第 4 章中找到。在这些文献中，估计量的一致性和渐近正态性是在一般条件下建立的。一个必要条件是滤波器的稳定性。滤波器的稳定性确保，对于较大的 t，新息 ε_t 基本上是彼此的复制，具有不依赖于 t 的稳定协方差矩阵 Σ，并且渐近地，新息包含关于未知参数的所有信息。虽然不是必需的，但为了简单起见，我们在此假设对于所有 t 有 $A_t \equiv A$。关于偏离这一假设的细节可以在 Jazwinski[105] 的文献的 7.6 节和 7.8 节中找到。同时我们删除输入并以式(6.1)和式(6.2)的形式使用模型。

为了滤波器的稳定性，我们假设 Φ 的特征值的绝对值小于 1；这种假设可以被削弱（例如，见 Harvey[93] 的文献的 4.3 节），但为了简单起见，我们保留了它。该假设足以保证滤波器的稳定性，因为 $t \to \infty$，滤波器误差协方差矩阵 P_t^t 收敛于稳态误差协方差矩阵 P，增益矩阵 K_t 收敛于稳态增益矩阵 K。从这些事实可以看出，新息协方差矩阵 Σ_t 收敛于稳态新息的稳态协方差矩阵 Σ，具体细节可以在 Jazwinski[105] 的文献的 7.6 节和 7.8 节以及 Anderson and Moore[5] 的文献的 4.4 节中找到。特别地，稳态滤波器误差协方差矩阵 P 满足 Riccati 方程：

$$P = \Phi[P - PA'(APA' + R)^{-1}AP]\Phi' + Q$$

稳态增益矩阵满足 $K = PA'[APA' + R]^{-1}$。在例 6.5（见表 6.1）中，出于所有实际目的，稳态通过第三次观测达到。

当过程处于稳态时，我们可以将 x_{t+1}^t 视为稳态预测器并将其解释为 $x_{t+1}^t = E(x_{t+1} \mid y_t, y_{t-1}, \cdots)$。从式(6.18)和式(6.20)可以看出，稳态预测器可以写成

$$x_{t+1}^t = \Phi[I - KA]x_t^{t-1} + \Phi K y_t = \Phi x_t^{t-1} + \Phi K \varepsilon_t \tag{6.72}$$

其中 ε_t 是由下式给出的稳态新息过程

$$\varepsilon_t = y_t - E(y_t \mid y_{t-1}, y_{t-2}, \cdots)$$

在高斯情形中，$\varepsilon_t \sim \text{iid } N(0, \Sigma)$，其中 $\Sigma = APA' + R$。在稳态下，观测值可写为

$$y_t = Ax_t^{t-1} + \varepsilon_t \tag{6.73}$$

式(6.72)和式(6.73)共同构成了动态线性模型的稳态新息形式。

在下面的性质中，我们假设高斯状态空间模型(6.1)和(6.2)是不随时间变化的，即 $A_t \equiv A$，Φ 的特征值在单位圆内，并且模型具有最小可能维度（见 Hannan and Deistler[88] 的文献的 2.3 节）。我们用 Θ_0 表示真实参数，并且我们假设 Θ_0 的维度是参数空间的维度。虽然没有必要假设 w_t 和 v_t 服从高斯分布，但是必须应用某些附加条件，并且必须对渐近协方差矩阵进行调整；见 Douc et al.[53] 的文献的第 13 章。

性质 6.4 估计量的渐近分布

在一般条件下，令 $\hat{\Theta}_n$ 为通过最大化新息似然函数 $L_Y(\Theta)$ 获得的 Θ_0 的估计量，如式(6.60)所示。则，当 $n \to \infty$ 时，

$$\sqrt{n}(\hat{\Theta}_n - \Theta_0) \xrightarrow{d} N[0, \mathcal{I}(\Theta_0)^{-1}]$$

其中 $\mathcal{I}(\Theta)$ 是由以下公式给出的渐近信息矩阵:

$$\mathcal{I}(\Theta) = \lim_{n \to \infty} n^{-1} E\left[- \partial^2 \ln L_Y(\Theta) / \partial \Theta \partial \Theta' \right]$$

对于牛顿过程,在收敛时的 Hessian 矩阵(如例 6.6 中所述)可以用作 $n\mathcal{I}(\Theta_0)$ 的估计以获得标准误差的估计。在 EM 算法的情况下,不计算导数,但是我们可以在收敛时包括 Hessian 矩阵的数值评估以获得估计的标准误差。此外,存在 EM 算法的扩展,例如 SEM 算法(Meng and Rubin[140] 的文献),其包括用于估计标准误差的过程。在本节的实例中,估计的标准误差是从 $-\ln L_Y(\hat{\Theta})$ 的数值 Hessian 矩阵获得的,其中 $\hat{\Theta}$ 是收敛时参数估计的向量。

6.4　缺失数据修正

状态空间框架内的一个有吸引力的特征是它能够处理随时间而不规则观察到的时间序列。例如,Jones[107] 使用状态空间模型将 ARMA 模型拟合到具有缺失观测值的序列中,Palma 和 Chan[146] 使用该模型估计和预测带缺失观测值的 ARFIMA 序列。Shumway 和 Stoffer[181] 描述了在数据缺失时通过 EM 算法拟合多变量状态空间模型所需的修改。我们将在本节中详细讨论该过程。在本节中,为了简化符号,我们假设模型的形式为式(6.1)和式(6.2)。

假设在给定时间 t,我们将 $q \times 1$ 阶观测向量定义为两部分:观测值的 $q_{1t} \times 1$ 阶分量 $y^{(1)}$;未观察到的 $q_{2t} \times 1$ 阶分量 $y^{(2)}$。其中 $q_{1t} + q_{2t} = q$。然后,编写分区观测方程

$$\begin{bmatrix} y_t^{(1)} \\ y_t^{(2)} \end{bmatrix} = \begin{bmatrix} A_t^{(1)} \\ A_t^{(2)} \end{bmatrix} x_t + \begin{bmatrix} v_t^{(1)} \\ v_t^{(2)} \end{bmatrix} \tag{6.74}$$

其中 $A_t^{(1)}$ 和 $A_t^{(2)}$ 分别是 $q_{1t} \times p$ 阶和 $q_{2t} \times p$ 阶分区观测矩阵,而且

$$\mathrm{cov} \begin{bmatrix} v_t^{(1)} \\ v_t^{(2)} \end{bmatrix} = \begin{bmatrix} R_{11t} & R_{12t} \\ R_{21t} & R_{22t} \end{bmatrix} \tag{6.75}$$

表示观测到的和未观测到的部分之间的测量误差的协方差矩阵。

在未观察到 $y_t^{(2)}$ 的缺失数据情况下,我们可以修改 DLM(6.1)~(6.2)中的观测方程,使模型成为

$$x_t = \Phi x_{t-1} + w_t \quad 和 \quad y^{(1)} = A_t^{(1)} x_t + v_t^{(1)} \tag{6.76}$$

现在,观测方程在时间 t 是 q_{1t} 维。在这种情况下,经过适当的符号替换,可以直接应用推论 6.1 得出,滤波方程成立。如果在时间 t 没有观测,则将增益矩阵 K_t 设置为性质 6.1 中的 $p \times q$ 阶零矩阵,在这种情况下 $x_t^t = x_t^{t-1}$ 和 $P_t^t = P_t^{t-1}$。

与其面对变化的观测维度,不如通过修改模型来设置某些分量为 0,从而在整个过程中保持 q-维观测方程,这在计算上将变得容易。特别是,如果在更新时我们进行如下替换,则推论 6.1 适用于缺失的数据案例:

$$y_{(t)} = \begin{pmatrix} y_t^{(1)} \\ 0 \end{pmatrix}, \quad A_{(t)} = \begin{bmatrix} A_t^{(1)} \\ 0 \end{bmatrix}, \quad R_{(t)} = \begin{bmatrix} R_{11t} & 0 \\ 0 & I_{22t} \end{bmatrix} \tag{6.77}$$

分别对应式(6.20)~(6.22)中的 y_t、A_t 和 R,其中 I_{22t} 是 $q_{2t} \times q_{2t}$ 单位矩阵。通过式(6.77)的替换,新息值(6.23)和(6.24)现在将具有如下形式

$$\varepsilon_{(t)} = \begin{pmatrix} \varepsilon_t^{(1)} \\ 0 \end{pmatrix}, \quad \Sigma_{(t)} = \begin{bmatrix} A_t^{(1)} P_t^{t-1} A_t^{(1)\prime} + R_{11t} & 0 \\ 0 & I_{22t} \end{bmatrix} \tag{6.78}$$

因此，式（6.60）中给出的似然函数的新息形式对于这种情况是正确的。因此，利用式（6.77）中的替换，通过新息似然的最大似然估计可以如同在完整数据情况中那样进行。

一旦获得了缺失数据的过滤值，Stoffer[190] 同时建立了缺失数据的平滑值，可以使用性质 6.2 和性质 6.3 进行处理，其中数值是从缺失数据的过滤值中获得的。在缺失数据的情况下，状态估计量表示为

$$x_t^{(s)} = \mathrm{E}(x_t \mid y_1^{(1)}, \cdots, y_s^{(1)}) \tag{6.79}$$

以及误差方差-协方差矩阵

$$P_t^{(s)} = \mathrm{E}\{(x_t - x_t^{(s)})(x_t - x_t^{(s)})^\prime\} \tag{6.80}$$

缺失数据滞后一阶平滑器的协方差将由 $P_{t,t-1}^{(n)}$ 表示。

EM 过程中的最大似然估计需要对缺失数据的情况进行进一步修改。现在，我们考虑

$$y_{1:n}^{(1)} = \{y_1^{(1)}, \cdots, y_n^{(1)}\} \tag{6.81}$$

作为不完整数据，以及 $\{x_{0:n}, y_{1:n}\}$，如式（6.61）中定义的那样，作为完整数据。在这种情况下，完整数据似然估计（6.61）或（6.62）与不完整数据是相同的，但是为了实现 E 步骤，在迭代 j 处，我们必须计算

$$\begin{aligned} Q(\Theta \mid \Theta^{(j-1)}) &= \mathrm{E}\{-2\ln L_{X,Y}(\Theta) \mid y_{1:n}^{(1)}, \Theta^{(j-1)}\} \\ &= \mathrm{E}_*\{\ln|\Sigma_0| + \mathrm{tr}\Sigma_0^{-1}(x_0 - \mu_0)(x_0 - \mu_0)^\prime \mid y_{1:n}^{(1)}\} \\ &\quad + \mathrm{E}_*\{n\ln|Q| + \sum_{t=1}^n \mathrm{tr}[Q^{-1}(x_t - \Phi x_{t-1})(x_t - \Phi x_{t-1})^\prime] \mid y_{1:n}^{(1)}\} \\ &\quad + \mathrm{E}_*\{n\ln|R| + \sum_{t=1}^n \mathrm{tr}[R^{-1}(y_t - A_t x_t)(y_t - A_t x_t)^\prime] \mid y_{1:n}^{(1)}\} \end{aligned} \tag{6.82}$$

其中 E_* 表示 $\Theta^{(j-1)}$ 下的条件期望，tr 表示迹。式（6.82）中的前两项将类似于式（6.64）的前两项，其中平滑器 x_t^n、P_t^n 和 $P_{t,t-1}^n$ 被其对应的缺失数据 $x_t^{(n)}$、$P_t^{(n)}$ 和 $P_{t,t-1}^{(n)}$ 替换。在式（6.82）的第三项中，我们还必须另外估计 $\mathrm{E}_*(y_t^{(2)} \mid y_{1:n}^{(1)})$ 和 $\mathrm{E}_*(y_t^{(2)} y_t^{(2)\prime} \mid y_{1:n}^{(1)})$。在 Stoffer[190] 的文献中，证明了这一点

$$\begin{aligned} &\mathrm{E}_*\{(y_t - A_t x_t)(y_t - A_t x_t)^\prime \mid y_{1:n}^{(1)}\} \\ &= \begin{pmatrix} y_t^{(1)} - A_t^{(1)} x_t^{(n)} \\ R_{*21t} R_{*11t}^{-1}(y_t^{(1)} - A_t^{(1)} x_t^{(n)}) \end{pmatrix} \begin{pmatrix} y_t^{(1)} - A_t^{(1)} x_t^{(n)} \\ R_{*21t} R_{*11t}^{-1}(y_t^{(1)} - A_t^{(1)} x_t^{(n)}) \end{pmatrix}^\prime \\ &\quad + \begin{pmatrix} A_t^{(1)} \\ R_{*21t} R_{*11t}^{-1} A_t^{(1)} \end{pmatrix} P_t^{(n)} \begin{pmatrix} A_t^{(1)} \\ R_{*21t} R_{*11t}^{-1} A_t^{(1)} \end{pmatrix}^\prime \\ &\quad + \begin{pmatrix} 0 & 0 \\ 0 & R_{*22t} - R_{*21t} R_{*11t}^{-1} R_{*12t} \end{pmatrix} \end{aligned} \tag{6.83}$$

在式（6.83）中，对于 $i, k = 1, 2$，R_{*ikt} 的值是由 $\Theta^{(j-1)}$ 指定的当前值。另外，$x_t^{(n)}$ 和 $P_t^{(n)}$ 是通过在由 $\Theta^{(j-1)}$ 指定的当前参数估计下运行平滑器而获得的值。

在观测数据和未观测数据的误差不相关的情况下，即 R_{*12t} 是零矩阵，式（6.83）可以简化为

$$E_*\{(y_t - A_t x_t)(y_t - A_t x_t)' \mid y_{1:n}^{(1)}\}$$

$$= (y_{(t)} - A_{(t)} x_t^{(n)})(y_{(t)} - A_{(t)} x_t^{(n)})' + A_{(t)} P_t^{(n)} A_{(t)}' + \begin{pmatrix} 0 & 0 \\ 0 & R_{*22t} \end{pmatrix} \tag{6.84}$$

其中 $y_{(t)}$ 和 $A_{(t)}$ 在式(6.77)中定义。

在这种简化的情况下，缺失数据 M 步骤看起来类似式(6.65)～(6.71)中给出的 M 步骤。即

$$S_{(11)} = \sum_{t=1}^{n} (x_t^{(n)} x_t^{(n)'} + P_t^{(n)}) \tag{6.85}$$

$$S_{(10)} = \sum_{t=1}^{n} (x_t^{(n)} x_{t-1}^{(n)'} + P_{t,t-1}^{(n)}) \tag{6.86}$$

以及

$$S_{(00)} = \sum_{t=1}^{n} (x_{t-1}^{(n)} x_{t-1}^{(n)'} + P_{t-1}^{(n)}) \tag{6.87}$$

其中平滑器是采用参数 $\Theta^{(j-1)}$ 的现值，通过缺失值修改来计算的，在第 j 次迭代，最大化步骤是

$$\Phi^{(j)} = S_{(10)} S_{(00)}^{-1} \tag{6.88}$$

$$Q^{(j)} = n^{-1} (S_{(11)} - S_{(10)} S_{(00)}^{-1} S_{(10)}') \tag{6.89}$$

以及

$$R^{(j)} = n^{-1} \sum_{t=1}^{n} D_t \Big\{ (y_{(t)} - A_{(t)} x_t^{(n)})(y_{(t)} - A_{(t)} x_t^{(n)})'$$

$$+ A_{(t)} P_t^{(n)} A_{(t)}' + \begin{pmatrix} 0 & 0 \\ 0 & R_{22t}^{(j-1)} \end{pmatrix} \Big\} D_t' \tag{6.90}$$

其中 D_t 是置换矩阵，它在时间 t 按原始顺序重新排序变量，$y_{(t)}$ 和 $A_{(t)}$ 在式(6.77)中定义。例如，假设 $q=3$ 并且在时间 t，y_{t2} 缺失。然后，

$$y_{(t)} = \begin{bmatrix} y_{t1} \\ y_{t3} \\ 0 \end{bmatrix}, \quad A_{(t)} = \begin{bmatrix} A_{t1} \\ A_{t3} \\ 0' \end{bmatrix}, \quad 并且 \quad D_t = \begin{bmatrix} 1 & 0 & 0 \\ 0 & 0 & 1 \\ 0 & 1 & 0 \end{bmatrix}$$

其中 A_{ti} 是 A_t 矩阵的第 i 行，$0'$ 是 $1 \times p$ 列零向量。在式(6.90)中，只有 R_{11t} 得到更新，在迭代 j 处的 R_{22t} 简单地设置为由上一次(第 $j-1$ 次)得到的值。当然，如果我们不能假设 $R_{12t} = 0$，则必须使用式(6.83)相应地替换式(6.90)，但是式(6.88)和式(6.89)保持不变。和以前一样，初始状态的参数估计值更新为

$$\mu_0^{(j)} = x_0^{(n)} \quad 和 \quad \Sigma_0^{(j)} = P_0^{(n)} \tag{6.91}$$

例 6.9　纵向生物医学数据

我们考虑例 6.1 中的生物医学数据，其在第 40 天后的三个维度的向量中有部分缺失。最大似然过程产生了估计量(实例末尾的代码)：

```
$Phi
        [,1]    [,2]    [,3]
[1,]   0.984  -0.041   0.009
[2,]   0.061   0.921   0.007
[3,]  -1.495   2.289   0.794
$Q
        [,1]    [,2]    [,3]
[1,]   0.014  -0.002   0.012
[2,]  -0.002   0.003   0.018
[3,]   0.012   0.018   3.494
$R
        [,1]    [,2]    [,3]
[1,]   0.007   0.000   0.000
[2,]   0.000   0.017   0.000
[3,]   0.000   0.000   1.147
```

分别用于转换、状态误差协方差和观测误差协方差矩阵。第一和第二序列之间的耦合相对较弱，而第三序列 HCT 与前两个序列强烈相关，即

$$\hat{x}_{t3} = -1.495 x_{t-1,1} + 2.289 x_{t-1,2} + 0.794 x_{t-1,3}$$

因此，HCT 与白细胞计数（WBC）呈负相关，与血小板计数（PLT）呈正相关。该程序的副产品是所有三个纵向序列的估计轨迹及其各自的预测间隔。特别是，图 6.6 将数据显示为点，估计的平滑值 $\hat{x}_t^{(n)}$ 为实线，误差界限 $\pm \sqrt{\hat{P}_t^{(n)}}$ 为灰色区域。

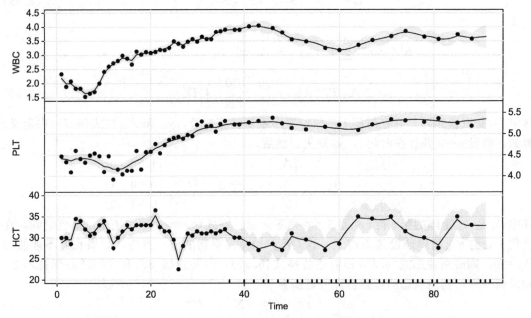

图 6.6　血液参数跟踪问题中各种分量的平滑值。实际数据显示为点，平滑值显示为实线，± 2 标准误差范围显示为灰色区域；刻度标记表示没有观察的天数

在下面的 R 代码中，我们使用脚本 EM1。在这种情况下，观察矩阵 A_t 是单位矩阵或零矩阵，因为所有序列都是观察到的或未观察到的。

```
y = cbind(WBC, PLT, HCT); num = nrow(y)
# make array of obs matrices
A = array(0, dim=c(3,3,num))
for(k in 1:num) {  if (y[k,1] > 0)  A[,,k]= diag(1,3)  }
# Initial values
mu0 = matrix(0, 3, 1); Sigma0 = diag(c(.1, .1, 1), 3)
Phi = diag(1, 3); cQ = diag(c(.1, .1, 1), 3); cR = diag(c(.1, .1, 1), 3)
# EM procedure - some output previously shown
(em = EM1(num, y, A, mu0, Sigma0, Phi, cQ, cR, 100, .001))
# Graph smoother
ks  = Ksmooth1(num, y, A, em$mu0, em$Sigma0, em$Phi, 0, 0, chol(em$Q),
            chol(em$R), 0)
y1s = ks$xs[1,,]; y2s = ks$xs[2,,]; y3s = ks$xs[3,,]
p1  = 2*sqrt(ks$Ps[1,1,]); p2 = 2*sqrt(ks$Ps[2,2,]); p3 = 2*sqrt(ks$Ps[3,3,])
par(mfrow=c(3,1))
plot(WBC, type='p', pch=19, ylim=c(1,5), xlab='day')
lines(y1s); lines(y1s+p1, lty=2, col=4); lines(y1s-p1, lty=2, col=4)
plot(PLT, type='p', ylim=c(3,6), pch=19, xlab='day')
lines(y2s); lines(y2s+p2, lty=2, col=4); lines(y2s-p2, lty=2, col=4)
plot(HCT, type='p', pch=19, ylim=c(20,40), xlab='day')
lines(y3s); lines(y3s+p3, lty=2, col=4); lines(y3s-p3, lty=2, col=4)
```

6.5　结构模型：信号提取和预测

结构模型是一种合成的模型，其中每个部分可以认为是解释特定类型的行为。该模型经常将经典时间序列分解为趋势项、季节项和不规则项的组成部分。因此，每个组成部分都直接解释了数据变化的性质。此外，该模型非常容易拟合状态空间框架。为了说明这些想法，考虑一个实例，说明如何将之前考虑过的季度收益数据拟合为趋势项、季节项和不规则项的组成部分之和。

例 6.10　Johnson & Johnson 季度收益

在这里，我们关注美国 Johnson & Johnson 的季度收益序列，如图 1.1 所示。该序列非常不稳定，同时包含随着时间推移逐渐增加的趋势项和每四个季度或每年一次的季节项。随着时间的推移，季节项也越来越大。转换成对数甚至开 n 次根似乎不会使序列趋势平稳，但是，这种转换确实有助于稳定随时间变化的方差，这在问题 6.13 中进行了探讨。假设，目前，我们认为该序列是趋势分量、季节分量和白噪声的总和。也就是说，将观察到的序列表示为

$$y_t = T_t + S_t + v_t \tag{6.92}$$

其中 T_t 是趋势项，S_t 是季节项。假设我们允许趋势呈指数增加，即，

$$T_t = \phi T_{t-1} + w_{t1} \tag{6.93}$$

其中系数 $\phi > 1$ 标志着趋势增加的特性。将季节项建模为

$$S_t + S_{t-1} + S_{t-2} + S_{t-3} = w_{t2} \tag{6.94}$$

该模型假设组成部分在整个时段或四个季度中总和为零。为了以状态空间形式表达该模型，令 $x_t = (T_t, S_t, S_{t-1}, S_{t-2})'$ 为状态向量，因此观察方程（6.2）可以写为

$$y_t = (1 \quad 1 \quad 0 \quad 0) \begin{pmatrix} T_t \\ S_t \\ S_{t-1} \\ S_{t-2} \end{pmatrix} + v_t$$

状态方程写成

$$\begin{bmatrix} T_t \\ S_t \\ S_{t-1} \\ S_{t-2} \end{bmatrix} = \begin{bmatrix} \phi & 0 & 0 & 0 \\ 0 & -1 & -1 & -1 \\ 0 & 1 & 0 & 0 \\ 0 & 0 & 1 & 0 \end{bmatrix} \begin{bmatrix} T_{t-1} \\ S_{t-1} \\ S_{t-2} \\ S_{t-3} \end{bmatrix} + \begin{bmatrix} w_{t1} \\ w_{t2} \\ 0 \\ 0 \end{bmatrix}$$

其中 $R = r_{11}$ 且

$$Q = \begin{bmatrix} q_{11} & 0 & 0 & 0 \\ 0 & q_{22} & 0 & 0 \\ 0 & 0 & 0 & 0 \\ 0 & 0 & 0 & 0 \end{bmatrix}$$

该模型被简化为形如式(6.1)和式(6.2)的状态空间形式，其中 $p=4$ 且 $q=1$。要估计的参数是：测量方程中的噪声方差 r_{11}；分别对应于趋势成分模型和季节成分模型的方差 q_{11} 和 q_{22}，以及标志增长率的转移参数 ϕ。增长率每年约 3%，我们从 $\phi=1.03$ 开始。初始平均值固定为 $\mu_0 = (0.7, 0, 0, 0)'$，不确定性由对角线协方差矩阵建模，$\Sigma_{0ii} = 0.04$，对于 $i=1, \cdots, 4$。初始状态协方差值取 $q_{11}=0.01$，$q_{22}=0.01$。测量误差协方差开始于 $r_{11}=0.25$。

在 Newton-Raphson 的大约 20 次迭代之后，转换参数估计为 $\hat{\phi}=1.035$，对应于指数增长，通货膨胀率为每年约 3.5%。与模型不确定性 $\sqrt{\hat{q}_{11}}=0.1397$ 和 $\sqrt{\hat{q}_{22}}=0.2209$ 相比，测量不确定性 $\sqrt{\hat{r}_{11}}=0.0005$ 相对较小。图 6.7 显示了平滑趋势估计和指数增加的季节性成分。我们也可以考虑预测 Johnson & Johnson 序列，图 6.8 显示了 12 季度预测的结果，基本上是后期观测数据的延伸。

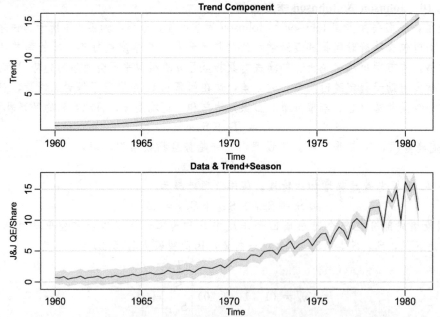

图 6.7　Johnson & Johnson 季度收益序列的估计趋势项 T_t^n 和季节项 S_t^n。
灰色区域是 2 倍的均方预测误差(MSPE)区域

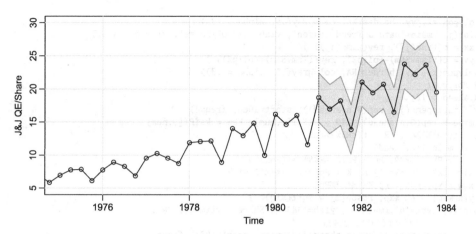

图 6.8　Johnson & Johnson 季度盈利序列的 12 季度预测。预测显示为数据的延续（通过实线连接的点）。灰色区域表示二次根 MSPE 边界

此实例使用 Kfilter0 和 Ksmooth0 脚本，如下所示。

```
num = length(jj)
A = cbind(1,1,0,0)
# Function to Calculate Likelihood
Linn =function(para){
 Phi = diag(0,4); Phi[1,1] = para[1]
 Phi[2,]=c(0,-1,-1,-1); Phi[3,]=c(0,1,0,0); Phi[4,]=c(0,0,1,0)
 cQ1 = para[2]; cQ2 = para[3]        # sqrt q11 and q22
 cQ  = diag(0,4); cQ[1,1]=cQ1; cQ[2,2]=cQ2
 cR  = para[4]                       # sqrt r11
 kf  = Kfilter0(num, jj, A, mu0, Sigma0, Phi, cQ, cR)
 return(kf$like)   }
# Initial Parameters
mu0 = c(.7,0,0,0);  Sigma0 = diag(.04,4)
init.par = c(1.03,.1,.1,.5)        # Phi[1,1], the 2 cQs and cR
# Estimation and Results
est = optim(init.par, Linn,NULL, method='BFGS', hessian=TRUE,
           control=list(trace=1,REPORT=1))
SE  = sqrt(diag(solve(est$hessian)))
u   = cbind(estimate=est$par, SE)
rownames(u)=c('Phi11','sigw1','sigw2','sigv'); u
# Smooth
Phi = diag(0,4); Phi[1,1] = est$par[1]
Phi[2,]=c(0,-1,-1,-1); Phi[3,]=c(0,1,0,0); Phi[4,]=c(0,0,1,0)
cQ1 = est$par[2]; cQ2 = est$par[3]
cQ  = diag(1,4); cQ[1,1]=cQ1; cQ[2,2]=cQ2
cR  = est$par[4]
ks = Ksmooth0(num,jj,A,mu0,Sigma0,Phi,cQ,cR)
# Plots
Tsm = ts(ks$xs[1,,], start=1960, freq=4)
Ssm = ts(ks$xs[2,,], start=1960, freq=4)
p1 = 3*sqrt(ks$Ps[1,1,]); p2 = 3*sqrt(ks$Ps[2,2,])
par(mfrow=c(2,1))
plot(Tsm, main='Trend Component', ylab='Trend')
 xx = c(time(jj), rev(time(jj)))
 yy = c(Tsm-p1,  rev(Tsm+p1))
```

```
polygon(xx, yy, border=NA, col=gray(.5, alpha = .3))
plot(jj, main='Data & Trend+Season', ylab='J&J QE/Share', ylim=c(-.5,17))
 xx = c(time(jj), rev(time(jj)) )
 yy = c((Tsm+Ssm)-(p1+p2), rev((Tsm+Ssm)+(p1+p2)) )
polygon(xx, yy, border=NA, col=gray(.5, alpha = .3))
# Forecast
n.ahead = 12;
y = ts(append(jj, rep(0,n.ahead)), start=1960, freq=4)
rmspe = rep(0,n.ahead); x00 = ks$xf[,,num]; P00 = ks$Pf[,,num]
Q = t(cQ)%*%cQ;  R = t(cR)%*%(cR)
for (m in 1:n.ahead){
 xp  = Phi%*%x00; Pp = Phi%*%P00%*%t(Phi)+Q
 sig = A%*%Pp%*%t(A)+R; K = Pp%*%t(A)%*%(1/sig)
 x00 = xp; P00 = Pp-K%*%A%*%Pp
 y[num+m] = A%*%xp; rmspe[m] = sqrt(sig)  }
plot(y, type='o', main='', ylab='J&J QE/Share', ylim=c(5,30),
           xlim=c(1975,1984))
upp = ts(y[(num+1):(num+n.ahead)]+2*rmspe, start=1981, freq=4)
low = ts(y[(num+1):(num+n.ahead)]-2*rmspe, start=1981, freq=4)
 xx = c(time(low), rev(time(upp)))
 yy = c(low, rev(upp))
polygon(xx, yy, border=8, col=gray(.5, alpha = .3))
abline(v=1981, lty=3)
```

注意，这里不存在 Q 的 Cholesky 分解，但是，对角形式允许我们对 cQ 的前两个对角元素使用标准偏差。使用我们在下一节中介绍的模型形式可以避免这种技术性问题。   ■

6.6   具有误差相关的状态空间模型

有时以稍微不同的方式表示状态空间模型是有利的，正如许多作者所做的那样，例如，Anderson 和 Moore[5] 以及 Hannan 和 Deistler[88]。在这里，我们将状态空间模型编表示为

$$x_{t+1} = \Phi x_t + \Upsilon u_{t+1} + \Theta w_t \quad t = 0, 1, \cdots, n \tag{6.95}$$

$$y_t = A_t x_t + \Gamma u_t + v_t \quad t = 1, \cdots, n \tag{6.96}$$

其中，在状态方程中，$x_0 \sim N_p(\mu_0, \Sigma_0)$，$\Phi$ 是 $p \times p$ 阶矩阵，Υ 是 $p \times r$ 阶矩阵，Θ 是 $p \times m$ 阶矩阵，$w_t \sim$ iid $N_m(0, Q)$。在观测方程中，A_t 是 $q \times p$ 阶矩阵，Γ 是 $q \times r$ 阶矩阵，并且 $v_t \sim$ iid $N_q(0, R)$。在这个模型中，虽然 w_t 和 v_t 仍然是白噪声序列（都与 x_0 无关），我们也允许状态噪声和观察噪声在时间 t 相关，即，

$$\text{cov}(w_s, v_t) = S\delta_s^t \tag{6.97}$$

其中 δ_s^t 是罗内克 δ 函数（Kronecker Delta），注意 S 是 $m \times q$ 阶矩阵。这种形式的模型与式 (6.3)～(6.4) 规定的模型之间的主要区别在于该模型的状态噪声过程从 $t=0$ 时开始，以便简化与 w_t 和 v_t 之间的并发协方差相关的符号。此外，包含矩阵 Θ 允许我们避免使用如例 6.10 中所做的奇异状态噪声过程。

为了获得新息 $\varepsilon_t = y_t - A_t x_t^{t-1} - \Gamma u_t$，以及新息方差 $\Sigma_t = A_t P_t^{t-1} A_t' + R$，在这种情况下，我们需要提前一步的状态预测。当然，滤波的估计值也会引起关注，并且它们将需要平滑。性质 6.2（平滑器）仍然有效。当 $t+1$ 期噪声项相关并展示滤波器更新时，以下性质从过去预测 x_t^{t-1} 生成预测 x_{t+1}^t。

性质 6.5　　具有噪声相关的卡尔曼滤波器

对于式(6.95)和式(6.96)中规定的状态空间模型，初始条件为 x_1^0 和 P_1^0，对于 $t = 1, \cdots, n$，

$$x_{t+1}^t = \Phi x_t^{t-1} + \Upsilon u_{t+1} + K_t \varepsilon_t \tag{6.98}$$

$$P_{t+1}^t = \Phi P_t^{t-1} \Phi' + \Theta Q \Theta' - K_t \Sigma_t K_t' \tag{6.99}$$

其中 $\varepsilon_t = y_t - A_t x_t^{t-1} - \Gamma u_t$，增益矩阵由下式给出

$$K_t = [\Phi P_t^{t-1} A_t' + \Theta S][A_t P_t^{t-1} A_t' + R]^{-1} \tag{6.100}$$

滤波值由下式给出

$$x_t^t = x_t^{t-1} + P_t^{t-1} A_t' [A_t P_t^{t-1} A_t' + R]^{-1} \varepsilon_t \tag{6.101}$$

$$P_t^t = P_t^{t-1} - P_t^{t-1} A_{t+1}' [A_t P_t^{t-1} A_t' + R]^{-1} A_t P_t^{t-1} \tag{6.102}$$

性质 6.5 的推导类似于性质 6.1(问题 6.17)中卡尔曼滤波器的推导，我们注意到增益矩阵 K_t 在两个性质中不同。滤波值(6.101)~(6.102)在符号上与式(6.18)和式(6.19)相同。为了初始化滤波器，我们记

$$x_1^0 = \mathrm{E}(x_1) = \Phi \mu_0 + \Upsilon u_1 \quad \text{和} \quad P_1^0 = \mathrm{var}(x_1) = \Phi \Sigma_0 \Phi' + \Theta Q \Theta'$$

在接下来的两个小节中，我们将展示如何使用模型(6.95)~(6.96)来拟合 ARMAX 模型和拟合(多元)回归模型与自相关误差。简而言之，对于 ARMAX 模型，输入进入状态方程，对于具有自相关误差的回归，输入进入观测方程。当然，可以将两种模型结合起来，我们在本节末尾给出了一个例子。

6.6.1　ARMAX 模型

考虑由下式给定的 k 维 ARMAX 模型

$$y_t = \Upsilon u_t + \sum_{j=1}^{p} \Phi_j y_{t-j} + \sum_{k=1}^{q} \Theta_k v_{t-k} + v_t \tag{6.103}$$

观测过程 y_t 是 k 维向量过程，Φ_s 和 Θ_s 是 $k \times k$ 矩阵，Υ 是 $k \times r$ 阶矩阵，u_t 是 $r \times 1$ 阶输入矩阵，并且 v_t 是 $k \times 1$ 阶白噪声过程；实际上，式(6.103)和式(5.91)是相同的模型，但在这里，我们将观测过程写为 y_t。我们现在拥有以下性质。

性质 6.6　　ARMAX 的状态空间形式

对于 $p \geqslant q$，令

$$F = \begin{bmatrix} \Phi_1 & I & 0 & \cdots & 0 \\ \Phi_2 & 0 & I & \cdots & 0 \\ \vdots & \vdots & \vdots & \ddots & \vdots \\ \Phi_{p-1} & 0 & 0 & \cdots & I \\ \Phi_p & 0 & 0 & \cdots & 0 \end{bmatrix} \quad G = \begin{bmatrix} \Theta_1 + \Phi_1 \\ \vdots \\ \Theta_q + \Phi_q \\ \Phi_{q+1} \\ \vdots \\ \Phi_p \end{bmatrix} \quad H = \begin{bmatrix} \Upsilon \\ 0 \\ \vdots \\ 0 \end{bmatrix} \tag{6.104}$$

其中 F 是 $kp \times kp$ 阶矩阵，G 是 $kp \times k$ 阶矩阵，H 是 $kp \times r$ 阶矩阵。然后，给出了状态空间模型

$$x_{t+1} = F x_t + H u_{t+1} + G v_t \tag{6.105}$$

$$y_t = A x_t + v_t \tag{6.106}$$

其中 $A=[I, 0, \cdots, 0]$ 是 $k \times pk$ 阶矩阵，I 是 $k \times k$ 阶单位矩阵，形成 ARMAX 模型(6.103)。如果 $p<q$，则设置 $\Phi_{p+1}=\cdots=\Phi_q=0$，在这种情况下，$p=q$ 和式(6.105)～(6.106)仍然适用。注意，状态过程是 kp 维的，而观测过程是 k 维的。

我们不直接证明性质 6.6，但以下实例建议了如何建立一般结果。

例 6.11   状态空间形式的的单变量 ARMAX(1，1)

考虑单变量 ARMAX(1，1)模型

$$y_t = \alpha_t + \phi y_{t-1} + \theta v_{t-1} + v_t$$

其中令 $\alpha_t = \Upsilon u_t$ 以便于表示。举一个简单的例子，如果 $\Upsilon=(\beta_0, \beta_1)$ 和 $u_t=(1, t)'$，y_t 的模型将是具有线性趋势的 ARMA(1，1)模型，$y_t=\beta_0+\beta_1 t+\phi y_{t-1}+\theta v_{t-1}+v_t$。使用性质 6.6，我们可以将模型编写为

$$x_{t+1} = \phi x_t + \alpha_{t+1} + (\theta + \phi) v_t \tag{6.107}$$

和

$$y_t = x_t + v_t \tag{6.108}$$

在这种情况下，式(6.107)是具有 $w_t \equiv v_t$ 的状态方程，式(6.108)是观测方程。因此，当 $s \neq t$ 时，$\mathrm{cov}(w_t, v_t)=\mathrm{var}(v_t)=R$，并且 $\mathrm{cov}(w_t, v_s)=0$，因此性质 6.5 将适用。为了验证式(6.107)和式(6.108)指定 ARMAX(1，1)模型，我们有

$$
\begin{aligned}
y_t &= x_t + v_t & \text{根据式(6.108)} \\
&= \phi x_{t-1} + \alpha_t + (\theta+\phi) v_{t-1} + v_t & \text{根据式(6.107)} \\
&= \alpha_t + \phi(x_{t-1} + v_{t-1}) + \theta v_{t-1} + v_t & \text{各项重新排列} \\
&= \alpha_t + \phi y_{t-1} + \theta v_{t-1} + v_t & \text{根据式(6.108)}
\end{aligned}
$$

∎

如 6.3 节描述的那样，可以使用性质 6.5 和性质 6.6 一起来完成 ARMAX 模型的最大似然估计。ARMAX 模型只是模型(6.95)～(6.96)的特例，在下一小节中将发现它非常丰富。

6.6.2   具有自相关误差的多元回归

在具有自相关误差的回归中，我们有兴趣对 $k \times 1$ 阶向量过程 y_t 拟合下列含有 r 个预测变量 $u_t=(u_{t1}, \cdots, u_{tr})'$ 的回归模型：

$$y_t = \Gamma u_t + \varepsilon_t \tag{6.109}$$

其中 ε_t 是向量 ARMA(p, q)，Γ 是回归参数的 $k \times r$ 矩阵。我们注意到回归元不必随时间变化(例如，$u_{t1}=1$ 包括回归中的常数)并且 $k=1$ 这种情况在 3.8 节中处理。

为了将模型置于状态空间形式，我们仅考虑 $\varepsilon_t=y_t-\Gamma u_t$ 是 k 维 ARMA(p, q)过程。因此，如果我们在式(6.105)中设置 $H=0$，并且在式(6.106)中包括 Γu_t，我们得到

$$x_{t+1} = F x_t + G v_t \tag{6.110}$$

$$y_t = \Gamma u_t + A x_t + v_t \tag{6.111}$$

其中模型矩阵 A、F 和 G 在性质 6.6 中定义。事实上，式(6.110)～(6.111)是具有自相关误差的多元回归，直接来自性质 6.6，$x_{t+1}=Fx_t+Gv_t$ 和 $\varepsilon_t=Ax_t+v_t$ 暗示 $\varepsilon_t=y_t-\Gamma u_t$ 是向量 ARMA(p, q)。

与 ARMAX 模型的情况一样，具有自相关误差的回归是状态空间模型的特例，性质

6.5 的结果可用于获得参数估计的新息形式。

例 6.12　死亡率、温度和污染

该案例结合了 6.6.1 节和 6.6.2 节中的两种技术。我们将使用 ARMAX 模型对去趋势死亡率序列 cmort 拟合。该案例的去趋势部分构成具有误差自相关的回归。

在这里，我们令 M_t 表示每周心血管死亡率序列，T_t 表示相应的温度序列 tempr，P_t 表示相应的颗粒序列。初步分析考虑了以下因素（未显示输出）：

- AR(2) 模型对去趋势的 M_t 拟合良好：

  ```
  fit1 = sarima(cmort, 2,0,0, xreg=time(cmort))
  ```

- 死亡率残差、温度序列和颗粒序列之间的 CCF 与滞后一周的温度序列（T_{t-1}）、颗粒水平（P_t）和滞后大约一个月的颗粒水平（P_{t-4}）显示了强相关性。

  ```
  acf(cbind(dmort <- resid(fit1$fit), tempr, part))
  lag2.plot(tempr, dmort, 8)
  lag2.plot(part, dmort, 8)
  ```

根据这些结果，我们决定采用 ARMAX 模型

$$\widetilde{M}_t = \phi_1\,\widetilde{M}_{t-1} + \phi_2\,\widetilde{M}_{t-2} + \beta_1\,T_{t-1} + \beta_2\,P_t + \beta_3\,P_{t-4} + v_t \tag{6.112}$$

对去趋势死亡率序列 $\widetilde{M}_t = M_t - (\alpha + \beta_4 t)$ 进行拟合，其中 $v_t \sim \text{iid N}(0, \sigma_v^2)$。使用性质 6.6，以状态空间形式编写模型，令

$$x_{t+1} = \Phi x_t + \Upsilon u_{t+1} + \Theta v_t \quad t = 0,1,\cdots,n$$
$$y_t = \alpha + A x_t + \Gamma u_t + v_t \quad t = 1,\cdots,n$$

其中

$$\Phi = \begin{bmatrix} \phi_1 & 1 \\ \phi_2 & 0 \end{bmatrix} \quad \Upsilon = \begin{bmatrix} \beta_1 & \beta_2 & \beta_3 & 0 & 0 \\ 0 & 0 & 0 & 0 & 0 \end{bmatrix} \quad \Theta = \begin{bmatrix} \phi_1 \\ \phi_2 \end{bmatrix}$$

并且 $A = [1\,0]$，$\Gamma = [0\ \ 0\ \ 0\ \ \beta_4\ \ \alpha]$，$u_t = (T_{t-1},\ P_t,\ P_{t-4},\ t,\ 1)'$，$y_t = M_t$。注意，状态过程是双变量的，并且观测过程是单变量的。

一些额外的数据分析说明：(1) 时间以 $t - \bar{t}$ 为中心。在这种情况下，α 应该接近 M_t 的平均值。(2) P_t 和 P_{t-4} 高度相关，因此将这两个输入正交化将是有益的（尽管在这里没有这样做），可以通过使用简单的线性回归从 P_t 中分离出 P_{t-4}。(3) 和第 2 章一样，当包括 T_{t-1} 时，模型中不需要再包括 T_t 和 T_t^2。(4) 参数的初始值取自现在讨论的初步分析结果。

拟合模型的一个快速而粗暴的方法，是首先对 cmort 进行去趋势处理，然后使用 lm 对去趋势序列拟合式 (6.112)。在第二阶段，我们使用 sarima 而不是 lm，因为它还提供了对残差的全面分析。这次运行的代码非常简单，残差分析（未显示）支持该模型。

```
trend  = time(cmort) - mean(time(cmort))   # center time
dcmort = resid(fit2 <- lm(cmort~trend, na.action=NULL));  fit2
   (Intercept)        trend
       88.699       -1.625
u = ts.intersect(dM=dcmort, dM1=lag(dcmort,-1), dM2=lag(dcmort,-2),
        T1=lag(tempr,-1), P=part, P4=lag(part,-4))
# lm(dM~., data=u, na.action=NULL)    # and then anaylze residuals ... or
```

```
sarima(u[,1], 0,0,0, xreg=u[,2:6])      # get residual analysis as a byproduct
  Coefficients:
          intercept      dM1      dM2        T1        P       P4
             5.9884   0.3164   0.2989   -0.1826   0.1107   0.0495
  s.e.       2.6401   0.0370   0.0395    0.0309   0.0177   0.0195
  sigma^2 estimated as 25.42
```

我们现在可以使用 Newton-Raphson 和卡尔曼滤波器同时拟合所有参数,因为这种快速的方法为我们提供了合理的初始值。结果接近快速而粗暴的方法:

```
           estimate     SE
phi1          0.315   0.037   # φ̂₁
phi2          0.318   0.041   # φ̂₂
sigv          5.061   0.161   # σ̂ᵥ
T1           -0.119   0.031   # β̂₁
P             0.119   0.018   # β̂₂
P4            0.067   0.019   # β̂₃
trend        -1.340   0.220   # β̂₄
constant     88.752   7.015   # α̂
```

完整分析的 R 代码如下:

```
trend = time(cmort) - mean(time(cmort))    # center time
const = time(cmort)/time(cmort)            # appropriate time series of 1s
ded   = ts.intersect(M=cmort, T1=lag(tempr,-1), P=part, P4=lag(part,-4),
            trend, const)
y     = ded[,1]
input = ded[,2:6]
num   = length(y)
A     = array(c(1,0), dim = c(1,2,num))
# Function to Calculate Likelihood
Linn=function(para){
  phi1=para[1];  phi2=para[2];  cR=para[3];   b1=para[4]
   b2=para[5];    b3=para[6];   b4=para[7];   alf=para[8]
  mu0    = matrix(c(0,0), 2, 1)
  Sigma0 = diag(100, 2)
  Phi    = matrix(c(phi1, phi2, 1, 0), 2)
  Theta  = matrix(c(phi1, phi2), 2)
  Ups    = matrix(c(b1, 0, b2, 0, b3, 0, 0, 0, 0, 0), 2, 5)
  Gam    = matrix(c(0, 0, 0, b4, alf), 1, 5); cQ = cR;  S = cR^2
  kf = Kfilter2(num, y, A, mu0, Sigma0, Phi, Ups, Gam, Theta, cQ, cR, S,
            input)
  return(kf$like) }
# Estimation
init.par = c(phi1=.3, phi2=.3, cR=5, b1=-.2, b2=.1, b3=.05, b4=-1.6,
            alf=mean(cmort))              # initial parameters
L = c( 0,  0,  1, -1,  0,  0, -2, 70)     # lower bound on parameters
U = c(.5, .5, 10,  0, .5, .5,  0, 90)     # upper bound - used in optim
est = optim(init.par, Linn, NULL, method='L-BFGS-B', lower=L, upper=U,
            hessian=TRUE, control=list(trace=1, REPORT=1, factr=10^8))
SE  = sqrt(diag(solve(est$hessian)))
round(cbind(estimate=est$par, SE), 3)     # results
```

残差分析是运行具有最终估计值的卡尔曼滤波器,然后调查由此产生的新息。我们不显示结果,但分析结果支持该模型。

```
# Residual Analysis   (not shown)
phi1 = est$par[1]; phi2 = est$par[2]
  cR  = est$par[3];    b1 = est$par[4]
  b2  = est$par[5];    b3 = est$par[6]
  b4  = est$par[7];   alf = est$par[8]
mu0   = matrix(c(0,0), 2, 1);  Sigma0 = diag(100, 2)
Phi   = matrix(c(phi1, phi2, 1, 0), 2)
Theta = matrix(c(phi1, phi2), 2)
Ups   = matrix(c(b1, 0, b2, 0, b3, 0, 0, 0, 0, 0), 2, 5)
Gam   = matrix(c(0, 0, 0, b4, alf), 1, 5)
cQ    = cR
S     = cR^2
kf    = Kfilter2(num, y, A, mu0, Sigma0, Phi, Ups, Gam, Theta, cQ, cR, S,
              input)
res   = ts(as.vector(kf$innov), start=start(cmort), freq=frequency(cmort))
sarima(res, 0,0,0, no.constant=TRUE)  # gives a full residual analysis
```

最后，使用完整的 ARMAX 模型可以拟合类似且更简单的分析。在这种情况下，模型将是

$$M_t = \alpha + \phi_1 M_{t-1} + \phi_2 M_{t-2} + \beta_1 T_{t-1} + \beta_2 P_t + \beta_3 P_{t-4} + \beta_4 t + v_t \qquad (6.113)$$

其中 $v_t \sim$ iid $N(0, \sigma_v^2)$。该模型与式(6.112)的不同之处在于死亡率过程并未消除趋势，但趋势表现为外生变量。在这种情况下，我们可以使用 sarima 轻松执行回归并将残差分析作为副产品。

```
trend = time(cmort) - mean(time(cmort))
u     = ts.intersect(M=cmort, M1=lag(cmort,-1), M2=lag(cmort,-2),
          T1=lag(tempr,-1), P=part, P4=lag(part,-4), trend)
sarima(u[,1], 0,0,0, xreg=u[,2:7])   # could use lm, but it's more work
  Coefficients:
          intercept    M1      M2       T1       P       P4     trend
            40.3838  0.315  0.2971  -0.1845  0.1113  0.0513  -0.5214
  s.e.       4.5982  0.037  0.0394   0.0309  0.0177  0.0195   0.0956
  sigma^2 estimated as 25.32
```

我们注意到残差看起来很好，模型拟合类似于式(6.112)的拟合。■

6.7　自助法状态空间模型

虽然在 6.3 节我们讨论了这样一个事实：在一般条件下（我们假设在本节中该条件成立），DLM 参数的 MLE 是一致的并且渐近正态的，时间序列数据通常是短序列或中等长度序列。一些研究人员发现的证据表明，在渐近结果适用之前，样本必须相当大（Dent and Min[50] 的文献；Ansley and Newbold[8] 的文献）。此外，正如我们在例 3.36 中讨论的那样，如果参数接近参数空间的边界，则会出现问题。在本节中，我们将讨论用于自助法状态空间模型的算法，这个算法及其推导（包括非高斯情况）以及案例，可以在 Stoffer and Wall[192] 的文献以及 Stoffer and Wall[195] 的文献中找到。根据 6.6 节的观点，我们在这里所做或所说的有关 DLM 的任何内容同样适用于 ARMAX 模型。

使用由式(6.95)~(6.97)和性质 6.5 给出的 DLM，我们将滤波器的新息形式写为

$$\varepsilon_t = y_t - A_t x_t^{t-1} - \Gamma u_t \qquad (6.114)$$

$$\Sigma_t = A_t P_t^{t-1} A_t' + R \qquad (6.115)$$

$$K_t = [\Phi P_t^{t-1} A_t' + \Theta S] \Sigma_t^{-1} \tag{6.116}$$

$$x_{t+1}^t = \Phi x_t^{t-1} + \Upsilon u_{t+1} + K_t \varepsilon_t \tag{6.117}$$

$$P_{t+1}^t = \Phi P_t^{t-1} \Phi' + \Theta Q \Theta' - K_t \Sigma_t K_t' \tag{6.118}$$

这种形式的滤波器只是性质 6.5 中给出的滤波器的重新排列。

此外,我们可以重写模型以获得其新息形式,

$$x_{t+1}^t = \Phi x_t^{t-1} + \Upsilon u_{t+1} + K_t \varepsilon_t \tag{6.119}$$

$$y_t = A_t x_t^{t-1} + \Gamma u_t + \varepsilon_t \tag{6.120}$$

这种形式的模型是式(6.114)和式(6.117)的重写,它适用于自助法算法。

如例 6.5 所述,虽然新息 ε_t 是不相关的,但最初,Σ_t 对于不同的时间点 t 可能会有很大的不同。因此,在重新采样过程中,我们可以忽略 ε_t 的前几个值直到 Σ_t 稳定,或者我们可以使用标准化新息

$$e_t = \Sigma_t^{-1/2} \varepsilon_t \tag{6.121}$$

所以我们保证这些新息至少有相同的前两阶矩。在式(6.121)中,$\Sigma_t^{1/2}$ 表示由 $\Sigma_t^{1/2} \Sigma_t^{1/2} = \Sigma_t$ 定义的 Σ_t 的唯一的平方根矩阵。在下文中,我们将基于标准化新息的基础上建立自助法程序,但我们强调的事实是,即使在这种情况下,也可能需要忽略初始值,正如 Stoffer 和 Wall[192] 所指出的那样。

模型系数和模型的相关结构由 $k \times 1$ 阶参数向量 Θ_0 参数化,即,$\Phi = \Phi(\Theta_0)$,$\Upsilon = \Upsilon(\Theta_0)$,$Q = Q(\Theta_0)$,$A_t = A_t(\Theta_0)$,$\Gamma = \Gamma(\Theta_0)$,并且 $R = R(\Theta_0)$。回想一下高斯似然(忽略常数)的新息形式

$$-2\ln L_Y(\Theta) = \sum_{t=1}^{n} [\ln|\Sigma_t(\Theta)| + \varepsilon_t(\Theta)' \Sigma_t(\Theta)^{-1} \varepsilon_t(\Theta)]$$

$$= \sum_{t=1}^{n} [\ln|\Sigma_t(\Theta)| + e_t(\Theta)' e_t(\Theta)] \tag{6.122}$$

我们强调这样一个事实,即模型不必高斯化以考虑式(6.122)作为用于参数估计的准则函数。

令 $\hat{\Theta}$ 表示 Θ_0 的 MLE,即 $\hat{\Theta} = \mathrm{argmax}_\Theta L_Y(\Theta)$,通过在 6.3 节中讨论的方法获得。设 $\varepsilon_t(\hat{\Theta})$ 和 $\Sigma_t(\hat{\Theta})$ 是在 $\hat{\Theta}$ 下运行滤波器(6.114)~(6.118)所获得的新息值。完成此操作后,非参数$^{\ominus}$自助法程序将通过以下步骤完成。

(1)构建标准化新息

$$e_t(\hat{\Theta}) = \Sigma_t^{-1/2}(\hat{\Theta}) \varepsilon_t(\hat{\Theta})$$

(2)从集合 $\{e_1(\hat{\Theta}), \cdots, e_n(\hat{\Theta})\}$ 中可重复取样 n 次以获得 $\{e_1^*(\hat{\Theta}), \cdots, e_n^*(\hat{\Theta})\}$,即标准化新息的自助法样本。

(3)构造自助法数据集 $\{y_1^*, \cdots, y_n^*\}$ 如下。定义 $(p+q) \times 1$ 阶向量 $\xi_t = (x_{t+1}^{t'}, y_t')'$。将式(6.119)和式(6.120)堆叠,则得到 ξ_t 的一阶向量方程表示,如下所示:

$\ominus$ 非参数是指我们使用新息的经验分布而不是假设它们具有参数形式。

$$\xi_t = F_t\xi_{t-1} + Gu_t + H_te_t \tag{6.123}$$

其中

$$F_t = \begin{bmatrix} \Phi & 0 \\ A_t & 0 \end{bmatrix}, \quad G = \begin{bmatrix} \Upsilon \\ \Gamma \end{bmatrix}, \quad H_t = \begin{bmatrix} K_t\Sigma_t^{1/2} \\ \Sigma_t^{1/2} \end{bmatrix}$$

因此，为了构造自助法数据集，使用 $e_t^*(\hat{\Theta})$ 代替 e_t 来求解式(6.123)。外生变量 u_t 和卡尔曼滤波器的初始条件固定在它们的给定值，并且参数向量固定在 $\hat{\Theta}$。

(4) 使用自助法数据集 $y_{1:n}^*$，构造似然函数 $L_{Y^*}(\Theta)$，并获得 Θ 的 MLE，即 $\hat{\Theta}^*$。

(5) 重复步骤(2)到(4) B 次(一个较大的数)，获得一个自助法参数估计 $\{\hat{\Theta}_b^*; b = 1, \cdots, B\}$。$\hat{\Theta} - \Theta_0$ 的有限样本分布可以通过 $\hat{\Theta}_b^* - \hat{\Theta}$，$b = 1, \cdots, B$ 的分布来近似。

在下一个例子中，我们讨论了线性回归模型的情况，但回归系数是随机的并且允许随时间变化。状态空间模型为分析此类模型提供了方便的设置。

例 6.13　随机回归

图 6.9 显示了消费物价指数中的季度通货膨胀率(实线)y_t，以及从 1953 年第一季度到 1980 年第二季度的国库券季度利率(虚线)z_t，观测值个数 $n=110$。这些数据来自 Newbold and Bos[143] 的文献。

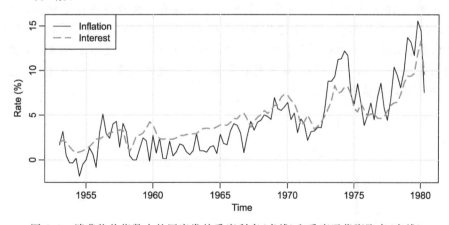

图 6.9　消费物价指数中的国库券的季度利率(虚线)和季度通货膨胀率(实线)

在本例中，我们考虑在 Newbold and Bos[143] 的文献的 61-73 页中讨论的一个分析，该分析关注前 50 个观测值，并且季度通货膨胀被建模为与季度利率随机相关，

$$y_t = \alpha + \beta_t z_t + v_t$$

其中 α 是固定常数，β_t 是随机回归系数，v_t 是方差为 σ_v^2 的白噪声。包含状态变量的随机回归项由一阶自回归指定，

$$(\beta_t - b) = \phi(\beta_{t-1} - b) + w_t$$

其中 b 是常数，w_t 是方差为 σ_w^2 的白噪声。假设噪声过程 v_t 与 w_t 是不相关的。

使用状态空间模型(6.95)和(6.96)的符号，在状态方程中，$x_t = \beta_t$，$\Phi = \phi$，$u_t \equiv 1$，$\Upsilon \equiv (1-\phi)b$，$Q = \sigma_w^2$，同时在观察方程中，$A_t = z_t$，$\Gamma = \alpha$，$R = \sigma_v^2$，$S = 0$。参数向量为

$\Theta=(\phi, \alpha, b, \sigma_w, \sigma_v)'$。Newton-Raphson 估计程序的结果列于表 6.2 中。表 6.2 中还显示了从 $B=500$ 次运行的自助法程序获得的相应的标准偏差。这些标准偏差是自助法估计的标准偏差，即 $\sum_{b=1}^{B}(\Theta_b^*-\hat{\Theta}_i)^2/(B-1)$ 的平方根，其中 $\hat{\Theta}_i$ 代表第 i 个参数的 MLE，对于 $i=1, \cdots, 5$。

表 6.2 中列出的渐近标准误差通常远小于从自助法程序获得的误差。对于大多数情况，自助法标准偏差至少比相应的渐近值大 50%。此外，渐近理论规定了在处理参数估计时使用正态理论。然而，自助法程序允许我们研究估计量的小样本分布，从而提供对数据分析的更多洞察。

表 6.2　比较标准误差

参数	MLE	渐进标准误差	自助法标准误差
ϕ	0.865	0.223	0.463
α	-0.686	0.487	0.557
b	0.788	0.226	0.821
σ_w	0.115	0.107	0.216
σ_v	1.135	0.147	0.340

例如，图 6.10 左上角显示了 ϕ 估计量的自助法分布。这种分布高度倾斜，值集中在 0.8 左右，但有一条长尾。一些分位数是 $-0.09(5\%)$、$0.11(10\%)$、$0.34(25\%)$、$0.73(50\%)$、$0.86(75\%)$、$0.96(90\%)$、$0.98(95\%)$ 可用于获得置信区间。例如，ϕ 的 90% 置信区间将近似为 $(-0.09, 0.98)$。该间隔非常宽，并且包括 0 作为 ϕ 的合理值，在讨论 σ_w 的估计结果之后，将解释这一点。

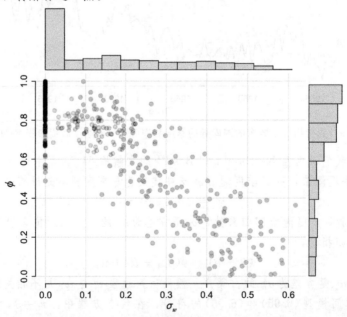

图 6.10　$\hat{\phi}$ 和 $\hat{\sigma}_w$ 的联合和边际自助法分布，$B=500$。仅显示对应于 $\hat{\phi}^* \geqslant 0$ 的值

　　图 6.10 右下角显示了 $\hat{\sigma}_w$ 的自助法分布。分布集中在两个位置，一个在大约 $\hat{\sigma}_w = 0.25$ 处（这是远离 0 的值分布的中值），另一个在 $\hat{\sigma}_w = 0$ 处。其中 $\hat{\sigma}_w \approx 0$ 对应于确定性状态动态的情况。当 $\sigma_w = 0$ 且 $|\phi| < 1$ 时，对于大 t，有 $\beta_t \approx b$，因此 $\hat{\sigma}_w \approx 0$ 的情况中约 25% 表示固定状态或常系数模型。$\hat{\sigma}_w$ 远离零的情况将表明真正的随机回归参数。为了进一步研究这个问题，图 6.10 的非对角线显示了 $\hat{\phi}^*$ 正值的联合自助法估计值（$\hat{\phi}$，$\hat{\sigma}_w$）。联合分布表明 $\hat{\sigma}_w > 0$ 对应于 $\hat{\phi} \approx 0$。当 $\phi = 0$ 时，状态动态过程由 $\beta_t = b + w_t$ 给出。此外，如果 σ_w 相对于 b 较小，则系统几乎是确定性的，也就是说，$\beta_t \approx b$。考虑到这些结果，自助法分析使我们得出结论，数据的动态最好用固定回归效应来描述。

　　以下 R 代码用于此实例。我们注意到代码的前几行设置了确定数值优化收敛的相对容错和自助法重复次数。使用当前设置可能会导致算法的运行时间较长，如果在较慢的计算机上或出于演示目的，我们建议减少容错和自助法重复次数。例如，设置 tol = .001 和 nboot = 200 会产生合理的结果。在本例中，我们固定了重复抽样的前三个数据值。

```
library(plyr)                              # used for displaying progress
tol    = sqrt(.Machine$double.eps)  # determines convergence of optimizer
nboot  = 500                              # number of bootstrap replicates
y      = window(qinfl, c(1953,1), c(1965,2))  # inflation
z      = window(qintr, c(1953,1), c(1965,2))  # interest
num    = length(y)
A      = array(z, dim=c(1,1,num))
input  = matrix(1,num,1)
# Function to Calculate Likelihood
Linn = function(para, y.data){   # pass data also
   phi = para[1]; alpha = para[2]
   b   = para[3]; Ups   = (1-phi)*b
   cQ  = para[4]; cR    = para[5]
   kf  = Kfilter2(num,y.data,A,mu0,Sigma0,phi,Ups,alpha,1,cQ,cR,0,input)
   return(kf$like)   }
# Parameter Estimation
mu0 = 1; Sigma0 = .01
init.par = c(phi=.84, alpha=-.77, b=.85, cQ=.12, cR=1.1) # initial values
est = optim(init.par,  Linn, NULL, y.data=y, method="BFGS", hessian=TRUE,
            control=list(trace=1, REPORT=1, reltol=tol))
SE = sqrt(diag(solve(est$hessian)))
phi = est$par[1]; alpha = est$par[2]
b   = est$par[3]; Ups   = (1-phi)*b
cQ  = est$par[4]; cR    = est$par[5]
round(cbind(estimate=est$par, SE), 3)
        estimate     SE
  phi      0.865  0.223
  alpha   -0.686  0.487
  b        0.788  0.226
  cQ       0.115  0.107
  cR       1.135  0.147
# BEGIN BOOTSTRAP
# Run the filter at the estimates
kf = Kfilter2(num,y,A,mu0,Sigma0,phi,Ups,alpha,1,cQ,cR,0,input)
# Pull out necessary values from the filter and initialize
xp      = kf$xp
innov   = kf$innov
sig     = kf$sig
K       = kf$K
e       = innov/sqrt(sig)
```

```
e.star   = e                    # initialize values
y.star   = y
xp.star = xp
k        = 4:50                 # hold first 3 observations fixed
para.star = matrix(0, nboot, 5) # to store estimates
init.par  = c(.84, -.77, .85, .12, 1.1)
pr <- progress_text()           # displays progress
pr$init(nboot)
for (i in 1:nboot){
 pr$step()
 e.star[k] = sample(e[k], replace=TRUE)
 for (j in k){ xp.star[j] = phi*xp.star[j-1] +
          Ups+K[j]*sqrt(sig[j])*e.star[j] }
 y.star[k] = z[k]*xp.star[k] + alpha + sqrt(sig[k])*e.star[k]
 est.star  = optim(init.par, Linn, NULL, y.data=y.star, method="BFGS",
          control=list(reltol=tol))
 para.star[i,] = cbind(est.star$par[1], est.star$par[2], est.star$par[3],
          abs(est.star$par[4]), abs(est.star$par[5]))   }
# Some summary statistics
rmse = rep(NA,5)                # SEs from the bootstrap
for(i in 1:5){rmse[i]=sqrt(sum((para.star[,i]-est$par[i])^2)/nboot)
          cat(i, rmse[i],"\n") }
# Plot phi and sigw
phi  = para.star[,1]
sigw = abs(para.star[,4])
phi  = ifelse(phi<0, NA, phi)   # any phi < 0 not plotted
library(psych)                  # load psych package for scatter.hist
scatter.hist(sigw, phi, ylab=expression(phi), xlab=expression(sigma[~w]),
          smooth=FALSE, correl=FALSE, density=FALSE, ellipse=FALSE,
          title='', pch=19, col=gray(.1,alpha=.33),
          panel.first=grid(lty=2), cex.lab=1.2)
```

6.8   平滑样条和卡尔曼平滑器

平滑样条和状态空间模型之间存在联系，例如 Eubank[60] 的文献、Green and Silverman[81] 的文献或 Wahba[206] 的文献。在离散时间内平滑样条曲线（回顾例 2.14）的基本思想是，我们假设对于 $t=1, \cdots, n$，$y_t = \mu_t + \varepsilon_t$ 生成数据 y_t，其中 μ_t 是 t 的平滑函数，并且 ε_t 是白噪声。以时间点 t 为节点的三次平滑中，通过最小化以下关于 μ_t 的表达式来估计 μ_t：

$$\sum_{t=1}^{n} \left[y_t - \mu_t \right]^2 + \lambda \sum_{t=1}^{n} (\nabla^2 \mu_t)^2 \tag{6.124}$$

其中 $\lambda > 0$ 是平滑参数。参数 λ 控制平滑度，较大的值产生更平滑的估计。例如，如果 $\lambda = 0$，则最小化结果是数据本身 $\mu_t = y_t$，因此，估计不会很平滑。如果 $\lambda = \infty$，那么最小化式 (6.124) 的唯一方法是选择第二项为零，即 $\nabla^2 \mu_t = 0$，在这种情况下，它的形式为 $\mu_t = \alpha + \beta t$，即线性回归$^\ominus$。因此，$\lambda > 0$ 的选择被视为在拟合穿过所有数据点的线和线性回归之间的权衡。

现在，考虑一下由下式给出的模型

$$\nabla^2 \mu_t = w_t \quad \text{以及} \quad y_t = \mu_t + v_t \tag{6.125}$$

$\ominus$　遵循差分方程理论，对于 $\nabla^2 \mu_t = 0$ 的唯一一般解是 $\mu_t = \alpha + \beta t$ 形式，例如，见 Mickens[142] 的文献。

其中 w_t 和 v_t 是独立的正态噪声过程，$\mathrm{var}(w_t)=\sigma_w^2$ 以及 $\mathrm{var}(v_t)=\sigma_v^2$。重写式(6.125)如下

$$\begin{pmatrix} \mu_t \\ \mu_{t-1} \end{pmatrix} = \begin{bmatrix} 2 & -1 \\ 1 & 0 \end{bmatrix} \begin{pmatrix} \mu_{t-1} \\ \mu_{t-2} \end{pmatrix} + \begin{bmatrix} 1 \\ 0 \end{bmatrix} w_t \quad \text{以及} \quad y_t = \begin{bmatrix} 1 & 0 \end{bmatrix} \begin{pmatrix} \mu_t \\ \mu_{t-1} \end{pmatrix} + v_t \tag{6.126}$$

因此状态向量是 $x_t=(\mu_t,\ \mu_{t-1})'$。很明显，式(6.125)指定了状态空间模型。

请注意，该模型类似于例 6.5 中讨论的局部水平模型。特别地，状态过程可以写为 $\mu_t=\mu_{t-1}+\eta_t$，其中 $\eta_t=\eta_{t-1}+w_t$。这种过程的一个例子可以在图 6.11 中看到，请注意，图 6.11 中生成的数据看起来像图 1.2 中的全球温度数据。

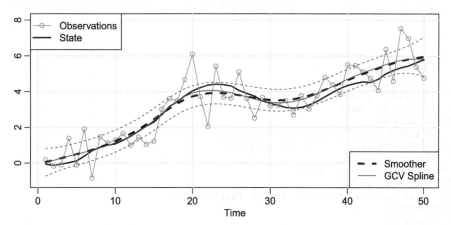

图 6.11　例 6.14 的显示：来自模型(6.125)的模拟状态过程 μ_t 和观测值 y_t，其中 $n=50$，$\sigma_w=0.1$ 和 $\sigma_v=0.1$。估计的平滑器(虚线)：$\hat{\mu}_{t|n}$ 和相应的 95% 置信带。GCV 平滑样条(细实线)

接下来，我们研究在指定模型参数 $\theta=\{\sigma_w^2,\ \sigma_v^2\}$ 时估计状态 x_t 的问题。为方便起见，我们假设 x_0 是固定的。然后利用式(6.61)~(6.62)的符号，目标是在给定 $y_{1:n}=\{y_1,\ \cdots,\ y_n\}$ 情况下找到 $x_{1:n}=\{x_1,\ \cdots,\ x_n\}$ 的 MLE，即，关于状态最大化 $\log p_\theta(x_{1:n}|y_{1:n})$。由于高斯性，分布的最大值(或模式)是当状态由 x_t^n(条件均值)估计得到。当然，这些值是通过性质 6.2 获得的平滑器。

但 $\log p_\theta(x_{1:n}|y_{1:n})=\log p_\theta(x_{1:n},\ y_{1:n})-\log p_\theta(y_{1:n})$，因此最大化关于 $x_{1:n}$ 的完整数据似然函数 $\log p_\theta(x_{1:n},\ y_{1:n})$，是一个等价的问题。以式(6.125)的符号重写式(6.62)，有

$$-2\log p_\theta(x_{1:n},y_{1:n}) \propto \sigma_w^{-2}\sum_{t=1}^{n}(\nabla^2\mu_t)^2 + \sigma_v^{-2}\sum_{t=1}^{n}(y_t-\mu_t)^2 \tag{6.127}$$

我们只保留涉及状态的项 μ_t。如果我们设置 $\lambda=\sigma_v^2/\sigma_w^2$，我们可以写出

$$-2\log p_\theta(x_{1:n},y_{1:n}) \propto \lambda\sum_{t=1}^{n}(\nabla^2\mu_t)^2 + \sum_{t=1}^{n}(y_t-\mu_t)^2 \tag{6.128}$$

因此，关于状态最大化 $\log p_\theta(x_{1:n},\ y_{1:n})$ 等同于最小化式(6.128)，这是式(6.124)中陈述的原始问题。

在一般状态空间设置中，如 6.3 节所描述，我们通过最大似然来估计 σ_w^2 和 σ_v^2，然后通过运行性质 6.2 获得平滑状态值，估计方差为 $\hat{\sigma}_w^2$ 和 $\hat{\sigma}_v^2$。在这种情况下，平滑参数的估计值将由 $\lambda=\hat{\sigma}_v^2/\hat{\sigma}_w^2$ 给出。

例 6.14 平滑样条曲线

在这个例子中，我们从模型 (6.125) 生成信号或状态过程 μ_t 和观测值 y_t，其中 $n=50$，$\sigma_w=0.1$ 和 $\sigma_v=0.1$。状态在图 6.11 中显示为粗实线，观测结果显示为点。然后，我们使用 Newton-Raphson 技术估算 σ_w 和 σ_v，得到 $\hat{\sigma}_w=0.08$ 和 $\hat{\sigma}_v=0.94$。然后我们使用性质 6.2 生成估计的平滑器，即 $\hat{\mu}_t^n$，这些值在图 6.11 中显示为粗虚线，相应的 95%（逐点）置信带显示为细虚线。最后，我们使用 R 函数 smooth.spline，基于广义交叉验证（GCV）的方法将平滑样条拟合到数据。拟合样条曲线在图 6.11 中显示为细实线，接近于 $\hat{\mu}_t^n$。

以下 R 代码可用于重现图 6.11。

```
set.seed(123)
num = 50
w    = rnorm(num,0,.1)
x    = cumsum(cumsum(w))
y    = x + rnorm(num,0,1)
plot.ts(x, ylab="", lwd=2, ylim=c(-1,8))
lines(y, type='o', col=8)
## State Space ##
Phi  = matrix(c(2,1,-1,0),2);  A = matrix(c(1,0),1)
mu0  = matrix(0,2);          Sigma0 = diag(1,2)
Linn = function(para){
  sigw = para[1]; sigv = para[2]
  cQ   = diag(c(sigw,0))
  kf   = Kfilter0(num, y, A, mu0, Sigma0, Phi, cQ, sigv)
  return(kf$like)    }
## Estimation ##
init.par = c(.1, 1)
(est = optim(init.par, Linn, NULL, method="BFGS", hessian=TRUE,
         control=list(trace=1,REPORT=1)))
SE = sqrt(diag(solve(est$hessian)))
# Summary of estimation
estimate = est$par; u = cbind(estimate, SE)
rownames(u) = c("sigw","sigv"); u
# Smooth
sigw = est$par[1]
cQ   = diag(c(sigw,0))
sigv = est$par[2]
ks   = Ksmooth0(num, y, A, mu0, Sigma0, Phi, cQ, sigv)
xsmoo = ts(ks$xs[1,1,]);  psmoo = ts(ks$Ps[1,1,])
upp   = xsmoo+2*sqrt(psmoo);  low = xsmoo-2*sqrt(psmoo)
lines(xsmoo, col=4, lty=2, lwd=3)
lines(upp, col=4, lty=2); lines(low, col=4, lty=2)
lines(smooth.spline(y), lty=1, col=2)
legend("topleft", c("Observations","State"), pch=c(1,-1), lty=1, lwd=c(1,2),
         col=c(8,1))
legend("bottomright", c("Smoother", "GCV Spline"),  lty=c(2,1), lwd=c(3,1),
         col=c(4,2))
```

6.9 隐马尔可夫模型和转移自回归

在本章的介绍中，我们提到状态空间模型的特征是两个原则。首先，有一个隐藏的状态过程 $\{x_t; \ t=0, 1, \cdots\}$，假设是马尔可夫过程。第二，观测值 $\{y_t; \ t=0, 1, \cdots\}$ 在给定状态的情况下是独立的。原理如图 6.1 所示，并以式 (6.28) 和式 (6.29) 中的密度形式表示。

我们一直主要关注线性高斯状态空间模型，但是围绕着状态 x_t 是离散值马尔可夫链的情况发展出了一个完整的领域，这将是本节的重点。基本思想是，在时间 t 的状态值指定在时间 t 的观测值的分布。这些模型是由 Goldfeld 和 Quandt[74] 以及 Lindgren[128] 开发的。通过允许状态值来确定设计矩阵，也可以在经典回归设置中对变化进行建模，如 Quandt[160] 的文献。Juang 和 Rabiner[110] 考虑了语音识别的早期应用。Bar-Shalom[12] 考虑了转移到多个目标跟踪的思想的应用，他们根据新息的加权平均值获得了卡尔曼滤波的近似值。另一个例子是，一些作者(例如，Hamilton[85] 或 McCulloch 和 Tsay[135])探讨了一个国家经济的动态在扩张期间可能与收缩期间不同的可能性。

在马尔可夫链方法中，我们宣称系统在时间 t 的动态是由随着时间的推移根据马尔可夫链演化的 m 个可能区制之一产生的。在隐马尔可夫模型（Hidden Markov Model，HMM）假定下，观察者不知道特定区制的来源，Rabiner 和 Juang[161] 总结了与分析这些模型有关的技术。尽管该模型满足作为状态空间模型的条件，但 HMM 是并行发展的。如果状态过程是离散值，则通常使用术语"隐马尔可夫模型"，并且如果状态过程是连续值，则使用术语"状态空间模型"或其变体之一。全部或部分涵盖理论和方法的文本见 Cappé，Moulines and Rydén[37] 的文献以及 Douc，Moulines and Stoffer[53] 的文献。最近使用 R 的介绍性文本是 Zucchini and MacDonald[214] 的文献。

在这里，我们假设状态 x_t 是一个马尔可夫链，它在有限状态空间中取值 $\{1, \cdots, m\}$，具有平稳分布

$$\pi_j = \Pr(x_t = j) \tag{6.129}$$

和平稳转移概率

$$\pi_{ij} = \Pr(x_{t+1} = j \mid x_t = i) \tag{6.130}$$

对于 $t = 0, 1, 2, \cdots$，以及 $i, j = 1, \cdots, m$。由于模型的第二个组成部分是观测值条件独立，我们需要指定分布，并且我们通过下式来表示它们

$$p_j(y_t) = p(y_t \mid x_t = j) \tag{6.131}$$

例 6.15　泊松 HMM-大地震次数

考虑图 6.12 中显示的年度大地震次数的时间序列，这些计数在 Zucchini and MacDonald[214] 的文献中讨论过。无限计数数据的自然模型是泊松分布，在这种情况下，均值和方差相等。然而，数据的样本均值和方差是 $\bar{x} = 19.4$ 和 $s^2 = 51.6$，所以这个模型显然是不合适的。通过使用其他分布(例如负二项分布或混合泊松分布)来计算这种过度离散。然而，这种方法忽略了图 6.12 所示的样本 ACF 和 PACF，这表明观测结果是序列相关的，并进一步表明 AR(1)型相关结构。

捕获边际分布和序列依赖性的简单方便的方法是考虑 Poisson-HMM 模型。设 y_t 表示第 t 年的主要地震次数，并考虑状态或潜在变量 x_t 为平稳双态马尔可夫链，取值为 $\{1, 2\}$。使用式(6.129)和式(6.130)中的符号，我们得到 $\pi_{12} = 1 - \pi_{11}$ 和 $\pi_{21} = 1 - \pi_{22}$。该马尔可夫链的平稳分布由下式给出 ⊖

⊖ 平稳分布必须满足 $\pi_j = \sum\limits_j \pi_i \pi_{ij}$

$$\pi_1 = \frac{\pi_{21}}{\pi_{12} + \pi_{21}}, \quad \text{以及} \quad \pi_2 = \frac{\pi_{12}}{\pi_{12} + \pi_{21}}$$

对于 $j \in \{1, 2\}$，记 $\lambda_j > 0$ 作为泊松分布的参数，

$$p_j(y) = \frac{\lambda_j^y e^{-\lambda_j}}{y!}, \quad y = 0, 1, \cdots$$

由于状态是平稳的，y_t 的边际分布是平稳的，并且是泊松分布的混合物，

$$p_\Theta(y_t) = \pi_1 p_1(y_t) + \pi_2 p_2(y_t)$$

$\Theta = \{\lambda_1, \lambda_2\}$。平稳分布的均值是

$$E(y_t) = \pi_1 \lambda_1 + \pi_2 \lambda_2 \tag{6.132}$$

方差[⊖]是

$$\text{var}(y_t) = E(y_t) + \pi_1 \pi_2 (\lambda_2 - \lambda_1)^2 \geqslant E(y_t) \tag{6.133}$$

意味着双态泊松 HMM 过度分散。类似的计算（见问题 6.21）表明 y_t 的自协方差函数由下式给出

$$\gamma_y(h) = \sum_{i=1}^{2} \sum_{j=1}^{2} \pi_i (\pi_{ij}^h - \pi_j) \lambda_i \lambda_j = \pi_1 \pi_2 (\lambda_2 - \lambda_1)^2 (1 - \pi_{12} - \pi_{21})^h \tag{6.134}$$

因此，双态 Poisson-HMM 具有指数衰减的自相关函数，这与图 6.12 中所示的样本 ACF 一致。值得注意的是，如果我们增加状态的数量，可以获得更复杂的依赖结构。

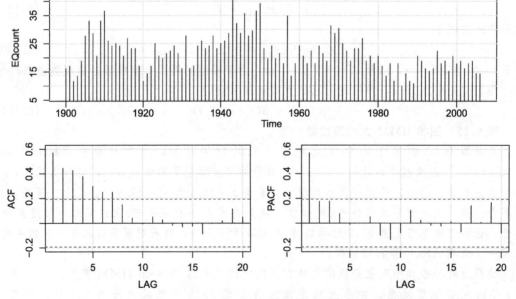

图 6.12　上图：1900～2006 年全球大地震（7 级及以上）次数年度序列。
　　　　　下图：地震次数的样本 ACF 和样本 PACF

⊖　回顾 $\text{var}(U) = E[\text{var}(U \mid V)] + \text{var}[E(U \mid V)]$。

与线性高斯情况一样，我们需要它们自己的状态的滤波器和平滑器，并且用于估计和预测。然后我们写出

$$\pi_j(t\,|\,s) = \Pr(x_t = j\,|\,y_{1:s}) \tag{6.135}$$

直接应用该式进行计算（见问题 6.22），则给出了滤波器计算公式：

性质 6.7　HMM 滤波器

对于 $t=1,\cdots,n$

$$\pi_j(t\,|\,t-1) = \sum_{i=1}^{m} \pi_i(t-1\,|\,t-1)\pi_{ij} \tag{6.136}$$

$$\pi_j(t\,|\,t) = \frac{\pi_j(t)\,\mathrm{p}_j(y_t)}{\sum_{i=1}^{m} \pi_i(t)\,\mathrm{p}_i(y_t)} \tag{6.137}$$

初始条件为 $\pi_j(1\,|\,0)=\pi_j$。

设 Θ 表示感兴趣的参数。给定数据 $y_{1:n}$，似然函数由下式给出

$$L_Y(\Theta) = \prod_{t=1}^{n} \mathrm{p}_\Theta(y_t\,|\,y_{1:t-1})$$

但是，根据条件独立，

$$\mathrm{p}_\Theta(y_t\,|\,y_{1:t-1}) = \sum_{j=1}^{m}\Pr(x_t=j\,|\,y_{1:t-1})\mathrm{p}_\Theta(y_j\,|\,x_t=j,y_{1:t-1}) = \sum_{j=1}^{m}\pi_j(t\,|\,t-1)\mathrm{p}_j(y_t)$$

所以，

$$\ln L_Y(\Theta) = \sum_{t=1}^{n}\ln\Big(\sum_{j=1}^{m}\pi_j(t\,|\,t-1)\mathrm{p}_j(y_t)\Big) \tag{6.138}$$

然后，最大化似然函数可以如在 6.3 节中讨论的线性高斯情况那样进行。

此外，在 6.3 节中讨论的 Baum-Welch（或 EM）算法也适用于此。首先，一般完整数据的似然函数仍然具有式（6.61）的形式，即

$$\ln \mathrm{p}_\Theta(x_{0:n},y_{1:n}) = \ln \mathrm{p}_\Theta(x_0) + \sum_{t=1}^{n}\ln \mathrm{p}_\Theta(x_t\,|\,x_{t-1}) + \sum_{t=1}^{n}\ln \mathrm{p}_\Theta(y_t\,|\,x_t)$$

如果 $x_t=j$ 则定义 $I_j(t)=1$，否则定义为 0；如果 $(x_{t-1},x_t)=(i,j)$，则 $I_{ij}(t)=1$，否则为 0，对于 $i,j=1,\cdots,m$。回顾 $\Pr[I_j(t)=1]=\pi_j$，$\Pr[I_{ij}(t)=1]=\pi_{ij}\pi_i$。然后完整数据似然函数可以写成（为方便起见，我们从某些符号中删除 Θ）

$$\ln \mathrm{p}_\Theta(x_{0:n},y_{1:n}) = \sum_{j=1}^{m}I_j(0)\ln\pi_j + \sum_{t=1}^{n}\sum_{i=1}^{m}\sum_{j=1}^{m}I_{ij}(t)\ln\pi_{ij}(t)$$
$$+ \sum_{t=1}^{n}\sum_{j=1}^{m}I_j(t)\ln\mathrm{p}_j(y_t) \tag{6.139}$$

和以前一样，我们需要最大化 $Q(\Theta\,|\,\Theta')=\mathrm{E}[\ln \mathrm{p}_\Theta(x_{0:n},y_{1:n})\,|\,y_{1:n},\Theta']$。在这种情况下，应该清楚的是，除了滤波器（6.137）之外，我们还需要

$$\pi_j(t\,|\,n) = \mathrm{E}(I_j(t)\,|\,y_{1:n}) = \Pr(x_t=j\,|\,y_{1:n}) \tag{6.140}$$

对于第一和第三项，以及

$$\pi_{ij}(t\,|\,n) = \mathrm{E}(I_{ij}(t)\,|\,y_{1:n}) = \Pr(x_t=i,x_{t+1}=j\,|\,y_{1:n}) \tag{6.141}$$

对于第二个项。在第二项的评估中，我们也必须评估

$$\varphi_j(t) = p(y_{t+1:n}|x_t = j) \tag{6.142}$$

性质 6.8　HMM 平滑器

对于 $t = n-1, \cdots, 0$,

$$\pi_j(t|n) = \frac{\pi_j(t|t)\varphi_j(t)}{\sum\limits_{j=1}^{m}\pi_j(t|t)\varphi_j(t)} \tag{6.143}$$

$$\pi_{ij}(t|n) = \pi_i(t|n)\pi_{ij}\,p_j(y_{t+1})\varphi_j(t+1)/\varphi_i(t) \tag{6.144}$$

$$\varphi_i(t) = \sum_{j=1}^{m}\pi_{ij}\,p_j(y_{t+1})\varphi_j(t+1) \tag{6.145}$$

其中 $\varphi_j(n) = 1$, 对于 $j = 1, \cdots, m$。

证明：我们将式(6.143)的证明留给读者，见问题 6.22。要验证式(6.145)，根据

$$\begin{aligned}
\varphi_i(t) &= \sum_{j=1}^{m} p(y_{t+1:n}, x_{t+1} = j | x_t = i) \\
&= \sum_{j=1}^{m} \Pr(x_{t+1} = j | x_t = i)p(y_{t+1}|x_{t+1} = j)p(y_{t+2:n}|x_{t+1} = j) \\
&= \sum_{j=1}^{m} \pi_{ij}\,p_j(y_{t+1})\varphi_j(t+1)
\end{aligned}$$

为验证式(6.144)，我们有

$$\begin{aligned}
\pi_{ij}(t|n) &\propto \Pr(x_t = i, x_{t+1} = j, y_{t+1}, y_{t+2:n}|y_{1:t}) \\
&= \Pr(x_t = i|y_{1:t})\Pr(x_{t+1} = j|x_t = i) \times p(y_{t+1}|x_{t+1} = j)p(y_{t+2:n}|x_{t+1} = j) \\
&= \pi_i(t|t)\pi_{ij}\,p_j(y_{t+1})\varphi_j(t+1)
\end{aligned}$$

最后，为了找到比例常数 C_t，如果对两边的 j 分别加总，我们得到 $\sum\limits_{j=1}^{m}\pi_{ij}(t|n) = \pi_i(t|n)$ 和 $\sum\limits_{j=1}^{m}\pi_{ij}\,p_j(y_{t+1})\varphi_j(t+1) = \varphi_i(t)$。这意味着 $\pi_i(t|n) = C_t\pi_i(t|t)\varphi_i(t)$，并且随后式(6.144)得到验证。

对于 Baum-Welch(或 EM)算法，给定参数的当前值，即 Θ'，根据滤波器性质 6.7 和平滑器的性质 6.8，然后，如式(6.139)所示，将前两个估计更新为

$$\hat{\pi}_j = \pi_j'(0|n) \quad \text{和} \quad \hat{\pi}_{ij} = \frac{\sum\limits_{t=1}^{n}\pi_{ij}'(t|n)}{\sum\limits_{t=1}^{n}\sum\limits_{k=1}^{m}\pi_{ik}'(t|n)} \tag{6.146}$$

当然，符号上方没有"^"表示已经在 Θ' 下获得了值，而有"^"则表示更新值。虽然不是 MLE，但 Lindgren[128] 已经建议对马尔可夫链的平稳分布进行估计如下

$$\hat{\pi}_j = n^{-1}\sum_{t=1}^{n}\pi_j'(t|n)$$

而不是式(6.146)中给出的值。最后，式(6.139)中的第三项将需要知道 $p_j(y_t)$ 的分布，这

将取决于特定的模型。我们将讨论例 6.15 中的泊松分布和例 6.17 中的正态分布

例 6.16　泊松 HMM-大地震次数(续)

在这种情况下运行 EM 算法，我们仍然需要最大化式(6.139)的第三项的条件期望。第三项在当前参数值 Θ' 的条件期望是

$$\sum_{t=1}^{n} \sum_{j=1}^{m} \pi_j'(t \mid t-1) \ln p_j(y_t)$$

其中

$$\log p_j(y_t) \propto y_t \log \lambda_j - \lambda_j$$

因此，关于 λ_j 的最大化得到

$$\hat{\lambda}_j = \frac{\sum_{t=1}^{n} \pi_j'(t \mid n) y_t}{\sum_{t=1}^{n} \pi_j'(t \mid n)}, \quad j=1, \cdots, m$$

我们使用 R 包 depmixS4 将模型拟合到地震次数的时间序列中。使用 EM 算法的包不提供标准偏差，因此我们通过参数化自助法程序获得它们，见 Remillard[164] 的文献的说明。强度的 MLE 及其标准偏差为 $(\hat{\lambda}_1, \hat{\lambda}_2) = (15.4_{(0.7)}, 26.0_{(1.1)})$。转移矩阵的 MLE 是 $[\hat{\pi}_{11}, \hat{\pi}_{12}, \hat{\pi}_{21}, \hat{\pi}_{22}] = [0.93_{(0.04)}, 0.07_{(0.04)}, 0.12_{(0.09)}, 0.88_{(0.09)}]$。图 6.13 显示了地震数据的次数、估计状态(显示为点)和平滑分布，通过使用 MLE 拟合参数的双状态泊松 HMM 建模得到。最后，显示数据的直方图以及通过实线叠加的两个估计的泊松密度。

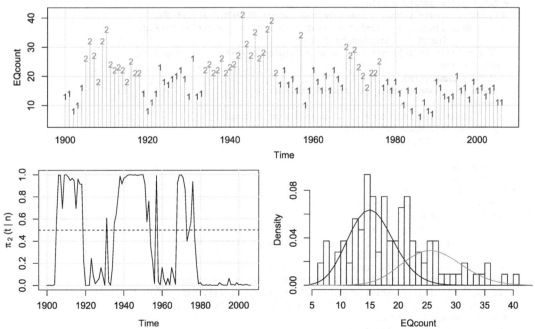

图 6.13　上：地震次数数据和估计状态。左下：平滑概率。
右下：数据直方图以及叠加两个估计的泊松密度(实线)

该实例的 R 代码如下。

```
library(depmixS4)
model <- depmix(EQcount ~1, nstates=2, data=data.frame(EQcount),
        family=poisson())
set.seed(90210)
summary(fm <- fit(model))    # estimation results
##-- Get Parameters --##
u = as.vector(getpars(fm))   # ensure state 1 has smaller lambda
 if (u[7] <= u[8]) { para.mle = c(u[3:6], exp(u[7]), exp(u[8]))
   } else  { para.mle = c(u[6:3], exp(u[8]), exp(u[7])) }
mtrans = matrix(para.mle[1:4], byrow=TRUE, nrow=2)
lams   = para.mle[5:6]
pi1    = mtrans[2,1]/(2 - mtrans[1,1] - mtrans[2,2]);  pi2 = 1-pi1
##-- Graphics --##
layout(matrix(c(1,2,1,3), 2))
par(mar = c(3,3,1,1), mgp = c(1.6,.6,0))
# data and states
plot(EQcount, main="", ylab='EQcount', type='h', col=gray(.7))
text(EQcount, col=6*posterior(fm)[,1]-2, labels=posterior(fm)[,1], cex=.9)
# prob of state 2
plot(ts(posterior(fm)[,3], start=1900), ylab =
        expression(hat(pi)[~2]*'(t|n)'));  abline(h=.5, lty=2)
# histogram
hist(EQcount, breaks=30, prob=TRUE, main="")
xvals = seq(1,45)
u1 = pi1*dpois(xvals, lams[1])
u2 = pi2*dpois(xvals, lams[2])
lines(xvals, u1, col=4);   lines(xvals, u2, col=2)
##-- Bootstap --##
# function to generate data
pois.HMM.generate_sample = function(n,m,lambda,Mtrans,StatDist=NULL){
 # n = data length, m = number of states, Mtrans = transition matrix,
        StatDist = stationary distn
 if(is.null(StatDist)) StatDist = solve(t(diag(m)-Mtrans +1),rep(1,m))
  mvect = 1:m
  state = numeric(n)
  state[1] = sample(mvect ,1, prob=StatDist)
  for (i in 2:n)
      state[i] = sample(mvect ,1,prob=Mtrans[state[i-1] ,])
  y = rpois(n,lambda=lambda[state ])
  list(y= y, state= state)    }
# start it up
set.seed(10101101)
nboot = 100
nobs = length(EQcount)
para.star = matrix(NA, nrow=nboot, ncol = 6)
for (j in 1:nboot){
 x.star = pois.HMM.generate_sample(n=nobs, m=2, lambda=lams, Mtrans=mtrans)$y
 model <- depmix(x.star ~1, nstates=2, data=data.frame(x.star),
        family=poisson())
 u = as.vector(getpars(fit(model, verbose=0)))
 # make sure state 1 is the one with the smaller intensity parameter
 if (u[7] <= u[8]) { para.star[j,] = c(u[3:6], exp(u[7]), exp(u[8])) }
     else  { para.star[j,] = c(u[6:3], exp(u[8]), exp(u[7])) }       }
# bootstrapped std errors
SE = sqrt(apply(para.star,2,var) +
        (apply(para.star,2,mean)-para.mle)^2)[c(1,4:6)]
names(SE)=c('seM11/M12', 'seM21/M22', 'seLam1', 'seLam2'); SE
```

接下来，我们呈现一个混合正态分布的实例。

例 6.17　正态 HMM-S&P500 周收益率

高斯情况下的估计类似于例 6.16 中给出的泊松情况，但是现在 $p_j(y_t)$ 是正态分布的密度函数，即，对于 $j=1,\cdots,m$，$(y_t|x_t=j)\sim N(\mu_j,\sigma_j^2)$。然后，在这种情况下处理式 (6.139) 中的第三项得到

$$\hat{\mu}_j=\frac{\sum_{t=1}^n\pi_j'(t|n)y_t}{\sum_{t=1}^n\pi_j'(t|n)},\quad\hat{\sigma}_j^2=\frac{\sum_{t=1}^n\pi_j'(t|n)y_t^2}{\sum_{t=1}^n\pi_j'(t|n)}-\hat{\mu}_j^2$$

在本例中，我们使用 R 包 depmixS4 将正态 HMM 拟合到图 6.14 中显示的 S&P500 周收益率。我们选择了一个三态模型，将两态模型留给读者来研究（见问题 6.24）。标准偏差（如下面的括号所示）是通过参数化自助法程序获得的，该参数化自助法程序基于随程序包提供的仿真脚本。

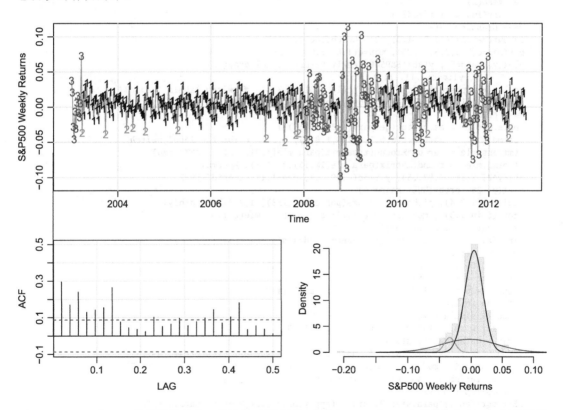

图 6.14　上：S&P500 指数周收益率，估计的区制被标记为数字 1、2 或 3。金融危机期间-20% 的最低值被截断以改善图形。左下：收益率平方的样本 ACF。右下：数据直方图以及三个叠加的估计的正态分布密度

如果令 $P=\{\pi_{ij}\}$ 表示 3×3 阶的转移概率矩阵，则拟合的转移矩阵为

$$\hat{P} = \begin{bmatrix} 0.945_{(0.074)} & 0.055_{(0.074)} & 0.000_{(0.000)} \\ 0.739_{(0.275)} & 0.000_{(0.000)} & 0.261_{(0.275)} \\ 0.032_{(0.122)} & 0.027_{(0.057)} & 0.942_{(0.147)} \end{bmatrix}$$

三个拟合的正态分布为 $\mathrm{N}(\hat{\mu}_1 = 0.004_{(0.173)},\ \hat{\sigma}_1 = 0.014_{(0.968)})$，$\mathrm{N}(\hat{\mu}_2 = -0.034_{(0.909)},\ \hat{\sigma}_2 = 0.004_{(0.777)})$，和 $\mathrm{N}(\hat{\mu}_3 = 0.003_{(0.317)},\ \hat{\sigma}_3 = 0.044_{(0.910)})$。数据以及预测状态（基于平滑分布）绘制在图 6.14 中。

注意，区制 2 似乎代表了一个大幅度的负收益率，可能是一个单一的下跌，或者是一个高度不稳定时期的开始或结束。区制 1、3 分别代表常规或高波动性的集群。请注意，拟合正态分布和转换矩阵中存在大量不确定性，涉及从区制 2 到区制 1 或区制 3 的转换。此实例的 R 代码为：

```
library(depmixS4)
y = ts(sp500w, start=2003, freq=52)    # make data depmix friendly
mod3 <- depmix(y~1, nstates=3, data=data.frame(y))
set.seed(2)
summary(fm3 <- fit(mod3))
##-- Graphics --##
layout(matrix(c(1,2, 1,3), 2), heights=c(1,.75))
par(mar=c(2.5,2.5,.5,.5), mgp=c(1.6,.6,0))
plot(y, main="", ylab='S&P500 Weekly Returns', col=gray(.7),
          ylim=c(-.11,.11))
 culer = 4-posterior(fm3)[,1];  culer[culer==3]=4  # switch labels 1 and 3
 text(y, col=culer, labels=4-posterior(fm3)[,1])
##-- MLEs --##
 para.mle   = as.vector(getpars(fm3)[-(1:3)])
 permu      = matrix(c(0,0,1,0,1,0,1,0,0), 3,3)    # for the label switch
 (mtrans.mle = permu%*%round(t(matrix(para.mle[1:9],3,3))%*%permu)
 (norms.mle = round(matrix(para.mle[10:15],2,3),3)%*%permu)
acf(y^2, xlim=c(.02,.5), ylim=c(-.09,.5), panel.first=grid(lty=2) )
hist(y, 25, prob=TRUE, main='')
 culer=c(1,2,4); pi.hat = colSums(posterior(fm3)[-1,2:4])/length(y)
 for (i in 1:3) { mu=norms.mle[1,i]; sig = norms.mle[2,i]
 x = seq(-.15,.12, by=.001)
lines(x, pi.hat[4-i]*dnorm(x, mean=mu, sd=sig), col=culer[i])    }
##-- Bootstrap --##
set.seed(666);  n.obs = length(y);  n.boot = 100
para.star = matrix(NA, nrow=n.boot, ncol = 15)
respst <- para.mle[10:15];  trst <- para.mle[1:9]
for ( nb in 1:n.boot ){
  mod <- simulate(mod3)
  y.star = as.vector(mod@response[[1]][[1]]@y)
  dfy = data.frame(y.star)
  mod.star <- depmix(y.star~1, data=dfy, respst=respst, trst=trst, nst=3)
  fm.star = fit(mod.star, emcontrol=em.control(tol = 1e-5), verbose=FALSE)
  para.star[nb,] = as.vector(getpars(fm.star)[-(1:3)]) }
# bootstrap stnd errors
SE = sqrt(apply(para.star,2,var) + (apply(para.star,2,mean)-para.mle)^2)
(SE.mtrans.mle = permu%*%round(t(matrix(SE[1:9],3,3)),3)%*%permu)
(SE.norms.mle = round(matrix(SE[10:15], 2,3),3)%*%permu)
```

值得一提的是，转移回归也适合这个框架。在这种情况下，我们将在例 6.17 中更改模型中的 μ_j，以依赖于独立输入，即 $z_{t1}, \cdots, z_{tr}$，此时

$$\mu_j = \beta_0^{(j)} + \sum_{i=1}^{r} \beta_i^{(j)} z_{ti}$$

使用 R 包 depmixS4 可以轻松处理这种类型的模型。

通过调整前几个观测结果，还可以在该框架中包括简单的转移线性自回归。在这种情况下，我们将观测值建模为 AR(p)，参数取决于状态，即，

$$y_t = \phi_0^{(x_t)} + \sum_{i=1}^{p} \phi_i^{(x_t)} y_{t-i} + \sigma^{(x_t)} v_t \tag{6.147}$$

$v_t \sim$ iid N(0，1)。该模型类似 5.4 节中讨论的阈值模型。但是，该过程不是自激励的，也不受观测到的外生过程的影响。在式(6.147)中，我们说参数是随机的，并且由于潜在的马尔可夫过程，区制正在发生变化。以同式(6.131)类似的方式，我们将观测值的条件分布写为

$$p_j(y_t) = p(y_t | x_t = j, y_{t-1:t-p}) \tag{6.148}$$

我们注意到，对于 $t > p$，$p_j(y_t)$ 是正态分布密度($\mathfrak{g}$)，

$$p_j(y_t) = \mathfrak{g}\left(y_t; \phi_0^{(j)} + \sum_{i=1}^{p} \phi_i^{(j)} y_{t-i}, \sigma^{2(j)}\right) \tag{6.149}$$

如在式(6.138)中那样，条件似然函数由下式给出

$$\ln L_Y(\Theta | y_{1:p}) = \sum_{t=p+1}^{n} \ln\left(\sum_{j=1}^{m} \pi_j(t | t-1) p_j(y_t)\right)$$

其中性质 6.7 仍然适用，但对式(6.149)中给出的 $p_j(y_t)$ 的评估进行了更新。另外，可以通过评估平滑器类似地使用 EM 算法。在这种情况下，平滑器的性质与性质 6.8 中给出的相同，具有适当的定义变化，$p_j(y_t)$ 如式(6.148)给出的一样，并且 $\varphi_j(t) = p(y_{t+1:n} | x_t = j, y_{t+1-p:t})$，对于 $t > p$。

例 6.18 转移 AR -流感死亡率

在例 5.7 中，我们讨论了图 5.7 中所示的月度肺炎和流感死亡率序列。我们指出了该序列的不可逆性，它排除了数据由线性高斯过程生成的可能性。此外，请注意该序列是不规则的，虽然冬季死亡率最高，但峰值不会出现在每年的同一个月。此外，一些季节有非常大的峰值，表明流感流行，而其他季节是温和的。此外，从图 5.7 可以看出，数据整体呈现轻微的下降趋势，表明流感预防在 11 年期间变得更好。

与例 5.7 中一样，我们关注差分数据，从而消除趋势。在这种情况下，我们记作 $y_t = \nabla \mathrm{flu}_t$，其中 flu_t 表示图 5.7 中显示的数据。由于我们已经将阈值模型拟合到 y_t，我们可能还会考虑转移自回归模型，其中存在两种隐藏区制，一种用于流行期，一种用于更温和的时期。在这种情况下，模型由下式给出

$$y_t = \begin{cases} \phi_0^{(1)} + \sum_{j=1}^{p} \phi_j^{(1)} y_{t-j} + \sigma^{(1)} v_t, & \text{对于 } x_t = 1, \\ \phi_0^{(2)} + \sum_{j=1}^{p} \phi_j^{(2)} y_{t-j} + \sigma^{(2)} v_t, & \text{对于 } x_t = 2 \end{cases} \tag{6.150}$$

其中 $v_t \sim$ iid N(0，1)，x_t 是隐双态马尔可夫链。

我们使用 R 包 MSwM 来拟合式(6.150)中指定的模型，其中 $p = 2$。结果为

$$\hat{y}_t = \begin{cases} 0.006_{(0.003)} + 0.293_{(0.039)y_{t-1}} + 0.097_{(0.031)y_{t-2}} + 0.024v_t, & \text{对于 } x_t = 1 \\ 0.199_{(0.063)} - 0.313_{(0.281)y_{t-1}} - 1.604_{(0.276)y_{t-2}} + 0.112v_t, & \text{对于 } x_t = 2 \end{cases}$$

估计转移矩阵为

$$\hat{P} = \begin{bmatrix} 0.93 & 0.07 \\ 0.30 & 0.70 \end{bmatrix}$$

图 6.15 显示了数据 $y_t = \nabla \mathrm{flu}_t$ 以及估计状态(显示为标记为 1 或 2 的点)。平滑状态 2 的概率在图的底部显示为直线。过滤后的状态 2 概率作为垂直线显示在同一图表中。此实例的代码如下。

```
library(MSwM)
set.seed(90210)
dflu = diff(flu)
model = lm(dflu~ 1)
mod = msmFit(model, k=2, p=2, sw=rep(TRUE,4))   # 2 regimes, AR(2)s
summary(mod)
plotProb(mod, which=3)
```

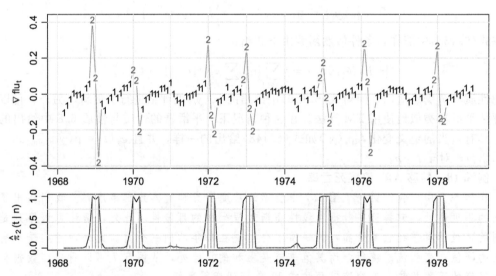

图 6.15　不同的流感死亡率数据以及估计的状态(显示为点)。平滑状态 2 概率在图的底部显示为直线。过滤后的状态 2 概率显示为垂直线

6.10　带转移的动态线性模型

在本节中，我们将 6.9 节中讨论的隐马尔可夫模型扩展到更一般的问题。如前所述，对时间序列的区制变化进行建模的问题已经在许多不同领域引起关注，我们已经在 5.4 节以及 6.9 节中探讨了这些想法。

通过允许误差协方差的变化(见 Harrison and Stevens[90] 的文献和 Gordon and Smith[76-77] 的文献)或通过分配混合分布到观测误差 v_t (见 Peña and Guttman[151] 的文献)，使状态空间模型推广到包括随时间发生变化的可能性。在所有上述文章中都得出了对滤波

器的近似。Smith 和 West[188] 以及 Gordon 和 Smith[77] 描述了监测肾移植的应用。Gerlach 等人[69] 考虑了转移 AR 模型的扩展，以允许观察和新息中的水平偏移和异常值。Bar-Shalom[12] 已经考虑了转移到多个目标跟踪的思想的应用，他根据新息的加权平均值获得卡尔曼滤波的近似值。有关这些内容和相关技术的全面介绍，请参阅 Cappé，Moulines and Rydén[37] 的文献以及 Douc，Moulines and Stoffer[53] 的文献。

在本节中，我们将集中讨论 Shumway and Stoffer[184] 的文献中提出的方法。在不断变化的时间序列中，对变化进行建模的一种方法是假设某些基础模型的动态在某些不确定的时间点不连续地变化。我们的出发点是式(6.1)和式(6.2)给出的 DLM，即

$$x_t = \Phi x_{t-1} + w_t \tag{6.151}$$

描述 $p \times 1$ 阶状态动态，以及

$$y_t = A_t x_t + v_t \tag{6.152}$$

描述 $q \times 1$ 阶观测动态。回顾 w_t 和 v_t 是高斯白噪声序列，对于所有 s 和 t，$\mathrm{var}(w_t) = Q$，$\mathrm{var}(v_t) = R$，并且 $\mathrm{cov}(w_t, v_s) = 0$。

例 6.19　追踪多个目标

Shumway 和 Stoffer[184] 的方法主要是通过使用向量传感器 y_t 跟踪大量移动目标的问题而激发的。在这个问题中，我们在任何给定的时间点都不知道任何给定传感器检测到的目标。因此，式(6.152)中的测量矩阵 A_t 的结构正在改变，而不是信号 x_t 或噪声 w_t 或 v_t 的动态。作为实例，考虑 3×1 阶卫星测量向量 $y_t = (y_{t1}, y_{t2}, y_{t3})'$，其是对 3×1 阶目标或信号向量 $x_t = (x_{t1}, x_{t2}, x_{t3})'$ 的某些组合的观测值。对于测量矩阵

$$A_t = \begin{bmatrix} 0 & 1 & 0 \\ 1 & 0 & 0 \\ 0 & 0 & 1 \end{bmatrix}$$

例如，第一个传感器 y_{t1} 观察第二个目标 x_{t2}；第二个传感器 y_{t2} 观察第一个目标 x_{t1}；第三个传感器 y_{t3} 观察第三个目标 x_{t3}。所有可能的检测配置都将为 A_t 定义一组可能的值，例如 $\{M_1, M_2, \cdots, M_m\}$，作为合理的测量矩阵的集合。∎

例 6.20　经济变革模型

作为本节中介绍的转移模型的另一个实例，考虑线性模型的动态在给定的一个历史区间的实现中突然改变的情况。例如，Lam[125] 给出了汉密尔顿[85] 模型的以下推广，用于检测经济中的正负增长期。假设数据是由下式生成的

$$y_t = z_t + n_t \tag{6.153}$$

其中 z_t 是自回归序列，n_t 是随机游走过程，其漂移项在两个值 α_0 和 $\alpha_0 + \alpha_1$ 之间转移。即，

$$n_t = n_{t-1} + \alpha_0 + \alpha_1 S_t \tag{6.154}$$

$S_t = 0$ 或 1，取决于系统是处于区制 1 还是区制 2。为便于说明，假设

$$z_t = \phi_1 z_{t-1} + \phi_2 z_{t-2} + w_t \tag{6.155}$$

是具有 $\mathrm{var}(w_t) = \sigma_w^2$ 的 AR(2) 序列。Lam[125] 以差分的形式写了式(6.153)，该差分形式为

$$\nabla y_t = z_t - z_{t-1} + \alpha_0 + \alpha_1 S_t \tag{6.156}$$

我们可以将其作为具有状态向量的观测方程(6.152)，该状态向量

$$x_t = (z_t, z_{t-1}, \alpha_0, \alpha_1)' \tag{6.157}$$

以及

$$M_1 = [1, -1, 1, 0] \quad \text{和} \quad M_2 = [1, -1, 1, 1] \tag{6.158}$$

确定两种可能的经济条件。状态方程(6.151)具有如下形式

$$\begin{bmatrix} z_t \\ z_{t-1} \\ \alpha_0 \\ \alpha_1 \end{bmatrix} = \begin{bmatrix} \phi_1 & \phi_2 & 0 & 0 \\ 1 & 0 & 0 & 0 \\ 0 & 0 & 1 & 0 \\ 0 & 0 & 0 & 1 \end{bmatrix} \begin{bmatrix} z_{t-1} \\ z_{t-2} \\ \alpha_0 \\ \alpha_1 \end{bmatrix} + \begin{bmatrix} w_t \\ 0 \\ 0 \\ 0 \end{bmatrix} \tag{6.159}$$

观测方程(6.156)可以写成

$$\nabla y_t = A_t x_t + v_t \tag{6.160}$$

其中我们包括了观测噪声的可能性,此处 $\Pr(A_t = M_1) = 1 - \Pr(A_t = M_2)$,其中 M_1 和 M_2 在式(6.158)中给出。 ■

为了将测量矩阵的合理转移结构合并到与前面描述的两种实际情况兼容的 DLM 中,我们假设 m 个可能的配置是由时变概率定义的非平稳独立过程中的状态,时变概率为

$$\pi_j(t) = \Pr(A_t = M_j) \tag{6.161}$$

对于 $j = 1, \cdots, m$ 和 $t = 1, 2, \cdots, n$。关于测量过程的当前状态的重要信息由处于状态 j 的过滤概率给出,定义为条件概率

$$\pi_j(t \mid t) = \Pr(A_t = M_j \mid y_{1:t}) \tag{6.162}$$

它也随时间而变化。回想一下 $y_{s:s} = \{y_{s'}, \cdots, y_s\}$。滤波后的概率(6.162)给出了在给定数据到时间 t 的情况下处于状态 j 的概率的时变估计。

对于我们来说,获得配置概率 $\pi_j(t \mid t)$、预测和滤波状态估计 x_t^{t-1} 和 x_t^t,以及相应的误差协方差矩阵 P_t^{t-1} 和 P_t^t 的估计量将是重要的。当然,预测器和滤波器估计将取决于 DLM 的参数 Θ。在许多情况下,参数将是未知的,我们将不得不估计它们。我们的重点是最大似然估计,但其他作者采用贝叶斯方法,为参数指定先验估计,然后寻求模型参数的后验分布,例如,见 Gordon and Smith[77] 的文献、Peña and Guttman[151] 的文献或 McCulloch and Tsay[135] 的文献。

现在,我们建立与状态 x_t 和转移过程 A_t 相关的滤波器的递归。正如在 6.3 节中所讨论的,滤波器也是最大似然程序的重要组成部分。预测器 $x_t^{t-1} = \mathrm{E}(x_t \mid y_{1:t-1})$,和滤波器 $x_t^t = \mathrm{E}(x_t \mid y_{1:t})$,以及它们的相关联的误差的方差-协方差矩阵 P_t^{t-1} 和 P_t^t,由下式给出

$$x_t^{t-1} = \Phi x_{t-1}^{t-1} \tag{6.163}$$

$$P_t^{t-1} = \Phi P_{t-1}^{t-1} \Phi' + Q \tag{6.164}$$

$$x_t^t = x_t^{t-1} + \sum_{j=1}^m \pi_j(t \mid t) K_{tj} \varepsilon_{tj} \tag{6.165}$$

$$P_t^t = \sum_{j=1}^m \pi_j(t \mid t)(I - K_{tj} M_j) P_t^{t-1} \tag{6.166}$$

$$K_{tj} = P_t^{t-1} M_j' \Sigma_{tj}^{-1} \tag{6.167}$$

式(6.165)和式(6.167)中的新息值是

$$\varepsilon_{tj} = y_t - M_j x_t^{t-1} \tag{6.168}$$

$$\Sigma_{tj} = M_j P_t^{t-1} M_j' + R \tag{6.169}$$

对于 $j = 1, \cdots, m$。

式(6.163)~(6.167)将滤波器值表示为 m 个新息值(6.168)~(6.169)的加权线性组合，对应每个可能的测量矩阵。这些方程类似于由 Bar-Shalom 和 Tse[13]、Gordon 和 Smith[77]以及 Peña 和 Guttman[151]引入的近似。

为了验证式(6.165)，当 $A_t = M_j$ 时，令 $I(A_t = M_j) = 1$，否则为 0。然后，使用式(6.20)，

$$\begin{aligned}
x_t^t &= \mathrm{E}(x_t | y_{1:t}) = \mathrm{E}[\mathrm{E}(x_t | y_{1:t}, A_t) | y_{1:t}] \\
&= \mathrm{E}\left\{ \sum_{j=1}^m \mathrm{E}(x_t | y_{1:t}, A_t = M_j) I(A_t = M_j) | y_{1:t} \right\} \\
&= \mathrm{E}\left\{ \sum_{j=1}^m [x_t^{t-1} + K_{tj}(y_t - M_j x_t^{t-1})] I(A_t = M_j) | y_{1:t} \right\} \\
&= \sum_{j=1}^m \pi_j(t|t) [x_t^{t-1} + K_{tj}(y_t - M_j x_t^{t-1})]
\end{aligned}$$

其中 K_{tj} 由式(6.167)给出。式(6.166)以类似的方式导出；其他关系，式(6.163)、式(6.164)和式(6.167)，遵循性质 6.1 中给出的卡尔曼滤波器结论的直接应用。

接下来，我们推导滤波器 $\pi_j(t|t)$。设 $\mathrm{p}_j(t|t-1)$ 表示给定过去 $y_{1:t-1}$ 情况下，y_t 的条件密度，对于 $j = 1, \cdots, m$，$A_t = M_j$。然后，

$$\pi_j(t|t) = \frac{\pi_j(t) \mathrm{p}_j(t|t-1)}{\displaystyle\sum_{k=1}^m \pi_k(t) \mathrm{p}_k(t|t-1)} \tag{6.170}$$

其中我们假设分布 $\pi_j(t)$，对于 $j = 1, \cdots, m$，在观察 $y_{1:t}$ 之前已经被指定（详见下面的例 6.21）。如果研究者在时间 t 没有理由偏好另一个状态，则选择均匀先验，$\pi_j(t) = m^{-1}$，对于 $j = 1, \cdots, m$。通过如下设置可以引入平滑度(smoothness)

$$\pi_j(t) = \sum_{i=1}^m \pi_i(t-1|t-1) \pi_{ij} \tag{6.171}$$

其中非负权重 π_{ij} 是选定的，因此 $\sum_{i=1}^m \pi_{ij} = 1$，如果 A_t 过程是马尔可夫过程，且有转移概率 π_{ij}，那么式(6.171)将为滤波器概率的更新，正如下一个例子所示。

例 6.21　隐马尔可夫链模型

如果 $\{A_t\}$ 是一个隐马尔可夫链，具有平稳转移概率 $\pi_{ij} = \Pr(A_t = M_j | A_{t-1} = M_i)$，其中 $i, j = 1, \cdots, m$，我们有

$$\begin{aligned}
\pi_j(t|t) &= \frac{\mathrm{p}(A_t = M_j, y_t | y_{1:t-1})}{\mathrm{p}(y_t | y_{1:t-1})} = \frac{\Pr(A_t = M_j | y_{1:t-1}) \mathrm{p}(y_t | A_t = M_j, y_{1:t-1})}{\mathrm{p}(y_t | y_{1:t-1})} \\
&= \frac{\pi_j(t|t-1) \mathrm{p}_j(t|t-1)}{\displaystyle\sum_{k=1}^m \pi_k(t|t-1) \mathrm{p}_k(t|t-1)}
\end{aligned} \tag{6.172}$$

在马尔可夫这一条件下，式(6.172)中的条件概率

$$\pi_j(t|t-1) = \text{Pr}(A_t = M_j | y_{1:t-1})$$

替换式(6.170)求值中的无条件概率 $\pi_j(t) = \text{Pr}(A_t = M_j)$。

为了对式(6.172)求值，我们必须能够计算 $\pi_j(t|t-1)$ 和 $p_j(t|t-1)$。在本例之后我们将讨论 $p_j(t|t-1)$ 的计算。为了得出 $\pi_j(t|t-1)$，记

$$\pi_j(t|t-1) = \text{Pr}(A_t = M_j | y_{1:t-1}) = \sum_{i=1}^{m} \text{Pr}(A_t = M_j, A_{t-1} = M_i | y_{1:t-1})$$

$$= \sum_{i=1}^{m} \text{Pr}(A_t = M_j | A_{t-1} = M_i)\text{Pr}(A_{t-1} = M_i | y_{1:t-1})$$

$$= \sum_{i=1}^{m} \pi_{ij}\pi_i(t-1|t-1) \tag{6.173}$$

式(6.171)来自式(6.173)，其中，如前所述，我们用 $\pi_j(t)$ 代替 $\pi_j(t|t-1)$。∎

将这种方法扩展到马尔可夫情况的困难在于 y_t 之间的依赖性，这使得有必要枚举所有可能的历史以导出滤波方程。当我们推导出条件密度 $p_j(t|t-1)$ 时，这个问题就会很明显。式(6.171)将 $\pi_j(t)$ 作为过去观测值 $y_{1:t-1}$ 的函数，这与我们的模型假设不一致。然而，这似乎是一种合理的折中方案，允许数据修正概率 $\pi_j(t)$，而无须开发高度计算机密集型技术。

如前所述，当缺少一些近似值时，$p_j(t|t-1)$ 的计算是高度计算机密集型的。要评估 $p_j(t|t-1)$，请考虑事件

$$\{A_1 = M_{j_1}, \cdots, A_{t-1} = M_{j_{t-1}}\} \tag{6.174}$$

对于 $j_i = 1, \cdots, m$ 和 $i = 1, \cdots, t-1$，它指定过去的一组特定测量矩阵，我们将此事件写为 $A_{(t-1)} = M_{(\ell)}$。因为 $A_1, \cdots, A_{t-1}$ 存在 m^{t-1} 可能的结果，所以 ℓ 遍历 $\ell = 1, \cdots, m^{t-1}$。使用这种表示法，我们可以写出

$$p_j(t|t-1) = \sum_{\ell=1}^{m^{t-1}} \text{Pr}\{A_{(t-1)} = M_{(\ell)} | y_{1:t-1}\} p(y_t | y_{1:t-1}, A_t = M_j, A_{(t-1)} = M_{(\ell)})$$

$$\stackrel{\text{def}}{=} \sum_{\ell=1}^{m^{t-1}} \alpha(\ell) \mathfrak{g}(y_t; \mu_{tj}(\ell), \Sigma_{tj}(\ell)), \quad j = 1, \cdots, m \tag{6.175}$$

其中 $\mathfrak{g}(\cdot; \mu, \Sigma)$ 表示正态分布密度，以及均值向量 μ 和方差-协方差矩阵 Σ。因此，$p_j(t|t-1)$ 是具有非负权重 $\alpha(\ell) = \text{Pr}\{A_{(t-1)} = M_{(\ell)} | y_{1:t-1}\}$ 的混合正态分布，使得 $\Sigma_\ell \alpha(\ell) = 1$，并且每个正态分布具有均值向量

$$\mu_{tj}(\ell) = M_j x_t^{t-1}(\ell) = M_j \text{E}[x_t | y_{1:t-1}, A_{(t-1)} = M_{(\ell)}] \tag{6.176}$$

以及协方差矩阵

$$\Sigma_{tj}(\ell) = M_j P_t^{t-1}(\ell)M_j' + R \tag{6.177}$$

这个结果是因为式(6.175)中的 y_t 的条件分布与 6.2 节中给出的固定测量矩阵情况相同。式(6.176)和式(6.177)中的值，以及密度 $p_j(t|t-1)$，$j = 1, \cdots, m$，可以直接从卡尔曼滤波器(性质 6.1)获得，测量矩阵 $A_{(t-1)}$ 固定在 $M_{(\ell)}$。

尽管 $p_j(t|t-1)$ 在式(6.175)中明确给出，但其求值是高度计算机密集的。例如，在 $m = 2$ 个状态和 $n = 20$ 个观测值的情况下，我们必须过滤 $2 + 2^2 + \cdots + 2^{20}$ 个可能的采样路径

$(2^{20}=1\,048\,576)$。这个问题有一些补救措施。在给定数据的情况下有效计算最可能的状态序列的算法称为维特比算法(Viterbi algorithm),其基于众所周知的动态规划原理。具体细节可以在 Douc et al. [53] 的文献的 9.2 节中找到。另一个补救措施是在每个 t 处修剪(移除)极不可能的样本路径,也就是说,删除式(6.174)中发生概率非常小的事件,然后假设修剪过的样本路径不可能发生,评估 $p_j(t|t-1)$。另一个相当简单的替代方案,如 Gordon 和 Smith[77] 以及 Shumway 和 Stoffer[184] 所建议的,是使用最接近的(在 Kulback-Leibler 距离意义上)正态分布来近似 $p_j(t|t-1)$。在这种情况下,近似导致选择具有与 $p_j(t|t-1)$ 相关的相同均值和方差的正态分布,也就是说,我们将 $p_j(t|t-1)$ 近似为正态分布,均值为 $M_j x_t^{t-1}$,方差为式(6.169)中给出的 Σ_{tj}。

为了开发最大似然估计的程序,数据的联合密度为

$$f(y_1,\cdots,y_n)=\prod_{t=1}^{n}f(y_t|y_{1:t-1})=\prod_{t=1}^{n}\sum_{j=1}^{m}\Pr(A_t=M_j|y_{1:t-1})p(y_t|A_t=M_j,y_{1:t-1})$$

因此,似然函数可写为

$$\ln L_Y(\Theta)=\sum_{t=1}^{n}\ln\Big(\sum_{j=1}^{m}\pi_j(t)p_j(t|t-1)\Big)\tag{6.178}$$

对于隐马尔可夫模型,$\pi_j(t)$ 将被 $\pi_j(t|t-1)$ 代替。在式(6.178)中,我们将使用 $p_j(t|t-1)$ 的正态分布近似。也就是说,此后,我们将 $p_j(t|t-1)$ 视为正态分布,$N(M_j x_t^{t-1}, \Sigma_{tj})$,其中 x_t^{t-1} 在式(6.163)中给出,Σ_{tj} 在式(6.169)中给出。将式(6.178)作为 $\{\mu_0, \Phi, Q, R\}$ 中的参数 Θ 的函数,我们可以考虑使用牛顿方法直接对其进行最大化,或者可以考虑对完整数据的似然函数使用 EM 算法。

为了像 6.3 节中那样应用 EM 算法,我们将 $x_{0:n}$、$A_{1:n}$ 和 $y_{1:n}$ 称为完整数据,似然函数由下式给出

$$\begin{aligned}
-2\ln L_{X,A,Y}(\Theta)=&\ln|\Sigma_0|+(x_0-\mu_0)'\Sigma_0^{-1}(x_0-\mu_0)\\
&+n\ln|Q|+\sum_{t=1}^{n}(x_t-\Phi x_{t-1})'Q^{-1}(x_t-\Phi x_{t-1})\\
&-2\sum_{t=1}^{n}\sum_{j=1}^{m}I(A_t=M_j)\ln\pi_j(t)+n\ln|R|\\
&+\sum_{t=1}^{n}\sum_{j=1}^{m}I(A_t=M_j)(y_t-A_tx_t)'R^{-1}(y_t-A_tx_t)
\end{aligned}\tag{6.179}$$

正如在 6.3 节中所讨论的,我们需要每次迭代时关于 Θ 最小化条件期望

$$Q(\Theta|\Theta^{(k-1)})=E\{-2\ln L_{X,A,Y}(\Theta)|y_{1:n},\Theta^{(k-1)}\}\tag{6.180}$$

$k=1,2,\cdots$。式(6.180)的计算和最大化类似于式(6.63)的情况。尤其是

$$\pi_j(t|n)=E[I(A_t=M_j)|y_{1:n}]\tag{6.181}$$

我们在迭代 k 处获得,

$$\pi_j^{(k)}(t)=\pi_j(t|n)\tag{6.182}$$

$$\mu_0^{(k)}=x_0^n\tag{6.183}$$

$$\Phi^{(k)}=S_{10}S_{00}^{-1}\tag{6.184}$$

$$Q^{(k)} = n^{-1}(S_{11} - S_{10}S_{00}^{-1}S_{10}') \tag{6.185}$$

以及

$$R^{(k)} = n^{-1}\sum_{t=1}^{n}\sum_{j=1}^{m}\pi_j(t\,|\,n)\big[(y_t - M_j x_t^n)(y_t - M_j x_t^n)' + M_j P_t^n M_j'\big] \tag{6.186}$$

其中 S_{11}，S_{10}，S_{00} 在式(6.65)～(6.67)中给出。如前所述，在迭代 k 处，使用参数的当前值 $\Theta^{(k-1)}$ 计算滤波器和平滑器，并且 Σ_0 保持固定。使用式(6.163)～(6.167)完成过滤。平滑是以与滤波器的推导类似的方式导出的，并且导致性质 6.2 和性质 6.3 中给出的平滑器，但有一个例外，初始平滑器的协方差(6.53)，现在变为

$$P_{n,n-1}^n = \sum_{j=1}^{m}\pi_j(n\,|\,n)(I - K_{tj}M_j)\Phi P_{n-1}^{n-1} \tag{6.187}$$

不幸的是，$\pi_j(t\,|\,n)$ 的计算过于复杂，并且需要对混合正态分布进行积分。Shumway 和 Stoffer[184]建议用滤波器 $\pi_j(t\,|\,t)$ 逼近平滑器的 $\pi_j(t\,|\,n)$，并发现近似效果很好。

例 6.22　流感数据的分析

我们使用本节的结果来分析美国每月肺炎和流感死亡率数据，如图 5.7 所示。令 y_t 表示在第 t 个月的观测结果，我们根据结构模型和隐马尔可夫过程对 y_t 进行建模，确定是否存在流感疫情。

该模型由三个结构项组成。第一项 x_{t1} 是选择用于表示数据的周期性（季节性）的 AR(2)过程，

$$x_{t1} = \alpha_1 x_{t-1,1} + \alpha_2 x_{t-2,1} + w_{t1} \tag{6.188}$$

其中 w_{t1} 是白噪声，$\mathrm{var}(w_{t1}) = \sigma_1^2$。第二项 x_{t2} 是一个具有非零常数项的 AR(1)过程，选择该过程表示流感流行期间数据的急剧上升，

$$x_{t2} = \beta_0 + \beta_1 x_{t-1,2} + w_{t2} \tag{6.189}$$

其中 w_{t2} 是白噪声，$\mathrm{var}(w_{t2}) = \sigma_2^2$。第三项 x_{t3} 是一个固定趋势项，由下式给出

$$x_{t3} = x_{t-1,3} + w_{t3} \tag{6.190}$$

其中 $\mathrm{var}(w_{t3}) = 0$。这里尝试了 $\mathrm{var}(w_{t3}) > 0$ 的情况，其对应于随机趋势（随机游走），但估计变得不稳定，导致我们拟合固定趋势，而不是随机趋势。因此，在最终模型中，趋势项满足 $\nabla x_{t3} = 0$；回忆在例 6.18 中，在拟合模型之前，数据进行了一阶差分。

所有样本区间内，正常流感死亡率（状态 1）的时期被建模为

$$y_t = x_{t1} + x_{t3} + v_t \tag{6.191}$$

其中测量误差 v_t 是白噪声，$\mathrm{var}(v_t) = \sigma_v^2$。当流行病发生时（状态 2），死亡率被建模为

$$y_t = x_{t1} + x_{t2} + x_{t3} + v_t \tag{6.192}$$

式(6.188)～(6.192)中规定的模型可以用一般的状态空间形式编写。状态方程为

$$\begin{bmatrix} x_{t1} \\ x_{t-1,1} \\ x_{t2} \\ x_{t3} \end{bmatrix} = \begin{bmatrix} \alpha_1 & \alpha_2 & 0 & 0 \\ 1 & 0 & 0 & 0 \\ 0 & 0 & \beta_1 & 0 \\ 0 & 0 & 0 & 1 \end{bmatrix}\begin{bmatrix} x_{t-1,1} \\ x_{t-2,1} \\ x_{t-1,2} \\ x_{t-1,3} \end{bmatrix} + \begin{bmatrix} 0 \\ 0 \\ \beta_0 \\ 0 \end{bmatrix} + \begin{bmatrix} w_{t1} \\ 0 \\ w_{t2} \\ 0 \end{bmatrix} \tag{6.193}$$

当然，式(6.193)可以用标准的状态方程形式写成

$$x_t = \Phi x_{t-1} + \Upsilon u_t + w_t \tag{6.194}$$

其中 $x_t = (x_{t1}, x_{t-1,1}, x_{t2}, x_{t3})'$，$\Upsilon = (0, 0, \beta_0, 0)'$，$u_t \equiv 1$，$Q$ 是 4×4 阶矩阵，σ_1^2 为 $(1, 1)$-元素，σ_2^2 作为 $(3, 3)$-元素，其余元素设置为等于零。观测方程是

$$y_t = A_t x_t + v_t \tag{6.195}$$

其中 A_t 为 1×4 阶矩阵，v_t 为白噪声，$\mathrm{var}(v_t) = R = \sigma_v^2$。我们假设方差 w_{t1}、w_{t2} 和 v_t 的所有分量都是不相关的。

如式 (6.191) 和式 (6.192) 中所讨论的，A_t 可以采用两种可能的形式之一

$$A_t = M_1 = [1, 0, 0, 1] \qquad \text{没有流感疫情}$$
$$A_t = M_2 = [1, 0, 1, 1] \qquad \text{有流感疫情}$$

对应于两种可能状态——(1) 没有流感疫情和 (2) 有流感疫情，使得 $\mathrm{Pr}(A_t = M_1) = 1 - \mathrm{Pr}(A_t = M_2)$。在这个例子中，我们假设 A_t 是一个隐马尔可夫链，因此我们使用例 6.21 中给出的更新方程式 (6.172) 和式 (6.173)，转移概率 $\pi_{11} = \pi_{22} = 0.75$（因此，$\pi_{12} = \pi_{21} = 0.25$）。

使用准 Newton-Raphson 程序完成参数估计，以最大化式 (6.178) 中给出的近似对数似然，初始值为 $\pi_1(1|0) = \pi_2(1|0) = 0.5$。表 6.3 显示了估算程序的结果。在初始拟合时，两个估计值不显著，即 $\hat{\beta}_1$ 和 $\hat{\sigma}_v$。当 $\sigma_v^2 = 0$ 时，没有测量误差，数据的可变性仅由状态系统的方差分量解释，即 σ_1^2 和 σ_2^2。$\beta_1 = 0$ 的情况对应于流感疫情期间的简单水平变化。在最终模型中，除去 β_1 和 σ_v^2，估计的水平偏移 ($\hat{\beta}_0$) 对应于流感疫情期间死亡率增加约 $0.2/1000$。表 6.3 列出了最终模型的估算值。

表 6.3　流感数据的估算结果

参数	初始模型估计值	最终模型估计值
α_1	1.422(0.100)	1.406(0.079)
α_2	$-0.634(0.089)$	$-0.622(0.069)$
β_0	0.276(0.056)	0.210(0.025)
β_1	$-0.312(0.218)$	—
σ_1	0.023(0.003)	0.023(0.005)
σ_2	0.108(0.017)	0.112(0.017)
σ_v	0.002(0.009)	—

注：括号中是估计的标准误差

图 6.16a 显示了 1969—1978 年十年期间的数据 y_t 的时序图，以及一个指标，如果 $\hat{\pi}_1(t|t-1) \geqslant 0.5$，则该指标取值为 1，如果 $\hat{\pi}_2(t|t-1) > 0.5$，则该指标为 2。估计的预测概率在预测流感疫情方面做得很合理，尽管错过了 1972 年的高峰期。

图 6.16b 显示了模型的 x_{t1}^t、x_{t2}^t 和 x_{t3}^t 的估计过滤值（即，使用参数估计进行过滤）。除了最初的不稳定性（未显示），$\hat{x}_{t1}^t$ 代表数据的季节项（循环）方面，$\hat{x}_{t2}^t$ 代表流感疫情期间的峰值，$\hat{x}_{t3}^t$ 代表 1969—1978 年十年期间流感死亡率的缓慢下降。

提前一个月的预测结果 $\hat{y}_t^{t-1}$ 为

$$\hat{y}_t^{t-1} = M_1 \hat{x}_t^{t-1} \qquad \text{如果} \quad \hat{\pi}_1(t|t-1) > \hat{\pi}_2(t|t-1)$$
$$\hat{y}_t^{t-1} = M_2 \hat{x}_t^{t-1} \qquad \text{如果} \quad \hat{\pi}_1(t|t-1) \leqslant \hat{\pi}_2(t|t-1)$$

当然，$\hat{x}_t^{t-1}$ 是估计状态预测，使用估计参数通过在式 (6.163)～(6.167) 中呈现的滤波器（在模型中添加常数项）获得。结果如图 6.16c 所示。预测的精确度可以通过新息方差来衡量，当没有预测到流行病时为 Σ_{t1}，以及预测到流行病时为 Σ_{t2}。这些值快速稳定，当没有预测到流行病时，估计的标准预测误差约为 0.02（这是当 t 较大时，Σ_{t1} 的平方根），当预测到流

感疫情时，估计的标准预测误差约为 0.11。

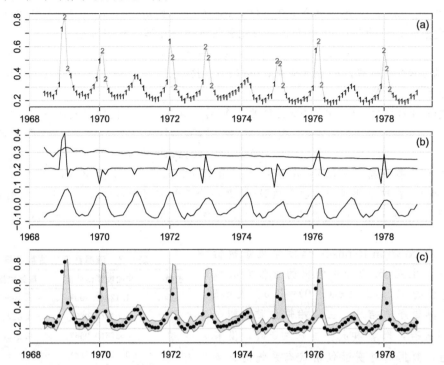

图 6.16　(a) 流感数据 y_t（线点）和预测指标（1 或 2），在第 $t-1$ 个月（虚线）给出数据的情况下，在第 t 个月是否发生流行病。(b) 流感死亡率的三个过滤后的结构项：$\hat{x}_{t1}$（循环项）、$\hat{x}_{t2}$（尖峰项）和 $\hat{x}_{t3}$（负线性项）。(c) 肺炎和流感死亡人数以及 y_t（点）提前一个月的预测显示为上限和下限 $\hat{y}_t^{t-1} \pm 2\sqrt{\hat{P}_t^{t-1}}$（灰色样本）

考虑到参数的数量少以及为拟合复杂模型的简单计算方法而进行的近似的程度，该分析的结果令人印象深刻。

在 Shumway and Stoffer[184] 的文献中给出的例子中可以找到这种技术优势的进一步证据。

最终模型估计的 R 代码如下。

```
y = as.matrix(flu); num = length(y); nstate = 4;
M1 = as.matrix(cbind(1,0,0,1))  # obs matrix normal
M2 = as.matrix(cbind(1,0,1,1))  # obs matrix flu epi
prob = matrix(0,num,1); yp = y  # to store pi2(t|t-1) & y(t|t-1)
xfilter = array(0, dim=c(nstate,1,num)) # to store x(t|t)
# Function to Calculate Likelihood
Linn = function(para){
  alpha1 = para[1]; alpha2 = para[2]; beta0 = para[3]
  sQ1 = para[4];  sQ2 = para[5];  like=0
  xf  = matrix(0, nstate, 1)  # x filter
  xp  = matrix(0, nstate, 1)  # x pred
  Pf  = diag(.1, nstate)      # filter cov
```

```
     Pp   = diag(.1, nstate)        # pred cov
     pi11 <- .75 -> pi22; pi12 <- .25 -> pi21; pif1 <- .5 -> pif2
     phi = matrix(0,nstate,nstate)
     phi[1,1] = alpha1; phi[1,2] = alpha2; phi[2,1]=1; phi[4,4]=1
     Ups = as.matrix(rbind(0,0,beta0,0))
     Q   = matrix(0,nstate,nstate)
     Q[1,1] = sQ1^2; Q[3,3] = sQ2^2; R=0  # R=0 in final model
     # begin filtering #
     for(i in 1:num){
     xp   = phi%*%xf + Ups; Pp = phi%*%Pf%*%t(phi) + Q
     sig1 = as.numeric(M1%*%Pp%*%t(M1) + R)
     sig2 = as.numeric(M2%*%Pp%*%t(M2) + R)
     k1   = Pp%*%t(M1)/sig1; k2 = Pp%*%t(M2)/sig2
     e1   = y[i]-M1%*%xp; e2 = y[i]-M2%*%xp
     pip1 = pif1*pi11 + pif2*pi21; pip2 = pif1*pi12 + pif2*pi22
     den1 = (1/sqrt(sig1))*exp(-.5*e1^2/sig1)
     den2 = (1/sqrt(sig2))*exp(-.5*e2^2/sig2)
     denm = pip1*den1 + pip2*den2
     pif1 = pip1*den1/denm; pif2 = pip2*den2/denm
     pif1 = as.numeric(pif1); pif2 = as.numeric(pif2)
     e1   = as.numeric(e1); e2=as.numeric(e2)
     xf   = xp + pif1*k1*e1 + pif2*k2*e2
     eye  = diag(1, nstate)
     Pf   = pif1*(eye-k1%*%M1)%*%Pp + pif2*(eye-k2%*%M2)%*%Pp
     like = like - log(pip1*den1 + pip2*den2)
     prob[i]<<-pip2; xfilter[,,i]<<-xf; innov.sig<<-c(sig1,sig2)
     yp[i]<<-ifelse(pip1 > pip2, M1%*%xp, M2%*%xp)  }
return(like)   }
# Estimation
alpha1 = 1.4; alpha2 = -.5; beta0 = .3; sQ1 = .1; sQ2 = .1
init.par = c(alpha1, alpha2, beta0, sQ1, sQ2)
(est = optim(init.par, Linn, NULL, method='BFGS', hessian=TRUE,
            control=list(trace=1,REPORT=1)))
SE = sqrt(diag(solve(est$hessian)))
u = cbind(estimate=est$par, SE)
rownames(u)=c('alpha1','alpha2','beta0','sQ1','sQ2'); u
              estimate           SE
   alpha1  1.40570967 0.078587727
   alpha2 -0.62198715 0.068733109
   beta0   0.21049042 0.024625302
   sQ1     0.02310306 0.001635291
   sQ2     0.11217287 0.016684663
# Graphics
predepi = ifelse(prob<.5,0,1); k = 6:length(y)
Time = time(flu)[k]
regime = predepi[k]+1
par(mfrow=c(3,1), mar=c(2,3,1,1)+.1)
plot(Time, y[k], type="n", ylab="")
 grid(lty=2); lines(Time, y[k],  col=gray(.7))
 text(Time, y[k], col=regime, labels=regime, cex=1.1)
 text(1979,.95,"(a)")
plot(Time, xfilter[1,,k], type="n", ylim=c(-.1,.4), ylab="")
 grid(lty=2); lines(Time, xfilter[1,,k])
 lines(Time, xfilter[3,,k]); lines(Time, xfilter[4,,k])
 text(1979,.35,"(b)")
plot(Time, y[k], type="n",    ylim=c(.1,.9),ylab="")
 grid(lty=2); points(Time, y[k], pch=19)
 prde1 = 2*sqrt(innov.sig[1]); prde2 = 2*sqrt(innov.sig[2])
```

```
prde = ifelse(predepi[k]<.5, prde1,prde2)
  xx = c(Time, rev(Time))
  yy = c(yp[k]-prde, rev(yp[k]+prde))
polygon(xx, yy, border=8, col=gray(.6, alpha=.3))
text(1979,.85,"(c)")
```

6.11 随机波动率

随机波动率(Stochastic Volatility，SV)模型是在第 5 章中提出的 GARCH 型模型的替代方案。在本节中，我们令 r_t 表示某些金融资产的收益率。实践中使用的大多数收益率数据模型都是我们在 5.3 节中看到的乘法形式

$$r_t = \sigma_t \varepsilon_t \tag{6.196}$$

其中 ε_t 是一个独立同分布的序列，波动率过程 σ_t 是一个非负随机过程，使得 ε_t 与所有 $s \leqslant t$ 的 σ_s 无关。通常假设 ε_t 具有零均值和单位方差。

在 SV 模型中，波动率是隐线性自回归过程的非线性变换，其中隐波动率过程 $x_t = \log\sigma_t^2$ 遵循一阶自回归，

$$x_t = \phi x_{t-1} + w_t \tag{6.197a}$$
$$r_t = \beta\exp(x_t/2)\varepsilon_t \tag{6.197b}$$

其中 $w_t \sim$ iid $N(0, \sigma_w^2)$，且 ε_t 是具有有限矩的独立同分布的噪声。假设误差过程 w_t 和 ε_t 是相互独立的并且 $|\phi| < 1$。正常情况下，w_t 和 x_t 也是正态分布的。ε_t 的所有时刻都存在，因此式(6.197)中的 r_t 的所有时刻也存在。假设 $x_0 \sim N(0, \sigma_w^2/(1-\phi^2))$[平稳分布]$r_t$ 的峰度$^{\ominus}$由下式给出

$$\kappa_4(r_t) = \kappa_4(\varepsilon_t)\exp(\sigma_x^2) \tag{6.198}$$

其中 $\sigma_w^2/(1-\phi^2)$ 是 x_t 的(平稳)方差。因此 $\kappa_4(r_t) > \kappa_4(\varepsilon_t)$，如果 $\varepsilon_t \sim$ iid $N(0, 1)$，则 r_t 的分布是尖峰的。对于任何整数 m，自相关函数$\{r_t^{2m}; t=1, 2, \cdots\}$(见问题 6.29)由下式给出

$$\mathrm{corr}(r_{t+h}^{2m}, r_t^{2m}) = \frac{\exp(m^2\sigma_x^2\phi^h) - 1}{\kappa_{4m}(\varepsilon_t)\exp(m^2\sigma_x^2) - 1} \tag{6.199}$$

自相关函数的衰减率在短期滞后时比指数更快，而在长期滞后时稳定到 ϕ。

有时使用我们定义的模型的线性形式更容易：

$$y_t = \log r_t^2 \quad \text{和} \quad v_t = \log \varepsilon_t^2$$

在这种情况下，我们可以写出

$$y_t = \alpha + x_t + v_t \tag{6.200}$$

在状态方程或观测方程中通常需要常数项(但通常不是两者都需要)，因此我们将状态方程写为

$$x_t = \phi_0 + \phi_1 x_{t-1} + w_t \tag{6.201}$$

其中 w_t 是具有方差 σ_w^2 的高斯白噪声。常数 ϕ_0 有时被称为杠杆效应。根据 Taylor[199] 的文献，式(6.200)和式(6.201)共同构成了随机波动率模型。

如果 ε_t^2 具有对数正态分布，则式(6.200)~(6.201)将形成高斯状态空间模型，然后我们可以使用标准 DLM 结果对数据拟合模型。不幸的是，这种假设似乎并不奏效。相反，

$\ominus$ 对于整数 m 和随机变量 U，$\kappa_m(U) := E[|U|^m]/(E[|U|^2])^{m/2}$。通常，$\kappa_3$ 称为偏度，κ_4 称为峰度。

人们常常将 ARCH 正态假设保持在 $\varepsilon_t \sim$ iid $N(0,1)$ 上，在这种情况下，$v_t = \log \varepsilon_t^2$ 的分布如同自由度为 1 的卡方随机变量的对数的分布。密度由下式给出

$$f(v) = \frac{1}{\sqrt{2\pi}} \exp\left\{-\frac{1}{2}(e^v - v)\right\} \quad -\infty < v < \infty \tag{6.202}$$

分布的均值是 $-(\gamma + \log 2)$，其中 $\gamma \approx 0.5772$ 是欧拉常数，分布的方差是 $\pi^2/2$。它是一个高度偏斜的密度（见图 6.18），但它不灵活，因为没有可估计的自由参数。

已经检验了各种方法来拟合随机波动率模型，这些方法包括对观测噪声过程的广泛假设。在 Jacquier et al.[104] 的文献和 Shephard[177] 的文献中可以找到所提出技术的一个很好的总结，其中包含贝叶斯（通过 MCMC）和非贝叶斯方法（如准最大似然估计和 EM 算法）。Danielson[48] 的文献和 Sandmann and Koopman[171] 的文献讨论了应用于随机波动率模型的经典推理的模拟方法。

Kim，Shephard 和 Chib[118] 提出通过七个正态分布的混合对卡方随机变量的对数进行建模，以近似观测误差分布的前四阶矩；混合分布是固定的，使用这种技术不会增加额外的模型参数。对于大多数应用来说，ε_t 是高斯分布这一基本模型假设是不现实的。为了使事情变得简单但更通用（因为我们允许观测误差动态依赖于拟合的参数），我们拟合随机波动率模型的方法是保留高斯状态方程(6.201)，但将观测方程写作

$$y_t = \alpha + x_t + \eta_t \tag{6.203}$$

其中 η_t 是白噪声，其分布是两个正态的混合，其中一个正态分布的均值为零。特别是，我们写出

$$\eta_t = I_t z_{t0} + (1 - I_t) z_{t1} \tag{6.204}$$

其中 I_t 是一个独立同分布的伯努利过程，$\Pr\{I_t = 0\} = \pi_0$，$\Pr\{I_t = 1\} = \pi_1$ $(\pi_0 + \pi_1 = 1)$，$z_{t0} \sim$ iid $N(0, \sigma_0^2)$ 以及 $z_{t1} \sim$ iid $N(0, \sigma_1^2)$。

这个模型的优点是它易于适应，因为它使用了正态分布。事实上，模型方程(6.201)和(6.203)~(6.204)类似 Peña and Guttman[151] 的文献中提出的内容，他们使用这个想法来获得稳健的卡尔曼滤波器，前面在 Kim et al.[118] 的文献中提到过。6.10 节中提供的材料，特别是该模型的滤波方程为

$$x_{t+1}^t = \phi_0 + \phi_1 x_t^{t-1} + \sum_{j=0}^{1} \pi_{tj} K_{tj} \varepsilon_{tj} \tag{6.205}$$

$$P_{t+1}^t = \phi_1^2 P_t^{t-1} + \sigma_w^2 - \sum_{j=0}^{1} \pi_{tj} K_{tj}^2 \Sigma_{tj} \tag{6.206}$$

$$\varepsilon_{t0} = y_t - \alpha - x_t^{t-1}, \quad \varepsilon_{t1} = y_t - \alpha - x_t^{t-1} - \mu_1 \tag{6.207}$$

$$\Sigma_{t0} = P_t^{t-1} + \sigma_0^2, \quad \Sigma_{t1} = P_t^{t-1} + \sigma_1^2 \tag{6.208}$$

$$K_{t0} = \phi_1 P_t^{t-1} / \Sigma_{t0}, \quad K_{t1} = \phi_1 P_t^{t-1} / \Sigma_{t1} \tag{6.209}$$

为了完成滤波，我们必须能够计算概率 $\pi_{t1} = \Pr(I_t = 1 \mid y_{1:t})$，对于 $t = 1, \cdots, n$；当然，$\pi_{t0} = 1 - \pi_{t1}$。令 $p_j(t \mid t-1)$ 表示在给定过去的 $y_{1:t-1}$ 的情况下，y_t 的条件密度，并且对于 $j = 0, 1$，$I_t = j$。然后，

$$\pi_{t1} = \frac{\pi_1 p_1(t \mid t-1)}{\pi_0 p_0(t \mid t-1) + \pi_1 p_1(t \mid t-1)} \tag{6.210}$$

其中我们假设分布 π_j，对于 $j=0，1$，为已经被指定的先验分布。如果研究者没有特别偏好的先验分布，那么选择均匀分布作为先验分布，$\pi_1=1/2$ 就足够了。不幸的是，计算上难以获得 $\mathrm{p}_j(t|t-1)$ 的精确值；虽然我们可以给出 $\mathrm{p}_j(t|t-1)$ 的显式表达式，但条件密度的实际计算是无法实现的。然而，可行的近似是选择 $\mathrm{p}_j(t|t-1)$ 作为正态分布密度 $\mathrm{N}(x_t^{t-1}+\mu_j，\Sigma_{tj})$，对于 $j=0，1，\mu_0=0$，见 6.10 节。

式(6.205)～(6.210)中给出的新息滤波器可以通过简单的条件参数从卡尔曼滤波器导出，例如，为了推导式(6.205)，写出

$$E(x_{t+1}|y_{1:t}) = \sum_{j=0}^{1} E(x_{t+1}|y_{1:t}, I_t=j)\mathrm{Pr}(I_t=j|y_{1:t})$$

$$= \sum_{j=0}^{1} (\phi_0+\phi_1 x_t^{t-1}+K_{tj}\varepsilon_{tj})\pi_{tj} = \phi_0+\phi_1 x_t^{t-1}+\sum_{j=0}^{1}\pi_{tj}K_{tj}\varepsilon_{tj}$$

参数 $\Theta=(\phi_0，\phi_1，\sigma_0^2，\mu_1，\sigma_1^2，\sigma_w^2)'$ 的估计通过 MLE 完成，似然函数如下

$$\ln L_Y(\Theta) = \sum_{t=1}^{n}\ln\Big(\sum_{j=0}^{1}\pi_j f_j(t|t-1)\Big) \tag{6.211}$$

其中密度 $\mathrm{p}_j(t|t-1)$ 近似于前面提到的正态分布密度 $\mathrm{N}(x_t^{t-1}+\mu_j，\sigma_j^2)$。我们可以考虑使用牛顿法直接最大化式(6.211)作为参数 Θ 的函数，或者我们可以考虑将 EM 算法应用于完整数据的似然函数。

例 6.23   纽约证券交易所收益率分析

图 6.17 显示了纽约证券交易所 2 000 个交易日中约 400 个交易日的收益率 r_t。应用模型 (6.201) 和 (6.203)～(6.204)，π_1 固定在 0.5，使用准 Newton-Raphson 方法拟合数据以最大化式(6.211)。结果见表 6.4。图 6.18 比较了 χ_1^2 的对数密度与拟合的混合正态分布的密度，我们注意到，数据表明 $\log-\chi_1^2$ 分布错过了上尾的大量概率。

表 6.4   纽约证券交易所收益率分析的估计结果

参数	估计值	估计的标准误差
ϕ_0	-0.006	$0.016^{\dagger}$
ϕ_1	0.988	0.007
σ_w	0.091	0.027
α	-9.613	1.269
σ_0	1.220	0.065
μ_1	-2.292	0.205
σ_1	2.683	0.105

$\dagger$ 不显著

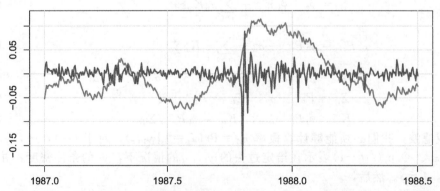

图 6.17   大约 400 个 r_t 的观测值，即 1987 年 10 月 19 日崩溃前后纽约证券交易所的日收益率。同时显示的是相应的向前一步预测对数波动率 $\hat{x}_t^{t-1}$，其中 $x_t=\log\sigma_t^2$，图中按 0.1 进行缩放

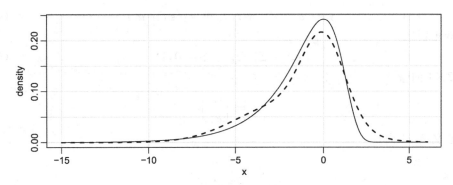

图 6.18　由式(6.202)(实线)给出的 χ_1^2 的对数密度和来自实施例 6.23 的拟合的混合正态分布(虚线)

最后，图 6.17 还显示了 1987 年 10 月 19 日崩溃前后的向前一步预测对数波动率 $\hat{x}_t^{t-1}$，其中 $x_t = \log \sigma_t^2$。分析表明不需要 ϕ_0。当 ϕ_0 包括在模型中时的 R 代码如下。

```
y    = log(nyse^2)
num  = length(y)
# Initial Parameters
phi0 = 0; phi1 =.95; sQ  =.2; alpha = mean(y)
sR0  = 1; mu1  = -3; sR1 =2
init.par = c(phi0, phi1, sQ, alpha, sR0, mu1, sR1)
# Innovations Likelihood
Linn = function(para){
 phi0 = para[1]; phi1 = para[2]; sQ  = para[3]; alpha = para[4]
 sR0  = para[5]; mu1  = para[6]; sR1 = para[7]
 sv = SVfilter(num, y, phi0, phi1, sQ, alpha, sR0, mu1, sR1)
 return(sv$like)     }
# Estimation
(est = optim(init.par, Linn, NULL, method='BFGS', hessian=TRUE,
          control=list(trace=1,REPORT=1)))
SE = sqrt(diag(solve(est$hessian)))
u = cbind(estimates=est$par, SE)
rownames(u)=c('phi0','phi1','sQ','alpha','sigv0','mu1','sigv1'); u
# Graphics   (need filters at the estimated parameters)
phi0 = est$par[1]; phi1 = est$par[2]; sQ  = est$par[3]; alpha = est$par[4]
sR0  = est$par[5]; mu1  = est$par[6]; sR1 = est$par[7]
sv   = SVfilter(num,y,phi0,phi1,sQ,alpha,sR0,mu1,sR1)
# densities plot (f is chi-sq, fm is fitted mixture)
x    = seq(-15,6,by=.01)
f    = exp(-.5*(exp(x)-x))/(sqrt(2*pi))
f0   = exp(-.5*(x^2)/sR0^2)/(sR0*sqrt(2*pi))
f1   = exp(-.5*(x-mu1)^2/sR1^2)/(sR1*sqrt(2*pi))
fm   = (f0+f1)/2
plot(x, f, type='l'); lines(x, fm, lty=2, lwd=2)
dev.new();  Time=701:1100
plot (Time, nyse[Time], type='l', col=4, lwd=2, ylab='', xlab='',
          ylim=c(-.18,.12))
lines(Time, sv$xp[Time]/10, lwd=2, col=6)
```

可以使用 6.7 节中描述的自助法程序实现随机波动率模型，有一些小的变化。Stoffer 和 Wall[195] 描述了以下程序。我们开发了一个向量一阶方程，如式(6.123)中所做的那样。首先，使用式(6.207)，注意到 $y_t = \pi_{t0} y_t + \pi_{t1} y_t$，我们可以写出

$$y_t = \alpha + x_t^{t-1} + \pi_{t0}\varepsilon_{t0} + \pi_{t1}(\varepsilon_{t1} + \mu_1) \qquad (6.212)$$

考虑标准化新息

$$e_{tj} = \Sigma_{tj}^{-1/2}\varepsilon_{tj}, \quad j = 0,1 \qquad (6.213)$$

并定义 2×1 向量

$$e_t = \begin{bmatrix} e_{t0} \\ e_{t1} \end{bmatrix}$$

另外，定义 2×1 向量

$$\xi_t = \begin{bmatrix} x_{t+1}^t \\ y_t \end{bmatrix}$$

将式(6.205)和式(6.212)的结果结合到关于 ξ_t 的向量一阶方程

$$\xi_t = F\xi_{t-1} + G_t + H_t e_t \qquad (6.214)$$

其中

$$F = \begin{bmatrix} \phi_1 & 0 \\ 1 & 0 \end{bmatrix}, \quad G_t = \begin{bmatrix} \phi_0 \\ \alpha + \pi_{t1}\mu_1 \end{bmatrix}, \quad H_t = \begin{bmatrix} \pi_{t0}K_{t0}\Sigma_{t0}^{1/2} & \pi_{t1}K_{t1}\Sigma_{t1}^{1/2} \\ \pi_{t0}\Sigma_{t0}^{1/2} & \pi_{t1}\Sigma_{t1}^{1/2} \end{bmatrix}$$

因此，在这种情况下，自助法的步骤与 6.7 节中描述的步骤(1)～(4)相同。但式(6.123)由以下一阶方程代替：

$$\xi_t^* = F(\hat{\Theta})\xi_{t-1}^* + G_t(\hat{\Theta}; \hat{\pi}_{t1}) + H_t(\hat{\Theta}; \hat{\pi}_{t1})e_t^* \qquad (6.215)$$

其中 $\hat{\Theta} = (\hat{\phi}_0, \hat{\phi}_1, \hat{\sigma}_0^2, \hat{\alpha}, \hat{\mu}_1, \hat{\sigma}_1^2, \hat{\sigma}_w^2)'$ 是关于 Θ 的 MLE，$\hat{\pi}_{t1}$ 通过式(6.210)估算，通过 $p_1(t|t-1)$ 和 $p_0(t|t-1)$ 各自估计的正态分布密度($\hat{\pi}_{t0} = 1 - \hat{\pi}_{t1}$)代替 $p_1(t|t-1)$ 和 $p_0(t|t-1)$。

例 6.24   美国 GNP 增长率分析

在例 5.4 中，我们将 ARCH 模型拟合到美国 GNP 增长率。在本例中，我们将随机波动率模型拟合到拟合增长率的 AR(1)得到的残差(见例3.39)。图 6.19 显示了美国 GNP 序列中拟合残差平方的对数，即 y_t。然后将随机波动率模型(6.200)～(6.204)拟合到 y_t。表 6.5 显示了模型参数的 MLE 以及它们的渐近 SE，假设模型是正确的。表 6.5 中还显示了 $B = 500$ 时自助法样本的 SE。大多数渐近值和自助法值之间几乎没有一致性。然而，在

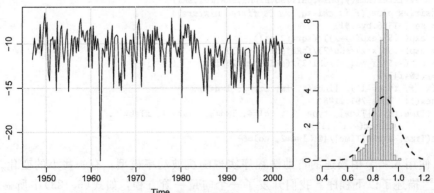

图 6.19   例 6.24 的结果：GNP 增长率拟合 AR(1)的残差平方的对数。自助法直方图和 $\hat{\phi}_1$ 的渐近分布

这里我们感兴趣的不是 SE，而是估算的实际抽样分布。例如，图 6.19 比较了自助法直方图和 $\hat\phi_1$ 的渐近正态分布。在这种情况下，自助法分布表现出正的峰度和偏度，这是被渐近正态性假设所忽略的。

表 6.5　GNP 实例的估计值和标准误差

参数	MLE	渐近 SE	Bootstrap[†] SE
ϕ_1	0.884	0.109	0.057
σ_w	0.381	0.221	0.324
α	−9.654	0.343	1.529
σ_0	0.835	0.204	0.527
μ_1	−2.350	0.495	0.410
σ_1	2.453	0.293	0.375

† 基于 500 个 bootstrap 样本

本例的 R 代码如下。分析中我们将 ϕ_0 保持为 0，因为在初始分析中它与 0 没有显著差异。

```
n.boot = 500    # number of bootstrap replicates
tol = sqrt(.Machine$double.eps)   # convergence tolerance
gnpgr = diff(log(gnp))
fit = arima(gnpgr, order=c(1,0,0))
y = as.matrix(log(resid(fit)^2))
num = length(y)
plot.ts(y, ylab='')
# Initial Parameters
phi1 = .9; sQ = .5; alpha = mean(y); sR0 = 1; mu1 = -3; sR1 = 2.5
init.par = c(phi1, sQ, alpha, sR0, mu1, sR1)
# Innovations Likelihood
Linn = function(para, y.data){
  phi1 = para[1]; sQ = para[2]; alpha = para[3]
  sR0 = para[4];  mu1 = para[5];    sR1 = para[6]
  sv = SVfilter(num, y.data, 0, phi1, sQ, alpha, sR0, mu1, sR1)
  return(sv$like)               }
# Estimation
(est = optim(init.par, Linn, NULL, y.data=y, method='BFGS', hessian=TRUE,
          control=list(trace=1,REPORT=1)))
SE = sqrt(diag(solve(est$hessian)))
u = rbind(estimates=est$par, SE)
colnames(u)=c('phi1','sQ','alpha','sig0','mu1','sig1'); round(u, 3)
          phi1    sQ alpha  sig0   mu1  sig1
  estimates 0.884 0.381 -9.654 0.835 -2.350 2.453
  SE        0.109 0.221 0.343 0.204 0.495 0.293

# Bootstrap
para.star = matrix(0, n.boot, 6)  # to store parameter estimates
for (jb in 1:n.boot){
 cat('iteration:', jb, '\n')
 phi1 = est$par[1]; sQ = est$par[2]; alpha = est$par[3]
 sR0 = est$par[4]; mu1 = est$par[5]; sR1 = est$par[6]
 Q = sQ^2; R0 = sR0^2; R1 = sR1^2
 sv = SVfilter(num, y, 0, phi1, sQ, alpha, sR0, mu1, sR1)
 sig0 = sv$Pp+R0; sig1 = sv$Pp+R1;
 K0 = sv$Pp/sig0; K1 = sv$Pp/sig1
```

```
inn0 = y-sv$xp-alpha; inn1 = y-sv$xp-mu1-alpha
den1 = (1/sqrt(sig1))*exp(-.5*inn1^2/sig1)
den0 = (1/sqrt(sig0))*exp(-.5*inn0^2/sig0)
fpi1 = den1/(den0+den1)
# start resampling at t=4
e0 = inn0/sqrt(sig0); e1 = inn1/sqrt(sig1)
indx = sample(4:num, replace=TRUE)
sinn = cbind(c(e0[1:3], e0[indx]), c(e1[1:3], e1[indx]))
eF = matrix(c(phi1, 1, 0, 0), 2, 2)
xi = cbind(sv$xp,y) # initialize
  for (i in 4:num){     # generate boot sample
  G = matrix(c(0, alpha+fpi1[i]*mu1), 2, 1)
  h21 = (1-fpi1[i])*sqrt(sig0[i]); h11 = h21*K0[i]
  h22 = fpi1[i]*sqrt(sig1[i]); h12 = h22*K1[i]
  H = matrix(c(h11,h21,h12,h22),2,2)
  xi[i,] = t(eF%*%as.matrix(xi[i-1,],2) + G + H%*%as.matrix(sinn[i,],2))}
# Estimates from boot data
y.star = xi[,2]
phi1=.9; sQ=.5; alpha=mean(y.star); sR0=1; mu1=-3; sR1=2.5
init.par = c(phi1, sQ, alpha, sR0, mu1, sR1)    # same as for data
est.star = optim(init.par, Linn, NULL, y.data=y.star, method='BFGS',
          control=list(reltol=tol))
para.star[jb,] = cbind(est.star$par[1], abs(est.star$par[2]),
          est.star$par[3], abs(est.star$par[4]), est.star$par[5],
          abs(est.star$par[6])) }
# Some summary statistics and graphics
rmse = rep(NA,6)  # SEs from the bootstrap
for(i in 1:6){
  rmse[i] = sqrt(sum((para.star[,i]-est$par[i])^2)/n.boot)
  cat(i, rmse[i],'\n') }
dev.new(); phi = para.star[,1]
hist(phi, 15, prob=TRUE, main='', xlim=c(.4,1.2), xlab='')
xx = seq(.4, 1.2, by=.01)
lines(xx, dnorm(xx, mean=u[1,1], sd=u[2,1]), lty='dashed', lwd=2)
```

6.12 状态空间模型的贝叶斯分析

我们现在考虑一些通过马尔可夫链蒙特卡罗（MCMC）方法拟合线性高斯状态空间模型的贝叶斯方法。我们假设模型由式（6.1）～（6.2）给出；模型中允许输入，但为简洁起见，我们不显示它们。在这种情况下，Frühwirth-Schnatter[64]以及 Carter 和 Kohn[39]建立了我们将在这里讨论的 MCMC 程序。我们强烈推荐 Petris et al. [153]的文献和相应的 R 包 dlm。对于非线性和非高斯模型，读者可以 Douc，Moulines and Stoffer[53]的文献。如前面部分所述，我们有 n 个由 $y_{1:n}=\{y_1, \cdots, y_n\}$ 表示的观测值，其中状态表示为 $x_{0:n}=\{x_0, x_1, \cdots, x_n\}$，$x_0$ 是最初的状态。

MCMC 方法指的是使用马尔可夫更新方案从难以处理的后验分布中采样的蒙特卡罗积分方法。最常见的 MCMC 方法是 Gibbs 采样器，它基本上是由 Hastings[96]在统计环境中开发的 Metropolis 算法（见 Metropolis et al. [141]的文献）的修改，以及 Geman 和 Geman[68]在图像恢复中的修改。后来，Tanner 和 Wong[198]在他们的替代抽样方法中使用了这些思想，Gelfand 和 Smith[67]开发了 Gibbs 抽样器，用于广泛的参数模型。基本策略是使用条件分布来建立马尔可夫链以从联合分布中获取样本。以下简单案例说明了这一想法。

例 6.25 双变量正态分布的 Gibbs 采样

假设我们希望从二元正态分布中获取样本，

$$\begin{pmatrix} X \\ Y \end{pmatrix} \sim N\left[\begin{pmatrix} 0 \\ 0 \end{pmatrix}, \begin{pmatrix} 1 & \rho \\ \rho & 1 \end{pmatrix} \right]$$

其中 $|\rho| < 1$，但我们只能从单变量正态分布生成样本。

- 单变量正态分布的条件是（见式(B.9)～(B.10)）

$$(X|Y=y) \sim N(\rho y, 1-\rho^2) \quad \text{和} \quad (Y|X=x) \sim N(\rho x, 1-\rho^2)$$

我们可以从这些分布中进行模拟。

- 构造马尔可夫链：选择 $X^{(0)} = x_0$，然后迭代过程 $X^{(0)} = x_0 \mapsto Y^{(0)} \mapsto X^{(1)} \mapsto Y^{(1)} \mapsto \cdots \mapsto X^{(k)} \mapsto Y^{(k)} \mapsto \cdots$，其中

$$(Y^{(k)} | X^{(k)} = x_k) \sim N(\rho x_k, 1-\rho^2)$$
$$(X^{(k)} | Y^{(k-1)} = y_{k-1}) \sim N(\rho y_{k-1}, 1-\rho^2)$$

- $(X^{(k)}, Y^{(k)})$ 的联合分布是（见问题 3.2）

$$\begin{pmatrix} X^{(k)} \\ Y^{(k)} \end{pmatrix} \sim N\left[\begin{pmatrix} \rho^{2k} x_0 \\ \rho^{2k+1} x_0 \end{pmatrix}, \begin{pmatrix} 1-\rho^{4k} & \rho(1-\rho^{4k}) \\ \rho(1-\rho^{4k}) & 1-\rho^{4k+2} \end{pmatrix} \right]$$

- 因此，对于任何起始值 x_0，随着 $k \to \infty$，$(X^{(k)}, Y^{(k)}) \to_d (X, Y)$；速度取决于 ρ。然后将运行链并丢弃最初的 n_0 采样值(burnin)并保留其余值。 ∎

对于状态空间模型，主要目的是在状态有意义的情况下获得参数 $p(\Theta|y_{1:n})$ 或 $p(x_{0:n}|y_{1:n})$ 的后验密度。例如，状态对于 ARMA 模型没有任何意义，但它们对随机波动率模型很重要。通常更容易从完全后验 $p(\Theta|y_{1:n})$ 获得样本然后边际化（"平均"）以获得 $p(\Theta|y_{1:n})$ 或 $p(x_{0:n}|y_{1:n})$。如前所述，最流行的方法是运行完整的 Gibbs 采样器，从采样模型参数和潜在状态序列各自的完整条件分布之间交替采样。

程序 6.1 状态空间模型的 Gibbs 采样器

(1) 生成 $\Theta' \sim p(\Theta|x_{0:n}, y_{1:n})$
(2) 生成 $x'_{0:n} \sim p(x_{0:n}|\Theta', y_{1:n})$

程序 6.1-(1)通常要容易得多，因为它取决于完整数据 $\{x_{0:n}, y_{1:n}\}$，6.3 节可以简化这一问题。程序 6.1-(2)是从潜在状态序列的联合平滑分布中采样，并且通常是困难的。然而，对于线性高斯模型，程序 6.1 的两个部分都相对容易执行。

要完成程序 6.1-(1)，请注意

$$p(\Theta|x_{0:n}, y_{1:n}) \propto \pi(\Theta) p(x_0|\Theta) \prod_{t=1}^{n} p(x_t|x_{t-1}, \Theta) p(y_t|x_t, \Theta) \qquad (6.216)$$

其中 $\pi(\Theta)$ 是参数的先验。先验通常依赖于"超参数"，其为层次结构添加另一个级别。为简单起见，假设这些超参数是已知的。参数通常是条件独立的，具有来自标准参数族的分布（至少只要先验分布相对于贝叶斯模型规范是共轭的）。对于非共轭模型，一种选择是用 Metropolis-Hastings 步骤替换程序 6.1-(1)，这是可行的，因为可以逐点评估完整数据密度 $p(\Theta, x_{0:n}, y_{1:n})$。

例如，在以下单变量模型中

$$x_t = \phi x_{t-1} + w_t \quad 和 \quad y_t = x_t + v_t$$

其中 $w_t \sim$ iid $N(0, \sigma_w^2)$ 独立于 $v_t \sim$ iid $N(0, \sigma_v^2)$，我们可以使用正态和逆伽马(IG)分布作为先验分布。在这种情况下，方差分量的先验是从共轭族中选择的，即 $\sigma_w^2 \sim$ IG$(a_0/2, b_0/2)$，与 $\sigma_v^2 \sim$ IG$(c_0/2, d_0/2)$ 无关，其中 IG 表示逆(倒数)伽马分布。然后，例如，如果参数 ϕ 的先验分布是高斯分布，$\phi \sim$ N$(\mu_\phi, \sigma_\phi^2)$，那么 $\phi | \sigma_w, x_{0:n}, y_{1:n} \sim$ N(Bb, B)，其中

$$B^{-1} = \frac{1}{\sigma_\phi^2} + \frac{1}{\sigma_w^2} \sum_{t=1}^n x_{t-1}^2, \quad b = \frac{\mu_\phi}{\sigma_\phi^2} + \frac{1}{\sigma_w^2} \sum_{t=1}^n x_t x_{t-1}$$

以及

$$\sigma_w^2 | \phi, x_{0:n}, y_{1:n} \sim \text{IG}\left(\frac{1}{2}(a_0 + n), \frac{1}{2}\left\{b_0 + \sum_{t=1}^n [x_t - \phi x_{t-1}]^2\right\}\right)$$

$$\sigma_v^2 | x_{0:n}, y_{1:n} \sim \text{IG}\left(\frac{1}{2}(c_0 + n), \frac{1}{2}\left\{c_0 + \sum_{t=1}^n [y_t - x_t]^2\right\}\right)$$

对于程序 6.1-(2)，目标是从后验密度 $p(x_{0:n} | \Theta, y_{1:n})$ 中采样整组状态向量 $x_{0:n}$，其中 Θ 是从上一步获得的一组固定参数。我们将后验写为 $p_\Theta(x_{0:n} | y_{1:n})$ 以节省空间。由于马尔可夫结构，我们可以写出

$$p_\Theta(x_{0:n} | y_{1:n}) = p_\Theta(x_n | y_{1:n}) p_\Theta(x_{n-1} | x_n, y_{1:n-1}) \cdots p_\Theta(x_0 | x_1) \tag{6.217}$$

鉴于式(6.217)，可以通过顺序地向后模拟各个状态来对整组状态向量 $x_{0:n}$ 进行采样。这个过程产生了一种模拟方法，Frühwirth-Schnatter[64] 称之为前向滤波、后向采样(Forward-Filtering, Backward-Sampling, FFBS)算法。从式(6.217)，我们看到必须获得密度

$$p_\Theta(x_t | x_{t+1}, y_{1:t}) \propto p_\Theta(x_t | y_{1:t}) p_\Theta(x_{t+1} | x_t)$$

特别是，我们知道 $x_t | y_{1:t} \sim N_p^\Theta(x_t^t, P_t^t)$，并且 $x_{t+1} | x_t \sim N_p^\Theta(\Phi_{x_t}, Q)$。并且因为过程是高斯过程，我们只需要获得条件均值和方差，即，$m_t = E_\Theta(x_t | y_{1:t}, x_{t+1})$ 和 $V_t = \text{var}_\Theta(x_t | y_{1:t}, x_{t+1})$。特别是，

$$m_t = x_t^t + J_t(x_{t+1} - x_{t+1}^t) \quad 和 \quad V_t = P_t^t - J_t P_{t+1}^t J_t' \tag{6.218}$$

对于 $t = n-1, n-2, \cdots, 0$，其中 J_t 在式(6.47)中定义。我们注意到 m_t 已经在式(6.48)中得出。要使用标准正态理论导出 m_t 和 V_t，请使用类似于性质 6.1 中滤波器的推导的策略。即，

$$\begin{pmatrix} x_t \\ x_{t+1} \end{pmatrix} \Big| y_{1:t} \sim N\left[\begin{bmatrix} x_t^t \\ x_{t+1}^t \end{bmatrix}, \begin{bmatrix} P_t^t & P_t^t \Phi' \\ \Phi P_t^t & p_{t+1}^t \end{bmatrix}\right]$$

现在使用式(B.9)、式(B.10)和式(6.47)中 J_t 的定义。另外，回顾性质 6.3 的证明，其中我们注意到对角线外的 $P_{t+1,t}^t = \Phi P_t^t$。

因此，给定 Θ，算法首先从 $N_p^\Theta(x_n^n, P_n^n)$ 采样 x_n^n，其中 x_n^n 和 P_n^n 从卡尔曼滤波器(性质 6.1)获得，然后从 $N_p^\Theta(m_t, V_t)$ 获得 x_t，对于 $t = n-1, n-2, \cdots, 0$，其中 x_{t+1} 的条件值是先前采样的值。

例 6.26 局部水平模型

在本例中，我们考虑先前在例 6.4 中讨论的局部水平模型。在这里，我们考虑模型

$$y_t = x_t + v_t \quad 和 \quad x_t = x_{t-1} + w_t$$

其中 $v_t \sim$ iid N$(0, \sigma_v^2 = 1)$ 独立于 $w_t \sim$ iid N$(0, \sigma_w^2 = 0.5)$。这是我们刚才讨论的单变量模

型，但是 $\phi = 1$。在这种情况下，我们对每个方差分量使用 IG 先验。

对于先验分布，所有参数 (a_0, b_0, c_0, d_0) 都设置为 0.02。我们生成 1 010 个样本，使用前 10 个样本作为 burn-in。图 6.20 显示了模拟数据和状态、数据似然函数的轮廓、点代表采样的后验值，以及每个方差分量的边际采样后验以及后验均值。图 6.21 将实际平滑器的 x_t^n 与采样平滑值的后验平均值进行了比较。此外，95% 可信区间显示为填充区域。

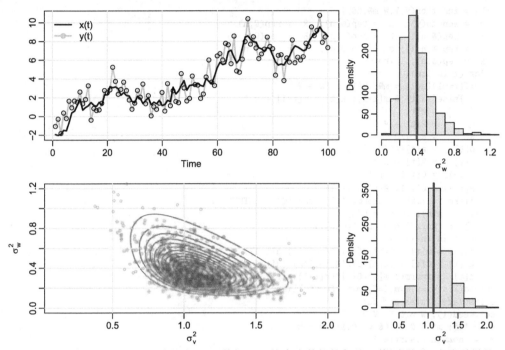

图 6.20 显示例 6.26。左：生成状态 x_t 和数据 y_t。轮廓为数据的似然函数（实线），点为采样的后验值。右：每个方差分量的边际采样后验和后验均值（垂直线），真值是 $\sigma_w^2 = 0.5$ 和 $\sigma_v^2 = 1$

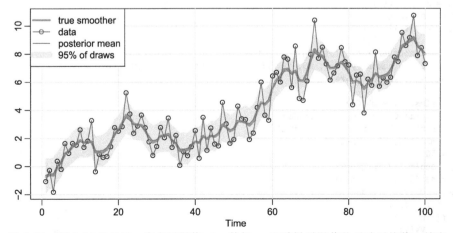

图 6.21 例 6.26 的显示：真实平滑值 x_t^n、数据 y_t 和采样平滑值的后验平均值；填充区域显示 2.5% ~ 97.5% 置信区间

在本例中使用了以下代码。

```
##-- Notation --##
#           y(t) = x(t) + v(t);    v(t) ~ iid N(0,V)
#           x(t) = x(t-1) + w(t);  w(t) ~ iid N(0,W)
#  priors:  x(0) ~ N(m0,C0);  V ~ IG(a,b);  W ~ IG(c,d)
#     FFBS: x(t|t) ~ N(m,C);  x(t|n) ~ N(mm,CC);  x(t|t+1) ~ N(a,R)
##--
ffbs = function(y,V,W,m0,C0){
  n  = length(y);  a  = rep(0,n);  R  = rep(0,n)
  m  = rep(0,n);   C  = rep(0,n);  B  = rep(0,n-1)
  H  = rep(0,n-1); mm = rep(0,n);  CC = rep(0,n)
  x  = rep(0,n); llike = 0.0
  for (t in 1:n){
    if(t==1){a[1] = m0; R[1] = C0 + W
      }else{ a[t] = m[t-1]; R[t] = C[t-1] + W }
    f       = a[t]
    Q       = R[t] + V
    A       = R[t]/Q
    m[t]    = a[t]+A*(y[t]-f)
    C[t]    = R[t]-Q*A**2
    B[t-1]  = C[t-1]/R[t]
    H[t-1]  = C[t-1]-R[t]*B[t-1]**2
    llike   = llike + dnorm(y[t],f,sqrt(Q),log=TRUE) }
  mm[n] = m[n]; CC[n] = C[n]
  x[n]  = rnorm(1,m[n],sqrt(C[n]))
  for (t in (n-1):1){
    mm[t] = m[t] + C[t]/R[t+1]*(mm[t+1]-a[t+1])
    CC[t] = C[t] - (C[t]^2)/(R[t+1]^2)*(R[t+1]-CC[t+1])
    x[t]  = rnorm(1,m[t]+B[t]*(x[t+1]-a[t+1]),sqrt(H[t]))  }
return(list(x=x,m=m,C=C,mm=mm,CC=CC,llike=llike))    }
# Simulate states and data
set.seed(1); W = 0.5; V = 1.0
n = 100; m0 = 0.0; C0 = 10.0; x0 = 0
w = rnorm(n,0,sqrt(W))
v = rnorm(n,0,sqrt(V))
x = y = rep(0,n)
x[1] = x0   + w[1]
y[1] = x[1] + v[1]
for (t in 2:n){
  x[t] = x[t-1] + w[t]
  y[t] = x[t] + v[t]    }
# actual smoother (for plotting)
ks = Ksmooth0(num=n, y, A=1, m0, C0, Phi=1, cQ=sqrt(W), cR=sqrt(V))
xsmooth = as.vector(ks$xs)
#
run = ffbs(y,V,W,m0,C0)
m   = run$m; C = run$C; mm = run$mm
CC  = run$CC; L1 = m-2*C; U1  = m+2*C
L2  = mm-2*CC; U2 = mm+2*CC
N   = 50
Vs  = seq(0.1,2,length=N)
Ws  = seq(0.1,2,length=N)
likes = matrix(0,N,N)
for (i in 1:N){
for (j in 1:N){
  V   = Vs[i]
  W   = Ws[j]
  run = ffbs(y,V,W,m0,C0)
```

```
    likes[i,j] = run$llike  }  }
# Hyperparameters
a = 0.01; b = 0.01; c = 0.01; d = 0.01
# MCMC step
set.seed(90210)
burn  = 10;  M = 1000
niter = burn + M
V1    = V;  W1 = W
draws = NULL
all_draws = NULL
for (iter in 1:niter){
  run   = ffbs(y,V1,W1,m0,C0)
  x     = run$x
  V1    = 1/rgamma(1,a+n/2,b+sum((y-x)^2)/2)
  W1    = 1/rgamma(1,c+(n-1)/2,d+sum(diff(x)^2)/2)
  draws = rbind(draws,c(V1,W1,x))      }
all_draws = draws[,1:2]
q025  = function(x){quantile(x,0.025)}
q975  = function(x){quantile(x,0.975)}
draws = draws[(burn+1):(niter),]
xs    = draws[,3:(n+2)]
lx    = apply(xs,2,q025)
mx    = apply(xs,2,mean)
ux    = apply(xs,2,q975)
## plot of the data
par(mfrow=c(2,2), mgp=c(1.6,.6,0), mar=c(3,3.2,1,1))
ts.plot(ts(x), ts(y), ylab='', col=c(1,8), lwd=2)
points(y)
legend(0, 11, legend=c("x(t)","y(t)"), lty=1, col=c(1,8), lwd=2, bty="n",
          pch=c(-1,1))
contour(Vs, Ws, exp(likes), xlab=expression(sigma[v]^2),
          ylab=expression(sigma[w]^2), drawlabels=FALSE, ylim=c(0,1.2))
points(draws[,1:2], pch=16, col=rgb(.9,0,0,0.3), cex=.7)
hist(draws[,1], ylab="Density",main="", xlab=expression(sigma[v]^2))
abline(v=mean(draws[,1]), col=3, lwd=3)
hist(draws[,2],main="", ylab="Density", xlab=expression(sigma[w]^2))
abline(v=mean(draws[,2]), col=3, lwd=3)
## plot states
par(mgp=c(1.6,.6,0), mar=c(2,1,.5,0)+.5)
plot(ts(mx), ylab='', type='n', ylim=c(min(y),max(y)))
grid(lty=2); points(y)
lines(xsmooth, lwd=4, col=rgb(1,0,1,alpha=.4))
lines(mx, col= 4)
 xx=c(1:100, 100:1)
 yy=c(lx, rev(ux))
polygon(xx, yy, border=NA, col= gray(.6,alpha=.2))
lines(y, col=gray(.4))
legend('topleft', c('true smoother', 'data', 'posterior mean', '95% of
          draws'), lty=1, lwd=c(3,1,1,10), pch=c(-1,1,-1,-1), col=c(6,
          gray(.4) ,4, gray(.6, alpha=.5)), bg='white' )
```

接下来，我们考虑一个更复杂的模型。

例 6.27　结构模型

考虑例 6.10 中讨论的 Johnson & Johnson 季度每股收益序列。模型为

$$y_t = (1 \quad 1 \quad 0 \quad 0)x_t + v_t$$

$$x_t = \begin{pmatrix} T_t \\ S_t \\ S_{t-1} \\ S_{t-2} \end{pmatrix} = \begin{pmatrix} \phi & 0 & 0 & 0 \\ 0 & -1 & -1 & -1 \\ 0 & 1 & 0 & 0 \\ 0 & 0 & 1 & 0 \end{pmatrix} \begin{pmatrix} T_{t-1} \\ S_{t-1} \\ S_{t-2} \\ S_{t-3} \end{pmatrix} + \begin{pmatrix} w_{t1} \\ w_{t2} \\ 0 \\ 0 \end{pmatrix}$$

其中 $R = \sigma_v^2$，以及

$$Q = \begin{pmatrix} \sigma_{w,11}^2 & 0 & 0 & 0 \\ 0 & \sigma_{w,22}^2 & 0 & 0 \\ 0 & 0 & 0 & 0 \\ 0 & 0 & 0 & 0 \end{pmatrix}$$

要估计的参数是与增长率相关的转移参数 $\phi > 1$，观测噪声方差 σ_v^2，与趋势分量和季节性分量相关联的状态噪声变量的方差分别为 $\sigma_{w,11}^2$ 和 $\sigma_{w,22}^2$，

在这种情况下，从 $p(x_{0:n}|\Theta, y_{1:n})$ 采样，直接遵循式(6.217)~(6.218)。接下来，我们讨论如何从 $p(\Theta|x_{0:n}, y_{1:n})$ 进行采样。对于转移参数，记作 $\phi = 1 + \beta$，其中 $0 < \beta \ll 1$；回想一下，在例 6.10 中，ϕ 估计为 1.035，这表明增长率 β 为 3.5%。请注意，趋势项可以重写为

$$\nabla T_t = T_t - T_{t-1} = \beta T_{t-1} + w_{t1}$$

因此，以状态为条件，参数 β 是 T_{t-1} 对 ∇T_t 进行线性回归（通过原点）的斜率，对于 $t = 1, \cdots, n$，并且 w_{t1} 是误差。通常，我们将正态分布和逆伽马分布(IG)置于先验 $(\beta, \sigma_{w,11}^2)$，即 $\beta | \sigma_{w,11}^2 \sim N(b_0, \sigma_{w,11}^2 B_0)$ 和 $\sigma_{w,11}^2 \sim IG(n_0/2, n_0 s_0^2/2)$，具有已知的超参数 b_0，B_0，n_0，s_0^2。

同时我们将 IG 先验用于其他两个方差分量 σ_v^2 和 $\sigma_{w,22}^2$。在这种情况下，如果先验 $\sigma_v^2 \sim IG(n_0/2, n_0 s_0^2/2)$，那么后验是

$$\sigma_v^2 | x_{0:n}, y_{1:n} \sim IG(n_v/2, n_v s_v^2/2)$$

其中 $n_v = n_0 + n$，$n_v s_v^2 = n_0 s_0^2 + \sum_{t=1}^{n} (Y_t - T_t - S_t)^2$。同样，如果先验 $\sigma_{w,22}^2 \sim IG(n_0/2, n_0 s_0^2/2)$，则后验为

$$\sigma_{w,22}^2 | x_{0:n}, y_{1:n} \sim IG(n_w/2, n_w s_w^2/2)$$

其中 $n_w = n_0 + (n-3)$，$n_w s_w^2 = n_0 s_0^2 + \sum_{t=1}^{n-3} (S_t - S_{t-1} - S_{t-2} - S_{t-3})^2$。

图 6.22 显示了参数后验估计的结果。该图的顶行显示在 100 个 burn-in 之后的 1 000 个样本的轨迹，步长为 10（即，每 10 个样本绘制一次采样结果）。图的中间一行显示轨迹的 ACF，采样的后验显示在图的最后一行。该分析的结果与例 6.10 中得到的结果相当；ϕ 的后验均值和中位数表示 Johnson & Johnson 在此期间的季度收益增长率为 3.7%。

图 6.23 显示趋势项 (T_t) 和季节项 $(T_t + S_t)$ 的平滑线以及 99% 置信区间。同样，这些结果与例 6.10 中获得的结果相当。本例的 R 代码如下：

```
library(plyr)    # used to view progress (install it if you don't have it)
y = jj
### setup - model and initial parameters
set.seed(90210)
n = length(y)
F = c(1,1,0,0)       # this is A
G = diag(0,4)        # G is Phi
```

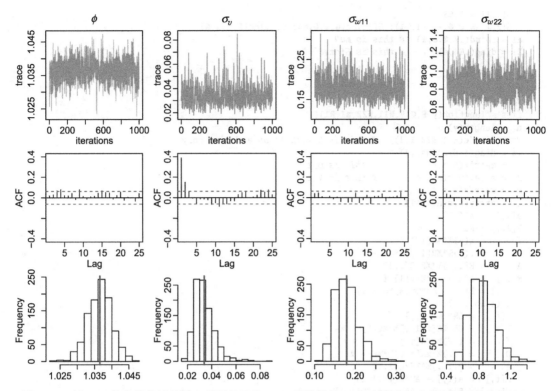

图 6.22　例 6.27 的参数估计结果。顶行显示 burn-in 后绘制的 1 000 个轨迹。中间行显示轨迹的 ACF。采样后验显示在最后一行（均值用垂直实线标出）

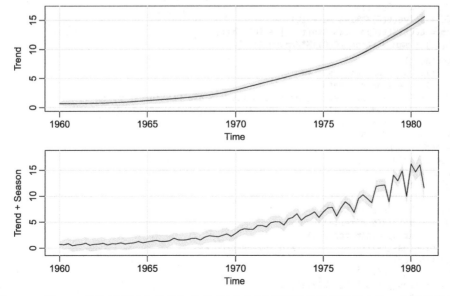

图 6.23　例 6.27 趋势项(T_t)和趋势加季节项($T_t + S_t$)的平滑估计以及相应的 99% 置信区间

```
  G[1,1] = 1.03
  G[2,]  = c(0,-1,-1,-1); G[3,]=c(0,1,0,0); G[4,]=c(0,0,1,0)
a1 = rbind(.7,0,0,0)   # this is mu0
R1 = diag(.04,4)        # this is Sigma0
V = .1
W11 = .1
W22 = .1
##-- FFBS --##
ffbs = function(y,F,G,V,W11,W22,a1,R1){
n  = length(y)
Ws = diag(c(W11,W22,1,1))  # this is Q with 1s as a device only
iW = diag(1/diag(Ws),4)
a  = matrix(0,n,4)          # this is m_t
R  = array(0,c(n,4,4))      # this is V_t
m  = matrix(0,n,4)
C  = array(0,c(n,4,4))
a[1,]  = a1[,1]
R[1,,] = R1
f       = t(F)%*%a[1,]
Q       = t(F)%*%R[1,,]%*%F + V
A       = R[1,,]%*%F/Q[1,1]
m[1,]  = a[1,]+A%*%(y[1]-f)
C[1,,] = R[1,,]-A%*%t(A)*Q[1,1]
for (t in 2:n){
  a[t,]  = G%*%m[t-1,]
  R[t,,] = G%*%C[t-1,,]%*%t(G) + Ws
  f       = t(F)%*%a[t,]
  Q       = t(F)%*%R[t,,]%*%F + V
  A       = R[t,,]%*%F/Q[1,1]
  m[t,]  = a[t,] + A%*%(y[t]-f)
  C[t,,] = R[t,,] - A%*%t(A)*Q[1,1]         }
xb         = matrix(0,n,4)
xb[n,]  = m[n,] + t(chol(C[n,,]))%*%rnorm(4)
for (t in (n-1):1){
  iC  = solve(C[t,,])
  CCC = solve(t(G)%*%iW%*%G + iC)
  mmm = CCC%*%(t(G)%*%iW%*%xb[t+1,] + iC%*%m[t,])
  xb[t,] = mmm + t(chol(CCC))%*%rnorm(4)   }
  return(xb)                                  }
##-- Prior hyperparameters --##
# b0 = 0    # mean for beta = phi -1
# B0 = Inf  # var for  beta  (non-informative => use OLS for sampling beta)
n0 = 10  # use same for all- the prior is 1/Gamma(n0/2, n0*s20_/2)
s20v = .001  # for V
s20w =.05    # for Ws
##-- MCMC scheme --##
set.seed(90210)
burnin  = 100
step     = 10
M        = 1000
niter    = burnin+step*M
pars     = matrix(0,niter,4)
xbs      = array(0,c(niter,n,4))
pr <- progress_text()           # displays progress
pr$init(niter)
for (iter in 1:niter){
    xb = ffbs(y,F,G,V,W11,W22,a1,R1)
    u = xb[,1]
```

```
    yu = diff(u); xu = u[-n]     # for phihat and se(phihat)
   regu = lm(yu~0+xu)              # est of beta = phi-1
  phies = as.vector(coef(summary(regu)))[1:2] + c(1,0) # phi estimate and SE
    dft = df.residual(regu)
 G[1,1] = phies[1] + rt(1,dft)*phies[2]  # use a t
    V  = 1/rgamma(1, (n0+n)/2, (n0*s20v/2) + sum((y-xb[,1]-xb[,2])^2)/2)
   W11 = 1/rgamma(1, (n0+n-1)/2, (n0*s20w/2) +
          sum((xb[-1,1]-phies[1]*xb[-n,1])^2)/2)
   W22 = 1/rgamma(1, (n0+ n-3)/2, (n0*s20w/2) + sum((xb[4:n,2] +
          xb[3:(n-1),2]+ xb[2:(n-2),2] +xb[1:(n-3),2])^2)/2)
   xbs[iter,,] = xb
   pars[iter,] = c(G[1,1], sqrt(V), sqrt(W11), sqrt(W22))
   pr$step()               }
# Plot results
ind = seq(burnin+1,niter,by=step)
names= c(expression(phi), expression(sigma[v]), expression(sigma[w~11]),
          expression(sigma[w~22]))
dev.new(height=5)
par(mfcol=c(3,4), mar=c(2,2,.25,0)+.75, mgp=c(1.6,.6,0), oma=c(0,0,1,0))
for (i in 1:4){
 plot.ts(pars[ind,i],xlab="iterations", ylab="trace", main="")
 mtext(names[i], side=3, line=.5, cex=1)
 acf(pars[ind,i],main="", lag.max=25, xlim=c(1,25), ylim=c(-.4,.4))
 hist(pars[ind,i],main="",xlab="")
 abline(v=mean(pars[ind,i]), lwd=2, col=3)  }
 par(mfrow=c(2,1), mar=c(2,2,0,0)+.7, mgp=c(1.6,.6,0))
 mxb = cbind(apply(xbs[ind,,1],2,mean), apply(xbs[,,2],2,mean))
 lxb = cbind(apply(xbs[ind,,1],2,quantile,0.005),
          apply(xbs[ind,,2],2,quantile,0.005))
 uxb = cbind(apply(xbs[ind,,1],2,quantile,0.995),
          apply(xbs[ind,,2],2,quantile,0.995))
 mxb = ts(cbind(mxb,rowSums(mxb)), start = tsp(jj)[1], freq=4)
 lxb = ts(cbind(lxb,rowSums(lxb)), start = tsp(jj)[1], freq=4)
 uxb = ts(cbind(uxb,rowSums(uxb)), start = tsp(jj)[1], freq=4)
 names=c('Trend', 'Season', 'Trend + Season')
 L = min(lxb[,1])-.01; U = max(uxb[,1]) +.01
plot(mxb[,1],  ylab=names[1], ylim=c(L,U), type='n')
 grid(lty=2); lines(mxb[,1])
 xx=c(time(jj), rev(time(jj)))
 yy=c(lxb[,1], rev(uxb[,1]))
 polygon(xx, yy, border=NA, col=gray(.4, alpha = .2))
 L = min(lxb[,3])-.01; U = max(uxb[,3]) +.01
plot(mxb[,3],  ylab=names[3], ylim=c(L,U), type='n')
 grid(lty=2); lines(mxb[,3])
 xx=c(time(jj), rev(time(jj)))
 yy=c(lxb[,3], rev(uxb[,3]))
 polygon(xx, yy, border=NA, col=gray(.4, alpha = .2))
```

问题

6.1 节

6.1 考虑一个系统过程

$$x_t = -0.9x_{t-2} + w_t \quad t = 1,\cdots,n$$

其中 $x_0 \sim N(0, \sigma_0^2)$，$x_{-1} \sim N(0, \sigma_1^2)$，$w_t$ 是高斯白噪声，方差为 σ_w^2。观察系统过程中的噪声，即，

$$y_t = x_t + v_t$$

其中 v_t 是高斯白噪声，方差为 σ_v^2。此外，假设 x_0，x_{-1}，$\{w_t\}$ 和 $\{v_t\}$ 是独立的。

(a) 以状态空间模型的形式写出系统和观测方程。

(b) 找出观测值 y_t 平稳时的 σ_0^2 和 σ_1^2 的值。

(c) 当 $\sigma_w = 1$，$\sigma_v = 1$ 时，使用(b)中的 σ_0^2 和 σ_1^2 的值生成 $n = 100$ 个观测值。做一个 x_t 和 y_t 的时序图并比较这两个过程。另外，比较 x_t 和 y_t 的样本 ACF 和 PACF。

(d) 重复(c)，但 $\sigma_v = 10$。

6.2 考虑例 6.3 中给出的状态空间模型。设 $x_t^{t-1} = \mathrm{E}(x_t \mid y_{t-1}, \cdots, y_1)$，并且令 $P_t^{t-1} = \mathrm{E}(x_t - x_t^{t-1})^2$。新息序列或残差是 $\varepsilon_t = y_t - y_t^{t-1}$，其中 $y_t^{t-1} = \mathrm{E}(y_t \mid y_{t-1}, \cdots, y_1)$。分别找到当(1)$s \neq t$ 和(2)$s = t$ 时，x_t^{t-1} 和 P_t^{t-1} 的 $\mathrm{cov}(\varepsilon_s, \varepsilon_t)$。

6.2 节

6.3 从以下状态空间模型模拟 $n = 100$ 个观测值：

$$x_t = 0.8x_{t-1} + w_t \quad \text{和} \quad y_t = x_t + v_t$$

其中 $x_0 \sim \mathrm{N}(0, 2.78)$，$w_t \sim \mathrm{iid}\ \mathrm{N}(0, 1)$ 和 $v_t \sim \mathrm{iid}\ \mathrm{N}(0, 1)$ 都是相互独立的。根据例 6.5，计算并绘制数据 y_t，向前一步预测 y_t^{t-1} 以及均方根预测误差 $\mathrm{E}^{1/2}(y_t - y_t^{t-1})^2$。

6.4 假设向量 $z = (x', y')'$，其中 $x(p \times 1)$ 和 $y(q \times 1)$ 是具有均值向量 μ_x 和 μ_y 以及如下协方差矩阵的联合分布

$$\mathrm{cov}(z) = \begin{pmatrix} \Sigma_{xx} & \Sigma_{xy} \\ \Sigma_{yx} & \Sigma_{yy} \end{pmatrix}$$

考虑在 $\mathcal{M} = \overline{\mathrm{sp}}\{1, y\}$ 上投影 x，即 $\hat{x} = \boldsymbol{b} + By$

(a) 正交性条件可写为

$$\mathrm{E}(x - \boldsymbol{b} - By) = 0$$
$$\mathrm{E}[(x - \boldsymbol{b} - By)y'] = 0$$

证明

$$\boldsymbol{b} = \mu_x - B\mu_y \quad \text{和} \quad B = \Sigma_{xy}\Sigma_{yy}^{-1}$$

(b) 证明均方误差矩阵为

$$\mathrm{MSE} = \mathrm{E}[(x - \boldsymbol{b} - By)x'] = \Sigma_{xx} - \Sigma_{xy}\Sigma_{yy}^{-1}\Sigma_{yx}$$

(c) 如何使用这些结果来证明在没有正态性假定的情况下，给定数据 Y_t，性质 6.1 能够得出 x_t 的最佳线性估计，即 x_t^t，及其相应的 MSE，即 P_t^t？

6.5 射影定理的性质推导 6.2。在整个问题中，我们使用性质 6.2 的符号和附录 B 中给出的射影定理，其中 $\mathcal{H}$ 是 L^2。如果 $\mathcal{L}_{k+1} = \overline{\mathrm{sp}}\{y_1, \cdots, y_{k+1}\}$，并且 $\mathcal{V}_{k+1} = \overline{\mathrm{sp}}\{y_{k+1}, \cdots, y_{k+1}^k\}$，则对于 $k = 0, 1, \cdots, n-1$，其中 y_{k+1}^k 是在 $\mathcal{L}_k$ 上投射 y_{k+1}，那么，$\mathcal{L}_{k+1} = \mathcal{L}_k \oplus \mathcal{V}_{k+1}$。假设 $P_0^0 > 0$ 且 $R > 0$。

(a) 证明 x_k 在 $\mathcal{L}_{k+1}$ 上的投影，即 x_k^{k+1}，由下式给出

$$x_k^{k+1} = x_k^k + H_{k+1}(y_{k+1} - y_{k+1}^k)$$

其中 H_{k+1} 可以由正交性确定

$$\mathrm{E}\{(x_k - H_{k+1}(y_{k+1} - y_{k+1}^k))(y_{k+1} - y_{k+1}^k)'\} = 0$$

证明

$$H_{k+1} = P_k^k \Phi' A'_{k+1} [A_{k+1} P_{k+1}^k A'_{k+1} + R]^{-1}$$

(b) 定义 $J_k = P_k^k \Phi' [P_{k+1}^k]^{-1}$，证明

$$x_k^{k+1} = x_k^k + J_k(x_{k+1}^{k+1} - x_{k+1}^k)$$

(c) 重复这个过程，证明

$$x_k^{k+2} = x_k^k + J_k(x_{k+1}^{k+1} - x_{k+1}^k) + H_{k+2}(y_{k+2} - y_{k+2}^{k+1})$$

求解 H_{k+2}。简化并证明

$$x_k^{k+2} = x_k^k + J_k(x_{k+1}^{k+2} - x_{k+1}^k)$$

(d) 使用归纳法，得出结论

$$x_k^n = x_k^k + J_k(x_{k+1}^n - x_{k+1}^k)$$

进而得到平滑器，其中 $k=t-1$。

6.3 节

6.6 考虑单变量状态空间模型，其中状态条件 $x_0 = w_0$，$x_t = x_{t-1} + w_t$，观测值 $y_t = x_t + v_t$，$t=1, 2, \cdots$，其中 w_t 和 v_t 是独立高斯白噪声，$\mathrm{var}(w_t) = \sigma_w^2$ 和 $\mathrm{var}(v_t) = \sigma_v^2$。

(a) 证明 y_t 遵循 IMA(1，1)模型，即 ∇y_t 遵循 MA(1)模型。

(b) 将(a)指定的模型对对数冰川纹层序列进行拟合，并将结果与例 3.33 中的结果进行比较。

6.7 考虑模型

$$y_t = x_t + v_t$$

其中 v_t 是高斯白噪声，方差为 σ_v^2，x_t 是独立的高斯随机变量，均值为零，$\mathrm{var}(x_t) = r_t \sigma_x^2$，其中 x_t 独立于 v_t，$r_1, \cdots, r_n$ 是已知的常数。证明将 EM 算法应用于估算 σ_x^2 和 σ_v^2 的问题会导致如下更新(上方带"∧"表示更新后的变量)

$$\hat{\sigma}_x^2 = \frac{1}{n} \sum_{t=1}^n \frac{\sigma_t^2 + \mu_t^2}{r_t} \quad \text{和} \quad \hat{\sigma}_v^2 = \frac{1}{n} \sum_{t=1}^n [(y_t - \mu_t)^2 + \sigma_t^2]$$

其中，根据当前的估计(以波浪号表示)，

$$\mu_t = \frac{r_t \widetilde{\sigma}_x^2}{r_t \widetilde{\sigma}_x^2 + \widetilde{\sigma}_v^2} y_t \quad \text{和} \quad \sigma_t^2 = \frac{r_t \widetilde{\sigma}_x^2 \ \widetilde{\sigma}_v^2}{r_t \widetilde{\sigma}_x^2 + \widetilde{\sigma}_v^2}$$

6.8 为了探索滤波器的稳定性，考虑单变量状态空间模型。即，对于 $t=1, 2, \cdots$，观测值是 $y_t = x_t + v_t$，状态方程 $x_t = \phi x_{t-1} + w_t$，其中 $\sigma_w = \sigma_v = 1$ 且 $|\phi| < 1$。初始状态 x_0 具有零均值且方差为 1。

(a) 以 P_{t-1}^{t-2} 的形式展示性质 6.1 中 P_t^{t-1} 的递归。

(b) 使用(a)的结果验证当 $t \to \infty$ 时，P_t^{t-1} 趋于 P，并且是 $P^2 - \phi^2 P - 1 = 0$ 的正解。

(c) 根据性质 6.1 中给出的 $K = \lim\limits_{t \to \infty} K_t$，证明 $|1 - K| < 1$。

(d) 在稳态下证明向前一步预测器 $y_{n+1}^n = E(y_{n+1} | y_n, y_{n-1}, \cdots)$ 满足

$$y_{n+1}^n = \sum_{j=0}^{\infty} \phi^j K (1-K)^{j-1} y_{n+1-j}$$

6.9 在 6.3 节中，我们讨论了可以获得梯度向量的递归，$-\partial \ln L_Y(\Theta)/\partial \Theta$。假设模型由

式(6.1)和式(6.2)给出，并且 A_t 是一个不依赖于 Θ 的已知设计矩阵，在这种情况下性质 6.1 适用。对于梯度向量，证明

$$\partial \ln L_Y(\Theta)/\partial \Theta_i = \sum_{t=1}^{n} \left\{ \varepsilon_t' \Sigma_t^{-1} \frac{\partial \varepsilon_t}{\partial \Theta_i} - \frac{1}{2} \varepsilon_t' \Sigma_t^{-1} \frac{\partial \Sigma_t}{\partial \Theta_i} \Sigma_t^{-1} \varepsilon_t + \frac{1}{2} \operatorname{tr}\left(\Sigma_t^{-1} \frac{\partial \Sigma_t}{\partial \Theta_i} \right) \right\}$$

其中新息值对 Θ 的依赖为已知条件。此外，定义 $\partial_{ig} = \partial_g(\Theta)/\partial \Theta_i$，对于 $t = 2, \cdots, n$，证明以下递归：

(1) $\partial_i \varepsilon_t = -A_t \partial_i x_t^{t-1}$，

(2) $\partial_i x_t^{t-1} = \partial_i \Phi x_{t-1}^{t-2} + \Phi \partial_i x_{t-1}^{t-2} + \delta_i K_{t-1} \varepsilon_{t-1} + K_{t-1} \delta_i \varepsilon_{t-1}$，

(3) $\partial_i \Sigma_t = A_t \delta_i P_t^{t-1} A_t' + \partial_i R$，

(4) $\partial_i K_t = [\partial_i \Phi P_t^{t-1} A_t' + \Phi \partial_i P_t^{t-1} A_t' - K_t \partial_i \Sigma_t] \Sigma_t^{-1}$，

(5) $\partial_i P_t^{t-1} = \partial_i \Phi P_{t-1}^{t-2} \Phi' + \Phi \partial_i P_{t-1}^{t-2} \Phi' + \Phi P_{t-1}^{t-2} \partial_i \Phi' + \partial_i Q$，
    $- \partial_i K_{t-1} \Sigma_{t-1} K_{t-1}' - K_{t-1} \partial_i \Sigma_t K_{t-1}' - K_{t-1} \Sigma_t \partial_i K_{t-1}'$，

使用事实 $P_t^{t-1} = \Phi P_{t-1}^{t-2} \Phi' + Q - K_{t-1} \Sigma_t K_{t-1}'$

6.10 继续前面的问题，考虑 Hessian 矩阵的评估和参数估计的渐近方差-协方差矩阵的数值评估。信息矩阵满足

$$E\left\{ -\frac{\partial^2 \ln L_Y(\Theta)}{\partial \Theta \partial \Theta'} \right\} = E\left\{ \left(\frac{\partial \ln L_Y(\Theta)}{\partial \Theta} \right) \left(\frac{\partial \ln L_Y(\Theta)}{\partial \Theta} \right)' \right\}$$

例如，见 Anderson[7] 的文献的 4.4 节。证明信息矩阵的第 (i, j) 个元素，即，$\mathcal{I}_{ij}(\Theta) = E\{-\partial^2 \ln L_Y(\Theta)/\partial \Theta_i \partial \Theta_j\}$，为

$$\mathcal{I}_{ij}(\Theta) = \sum_{t=1}^{n} E\{ \partial_i \varepsilon_t' \Sigma_t^{-1} \partial_j \varepsilon_t + \frac{1}{2} \operatorname{tr}(\Sigma_t^{-1} \partial_i \Sigma_t \Sigma_t^{-1} \partial_j \Sigma_t) + \frac{1}{4} \operatorname{tr}(\Sigma_t^{-1} \partial_i \Sigma_t) \operatorname{tr}(\Sigma_t^{-1} \partial_j \Sigma_t) \}$$

因此，通过在上述结果中降低期望值 E 并仅使用计算梯度向量所需的递归，可以从样本中获得近似 Hessian 矩阵。

6.4 节

6.11 作为状态空间模型处理缺失数据问题的方式的一个例子，假设一阶自回归过程

$$x_t = \phi x_{t-1} + w_t$$

在 $t = m$ 时存在缺失值，导致观测值 $y_t = A_t x_t$，其中对于所有 t，$A_t = 1$，除了 $t = m$ 时有 $A_t = 0$。假设 $x_0 = 0$，方差为 $\sigma_w^2/(1-\phi^2)$，其中 w_t 的方差是 σ_w^2。在这种情况下证明卡尔曼平滑器的估计为

$$x_t^n = \begin{cases} \phi y_1 & t = 0 \\ \dfrac{\phi}{1 + \phi^2}(y_{m-1} + y_{m+1}) & t = m \\ y, & t \neq 0, m \end{cases}$$

均方协方差由下式确定

$$P_t^n = \begin{cases} \sigma_w^2 & t = 0 \\ \sigma_w^2/(1 + \phi^2) & t = m \\ 0 & t \neq 0, m \end{cases}$$

6.12 数据集 ar1miss 是从 AR(1)过程生成的 $n=100$ 个观测值，$x_t=\phi x_{t-1}+w_t$，其中 $\phi=0.9$ 和 $\sigma_w=1$，其中 10% 的数据已被随机删除（被替换为 NA）。根据问题 6.11 的结果使用 EM 算法估计模型的参数 ϕ 和 σ_w，然后估计缺失值。

6.5 节

6.13 重现例 6.10 的 Johnson & Johnson 每季度对数每股收益问题。

6.14 按照以下方式拟合季度失业的结构模型。使用 undmp 中的数据，这是月度数据。该序列可以每季度制作，通过汇总和平均：y= aggregate(unemp,nfrequency= 4, FUN= mean)，因此 y 是季度平均失业率。使用例 6.10 作为指南。

6.6 节

6.15 (a) 将 AR(2)拟合到新鱼数量序列，rec 中的 R_t，并考虑拟合中的残差与 SOI 序列中 S_t 的残差的滞后图，滞后期取 $h=0,1,\cdots$。使用滞后图来证明 S_{t-5} 作为外生变量是合理的。

(b) 使用 S_{t-5} 作为外生变量，对 R_t 拟合 ARX(2)，并对结果进行评论，包括对新息的考察。

6.16 使用性质 6.6 完成以下练习。

(a) 以状态空间的形式写出单变量 AR(1)模型，$y_t=\phi y_{t-1}+v_t$。验证你的答案确实是 AR(1)。

(b) 对 MA(1)模型重复(a)，$y_t=v_t+\theta v_{t-1}$。

(c) 以状态空间形式写出 IMA(1，1)模型，$y_t=y_{t-1}+v_t+\theta v_{t-1}$。

6.17 验证性质 6.5。

6.18 验证性质 6.6。

6.7 节

6.19 对三个月的国库券和 110 次观测的通货膨胀率数据集重复例 6.13 的自助法分析。例 6.13 的结论——数据的动态最好用固定的而不是随机的回归来描述——仍然成立吗？

6.8 节

6.20 设 y_t 代表图 1.2 所示的全球温度序列(globtemp)。

(a) 使用 GCV(默认值)拟合平滑样条曲线 y_t 并绘制叠加在数据上的结果。使用 spar= .7 重复拟合；GCV 方法大约产生 spar= .5。（例 2.14 可能会有所帮助。另外在 R 中，请参阅帮助文件 ? smooth.spline。）

(b) 以状态空间形式写出模型 $y_t=x_t+v_t$，其中 $\nabla^2 x_t=w_t$。将此状态空间模型拟合到 y_t，并显示时间图——估计的平滑器 $\hat{x}_t^n$，并将相应的误差范围 $\hat{x}_t^n \pm 2\sqrt{\hat{P}_t^n}$ 叠加在数据上。

(c) 将数据(a)和(b)(包括误差范围)的所有拟合叠加在数据上，并简要地比较和对比结果。

6.9 节

6.21 验证式(6.132)、式(6.133)和式(6.134)。

6.22 证明性质 6.7 并验证式(6.143)。

6.23 将 Poisson-HMM 拟合到 `gamlss.data` 包中的数据集 `polio`。这些数据是 1970 年至 1983 年在美国报告的脊髓灰质炎病例。首先，安装添加包然后输入

```
library(gamlss.data)      # load package
plot(polio, type='s')     # view the data
```

6.24 将两状态 HMM 模型拟合到例 6.17 中分析的 S&P500 指数周收益率中并比较结果。

6.10 节

6.25 将例 6.20 中描述的转移模型拟合为 GNP 的增长率。数据在数据集 gnp 中，在实例的表示中，y_t 是对数 GNP，∇y_t 是增长率。使用例 6.22 中的代码作为指南。

6.26 证明转移模型在解释太阳黑子数量的行为方面是合理的(见图 4.22)，然后将转移模型拟合到太阳黑子数据中。

6.11 节

6.27 将随机波动率模型拟合到 R 数据集包 `EuStockMarkets` 中可用的四个金融时间序列中的一个(或多个)的收益率。

6.28 将随机波动率模型拟合到例 3.39 中分析的 GNP(gnp)收益的残差。

6.29 考虑随机波动率模型(6.197)。

(a) 证明对于任何整数 m，

$$\mathrm{E}[r_t^{2m}] = \beta^{2m}\,\mathrm{E}[r_t^{2m}]\exp(m^2\sigma_x^2/2)$$

其中 $\sigma_x^2 = \sigma^2/(1-\phi^2)$。

(b) 证明式(6.198)。

(c) 证明对于任何正整数 h，$\mathrm{var}(X_t + X_{t+h}) = 2\sigma_X^2/(1+\phi^h)$。

(d) 证明

$$\mathrm{cov}(r_t^{2m}, r_{t+h}^{2m}) = \beta^{4m}(\mathrm{E}[v_t^{2m}])^2(\exp(m^2\sigma_x^2(1+\phi^h)) - \exp(m^2\sigma_x^2))$$

(e) 建立式(6.199)。

6.12 节

6.30 验证例 6.25 中的联合分布。

6.31 重复例 6.27 的 Johnson&Johnson 对数数据。

6.32 通过 MCMC 使用贝叶斯方法将 AR(1)拟合到美国 GNP(gnp)增长率。

第7章 频域统计方法

在前面的章节中，我们看到了许多的应用时间序列问题，这些问题涉及序列相互关联或评估当时变现象受到周期性刺激时产生的处理效果或设计参数的影响。在许多情况下，所研究的物理或生物现象的性质最好用傅里叶分量来描述，而不是用 ARIMA 或状态空间模型中涉及的差分方程来描述。我们在研究周期现象时使用的基本工具是过程的离散傅里叶变换(DFT)及其统计特性。因此，在 7.2 节，我们回顾了多变量时间序列的 DFT 的性质，并基于大样本性质和复数多元正态分布的性质讨论了似然函数的各种近似。这使得例如 ANOVA 和主成分分析等经典技术能够扩展到多元时间序列情形，这是本章的重点。

7.1 引言

当我们有兴趣将输入序列集合与某些输出序列相关联时，经典统计中出现了一类极其重要的问题。例如，在第 2 章，我们之前已经考虑过将温度和各种污染物水平与日常死亡率联系起来，但没有研究驱动这种关系的频率，也没有考虑过领先或滞后效应的可能性。在第 4 章，我们分离出一个明确的滞后结构，可用于将海面温度与新鱼数量联系起来。在问题 5.10 中，用于解释 Shasta 湖流入量的可能驱动过程是根据可能的输入降水、云量、温度和其他变量进行假设的。识别产生最佳流入量预测的输入因子的组合是频域中应用多元回归的一个实例，理论上通过在给定随机输入过程的条件下用回归来处理模型。

与上述情况稍有不同的情况是输入序列被视为固定且已知的情况。在这种情况下，我们有一个类似于方差分析中出现的模型，可以逐个频率地进行分析。当输入是哑变量，且输入依赖于处理的一些配置和其他设计效应，并且效应很大程度上依赖于周期性刺激时，这种分析尤其有效。作为实例，我们研究一个实验设计，它测量一些清醒和轻度麻醉的受试者的大脑对不同水平的周期性加热、擦拭和冲击刺激的 fMRI。本实验中的一些有限数据已在前面的实例 1.6 中讨论过。图 7.1 显示了对于清醒的受试者和轻度麻醉下的受试者对不同水平的周期性高温、擦拭和冲击刺激的平均反应。刺激本质上是周期性的，交替施加 32 秒(16 个样本点)然后停止 32 秒。当受试者清醒时，周期性输入信号在所有三种设计条件下通过，但在麻醉下稍微减弱。输入信号几乎不显示平均冲击水平响应；冲击水平的目的是模拟手术切口而不造成组织损伤。图 7.1 中的结果是在同一位置测试后的平均响应。实际上，对于每个人来说，在大脑的不同位置记录了大约九个序列。自然会考虑利用方差分析的时间序列推广，在两种意识水平下测试擦拭、高温和冲击的影响。用于生成图 7.1 的 R 代码是：

```
x = matrix(0, 128, 6)
for (i in 1:6) { x[,i] = rowMeans(fmri[[i]]) }
colnames(x) = c("Brush", "Heat", "Shock", "Brush", "Heat", "Shock")
plot.ts(x, main="")
mtext("Awake", side=3, line=1.2, adj=.05, cex=1.2)
mtext("Sedated", side=3, line=1.2, adj=.85, cex=1.2)
```

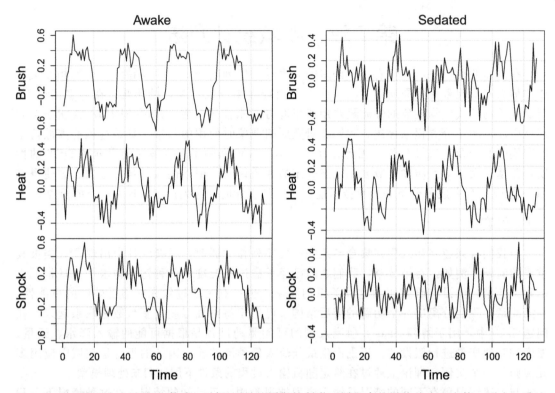

图 7.1 受试者对在皮层(初级体感,对侧)测量的周期性刺激不同组合的平均响应。在第一列中,受试者是清醒的,在第二列中,受试者处于轻度麻醉状态。在第一行,刺激是手上的刷子,第二行涉及施加热量,第三行涉及低水平冲击

本书还考虑了随机系数回归的推广,将其与 4.9 节中介绍的信号提取和检测的单变量方法并行。该方法能够处理多变量岭回归和反演问题。此外,频域中方差的随机效应分析成为随机系数模型的特例。

在频率相关的情况下,将频域方法扩展到更多经典的多变量判别和聚类方法是有意义的。许多时间序列的均值和自协方差函数不同,因此使用了相关的均值函数和谱密度矩阵。作为此类数据的一个例子,考虑由地震和爆炸产生的 P 和 S 分量组成的双变量序列,将图 1.7 中最初所示的波形按照传播到达速度分为 P 分量和 S 分量,如图 7.2 所示。

图 7.2 显示了一组八次地震和爆炸中的两次地震和两次爆炸,并且存在一些可能用于表征两类事件的本质区别。此外,地震的两个组成部分的频率成分似乎低于爆炸的频率成分,并且两个类别的相对振幅似乎不同。例如,对于该受限子集,地震组中 S/P 振幅的比率要高得多。在第 4 章中我们注意到频谱差异,其中爆炸过程相对于低频贡献具有更强的高频分量。这些例子是典型的应用,其中多变量时间序列之间的本质差异可以通过频率相关的平均值函数或频谱矩阵的行为来表示。在判别分析中,利用这些类型的差异来建立线性和二次分类标准的组合。这些功能可以用来分类未知来源的事件,例如图 7.2 中所示的 Novaya Zemlya 事件,该事件往往与爆炸组具有视觉上的相似性。用于生成图 7.2 的 R 代

码是：

```
attach(eqexp)      # so you can use the names of the series
P = 1:1024; S = P+1024
x = cbind(EQ5[P], EQ6[P], EX5[P], EX6[P], NZ[P], EQ5[S], EQ6[S], EX5[S],
          EX6[S], NZ[S])
x.name = c("EQ5","EQ6","EX5","EX6","NZ")
colnames(x) = c(x.name, x.name)
plot.ts(x, main="")
mtext("P waves", side=3, line=1.2, adj=.05, cex=1.2)
mtext("S waves", side=3, line=1.2, adj=.85, cex=1.2)
```

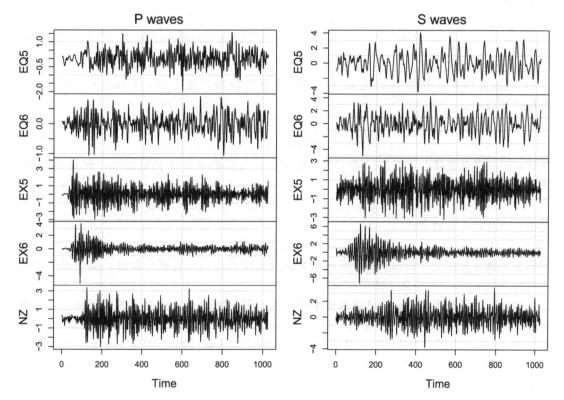

图 7.2　与未知来源的 NZ（Novaya Zemlya）事件相比，以 40pts/s 记录的各种双变量地震（EQ）和爆炸（EX）。压缩波，也称为主波或 P 波，在地壳中传播速度最快，并且首先到达。剪切波在地球上传播得较慢，第二个到达，因此它们被称为次波或 S 波

最后，对于多变量过程，谱矩阵的结构也是非常重要的。我们可以将基础过程的维度降低到一组较小的输入过程，这些过程解释了作为频率函数的交叉谱矩阵中的大部分可变性。主成分分析可用于将频谱矩阵分解为较小的分量因子子集，以解释减少的功率。例如，水文数据可能是根据对降水和流入造成严重影响的成分过程以及对温度和云量造成严重影响的成分过程来解释的。也许这两个分量可以解释给定频率下频谱矩阵中的大部分功率。主成分分析的思想也可以推广到包括称为频谱包络的一种分类数据的最优标度方法（见 Stoffer et al.[193] 的文献）。

7.2　谱矩阵和似然函数

我们之前已经在式(4.85)中基于 DFT 的联合分布对对数似然进行了近似,其中我们使用近似作为估计某些参数化频谱的参数的辅助。在本章中,我们大量使用 $p\times 1$ 向量过程 $x_t=(x_{t1}, x_{t2}, \cdots, x_{tp})'$ 的正弦和余弦变换,其中均值为 $\mathrm{E}x_t=\mu_t$,例如 DFT $^\ominus$

$$X(\omega_k) = n^{-1/2} \sum_{t=1}^{n} x_t \mathrm{e}^{-2\pi i\omega_k t} = X_c(\omega_k) - iX_s(\omega_k) \tag{7.1}$$

以及均值

$$M(\omega_k) = n^{-1/2} \sum_{t=1}^{n} \mu_t \mathrm{e}^{-2\pi i\omega_k t} = M_c(\omega_k) - iM_s(\omega_k) \tag{7.2}$$

将近似不相关,我们在通常的傅里叶频率 $\{\omega_k=k/n, 0<|\omega_k|<1/2\}$ 进行评估。利用定理 C.6,余弦变换和正弦变换的近似 $2p\times 2p$ 协方差矩阵,比方说,$X(\omega_k)=(X_c(\omega_k)'$, $X_s(\omega_k)')'$ 是

$$\Sigma(\omega_k) = \frac{1}{2}\begin{pmatrix} C(\omega_k) & -Q(\omega_k) \\ Q(\omega_k) & C(\omega_k) \end{pmatrix} \tag{7.3}$$

并且实部和虚部是联合正态的。这个结果意味着,根据附录 C 所述的结果,向量 DFT 的密度函数(例如,$X(\omega_k)$)可以近似为

$$\mathrm{p}(\omega_k) \approx |f(\omega_k)|^{-1}\exp\{-(X(\omega_k) - M(\omega_k))^* f^{-1}(\omega_k)(X(\omega_k) - M(\omega_k))\}$$

其中,频谱矩阵是通常的

$$f(\omega_k) = C(\omega_k) - iQ(\omega_k) \tag{7.4}$$

我们在判别分析部分所做的某些计算将涉及通过密度乘积来逼近联合似然,如上面给出的在频带 $0<\omega_k<1/2$ 的子集上的密度乘积。

例如,为了利用似然函数估计频谱矩阵,我们利用定理 C.7 中暗示的极限结果,并再次在某些目标频率 ω 的邻域中选择 L 个频率,其中 $k=1, \cdots, m$,以及 $L=2m+1$。然后,令 X_ℓ 表示相应索引的值。注意到经过均值调整的向量过程的 DFT 渐近服从均值为 0 且复协方差矩阵为 $f=f(\omega)$ 的联合正态分布。然后,写出对于 L 个子频率的对数似然函数:

$$\ln L_X(f(\omega_k)) \approx -L\ln|f(\omega_k)| - \sum_{\ell=-m}^{m} (X_\ell - M_\ell)^* f(\omega_k)^{-1}(X_\ell - M_\ell) \tag{7.5}$$

对似然性的谱近似的应用已经相当标准,从 Whittle[210] 的工作开始,并由 Brillinger[35] 和 Hannan[86] 继续。假设均值调整序列可用,即 M_ℓ 已知,则得到 f 的最大似然估计,即,

$$\hat{f}(\omega_k) = L^{-1} \sum_{\ell=-m}^{m} (X_\ell - M_\ell)(X_\ell - M_\ell)^* \tag{7.6}$$

见问题 7.2。

$\ominus$　在前面的章节中,过程 x_t 的离散傅里叶变换(DFT)由 $d_x(\omega_k)$ 表示。在本章中,我们将考虑许多不同随机过程的傅里叶变换,为了避免过度使用下标并简化符号,我们使用大写字母(例如 $X(\omega_k)$ 来表示 x_t 的离散傅里叶变换(DFT)。该符号在数字信号处理(DSP)文献中是标准的。

7.3　联合平稳序列的回归

在 4.7 节中，我们研究了一种模型形式

$$y_t = \sum_{r=-\infty}^{\infty} \beta_{1r} x_{t-r,1} + v_t \tag{7.7}$$

其中，x_{t1} 是单观测输入序列，y_t 是观测输出序列，我们感兴趣的是估计将 x_{t1} 的相邻滞后值与输出序列 y_t 相关联的滤波系数 β_{1r}。在 SOI 和新鱼数量序列中，我们将 El Niño 驱动序列作为输入 x_{t1}，把新鱼数量序列 y_t 作为输出。一般来说，可能存在不止一个看似合理的输入序列。例如，图 7.3 中所示的 Shasta 湖流入水文数据（climhyd）表明，可能至少有五个可能的序列驱动流入，有关更多详细信息，见例 7.1。因此，我们可以设想一个 $q\times1$ 输入向量的驱动序列，例如，$x_t=(x_{t1},\ x_{t2},\ \cdots,\ x_{tq})'$，以及一组回归函数的 $q\times1$ 向量 $\beta_r=(\beta_{1r},\ \beta_{2r},\ \cdots,\ \beta_{qr})'$，它们相关如下：

$$y_t = \sum_{r=-\infty}^{\infty} \beta_r' x_{t-r} + v_t = \sum_{j=1}^{q} \sum_{r=-\infty}^{\infty} \beta_{jr} x_{t-r,j} + v_t \tag{7.8}$$

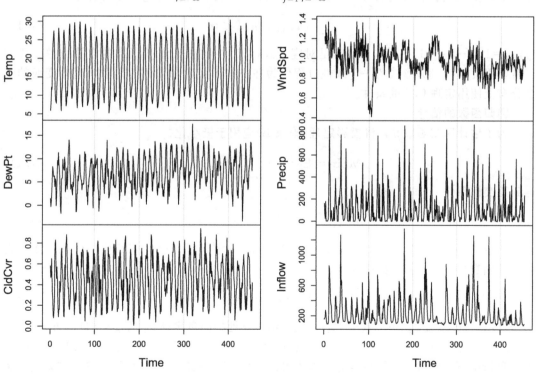

图 7.3　Shasta 湖天气及流入的月数值

这表明输出是输入过程的线性滤波版本和平稳噪声过程 v_t 的总和，假定其与 x_t 不相关。按索引 j 加总的每个滤波分量给出了第 j 个输入序列的滞后值对输出序列的贡献。我们假设回归函数 β_{jr} 是固定且未知的。

由式(7.8)给出的模型在几种不同的情景下是有用的，这些情景对应于对每个分量给出的不同假设。输入和输出过程联合平稳并且零均值的假设就给出了本节要介绍的传统回归分析。这种分析依赖于假设我们在给定输入向量 x_t 固定的条件下观察输出过程 y_t，这与传统回归分析中的假设相同。随后假设系数向量 β_t 为随机未知信号向量，它可以通过贝叶斯方法，给定数据后利用条件期望来进行估计。7.5 节给出了这种方法的答案，可以处理信号提取和反卷积问题。假设输入是固定的，则允许对固定和随机效应模型进行各种实验设计和方差分析。在 7.5 节中还考虑了方差模型分析中频变随机效应方差分量的估计。

对于本节中的方法，假设输入和输出具有零均值，并且与输入 x_t 的 $(q+1) \times 1$ 向量过程 $(x'_t, y_t)'$ 联合平稳，并假定输出 y_t 具有该形式的频谱矩阵。

$$f(\omega) = \begin{pmatrix} f_{xx}(\omega) f_{xy}(\omega) \\ f_{yx}(\omega) f_{yy}(\omega) \end{pmatrix} \tag{7.9}$$

其中 $f_{yx}(\omega) = (f_{yx_1}(\omega), f_{yx_2}(\omega), \cdots, f_{yx_q}(\omega))$ 是将 q 个输入与输出相关的交叉谱的 $1 \times q$ 向量，$f_{xx}(\omega)$ 是输入的 $q \times q$ 频谱矩阵。通常，我们观察输入并搜索使输入和输出相关联的回归函数 β_t 的向量。我们假设所有自协方差函数都满足该形式的绝对可加条件

$$\sum_{h=-\infty}^{\infty} |h| \, |\gamma_{jk}(h)| < \infty \tag{7.10}$$

$(j, k = 1, \cdots, q+1)$，其中 $\gamma_{jk}(h)$ 是对应于式(7.9)中的交叉谱 $f_{jk}(\omega)$ 的自协方差。我们还需要假设式(C.35)形式的一个线性过程作为在一些固定频率邻域的离散傅里叶变换的联合分布上使用定理 C.7 的条件。

回归函数的估计

为了估计回归函数 β_t，将投影定理(附录 B)应用于极小化

$$\text{MSE} = \text{E}\left[\left(y_t - \sum_{r=-\infty}^{\infty} \beta'_r x_{t-r} \right)^2 \right] \tag{7.11}$$

得到正交性条件

$$\text{E}\left[\left(y_t - \sum_{r=-\infty}^{\infty} \beta'_r x_{t-r} \right) x'_{t-s} \right] = 0' \tag{7.12}$$

对于所有的 $s = 0, \pm 1, \pm 2, \cdots$，其中 $0'$ 表示 $1 \times q$ 零向量。取内部期望，代替生成的自协方差函数的定义，并得到标准方程式

$$\sum_{r=-\infty}^{\infty} \beta'_r \Gamma_{xx}(s-r) = \gamma'_{yx}(s) \tag{7.13}$$

对于 $s = 0, \pm 1, \pm 2, \cdots$，其中 $\Gamma_{xx}(s)$ 表示滞后 s 处的向量序列 x_t 的 $q \times q$ 自协方差矩阵，而 $\gamma_{yx}(s) = (\gamma_{yx_1}(s), \cdots, \gamma_{yx_q}(s))$ 是包含 y_t 和 x_t 之间的滞后协方差的 $1 \times q$ 向量。同样，在这种情况下，频域近似更容易，因为可以利用 DFT 从样本数据估计的交叉谱来逐频率地进行计算。为了发展频域解，采用与 4.7 节中导出的简单情形相同的方法，将表示形式替换为标准方程式。这种方法产生

$$\int_{-1/2}^{1/2} \sum_{r=-\infty}^{\infty} \beta'_r e^{2\pi i \omega(s-r)} f_{xx}(\omega) \, d\omega = \gamma'_{yx}(s)$$

现在，由于 $\gamma'_{yx}(s)$ 是交叉谱向量 $f_{yx}(\omega) = f^*_{xy}(\omega)$ 的傅里叶变换，我们可以通过傅里叶变换

的唯一性在频域中编写方程组，如

$$B'(\omega) f_{xx}(\omega) = f_{xy}^*(\omega) \tag{7.14}$$

其中 $f_{xx}(\omega)$ 是输入的 $q \times q$ 频谱矩阵，$B(\omega)$ 是 β_t 的 $q \times 1$ 向量傅里叶变换。在式(7.14)右侧乘以 $f_{xx}^{-1}(\omega)$，假设 $f_{xx}(\omega)$ 在 ω 处是非奇异的，则得到频域估计

$$B'(\omega) = f_{xy}^*(\omega) f_{xx}^{-1}(\omega) \tag{7.15}$$

注意，式(7.15)表示回归函数将采用以下形式

$$\beta_t = \int_{-1/2}^{1/2} B(\omega) e^{2\pi i \omega t} d\omega \tag{7.16}$$

和前面一样，利用 DFT 作为积分(7.16)的近似估计量是方便的，可以写为

$$\beta_t^M = M^{-1} \sum_{k=0}^{M-1} B(\omega_k) e^{2\pi i \omega_k t} \tag{7.17}$$

其中 $\omega_k = k/M$，$M \ll n$。问题 4.35 中给出的近似法恰好成立，只要满足当 $|t| \geqslant M/2$ 时有 $\beta_t = 0$，并且均方差以一个函数为界，该函数是零滞后自协方差和可忽略系数的绝对值之和的一个函数。

采用正交原理可以写出均方误差(7.11)，给出

$$\text{MSE} = \int_{-1/2}^{1/2} f_{y \cdot x}(\omega) d\omega \tag{7.18}$$

其中

$$f_{y \cdot x}(\omega) = f_{yy}(\omega) - f_{xy}^*(\omega) f_{xx}^{-1}(\omega) f_{xy}(\omega) \tag{7.19}$$

表示残差或误差谱。式(7.19)与回归分析中常用的方程的具有显著的相似性。进一步进行多元回归类比是有用的，通过平方的多重相干性可以定义为

$$\rho_{y \cdot x}^2(\omega) = \frac{f_{xy}^*(\omega) f_{xx}^{-1}(\omega) f_{xy}(\omega)}{f_{yy}(\omega)} \tag{7.20}$$

该表达式得出以下形式的均方误差

$$\text{MSE} = \int_{-1/2}^{1/2} f_{yy}(\omega) [1 - \rho_{y \cdot x}^2(\omega)] d\omega \tag{7.21}$$

我们对 $\rho_{y \cdot x}^2(\omega)$ 的解释为在频率 ω 下 x_t 的滞后回归所占的**功率比例**。如果对于所有 ω 有 $\rho_{y \cdot x}^2(\omega) = 0$，我们有

$$\text{MSE} = \int_{-1/2}^{1/2} f_{yy}(\omega) d\omega = \text{E}[y_t^2]$$

这是没有预测能力时的均方误差。只要 $f_{xx}(\omega)$ 在所有频率上都是正定的，$\text{MSE} \geqslant 0$，我们就会有

$$0 \leqslant \rho_{y \cdot x}^2(\omega) \leqslant 1 \tag{7.22}$$

对所有 ω。如果所有频率的多重相干性都是一致的，则式(7.21)中的均方误差为零，输出序列通过输入的线性滤波组合完美预测。问题 7.3 表明，序列 y_t 与式(7.11)中输入的线性滤波组合之间的普通平方相干性正好是式(7.20)。

利用样本数据估计

显然，频谱和交叉谱的矩阵通常是未知的，所以回归计算需要基于样本数据。因此，我们假设输入 x_{t1}，x_{t2}，$\cdots$，x_{tq} 和输出 y_t 序列在时间点 $t = 1$，2，$\cdots$，n 处可用，如第 4 章

所述。为了对频谱量进行合理估计，必须假设某些复制。通常，每个输入和输出仅存在一个复制，因此有必要假设存在一个频带，其上的频谱和交叉频谱分别大约等于 $f_{xx}(\omega)$ 和 $f_{xy}(\omega)$。然后，令 $Y(\omega_k+\ell/n)$ 和 $X(\omega_k+\ell/n)$ 是 y_t 和 x_t 在频带上的 DFT，例如，在如下形式的频率上

$$\omega_k \pm \ell/n, \quad \ell = 1, \cdots, m$$

其中和之前一样 $L=2m+1$。然后，简单地替换样本谱矩阵

$$\hat{f}_{xx}(\omega) = L^{-1} \sum_{\ell=-m}^{m} X(\omega_k+\ell/n) X^*(\omega_k+\ell/n) \tag{7.23}$$

和样本交叉谱的向量

$$\hat{f}_{xy}(\omega) = L^{-1} \sum_{\ell=-m}^{m} X(\omega_k+\ell/n) \overline{Y(\omega_k+\ell/n)} \tag{7.24}$$

对于式(7.15)中的各项，得到回归估计量 $\hat{B}(\omega)$。对于回归估计量(7.17)，我们可以使用

$$\tilde{\beta}_t^M = \frac{1}{M} \sum_{k=0}^{M-1} \hat{f}_{xy}^*(\omega_k) \hat{f}_{xx}^{-1}(\omega_k) e^{2\pi i \omega_k t} \tag{7.25}$$

对于 $t=0，\pm 1，\pm 2，\cdots，\pm(M/2-1)$，作为估计回归函数。

假设检验

对应于理论相干性(7.20)的估计平方多重相干性为

$$\hat{\rho}_{y\cdot x}^2(\omega) = \frac{\hat{f}_{xy}^*(\omega) \hat{f}_{xx}^{-1}(\omega) \hat{f}_{xy}(\omega)}{\hat{f}_{yy}(\omega)} \tag{7.26}$$

通过在频域上编写多元回归模型，可以获得类似于单变量情况下的多重相干函数的分布结果，如在 4.5 节中所做的那样。我们得到了统计量

$$F_{2q,2(L-q)} = \frac{(L-q)}{q} \frac{\hat{\rho}_{y\cdot x}^2(\omega)}{[1-\hat{\rho}_{y\cdot x}^2(\omega)]} \tag{7.27}$$

在模型中，在 $\rho_{y\cdot x}^2(\omega)=0$ 或等效 $B(\omega)=0$ 的零假设下，其服从自由度为 $2q$ 和 $2(L-q)$ 的 F-分布。模型为

$$Y(\omega_k+\ell/n) = B'(\omega)X(\omega_k+\ell/n) + V(\omega_k+\ell/n) \tag{7.28}$$

其中误差 $V(\omega_k+\ell/n)$ 的谱密度是 $f_{y\cdot x}(\omega)$。问题 7.4 概述了这一结果的推导。

第二种假设可用于检验具有 q 输入的完整模型是否明显优于具有 $q_1<q$ 分量的某些子模型。在时域中，这个假设意味着，对输入向量划分为 q_1 和 q_2 分量($q_1+q_2=q$)，比如 $x_t=(x_{t1}', x_{t2}')'$，以及回归函数的类似分区向量 $\beta_t=(\beta_{1t}', \beta_{2t}')'$，我们将检验在分区回归模型中是否有 $\beta_{2t}=0$，回归模型为

$$y_t = \sum_{r=-\infty}^{\infty} \beta_{1r}' x_{t-r,1} + \sum_{r=-\infty}^{\infty} \beta_{2r}' x_{t-r,2} + v_t \tag{7.29}$$

以类似式(7.28)的形式重写频域中的回归模型(7.29)，确定在谱矩阵分割成其 $q_i \times q_j(i, j=1，2)$ 子矩阵，例如，

$$\hat{f}_{xx}(\omega) = \begin{bmatrix} \hat{f}_{11}(\omega) & \hat{f}_{12}(\omega) \\ \hat{f}_{21}(\omega) & \hat{f}_{22}(\omega) \end{bmatrix} \tag{7.30}$$

并将交叉谱向量分割成其 $q_i \times 1 (i=1, 2)$ 子向量，

$$\hat{f}_{xy}(\omega) = \begin{bmatrix} \hat{f}_{1y}(\omega) \\ \hat{f}_{2y}(\omega) \end{bmatrix} \tag{7.31}$$

我们可以通过比较估计的剩余功率来在 ω 频率下检验假设 $\beta_{2t}=0$，剩余功率为

$$\hat{f}_{y \cdot x}(\omega) = \hat{f}_{yy}(\omega) - \hat{f}_{xy}^*(\omega) \, \hat{f}_{xx}^{-1}(\omega) \, \hat{f}_{xy}(\omega) \tag{7.32}$$

在全模型下和简化模型下，给出

$$\hat{f}_{y \cdot 1}(\omega) = \hat{f}_{yy}(\omega) - \hat{f}_{1y}^*(\omega) \, \hat{f}_{11}^{-1}(\omega) \, \hat{f}_{1y}(\omega) \tag{7.33}$$

由于回归而产生的功率可写为

$$\mathrm{SSR}(\omega) = L\left[\hat{f}_{y \cdot 1}(\omega) - \hat{f}_{y \cdot x}(\omega)\right] \tag{7.34}$$

给出了通常的误差功率

$$\mathrm{SSE}(\omega) = L \, \hat{f}_{y \cdot x}(\omega) \tag{7.35}$$

用 F-统计量进行检验，F-统计量为

$$F_{2q_2, 2(L-q)} = \frac{(L-q)}{q_2} \frac{\mathrm{SSR}(\omega)}{\mathrm{SSE}(\omega)} \tag{7.36}$$

具有 $2q_2$ 分子自由度和 $2(L-q)$ 分母自由度的该 F-统计量的分布遵循第 4 章中对单个输入情况给出的并行论证。测试结果可归纳为功率分析（ANOPOW）表，该表与通常的方差分析（ANOVA）表相似。表 7.1 显示了在特定频率 ω 下检验 $\beta_{2t}=0$ 的功率分量。两个分量除以它们各自的自由度的比率就产生了用于检验 q_2 是否显著增加 q_1 序列回归的预测能力的 F-统计量(7.36)。

表 7.1　分区回归模型的 ANOPOW

源	功率	自由度
$x_{t,q_1+1}, \cdots, x_{t,q_1+q_2}$	SSR(ω)式(7.34)	$2q_2$
误差	SSE(ω)式(7.35)	$2(L-q_1-q_2)$
合计	$L\,\hat{f}_{y \cdot 1}(\omega)$	$2(L-q_1)$

例 7.1　预测 Shasta 湖流入量

我们通过考虑从输入的某些组合预测图 7.3 所示的转换后的（取对数的）流入序列的问题来说明前面的一些想法。首先，使用平方相干函数(7.26)寻找最佳单个输入预测。图 7.4a～e 所示的结果表明，转换后的（平方根）降水在所有频率($L=25$)上产生最一致的高平方相干值，季节周期贡献最显著。除风速外，其他输入似乎也是合理的贡献者。图 7.4a～e 分别显示了对应于每个可能的流入预测因子的 F-统计量的 0.001 阈值。

其次，我们将重点放在两个预测序列即温度和转变降水的分析上。温度对模型的额外贡献似乎是边际的，因为图 7.4f 顶部所示的多重相干性(7.26)似乎仅略好于图 7.4e 所示的单变量与降水的相干性。然而，生成多元回归函数是有益的，用式(7.25)来检验是否存在一个涉及输入温度和降水的某种回归组合的简单流入模型，这对于预测 Shasta 湖的流入是有用的。图 7.5 的顶部显示了部分 F-统计量(7.36)，用于检验当降水在模型中时温度是否可以预测流入量。此外，在该图中显示对应于 0.001 的错误发现率（FDR）的阈值（见 Benjamini and Hochberg[17] 的文献）以及原假设下的 F-分布的相应分位数。

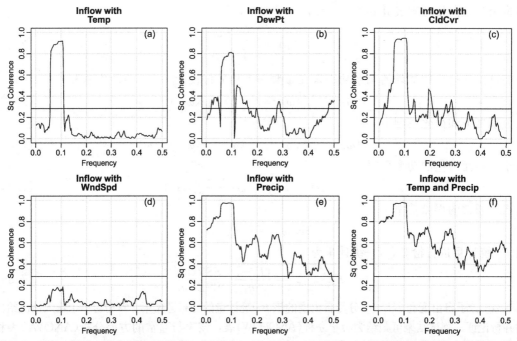

图 7.4   Shasta 湖流入量分别与(a)温度、(b)露点、(c)云量、(d)风速、(e)降水之间的平方一致性。(f)显示了流入量与气温-降水之间的多重相干性。在每种情况下，0.001 阈值都表现为一条水平线

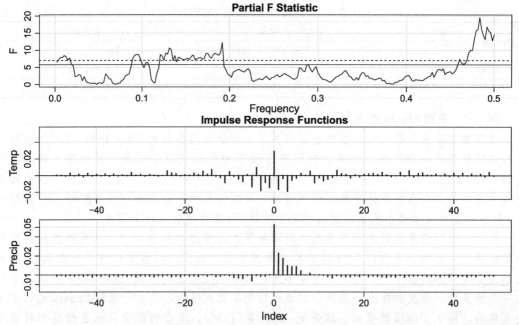

图 7.5   部分 F-统计量(上图)，以检验当模型中包括降水时温度是否会增加预测 Shasta 湖流入量的能力。虚线表示 0.001 FDR 级别，实线表示原假设下 F-分布的相应分位数。温度(中图)与降水(下图)回归关系的多脉冲响应函数

虽然温度的贡献是有限的，但用式(7.25)生成多元回归函数，检验是否存在一个涉及输入温度和降水的某种回归组合的简单流入模型，对于预测 Shasta 湖的流入是有用的。考虑到这一点，把可能的输入分别记为 P_t 和 T_t，它们表示变换后的降水量和变换后的温度。对于每个输入，$M=100$，得到的回归函数已在图 7.5 的下方两张图中分别绘制。在该图中，时间索引既有正值也有负值，并且中心在时间 $t=0$ 处。因此，与温度的关系似乎是瞬时的且为正向关系，并且与降水呈指数衰减关系，这在之前问题 4.37 的分析中已被注意到。这些图表示了一般形式的传递函数模型，适用于例 5.8 中的新鱼数量和 SOI 序列。我们可以建议利用模型拟合流入输出，例如 I_t，模型为

$$I_t = \alpha_0 + \frac{\delta_0}{(1-\omega_1 B)} P_t + \alpha_2 T_t + \eta_t$$

这是不考虑温度分量的传递函数模型。此实例的 R 代码如下。

```
plot.ts(climhyd)        # Figure 7.3
Y      = climhyd         # Y holds the transformed series
Y[,6] = log(Y[,6])      # log inflow
Y[,5] = sqrt(Y[,5])     # sqrt precipitation
L = 25; M = 100; alpha = .001;  fdr = .001
nq = 2                  # number of inputs  (Temp and Precip)
# Spectral Matrix
Yspec = mvspec(Y, spans=L, kernel="daniell", detrend=TRUE, demean=FALSE,
          taper=.1)
n      = Yspec$n.used    # effective sample size
Fr     = Yspec$freq      # fundamental freqs
n.freq = length(Fr)      # number of frequencies
Yspec$bandwidth*sqrt(12)  # = 0.050 - the bandwidth
# Coherencies
Fq      = qf(1-alpha, 2, L-2)
cn      = Fq/(L-1+Fq)
plt.name = c("(a)","(b)","(c)","(d)","(e)","(f)")
dev.new(); par(mfrow=c(2,3), cex.lab=1.2)
# The coherencies are listed as 1,2,...,15=choose(6,2)
for (i in 11:15){
 plot(Fr, Yspec$coh[,i], type="l", ylab="Sq Coherence", xlab="Frequency",
          ylim=c(0,1), main=c("Inflow with", names(climhyd[i-10])))
 abline(h = cn); text(.45,.98, plt.name[i-10], cex=1.2)   }
# Multiple Coherency
coh.15 = stoch.reg(Y, cols.full = c(1,5), cols.red = NULL, alpha, L, M,
          plot.which = "coh")
 text(.45 ,.98, plt.name[6], cex=1.2)
 title(main = c("Inflow with", "Temp and Precip"))
# Partial F (called eF; avoid use of F alone)
numer.df = 2*nq;   denom.df = Yspec$df-2*nq
dev.new()
par(mfrow=c(3,1), mar=c(3,3,2,1)+.5, mgp = c(1.5,0.4,0), cex.lab=1.2)
out.15 = stoch.reg(Y, cols.full = c(1,5), cols.red = 5, alpha, L, M,
          plot.which = "F.stat")
eF = out.15$eF
pvals = pf(eF, numer.df, denom.df, lower.tail = FALSE)
pID = FDR(pvals, fdr);  abline(h=c(eF[pID]), lty=2)
title(main = "Partial F Statistic")
# Regression Coefficients
S = seq(from = -M/2+1, to = M/2 - 1, length = M-1)
plot(S, coh.15$Betahat[,1], type = "h", xlab = "", ylab = names(climhyd[1]),
          ylim = c(-.025, .055), lwd=2)
```

```
abline(h=0); title(main = "Impulse Response Functions")
plot(S, coh.15$Betahat[,2], type = "h", xlab = "Index", ylab =
         names(climhyd[5]), ylim = c(-.015, .055), lwd=2)
abline(h=0)
```

7.4 确定性输入的回归

上一节讨论了输入和输出序列是联合平稳的情况，但在许多情况下我们可能想要假设输入函数是固定的，并且具有已知的函数形式。这发生在对设计实验的数据分析中。例如，我们可能想要收集地震和爆炸的集合，如图 7.2 所示，并测试 P 或 S 分量的均值函数是否相同，或者可能是联合的。在使用阵列的某些其他信号检测问题中，输入被用作虚拟变量，在与来自横跨阵列传播的固定源的平面波对应的模型下，表示信号在各元件处到达时间的相应滞后。在图 7.1 中，我们绘制了大脑皮层的平均反应，作为不同基础设计配置的函数，对应用于清醒和轻度麻醉受试者的不同刺激。

有必要引入基础模型的复制版本来处理单变量的情况，我们将式(7.8)替换为

$$y_{jt} = \sum_{r=-\infty}^{\infty} \beta_r' z_{j,t-r} + v_{jt} \tag{7.37}$$

对于 $j=1, 2, \cdots, N$ 序列，我们假设已知确定性输入的向量，$z_{jt} = (z_{jt1}, \cdots, z_{jtq})'$，满足

$$\sum_{t=-\infty}^{\infty} |t| |z_{jtk}| < \infty$$

对于涉及 $k=1, \cdots, q$ 回归函数的基础过程的 $j=1, 2, \cdots, N$ 次复制。该模型也可以在确定性函数满足 Grenander 条件的假设下进行处理，如 Hannan[86] 的文献，但我们这里不需要这些条件，只需遵循 Shumway[182,183] 的文献中的方法。

有时用矩阵记法表示模型会很方便，将式(7.37)写作

$$y_t = \sum_{r=-\infty}^{\infty} z_{t-r} \beta_r + v_t \tag{7.38}$$

其中 $z_i = (z_{1t}, \cdots, z_{Nt})'$ 是独立输入的 $N \times q$ 矩阵，y_t 和 v_t 是 $N \times 1$ 输出和误差向量。假设误差向量 $v_t = (v_{1t}, \cdots, v_{Nt})'$ 是多变量、零均值、平稳、正态过程，其谱矩阵 $f_v(\omega) I_N$ 与 $N \times N$ 单位矩阵成正比。也就是说，我们假定误差序列 v_{jt} 与频谱密度 $f_v(\omega)$ 是独立同分布的。

例 7.2 核爆炸的次声信号

通常，我们会在传感器阵列上观察到一个共同的信号，比如说 β_t，第 j 个传感器的响应由 y_{jt}，$j=1, \cdots, N$ 表示。例如，图 7.6 显示了来自核爆炸的次声或低频声信号，如在 $N=3$ 个声学传感器的小三角阵列上观察到的那样。这些信号出现的时间略有不同。由于信号传播的方式，这种平面波信号从给定的信号源以给定的速度传播，在可预测的时间延迟下到达阵列中的元件。在图 7.6 中的次声信号的情况下，延迟是通过计算元件之间的交叉相关并简单地读取对应于最大值的时间延迟来近似的。有关阵列信号统计分析的详细讨论，见 Shumway et al.[186] 的文献。

可以假定一个如下形式的简单可加信号加噪声模型

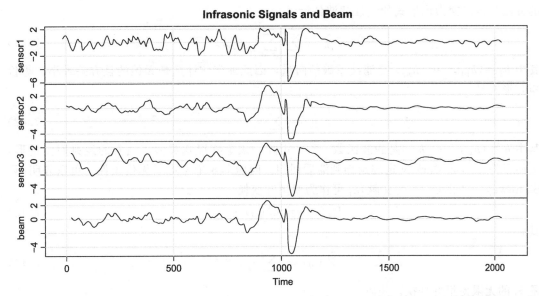

Infrasonic Signals and Beam

图 7.6　三个序列是在 Christmas 岛以南 25 公里处引爆的核爆炸及延迟平均或束流。时间刻度是每秒 10 点

$$y_{jt} = \beta_{t-\tau_j} + v_{jt} \tag{7.39}$$

其中 τ_j，$j = 1$，2，$\cdots$，N 是确定信号在阵列每个元件的起始点的时间延迟。模型 (7.39) 是以式 (7.37) 形式编写的，令 $z_{jt} = \delta_{t-\tau_j}$，其中当 $t = 0$ 时 $\delta_t = 1$，否则为零。

在这种情况下，我们对检测信号的存在和估计其波形 β_t 的问题感兴趣。波形的一种合理估计是无偏波束，比方说，

$$\hat{\beta}_t = \frac{\sum_{j=1}^{N} y_{j,t+\tau_j}}{N} \tag{7.40}$$

在此情况下，用交叉相关函数测得时间延迟为 $\tau_1 = 17$，$\tau_2 = 0$，$\tau_3 = -22$。图 7.6 的底部面板展示了这种情况下的计算光束，并且各个通道中的噪声已经降低，公共信号的基本特征被保留在平均值中。这个实例的 R 代码是：

```
attach(beamd)
tau     = rep(0,3)
u       = ccf(sensor1, sensor2, plot=FALSE)
tau[1] = u$lag[which.max(u$acf)]     # 17
u       = ccf(sensor3, sensor2, plot=FALSE)
tau[3] = u$lag[which.max(u$acf)]     # -22
Y = ts.union(lag(sensor1,tau[1]), lag(sensor2, tau[2]), lag(sensor3, tau[3]))
Y = ts.union(Y, rowMeans(Y))
colnames(Y) = c('sensor1', 'sensor2', 'sensor3', 'beam')
plot.ts(Y)
```

上述讨论和实例有助于更详细地研究输入序列 z_{jt} 是固定且已知情况下的估计和检测问题。我们将在下面的章节中考虑此案例所需的修改。

回归关系的估计

因为回归模型 (7.37) 包含固定函数，我们可以使用 Gauss-Markov 定理，类似于通常

的方法那样来搜索该形式的线性滤波估计量

$$\hat{\beta}_t = \sum_{j=1}^{N} \sum_{r=-\infty}^{\infty} h_{jr} y_{j,t-r} \tag{7.41}$$

其中 $h_{jt} = (h_{jt1}, \cdots, h_{jtq})'$ 是滤波系数的向量，因此确定估计量是无偏的且方差最小。等价矩阵形式是

$$\hat{\beta}_t = \sum_{r=-\infty}^{\infty} h_r y_{t-r} \tag{7.42}$$

其中 $h_t = (h_{1t}, \cdots, h_{Nt})$ 是滤波函数 $q \times N$ 矩阵。该矩阵形式类似于通常的经典回归情形，更便于将 Gauss-Markov 定理延伸到滞后回归。问题 7.6 中考虑了无偏条件。可以表明(见 Shumway and Dean[178] 的文献) h_{js} 可作为傅里叶变换

$$H_j(\omega) = S_z^{-1}(\omega) \overline{Z_j(\omega)} \tag{7.43}$$

其中

$$Z_j(\omega) = \sum_{t=-\infty}^{\infty} z_{jt} e^{-2\pi i \omega t} \tag{7.44}$$

是 z_{jt} 的无限傅里叶变换。矩阵

$$S_z(\omega) = \sum_{j=1}^{N} \overline{Z_j(\omega)} Z_j'(\omega) \tag{7.45}$$

可以被写作如下形式

$$S_z(\omega) = Z^*(\omega) Z(\omega) \tag{7.46}$$

其中 $N \times q$ 矩阵 $Z(\omega)$ 由 $Z(\omega) = (Z_1(\omega), \cdots, Z_N(\omega))'$ 定义。在矩阵记法中，最优滤波的傅里叶变换为

$$H(\omega) = S_z^{-1}(\omega) Z^*(\omega) \tag{7.47}$$

其中 $H(\omega) = (H_1(\omega), \cdots, H_N(\omega))$ 是频率响应函数的 $q \times N$ 矩阵。然后，最优滤波成为傅里叶变换

$$h_t = \int_{-1/2}^{1/2} H(\omega) e^{2\pi i \omega t} d\omega \tag{7.48}$$

如果变换不易于计算，则可以使用类似式(7.25)的近似。

例 7.3　例 7.2 中的次声信号的估计

我们考虑在例 7.2 中对次声信号产生最佳线性滤波无偏估计的问题。在这种情况下，$q=1$，式(7.44)变为

$$Z_j(\omega) = \sum_{t=-\infty}^{\infty} \delta_{t-\tau_j} e^{-2\pi i \omega t} = e^{-2\pi i \omega \tau_j}$$

且 $S_z(\omega) = N$。因此，我们有

$$H_j(\omega) = \frac{1}{N} e^{2\pi i \omega \tau_j}$$

利用式(7.48)，我们得到 $h_{jt} = \frac{1}{N} \delta(t+\tau_j)$。代入式(7.41)，我们获得最佳线性无偏估计作为波束，计算如式(7.40)。　■

假设检验

我们首先考虑检验完全向量 β_t 为零的假设，即没有向量信号。我们通过采用形式为 $\omega_k = k/n$ 的单个相邻频率在每个频率 ω 处进行测试，如初始段那样。我们可以用如下形式的表示来近似模型(7.37)中观测向量的 DFT

$$Y_j(\omega_k) = B'(\omega_k)Z_j(\omega_k) + V_j(\omega_k) \tag{7.49}$$

$j = 1, \cdots, N$，其中误差项与公共方差 $f(\omega_k)$ 误差项的谱密度不相关。自变量 $Z_j(\omega_k)$ 既可以是无限傅里叶变换，也可以由 DFT 近似。因此，我们可以得到一个复杂回归模型的矩阵版本，用以下形式编写

$$Y(\omega_k) = Z(\omega_k)B(\omega_k) + V(\omega_k) \tag{7.50}$$

其中 $N \times q$ 矩阵 $Z(\omega_k)$ 先前已经定义为式(7.46)并且 $Y(\omega_k)$ 和 $V(\omega_k)$ 为 $N \times 1$ 向量，其中误差向量 $V(\omega_k)$ 均值为零，有协方差矩阵 $f(\omega_k)I_N$。通常的回归参数表明回归系数的最大似然估计将为

$$\hat{B}(\omega_k) = S_z^{-1}(\omega_k)s_{zy}(\omega_k) \tag{7.51}$$

$S_z(\omega_k)$ 由式(7.46)给出，而

$$s_{zy}(\omega_k) = Z^*(\omega_k)Y(\omega_k) = \sum_{j=1}^{N} \overline{Z_j(\omega_k)}Y_j(\omega_k) \tag{7.52}$$

此外，误差谱矩阵的最大似然估计与

$$\begin{aligned}
s_{y \cdot z}^2(\omega_k) &= \sum_{j=1}^{N} |Y_j(\omega_k) - \hat{B}(\omega_k)'Z_j(\omega_k)|^2 \\
&= Y^*(\omega_k)Y(\omega_k) - Y^*(\omega_k)Z(\omega_k)[Z^*(\omega_k)Z(\omega_k)]^{-1}Z^*(\omega_k)Y(\omega_k) \\
&= s_y^2(\omega_k) - s_{zy}^*(\omega_k)S_z^{-1}(\omega_k)s_{zy}(\omega_k)
\end{aligned} \tag{7.53}$$

成比例，其中

$$s_y^2(\omega_k) = \sum_{j=1}^{N} |Y_j(\omega_k)|^2 \tag{7.54}$$

在回归系数 $B(\omega_k) = 0$ 的零假设下，误差功率的估计量仅为 $s_y^2(\omega_k)$。如果需要平滑，我们可以在频率 $\omega_k + \ell/n$ 上用平滑分量替代式(7.53)和式(7.54)，当 $\ell = -m, \cdots, m$ 和 $L = 2m+1$ 时，接近 ω。在这种情况下，我们得到了回归和误差谱分量

$$SSR(\omega) = \sum_{\ell=-m}^{m} s_{zy}^*(\omega_k + \ell/n)S_z^{-1}(\omega_k + \ell/n)s_{zy}(\omega_k + \ell/n) \tag{7.55}$$

和

$$SSE(\omega) = \sum_{\ell=-m}^{m} s_{y \cdot z}^2(\omega_k + \ell/n) \tag{7.56}$$

检验无回归关系的 F-统计量是

$$F_{2Lq, 2L(N-q)} = \frac{N-q}{q} \frac{SSR(\omega)}{SSE(\omega)} \tag{7.57}$$

表 7.2 列出了与这种情况有关的功率分析。

表 7.2 固定输入情况下检验频率为 ω 的独立序列无贡献的功率分析（ANOPOW）

源	功率	自由度
回归	SSR(ω)式(7.55)	$2Lq$
误差	SSE(ω)式(7.56)	$2L(N-q)$
合计	SST(ω)	$2LN$

在固定回归的情况下，分区假设类似式(7.27)中的 $\beta_{2t}=0$，用 z_{t1}，z_{t2} 替代 x_{t1}，x_{t2}。在这里，我们将 $S_z(\omega)$ 划分为 $q_i \times q_j(i, j=1, 2)$ 子矩阵，例如，

$$S_z(\omega_k) = \begin{pmatrix} S_{11}(\omega_k) S_{12}(\omega_k) \\ S_{21}(\omega_k) S_{22}(\omega_k) \end{pmatrix} \tag{7.58}$$

并将交叉谱向量划分为 $q_i \times 1(i=1, 2)$ 子向量

$$s_{zy}(\omega_k) = \begin{pmatrix} s_{1y}(\omega_k) \\ s_{2y}(\omega_k) \end{pmatrix} \tag{7.59}$$

在此，我们通过比较全模型下的剩余功率(7.53)和简化模型下的剩余功率，验证假设在频率 ω 下 $\beta_{2t}=0$，由下式给出：

$$s_{y \cdot 1}^2(\omega_k) = s_y^2(\omega_k) - s_{1y}^*(\omega_k) S_{11}^{-1}(\omega_k) s_{1y}(\omega_k) \tag{7.60}$$

同样，希望在相邻频率上添加大致可比较的频谱，则可以将回归和误差功率分量视为

$$\text{SSR}(\omega) = \sum_{\ell=-m}^{m} [s_{y \cdot 1}^2(\omega_k + \ell/n) - s_{y \cdot z}^2(\omega_k + \ell/n)] \tag{7.61}$$

和

$$\text{SSE}(\omega) = \sum_{\ell=-m}^{m} s_{y \cdot z}^2(\omega_k + \ell/n) \tag{7.62}$$

该信息可以再次归纳于表 7.3，其中由平均功率回归和误差分量的比率得到 F-统计量

$$F_{2Lq_2, 2L(N-q)} = \frac{(N-q)}{q_2} \frac{\text{SSR}(\omega)}{\text{SSE}(\omega)} \tag{7.63}$$

我们用例 7.2 的次声信号检测程序对功率过程进行了分析。

表 7.3 固定输入情况下检验最后的 q_2 输入无贡献的功率分析（ANOPOW）

源	功率	自由度
回归	SSR(ω)式(7.61)	$2Lq_2$
误差	SSE(ω)式(7.62)	$2L(N-q)$
合计	SST(ω)	$2L(N-q_1)$

例 7.4 利用 ANOPOW 检测次声信号

如图 7.4 所示，我们考虑了三个次声序列观测公共信号的检测问题。在所示波形中信号的存在是显而易见的，因此这里的测试主要证实统计显著性，并分离出含有最强信号分量的频率。每个序列包含 $n=2\,048$ 个点，每秒采样 10 个点。我们采用式(7.39)的模型，因此如例 7.3 中一样 $Z_j(\omega)=e^{-2\pi i \omega \tau_j}$ 和 $S_z(\omega)=N$，其中 $s_{zy}(\omega_k)$ 通过式(7.45)和式(7.52)给出为

$$s_{zy}(\omega_k) = \sum_{j=1}^{N} e^{2\pi i \omega \tau_j} Y_j(\omega_k)$$

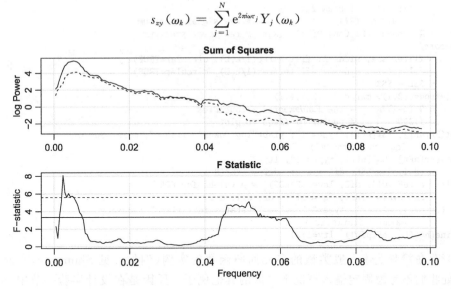

图 7.7　次声阵列在对数尺度上的功率分析（上图），SST(ω)显示为实线，SSE(ω)显示为虚线。F-统计量（下图）中，虚线为 0.001 FDR，实现为原假设下 F-分布相应的分位数

上述表达式可以解释为与同一频率计算的加权平均值或**波束**成比例，并且我们引入以下符号

$$B_w(\omega_k) = \frac{1}{N} \sum_{j=1}^{N} e^{2\pi i \omega \tau_j} Y_j(\omega_k) \tag{7.64}$$

代替表 7.3 中的功率分量，分别得到回归信号和误差分量：

$$s_{zy}^*(\omega_k) S_z^{-1}(\omega_k) s_{zy}(\omega_k) = N |B_w(\omega_k)|^2$$

和

$$s_{y \cdot z}^2(\omega_k) = \sum_{j=1}^{N} |Y_j(\omega_k) - B_w(\omega_k)|^2 = \sum_{j=1}^{N} |Y_j(\omega_k)|^2 - N |B_w(\omega_k)|^2$$

由于阵列中只有三个元件且存在合理数量的时间点，因此在频率上进行一些平滑以获得额外的自由度是可取的。在这种情况下，$L=9$，得到式（7.57）F-统计量的分子和分母的 $2(9)=18$ 和 $2(9)(3-1)=36$ 自由度。图 7.7 的顶部显示了由于误差和总功率引起的功率分量分析。功率最大为每点约 0.002 个循环或每秒约 0.02 个循环。将 F-统计量与底部面板中的 0.001 FDR 和原假设相应的水平值进行比较，并且在每秒约 0.02 个循环中有最强的检测。在其他地方似乎存在很少的功率，然而，在每秒 0.5 个循环的频带附近存在一些略微显著的信号功率。

该实例的 R 代码如下。

```
attach(beamd)
L    = 9; fdr = .001; N = 3
Y    = cbind(beamd, beam=rowMeans(beamd) )
n    = nextn(nrow(Y))
Y.fft = mvfft(as.ts(Y))/sqrt(n)
Df   = Y.fft[,1:3]  # fft of the data
```

```
Bf     = Y.fft[,4]     # beam fft
ssr    = N*Re(Bf*Conj(Bf))                  # raw signal spectrum
sse    = Re(rowSums(Df*Conj(Df))) - ssr  # raw error spectrum
# Smooth
SSE    = filter(sse, sides=2, filter=rep(1/L,L), circular=TRUE)
SSR    = filter(ssr, sides=2, filter=rep(1/L,L), circular=TRUE)
SST    = SSE + SSR
par(mfrow=c(2,1), mar=c(4,4,2,1)+.1)
Fr     = 0:(n-1)/n     # the fundamental frequencies
nFr    = 1:200         # number of freqs to plot
plot(Fr[nFr], SST[nFr], type="l", ylab="log Power", xlab="", main="Sum of
           Squares", log="y")
lines(Fr[nFr], SSE[nFr], type="l", lty=2)
eF     = (N-1)*SSR/SSE; df1 = 2*L;  df2 = 2*L*(N-1)
pvals = pf(eF, df1, df2, lower=FALSE)  # p values for FDR
pID    = FDR(pvals, fdr); Fq = qf(1-fdr, df1, df2)
plot(Fr[nFr], eF[nFr], type="l", ylab="F-statistic", xlab="Frequency",
           main="F Statistic")
abline(h=c(Fq, eF[pID]), lty=1:2)
```

　　尽管存在检测上述一般类型的多元回归函数的实例（例如，见 Shumway[182] 的文献），但在此处我们不考虑固定输入情况下分区的其他例子。原因是在设计实验一节中有几个例子来说明分区方法。

7.5　随机系数回归

　　到目前为止所考虑的滞后回归模型都假定输入过程是随机的或固定的，回归函数的向量 β_t 的分量是固定的，估计了未知参数。例如，我们研究了第 6 章中的状态空间模型。其中，状态方程可以看作是一个随机参数向量，它本质上是一个多元自回归过程。在 4.8 节中将单变量回归函数 β_t 的估计看作信号提取问题。

　　在本节中，我们考虑了一个随机系数回归模型（7.38）的等价形式

$$y_t = \sum_{r=-\infty}^{\infty} z_{t-r}\beta_r + v_t \tag{7.65}$$

其中 $y_t = (y_{1t}, \cdots, y_{Nt})'$ 是 $N\times 1$ 的响应向量，$z_t = (z_{1t}, \cdots, z_{Nt})'$ 是包含固定输入过程的 $N\times q$ 矩阵。在这里，$q\times 1$ 回归向量 β_t 的分量为具有公共谱矩阵 $f_\beta(\omega)I_q$ 的零均值、不相关平稳序列，误差序列 v_t 具有零均值和谱矩阵 $f_v(\omega)I_N$，其中 I_N 是 $N\times N$ 的单位矩阵。定义了 z_t 的傅里叶变换的 $N\times q$ 矩阵 $Z(\omega) = (Z_1(\omega), Z_2(\omega), \cdots, Z_N(\omega))'$，如在式（7.44）中给出了响应向量 y_t 的谱矩阵

$$f_y(\omega) = f_\beta(\omega)Z(\omega)Z^*(\omega) + f_v(\omega)I_N \tag{7.66}$$

带有随机平稳信号分量的回归模型是简单加性噪声模型的一般形式

$$y_t = \beta_t + v_t$$

由 Wiener[211] 的文献和 Kolmogorov[120] 的文献考虑，导出了 β_t 的最小均方误差向量，如在 4.8 节中所示。更一般的多元版本（7.65）表示该序列为信号向量 β_t 和矩阵 z_t 中包含的一组已知向量输入序列的卷积。将信号和噪声的协方差矩阵限制为对角线形式，这与随机效应模型在统计中所做的工作是一致的，我们在后面的章节中讨论这一点。在工程和地球物理文献中，回归函数 β_t 的估计问题常被称为反卷积（deconvolution）问题。

回归关系的估计

回归函数 β_t 可以用式(7.42)形式的一般滤波器估计，其中我们用矩阵形式写出估计量

$$\hat{\beta}_t = \sum_{r=-\infty}^{\infty} h_r y_{t-r} \tag{7.67}$$

其中 $h_t = (h_{1t}, \cdots, h_{Nt})$，并应用正交原理，如在 4.8 节中所示。该节中的定理推广（见问题 7.7）得到了估计量

$$H(\omega) = \left[S_z(\omega) + \theta(\omega) I_q \right]^{-1} Z^*(\omega) \tag{7.68}$$

对于最小均方误差滤波器的傅里叶变换，其中参数

$$\theta(\omega) = \frac{f_v(\omega)}{f_\beta(\omega)} \tag{7.69}$$

是信噪比的反比。从线性模型的频域版本(7.50)可以看出，估计量(7.51)的可比版本可以写成

$$\hat{B}(\omega) = \left[S_z(\omega) + \theta(\omega) I_q \right]^{-1} s_{zy}(\omega) \tag{7.70}$$

随机回归情况下的估计量是通常的估计量，脊校正 $\theta(\omega)$，与信噪比的倒数成正比。

估计量的均方协方差为

$$\mathrm{E}\left[(\hat{B} - B)(\hat{B} - B)^* \right] = f_v(\omega) \left[S_z(\omega) + \theta(\omega) I_q \right]^{-1} \tag{7.71}$$

它再次显示了这种情况与估计量(7.51)的方差之间的密切联系，估计量可以证明为 $f_v(\omega) S_z^{-1}(\omega)$。

例 7.5　随机次声信号的估计

在例 7.4 中，我们已经确定了式(7.68)和式(7.69)中所需的分量，以获得随机信号的估计量。序列 j 上最优滤波器的傅里叶变换具有如下形式

$$H_j(\omega) = \frac{e^{2\pi i \omega \tau_j}}{N + \theta(\omega)} \tag{7.72}$$

从式(7.71)用 $f_v(\omega)/[N+\theta(\omega)]$ 给出的均方误差。应用滤波器的净效果将与带频率响应函数的波束滤波相同，频率响应函数为

$$H_0(\omega) = \frac{N}{N + \theta(\omega)} = \frac{Nf_\beta(\omega)}{f_v(\omega) + Nf_\beta(\omega)} \tag{7.73}$$

在一部分信号频谱基本上为零的情况下，最后一种形式更方便。■

最优滤波器 h_t 具有依赖于信号频谱 $f_\beta(\omega)$ 和噪声频谱 $f_v(\omega)$ 的频率响应函数，因此我们需要对这些参数进行估计来应用最优滤波器。有时，从经验中得到的信号噪声比 $1/\theta(\omega)$ 的值是频率的函数。将这里的模型和统计中常用的方差分量模型进行对比，建议我们尝试一种类似于下一节的方法。

检测与参数估计

与通常的方差分量情况的类比表明，在随机信号假设下，可以查看表 7.2 的回归和误差分量。我们考虑了式(7.55)和式(7.56)在单频 ω_k 上的分量。为了估计谱分量 $f_\beta(\omega)$ 和 $f_v(\omega)$，在 $B(\omega_k)$ 是具有谱矩阵 $f_\beta(\omega_k) I_q$ 的随机过程的假设下，重新考虑线性模型(7.50)。然后，在频率为 ω_k 时，观测过程的谱矩阵为式(7.66)。

首先考虑回归幂的组成部分，定义为

$$\mathrm{SSR}(\omega_k) = s_{zy}^*(\omega_k) S_z^{-1}(\omega_k) s_{zy}(\omega_k)$$
$$= Y^*(\omega_k) Z(\omega_k) S_z^{-1}(\omega_k) Z^*(\omega_k) Y(\omega_k)$$

计算显示

$$\mathrm{E}[\mathrm{SSR}(\omega_k)] = f_\beta(\omega_k)\mathrm{tr}\{S_z(\omega_k)\} + q f_v(\omega_k)$$

其中 tr 表示矩阵的迹。如果我们能找到一组形式为 $\omega_k + \ell/n$ 的频率，其中谱和傅里叶变换 $S_z(\omega_k + \ell/n) \approx S_z(\omega)$ 是相对恒定的，则式(7.55)中的平均值的期望值为

$$\mathrm{E}[\mathrm{SSR}(\omega)] = L f_\beta(\omega)\mathrm{tr}[S_z(\omega)] + L q f_v(\omega) \tag{7.74}$$

一个类似的计算建立

$$\mathrm{E}[\mathrm{SSE}(\omega)] = L(N-q) f_v(\omega) \tag{7.75}$$

通过将期望功率分量替换为其值，并求解式(7.74)和式(7.75)，可以得到谱 $f_v(\omega)$ 和 $f_\beta(\omega)$ 的近似无偏估计。

7.6 设计实验分析

回归模型(7.49)的一个重要特例(见 Brillinger[32,34] 的文献)发生在回归(7.38)为以下形式时

$$y_t = z\beta_t + v_t \tag{7.76}$$

其中 $z = (z_1, z_2, \cdots, z_N)'$ 是一个矩阵，它决定了第 j 个序列观测的内容，即，

$$y_{jt} = z_j'\beta_t + v_{jt} \tag{7.77}$$

在这种情况下，自变量的矩阵 z 是常数，我们将有频域模型

$$Y(\omega_k) = Z B(\omega_k) + V(\omega_k) \tag{7.78}$$

对应于式(7.50)，其中矩阵 $Z(\omega_k)$ 是频率 ω_k 的函数。在这种情况下，矩阵是纯实数，但是可以将 $Z(\omega_k)$ 代替为常数矩阵 Z 来应用方程(7.51)~(7.57)。

等均值假设

我们在分析实际数据时遇到的一个典型的一般问题是简单的均值相等检验，其中可能有一组时间序列 y_{ijt}，$i=1, \cdots, I$，$j=1, \cdots, N_i$，属于可能的群 I，其中第 i 组中有 N_i 个序列。为了检验均值是否相等，我们可以用以下形式写出回归模型

$$y_{ijt} = \mu_t + \alpha_{it} + v_{ijt} \tag{7.79}$$

其中，μ_t 表示整体均值，α_{it} 表示第 i 组在时间 t 处的效应。我们要求对所有 t，有 $\sum_i \alpha_{it} = 0$。

在这种情况下，整个模型可以用一般的回归表示法写成

$$y_{ijt} = z_{ij}'\beta_t + v_{ijt}$$

其中

$$\beta_t = (\mu_t, \alpha_{1t}, \alpha_{2t}, \cdots, \alpha_{I-1,t})'$$

表示受约束的回归向量。简化模型

$$y_{ijt} = \mu_t + v_{ijt} \tag{7.80}$$

在群体均值相等的假设下。在完整模型中，$I \times 1$ 设计向量 z_{ij} 有 I 个可能的值；第一个分量总是均值，在第 i 个位置($i=1, \cdots, I-1$)为 1，其他为 0。最后一组的向量取值-1，对于 $i=2, 3, \cdots, I-1$。在简化模型下，每个 z_{ij} 都是一列。其余的分析遵循式(7.51)~(7.57)中总

结的方法。在这种情况下，表 7.3 中的功率分量(平滑前)简化为

$$\text{SSR}(\omega_k) = \sum_{i=1}^{I} \sum_{j=1}^{N_i} |Y_{i\cdot}(\omega_k) - Y_{\cdot\cdot}(\omega_k)|^2 \tag{7.81}$$

和

$$\text{SSE}(\omega_k) = \sum_{i=1}^{I} \sum_{j=1}^{N_i} |Y_{ij}(\omega_k) - Y_{i\cdot}(\omega_k)|^2 \tag{7.82}$$

它们类似于方差分析中常用的平方和。请注意，一个点(·)代表一个平均值，具有适当的下标，因此回归功率分量 $\text{SSR}(\omega_k)$ 基本上是组均值与总体均值偏离的平方和，而误差功率分量 $\text{SSE}(\omega_k)$ 则反映了组均值与原始数据值的偏差。在 L 个频率上平滑每个分量得到了在每个频率 ω 上的带有自由度为 $2L(I-1)$ 和 $2L(\sum N_i - I)$ 的 F-统计量(7.63)。

例 7.6　fMRI 数据的均值测试

图 7.1 显示了受试者在清醒和麻醉期间对不同水平周期性刺激的平均反应，这是在 Antognini 等人[10] 的疼痛感知实验中收集的。对清醒和麻醉的受试者提出了三种周期性刺激、擦拭、高温和电击。在每次 32 秒的开断序列中引入擦拭、高温和电击的周期性，采样频率为每 2 秒采一点。在大脑的九个位置测量血氧水平(BOLD)信号强度(Ogawa et al.[144] 的文献)。激活区域是由 Bandettini 等人[11] 首先描述的一种技术确定的。测量信号的脑区的具体位置有皮层 1：初级体感、对侧，皮层 2：初级体感、同侧，皮层 3：次级体感、对侧，皮层 4：次级体感、同侧、尾状核，丘脑 1：对侧，丘脑 2：同侧，小脑 1：对侧，小脑 2：同侧。图 7.1 显示了六种治疗组合中每一种在皮层 1 处的平均反应，1：清醒-擦拭(5 人)，2：清醒-高温(4 人)，3：清醒-电击(5 人)，4：低擦拭(3 人)，5：低温(5 人)，6：低电击(4 人)。第一个分析的目的是检验这六组均值的相等性，特别注意周期驱动刺激的 64 秒周期(每秒 1/64 循环)。因为在这九个大脑位置中的每一个位置都需要一个相等的测试，所以我们使用 $\alpha=0.01$ 来控制整个错误率。图 7.8 显示 F-统计量，由式(7.63)计算，$L=3$，我们看到四个皮层位置和第二小脑轨迹的大量信号，但在尾状区和丘脑区域没有明显的影响。因此，我们将保留四个皮层位置和第二个小脑位置，以便进一步分析。

这个例子的 R 代码如下。

```
n         = 128              # length of series
n.freq    = 1 + n/2          # number of frequencies
Fr        = (0:(n.freq-1))/n # the frequencies
N         = c(5,4,5,3,5,4)   # number of series for each cell
n.subject = sum(N)           # number of subjects (26)
n.trt     = 6                # number of treatments
L         = 3                # for smoothing
num.df    = 2*L*(n.trt-1)    # df for F test
den.df    = 2*L*(n.subject-n.trt)
# Design Matrix (Z):
Z1        = outer(rep(1,N[1]), c(1,1,0,0,0,0))
Z2        = outer(rep(1,N[2]), c(1,0,1,0,0,0))
Z3        = outer(rep(1,N[3]), c(1,0,0,1,0,0))
Z4        = outer(rep(1,N[4]), c(1,0,0,0,1,0))
Z5        = outer(rep(1,N[5]), c(1,0,0,0,0,1))
```

```
Z6    = outer(rep(1,N[6]), c(1,-1,-1,-1,-1,-1))
Z     = rbind(Z1, Z2, Z3, Z4, Z5, Z6)
ZZ    = t(Z)%*%Z
SSEF <- rep(NA, n) -> SSER
HatF = Z%*%solve(ZZ, t(Z))
HatR = Z[,1]%*%t(Z[,1])/ZZ[1,1]
par(mfrow=c(3,3), mar=c(3.5,4,0,0), oma=c(0,0,2,2), mgp = c(1.6,.6,0))
loc.name = c("Cortex 1","Cortex 2","Cortex 3","Cortex 4","Caudate","Thalamus
        1","Thalamus 2","Cerebellum 1","Cerebellum 2")
for(Loc in 1:9) {
 i = n.trt*(Loc-1)
 Y = cbind(fmri[[i+1]], fmri[[i+2]], fmri[[i+3]], fmri[[i+4]], fmri[[i+5]],
        fmri[[i+6]])
 Y = mvfft(spec.taper(Y, p=.5))/sqrt(n)
 Y = t(Y)        # Y is now 26 x 128 FFTs
# Calculation of Error Spectra
for (k in 1:n) {
  SSY    = Re(Conj(t(Y[,k]))%*%Y[,k])
  SSReg  = Re(Conj(t(Y[,k]))%*%HatF%*%Y[,k])
 SSEF[k] = SSY - SSReg
  SSReg  = Re(Conj(t(Y[,k]))%*%HatR%*%Y[,k])
 SSER[k] = SSY - SSReg  }

# Smooth
sSSEF    = filter(SSEF, rep(1/L, L), circular = TRUE)
sSSER    = filter(SSER, rep(1/L, L), circular = TRUE)
eF       = (den.df/num.df)*(sSSER-sSSEF)/sSSEF
plot(Fr, eF[1:n.freq], type="l", xlab="Frequency", ylab="F Statistic",
        ylim=c(0,7))
abline(h=qf(.999, num.df, den.df),lty=2)
text(.25, 6.5, loc.name[Loc], cex=1.2)    }
```

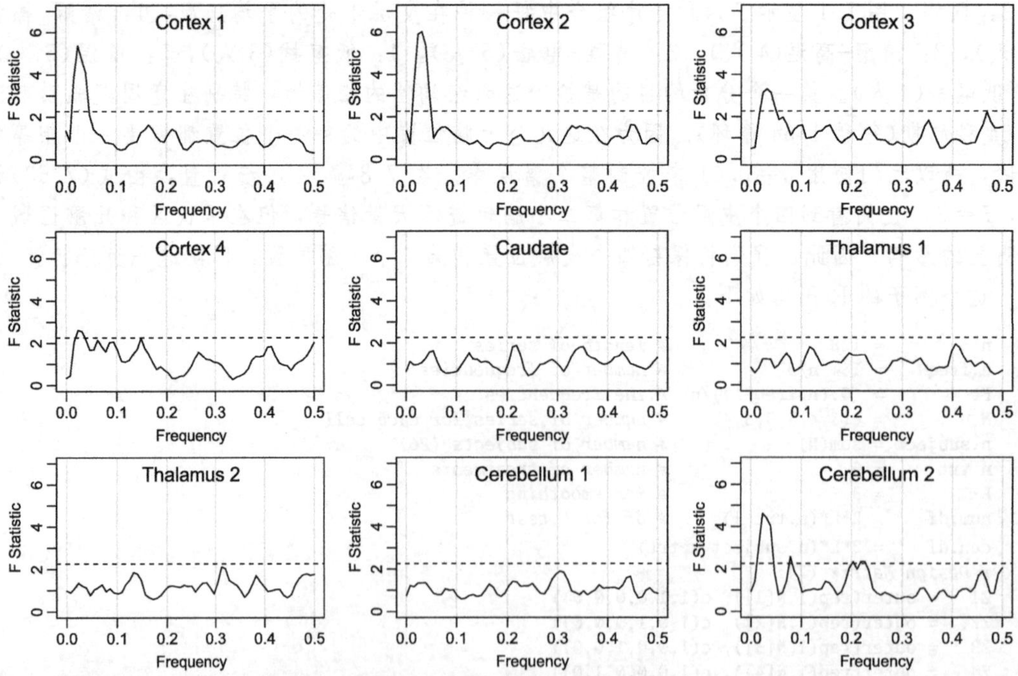

图 7.8   与频率相关的在 9 个大脑位置对 fMRI 数据进行频率相关的均值检验。$L=3$，临界值 $F_{0.001}(30, 120)=2.26$

方差模型分析

图 7.1 中 fMRI 数据的处理安排表明，可能有更多的信息可以获得，而不是简单的均值检验。意识状态和单独处理擦拭、高温和电击可能会产生的分离效应。低电击时出现的信号减少意味着治疗与意识水平之间可能存在交互作用。在经典的双向表中的排列建议将两因子方差分析的模拟看作是频率的函数。在这种情况下，我们将得到回归模型(7.79)的如下形式的不同版本，对于某些因子 A 的第 i 个水平下的第 j 个个体，$i=1，\cdots，I，j=1，\cdots，J，k=1，\cdots，n_{ij}$，模型如下：

$$y_{ijkt} = \mu_t + \alpha_{it} + \beta_{jt} + \gamma_{ijt} + v_{ijkt} \tag{7.83}$$

每个细胞中的个体数可以不同，如下一个例子中的 fMRI 数据。在上述模型中，我们假设响应可以建模为均值 μ_t、行效应（刺激类型）α_{it}、列效应（意识水平）β_{jt} 和交互作用 γ_{ijt} 的总和，并有通常的限制

$$\sum_i \alpha_{it} = \sum_j \beta_{jt} = \sum_i \gamma_{ijt} = \sum_j \gamma_{ijt} = 0$$

是在整体回归模型(7.78)中的满秩设计矩阵 Z 所需的。如果每个细胞中的观测数相同，通常的简单相似的功率分量式(7.81)和式(7.82)将用于检验各种假设。在式(7.83)的情况下，我们对从式(7.83)中一次去掉一组项得到的假设感兴趣，因此 A 因子（测试 $\alpha_{it}=0$）、B 因子（$\beta_{jt}=0$）和相互作用项（$\gamma_{ijt}=0$）将作为功率分析的组成部分出现。由于每个细胞的观测数不相等，我们经常将模型以回归模型(7.76)~(7.78)的形式存在。

例 7.7　fMRI 序列功率测试分析

对于图 7.1 中给出的 fMRI 数据，这种形式的模型(7.83)是可信的，它将提供比简单的均等化的均值测试描述的更详细的信息。该测试的结果如图 7.8 所示，四个皮层位置和第二个小脑位置的结果是不同的。

我们可以通过检验平均差异是由于刺激的性质或意识水平，还是由于这两个因素之间的相互作用来进一步检验这些差异。图 7.1 所示的细胞中存在不等数量的观察数。对于回归向量，

$$(\mu_t, \alpha_{1t}, \alpha_{2t}, \beta_{1t}, \gamma_{11t}, \gamma_{21t})'$$

设计矩阵的行如表 7.4 所示。注意上述参数的限制。

表 7.4　例 7.7 中设计矩阵的行

	清醒							低麻醉						
擦拭	1	1	0	1	1	0	(5)	1	1	0	−1	−1	0	(3)
高温	1	0	1	1	0	1	(4)	1	0	1	−1	0	−1	(5)
电击	1	−1	−1	1	−1	−1	(5)	1	−1	−1	−1	1	1	(4)

注：括号中是每个单元格的观察数

三个假说的检验结果如图 7.9 所示，四个皮层位置和小脑，其成分在图 7.8 中显示出一些显著性差异。再一次，回归功率分量在 $L=3$ 频率上平滑。表 7.3 中每个子假设的 ANOPOW 结果表明，当刺激效应下降时，$q_2=1$；当意识效应或交互条件下降时，$q_2=2$。因此，对于这两种情况，$2Lq_2=6，12，N=\sum_{ij} n_{ij}=26$。在这里，意识状态（清醒、镇静）

在信号频率上起主要作用。刺激的水平在信号频率上不明显，但在初级体感皮层的同侧部位发生了显著的相互作用。

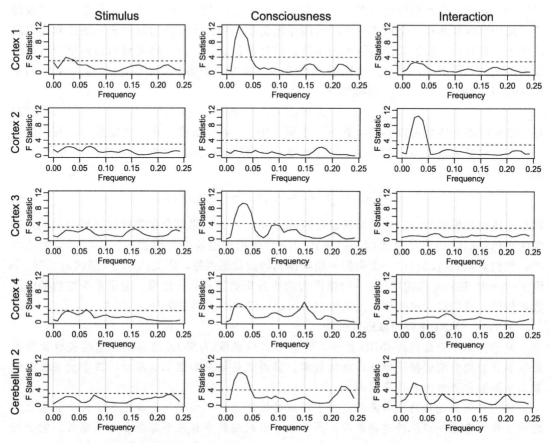

图 7.9   五个部位的 fMRI 数据功率分析，$L=3$，刺激的临界值 $F_{0.001}(6, 120)=4.04$，
意识和交互作用的 $F_{0.001}(12, 120)=3.02$

本例的 R 代码类似于例 7.6。

```
n          = 128
n.freq     = 1 + n/2
Fr         = (0:(n.freq-1))/n
nFr        = 1:(n.freq/2)
N          = c(5,4,5,3,5,4)
n.subject  = sum(N)
n.para     = 6                   # number of parameters
L          = 3                   # for smoothing
df.stm     = 2*L*(3-1)           # stimulus (3 levels: Brush,Heat,Shock)
df.con     = 2*L*(2-1)           # conscious (2 levels: Awake,Sedated)
df.int     = 2*L*(3-1)*(2-1)     # interaction
den.df     = 2*L*(n.subject-n.para) # df for full model
# Design Matrix:          mu a1 a2  b g1 g2
 Z1 = outer(rep(1,N[1]), c(1,  1,  0,  1,  1,  0))
 Z2 = outer(rep(1,N[2]), c(1,  0,  1,  1,  0,  1))
```

```
 Z3     = outer(rep(1,N[3]), c(1, -1, -1,  1, -1, -1))
 Z4     = outer(rep(1,N[4]), c(1,  1,  0, -1, -1,  0))
 Z5     = outer(rep(1,N[5]), c(1,  0,  1, -1,  0, -1))
 Z6     = outer(rep(1,N[6]), c(1, -1, -1, -1,  1,  1))
 Z      = rbind(Z1, Z2, Z3, Z4, Z5, Z6)
 ZZ     = t(Z)%*%Z
 rep(NA, n)-> SSEF-> SSE.stm-> SSE.con-> SSE.int
 HatF   = Z%*%solve(ZZ,t(Z))
 Hat.stm = Z[,-(2:3)]%*%solve(ZZ[-(2:3),-(2:3)], t(Z[,-(2:3)]))
 Hat.con = Z[,-4]%*%solve(ZZ[-4,-4], t(Z[,-4]))
 Hat.int = Z[,-(5:6)]%*%solve(ZZ[-(5:6),-(5:6)], t(Z[,-(5:6)]))
 par(mfrow=c(5,3), mar=c(3.5,4,0,0), oma=c(0,0,2,2), mgp = c(1.6,.6,0))
 loc.name = c("Cortex 1","Cortex 2","Cortex 3","Cortex 4","Caudate", "
             Thalamus 1","Thalamus 2","Cerebellum 1","Cerebellum 2")
 for(Loc in c(1:4,9)) {     # only Loc 1 to 4 and 9 used
  i = 6*(Loc-1)
  Y = cbind(fmri[[i+1]], fmri[[i+2]], fmri[[i+3]], fmri[[i+4]], fmri[[i+5]],
             fmri[[i+6]])
  Y = mvfft(spec.taper(Y, p=.5))/sqrt(n);  Y = t(Y)
 for (k in 1:n) {
    SSY      = Re(Conj(t(Y[,k]))%*%Y[,k])
    SSReg    = Re(Conj(t(Y[,k]))%*%HatF%*%Y[,k])
  SSEF[k]    = SSY - SSReg
    SSReg    = Re(Conj(t(Y[,k]))%*%Hat.stm%*%Y[,k])
  SSE.stm[k] = SSY-SSReg
    SSReg    = Re(Conj(t(Y[,k]))%*%Hat.con%*%Y[,k])
  SSE.con[k] = SSY-SSReg
    SSReg    = Re(Conj(t(Y[,k]))%*%Hat.int%*%Y[,k])
  SSE.int[k] = SSY-SSReg     }
 # Smooth
 sSSEF    = filter(SSEF, rep(1/L, L), circular = TRUE)
 sSSE.stm = filter(SSE.stm, rep(1/L, L), circular = TRUE)
 sSSE.con = filter(SSE.con, rep(1/L, L), circular = TRUE)
 sSSE.int = filter(SSE.int, rep(1/L, L), circular = TRUE)
 eF.stm   = (den.df/df.stm)*(sSSE.stm-sSSEF)/sSSEF
 eF.con   = (den.df/df.con)*(sSSE.con-sSSEF)/sSSEF
 eF.int   = (den.df/df.int)*(sSSE.int-sSSEF)/sSSEF
 plot(Fr[nFr],eF.stm[nFr], type="l", xlab="Frequency", ylab="F Statistic",
         ylim=c(0,12))
  abline(h=qf(.999, df.stm, den.df),lty=2)
  if(Loc==1) mtext("Stimulus", side=3, line=.3, cex=1)
  mtext(loc.name[Loc], side=2, line=3, cex=.9)
 plot(Fr[nFr], eF.con[nFr], type="l", xlab="Frequency", ylab="F Statistic",
         ylim=c(0,12))
  abline(h=qf(.999, df.con, den.df),lty=2)
  if(Loc==1)  mtext("Consciousness", side=3, line=.3, cex=1)
 plot(Fr[nFr], eF.int[nFr], type="l", xlab="Frequency", ylab="F Statistic",
         ylim=c(0,12))
  abline(h=qf(.999, df.int, den.df),lty=2)
  if(Loc==1) mtext("Interaction", side=3, line= .3, cex=1)     }
```

同时推理

在前面涉及 fMRI 数据的例子中，将注意力集中在对拒绝均值假设起最大作用的成分上是有帮助的。实现这一目标的一种方法是设计一种检验如下形式的任意线性组合是否显著的检验。

$$\Psi(\omega_k) = A^*(\omega_k)B(\omega_k) \tag{7.84}$$

其中，选取向量 $A(\omega_k)=(A_1(\omega_k)，A_2(\omega_k)，\cdots，A_q(\omega_k))'$ 的分量，使回归模型中的回归向量 $B(\omega_k)$ 中参数的特定线性函数分离出来。这一论点建议对线性组合(7.84)中线性系数的所有可能值进行假设 $\Psi(\omega_k)=0$ 的检验，就像在常规方差分析方法中所做的那样(实例见 Scheffé[172] 的文献)。

回顾涉及形式如式(7.50)的回归模型的材料，线性组合(7.84)可以由下式估计：

$$\hat{\Psi}(\omega_k) = A^*(\omega_k)\,\hat{B}(\omega_k) \tag{7.85}$$

其中 $\hat{B}(\omega_k)$ 是式(7.51)给出的回归系数的估计向量，与式(7.53)中的误差谱 $s_{y\cdot z}^2(\omega_k)$ 无关。可以显示比率的最大值

$$F(A) = \frac{N-q}{q}\frac{|\,\hat{\Psi}(\omega_k) - \Psi(\omega_k)\,|^2}{s_{y\cdot z}^2(\omega_k)Q(A)} \tag{7.86}$$

其中

$$Q(A) = A^*(\omega_k)S_z^{-1}(\omega_k)A(\omega_k) \tag{7.87}$$

是由具有 $2q$ 和 $2(N-q)$ 自由度的 F-分布的统计量所限制的。检验该线性组合具有特定值的假设，通常为 $\Psi(\omega_k)=0$，然后自然地将假设情况下估计的统计量(7.86)与 $F_{2q,2(N-q)}$ 分布上的 α 水平点进行比较。我们可以选择无限多个形式的线性组合(7.84)，检验在 α 水平仍然有效。和以前一样，认为在一个波段上误差谱是相对恒定的，这使得我们能够在 L 频率上分别平滑式(7.86)的分子和分母，因此涉及平滑分量的分布是 $F_{2Lq,2L(N-q)}$。

例 7.8　fMRI 序列的同时推理

作为一个例子，考虑以往的 fMRI 因素的显著性检验，我们已经表明，主要的影响是在刺激中，但没有调查哪个刺激(高温、擦拭或电击)是最有效的。为了进一步分析这一点，考虑均值模型(7.79)和以下形式的 6×1 对比度向量

$$\hat{\Psi} = A^*(\omega_k)\,\hat{B}(\omega_k) = \sum_{i=1}^{6} A_i^*(\omega_k)Y_{i\cdot}(\omega_k) \tag{7.88}$$

在这种特殊情况下，均值很容易显示为回归系数。在这种情况下，均值按列排序；前三个均值是清醒状态的三个刺激水平，最后三个均值是麻醉状态的水平。在这种特殊情况下，分母项是

$$Q = \sum_{i=1}^{6}\frac{|A_i(\omega_k)|^2}{N_i} \tag{7.89}$$

在式(7.82)中可用 $SSE(\omega_k)$。为了评估一个特定刺激的效果，如在两种感觉水平上的擦拭，我们可以选择 $A_1(\omega_k)=A_4(\omega_k)=1$ 作为两个擦拭水平，否则 $A(\omega_k)=0$。从图 7.10 中，我们看到，在第一和第三皮层位置，擦拭和高温都是显著的，而第四皮层只显示擦拭和第二小脑只显示高温。当处于清醒状态和轻度麻醉状态时，电击似乎相对较弱地传递。

此实例的 R 代码如下所示。

```
n   = 128; n.freq = 1 + n/2
Fr  = (0:(n.freq-1))/n; nFr = 1:(n.freq/2)
N   = c(5,4,5,3,5,4); n.subject = sum(N); L = 3
# Design Matrix
Z1 = outer(rep(1,N[1]), c(1,0,0,0,0,0))
Z2 = outer(rep(1,N[2]), c(0,1,0,0,0,0))
```

```
Z3 = outer(rep(1,N[3]), c(0,0,1,0,0,0))
Z4 = outer(rep(1,N[4]), c(0,0,0,1,0,0))
Z5 = outer(rep(1,N[5]), c(0,0,0,0,1,0))
Z6 = outer(rep(1,N[6]), c(0,0,0,0,0,1))
Z = rbind(Z1, Z2, Z3, Z4, Z5, Z6);  ZZ = t(Z)%*%Z
# Contrasts:  6 by 3
A  = rbind(diag(1,3), diag(1,3))
nq = nrow(A);  num.df = 2*L*nq; den.df = 2*L*(n.subject-nq)

HatF = Z%*%solve(ZZ, t(Z))    # full model
rep(NA, n)-> SSEF -> SSER; eF = matrix(0,n,3)
par(mfrow=c(5,3), mar=c(3.5,4,0,0), oma=c(0,0,2,2), mgp = c(1.6,.6,0))
loc.name = c("Cortex 1", "Cortex 2", "Cortex 3", "Cortex 4", "Caudate", "
            Thalamus 1", "Thalamus 2", "Cerebellum 1", "Cerebellum 2")
cond.name = c("Brush", "Heat", "Shock")
for(Loc in c(1:4,9)) {
 i = 6*(Loc-1)
 Y = cbind(fmri[[i+1]], fmri[[i+2]], fmri[[i+3]], fmri[[i+4]], fmri[[i+5]],
            fmri[[i+6]])
 Y = mvfft(spec.taper(Y, p=.5))/sqrt(n); Y = t(Y)
 for (cond in 1:3){
  Q = t(A[,cond])%*%solve(ZZ, A[,cond])
  HR = A[,cond]%*%solve(ZZ, t(Z))
  for (k in 1:n){
    SSY    = Re(Conj(t(Y[,k]))%*%Y[,k])
    SSReg  = Re(Conj(t(Y[,k]))%*%HatF%*%Y[,k])
   SSEF[k] = (SSY-SSReg)*Q
    SSReg  = HR%*%Y[,k]
   SSER[k] = Re(SSReg*Conj(SSReg))  }
# Smooth
sSSEF  = filter(SSEF, rep(1/L, L), circular = TRUE)
sSSER  = filter(SSER, rep(1/L, L), circular = TRUE)
eF[,cond] = (den.df/num.df)*(sSSER/sSSEF)    }
plot(Fr[nFr], eF[nFr,1], type="l", xlab="Frequency", ylab="F Statistic",
            ylim=c(0,5))
 abline(h=qf(.999, num.df, den.df),lty=2)
 if(Loc==1) mtext("Brush", side=3, line=.3, cex=1)
 mtext(loc.name[Loc], side=2, line=3, cex=.9)
plot(Fr[nFr], eF[nFr,2], type="l", xlab="Frequency", ylab="F Statistic",
            ylim=c(0,5))
 abline(h=qf(.999, num.df, den.df),lty=2)
 if(Loc==1)  mtext("Heat", side=3, line=.3, cex=1)
plot(Fr[nFr], eF[nFr,3], type="l", xlab="Frequency", ylab="F Statistic",
            ylim=c(0,5))
 abline(h = qf(.999, num.df, den.df) ,lty=2)
 if(Loc==1) mtext("Shock", side=3, line=.3, cex=1)  }
```

多元试验

虽然可以按照类似于通常的实值情况来发展多元回归，但我们将只研究涉及群均值和频谱矩阵相等的测试，因为这些测试在应用中似乎是最常用的。对于这些结果，考虑 p 值的时间序列 $y_{ijt}=(y_{ijt1}, \cdots, y_{ijtp})'$ 是由对 i 组中 $j=1, \cdots, N_i$ 个体的观测得到的，它们均具有均值 μ_{it} 和平稳自协方差矩阵 $\Gamma_i(h)$。将群均值向量的 DFT 表示为 $Y_i(\omega_k)$，对于第 $i=1, 2, \cdots,$ I 个群，$p \times p$ 谱矩阵表示为 $\hat{f}_i(\omega_k)$。在 7.3 节中假设与向量序列具有相同的一般性质。

在多元情形下，我们得到类似式(7.81)和式(7.82)的形式作为组间交叉幂和组内交叉幂矩阵

$$SPR(\omega_k) = \sum_{i=1}^{I} \sum_{j=1}^{N_i} (Y_{i\cdot}(\omega_k) - Y_{\cdot\cdot}(\omega_k))(Y_{i\cdot}(\omega_k) - Y_{\cdot\cdot}(\omega_k))^* \qquad (7.90)$$

同时

$$SPE(\omega_k) = \sum_{i=1}^{I} \sum_{j=1}^{N_i} (Y_{ij}(\omega_k) - Y_{i\cdot}(\omega_k))(Y_{ij}(\omega_k) - Y_{i\cdot}(\omega_k))^* \qquad (7.91)$$

均值检验的等价性被拒绝，因为似然比检验产生了一个单调的函数

$$\Lambda(\omega_k) = \frac{|SPE(\omega_k)|}{|SPE(\omega_k) + SPR(\omega_k)|} \qquad (7.92)$$

Khatri[117] 和 Hannan[86] 给出了统计量的近似分布

$$\chi^2_{2(I-1)p} = -2\left(\sum N_i - I - p - 1\right) \log \Lambda(\omega_k) \qquad (7.93)$$

当群的均值相等时，服从自由度为 $2(I-1)p$ 的卡方分布。

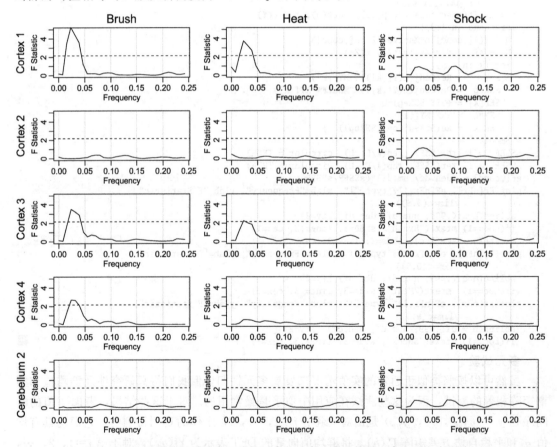

图 7.10 在五个位置同时产生线性组合的功率，增强擦拭、高温和电击影响，
$L=3$，$F_{0.001}(36, 120) = 2.16$

如 Giri[73] 的文献所示，$I=2$ 群的情况降为 Hotelling 的 T^2，其中

$$T^2 = \frac{N_1 N_2}{(N_1 + N_2)}[Y_{1.}(\omega_k) - Y_{2.}(\omega_k)]^* \hat{f}_v^{-1}(\omega_k)[Y_{1.}(\omega_k) - Y_{2.}(\omega_k)] \tag{7.94}$$

其中

$$\hat{f}_v(\omega_k) = \frac{\mathrm{SPE}(\omega_k)}{\sum_i N_i - I} \tag{7.95}$$

为式(7.91)中给出的合并误差谱，$I=2$。在本例中，检验统计量为

$$F_{2p, 2(N_1+N_2-p-1)} = \frac{(N_1 + N_2 - 2)p}{(N_1 + N_2 - p - 1)}T^2 \tag{7.96}$$

Giri[73]的结果表明，当均值相同时，具有极限 F-分布，自由度为 $2p$ 和 $2(N_1 + N_2 - p - 1)$。对于二元均值不等式，经典的 t 检验即为式(7.95)和式(7.96)，且 $p=1$。

测试谱矩阵的相等性也很有意义，它不仅适用于判别和模式识别，正如下一节所讨论的那样，而且也是一种检验，表明均值相等检验（假设相同谱矩阵）是否有效。该检验由似然比准则演化而来，该准则将合并频谱矩阵(7.95)与以下单群谱矩阵进行比较：

$$\hat{f}_i(\omega_k) = \frac{1}{N_i - 1}\sum_{j=1}^{N_i}(Y_{ij}(\omega_k) - Y_{i.}(\omega_k))(Y_{ij}(\omega_k) - Y_{i.}(\omega_k))^* \tag{7.97}$$

将自由度 $M_i = N_i - 1$ 和 $M = \sum M_i$ 而不是样本大小合并到似然比统计量的似然比检验的修改，使用

$$L'(\omega_k) = \frac{M^{Mp}}{\prod_{i=1}^{I} M_i^{M_i p}} \frac{\prod |M_i \hat{f}_i(\omega_k)|^{M_i}}{|M \hat{f}_v(\omega_k)|^M} \tag{7.98}$$

Krishnaiah 等人[121]给出了 $L'(\omega_k)$ 的矩，并用 Pearson I 型近似计算了 $p=3,4$ 的 95% 临界点。对于涉及平滑谱估计量的相当大的样本，通常的卡方级数的第一项的逼近就足够了，Shumway[180]给出了

$$\chi^2_{(I-1)p^2} = -2r\log L'(\omega_k) \tag{7.99}$$

其中

$$1 - r = \frac{(p+1)(p-1)}{6p(I-1)}\left(\sum_i M_i^{-1} - M^{-1}\right) \tag{7.100}$$

当谱矩阵相等时，服从具有 $(I-1)p^2$ 自由度的近似卡方分布。在上述方程中引入 L 频率平滑导致用 LM_j 和 LM 代替 M_i 和 M。

当然，利用上述结果检验两个单变量谱是否相等是很有意义的，从第 4 章的材料可以容易看出，当频谱在 L 个频率上平滑时，下式

$$F_{2LM_1, 2LM_2} = \frac{\hat{f}_1(\omega)}{\hat{f}_2(\omega)} \tag{7.101}$$

将服从自由度为 $2LM_1$ 和 $2LM_2$ 的 F-分布。

例 7.9 均值和谱矩阵的相等

当试图开发一种方法来区分来自爆炸的波形和来自更常见的地震的波形时，一个有趣的问题出现了。图 7.2 显示了由 8 次地震和 8 次爆炸的两个阶段组成的较大的二元序列的一个小子集。如果这些序列的 DFT 的大样本近似保持正态，则需要知道两类之间的差异是

否可以更好地由均值函数或谱矩阵表示。上面描述的测试可以用来研究这两个问题。图 7.11 的左上角显示了测试统计量(7.96),直线表示 $\alpha=0.001$ 的临界水平,即 $F_{0.001}(4, 26)=7.36$,用 $L=1$ 表示相等的均值,测试统计量在所有频率上都远低于其临界值,这意味着这两类序列的均值没有显著差异。图 7.2 显示几乎没有理由怀疑地震或爆炸有一个非零的均值信号。然而,如果检验谱和谱矩阵的相等性,则会得出不同的结论。在这里,一些平滑($L=21$)是有用的,使用式(7.101)和 $N_1=N_2=8$ 对 P 和 S 分量的单变量检验的结果强烈地拒绝了谱矩阵相等这一假设。对 S 分量的拒绝似乎更强,我们可以暂时确定该分量是主导的。用式(7.99)和 $\chi^2_{0.001}(4)=18.47$ 检验谱矩阵的相等性,对谱矩阵的等式也有类似的强烈拒绝。在下一节中,我们利用这些结果提出了基于谱差异的最优判别函数。

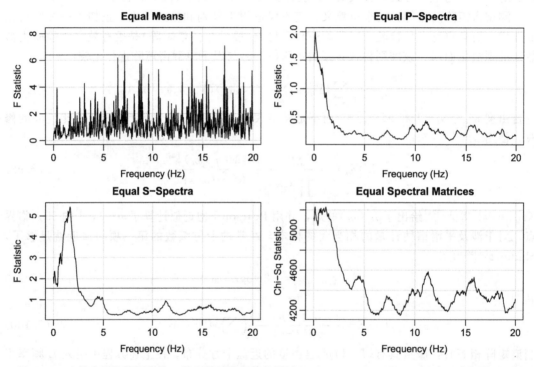

图 7.11   地震和爆炸数据均值、谱和谱矩阵相等的测试,$p=2$,$L=21$,$n=1024$ 点,在每秒 40 点

此实例的 R 代码如下所示。我们利用 R 的循环特性和数据是双变量的事实来生成特定于此问题的简单代码,以避免使用多个数组。

```
P = 1:1024; S = P+1024; N = 8; n = 1024; p.dim = 2; m = 10; L = 2*m+1
eq.P  = as.ts(eqexp[P,1:8]);  eq.S = as.ts(eqexp[S,1:8])
eq.m  = cbind(rowMeans(eq.P), rowMeans(eq.S))
ex.P  = as.ts(eqexp[P,9:16]);  ex.S = as.ts(eqexp[S,9:16])
ex.m  = cbind(rowMeans(ex.P), rowMeans(ex.S))
m.diff = mvfft(eq.m - ex.m)/sqrt(n)
eq.Pf  = mvfft(eq.P-eq.m[,1])/sqrt(n)
eq.Sf  = mvfft(eq.S-eq.m[,2])/sqrt(n)
```

```
ex.Pf    = mvfft(ex.P-ex.m[,1])/sqrt(n)
ex.Sf    = mvfft(ex.S-ex.m[,2])/sqrt(n)
fv11     = rowSums(eq.Pf*Conj(eq.Pf))+rowSums(ex.Pf*Conj(ex.Pf))/(2*(N-1))
fv12     = rowSums(eq.Pf*Conj(eq.Sf))+rowSums(ex.Pf*Conj(ex.Sf))/(2*(N-1))
fv22     = rowSums(eq.Sf*Conj(eq.Sf))+rowSums(ex.Sf*Conj(ex.Sf))/(2*(N-1))
fv21     = Conj(fv12)
# Equal Means
T2       = rep(NA, 512)
for (k in 1:512){
 fvk     = matrix(c(fv11[k], fv21[k], fv12[k], fv22[k]), 2, 2)
 dk      = as.matrix(m.diff[k,])
 T2[k]   = Re((N/2)*Conj(t(dk))%*%solve(fvk,dk))  }
eF = T2*(2*p.dim*(N-1))/(2*N-p.dim-1)
par(mfrow=c(2,2), mar=c(3,3,2,1), mgp = c(1.6,.6,0), cex.main=1.1)
freq = 40*(0:511)/n  # Hz
plot(freq, eF, type="l", xlab="Frequency (Hz)", ylab="F Statistic",
          main="Equal Means")
abline(h = qf(.999, 2*p.dim, 2*(2*N-p.dim-1)))
# Equal P
kd       = kernel("daniell",m);
u        = Re(rowSums(eq.Pf*Conj(eq.Pf))/(N-1))
feq.P = kernapply(u, kd, circular=TRUE)
u        = Re(rowSums(ex.Pf*Conj(ex.Pf))/(N-1))
fex.P = kernapply(u, kd, circular=TRUE)
plot(freq, feq.P[1:512]/fex.P[1:512], type="l", xlab="Frequency (Hz)",
          ylab="F Statistic", main="Equal P-Spectra")
abline(h=qf(.999, 2*L*(N-1),  2*L*(N-1)))
# Equal S
u        = Re(rowSums(eq.Sf*Conj(eq.Sf))/(N-1))
feq.S = kernapply(u, kd, circular=TRUE)
u        = Re(rowSums(ex.Sf*Conj(ex.Sf))/(N-1))
fex.S = kernapply(u, kd, circular=TRUE)
plot(freq, feq.S[1:512]/fex.S[1:512], type="l", xlab="Frequency (Hz)",
          ylab="F Statistic", main="Equal S-Spectra")
abline(h=qf(.999, 2*L*(N-1),  2*L*(N-1)))
# Equal Spectra
u        = rowSums(eq.Pf*Conj(eq.Sf))/(N-1)
feq.PS = kernapply(u, kd, circular=TRUE)
u        = rowSums(ex.Pf*Conj(ex.Sf))/(N-1)
fex.PS = kernapply(u, kd, circular=TRUE)
fv11     = kernapply(fv11, kd, circular=TRUE)
fv22     = kernapply(fv22, kd, circular=TRUE)
fv12     = kernapply(fv12, kd, circular=TRUE)
Mi       = L*(N-1); M = 2*Mi
TS       = rep(NA,512)
for (k  in 1:512){
det.feq.k = Re(feq.P[k]*feq.S[k] - feq.PS[k]*Conj(feq.PS[k]))
det.fex.k = Re(fex.P[k]*fex.S[k] - fex.PS[k]*Conj(fex.PS[k]))
det.fv.k  = Re(fv11[k]*fv22[k] - fv12[k]*Conj(fv12[k]))
log.n1   = log(M)*(M*p.dim);  log.d1 = log(Mi)*(2*Mi*p.dim)
log.n2   = log(Mi)*2 +log(det.feq.k)*Mi + log(det.fex.k)*Mi
log.d2   = (log(M)+log(det.fv.k))*M
r        = 1 - ((p.dim+1)*(p.dim-1)/6*p.dim*(2-1))*(2/Mi - 1/M)
TS[k]    = -2*r*(log.n1+log.n2-log.d1-log.d2)    }
plot(freq, TS, type="l", xlab="Frequency (Hz)", ylab="Chi-Sq Statistic",
          main="Equal Spectral Matrices")
abline(h = qchisq(.9999, p.dim^2))
```

7.7　判别和聚类分析

将经典的模式识别技术推广到实验时间序列是一个很有实际意义的问题。对时间进行索引的一系列观察常常会产生一种模式，这种模式可能形成区分不同类别事件的基础。以图 7.2 为例，其中显示了几个典型的斯堪的纳维亚地震和采矿爆炸的区域（100~2 000km）记录。Kakizawa 等人[111]给出了事件列表。区分采矿爆炸和地震的问题可以为区分核爆炸和地震问题提供借鉴。后一个问题对监测全面禁试条约至关重要。时间序列分类问题并不局限于地球物理的应用，而是发生在许多不同情况下的其他领域。传统上，通过统计模式识别技术分析工程文献中嵌入噪声序列的信号检测（见问题 7.10 和问题 7.11）。

区分不同时间序列的历史方法可以分为两个不同的类别。在工程和统计文献中发现的最优方法，对独立组的概率密度函数进行了特定的高斯假设，然后开发出满足定义良好的最小误差标准的解。通常在时间序列情况下，我们可以假设类之间的差异是通过理论均值和协方差函数的差异来表达的，并使用似然方法来开发一个最优的分类函数。第二类技术，可以被描述为一种特征提取方法，它以启发式方式来找出变量，这些变量能对有较好分类的总体很好地可视化分类并且在物理理论或者直观上有依据。对于寻找近似于某种定义良好的最优性准则的函数，人们关注较少。

在回归的情况下，时域和频域的鉴别方法都会存在。对于相对较短的单变量序列，采用传统的多变量判别分析方法（如 Anderson[7] 的文献或 Johnson and Wichern[106] 的文献）可能更好。我们甚至可以用不同的 ARMA 或状态空间模型产生的自协方差函数来描述差异。对于在减去共同均值后可以认为是平稳的长多变量时间序列，频域方法将更容易计算，因为时域内的 np 维向量（在这里表示为 $x=(x_1', x_t', \cdots, x_n')'$ 和 $x_t=(x_{t1}, \cdots, x_{tp})'$ 将被简化为对 p 维 DFT 的独立计算。这是因为 DFT，$X(\omega_k)$，$0 \leqslant \omega_k \leqslant 1$ 的近似独立性，这是我们在前几章经常用到的性质。

最后，利用判别信息和基于概率统计等指标的分组属性，可以开发出多变量时间序列聚类的差异度量。在本节中，我们通过两个过程的谱矩阵来定义两个多元时间序列之间的差异，然后应用层次聚类和划分技术来识别二元地震和爆炸总体中的自然分组。

一般离散问题

向量时间序列 x 的分类一般问题是这样产生的。我们观察一个已知时间序列 x 属于 g 个总体之一，用 Π_1，Π_2，$\cdots$，Π_g 表示。一般的问题是将这个观察结果以某种最佳方式分配或分类到 g 组中。图 7.2 所示的地震和爆炸的 $g=2$ 总体就是一个例子。我们想把这个未知事件分类，在底部的两个面板中显示为 NZ，属于地震（Π_1）或爆炸（Π_2）的总体。为了解决这个问题，我们需要一个最优的标准，它会给出一个统计量 $T(x)$，该统计量可以用来将 NZ 事件分类为地震或爆炸。为了衡量分类的成功与否，我们需要评估与被分类为爆炸（假警报）的地震次数和被分类为地震（错过信号）的爆炸次数有关的未来可能出现的错误。

这个问题可以转化为，假设来自总体 Π_i 的观测序列 x 具有概率密度函数 $p_i(x)$，$i=1, \cdots, g$。然后将 np 维过程 x 形成的空间划分为 g 个互斥区域 R_1，R_2，$\cdots$，R_g 这样如果 x 落在 R_i，我们把 x 分配给 Π_i。误分类概率定义为将总体 Π_j 的观察分类为总体 Π_i 的概

率，对于 $j \neq i$，表达式为

$$P(j \mid i) = \int_{Rj} p_i(x) \mathrm{d}x \tag{7.102}$$

整体的总误差概率也依赖于先验概率，即 π_1，π_2，$\cdots$，π_g，属于 g 组之一。例如，观察 x 源于 Π_i 然后被分类为 Π_j 的概率显然是 $\pi_i P(j \mid i)$，总误差概率变成

$$P_e = \sum_{i=1}^{g} \pi_i \sum_{j \neq i} P(j \mid i) \tag{7.103}$$

尽管在式(7.103)中没有包含分类错误而导致的损失，可以很容易通过将 $P(j \mid i)$ 乘以 $C(j \mid i)$ 来包含损失，这里 $C(j \mid i)$ 是将实际属于总体 Π_i 的序列错误地分类到总体 Π_j 而导致的损失。

通过将 x 分类到 Π_i 最小化整体错误 P_e，如果

$$\frac{p_i(x)}{p_j(x)} > \frac{\pi_j}{\pi_i} \tag{7.104}$$

为所有 $j \neq i$(例如，见 Anderson[7] 的文献)。从贝叶斯的角度来看，一种有趣的观点是，给定条件 x 的情况下，观测属于总体的 Π_i 后验概率，即

$$P(\Pi_i \mid x) = \frac{\pi_i p_i(x)}{\sum_j \pi_j(x) p_j(x)} \tag{7.105}$$

将 x 划分为后验概率最大的总体 Π_i 的方法等价于准则(7.104)所暗示的方法。后验概率给出了一个直观的概念，即属于每一个可能的总体的相对概率。

在许多情况下，例如在地震和爆炸的分类中，只有 $g=2$ 个感兴趣的总体。对于两个总体，Neyman-Pearson 引理指出，在没有先验概率的情况下，当相对于一个固定值，如果

$$\frac{p_1(x)}{p_2(x)} > K \tag{7.106}$$

最小化每个误差概率时，则将该观察分类为 Π_i。当 $K = \pi_2/\pi_1$ 时，该规则与贝叶斯规则(7.104)相同。

在总体 Π_j 的条件下，$j=1$，2，$\cdots$，g，当向量 x 服从均值向量为 μ_j、协方差矩阵为 Σ_j 的 p 维正态分布时，上面给出的理论会有一种简单的形式。在这种情况下，只需使用

$$p_j(x) = (2\pi)^{-p/2} |\Sigma_j|^{-1/2} \exp\left\{-\frac{1}{2}(x-\mu_j)'\Sigma_j^{-1}(x-\mu_j)\right\} \tag{7.107}$$

分类函数通过与密度的对数成比例的量来方便地表示，即

$$g_j(x) = -\frac{1}{2}\ln|\Sigma_j| - \frac{1}{2}x'\Sigma_j^{-1}x + \mu_j'\Sigma_j^{-1}x - \frac{1}{2}\mu_j'\Sigma_j^{-1}\mu_j + \ln\pi_j \tag{7.108}$$

在涉及对数似然的表达式中，我们通常会忽略涉及常数 $-\ln 2\pi$ 的项。对于这种情况，我们可以将观察 x 分配给总体 Π_i，每当

$$g_i(x) > g_j(x) \tag{7.109}$$

其中 $j \neq i$，$j=1$，$\cdots$，g，后验概率(7.105)为

$$P(\Pi_i \mid x) = \frac{\exp\{g_i(x)\}}{\sum_j \exp\{g_j(x)\}}$$

在实际应用中出现的一种常见情况是，在多元正态和等协方差矩阵的假设下，$g=2$ 组的分

类，即 $\Sigma_1 = \Sigma_2 = \Sigma$。然后，这个标准(7.109)可以表示为线性判别函数

$$d_l(x) = g_1(x) - g_2(x)$$

$$= (\mu_1 - \mu_2)'\Sigma^{-1}x - \frac{1}{2}(\mu_1 - \mu_2)'\Sigma^{-1}(\mu_1 + \mu_2) + \ln\frac{\pi_1}{\pi_2} \qquad (7.110)$$

我们根据 $d_l(x) \geqslant 0$ 或 $d_l(x) < 0$ 分类成 Π_1 或 Π_2。线性判别函数显然是正态变量的组合，对于 $\pi_1 = \pi_2 = 0.5$ 的情况，Π_1 下的均值为 $D^2/2$，Π_2 下的均值为 $-D^2/2$，在两个假设下由 D^2 给出方差，其中

$$D^2 = (\mu_1 - \mu_2)'\Sigma^{-1}(\mu_1 - \mu_2) \qquad (7.111)$$

是均值向量 μ_1 和 μ_2 之间的马哈拉诺比斯距离。在这种情况下，两个错误分类概率(7.1)是

$$P(1\,|\,2) = P(2\,|\,1) = \Phi\left(-\frac{D}{2}\right) \qquad (7.112)$$

并且性能与马哈拉诺比斯距离(7.111)直接相关。

对于不能假设协方差矩阵相同的情况，判别函数采用不同的形式，$g_1(x) - g_2(x)$ 的差值取 $g = 2$ 组的形式

$$d_q(x) = -\frac{1}{2}\ln\frac{|\Sigma_1|}{|\Sigma_2|} - \frac{1}{2}x'(\Sigma_1^{-1} - \Sigma_2^{-1})x + (\mu_1'\Sigma_1^{-1} - \mu_2'\Sigma_2^{-1})x + \ln\frac{\pi_1}{\pi_2} \qquad (7.113)$$

该判别函数不同于线性项中的等协方差情形和涉及不同协方差矩阵的非线性二次项。对于二次情形，分布理论不易处理，因此对于二次判别函数的误差概率没有像式(7.112)这样的方便表达式。

将上述理论应用于实际数据的困难在于，组均值向量 μ_j 和协方差矩阵 Σ_j 很少被人知道。一些工程问题(例如白噪声中的信号检测)假设均值和协方差参数是准确已知的，这可以导致最优解(见问题 7.14 和问题 7.15)。在经典多变量情形中，有可能从组 Π_i 收集 N_i 个训练向量的样本，即 x_{ij}，对于 $j = 1, \cdots, N_i$，并使用它们来估计每组 $i = 1, 2, \cdots, g$ 的均值向量和协方差矩阵，即简单地选择 x_i。并且

$$S_i = (N_i - 1)^{-1} \sum_{j=1}^{N_i} (x_{ij} - x_{i\cdot})(x_{ij} - x_{i\cdot})' \qquad (7.114)$$

作为 μ_i 和 Σ_i 的估计量。在假设协方差矩阵相等的情况下，只需使用合并的估算值

$$S = \left(\sum_i N_i - g\right)^{-1} \sum_i (N_i - 1)S_i \qquad (7.115)$$

对于线性判别函数的情况，我们可以使用

$$\hat{g}_i(x) = x_{i\cdot}' S^{-1}x - \frac{1}{2}x_{i\cdot}' S^{-1}x_{i\cdot} + \log\pi_i \qquad (7.116)$$

作为 $g_i(x)$ 的简单估计。对于大样本，x_i 和 S 依概率收敛于 μ_i 和 Σ，所以 $\hat{g}_i(x)$ 在这种情况下收敛于 $g_i(x)$。对于 $N_i(i = 1, \cdots, g)$ 相对于序列 n 的长度较大的情况，该程序工作得相当好，这种情况在时间序列分析中比较少见。出于这个原因，我们将采用频谱近似来表示数据以长时间序列给出的情况。

样本判别函数的性能可以用不同的方式进行评估。如果总体参数已知，则式(7.111)和式(7.112)可以直接求值。如果对参数进行估计，可以用估计的马氏距离 $\hat{D}^2$ 代替非常大

的样本的理论值。另一种方法是利用分类过程对训练样本的结果来计算表观错误率。如果 n_{ij} 表示实际属于总体 Π_j 而被错误分类到 Π_i 的观测值个数，则当 $i \neq j$ 时，样本误差率可以通过下面的比率进行估算，

$$\hat{P}(i|j) = \frac{n_{ij}}{\sum_i n_{ij}} \tag{7.117}$$

如果训练样本不大，则该过程可能有偏差，并且可以采用诸如交叉验证或自助法的重采样方法。交叉验证的一个简单版本是 Lachenbruch 和 Mickey[124] 提出的刀切法，该程序保留要分类的观察，并从剩余观察中推导出分类函数。对训练样本的每个成员重复此过程并为保留样本计算式(7.117)可以更好地估计错误率。

例 7.10   使用振幅的判别分析

我们可以给出一个简单的例子，将上述程序应用到原始地震和爆炸痕迹的单独 P 和 S 分量振幅的对数上。由 $\log_{10} P$ 和 $\log_{10} S$ 表示的 P 和 S 分量可以被认为是来自具有不同均值和协方差的二元正态总体的二维特征向量，即 $x = (x_1, x_2)' = (\log_{10} P, \log_{10} S)'$。Kakizawa 等[111] 的原始数据如图 7.12 所示。该图包括未知来源的 Novaya Zemlya(NZ)事件。许多人注意到，相对于 $\log_{10} P$，地震对 $\log_{10} S$ 有更高的趋势，并且在一些文献中(见 Lay[126] 的文献的第 40-41 页)，应用 P 分量和 S 分量之比的对数，即 $\log_{10} P - \log_{10} S$，作为一个衡量这两个参数的线性函数是否是一个有用判别式的默认指标。

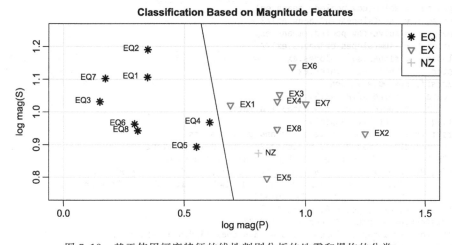

图 7.12   基于使用幅度特征的线性判别分析的地震和爆炸的分类

样本均值为 $x_{1.} = (0.346, 1.024)'$ 和 $x_{2.} = (0.922, 0.993)'$，以及协方差矩阵

$$S_1 = \begin{pmatrix} 0.026 & -0.007 \\ -0.007 & 0.010 \end{pmatrix} \quad 和 \quad S_2 = \begin{pmatrix} 0.025 & -0.001 \\ -0.001 & 0.010 \end{pmatrix}$$

上面结果直接来自式(7.114)，其中根据式(7.115)得到的合并协方差矩阵为

$$S = \begin{pmatrix} 0.026 & -0.004 \\ -0.004 & 0.010 \end{pmatrix}$$

虽然协方差矩阵不相等，但无论如何我们都尝试线性判别函数，它产生(具有相等的先验

概率 $\pi_1 = \pi_2 = 0.5$)样本判别函数

$$\hat{g}_1(x) = 30.668x_1 + 111.411x_2 - 62.401$$

和来自式(7.116)的函数

$$\hat{g}_2(x) = 54.048x_1 + 117.255x_2 - 83.142$$

其中估计线性判别函数(7.110)为

$$\hat{d}_l(x) = -23.380x_1 - 5.843x_2 + 20.740$$

地震组的后验概率为 0.621~1.000,而爆炸组的后验概率为 0.717~1.000。未知事件 NZ 被归类为爆炸,后验概率为 0.960。

该实例的 R 代码如下:

```
P = 1:1024; S = P+1024
mag.P  = log10(apply(eqexp[P,], 2, max) - apply(eqexp[P,], 2, min))
mag.S  = log10(apply(eqexp[S,], 2, max) - apply(eqexp[S,], 2, min))
eq.P   = mag.P[1:8];  eq.S = mag.S[1:8]
ex.P   = mag.P[9:16]; ex.S = mag.S[9:16]
NZ.P   = mag.P[17];   NZ.S = mag.S[17]
# Compute linear discriminant function
cov.eq = var(cbind(eq.P, eq.S))
cov.ex = var(cbind(ex.P, ex.S))
cov.pooled = (cov.ex + cov.eq)/2
means.eq   = colMeans(cbind(eq.P, eq.S))
means.ex   = colMeans(cbind(ex.P, ex.S))
slopes.eq  = solve(cov.pooled, means.eq)
inter.eq   = -sum(slopes.eq*means.eq)/2
slopes.ex  = solve(cov.pooled, means.ex)
inter.ex   = -sum(slopes.ex*means.ex)/2
d.slopes   = slopes.eq - slopes.ex
d.inter    = inter.eq - inter.ex
# Classify new observation
new.data   = cbind(NZ.P, NZ.S)
d          = sum(d.slopes*new.data) + d.inter
post.eq    = exp(d)/(1+exp(d))
# Print (disc function, posteriors) and plot results
cat(d.slopes[1], "mag.P +" , d.slopes[2], "mag.S +" , d.inter,"\n")
cat("P(EQ|data) =", post.eq,  " P(EX|data) =", 1-post.eq, "\n" )
plot(eq.P, eq.S, xlim=c(0,1.5), ylim=c(.75,1.25), xlab="log mag(P)", ylab
          ="log mag(S)", pch = 8, cex=1.1, lwd=2, main="Classification
          Based on Magnitude Features")
 points(ex.P, ex.S, pch = 6, cex=1.1, lwd=2)
 points(new.data, pch = 3, cex=1.1, lwd=2)
 abline(a = -d.inter/d.slopes[2], b = -d.slopes[1]/d.slopes[2])
 text(eq.P-.07,eq.S+.005, label=names(eqexp[1:8]), cex=.8)
 text(ex.P+.07,ex.S+.003, label=names(eqexp[9:16]), cex=.8)
 text(NZ.P+.05,NZ.S+.003, label=names(eqexp[17]), cex=.8)
 legend("topright",c("EQ","EX","NZ"),pch=c(8,6,3),pt.lwd=2,cex=1.1)
# Cross-validation
all.data = rbind(cbind(eq.P, eq.S), cbind(ex.P, ex.S))
post.eq <- rep(NA, 8) -> post.ex
for(j in 1:16) {
 if (j <= 8){samp.eq = all.data[-c(j, 9:16),]
  samp.ex = all.data[9:16,]}
 if (j > 8){samp.eq = all.data[1:8,]
  samp.ex = all.data[-c(j, 1:8),]    }
```

```
df.eq       = nrow(samp.eq)-1;  df.ex = nrow(samp.ex)-1
mean.eq     = colMeans(samp.eq);  mean.ex = colMeans(samp.ex)
cov.eq = var(samp.eq);  cov.ex = var(samp.ex)
cov.pooled = (df.eq*cov.eq + df.ex*cov.ex)/(df.eq + df.ex)
slopes.eq   = solve(cov.pooled, mean.eq)
inter.eq    = -sum(slopes.eq*mean.eq)/2
slopes.ex   = solve(cov.pooled, mean.ex)
inter.ex    = -sum(slopes.ex*mean.ex)/2
d.slopes    = slopes.eq - slopes.ex
d.inter     = inter.eq - inter.ex
d           = sum(d.slopes*all.data[j,]) + d.inter
if (j <= 8) post.eq[j] = exp(d)/(1+exp(d))
if (j > 8) post.ex[j-8] = 1/(1+exp(d))  }
Posterior = cbind(1:8, post.eq, 1:8, post.ex)
colnames(Posterior) = c("EQ","P(EQ|data)","EX","P(EX|data)")
round(Posterior,3)  # Results from Cross-validation (not shown)
```

频域判别

当存在一个简单的低维向量来捕捉类之间差异的本质时,特征提取方法通常可以很好地区分单变量序列和多变量序列。然而,开发利用多变量均值和协方差矩阵在时间序列情况下的差异的最优分类方法仍然是明智的。这种方法可以基于对 7.2 节中给出的对数似然的 Whittle 近似。在这种情况下,向量傅里叶变换即 $X(\omega_k)$,假定它服从正态分布,在不同的频率 $\omega_k = k/n$, $k = 0$, 1, $\cdots$, $[n/2]$ 下的总体为 Π_j,其均值为 $M_j(\omega_k)$,谱矩阵为 $f_j(\omega_k)$,并且在不同频率下,例如 ω_k 和 ω_ℓ, $\omega \neq \ell$,$X(\omega_k)$ 是不相关的。然后,在 7.2 节中写出复杂的正常密度,根据正态密度,得到类似式(7.108)的准则,即

$$g_j(X) = \ln\pi_j - \sum_{0 < \omega_k < 1/2} \left[\ln|f_j(\omega_k)| + X^*(\omega_k) f_j^{-1}(\omega_k) X(\omega_k) \right.$$

$$\left. - 2M_j^*(\omega_k) f_j^{-1}(\omega_k) X(\omega_k) + M_j^*(k) f_j^{-1}(\omega_k) M_j(\omega_k) \right] \qquad (7.118)$$

其中总和超过 $|f_j(\omega_k)| \neq 0$ 的频率。谱密度矩阵和 DFT 的周期性允许加 $0 < k < 1/2$。分类规则如式(7.109)中所述。

在时间序列情况下,判别分析更可能涉及假设协方差矩阵不同且均值相等。例如,图 7.11 所示的测试表明,对于地震和爆炸,主要的差异在于双变量谱矩阵,其均值基本相同。对于这种情况,可以方便地将对数似然的 Whittle 近似写成形式如下

$$\ln p_j(X) = \sum_{0 < \omega_k < 1/2} \left[-\ln|f_j(\omega_k)| - X^*(\omega_k) f_j^{-1}(\omega_k) X(\omega_k) \right] \qquad (7.119)$$

其中我们从方程中省略了先验概率。这种情况下的二次检测器可以写成如下形式

$$\ln p_j(X) = \sum_{0 < \omega_k < 1/2} \left[-\ln|f_j(\omega_k)| - \mathrm{tr}\{I(\omega_k) f_j^{-1}(\omega_k)\} \right] \qquad (7.120)$$

其中周期图矩阵表示如下

$$I(\omega_k) = X(\omega_k) X^*(\omega_k) \qquad (7.121)$$

对于相等的先验概率,我们可以将观察 x 分配到总体 Π_i,当

$$\ln p_i(X) > \ln p_j(X) \qquad (7.122)$$

时,对于 $j \neq i$, $j = 1$, 2, $\cdots$, g。

许多作者都在频域内考虑了不同版本的判别分析。Shumway 和 Unger[179] 考虑了

$p=1$ 和等协方差矩阵情况下的式(7.118)，因此该准则简化为一个简单的线性函数。他们使用远震 P 波数据来区分地震和爆炸，这两组的均值可以认为是固定的。Alagón[4] 和 Dargahi-Noubary 和 Laycock[47] 在单变量情况下，当均值为 0 且两组的频谱不同时，考虑了式(7.118)形式的判别函数。Taniguchi 等[197] 以式(7.119)为准则，讨论了其非高斯鲁棒性。Shumway[180] 回顾了单变量和多变量时间序列情况下的一般判别函数。

差异度量

在继续进行判别和聚类分析的例子之前，有必要考虑一下与问题 2.4 中定义的 Kullback-Leibler(K-L)判别信息之间的关系。使用频谱近似并注意周期图矩阵具有近似期望

$$E_j I(\omega_k) = f_j(\omega_k)$$

假设数据来自总体 Π_j，并且密度的近似比率为

$$\ln \frac{p_1(X)}{p_2(X)} = \sum_{0 < \omega_k < 1/2} \left[-\ln \frac{|f_1(\omega_k)|}{|f_2(\omega_k)|} - \mathrm{tr}\{(f_2^{-1}(\omega_k) - f_1^{-1}(\omega_k))I(\omega_k)\} \right]$$

我们可以将近似判别信息写为

$$
\begin{aligned}
I(f_1 ; f_2) &= \frac{1}{n} E_1 \ln \frac{p_1(X)}{p_2(X)} \\
&= \frac{1}{n} \sum_{0 < \omega_k < 1/2} \left[\mathrm{tr}\{f_1(\omega_k) f_2^{-1}(\omega_k)\} - \ln \frac{|f_1(\omega_k)|}{|f_2(\omega_k)|} - p \right]
\end{aligned}
\tag{7.123}
$$

注意到，对于总体 Π_ℓ，$\ell = 1, 2$，具有零均值的多元正态时间序列 $x = (x_1', x_2'', \cdots, x_n')$，且该序列的 $np \times np$ 平稳协方差矩阵分别为 Γ_1 和 Γ_2，则该序列具有 p 个 $n \times n$ 分块，其元素形式为 $\gamma_{ij}^{(l)}(s-t)$，$s, t = 1, \cdots, n$，$i, j = 1, \cdots, p$。利用这些，可以仔细证明式(7.123)中的近似成立。在这些条件下，判别信息变成

$$I(1;2;x) = \frac{1}{n} E_1 \ln \frac{p_1(x)}{p_2(x)} = \frac{1}{n} \left[\mathrm{tr}\{\Gamma_1 \Gamma_2^{-1}\} - \ln \frac{|\Gamma_1|}{|\Gamma_2|} - np \right] \tag{7.124}$$

极限结果

$$\lim_{n \to \infty} I(1;2;x) = \frac{1}{2} \int_{-1/2}^{1/2} \left[\mathrm{tr}\{f_1(\omega) f_2^{-1}(\omega)\} - \ln \frac{|f_1(\omega)|}{|f_2(\omega)|} - p \right] d\omega$$

由 Pinsker[155]、Hannan[86]、Kazakos 和 Papantoni-Kazakos[116] 以各种形式进行了证明。式(7.123)的离散版本只是极限形式积分的近似值。K-L 差异度量不是真正的距离，但可以证明 $I(1;2) \geqslant 0$，当且仅当 $f_1(\omega) = f_2(\omega)$ 几乎处处成立时，等号才成立。该结果使其可能适合作为两种密度之间差异的度量。

当然，判别信息数之间存在着联系，它只是似然准则的期望和似然本身。例如我们可以按照 Kullback[123] 的方式测量样本与对应的总体 Π_j 的理论频谱 $f_j(\omega_k)$ 定义的过程之间的差异，即 $I(\hat{f}; f_j)$，其中

$$\hat{f}(\omega_k) = \sum_{\ell=-m}^{m} h_\ell I(\omega_k + \ell/n) \tag{7.125}$$

表示平滑的谱矩阵，权重为 $\{h_\ell\}$。似然比准则可以认为是测量每个总体的周期图和理论谱之间的差异。为了使判别信息有限，我们用样本谱代替对数似然所暗示的周期图。在这种情况下，分类过程可以看作是查找最接近的总体，即最小化样本和理论谱矩阵之间的差

异。在这种情况下的分类通过简单地选择最小化 $I(\hat{f}; f_j)$ 的总体 Π_j 来进行，即对于 $j \neq i$，$j=1, 2, \cdots, g$，每当

$$I(\hat{f}; f_i) < I(\hat{f}; f_j) \tag{7.126}$$

将 x 分配给类别 Π_i。

Kakizawa 等[111]提出使用 Chernoff(CH)信息度量（见 Chernoff[41]的文献和 Renyi[165]的文献），定义为

$$B_\alpha(1;2) = -\ln E_2\left\{\left(\frac{p_2(x)}{p_1(x)}\right)^\alpha\right\} \tag{7.127}$$

其中度量由正则化参数 α 索引，$0 < \alpha < 1$。当 $\alpha = 0.5$ 时，Chernoff 度量是 Bhattacharya[21]提出的对称散度。对于多元正态情况，

$$B_\alpha(1;2;x) = \frac{1}{n}\left[\ln\frac{|\alpha\Gamma_1 + (1-\alpha)\Gamma_2|}{|\Gamma_2|} - \alpha\ln\frac{|\Gamma_1|}{|\Gamma_2|}\right] \tag{7.128}$$

Chernoff 信息度量的大样本频谱近似类似于判别信息，即

$$B_\alpha(f_1; f_2) = \frac{1}{2n}\sum_{0<\omega_k<1/2}\left[\ln\frac{|\alpha f_1(\omega_k) + (1-\alpha)f_2(\omega_k)|}{|f_2(\omega_k)|} - \alpha\ln\frac{|f_1(\omega_k)|}{|f_2(\omega_k)|}\right] \tag{7.129}$$

Chernoff 度量除以 $\alpha(1-\alpha)$ 时，其行为类似于极限中的判别信息，当 $\alpha \to 0$ 时，它收敛于 $I(1; 2; x)$，当 $\alpha \to 1$ 时，它收敛于 $I(2; 1; x)$。因此在参数 α 的边界附近，它倾向于表现得像判别信息，而其他值表示两个信息度量之间的折中。对于 $j \neq i$，$i=1, 2, \cdots, g$，当

$$B_\alpha(\hat{f}; f_i) < B_\alpha(\hat{f}; f_j) \tag{7.130}$$

成立时，Chernoff 度量的分类规则简化为：将 x 归类给总体 Π_i。

如果已知组谱矩阵，虽然上面的分类规则定义得很好，但一般情况下不是这样。如果有 g 个训练样本 x_{ij}，$j=1, \cdots, N_i$，$i=1, \cdots, g$，每组中都有 N_i 个向量观测值，则 i 组频谱矩阵的自然估计量就是平均频谱矩阵(7.97)，即 $\hat{f}_{ij}(\omega_k)$ 表示来自第 i 个总体的序列 j 的估计频谱矩阵，

$$\hat{f}_i(\omega_k) = \frac{1}{N_i}\sum_{j=1}^{N_i}\hat{f}_{ij}(\omega_k) \tag{7.131}$$

第二个考虑因素是 Chernoff 准则(7.129)的正则化参数 α 的选择。对于 $g=2$ 组的情况，应选择能够最大化两组频谱之间差异（如式(7.129)中所定义）的 α。Kakizawa 等[111]简单地将式(7.129)作为 α 的函数，使用式(7.131)中的估计组频谱，选择给出两组之间最大差异的值。

例 7.11　地震数据的判别分析

区分地震组和爆炸组的最简单方法是基于 P 和 S 相的相对振幅，如图 7.5 所示，或者基于不同频段的相对功率分量。在使用包括双变量 P 和 S 相的各种频谱比率作为判别特征方面，已经花费了相当大的努力。Kakizawa 等[111]提到地震文献中使用的一些测量方法作为特征。这些特征包括两个阶段的能量比例以及高频带和低频带的能量组件的比例。利用频谱的这些特征表明，基于区分两个平稳过程的谱矩阵的最优方法是合理的。在例 7.9 中测试的谱矩阵相等的假设也被完全拒绝，这表明应该使用基于频谱差异的判别函数。回想一下采样率是每秒 40 点，导致折叠频率为 20Hz。

图 7.13 显示了每组平均谱矩阵的对角元素估计的 Chernoff 距离 $B_\alpha(\hat{f}_1；\hat{f}_2)$ 的最大值出现于 $\alpha=0.4$，我们在判别标准 (7.129) 中使用该值。图 7.14 显示了使用 Chernoff 距离以及 Kullback-Leibler 距离进行分类的结果。距离是以地震减去爆炸进行度量，因此距离的负值表示地震，正值表示爆炸。因此，图 7.14 的第一象限中的点被分类为爆炸，而第三象限中的点被分类为地震。我们注意到爆炸 6 被错误分类为地震。此外属于第四象限的地震 1 具有不确定的分类，Chernoff 距离将其归类为地震，然而，Kullback-Leibler 距离将其归类为爆炸。

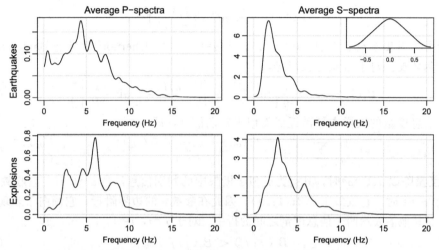

图 7.13　地震和爆炸序列的平均 P-频谱和 S-频谱。右上角的插图显示了使用的平滑内核；产生的带宽约为 0.75 Hz

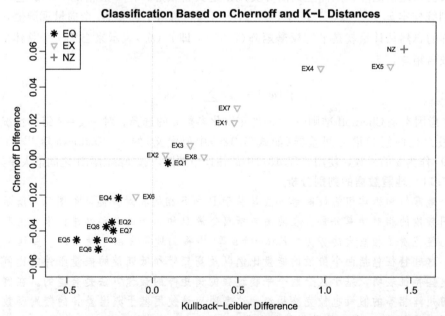

图 7.14　使用 Chernoff 距离和 Kullback-Leibler 距离对地震和爆炸（通过象限）进行分类

来自未知来源的 NZ 事件也使用这些距离度量进行分类，并且如例 7.10 所述，它被归类为爆炸。该地区的人声称在该地区没有发生过地雷爆破或核试验，因此该事件仍然有些神秘。从测试集中移除它也可能会在程序中引入一些不确定性。该实例的 R 代码如下。

```r
P = 1:1024; S = P+1024; p.dim = 2; n =1024
eq   = as.ts(eqexp[, 1:8])
ex   = as.ts(eqexp[, 9:16])
nz   = as.ts(eqexp[, 17])
f.eq <- array(dim=c(8, 2, 2, 512)) -> f.ex
f.NZ = array(dim=c(2, 2, 512))
# below calculates determinant for 2x2 Hermitian matrix
det.c <- function(mat){return(Re(mat[1,1]*mat[2,2]-mat[1,2]*mat[2,1]))}
L = c(15,13,5)        # for smoothing
for (i in 1:8){       # compute spectral matrices
 f.eq[i,,,] = mvspec(cbind(eq[P,i], eq[S,i]), spans=L, taper=.5)$fxx
 f.ex[i,,,] = mvspec(cbind(ex[P,i], ex[S,i]), spans=L, taper=.5)$fxx}
 u = mvspec(cbind(nz[P], nz[S]), spans=L, taper=.5)
 f.NZ = u$fxx
bndwidth = u$bandwidth*sqrt(12)*40  # about .75 Hz
fhat.eq = apply(f.eq, 2:4, mean)    # average spectra
fhat.ex = apply(f.ex, 2:4, mean)
# plot the average spectra
par(mfrow=c(2,2), mar=c(3,3,2,1),  mgp = c(1.6,.6,0))
Fr = 40*(1:512)/n
plot(Fr,Re(fhat.eq[1,1,]),type="l",xlab="Frequency (Hz)",ylab="")
plot(Fr,Re(fhat.eq[2,2,]),type="l",xlab="Frequency (Hz)",ylab="")
plot(Fr,Re(fhat.ex[1,1,]),type="l",xlab="Frequency (Hz)",ylab="")
plot(Fr,Re(fhat.ex[2,2,]),type="l",xlab="Frequency (Hz)",ylab="")
mtext("Average P-spectra", side=3, line=-1.5, adj=.2, outer=TRUE)
mtext("Earthquakes", side=2, line=-1, adj=.8,  outer=TRUE)
mtext("Average S-spectra", side=3, line=-1.5, adj=.82, outer=TRUE)
mtext("Explosions", side=2, line=-1, adj=.2, outer=TRUE)
par(fig = c(.75, 1, .75, 1), new = TRUE)
ker = kernel("modified.daniell", L)$coef; ker = c(rev(ker),ker[-1])
plot((-33:33)/40, ker, type="l", ylab="", xlab="", cex.axis=.7,
          yaxp=c(0,.04,2))
# Choose alpha
Balpha = rep(0,19)
 for (i in 1:19){  alf=i/20
 for (k in 1:256) {
Balpha[i]= Balpha[i] + Re(log(det.c(alf*fhat.ex[,,k] +
        (1-alf)*fhat.eq[,,k])/det.c(fhat.eq[,,k])) -
        alf*log(det.c(fhat.ex[,,k])/det.c(fhat.eq[,,k])))} }
alf = which.max(Balpha)/20   # alpha = .4
# Calculate Information Criteria
rep(0,17) -> KLDiff -> BDiff -> KLeq -> KLex -> Beq -> Bex
for (i in 1:17){
 if (i <= 8) f0 = f.eq[i,,,]
 if (i > 8 & i <= 16) f0 = f.ex[i-8,,,]
 if (i == 17) f0 = f.NZ
for (k in 1:256) {     # only use freqs out to .25
 tr = Re(sum(diag(solve(fhat.eq[,,k],f0[,,k]))))
 KLeq[i] = KLeq[i] + tr + log(det.c(fhat.eq[,,k])) - log(det.c(f0[,,k]))
 Beq[i]  =  Beq[i] +
          Re(log(det.c(alf*f0[,,k]+(1-alf)*fhat.eq[,,k])/det.c(fhat.eq[,,k])))
```

```
                - alf*log(det.c(f0[,,k])/det.c(fhat.eq[,,k])))
  tr = Re(sum(diag(solve(fhat.ex[,,k],f0[,,k]))))
  KLex[i] = KLex[i] + tr +  log(det.c(fhat.ex[,,k])) - log(det.c(f0[,,k]))
  Bex[i] = Bex[i] +
            Re(log(det.c(alf*f0[,,k]+(1-alf)*fhat.ex[,,k])/det.c(fhat.ex[,,k]))
            - alf*log(det.c(f0[,,k])/det.c(fhat.ex[,,k]))) }
KLDiff[i] = (KLeq[i] - KLex[i])/n
BDiff[i] =  (Beq[i] - Bex[i])/(2*n) }
x.b = max(KLDiff)+.1; x.a = min(KLDiff)-.1
y.b = max(BDiff)+.01; y.a = min(BDiff)-.01
dev.new()
plot(KLDiff[9:16], BDiff[9:16], type="p", xlim=c(x.a,x.b), ylim=c(y.a,y.b),
            cex=1.1,lwd=2, xlab="Kullback-Leibler Difference",ylab="Chernoff
            Difference", main="Classification Based on Chernoff and K-L
            Distances", pch=6)
points(KLDiff[1:8], BDiff[1:8], pch=8, cex=1.1, lwd=2)
points(KLDiff[17], BDiff[17],  pch=3, cex=1.1, lwd=2)
legend("topleft", legend=c("EQ", "EX", "NZ"), pch=c(8,6,3), pt.lwd=2)
abline(h=0, v=0, lty=2, col="gray")
text(KLDiff[-c(1,2,3,7,14)]-.075, BDiff[-c(1,2,3,7,14)],
            label=names(eqexp[-c(1,2,3,7,14)]), cex=.7)
text(KLDiff[c(1,2,3,7,14)]+.075, BDiff[c(1,2,3,7,14)],
            label=names(eqexp[c(1,2,3,7,14)]), cex=.7)
```

聚类分析

出于聚类的目的，考虑对称差异度量可能更有用，并且为此目的引入 J-Divergence 度量

$$J(f_1;f_2) = I(f_1;f_2) + I(f_2;f_1) \tag{7.132}$$

和对称 Chernoff 数

$$JB_\alpha(f_1;f_2) = B_\alpha(f_1;f_2) + B_\alpha(f_2;f_1) \tag{7.133}$$

在这种情况下，我们将单个向量的样本谱矩阵 x 和总体 Π_j 之间的差异分别定义为

$$J(\hat{f};f_j) = I(\hat{f};f_j) + I(f_j;\hat{f}) \tag{7.134}$$

和

$$JB_\alpha(\hat{f};f_j) = B_\alpha(\hat{f};f_j) + B_\alpha(f_j;\hat{f}) \tag{7.135}$$

并将它们用作向量和总体 Π_j 之间的准距离。

差异度量可用于对多元时间序列进行聚类。如上述定义的差异对称度量，确保 f_i 和 f_j 之间的差异与 f_j 和 f_i 之间的差异相同。因此我们将对称形式(7.134)和(7.135)视为准距离，以便定义用于输入标准聚类过程之一的距离矩阵(见 Johnson and Wichern[106] 的文献)。通常我们可以考虑使用准距离矩阵作为输入的分层或分区聚类方法。

出于说明的目的，我们可以使用对称散度(7.134)，这意味着具有估计的谱矩阵 f_i 和 f_j 的样本序列之间的准距离将是式(7.134)，即，

$$J(\hat{f}_i;\hat{f}_j) = \frac{1}{n} \sum_{0<\omega_k<1/2} \left[\text{tr}\{\hat{f}_i(\omega_k)\,\hat{f}_j^{-1}(\omega_k)\} + \text{tr}\{\hat{f}_j(\omega_k)\,\hat{f}_i^{-1}(\omega_k)\} - 2p \right] \tag{7.136}$$

对于 $i \neq j$。我们还可以将类似的形式用于 Chernoff 散度，但我们可能不想为正则化参数 α 做假设。

对于分层聚类，我们首先聚类总体中最小化差异度量(7.136)的两个成员。然后，这

两个项组成一个聚类，我们可以像以前一样计算非聚集项之间的距离。非聚集项与当前聚类之间的距离在此定义为到聚类中元素的距离的平均值。同样，我们组合最接近的对象。我们还可以将非聚集项和聚类项之间的距离计算为最近距离，而不是平均距离。一旦一个序列在一个聚类中，它就会停留在那里。在每个阶段，我们都有固定数量的聚类，具体取决于合并阶段。

或者，我们可以将聚类视为将样本划分到预订数量的组。MacQueen[132]提出了该方法，即 k 均值聚类，该方法应用每个观测值与组均值向量之间的 Mahalonobis 距离来对观测值进行聚类。在每个阶段，一个观察值可以被重新分配到与它距离最接近的组。要了解该方法如何应用于这里讨论的聚类任务，首先将分观测值初步划分到给定数量的组中，并定义观察值的谱矩阵（例如 $\hat{f}$）与该组的平均谱矩阵（例如 $\hat{f}_i$）之间的差异，作为 $J(\hat{f}; \hat{f}_i)$，其中组谱谱矩阵可以通过式(7.131)估计。在任何过程中，单个序列被重新分配给其差异最小化的组。重复重新分配程序，直到所有观察结果都保留在当前组中。当然，必须为分区算法的每次重复指定组的数量，并且必须选择起始分区。如上所述，该分配可以是随机的，也可以从初步的分层聚类中选择。

例 7.12　地震和爆炸的聚类分析

尝试对已知地震和爆炸的总体执行聚类程序是有益的。图 7.15 显示了应用围绕中心点划分(Partitioning Around Medoids，PAM)聚类算法的结果，该算法基本上是 k 均值过程的稳健版本（见 Kaufman and Rousseeuw[114]的文献的第 2 章），这里假设两组是合适的。当地震 1(EQ1)和爆炸 8(EX8)被错误分类时，两组分区倾向于产生与已知配置非常接近的最终分区；与前面的例子一样，NZ 事件被归类为爆炸。

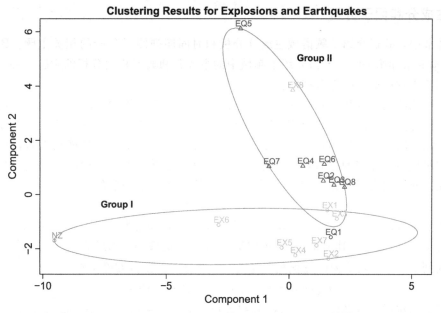

图 7.15　基于对称散度的地震和爆炸序列的聚类结果使用具有两组的 k 均值聚类的稳健版本。圆圈表示组 Ⅰ 分类，三角形表示组 Ⅱ 分类

此实例的 R 代码使用 cluster 包和我们的 mvspec 脚本来估计谱矩阵。

```
library(cluster)
P = 1:1024; S = P+1024; p.dim = 2; n =1024
eq = as.ts(eqexp[, 1:8])
ex = as.ts(eqexp[, 9:16])

nz = as.ts(eqexp[, 17])
f = array(dim=c(17, 2, 2, 512))
L = c(15, 15)          # for smoothing
for (i in 1:8){        # compute spectral matrices
 f[i,,,] = mvspec(cbind(eq[P,i], eq[S,i]), spans=L, taper=.5)$fxx
 f[i+8,,,] = mvspec(cbind(ex[P,i], ex[S,i]), spans=L, taper=.5)$fxx }
f[17,,,] = mvspec(cbind(nz[P], nz[S]), spans=L, taper=.5)$fxx
JD = matrix(0, 17, 17)
# Calculate Symmetric Information Criteria
for (i in 1:16){
 for (j in (i+1):17){
  for (k in 1:256) {      # only use freqs out to .25
    tr1 = Re(sum(diag(solve(f[i,,,k], f[j,,,k]))))
    tr2 = Re(sum(diag(solve(f[j,,,k], f[i,,,k]))))
    JD[i,j] = JD[i,j] + (tr1 + tr2 - 2*p.dim)}}}
 JD = (JD + t(JD))/n
colnames(JD) = c(colnames(eq), colnames(ex), "NZ")
rownames(JD) = colnames(JD)
cluster.2 = pam(JD, k = 2, diss = TRUE)
summary(cluster.2)  # print results
par(mgp = c(1.6,.6,0), cex=3/4, cex.lab=4/3, cex.main=4/3)
clusplot(JD, cluster.2$cluster, col.clus=1, labels=3, lines=0, col.p=1,
          main="Clustering Results for Explosions and Earthquakes")
text(-7,-.5, "Group I", cex=1.1, font=2)
text(1, 5, "Group II", cex=1.1, font=2)
```

7.8 主成分和因子分析

在本节中，我们介绍了频谱域主成分分析和时间序列因子分析的相关主题。Brillinger (1981，第 9 章和第 10 章)严格介绍了频域中的主成分和典型相关分析的主题，并且可以在那里找到关于这些概念的许多细节。

这里介绍的技术是相互关联的，因为它们专注于从谱矩阵中提取相关信息。这个信息很重要，因为直接处理高维谱矩阵 $f(\omega)$ 本身有点麻烦，因为它是一个输入为一个非负定的复 Hermitian 矩阵集合的函数。我们可以将这些技术视为易于理解的简约工具，用于探索频域中向量值时间序列的行为，同时将信息损失降至最低。因为我们的重点是谱矩阵，为方便起见，我们假设感兴趣的时间序列具有零均值；在非零均值的情况下，这些技术很容易调整。

在本节及后续章节中，偶尔使用复值时间序列进行操作会很方便。$p \times 1$ 复值时间序列可以表示为 $x_t = x_{1t} - ix_{2t}$，其中 x_{1t} 是 x_t 的实部，x_{2t} 是 x_t 的虚部。如果 $E(x_t)$ 和 $E(x_{t+h}x_t^*)$ 存在并且与时间 t 无关，则认为该过程是平稳的。x_t 的 $p \times p$ 自协方差函数

$$\Gamma_{xx}(h) = E(x_{t+h}x_t^*) - E(x_{t+h})E(x_t^*)$$

满足与实值情况类似的条件。记 $\Gamma_{xx}(h) = \{\gamma_{ij}(h)\}$，$i, j = 1, \cdots, p$，我们有 (1) $\gamma_{ii}(0) \geqslant 0$ 是实数，(2) $|\gamma_{ij}(h)|^2 \leqslant \gamma_{ii}(0)\gamma_{jj}(0)$，对于所有整数 h，以及 (3) $\Gamma_{xx}(h)$ 是一个非负定的函

数。复值向量时间序列的谱理论类似于实值情况。例如，如果 $\sum_h \|\Gamma_{xx}(h)\| < \infty$，则复数序列 x_t 的谱密度矩阵由以下公式推出：

$$f_{xx}(\omega) = \sum_{h=-\infty}^{\infty} \Gamma_{xx}(h) \exp(-2\pi i h \omega)$$

主成分

经典主成分分析（PCA）主要用于解释 p 个变量之间的方差-协方差结构，$x=(x_1,\cdots,x_p)'$，通过 x 分量的一些线性组合。假设我们希望找到 x 分量的线性组合

$$y = c'x = c_1 x_1 + \cdots + c_p x_p \tag{7.137}$$

使得 $\mathrm{var}(y)$ 尽可能大。因为简单地将 c 乘以常数可以增加 $\mathrm{var}(y)$，所以通常将 c 限制为单位长度，也就是说 $c'c=1$。注意到 $\mathrm{var}(y)=c'\Sigma_{xx}c$，其中 Σ_{xx} 是 x 的 $p\times p$ 方差-协方差矩阵，说明问题的另一种方法是找到 c 使得

$$\max_{c\neq 0} \frac{c'\Sigma_{xx}c}{c'c} \tag{7.138}$$

用 $\{(\lambda_1, e_1), \cdots, (\lambda_p, e_p)\}$ 表示 Σ_{xx} 的特征值-特征向量对，其中 $\lambda_1 \geqslant \lambda_2 \geqslant \cdots \geqslant \lambda_p \geqslant 0$，并且特征向量具有单位长度。式(7.138)的解是选择 $c=e_1$，在这种情况下，线性组合 $y_1 = e_1'x$ 具有最大方差 $\mathrm{var}(y_1)=\lambda_1$。也可以表达成公式

$$\max_{c\neq 0} \frac{c'\Sigma_{xx}c}{c'c} = \frac{e_1'\Sigma_{xx}e_1}{e_1'e_1} = \lambda_1 \tag{7.139}$$

线性组合 $y_1 = e_1'x$ 称为第一主成分。因为 Σ_{xx} 的特征值不一定是唯一的，所以第一主成分不一定是唯一的。

第二主成分被定义为线性组合 $y_2 = c'x$，其使得对于 $c'c=1$ 最大化 $\mathrm{var}(y_2)$ 并且使得 $\mathrm{cov}(y_1, y_2)=0$。解决方案是选择 $c=e_2$，在这种情况下 $\mathrm{var}(y_2)=\lambda_2$。通常，对于 $k=1$，$2,\cdots,p$，第 k 个主成分是线性组合 $y_k=c'x$，其使得对于 $c'c=1$ 最大化 $\mathrm{var}(y_k)$ 并且对于 $j=1,2,\cdots,k-1$，使得 $\mathrm{cov}(y_k, y_j)=0$。解决方案是选择 $c=e_k$，在这种情况下 $\mathrm{var}(y_k)=\lambda_k$。

衡量主成分重要性的一个标准是评估归因于该主成分的总方差的比例。x 的总方差定义为各个分量的方差之和，也就是 $\mathrm{var}(x_1)+\cdots+\mathrm{var}(x_p)=\sigma_{11}+\cdots+\sigma_{pp}$，其中 σ_{jj} 是 Σ_{xx} 的第 j 个对角线元素。该总和也表示为 $\mathrm{tr}(\Sigma_{xx})$ 或 Σ_{xx} 的迹。因为 $\mathrm{tr}(\Sigma_{xx})=\lambda_1+\cdots+\lambda_p$，归因于第 k 个主成分的总方差的比例简单地由 $\mathrm{var}(y_k)/\mathrm{tr}(\Sigma_{xx})=\lambda_k/\sum_{j=1}^{p}\lambda_j$ 给出。

给定随机样本 $x_1,\cdots,x_n$，样本主成分如上定义，但 Σ_{xx} 由样本方差-协方差矩阵 $S_{xx}=(n-1)^{-1}\sum_{i=1}^{n}(x_i-\overline{x})(x_i-\overline{x})'$ 代替。进一步的细节可以在 Johnson and Wichern[106] 的文献的第 9 章中的经典主成分分析的介绍中找到。

对于时间序列的情况，假设我们具有均值为零的 $p\times 1$ 维平稳向量过程 x_t，其具有由 $f_{xx}(\omega)$ 给出的 $p\times p$ 谱密度矩阵。回想一下 $f_{xx}(\omega)$ 是一个复值非负定 Hermitian 矩阵。类比于经典的主成分，特别是式(7.137)和式(7.138)，假设对于固定值 ω，我们想要找到复值单变量过程 $y_t(\omega)=c(\omega)^* x_t$，其中 $c(\omega)$ 是复数，这样 $y_t(\omega)$ 的谱密度在频率 ω 时达到最

大值，$c(\omega)$ 是单位长度，$c(\omega)^* c(\omega)=1$。因为在频率 ω，$y_t(\omega)$ 的谱密度是 $f_y(\omega)=c(\omega)^*$ $f_{xx}(\omega)c(\omega)$，问题可以重新表述为：找到复数向量 $c(\omega)$，使得

$$\max_{c(\omega)\neq 0} \frac{c(\omega)^* f_{xx}(\omega)c(\omega)}{c(\omega)^* c(\omega)} \tag{7.140}$$

设 $\{(\lambda_1(\omega), e_1(\omega)), \cdots, (\lambda_p(\omega), e_p(\omega))\}$ 表示 $f_{xx}(\omega)$ 的特征值-特征向量对，其中 $\lambda_1(\omega)\geqslant\lambda_2(\omega)\geqslant\cdots\geqslant\lambda_p(\omega)\geqslant 0$ 和特征向量具有单位长度。我们注意到 Hermitian 矩阵的特征值是实数。式(7.140)的解决方案是选择 $c(\omega)=e_1(\omega)$，在这种情况下，所需的线性组合是 $y_t(\omega)=e_1(\omega)^* x_t$。对于这个选择，

$$\max_{c(\omega)\neq 0} \frac{c(\omega)^* f_{xx}(\omega)c(\omega)}{c(\omega)^* c(\omega)} = \frac{e_1(\omega)^* f_x(\omega)e_1(\omega)}{e_1(\omega)^* e_1(\omega)} = \lambda_1(\omega) \tag{7.141}$$

对于任何频率 ω，可以重复该过程，并且将复值过程 $y_{t1}(\omega)=e_1(\omega)^* x_t$ 称为频率 ω 处的第一主成分。频率 ω 的第 k 个主成分，对于 $k=1, 2, \cdots, p$，是复值时间序列 $y_{tk}(\omega)=e_k(\omega)^* x_t$，与经典案例类似。在这种情况下，频率 ω 处的 $y_{tk}(\omega)$ 的谱密度是 $f_{yk}(\omega)=e_k(\omega)^* f_{xx}(\omega)e_k(\omega)=\lambda_k(\omega)$。

谱域主成分的发展与 Stoffer 等人[193]首次讨论的谱包络方法有关。我们将在下一节中介绍谱包络，在该节中，我们将使用上面介绍的主成分。在频域激发主成分使用的另一种方法是在 Brillinger(1981 年，第 9 章)中提出的。虽然这一技术会导致同样的分析，但是读者可能更能接受其动机。在这种情况下，假设我们有一个平稳的、p 维的、向量值的过程 x_t，我们只能保持一个单变量的过程 y_t，这样在需要的时候，我们可以根据最优性准则重构向量值的过程 x_t。

具体来说，假设我们想用一个单变量过程 y_t 来近似一个均值为零的平稳向量值时间序列 x_t，序列 x_t 的谱矩阵为 $f_{xx}(\omega)$，单变量过程 y_t 定义为

$$y_t = \sum_{j=-\infty}^{\infty} c_{t-j}^* x_j \tag{7.142}$$

其中 $\{c_j\}$ 是一个 $p\times 1$ 向量值滤波器，这样 $\{c_j\}$ 是绝对可加的，也就是说，$\sum_{j=-\infty}^{\infty} |c_j| < \infty$。近似得以实现，因此从 y_t 重建 x_t，即

$$\hat{x}_t = \sum_{j=-\infty}^{\infty} b_{t-j} y_j \tag{7.143}$$

其中 $\{b_j\}$ 是绝对可加的 $p\times 1$ 滤波器，使得最小化均方近似误差

$$E\{(x_t - \hat{x}_t)^* (x_t - \hat{x}_t)\} \tag{7.144}$$

设 $b(\omega)$ 和 $c(\omega)$ 分别为 $\{b_j\}$ 和 $\{c_j\}$ 的变换。例如

$$c(\omega) = \sum_{j=-\infty}^{\infty} c_j \exp(-2\pi i j\omega) \tag{7.145}$$

因此

$$c_j = \int_{-1/2}^{1/2} c(\omega)\exp(2\pi i j\omega)d\omega \tag{7.146}$$

Brillinger[35]的定理 9.3.1 证明问题的解决方案是选择 $c(\omega)$ 来满足式(7.140)并设置

$b(\omega) = \overline{c(\omega)}$。这正是前一个问题，由式（7.141）给出了解决方案。也就是说，我们选择 $c(\omega) = e_1(\omega)$ 和 $b(\omega) = \overline{e_1(\omega)}$；滤波器值可以通过式（7.146）给出的反演公式获得。鉴于式（7.142）使用这些结果，我们可以形成第一个主成分序列，即 y_{t1}。

可以如下所述拓展该技术，在最小均方误差意义下，可以找到另外一个时间序列 y_{t2} 来近似序列 x_t，但是 y_{t2} 和 y_{t1} 之间的相干性为零。在这种情况下，我们选择 $c(\omega) = e_2(\omega)$。继续这些步骤，我们可以获得前 $q \leqslant p$ 主成分序列，即 $y_t = (y_{t1}, \cdots, y_{tq})'$，具有谱密度 $f_q(\omega) = \mathrm{diag}\{\lambda_1(\omega), \cdots, \lambda_q(\omega)\}$。序列 y_{tk} 是第 k 个主成分序列。

如在经典情况下，给定观察值 $x_1, x_2, \cdots, x_n$，来自过程 x_t，我们可以得到 $f_{xx}(\omega)$ 的估计 $\hat{f}_{xx}(\omega)$，并根据前面的讨论，用 $\hat{f}_{xx}(\omega)$ 替换 $f_{xx}(\omega)$ 来定义样本主成分序列。讨论关于主成分序列及其频谱的渐近（$n \to \infty$）行为的精确细节可以在 Brillinger[1981] 的文献的第 9 章中找到。为了给我们一个基本的概念，我们将重点放在第一个主成分序列和通过平滑周期图矩阵 $I_n(\omega_j)$ 获得的频谱估计，即公式

$$\hat{f}_{xx}(\omega_j) = \sum_{\ell=-m}^{m} h_\ell I_n(\omega_j + \ell/n) \tag{7.147}$$

其中 $L = 2m+1$ 是奇数，选择权重使得 $h_\ell = h_{-\ell}$ 为正且 $\Sigma_\ell h_\ell = 1$。在 $\hat{f}_{xx}(\omega_j)$ 是 $f_{xx}(\omega_j)$ 的良好估计的条件下，并且 $f_{xx}(\omega_j)$ 的最大特征值是唯一的

$$\left\{ \eta_n \frac{\hat{\lambda}_1(\omega_j) - \lambda_1(\omega_j)}{\lambda_1(\omega_j)}; \eta_n[\hat{e}_1(\omega_j) - e_1(\omega_j)]; j = 1, \cdots, J \right\} \tag{7.148}$$

以分布收敛（$n \to \infty$）至独立的零均值联合正态分布，其中的第一个是标准正态分布。在式（7.148）中，$\eta_n^{-2} = \sum_{\ell=-m}^{m} h_\ell^2$，注意到我们必须有 $L \to \infty$ 和 $\eta_n \to \infty$，但 $L/n \to 0$ 当 $n \to \infty$ 时。$\hat{e}_1(\omega)$ 的渐近方差协方差矩阵 $\Sigma_{e_1}(\omega)$ 由公式

$$\Sigma_{e_1}(\omega) = \eta_n^{-2} \lambda_1(\omega) \sum_{\ell=2}^{p} \lambda_\ell(\omega) \{\lambda_1(\omega) - \lambda_\ell(\omega)\}^{-2} e_\ell(\omega) e_\ell^*(\omega) \tag{7.149}$$

给出。$\hat{e}_1(\omega)$ 的分布取决于 $f_x(\omega)$ 的其他特征根和向量。记作 $\hat{e}_1(\omega) = (\hat{e}_{11}(\omega), \hat{e}_{12}(\omega), \cdots, \hat{e}_{1p}(\omega))'$，我们可以用以下结果形成 $\hat{e}_1(\omega)$ 分量的置信区间，

$$\frac{2|\hat{e}_{1,j}(\omega) - e_{1,j}(\omega)|^2}{s_j^2(\omega)} \tag{7.150}$$

对于 $j = 1, \cdots, p$，上述结果服从自由度为 2 的 χ^2 分布。在式（7.150）中，$s_j^2(\omega)$ 是 $\hat{\Sigma}_{e_1}(\omega)$ 的第 j 个对角线元素，$\hat{\Sigma}_{e_1}(\omega)$ 为 $\Sigma_{e_1}(\omega)$ 的估计值。我们可以使用式（7.150）通过将 $2|\hat{e}_{1,j}(\omega)|^2/s_j^2(\omega)$ 与 χ_2^2 分布的 $1-\alpha$ 上尾截止值 $\chi_2^2(1-\alpha)$ 进行比较来检查零值是否在置信区域中。

例 7.13　fMRI 数据的主成分分析

回忆一下例 1.6，其中向量时间序列 $x_t = (x_{t1}, \cdots, x_{t8})'$，$t = 1, \cdots, 128$ 表示平均血氧水平依赖（BOLD）信号强度的连续度量，该指标衡量大脑的激活区域。回忆对象在手上用不疼的刷子，刺激 32s，然后停 32s；$k = 1, 2, 3, 4$ 的序列 x_{tk} 代表皮层的位置，x_{t5} 和 x_{t6} 代表丘脑的位置，x_{t7} 和 x_{t8} 代表小脑的位置。

从图 1-6 中可以明显看出，大脑的不同区域以不同方式响应，并且主成分分析可以帮助指

示哪些位置以最大谱功率响应，以及哪些位置对刺激信号周期的谱功率没有贡献。在此分析中，我们将主要关注 64s 的信号周期，其转换为 256s 的四个循环或每个时间点的 $\omega=4/128$ 循环。

图 7.16 显示了当 $k=1$，$\cdots$，8 序列 x_{tk} 的各个周期图。从图 1.6 可以看出，在皮层区域发生了对刷刺激的强烈反应。为了估计 x_t 的谱密度，我们使用式（7.147），$L=5$ 和 $\{h_0=3/9,\ h_{\pm 1}=2/9,\ h_{\pm 2}=1/9\}$；这是一个 Daniell 内核，$m=1$ 通过了两次。调用估计的频谱 $\hat{f}_{xx}(j/128)$，对于 $j=0$，1，$\cdots$，64，我们可以通过计算每个 $j=0$，1，$\cdots$，64 的 $\hat{f}_{xx}(j/128)$ 的最大特征值 $\hat{\lambda}_1(j/128)$ 来获得第一主成分序列 y_{t1} 的估计频谱。结果 $\hat{\lambda}_1(j/128)$ 如图 7.17 所示。正如预期的那样，在刺激频率 4/128 处有一个大的峰值，其中 $\hat{\lambda}_1(4/128)=2$。刺激频率的总功率为 $\mathrm{tr}(\hat{f}_{xx}(4/128))=2.05$，因此，在频率为 4/128 处对第一主成分序列的功率的贡献比例大约为 2/2.05，或者大致为 98%。因为第一主成分几乎解释了刺激频率下的所有总功率，所以不需要在该频率下探索其他主成分序列。

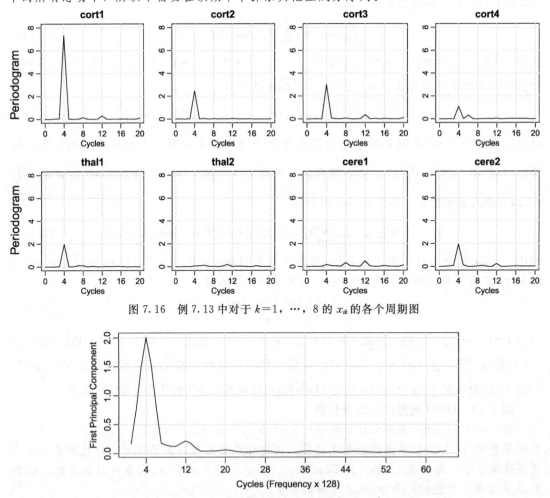

图 7.16　例 7.13 中对于 $k=1$，$\cdots$，8 的 x_{tk} 的各个周期图

图 7.17　例 7.13 中第一主成分序列的估计谱密度 $\hat{\lambda}_1(j/128)$

频率为 4/128 的估计的第一主成分序列由 $\hat{y}_{t1}(4/128)=\hat{e}_1^*(4/128)x_t$ 给出，并且 $\hat{e}_1(4/128)$ 的成分可以给出关于大脑的哪些位置响应刷刺激的见解。表 7.5 显示了 $\hat{e}_1(4/128)$ 的大小。此外使用式(7.150)获得每种成分的约 99％ 置信区间。正如预期的那样，分析表明位置 6 对这个频率的功率没有贡献，但令人惊讶的是，分析表明位置 5(小脑 1)正在响应刺激。

表 7.5   刺激频率下向量 PC 的大小

位置	1	2	3	4	5	6	7	8
$\left\|\hat{e}_1\left(\dfrac{4}{128}\right)\right\|$	0.64	0.36	0.36	0.22	0.32	0.05*	0.13	0.39

＊该主成分的 99％ 置信区域中包含零值

该实例的 R 代码如下

```
n = 128;  Per = abs(mvfft(fmri1[,-1]))^2/n
par(mfrow=c(2,4), mar=c(3,2,2,1), mgp = c(1.6,.6,0), oma=c(0,1,0,0))
for (i in 1:8){ plot(0:20, Per[1:21,i], type="l", ylim=c(0,8),
            main=colnames(fmri1)[i+1], xlab="Cycles",ylab="", xaxp=c(0,20,5))}
mtext("Periodogram", side=2, line=-.3, outer=TRUE, adj=c(.2,.8))
dev.new()
fxx = mvspec(fmri1[,-1], kernel("daniell", c(1,1)), taper=.5, plot=FALSE)$fxx
l.val = rep(NA,64)
for (k in 1:64) {
u = eigen(fxx[,,k], symmetric=TRUE, only.values = TRUE)
l.val[k] = u$values[1]} # largest e-value
plot(l.val, type="n", xaxt="n", xlab="Cycles (Frequency x 128)", ylab="First
            Principal Component")
axis(1, seq(4,60,by=8)); grid(lty=2, nx=NA, ny=NULL)
abline(v=seq(4,60,by=8), col='lightgray', lty=2); lines(l.val)
# At freq 4/128
u = eigen(fxx[,,4], symmetric=TRUE)
lam=u$values;  evec=u$vectors
lam[1]/sum(lam)             # % of variance explained
sig.e1 = matrix(0,8,8)
for (l in 2:5){             # last 3 evs are 0
 sig.e1 = sig.e1 + lam[l]*evec[,l]%*%Conj(t(evec[,l]))/(lam[1]-lam[l])^2}
 sig.e1 = Re(sig.e1)*lam[1]*sum(kernel("daniell", c(1,1))$coef^2)
p.val = round(pchisq(2*abs(evec[,1])^2/diag(sig.e1), 2, lower.tail=FALSE), 3)
cbind(colnames(fmri1)[-1], abs(evec[,1]), p.val) # table values
```

因子分析

经典因子分析类似于经典主成分分析。假设 x 是具有方差-协方差矩阵 Σ_{xx} 的均值为零的 $p\times 1$ 随机向量。因子模型提出 x 依赖于一些未观察到的公因子 $z_1,\cdots,z_q$ 加上误差。在这个模型中，人们希望 q 比 p 小得多。因子模型由

$$x = \mathcal{B}z + \varepsilon \tag{7.151}$$

给出，其中 $\mathcal{B}$ 是一个 $p\times q$ 的因子载荷矩阵，$z=(z_1,\cdots,z_q)'$ 是一个随机的 $q\times 1$ 因子向量，使得 $E(z)=0$ 并且 $E(zz')=I_q$，$q\times q$ 单位矩阵。假设 $p\times 1$ 未观察到的误差向量 ε 与因子无关，零均值和对角线方差-协方差矩阵 $D=\mathrm{diag}\{\delta_1^2,\cdots,\delta_p^2\}$，注意，式(7.151)与 5.6 节的多元回归模型不同，因为因子 z 是未被观察到的。相同的是，因子模型(7.151)可以用 x 的协方差结构来编写，x 的协方差结构为

$$\Sigma_{xx} = \mathcal{B}\mathcal{B}' + D \tag{7.152}$$

即，x 的方差-协方差矩阵等于一个秩 $q \leqslant p$ 的对称非负定矩阵和一个非负定对角矩阵的和。如果 $q=p$，应用事实 $\Sigma_{xx} = \lambda_1 e_1 e_1' + \cdots + \lambda_p e_p e_p'$，其中 (λ_i, e_i) 是 Σ_{xx} 的特征值-特征向量对，则 Σ_{xx} 精确等于 $\mathcal{B}\mathcal{B}'$。然而如前所述，我们希望 q 比 p 小得多。不幸的是，当 q 远小于 p 时，大多数协方差矩阵不能被考虑为式(7.152)。

为了开始因子分析，假设 x 的分量可以分组为有意义的组。在每个组中，成分高度相关，但不在同一组中的变量之间的相关性很小。一个组由单个结构形成，该结构由一个不可观察的因子来表示，并且该因子可以解释组内的高相关性。例如参加十项全能比赛的人执行 $p=10$ 项运动赛事，我们可以将十项全能的结果表示为 10×1 的分数向量。十项全能中的事件包括跑步、跳跃或投掷，可以想象 10×1 的分数向量可以被分解为 $q=4$ 个因子：(1)手臂力量；(2)腿部力量；(3)跑步速度；(4)跑步耐力。模型(7.151)指定 $\mathrm{cov}(x, z) = \mathcal{B}$ 或 $\mathrm{cov}(x_i, z_j) = b_{ij}$，其中 b_{ij} 是因子载荷矩阵 $\mathcal{B}$ 的第 ij 个分量，对于 $i=1, \cdots, p$ 和 $j=1, \cdots, q$。因此 $\mathcal{B}$ 的元素用于识别 x 的成分属于或加载到的假设因子。

此时，因子模型仍存在一些歧义。设 Q 为 $q \times q$ 正交矩阵，即 $Q'Q = QQ' = I_q$。设 $\mathcal{B}_* = \mathcal{B}Q$ 和 $z_* = Q'z$，那么式(7.151)可以写成

$$x = \mathcal{B}z + \varepsilon = \mathcal{B}QQ'z + \varepsilon = \mathcal{B}_* z_* + \varepsilon \tag{7.153}$$

模型的 $\mathcal{B}_*$ 和 z_* 满足所有因子模型的需求，例如 $\mathrm{cov}(z_*) = Q' \mathrm{cov}(z)Q = QQ' = I_q$，因此

$$\Sigma_{xx} = \mathcal{B}_* \mathrm{cov}(z_*)\mathcal{B}_*' + D = \mathcal{B}QQ'\mathcal{B}' + D = \mathcal{B}\mathcal{B}' + D \tag{7.154}$$

因此在对 x 的观察的基础上，我们无法区分载荷 $\mathcal{B}$ 和旋转载荷 $\mathcal{B}_* = \mathcal{B}Q$。通常，选择 Q 使得矩阵 $\mathcal{B}$ 易于解释，并且这是所谓的因子旋转的基础。

给定样本 $x_1, \cdots, x_n$，使用了许多方法来估计因子模型的参数，我们在这里讨论其中的两个。第一种方法是主成分方法。设 S_{xx} 表示样本方差-协方差矩阵，令 $(\hat{\lambda}_i, \hat{e}_i)$ 为 S_{xx} 的特征值-特征向量对。通过设置

$$\hat{\mathcal{B}} = [\hat{\lambda}_1^{1/2} \hat{e}_1 \mid \hat{\lambda}_2^{1/2} \hat{e}_2 \mid \cdots \mid \hat{\lambda}_q^{1/2} \hat{e}_q] \tag{7.155}$$

找到估计因子载荷的 $p \times q$ 矩阵。这里的结论是，如果存在 q 因子，那么

$$S_{xx} \approx \hat{\lambda}_1 \hat{e}_1 \hat{e}_1' + \cdots + \hat{\lambda}_q \hat{e}_q \hat{e}_q' = \hat{\mathcal{B}}\hat{\mathcal{B}}' \tag{7.156}$$

因为剩余的特征值 $\hat{\lambda}_{q+1}, \cdots, \hat{\lambda}_p$ 可以忽略不计。然后通过设置 $\hat{D} = \mathrm{diag}\{\hat{\delta}_1^2, \cdots, \hat{\delta}_p^2\}$（其中 $\hat{\delta}_j^2$ 是 $S_{xx} - \hat{\mathcal{B}}\hat{\mathcal{B}}'$ 的第 j 个对角线元素）来获得估计的误差方差的对角矩阵。

第二种方法可以给出与主成分方法有很大不同的答案，即最大似然。进一步假设在式(7.151)中，z 和 ε 服从多元正态分布，忽略常数的 $\mathcal{B}$ 和 D 的对数似然是

$$-2\ln L(\mathcal{B}, D) = n\ln|\Sigma_{xx}| + \sum_{j=1}^n x_j' \Sigma_{xx}^{-1} x_j \tag{7.157}$$

似然表达式通过式(7.152)依赖于 $\mathcal{B}$ 和 D，$\Sigma_{xx} = \mathcal{B}\mathcal{B}' + D$。如式(7.153)~(7.154)中所讨论的，似然没有明确定义，因为 $\mathcal{B}$ 可以旋转。通常将 $\mathcal{B}D^{-1}\mathcal{B}'$ 限制为对角矩阵是为了计算上得到唯一解的一个方便条件。似然的实际最大化是使用数值方法完成的。

对高斯因子模型执行最大似然的一个明显方法是 EM 算法。例如，假设因子向量 z 已

知。然后因子模型就是 5.6 节给出的多元回归模型，即写 $X' = [x_1, \ x_2, \ \cdots, \ x_n]$ 和 $Z' = [z_1, \ z_2, \ \cdots, \ z_n]$，注意 X 为 $n \times p$，Z 为 $n \times q$。然后 $\mathcal{B}$ 的 MLE 为

$$\hat{\mathcal{B}} = X'Z \, (Z'Z)^{-1} = \left(n^{-1} \sum_{j=1}^{n} x_j z_j' \right) \left(n^{-1} \sum_{j=1}^{n} z_j z_j' \right)^{-1} \stackrel{\text{def}}{=} C_{xx} C_{zz}^{-1} \tag{7.158}$$

D 的 MLE 为

$$\hat{D} = \text{diag} \left\{ n^{-1} \sum_{j=1}^{n} (x_j - \hat{\mathcal{B}} \, z_j)(x_j - \hat{\mathcal{B}} \, z_j)' \right\} \tag{7.159}$$

即只使用式(7.159)右侧的对角线元素。式(7.159)中的括号内的数量减少到

$$C_{xx} - C_{xz} C_{zz}^{-1} C_{xz}' \tag{7.160}$$

其中 $C_{xx} = n^{-1} \sum_{j=1}^{n} x_j x_j'$。

基于对状态空间模型(4.66)~(4.75)的 EM 算法的推导，我们得出结论，在给定当前参数估计的情况下，在 C_{xz} 中采用 EM 算法，我们用 $x_j \tilde{z}_j'$ 替换 $x_j z_j'$，其中 $\tilde{z}_j = E(z_j | x_j)$，在 C_{zz} 中，我们用 $P_z + \tilde{z}_j \, \tilde{z}_j'$ 替换 $z_j z_j'$，其中 $P_z = \text{var}(z_j | x_j)$。根据 $(p + q) \times 1$ 向量 $(x_j', z_j')'$ 服从均值为 0 且方差-协方差矩阵为

$$\begin{pmatrix} \mathcal{B}\mathcal{B}' + D & \mathcal{B} \\ \mathcal{B}' & I_q \end{pmatrix} \tag{7.161}$$

的多元正态分布这一事实，我们有

$$\tilde{z}_j \equiv E(z_j | x_j) = \mathcal{B}' \, (\mathcal{B}'\mathcal{B} + D)^{-1} x_j \tag{7.162}$$

和

$$p_z \equiv \text{var}(z_j | x_j) = I_q - \mathcal{B}' (\mathcal{B}'\mathcal{B} + D)^{-1} \mathcal{B} \tag{7.163}$$

对于时间序列，假设 x_t 是具有 $p \times p$ 谱矩阵 $f_{xx}(\omega)$ 的固定 $p \times 1$ 过程。类似于式(7.152)中显示的经典模型，我们可以假设在给定的感兴趣的频率 ω，x_t 的频谱矩阵满足

$$f_{xx}(\omega) = \mathcal{B}(\omega)\mathcal{B}(\omega)^* + D(\omega) \tag{7.164}$$

其中 $\mathcal{B}(\omega)$ 的秩 $= q \leqslant p$，$D(\omega)$ 是一个实值非负定对角矩阵。通常我们预计 q 将远小于 p。

作为产生式(7.164)的模型的一个例子，设 $x_t = (x_{t1}, \cdots, x_{tp})'$ 并假设

$$x_{tj} = c_j s_{t-\tau_j} + \varepsilon_{tj}, \quad j = 1, \cdots, p \tag{7.165}$$

其中 $c_j \geqslant 0$ 是个体振幅，s_t 是具有谱密度 $f_s(\omega)$ 的常见未观测信号（因子）。值 τ_j 是个体相移。假设 s_t 与 $\varepsilon_t = (\varepsilon_{t1}, \cdots, \varepsilon_{tp})'$ 无关，ε_t 和 $D_\varepsilon(\omega)$ 的谱矩阵是对角线的。x_{tj} 的 DFT 由

$$X_j(\omega) = n^{-1/2} \sum_{t=1}^{n} x_{tj} \exp(-2\pi i t \omega)$$

给出，并且就模型(7.165)而言，

$$X_j(\omega) = a_j(\omega) X_s(\omega) + X_{\varepsilon j}(\omega) \tag{7.166}$$

其中 $a_j(\omega) = c_j \exp(-2\pi i \tau_j \omega)$，$X_s(\omega)$ 和 $X_{\varepsilon j}(\omega)$ 是信号 s_t 和噪声 ε_{tj} 的相应 DFT。将式(7.166)的单个元素叠加，我们得到了具有一个因子的经典因子模型的复数值版本，其中一个因子，

$$\begin{bmatrix} X_1(\omega) \\ \vdots \\ X_p(\omega) \end{bmatrix} = \begin{bmatrix} a_1(\omega) \\ \vdots \\ a_p(\omega) \end{bmatrix} X_s(\omega) + \begin{bmatrix} X_{\varepsilon 1}(\omega) \\ \vdots \\ X_{\varepsilon_p}(\omega) \end{bmatrix}$$

或更简洁一些

$$X(\omega) = a(\omega)X_s(\omega) + X_\varepsilon(\omega) \tag{7.167}$$

由式(7.167)，我们可以识别出模型的频谱成分，也就是

$$f_{xx}(\omega) = b(\omega)b(\omega)^* + D_{\varepsilon\varepsilon}(\omega) \tag{7.168}$$

其中 $b(\omega)$ 是 $p \times 1$ 复值向量 $b(\omega)b(\omega)^* = a(\omega)f_s(\omega)a(\omega)^*$。模型(7.168)可以认为是时间序列的单因子模型。该模型可以通过向原始模型(7.165)中添加其他独立信号扩展到多个因子。更多与此相关的和相关模型的细节可以在 Stoffer[194] 的文献中找到。

例 7.14　fMRI 数据的单因子分析

例 7.13 中分析的 fMRI 数据非常适合使用模型(7.165)的单因子分析，或等效地，复值单因子模型(7.167)。根据式(7.165)，我们可以将信号 s_t 视为代表刷子刺激信号。如前所述，感兴趣的频率是 $\omega = 4/128$，其对应于 32 个时间点的周期，或 64s。

如式(7.168)中所规定的，估计成分 $b(\omega)$ 和 $D_{\varepsilon\varepsilon}(\omega)$ 的简单方法是使用主成分方法。设 $\hat{f}_{xx}(\omega)$ 表示例 7.13 中得到的 $x_t = (x_{t1}, \cdots, x_{t8})'$ 的谱密度的估计值。然后类似于式(7.155)和式(7.156)，我们设置

$$\hat{b}(\omega) = \sqrt{\hat{\lambda}_1(\omega)}\, \hat{e}_1(\omega)$$

其中 $(\hat{\lambda}_1(\omega), \hat{e}_1(\omega))$ 是 $\hat{f}_{xx}(\omega)$ 的第一个特征值-特征向量对。$\hat{D}_{\varepsilon\varepsilon}(\omega)$ 的对角线元素是从 $\hat{f}_{xx}(\omega) - \hat{b}(\omega)\hat{b}(\omega)^*$ 的对角线元素获得的。模型的合适程度可以通过检查残差矩阵 $\hat{f}_{xx}(\omega) - [\hat{b}(\omega)\hat{b}(\omega)^* + \hat{D}_{\varepsilon\varepsilon}(\omega)]$ 的元素大小是否可以忽略不计来评估。

专注于刺激频率，回想到 $\hat{\lambda}_1(4/128) = 2$。表 7.5 中显示了 $\hat{e}_1(4/128)$ 的幅度，表明除了位置 6 之外的所有位置加载刺激因子，并且位置 7 可以被认为是临界线。$\hat{f}_{xx}(\omega) - \hat{b}(\omega)\hat{b}(\omega)^*$ 的对角元素产生

$$\hat{D}_{\varepsilon\varepsilon}(4/128) = 0.001 \times \mathrm{diag}\{1.36, 2.04, 6.22, 11.30, 0.73, 13.26, 6.93, 5.88\}$$

在 $\omega = 4/128$ 处残差矩阵的元素的大小是

$$0.001 \times \begin{bmatrix} 0.00 & 1.73 & 3.88 & 3.61 & 0.88 & 2.04 & 1.60 & 2.81 \\ 2.41 & 0.00 & 1.17 & 3.77 & 1.49 & 5.58 & 3.68 & 4.21 \\ 8.49 & 5.34 & 0.00 & 2.94 & 7.58 & 10.91 & 8.36 & 10.64 \\ 12.65 & 11.84 & 6.12 & 0.00 & 12.56 & 14.64 & 13.34 & 16.10 \\ 0.32 & 0.29 & 2.10 & 2.01 & 0.00 & 1.18 & 2.01 & 1.18 \\ 10.34 & 16.69 & 17.09 & 15.94 & 13.49 & 0.00 & 5.78 & 14.74 \\ 5.71 & 8.51 & 8.94 & 10.18 & 7.56 & 0.97 & 0.00 & 8.66 \\ 6.25 & 8.00 & 10.31 & 10.69 & 5.95 & 8.69 & 7.64 & 0.00 \end{bmatrix}$$

表明模型拟合良好。假设前一个实例的结果可用，请使用以下 R 代码。

```
bhat = sqrt(lam[1])*evec[,1]
Dhat = Re(diag(fxx[,,4] - bhat%*%Conj(t(bhat))))
res = Mod(fxx[,,4] - Dhat - bhat%*%Conj(t(bhat)))
```

许多作者考虑了频谱领域的因子分析，例如 Priestley 等人[157]；Priestley 和 Subba Rao[158]；Geweke[70]，Geweke 和 Singleton[71]。简单模型(7.165)的一个明显扩展是因子模型

$$x_t = \sum_{j=-\infty}^{\infty} \Lambda_j s_{t-j} + \varepsilon_t \tag{7.169}$$

其中$\{\Lambda_j\}$是实值 $p\times q$ 滤波器，s_t 是 $q\times 1$ 平稳的未观测到的信号，具有独立成分，ε_t 是白噪声。我们假设信号和噪声过程是独立的，s_t 为 $q\times q$ 实数，对角谱矩阵 $f_s(\omega)=\mathrm{diag}\{f_{s1}(\omega),\cdots,f_{sq}(\omega)\}$，$\varepsilon_t$ 为 $D_{\varepsilon\varepsilon}(\omega)=\mathrm{diag}\{f_{\varepsilon1}(\omega),\cdots,f_{\varepsilon p}(\omega)\}$ 给出的实对角 $p\times p$ 谱矩阵。另外，如果 $\sum\|\Lambda_t\|<\infty$，x_t 的谱矩阵可以写成

$$f_{xx}(\omega) = \Lambda(\omega) f_{ss}(\omega)\Lambda(\omega)^* + D_{\varepsilon\varepsilon}(\omega) = \mathcal{B}(\omega)\mathcal{B}(\omega)^* + D_{\varepsilon\varepsilon}(\omega) \tag{7.170}$$

其中

$$\Lambda(\omega) = \sum_{t=-\infty}^{\infty} \Lambda_t \exp(-2\pi it\omega) \tag{7.171}$$

和 $\mathcal{B}(\omega)=\Lambda(\omega)f_{ss}^{1/2}(\omega)$。因此通过式(7.170)，可以看出模型(7.169)满足谱域因子分析模型的基本要求，也就是说，过程的 $p\times p$ 谱密度矩阵 $f_{xx}(\omega)$ 是秩 $q\leqslant p$ 矩阵 $\mathcal{B}(\omega)\mathcal{B}(\omega)^*$ 和实际对角矩阵 $D_{\varepsilon\varepsilon}(\omega)$ 之和。出于可识别性的目的，我们为所有 ω 设定 $f_{ss}(\omega)=I_q$；在这种情况下，$\mathcal{B}(\omega)=\Lambda(\omega)$。如在经典案例中(见式(7.154))，模型仅指定为旋转，有关详细信息，请参阅 Bloomfield and Davis[26] 的文献。

模型(7.169)或等效的式(7.170)的参数估计可以使用主成分方法完成。设 $\hat{f}_{xx}(\omega)$ 是 $f_{xx}(\omega)$ 的估计值，记$(\hat{\lambda}_j(\omega),\hat{e}_j(\omega))$，$j=1,\cdots,p$ 是 $\hat{f}_{xx}(\omega)$ 的通常顺序的特征值-特征向量对。然后与经典情况一样，$p\times q$ 矩阵 $\mathcal{B}$ 估计为

$$\hat{\mathcal{B}}(\omega) = [\hat{\lambda}_1(\omega)^{1/2}\hat{e}_1(\omega)\,|\,\hat{\lambda}_2(\omega)^{1/2}\hat{e}_2(\omega)\,|\cdots|\,\hat{\lambda}_q(\omega)^{1/2}\hat{e}_q(\omega)] \tag{7.172}$$

然后通过设置 $\hat{D}_{\varepsilon\varepsilon}(\omega)=\mathrm{diag}\{\hat{f}_{\varepsilon1}(\omega),\cdots,\hat{f}_{\varepsilon p}(\omega)\}$，获得估计的对角线谱密度误差矩阵，其中$\hat{f}_{\varepsilon j}(\omega)$是$\hat{f}_{xx}(\omega)-\hat{\mathcal{B}}(\omega)\hat{\mathcal{B}}(\omega)^*$ 的第 j 个对角线元素。

或者，我们可以通过近似似然法估计参数。如在式(7.167)中那样，记 $X(\omega_j)$ 表示频率为 $\omega_j=j/n$ 的数据 $x_1,\cdots,x_n$ 的 DFT。类似地，记 $X_s(\omega_j)$ 和 $X_\varepsilon(\omega_j)$ 分别是信号和噪声过程的 DFT。然后在某些条件下(见 Pawitan and Shumway[150] 的文献)，对于 $\ell=0$，$\pm1,\cdots,\pm m$，

$$X(\omega_j + \ell/n) = \Lambda(\omega_j)X_s(\omega_j + \ell/n) + X_\varepsilon(\omega_j + \ell/n) + o_{as}(n^{-\alpha}) \tag{7.173}$$

其中 $\Lambda(\omega_j)$ 由式(7.171)给出，而对于 $0\leqslant\alpha<1/2$，当 $n\to\infty$ 时，$o_{as}(n^{-\alpha})\to0$ 几乎处处成立。在式(7.173)中，$X(\omega_j+\ell/n)$ 是围绕感兴趣的中心频率 $\omega_j=j/n$ 的 L 个奇数频率$\{\omega_j+\ell/n$；$\ell=0,\pm1,\cdots,\pm m\}$处的数据的 DFT。

在适当条件下，$\{X(\omega_j+\ell/n)$；$\ell=0,\pm1,\cdots,\pm m\}$在式(7.173)中是近似$(n\to\infty)$独立的、复值高斯随机向量，具有方差-协方差矩阵 $f_{xx}(\omega_j)$。近似似然由

$$-2\ln L(\mathcal{B}(\omega_j),D_{\varepsilon\varepsilon}(\omega_j))$$

$$=n\ln|f_{xx}(\omega_j)|+\sum_{\ell=-m}^{m}X^*(\omega_j+\ell/n)f_{xx}^{-1}(\omega_j)X(\omega_j+\ell/n) \tag{7.174}$$

给出，约束为 $f_{xx}(\omega_j)=\mathcal{B}(\omega_j)\mathcal{B}(\omega_j)^*+D_{\mathfrak{e}}(\omega_j)$。像在经典的案例中一样，我们可以使用各种数值方法在每一个感兴趣的频率 ω_j 处来最大化 $L(\mathcal{B}(\omega_j)，D_{\mathfrak{e}}(\omega_j))$。例如讨论的经典情况式(7.158)～(7.163)的 EM 算法可以很容易地扩展到这种情况。

假设 $f_{ss}(\omega)=I_q$，$\mathcal{B}(\omega_j)$ 的估计值也是 $\Lambda(\omega_j)$ 的估计值。调用这个估计 $\hat{\Lambda}(\omega_j)$，时域滤波器可以通过

$$\hat{\Lambda}_t^M = M^{-1}\sum_{j=0}^{M-1}\hat{\Lambda}(\omega_j)\exp(2\pi ijt/n) \tag{7.175}$$

估计，对于一些 $0<M\leqslant n$，它是以下离散和反演公式的有限版本

$$\Lambda_t = \int_{-1/2}^{1/2}\Lambda(\omega)\exp(2\pi i\omega t)\mathrm{d}\omega \tag{7.176}$$

请注意，我们在第 4 章的式(4.124)中已经使用了这个近似，用于估计在有限数量的频率上定义的频率响应函数的时间响应。

例 7.15 政府支出、私人投资和失业率

图 7.18 显示了 1948 年至 1988 年间美国五个宏观经济序列：失业率、GNP、消费、政府投资和私人投资的季节性调整后的季度增长率(百分比)，$n=160$ 个值。Young 和 Pedregal[213]在时域分析了这些数据，他们正在调查政府支出和私人资本投资如何影响失业率。

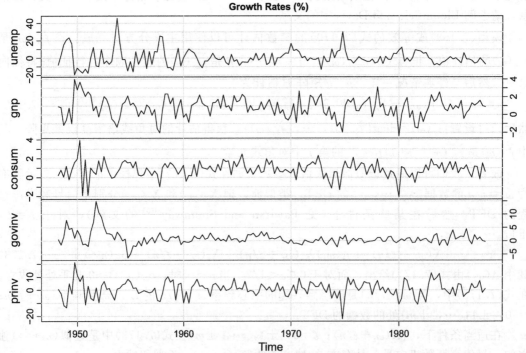

图 7.18   1948 年至 1988 年间美国五个宏观经济序列——失业率、GNP、消费、政府投资和私人投资的经季节性调整后的季度增长率(百分比)，$n=160$ 个值

对去趋势、标准化和去除不规则项后的增长率值进行频谱估计，有关详细信息，请参阅此实例末尾的 R 代码。图 7.19 显示了每个序列的各个估计频谱。我们关注三个有趣的频率。首先，我们注意到年度循环（$\omega=1$，或者每四个季度一个循环）附近缺乏谱功率，表明数据已经过季节性调整。另外由于季节性调整，一些频谱功率出现在季节频率附近，这是一种明显由季节性调整数据的方法引起的失真。接下来，我们注意到 $\omega=0.25$ 附近的频谱功率，或每 4 年一个循环，在失业率、GNP、消费以及在较小程度上的私人投资上。最后，谱功率出现在 $\omega=0.125$ 附近，或政府投资每 8 年一个循环，失业、GNP 和消费的循环长度可能略短。

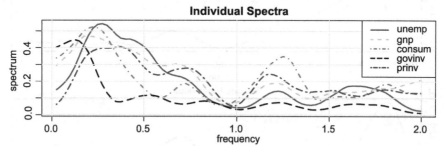

图 7.19　图 7.18 显示的每个序列的单个估计频谱（按 1000 倍比例缩放），以 160 个季度的循环次数计算

图 7.20 显示了各个序列之间的相干性。在频率为 $\omega=0.125$ 和 0.25 时，GNP、失业率、消费和私人投资（失业和私人投资除外）是相干的。政府投资要么与其他序列不相干，要么与其他系列的相干性最小。

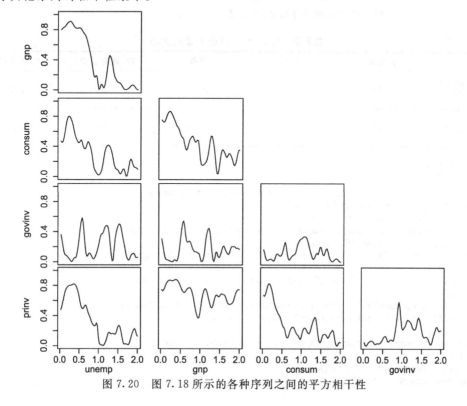

图 7.20　图 7.18 所示的各种序列之间的平方相干性

图 7.21 显示了 $\widehat{\lambda}_1(\omega)$ 和 $\widehat{\lambda}_2(\omega)$，即估计的谱矩阵 $\widehat{f}_{xx}(\omega)$ 的第一和第二特征值。这些特征值表明第一个因子是由每 4 年一个循环的频率来识别的，而第二个因子是由每 8 年一个循环的频率来识别的。表 7.6 展示了对应的特征向量在感兴趣的频率 $\widehat{e}_1(10/160)$ 和 $\widehat{e}_2(5/160)$ 上的模的大小。这些数值证实了，失业率、GNP、消费和私人投资的载荷主要在第一个因子上，政府投资的载荷主要在第二个因子上。关于这些数据的因子分析的其余细节留作练习。

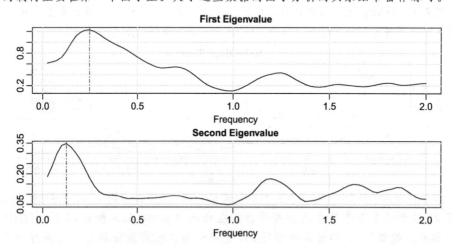

图 7.21 估计的频谱矩阵 $\widehat{f}_{xx}(\omega)$ 的第一个特征值 $\widehat{\lambda}_1(\omega)$ 和第二个特征值 $\widehat{\lambda}_2(\omega)$。
峰处的垂直虚线分别是 $\omega=0.25$ 和 $\omega=0.125$

表 7.6　例 7.15 中特征向量的大小

	失业率	GNP	消费	G. 政府投资	P. 私人投资
$\left\| \widehat{e}_1\left(\dfrac{10}{160}\right) \right\|$	0.53	0.50	0.51	0.06	0.44
$\left\| \widehat{e}_2\left(\dfrac{5}{160}\right) \right\|$	0.19	0.14	0.23	0.93	0.16

以下是执行分析的 R 代码。

```
gr = diff(log(ts(econ5, start=1948, frequency=4))) # growth rate
plot(100*gr, main="Growth Rates (%)")
# scale each series to have variance 1
gr = ts(apply(gr,2,scale), freq=4)   # scaling strips ts attributes
L = c(7,7)   # degree of smoothing
gr.spec = mvspec(gr, spans=L, demean=FALSE, detrend=FALSE, taper=.25)
dev.new()
plot(kernel("modified.daniell", L))  # view the kernel - not shown
dev.new()
plot(gr.spec, log="no", main="Individual Spectra", lty=1:5, lwd=2)
legend("topright", colnames(econ5), lty=1:5, lwd=2)
dev.new()
plot.spec.coherency(gr.spec, ci=NA,  main="Squared Coherencies")
# PCs
n.freq = length(gr.spec$freq)
lam = matrix(0,n.freq,5)
```

```
for (k in 1:n.freq) lam[k,] = eigen(gr.spec$fxx[,,k], symmetric=TRUE,
        only.values=TRUE)$values
dev.new()
par(mfrow=c(2,1), mar=c(4,2,2,1), mgp=c(1.6,.6,0))
plot(gr.spec$freq, lam[,1], type="l", ylab="", xlab="Frequency", main="First
        Eigenvalue")
abline(v=.25, lty=2)
plot(gr.spec$freq, lam[,2], type="l", ylab="", xlab="Frequency",
        main="Second Eigenvalue")
abline(v=.125, lty=2)
e.vec1 = eigen(gr.spec$fxx[,,10], symmetric=TRUE)$vectors[,1]
e.vec2 =  eigen(gr.spec$fxx[,,5], symmetric=TRUE)$vectors[,2]
round(Mod(e.vec1), 2);  round(Mod(e.vec2), 3)
```

7.9 频谱包络

Stoffer et al.[193] 的文献中首次提出了用于谱分析与分类时间序列缩放的频谱包络的概念。从那时起，这个想法已经扩展到不同的方向（不仅仅局限于分类时间序列），我们也将探讨这些问题。首先，我们简要介绍缩放时间序列的概念。

频谱包络的动机源于研究人员的合作，他们收集取值为分类数据的时间序列，并对数据的周期行为感兴趣。例如，表 7.7 展示了一项关于产前接触酒精影响的研究得出的婴儿的每分钟睡眠状态。具体的细节在 Stoffer et al.[191] 的文献中，简要来说，在婴儿出生后的 24～36h 完整时段内，脑电图（EEG）睡眠记录平均为 2h，记录均来自一位研究睡眠状态的儿科神经医师。存在两种主要的睡眠类型：非快速眼动（NON-REM），也被称为安静睡眠；快速眼动（REM），也被称为主动睡眠。此外，非快速眼动有四个阶段（NR1～NR4），NR1 是四个阶段中最活跃的阶段，而醒着的最后阶段（AW）在夜间自然出现。在研究期间，婴儿一直保持未醒来的状态。

表 7.7　婴儿每分钟脑电图睡眠状态
（按列由上向下排列）

REM	NR2	NR4	NR2	NR1	NR2	NR3	NR4	NR1	NR1	REM
REM	REM	NR4	NR1	NR1	NR2	NR4	NR4	NR1	NR1	REM
REM	REM	NR4	NR1	NR1	REM	NR4	NR4	NR1	NR1	REM
REM	NR3	NR4	NR1	REM	REM	NR4	NR4	NR1	NR1	REM
REM	NR4	NR4	NR1	REM	REM	NR4	NR4	NR1	NR1	REM
REM	NR4	NR4	NR1	REM	REM	NR4	NR4	NR1	NR1	REM
REM	NR4	NR4	NR2	REM	NR2	NR4	NR4	NR1	NR1	NR2
REM	NR4	NR4	REM	REM	NR2	NR4	NR4	NR1	REM	
NR2	NR4	NR4	NR1	REM	NR2	NR4	NR4	NR1	REM	
REM	NR2	NR4	NR1	REM	NR3	NR4	NR2	NR1	REM	

如果我们专注于快速眼动与非快速眼动睡眠状态，那么在数据中注意到模式并不困难。但是，要尝试在更长的序列中评估模式，或者存在更多的类别，在不借助可视化工具的情况下将是十分困难的。一种简单的方式是对数据进行缩放，也就是说，将数值赋值给类别，然后绘制缩放数据的时序图。由于状态具有顺序，一种明显的缩放方法是

$$NR4 = 1, \quad NR3 = 2, \quad NR2 = 3, \quad NR1 = 4, \quad REM = 5, \quad AW = 6 \quad (7.177)$$

图 7.22 给出了利用这个尺度绘制的图形。另一种有趣的尺度也许是结合安静睡眠状态与主动睡眠状态：

$$NR4 = NR3 = NR2 = NR1 = 0，\quad REM = 1, \quad AW = 2 \quad\quad (7.178)$$

采用式(7.178)的图形将与图 7.22 类似，因为婴儿睡眠模式的循环行为(安静睡眠模式的进入与退出)。图 7.22 为采用式(7.177)尺度的睡眠数据周期图。大的高峰值在对应于每 60min 一个循环的频率处存在。我们可以猜想，采用的式(7.178)尺度的周期图(未展示)应与图 7.22 相似。我们大多数人都会对这种分析满意，尽管我们对特定的尺度做了一个任意的、特别的选择。从数据(不带任何尺度)中可以看出，若关注婴儿睡眠循环，这个特别的睡眠研究表明，在安静睡眠与主动睡眠之间，婴儿的睡眠循环为每小时一个循环。

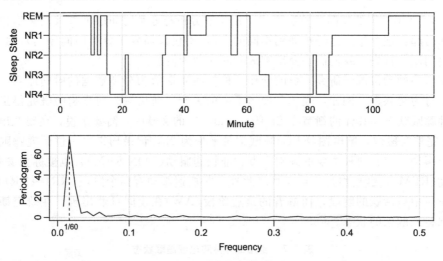

图 7.22　(上)利用式(7.177)的尺度绘制表 7.7 中脑电图睡眠状态数据图。(下)基于式(7.177)尺度的脑电图睡眠状态数据的周期图。峰值对应的频率大约为每 60min 一个循环

当我们考虑一个长 DNA 序列时，在前面例子中使用的直觉就会消失。简单地说，DNA 链可以看作是一长串的核苷酸链。每个核苷酸由一个含氮碱基、一个五碳糖和一个磷酸基构成。有四种不同的碱基，它们可以按大小分组：嘧啶，胸腺嘧啶(T)；胞嘧啶(C)；嘌呤，腺嘌呤(A)；鸟嘌呤(G)。核苷酸通过交替的糖和磷酸基团的主链连接在一起，其中一个糖的五碳与下一个糖的三碳相连，从而给出了链的方向。DNA 分子是自然形成的，是由多核苷酸链与向内的碱基组成的双螺旋结构。这两条链是互补的，因此用单链上的一系列碱基来表示 DNA 分子就足够了。因而，一串 DNA 链可以被表示为有限的字母表{A，C，G，T}中的字母组成的碱基对(bp)。核苷酸的顺序包含特定的生物体特定的遗传信息。翻译储存在这些分子中的信息是一个复杂的多阶段过程。其中一个重要的任务就是翻译 DNA 的蛋白质编码序列(CDS)。分析长 DNA 序列数据的一个常见问题是识别分布于序列中并由非编码区域(构成了大部分的 DNA)分隔的 CDS。表 7.8 展示了 Epstein-Barr 病毒(EBV)的部分 DNA 序列。EBV 的全部 DNA 序列包含大概 172 000 个 bp。

表 7.8　Epstein-Barr 病毒的部分 DNA 序列
（按列由上向下排列）

AGAATTCGTC	TTGCTCTATT	CACCCTTACT	TTTCTTCTTG	CCCGTTCTCT	TTCTTAGTAT
GAATCCAGTA	TGCCTGCCTG	TAATTGTTGC	GCCCTACCTC	TTTTGGCTGG	CGGCTATTGC
CGCCTCGTGT	TTCACGGCCT	CAGTTAGTAC	CGTTGTGACC	GCCACCGGCT	TGGCCCTCTC
ACTTCTACTC	TTGGCAGCAG	TGGCCAGCTC	ATATGCCGCT	GCACAAAGGA	AACTGCTGAC
ACCGGTGACA	GTGCTTACTG	CGGTTGTCAC	TTGTGAGTAC	ACACGCACCA	TTTACAATGC
ATGATGTTCG	TGAGATTGAT	CTGTCTCTAA	CAGTTCACTT	CCTCTGCTTT	TCTCCTCAGT
CTTTGCAATT	TGCCTAACAT	GGAGGATTGA	GGACCCACCT	TTTAATTCTC	TTCTGTTTGC
ATTGCTGGCC	GCAGCTGGCG	GACTACAAGG	CATTTACGGT	TAGTGTGCCT	CTGTTATGAA
ATGCAGGTTT	GACTTCATAT	GTATGCCTTG	GCATGACGTC	AACTTTACTT	TTATTTCAGT
TCTGGTGATG	CTTGTGCTCC	TGATACTAGC	GTACAGAAGG	AGATGGCGCC	GTTTGACTGT
TTGTGGCGGC	ATCATGTTTT	TGGCATGTGT	ACTTGTCCTC	ATCGTCGACG	CTGTTTTGCA
GCTGAGTCCC	CTCCTTGGAG	CTGTAACTGT	GGTTCCATG	ACGCTGCTGC	TACTGGCTTT
CGTCCTCTGG	CTCTCTTCGC	CAGGGGGCCT	AGGTACTCTT	GGTGCAGCCC	TTTTAACATT
GGCAGCAGGT	AAGCCACACG	TGTGACATTG	CTTGCCTTTT	TGCCACATGT	TTTCTGGACA
CAGGACTAAC	CATGCCATCT	CTGATTATAG	CTCTGGCACT	GCTAGCGTCA	CTGATTTTGG
GCACACTTAA	CTTGACTACA	ATGTTCCTTC	TCATGCTCCT	ATGGACACTT	GGTAAGTTTT
CCCTTCCTTT	AACTCATTAC	TTGTTCTTTT	GTAATCGCAG	CTCTAACTTG	GCATCTCTTT
TACAGTGGTT	CTCCTGATTT	GCTCTTCGTG	CTCTTCATGT	CCACTGAGCA	AGATCCTTCT

　　根据嘌呤-嘧啶字母表，我们可以尝试尺度 A＝G＝0 与 C＝T＝1，但这并不一定对 EBV 的每个 CDS 都有效。存在许多可能的字母表示。例如，我们可以关注强弱氢键字母 C＝G＝0 与 A＝T＝1。尽管模型计算与实验数据都强烈地表明，某些 DNA 序列中存在某种周期信号，但是关于周期性的确切类型存在很大分歧。此外，在周期信号中涉及哪种核苷酸也存在分歧。

　　如果我们考虑对类别的任意赋值（尺度）的原始方法，然后进行频谱分析，结果将取决于数值的特定赋予方式。例如，考虑人工序列 ACGTACGTACGT…，然后，令 A＝G＝0 且 C＝T＝1，得到数值序列 010101010101…，每两个碱基对一个循环。另一种有趣的尺度方式为 A＝1，C＝2，G＝3，T＝4，得到的结果序列为 123412341234…，每四个 bp 一个循环。在这个例子中，核苷酸的两种尺度（即{A，C，G，T}＝{0，1，0，1}与{A，C，G，T}＝{1，2，3，4}）都很有趣并且引出了序列的不同属性。因此我们不想仅仅关注一种尺度。相反，我们应该侧重于找出可以呈现数据所有有趣属性的可能的尺度。频谱包络法不是随机地选择尺度数值，它以快速且自动的方式选出那些尺度值，这些值有助于强调存在于任意长度的分类时间序列中的任何周期性特征。

分类时间序列的频谱包络

　　总的来说，频谱包络是一种基于频率的主成分方法，应用于多元时间序列中。首先，我们将着重于基本概念及其在分类时间序列中的应用。技术细节见 Stoffer et al.[193] 的文献。

　　简略地说，在建立分类时间序列的频谱包络中，给出了如何有效地发现分类时间序列中的周期分量的基本问题。这是通过如下的非参数频谱分析实现的。令 x_t，$t=0$，± 1，± 2，$\cdots$，是一个具有有限状态空间 $\mathcal{C}=\{c_1, c_2, \cdots, c_k\}$ 的分类时间序列。令 x_t 是平稳序列，并且对于 $j=1, 2, \cdots, k$，$p_j=\Pr\{x_t=c_j\}>0$。对于 $\beta=(\beta_1, \beta_2, \cdots, \beta_k)'\in\mathbb{R}^k$，由 $x_t(\beta)$ 表示的实值平稳时间序列与类别 c_j 分配的数值 β_j，$j=1, 2, \cdots, k$ 尺度相对应。$x_t(\beta)$ 的频谱密度由 $f_{xx}(\omega; \beta)$ 表示。我们的目标是寻找尺度 β，因此频谱密度也是值得关注的，并且需要通过频谱包络来总结频谱信息。

特别是，对于总功率 $\sigma^2(\beta)=\mathrm{var}\{x_t(\beta)\}$，在每个频率上选择 β 来最大化功率 ω。也就是说，在每个 ω 上，我们选择 $\beta(\omega)$，因此

$$\lambda(\omega) = \max_{\beta}\left\{\frac{f_{xx}(\omega; \beta)}{\sigma^2(\beta)}\right\} \tag{7.179}$$

总之，β 并不与 $k\times 1$ 的向量 1_k 成比例。注意，若对于 $a\in\mathbb{R}$，$\beta=a1_k$，则 $\lambda(\omega)$ 未定义，因为这种尺度对应给每个分类分配相同的值 a。在这种情形下，$f_{xx}(\omega; \beta)\equiv 0$ 且 $\sigma^2(\beta)=0$。最优性条件 $\lambda(\omega)$ 具有在 β 的位置和尺度变化下不变的理想属性。

在大多数分类数据的尺度问题中，用单位向量 $u_1, u_2, \cdots, u_k$，表示类别是很有用的，其中 u_j 表示 $k\times 1$ 向量，它的第 j 行是 1，其余为 0。随后，当 $x_t=c_j$ 时，我们通过 $y_t=u_j$ 定义一个 k 维平稳时间序列 y_t。时间序列 $x_t(\beta)$ 可以通过时间序列 y_t 利用 $x_t(\beta)=\beta' y_t$ 变换得到。假定向量过程 y_t 具有连续的由 $f_{yy}(\omega)$ 表示的频谱密度。对于每个 ω，$f_{yy}(\omega)$ 当然是一个 $k\times k$ 复值 Hermitian 矩阵。$x_t(\beta)=\beta' y_t$ 表明 $f_{xx}(\omega; \beta)=\beta' f_{yy}(\omega)\beta=\beta' f_{yy}^{re}(\omega)\beta$，其中 $f_{yy}^{re}(\omega)$ 表示 $f_{yy}(\omega)$ 的实部[注]。虚部从表达式中消失了，因为它是反对称的，即，$f_{yy}^{im}(\omega)'=-f_{yy}^{im}(\omega)$。最优性条件因而可以写成

$$\lambda(\omega) = \max_{\beta}\left\{\frac{\beta' f_{yy}^{re}(\omega)\beta}{\beta' V\beta}\right\} \tag{7.180}$$

其中 V 是 y_t 的方差-协方差矩阵。结果尺度 $\beta(\omega)$ 被称为最优尺度。

y_t 过程是一个多元点过程，并且 y_t 的任意特定分量都是对应状态的单个点过程（例如，y_t 的第一个分量表明过程是否在时间 t 上存在于状态 c_1 中）。对于任意固定的 t，y_t 表示从一个简单多项式分布抽样方案中得到的单个观测。很容易由 $V=D-pp'$ 得到，其中 $p=(p_1, \cdots, p_k)'$，并且 D 是 $k\times k$ 对角矩阵 $D=\mathrm{diag}\{p_1, \cdots, p_k\}$。因为，由假设 $p_j>0$，$j=1, 2, \cdots, k$，可以得到 $\mathrm{rank}(V)=k-1$，V 的零空间由 1_k 扩展。对于任意 $k\times(k-1)$ 满秩矩阵 Q，其列向量与 1_k 线性无关，$Q'VQ$ 是 $(k-1)\times(k-1)$ 正定对称矩阵。

矩阵 Q 由前文定义，定义 $\lambda(\omega)$ 为行列式方程的最大特征值，行列式方程为

$$|Q' f_{yy}^{re}(\omega)Q-\lambda(\omega)Q'VQ| = 0$$

并且令 $b(\omega)\in\mathbb{R}^{k-1}$ 为任意对应的特征向量，即

$$Q' f_{yy}^{re}(\omega)Qb(\omega) = \lambda(\omega)Q'VQb(\omega)$$

特征值 $\lambda(\omega)\geqslant 0$ 并不依赖于 Q 的选择。尽管特征向量 $b(\omega)$ 取决于 Q 的特定选择，与 $\beta(\omega)=Qb(\omega)$ 相联系的尺度的等价类并不依赖于 Q。Q 的一种简单选择为 $Q=[I_{k-1}|0]'$，其中

⊖   在本节中，通过形式 $z=z^{re}+iz^{im}$ 来表示复值更方便，表示对之前使用的符号的改写。

I_{k-1} 是 $(k-1)\times(k-1)$ 单位矩阵并且 0 是 $(k-1)\times1$ 的零向量。对于这种情况，$Q'f_{yy}^{re}(\omega)Q$ 与 $Q'VQ$ 分别是 $f_{yy}^{re}(\omega)$ 和 Q 的上 $(k-1)\times(k-1)$ 块。这种情况对应于 $\beta(\omega)$ 的最后一个分量设置为 0。

$\lambda(\omega)$ 值本身具有一个有用的解释；特别地，$\lambda(\omega)d\omega$ 表示总功率的最大部分，可以归因于对于任意特定尺度过程 $x_t(\beta)$ 的频率 $(\omega,\omega+d\omega)$，其最大值由尺度 $\beta(\omega)$ 得到。由于它的重要性，$\lambda(\omega)$ 定义为平稳分类时间序列的频谱包络。

频谱包络这个名字是合适的，因为 $\lambda(\omega)$ 包络了任何尺度过程的标准化频谱。也就是说，给定任意标准化 β，$x_t(\beta)$ 的总功率为 1，$f_{xx}(\omega;\beta)\leqslant\lambda(\omega)$，当且仅当 β 与 $\beta(\omega)$ 成比例时，等式成立。

对于 $t=1,\cdots,n$，给定观测 x_t，在一个分类时间序列中，我们构造多项式点过程 y_t，$t=1,\cdots,n$。随后，估计一个多元实值时间序列的频谱密度的方法可以用于估计 $f_{yy}(\omega)$，y_t 的 $k\times k$ 频谱密度。给定 $f_{yy}(\omega)$ 的一个估计 $\hat{f}_{yy}(\omega)$，可以得到频谱包络 $\lambda(\omega)$ 的估计 $\hat{\lambda}(\omega)$ 和尺度 $\beta(\omega)$ 的估计 $\hat{\beta}(\omega)$。样本频谱包络和最优尺度的估计与推断的详情见 Stoffer et al.[193] 的文献，该文献的主要结果如下：若 $\hat{f}_{yy}(\omega)$ 是一致频谱估计并且若对于每个 $j=1,\cdots,J$，$f_{yy}^{re}(\omega_j)$ 的最大根是相异的，那么

$$\{\eta_n[\hat{\lambda}(\omega_j)-\lambda(\omega_j)]/\lambda(\omega_j),\eta_n[\hat{\beta}(\omega_j)-\beta(\omega_j)]\};\quad j=1,\cdots,J\} \tag{7.181}$$

在分布上共同收敛 $(n\to\infty)$ 到独立的零均值正态分布，其中的第一个是标准正态分布，$\hat{\beta}(\omega_j)$ 的渐近协方差结构在 Stoffer et al.[193] 的文献中进行了讨论。结果式 (7.181) 与式 (7.148) 类似，但在这种情形下，$\beta(\omega)$ 和 $\hat{\beta}(\omega)$ 是实值。项 η_n 与式 (7.181) 中的相同，并且值依赖于使用的估计的种类。基于这些结果，可以容易地构造 $\lambda(\omega)$ 渐近正态置信区间与检验。类似地，对于 $\beta(\omega)$，可以构造渐近置信椭圆与卡方检验，详情见 Stoffer et al.[193] 的文献的定理 3.1-3.3。

采用下面的近似有助于平滑频谱包络的谱峰搜索。使用一阶 Taylor 展开，有

$$\log\hat{\lambda}(\omega)\approx\log\lambda(\omega)+\frac{\hat{\lambda}(\omega)-\lambda(\omega)}{\lambda(\omega)} \tag{7.182}$$

因此，$\eta_n[\log\hat{\lambda}(\omega)-\log\lambda(\omega)]$ 是近似标准正态的。由此可得，$E[\log\hat{\lambda}(\omega)]\approx\log\lambda(\omega)$ 且 $\mathrm{var}[\log\hat{\lambda}(\omega)]\approx\eta_n^{-2}$。若在长度为 n 的序列中没有出现信号，对于 $1<j<n/2$，我们希望有 $\lambda(j/n)\approx2/n$，因而在大约 $(1-\alpha)\times100\%$ 的情况下，$\log\hat{\lambda}(\omega)$ 将小于 $\log(2/n)+(z_a/\eta_n)$，其中 z_a 是标准正态分布的 $(1-\alpha)$ 上截尾。取幂，$\hat{\lambda}(\omega)$ 的 α 临界值变为 $(2/n)\exp(z_a/\eta_n)$。常用的 z_a 包括 $z_{0.001}=3.09$，$z_{0.0001}=3.71$ 与 $z_{0.00001}=4.26$，从我们的经验来看，在这些水平上的阈值的效果很好。

例 7.16　DNA 序列的频谱分析

为了帮助理解这个方法，我们给出了计算的显式说明，在 DNA 序列 x_t 的频谱包络估计中，对于 $t=1,\cdots,n$，利用核苷酸字母表。

(1) 在这个例子中，我们将 T 的尺度固定为 0，我们保持尺度。在这种情形下，我们构造 3×1 数据向量 y_t：

$$y_t = (1,0,0)' \quad 如果 \quad x_t = \mathrm{A}; \quad y_t = (0,1,0)' \quad 如果 \quad x_t = \mathrm{C};$$
$$y_t = (0,0,1)' \quad 如果 \quad x_t = \mathrm{G}; \quad y_t = (0,0,0)' \quad 如果 \quad x_t = \mathrm{T}$$

尺度向量为 $\beta = (\beta_1, \beta_2, \beta_3)'$，并且尺度过程为 $x_t(\beta) = \beta' y_t$。

（2）计算数据的 DFT

$$Y(j/n) = n^{-1/2} \sum_{t=1}^{n} y_t \exp(-2\pi i t j/n)$$

注意 $Y(j/n)$ 是一个 3×1 复值向量。计算周期图，$I(j/n) = Y(j/n)Y^*(j/n)$，对于 $j = 1, \cdots, [n/2]$，然后保留其实部，即 $I^{re}(j/n)$。

（3）平滑 $I^{re}(j/n)$ 来获取 $f_{yy}^{re}(j/n)$ 的一个估计。令 $\{h_k; k=0, \pm 1, \cdots, \pm m\}$ 为式（4.64）中描述的权重。计算

$$\hat{f}_{yy}^{re}(j/n) = \sum_{k=-m}^{m} h_k I^{re}(j/n + k/n)$$

（4）计算 3×3 样本方差-协方差矩阵，

$$S_{yy} = n^{-1} \sum_{t=1}^{n} (y_t - \overline{y})(y_t - \overline{y})'$$

其中 $\overline{y} = n^{-1} \sum_{t=1}^{n} y_t$ 为数据的样本均值。

（5）对于每个 $\omega_j = j/n$，$j = 0, 1, \cdots, [n/2]$，确定矩阵 $2n^{-1} S_{yy}^{-1/2} \hat{f}_{yy}^{re}(\omega_j) S_{yy}^{-1/2}$ 的最大特征值与其相应的特征向量。注意，$S_{yy}^{1/2}$ 为 S_{yy} 的唯一的平方根矩阵。

（6）样本频谱包络 $\hat{\lambda}(\omega_j)$ 是前一步中得到的特征值。若 $b(\omega_j)$ 表示由前一步中得到的特征向量，最优样本尺度为 $\hat{\beta}(\omega_j) = S_{yy}^{-1/2} b(\omega_j)$；这会得到三个值，以及与第四类 T 相对应的值固定为 0。∎

例 7.17　Epstein-Barr 病毒基因的分析

在本例中，我们关注 Epstein-Barr 的 BNRF1 基因（bp 1736-5689）的动态（或滑动窗口）分析。图 7.23 给出了全部编码序列（3 954bp 长）的频谱包络估计。该图也给出了在频率 1/3 上的强信号；相应的最优尺度为 A=0.10，C=0.61，G=0.78，T=0，表明信号在强-弱键字母表 $S = \{\mathrm{C}, \mathrm{G}\}$ 与 $W = \{\mathrm{A}, \mathrm{T}\}$ 中。

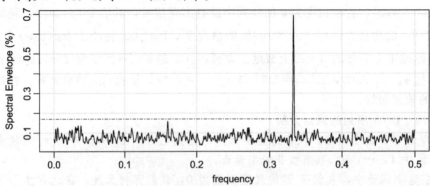

图 7.23　Epstein-Barr 的 BNRF1 基因的平滑样本频谱包络

图 7.24 给出了三个不重叠 1 000bp 窗口与一个 954bp 窗口的频谱包络计算结果，即，BNRF1 的第一、第二、第三和第四部分。一个近似 0.000 1 显著性的阈值为 0.69%。前三个部分的信号频率为 1/3（见图 7.24a～c）。前三个窗口相应的样本最优尺度为：(a) A＝0.01，C＝0.71，G＝0.71，T＝0；(b) A＝0.08，C＝0.71，G＝0.70，T＝0；(c) A＝0.20，C＝0.58，G＝0.79，T＝0。前两个窗口与整体分析是一致的。但第三部分显示了一些强-弱键字母表的细微差别。最有趣的结果为，第四个窗口中没有任何信号。这导致一个猜想，Epstein-Barr 的 BNRF1 的第四部分实际上是无编码的。

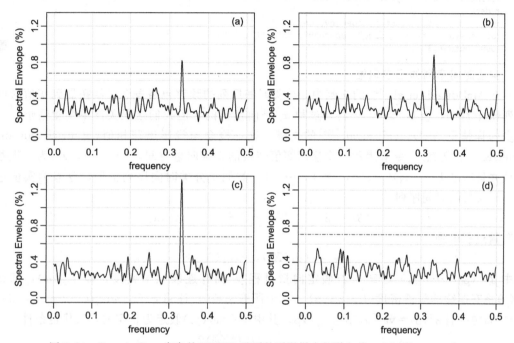

图 7.24 Epstein-Barr 病毒的 BNRF1 基因的平滑样本频谱包络：(a) 第一 1 000bp，(b) 第二 1 000bp，(c) 第三 1 000bp 和 (d) 最后 954bp

实例的第一部分的 R 代码如下。

```
u = factor(bnrf1ebv)  # first, input the data as factors and then
x = model.matrix(~u-1)[,1:3]  # make an indicator matrix
# x = x[1:1000,]  # select subsequence if desired
Var = var(x)  # var-cov matrix
xspec = mvspec(x, spans=c(7,7), plot=FALSE)
fxxr = Re(xspec$fxx)  # fxxr is real(fxx)
# compute Q = Var^-1/2
ev = eigen(Var)
Q = ev$vectors%*%diag(1/sqrt(ev$values))%*%t(ev$vectors)
# compute spec envelope and scale vectors
num = xspec$n.used  # sample size used for FFT
nfreq = length(xspec$freq)  # number of freqs used
specenv = matrix(0,nfreq,1)  # initialize the spec envelope
beta = matrix(0,nfreq,3)  # initialize the scale vectors
for (k in 1:nfreq){
  ev = eigen(2*Q%*%fxxr[,,k]%*%Q/num, symmetric=TRUE)
```

```
 specenv[k] = ev$values[1]    # spec env at freq k/n is max evalue
 b = Q%*%ev$vectors[,1]       # beta at freq k/n
 beta[k,] = b/sqrt(sum(b^2)) }  # helps to normalize beta
# output and graphics
frequency = xspec$freq
plot(frequency, 100*specenv, type="l", ylab="Spectral Envelope (%)")
# add significance threshold to plot
m = xspec$kernel$m
etainv = sqrt(sum(xspec$kernel[-m:m]^2))
thresh=100*(2/num)*exp(qnorm(.9999)*etainv)
abline(h=thresh, lty=6, col=4)
# details
output = cbind(frequency, specenv, beta)
colnames(output) = c("freq","specenv", "A", "C", "G")
round(output,3)
```

实值时间序列的频谱包络

在 McDougall et al.[136] 的文献中，分类时间序列的频谱包络概念已经拓展到实值时间序列 $\{x_t;\ t=0,\ \pm1,\ \pm2,\ \cdots,\}$。过程 x_t 是向量值的，但我们这里关注单变量情形。进一步的详情见 McDougall et al.[136] 的文献。这一概念与投影追踪相似（见 Friedman and Stuetzle[63] 的文献）。令 $\mathcal{G}$ 表示一个连续实值转换的 k 维向量空间，$\{g_1,\ \cdots,\ g_k\}$ 为一组基函数并且满足 $E[g_i(x_t)^2]<\infty$，$i=1,\ \cdots,\ k$。类似于分类时间序列情形，令 $\mathcal{G}$ 为实值过程，定义尺度时间序列

$$x_t(\beta) = \beta' y_t = \beta_1 g_1(x_t) + \cdots + \beta_k g_k(x_t)$$

由向量过程得到

$$y_t = (g_1(X_t),\cdots,g_k(X_t))'$$

其中 $\beta=(\beta_1,\ \cdots,\ \beta_k)'\in\mathbb{R}^k$。若假定向量过程 y_t 拥有连续频谱密度，即 $f_{yy}(\omega)$，那么 $x_t(\beta)$ 将有连续的频谱密度 $f_{xx}(\omega;\beta)$，对于所有 $\beta\neq0$。注意，$f_{xx}(\omega;\beta)=\beta'f_{yy}(\omega)\beta=\beta'f_{yy}^{re}(\omega)\beta$ 并且 $\sigma^2(\beta)=\mathrm{var}[x_t(\beta)]=\beta'V\beta$，其中 $V=\mathrm{var}(y_t)$ 假定为正定的，最优性条件

$$\lambda(\omega) = \sup_{\beta\neq0}\left\{\frac{\beta'f_{yy}^{re}(\omega)\beta}{\beta'V\beta}\right\} \tag{7.183}$$

很好地被定义，并且表示总功率的最大部分，归因于任意特定尺度过程 $x_t(\beta)$ 的频率 ω。$\lambda(\omega)$ 的解释与上一节中引入的频谱包络的概念是一致的，并提供了下面的定义：关于空间 $\mathcal{G}$ 时间序列的频谱包络定义为 $\lambda(\omega)$。

该问题的解，就像在分类情形下一样，通过寻找最大的标量 $\lambda(\omega)$，满足

$$f_{yy}^{re}(\omega)\beta(\omega) = \lambda(\omega)V\beta(\omega) \tag{7.184}$$

对于 $\beta(\omega)\neq0$。即，$\lambda(\omega)$ 是 V 的度量中 $f_{yy}^{re}(\omega)$ 的最大特征值，并且最优尺度 $\beta(\omega)$ 为对应的特征向量。

若 x_t 是有限状态空间 $\mathcal{S}=\{c_1,\ c_2,\ \cdots,\ c_k\}$ 中取值的分类时间序列，其中 c_j 表示一个特定分类，$\mathcal{G}$ 的一个合适的选择就是一组指示函数 $g_j(x_t)=I(x_t=c_j)$。因此，这是对分类情形的自然扩展。在分类情形下，$\mathcal{G}$ 不是由线性无关的 g 组成，但该问题可以很容易通过减少一个维度来解决。在向量值情形下，$x_t=(x_{1t},\ \cdots,\ x_{pt})'$，我们认为 $\mathcal{G}$ 是从 $\mathbb{R}^p$ 到 $\mathbb{R}$ 的转换类，使得 $g(x_t)$ 的频谱密度存在。感兴趣的一类转换是 x_t 的线性组合。例如，在 Tiao et al.[201] 的文

献中，这种类型的线性变换被用在时域方法中，以研究多元时间序列的各组成部分之间的同期关系。实值情形的估计和推断类似于前一节中分类情形使用的方法。在这里我们考虑使用一个例子进行说明，可以从 McDonald et al.[136] 的文献中找到许多其他的例子。

例 7.18　金融数据：NYSE 收益的最优转换

在许多金融应用中，一种典型的处理方式为对平方收益的分析，例如在 5.3 节与 6.11 节中完成的内容。然而，可能存在其他的转换可以提供更多的信息，而不是简单地对数据进行平方处理。例如，Ding 等[52] 在 S&P 500 股票市场序列上对于 $d \in (0, 3]$ 应用转换 $|x_t|^d$。他们发现，绝对收益的功率转换对于长滞后阶有相当高的自相关性，并且当 d 在 1 附近时，这个性质最强。他们的结论为，该结果似乎与基于平方收益的 ARCH 类规范相反。

在本例中，我们检验 NYSE 收益率（nyse）。我们使用生成集 $\mathcal{G} = \{x, |x|, x^2\}$（对于这种分析来说看起来很自然）来检验数据的频谱包络，结果在图 7.25 中绘制。尽管数据是白噪声，它们显然并不是独立同分布，而且在低频上表现出相当大的功率。在去趋势经济序列中低频频谱包络的表现经常被记录，并且常常与长期相关性联系在一起。在零频率附近 $\omega = 0.001$ 的最优转换估计是 $\hat{\beta}(0.001) = (-1, 921, -2\,596)'$，这就导致了转换

$$g(x) = -x + 921|x| - 2\,596x^2 \tag{7.185}$$

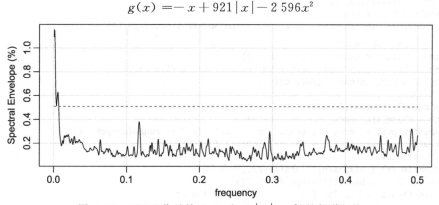

图 7.25　NYSE 收益关于 $\mathcal{G} = \{x, |x|, x^2\}$ 的频谱包络

图 7.26 中绘制了该变换。式（7.185）中给出的变换对于大多数值来说基本上是绝对值（带有一些轻微的曲率与非对称），但极端值的影响被抑制了。

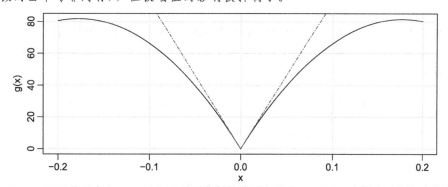

图 7.26　NYSE 收益率在 $\omega = 0.001$ 上的最优转换估计，见式（7.185）。虚线表示纯绝对值变换

本例中使用的 R 代码如下。

```
u      = astsa::nyse              # accept no substitutes
x      = cbind(u, abs(u), u^2)
Var    = var(x)                  # var-cov matrix
xspec  = mvspec(x, spans=c(5,3), taper=.5, plot=FALSE)
fxxr   = Re(xspec$fxx)           # fxxr is real(fxx)
# compute Q = Var^-1/2
ev     = eigen(Var)
Q      = ev$vectors%*%diag(1/sqrt(ev$values))%*%t(ev$vectors)
# compute spec env and scale vectors
num    = xspec$n.used            # sample size used for FFT
nfreq  = length(xspec$freq)      # number of freqs used
specenv = matrix(0,nfreq,1)      # initialize the spec envelope
beta   = matrix(0,nfreq,3)       # initialize the scale vectors
for (k in 1:nfreq){
  ev = eigen(2*Q%*%fxxr[,,k]%*%Q/num)  # get evalues of normalized spectral
            matrix at freq k/n
  specenv[k] = ev$values[1]      # spec env at freq k/n is max evalue
  b = Q%*%ev$vectors[,1]         # beta at freq k/n
  beta[k,] = b/b[1]              # first coef is always 1
# output and graphics
par(mar=c(2.5,2.75,.5,.5), mgp=c(1.5,.6,0))
frequency = xspec$freq
plot(frequency, 100*specenv, type="l", ylab="Spectral Envelope (%)")

 m      = xspec$kernel$m
 etainv = sqrt(sum(xspec$kernel[-m:m]^2))
thresh  = 100*(2/num)*exp(qnorm(.9999)*etainv)*matrix(1,nfreq,1)
lines(frequency, thresh, lty=2, col=4)
# details
b = sign(b[2])*output[2,3:5]     # sign of |x| positive for beauty
output = cbind(frequency, specenv, beta)
colnames(output)=c("freq","specenv","x", "|x|", "x^2"); round(output, 4)
dev.new(); par(mar=c(2.5,2.5,.5,.5), mgp=c(1.5,.6,0))
# plot transform
g = function(x) { b[1]*x+b[2]*abs(x)+b[3]*x^2 }
curve(g, -.2, .2, panel.first=grid(lty=2))
g2 = function(x) { b[2]*abs(x) }  # corresponding |x|
curve(g2, -.2,.2, add=TRUE, lty=6, col=4)
```

问题

7.2 节

7.1　考虑定义于式 (7.1)～(7.3) 的随机变量 $X = X_c - iX_s$，其分布为复高斯分布，其中的参数 ω_k 被忽略了。现在，$2p \times 1$ 实随机变量 $Z = (X_c', X_s')'$ 为多元正态分布，其密度函数为

$$p(Z) = (2\pi)^{-p} |\Sigma|^{-1/2} \exp\left\{-\frac{1}{2}(Z-\mu)'\Sigma^{-1}(Z-\mu)\right\}$$

其中 $\mu = (M_c', M_s')'$ 为均值向量。求证

$$|\Sigma| = \left(\frac{1}{2}\right)^{2p} |C - iQ|^2$$

利用 Σ 的特征向量与特征值成组出现的结果，即 $(v_c', v_s')'$ 与 $(v_s', -v_c')'$，其中

$v_c - iv_s$ 表示 f_{xx} 的特征向量。说明

$$\frac{1}{2}(Z-\mu)'\Sigma^{-1}(Z-\mu)) = (X-M)^* f^{-1}(X-M)$$

因此 $p(X)=p(Z)$ 并且我们可以确定复多元正态变量 X 与实多元正态 Z 的密度函数。

7.2　证明式(7.6)中的 $\hat{f}$ 最大化对数似然函数(7.5)，通过最小化对数似然函数的相反数

$$L\ln|f| + L\mathrm{tr}\{\hat{f}f^{-1}\}$$

在如下形式中

$$L\sum_i(\lambda_i - \ln\lambda_i - 1) + L_p + L\ln|\hat{f}|$$

其中 λ_i 值对应在矩阵 f 和 $\hat{f}$ 同时对角化中的特征值；即，存在矩阵 P，使得 $P^* fP = I$ 且 $P^* \hat{f}P = \mathrm{diag}(\lambda_1, \cdots, \lambda_p) = \Lambda$。注意，$\lambda_i - \ln\lambda_i - 1 \geqslant 0$ 当且仅当 $\lambda_i = 1$ 等式成立，表明 $\Lambda = I$ 最大化对数似然函数，并且 $f = \hat{f}$ 为其最大值。

7.3 节

7.3　对于式(7.11)中的均方预测误差 MSE，验证式(7.18)与式(7.19)。利用正交性原理，这表明

$$\mathrm{MSE} = E\Big[\Big(y_t - \sum_{r=-\infty}^{\infty}\beta'_r x_{t-r}\Big)y_t\Big]$$

并且给出了一组包含自协方差函数的方程。然后，利用频谱表达式与傅里叶变换结果得到最终结果。接下来，考虑预测的序列

$$\hat{y}_t = \sum_{r=-\infty}^{\infty}\beta'_r x_{t-r}$$

其中 β_r 满足式(7.13)。证明 y_t 与 $\hat{f}_t$ 间的普通相干性恰好为多重相干性(7.20)。

7.4　考虑复回归方程(7.28)的如下形式

$$Y = XB + V$$

其中 $Y=(Y_1, Y_2, \cdots, Y_L)'$ 表示其在重新建立索引后的观测 DFT，并且 $X=(X_1, X_2, \cdots, X_L)'$ 是包含重新索引后的输入向量的矩阵。该模型是一个复回归模型，$Y = Y_c - iY_s$，$X = X_c - iX_s$，$B = B_c - iB_s$ 与 $V = V_c - iV_s$ 表示依据普通正弦与余弦变换的形式。证明分段实回归模型，包含正弦与余弦变换的 $2L \times 1$ 向量，即

$$\begin{pmatrix} Y_c \\ Y_s \end{pmatrix} = \begin{pmatrix} X_c & -X_s \\ X_s & X_c \end{pmatrix}\begin{pmatrix} B_c \\ B_s \end{pmatrix} + \begin{pmatrix} V_c \\ V_s \end{pmatrix}$$

在这样的意义下是同构于复回归模型的，复模型的实部和虚部作为实回归模型中向量的分量出现。利用通常的回归理论来验证式(7.27)。例如，将实回归模型记为

$$y = xb + v$$

同构将表明

$$L(\hat{f}_{yy} - \hat{f}^*_{xy}\hat{f}^{-1}_{xx}\hat{f}_{xy}) = Y^* Y - Y^* X(X^* X)^{-1}X^* Y = y'y - y'x(x'x)^{-1}x'y$$

7.4 节

7.5　考虑估计如下函数

$$\psi_t = \sum_{r=-\infty}^{\infty} a_r' \beta_{t-r}$$

通过下面形式的线性滤波估计

$$\hat{\psi}_t = \sum_{r=-\infty}^{\infty} a_r' \hat{\beta}_{t-r}$$

其中 $\hat{\beta}_t$ 由式(7.24)定义。给出 $\hat{\psi}_t$ 作为无偏估计的充分条件，即，$E\,\hat{\psi}_t = \psi_t$，为

$$H(\omega)Z(\omega) = I$$

对于所有的 ω。类似地，给出满足上述条件的任何其他无偏估计拥有最小方差（见 Shumway and Dean[178] 的文献），因此给出的估计是一个最优无偏估计(BLUE)。

7.6　考虑以下线性模型，具有均值函数 μ_t，以及在每个传感器上延迟量为 τ_j 的信号 α_t，即

$$y_{jt} = \mu_t + \alpha_{t-\tau_j} + v_{jt}$$

给出对于均值和信号为以下傅里叶变换的估计(7.42)

$$\hat{M}(\omega) = \frac{Y.(\omega) - \overline{\phi(\omega)}B_w(\omega)}{1 - |\phi(\omega)|^2}$$

和

$$\hat{A}(\omega) = \frac{B_w(\omega) - \phi(\omega)Y.(\omega)}{1 - |\phi(\omega)|^2}$$

其中

$$\phi(\omega) = \frac{1}{N}\sum_{j=1}^{N} e^{2\pi i \omega \tau_j}$$

并且 $B_w(\omega)$ 在式(7.64)中定义。

7.5 节

7.7　考虑在随机系数模型(7.65)背景下应用的估计量(7.67)。证明最小均方估计的滤波系数可以由式(7.68)与式(7.71)中给出的均方协方差确定。

7.8　对于随机系数模型，验证回归功率分量的期望均方为

$$E[\text{SSR}(\omega_k)] = E[Y^*(\omega_k)Z(\omega_k)S_z^{-1}(\omega_k)Z^*(\omega_k)Y(\omega_k)]$$
$$= Lf_\beta(\omega_k)\text{tr}\{S_z(\omega_k)\} + Lqf_v(\omega_k)$$

回忆一下，基础频域模型为

$$Y(\omega_k) = Z(\omega_k)B(\omega_k) + V(\omega_k)$$

其中 $B(\omega_k)$ 有频谱 $f_\beta(\omega_k)I_q$ 且 $V(\omega_k)$ 有频谱 $f_v(\omega_k)I_N$，这两个过程是不相关的。

7.6 节

7.9　假定我们有 $I=2$ 组以及模型

$$y_{1jt} = \mu_t + \alpha_{1t} + v_{1jt}$$

对于在组 1 的 $j=1,\cdots,N$ 个观测值和

$$y_{2jt} = \mu_t + \alpha_{2t} + v_{2jt}$$

对于在组 2 的 $j=1,\cdots,N$ 个观测值，有 $\alpha_{1t}+\alpha_{2t}=0$。假如我们想对两组进行均值检验，即

$$y_{ijt} = \mu_t + v_{ijt}, \quad i = 1,2$$

(a) 对于这个情形，推导对应于式(7.81)和式(7.82)的残差与误差功率成分。

(b) 利用式(7.86)和式(7.87)，验证式(7.88)和式(7.89)中均值的线性组合的形式。

(c) 证明当 $f_1(\omega) = f_2(\omega)$ 时，式(7.101)中两平滑频谱的比值服从 F-分布。当频谱不相等时，证明变量与 F-分布成比例，其中比例系数依赖于频谱的比率。

7.7 节

7.10 考虑在噪声中检测信号的问题，使用模型

$$x_t = s_t + w_t, \quad t = 1, \cdots, n$$

对于 $p_1(x)$ 当信号出现时。使用模型

$$x_t = w_t, \quad t = 1, \cdots, n$$

对于 $p_2(x)$ 当没有信号出现时。在多元正态性下，我们可以通过假设一个向量 $w = (w_1, \cdots, w_n)'$ 具有 **0** 均值和协方差矩阵 $\Sigma = \sigma_w^2 I_n$ 的多元正态分布来进一步解释问题，即为白噪声。假定信号向量 $s = (s_1, \cdots, s_n)'$ 是固定且已知的，证明判别函数转变为匹配的滤波

$$\frac{1}{\sigma_w^2} \sum_{t=1}^{n} s_t x_t - \frac{1}{2}\left(\frac{S}{N}\right) + \ln\frac{\pi_1}{\pi_2}$$

其中

$$\left(\frac{S}{N}\right) = \frac{\sum_{t=1}^{n} s_t^2}{\sigma_w^2}$$

表示信噪比比率。若先验概率假定相同，给出决策准则。依据正态 cdf 与信噪比来表示错误警告与漏失信号的概率。

7.11 假定相同的附加信号加上前一个问题中的噪声表示，但现在的信号是一个零均值协方差矩阵 $\sigma_s^2 I$ 的随机过程。推导式(7.113)的类似版本作为二次检测，并且根据常数倍的卡方分布，描述在两种假设下的性能。

7.8 节

7.12 在刺激条件(1)清醒-高温与(2)清醒-电击上，进行主成分分析并将结果与例 7.13 的结果相比较。使用 fmri 中的数据。

7.13 对于这个问题，考虑在 eqexp 中列出的前三个地震序列(EQ1，EQ2，EQ3)。

(a) 估计并比较每个独立地震的 P 分量与 S 分量的频谱密度。

(b) 估计并比较每个单独地震 P 分量和 S 分量之间的平方相干性。解释相干性的强度。

(c) 令 x_{ti} 为地震 $i = 1, 2, 3$ 的 P 分量，$x_t = (x_{t1}, x_{t2}, x_{t3})'$ 为 P 分量的 3×1 向量。估计 x_t 的第一主成分序列的频谱密度 $\lambda_1(\omega)$。将其与(a)中计算得到的相应的频谱相比较。

(d) 与(c)相似，令 y_t 表示前三个地震的 S 分量的 3×1 向量序列。在 y_t 上重复(c)分析。

7.14 在因子分析模型(7.152)中，令 $p = 3$，$q = 1$ 且

$$\Sigma_{xx} = \begin{bmatrix} 1 & 0.4 & 0.9 \\ 0.4 & 1 & 0.7 \\ 0.9 & 0.7 & 1 \end{bmatrix}$$

证明存在唯一的 $\mathcal{B}$ 和 D，但 $\delta_3^2 < 0$，因此其是无效的。

7.15 将经典因子分析中的 EM 算法，式(7.158)~(7.163)，拓展至时间序列情形，通过最大化式(7.174)中的 $\ln L(\mathcal{B}(\omega_j), D_{\alpha e}(\omega_j))$。然后，对于例 7.15 中使用的数据，寻找 $\mathcal{B}(\omega_j)$ 和 $D_{\alpha e}(\omega_j)$ 的近似极大似然估计，从而得到 Λ_t。

7.9 节

7.16 验证式(7.179)中 $k \times k$ 频谱矩阵 $f^{im}(\omega)$ 的虚部是反对称的，然后证明对于实 $k \times 1$ 向量 β，$\beta' f_{yy}^{im}(\omega)\beta = 0$。

7.17 在疱疹病毒的 BNRF1(数据文件为 bnrf1hvs)上重复例 7.17 的分析，并将结果与 Epstein-Barr 的结果相比较。

7.18 对于在例 6.17 中分析过的 S&P 500 的周收益率，记为 r_t

（a）估计 r_t 的频谱。频谱估计是否支持收益是白噪声的假说？

（b）检查收益转换的零频率附近的频谱功率的概率，记为 $g(r_t)$，利用频谱包络，以例 7.18 作为指导。将频率在零附近或在零上的最优转换与常用转换 $y_t = r_t^2$ 进行比较。

附录 A 大样本理论

A.1 收敛模式

对各种估计量(如样本自相关函数)的最优性的研究,在一定程度上取决于能够评估这些估计量的大样本行为。我们在此简要总结了在这种情况下有用的收敛类型,即均方收敛、依概率收敛和依分布收敛。

我们首先考虑一类特定的随机变量,它们在二阶时间序列的研究中起着重要作用,即属于空间 L^2 的一类随机变量,满足 $\mathrm{E}|x|^2 < \infty$。在证明 L^2 类的某些性质时,我们经常对随机变量 $x, y \in L^2$,采用 Cauchy-Schwarz 不等式

$$|\mathrm{E}(xy)|^2 \leqslant \mathrm{E}(|x|^2)\mathrm{E}(|y|^2) \tag{A.1}$$

和 Tchebycheff 不等式,

$$\mathrm{Pr}\{|x| \geqslant a\} \leqslant \frac{\mathrm{E}(|x|^2)}{a^2} \tag{A.2}$$

对于 $a > 0$。

接下来,我们研究 L^2 中随机变量的均方收敛。

定义 A.1 一个 L^2 随机变量序列 $\{x_n\}$ 被称为**均方**收敛到随机变量 $x \in L^2$,表示为

$$x_n \xrightarrow{ms} x \tag{A.3}$$

当且仅当

$$\mathrm{E}|x_n - x|^2 \to 0 \tag{A.4}$$

其中 $n \to \infty$。

例 A.1 样本均值的均方收敛

考虑白噪声序列 w_t 与信号加噪声序列

$$x_t = \mu + w_t$$

随后,由于

$$\mathrm{E}|\bar{x}_n - \mu|^2 = \frac{\sigma_w^2}{n} \to 0$$

当 $n \to \infty$ 时,其中 $\bar{x}_n = n^{-1}\sum_{t=1}^{n} x_t$ 为样本均值,我们有 $\bar{x}_n \xrightarrow{ms} \mu$。

我们总结了均方收敛的一些性质,如下。若 $x_n \xrightarrow{ms} x$,且 $y_n \xrightarrow{ms} y$,那么当 $n \to \infty$ 时,有

$$\mathrm{E}(x_n) \to \mathrm{E}(x) \tag{A.5}$$

$$\mathrm{E}(|x_n|^2) \to \mathrm{E}(|x|^2) \tag{A.6}$$

$$\mathrm{E}(x_n y_n) \to \mathrm{E}(xy) \tag{A.7}$$

我们也注意到 L^2 完备性定理,也就是 Riesz-Fischer 定理。

定理 A.1 令 $\{x_n\}$ 为 L^2 中的一个序列。那么,在 L^2 中存在一个 x 使得 $x_n \xrightarrow{ms} x$,当且仅当

$$\limsup_{\substack{m \to \infty \\ n \geq m}} E\,|x_n - x_m|^2 = 0 \qquad\qquad (A.8)$$

通常定理 A.1 的条件更容易验证，以确定一个均方收敛的极限 x 存在，而不需要知道它是什么。满足式(A.8)的序列被称为 L^2 中的 Cauchy 序列，并且式(A.8)也被称为 L^2 的 Cauchy 准则。

例 A.2   时不变线性滤波器

作为使用 Riesz-Fisher 定理与式(A.5)～(A.7)给出的均方收敛序列的性质的一个重要例子，一个时不变线性滤波器被定义为如下形式的卷积

$$y_t = \sum_{j=-\infty}^{\infty} a_j x_{t-j} \qquad\qquad (A.9)$$

对于每个 $t = 0$，± 1，± 2，$\cdots$，其中 x_t 为一个具有均值 μ_x 和自协方差 $\gamma_x(h)$ 的弱平稳输入序列。并且对于 $j = 0$，± 1，± 2，$\cdots$，a_j 为满足下式的常数

$$\sum_{j=-\infty}^{\infty} |a_j| < \infty \qquad\qquad (A.10)$$

输出序列 y_t 定义了输入序列的**过滤或平滑**，以可预测的方式改变了时间序列的特性。我们需要知道在式(A.9)中的输出 y_t 和线性过程(1.31)存在的条件。

考虑序列

$$y_t^n = \sum_{j=-n}^{n} a_j x_{t-j} \qquad\qquad (A.11)$$

$n = 1$，2，$\cdots$，我们需要首先证明 y_t^n 具有均方极限。根据定理 A.1，只需证明当 m，$n \to \infty$ 时，下式成立即可：

$$E\,|y_t^n - y_t^m|^2 \to 0$$

对于 $n > m > 0$，

$$
\begin{aligned}
E\,|y_t^n - y_t^m|^2 &= E\,\Big| \sum_{m < |j| \leqslant n} a_j x_{t-j} \Big|^2 \\
&= \sum_{m < |j| \leqslant n} \sum_{m < |k| \leqslant n} a_j a_k E(x_{t-j} x_{t-k}) \\
&\leqslant \sum_{m < |j| \leqslant n} \sum_{m < |k| \leqslant n} |a_j|\,|a_k|\,|E(x_{t-j} x_{t-k})| \\
&\leqslant \sum_{m < |j| \leqslant n} \sum_{m < |k| \leqslant n} |a_j|\,|a_k|\,(E\,|x_{t-j}|^2)^{1/2}\,(E\,|x_{t-k}|^2)^{1/2} \\
&= \big[\gamma_x(0) + \mu_x^2 \big] \Big(\sum_{m < |j| \leqslant n} |a_j| \Big)^2 \to 0
\end{aligned}
$$

当 m，$n \to \infty$ 时，由于 $\gamma_x(0)$ 是一个常数并且 $\{a_j\}$ 是绝对可加的(第二个不等式由 Cauchy-Schwarz 不等式推出)。

虽然我们知道由式(A.11)给出的序列 $\{y_t^n\}$ 在均方中是收敛的，但我们还没有确定它的均方极限。如果 S 表示 y_t^n 的均方极限，那么利用 Fatou 的引理，$E\,|S - y_t|^2 = E \lim\inf_{n \to \infty} |S - y_t^n|^2 \leqslant \lim\inf_{n \to \infty} E\,|S - y_t^n|^2 = 0$，这就证明了 y_t 是 y_t^n 的均方极限。∎

最后，我们可以使用式(A.5)和式(A.7)来建立均值 μ_y 和 y_t 的自协方差函数 $\gamma_y(h)$。

特别是，我们有

$$\mu_y = \mu_x \sum_{j=-\infty}^{\infty} a_j \tag{A.12}$$

与

$$\gamma_y(h) = E \sum_{j=-\infty}^{\infty} \sum_{k=-\infty}^{\infty} a_j(x_{t+h-j} - \mu_x)a_j(x_{t-k} - \mu_x)$$

$$= \sum_{j=-\infty}^{\infty} \sum_{k=-\infty}^{\infty} a_j\gamma_x(h-j+k)a_k \tag{A.13}$$

第二种重要的收敛是依概率收敛。

定义 A.2　对于 $n=1$, 2, …, 的序列 $\{x_n\}$ **依概率收敛**到一个随机变量，由下式表示

$$x_n \xrightarrow{p} x \tag{A.14}$$

当且仅当

$$\Pr\{|x_n - x| > \varepsilon\} \to 0 \tag{A.15}$$

对于所有 $\varepsilon > 0$，当 $n \to \infty$ 时。

Tchebycheff 不等式(A.2)的一个中间结果，即

$$\Pr\{|x_n - x| \geqslant \varepsilon\} \leqslant \frac{E(|x_n - x|^2)}{\varepsilon^2}$$

因此均方收敛意味着依概率收敛，即

$$x_n \xrightarrow{ms} x \Rightarrow x_n \xrightarrow{p} x \tag{A.16}$$

例如，这个结果意味着，滤波器(A.9)作为依概率收敛的极限而存在，因为它均方收敛(也很容易验证式(A.9)以概率 1 成立)。在这一点上，我们提到了有用的**弱大数定律**，它表明，对于一个 μ 均值的独立同分布随机变量序列 x_n，我们有

$$\overline{x}_n \xrightarrow{p} \mu \tag{A.17}$$

当 $n \to \infty$ 时，其中 $\overline{x}_n = n^{-1} \sum_{t=1}^{n} x_t$ 为常用的样本均值。

我们还将使用以下概念。

定义 A.3　对于**概率阶**，我们记为

$$x_n = o_p(a_n) \tag{A.18}$$

当且仅当

$$\frac{x_n}{a_n} \xrightarrow{p} 0 \tag{A.19}$$

概率有界，记为 $x_n = O_p(a_n)$，意味着对于任意 $\varepsilon > 0$，存在一个 $\delta(\varepsilon) > 0$，使得

$$\Pr\left\{\left|\frac{x_n}{a_n}\right| > \delta(\varepsilon)\right\} \leqslant \varepsilon \tag{A.20}$$

对于所有的 n。

应用上述记号，则记号 $x_n \xrightarrow{r} x$ 变为 $x_n - x = o_p(1)$。上述定义可以与相对应的非随机变量的记号相类比，即对确定性变量，如果 $x_n \to 0$，则记为 $x_n = o(1)$；对 $n = 1$, 2, …,

如果 x_n 是有界的，则记为 $x_n = O(1)$。下面给出 $o_p(\cdot)$ 和 $O_p(\cdot)$ 的一些有用的性质。

(1) 若 $x_n = o_p(a_n)$ 且 $y_n = o_p(b_n)$，那么 $x_n y_n = o_p(a_n b_n)$ 且 $x_n + y_n = o_p(\max(a_n, b_n))$。

(2) 若 $x_n = o_p(a_n)$ 且 $y_n = O_p(b_n)$，那么 $x_n y_n = o_p(a_n b_n)$。

(3) 若 $O_p(\cdot)$ 替代 $o_p(\cdot)$，论述(1)是正确的。

例 A.3　样本均值的依概率收敛与概率阶

对于均值为 μ 和方差为 σ^2 的独立同分布(iid)随机变量的样本均值 $\overline{x}_n$，当 $n \to \infty$ 时，应用 Tchebycheff 不等式，得到

$$\Pr\{|\overline{x}_n - \mu| > \varepsilon\} \leqslant \frac{\mathrm{E}[(\overline{x}_n - \mu)^2]}{\varepsilon^2} = \frac{\sigma^2}{n\varepsilon^2} \to 0$$

由此可得，$\overline{x}_n \overset{p}{\to} \mu$ 或者 $\overline{x}_n - \mu = o_p(1)$。为了得到收敛速度，对于 $\delta(\varepsilon) > 0$，由此可得

$$\Pr\{\sqrt{n}|\overline{x}_n - \mu| > \delta(\varepsilon)\} \leqslant \frac{\sigma^2/n}{\delta^2(\varepsilon)/n} = \frac{\sigma^2}{\delta^2(\varepsilon)}$$

由 Tchebycheff 不等式，因此令 $\varepsilon = \sigma^2/\delta^2(\varepsilon)$，表明 $\delta(\varepsilon) = \sigma/\sqrt{\varepsilon}$ 并且

$$\overline{x}_n - \mu = O_p(n^{-1/2}) \qquad \blacksquare$$

对于 $k \times 1$ 随机向量 x_n，依概率收敛，记为 $x_n \overset{p}{\to} x$ 或 $x_n - x = o_p(1)$，定义为逐元素依概率收敛，或者等价地定义为，根据 Euclidean 距离的收敛

$$\|x_n - x\| \overset{p}{\to} 0 \tag{A.21}$$

其中对于任意向量 a 有 $\|a\| \Sigma_j a_j^2$。在本文中，我们注意到这样的结果，若 $x_n \overset{p}{\to} x$ 并且 $g(x_n)$ 为连续映射，

$$g(x_n) \overset{p}{\to} g(x) \tag{A.22}$$

此外，如果 $x_n - a = O_p(\delta_n)$，$\delta_n \to 0$，且 $g(\cdot)$ 是一个连续函数，它在 $a = (a_1, a_2, \cdots, a_k)'$ 的一个邻域中具有连续的一阶导数，我们有概率中 Taylor 级数展开式

$$g(x_n) = g(a) + \frac{\partial g(x)}{\partial x}\bigg|_{x=a}' (x_n - a) + O_p(\delta_n) \tag{A.23}$$

其中

$$\frac{\partial g(x)}{\partial x}\bigg|_{x=a} = \left(\frac{\partial g(x)}{\partial x_1}\bigg|_{x=a}, \cdots, \frac{\partial g(x)}{\partial x_k}\bigg|_{x=a}\right)'$$

表示在 $x = a$ 对关于 $x_1, x_2, \cdots, x_k$ 的偏导数向量求值。如果 $O_p(\delta_n)$ 由 $o_p(\delta_n)$ 替代，这个结果仍然成立。

例 A.4　样本均值对数的扩展

在例 A.3 相同的条件下，考虑 $g(\overline{x}_n) = \log \overline{x}_n$，当 $\mu > 0$ 时，它在 μ 上有导数。然后，由于从例 A.3 的 $\overline{x}_n - \mu = O_p(n^{-1/2})$，概率中泰勒展开式的条件式(A.23)得到满足，我们有

$$\log \overline{x}_n = \log \mu + \mu^{-1}(\overline{x}_n - \mu) + O_p(n^{-1/2}) \qquad \blacksquare$$

前面定义的样本均值和样本自相关函数的大样本分布可以利用依分布收敛的概念来建立。

定义 A.4　称 $k \times 1$ 随机向量 $\{x_n\}$ 的序列依分布收敛，记为

$$x_n \overset{d}{\to} x \tag{A.24}$$

当且仅当在分布函数 $F(\cdot)$ 的连续点有下式成立：

$$F_n(x) \to F(x) \tag{A.25}$$

例 4.5　依分布收敛

考虑一个均值为 0 和方差为 $1/n$ 的独立同分布(iid)正态随机变量序列 $\{x_n\}$，利用标准正态分布的累计概率函数(cdf)，$\varPhi(z) = \dfrac{1}{\sqrt{2\pi}} \displaystyle\int_{-\infty}^{z} \exp\left\{-\dfrac{1}{2}u^2\right\} \mathrm{d}u$，我们有 $F_n(z) = \varPhi(\sqrt{n}z)$，因此

$$F_n(z) \to \begin{cases} 0 & z < 0 \\ 1/2 & z = 0 \\ 1 & z > 0 \end{cases}$$

然后我们可以令

$$F(z) = \begin{cases} 0 & z < 0 \\ 1 & z \geqslant 0 \end{cases}$$

因为两个函数取值不同的点是函数 $F(z)$ 的一个非连续的点。 ■

分布函数通过傅里叶变换与特征函数有唯一的关系，特征函数被定义为一个含有向量参数 $\lambda = (\lambda_1, \lambda_2, \cdots, \lambda_k)'$ 的函数，即

$$\phi(\lambda) = \mathrm{E}(\exp\{i\lambda'x\}) = \int \exp\{i\lambda'x\} \mathrm{d}F(x) \tag{A.26}$$

因此，对于序列 $\{x_n\}$，我们可以通过该序列的特征函数 $\phi_n(\cdot)$ 的收敛特征来了解该序列的分布函数 $F_n(\cdot)$ 的收敛特征。即

$$\phi_n(\lambda) \to \phi(\lambda) \Leftrightarrow F_n(x) \xrightarrow{d} F(x) \tag{A.27}$$

符号 $\Leftrightarrow$ 表示关系是双向的。根据上述关系，我们有如下命题。

命题 A.1　Cramér-Wold 策略　令 $\{x_n\}$ 为一个 $k \times 1$ 的随机向量序列。那么，对于每个 $c = (c_1, c_2, \cdots, c_k)' \in \mathbb{R}^k$

$$c'x_n \xrightarrow{d} c'x \Leftrightarrow x_n \xrightarrow{d} x \tag{A.28}$$

命题 A.1 是有用的，因为有时候相较于 x_n 分布的收敛性，可以更直接地给出 $c'x_n$ 分布的收敛性。依概率收敛的序列肯定会依分布收敛，即

$$x_n \xrightarrow{p} x \Rightarrow x_n \xrightarrow{d} x \tag{A.29}$$

反之则不一定成立。反方向只有 $x_n \xrightarrow{d} c$，其中 c 为常数时才会成立。如果 $x_n \xrightarrow{d} x$ 和 $y_n \xrightarrow{d} c$ 为两个随机向量序列，且 c 为常数向量，则

$$x_n + y_n \xrightarrow{d} x + c \quad \text{和} \quad y_n'x_n \xrightarrow{d} c'x \tag{A.30}$$

对于连续映射 $h(x)$，

$$x_n \xrightarrow{d} x \Rightarrow h(x_n) \xrightarrow{d} h(x) \tag{A.31}$$

时间序列中的许多结果依赖于做一系列近似来证明分布中的收敛性。举个例子，如果 $x_n \xrightarrow{d} x$ 可以用序列 y_n 来近似，通过如下的方式

$$y_n - x_n = o_p(1) \tag{A.32}$$

然后我们有 $y_n \xrightarrow{d} x$，因此近似序列 y_n 与 x 有相同的极限分布。我们给出下面的基本逼近定理（BAT），随后会用它来推导样本均值与 ACF 的近似分布。

定理 A. 2(基本逼近定理(BAT))   令 x_n 对于 $n=1$，2，…，并且 y_{mn} 对于 $m=1$，2，…，为随机 $k \times 1$ 向量，满足

(1) 对于每个 m，$y_{mn} \xrightarrow{d} y_m$ 当 $n \to \infty$ 时。

(2) $y_m \xrightarrow{d} y$ 当 $m \to \infty$ 时。

(3) 对于每个 $\varepsilon > 0$，$\lim\limits_{m \to \infty} \lim\limits_{n \to \infty} \sup \Pr\{|x_n - y_{mn}| > \varepsilon\} = 0$。

那么 $x_n \xrightarrow{d} y$。

作为一个实际问题，BAT 条件(3)是由 Tchebycheff 不等式得到的，若

$$(3') \qquad\qquad\qquad E\{|x_n - y_{mn}|^2\} \to 0 \qquad\qquad\qquad (A.33)$$

当 m，$n \to \infty$ 时，并且(3')通常比(3)更容易建立。

这个定理使得可以利用中间序列 y_{mn}，依靠 2 个参数，通过 2 个步骤来近似我们的序列。在时间序列的情况下，n 通常是样本长度，m 常是式(A.11)形式的线性过程的一个近似的项的数量。

证明： 该定理的证明是一个简单练习，使用特征函数和式(A.27)。我们需要给出

$$|\phi_{x_n} - \phi_y| \to 0$$

其中为了方便，我们使用简记 $\phi \equiv \phi(\lambda)$。首先

$$|\phi_{x_n} - \phi_y| \leqslant |\phi_{x_n} - \phi_{y_{mn}}| + |\phi_{y_{mn}} - \phi_{y_m}| + |\phi_{y_m} - \phi_y| \qquad (A.34)$$

由条件(2)和式(A.27)，最后一项收敛到零，并且由条件(1)和式(A.27)，第二项收敛到零，随后我们只需要考虑式(A.34)中的第一项。现在，

$$
\begin{aligned}
|\phi_{x_n} - \phi_{y_{mn}}| &= |E(e^{i\lambda' x_n} - e^{i\lambda' y_{mn}})| \\
&\leqslant E|e^{i\lambda' x_n}(1 - e^{i\lambda'(y_{mn}-x_n)})| \\
&= E|1 - e^{i\lambda'(y_{mn}-x_n)}| \\
&= E\{|1 - e^{i\lambda'(y_{mn}-x_n)}| I\{|y_{mn} - x_n| < \delta\}\} \\
&\quad + E\{|1 - e^{i\lambda'(y_{mn}-x_n)}| I\{|y_{mn} - x_n| \geqslant \delta\}\}
\end{aligned}
$$

其中 $\delta > 0$，并且 $I\{A\}$ 表示集合 A 的指示函数。然后，给定 λ 和 $\varepsilon > 0$，选择 $\delta(\varepsilon) > 0$ 满足

$$|1 - e^{i\lambda'(y_{mn}-x_n)}| < \varepsilon$$

若 $|y_{mn} - x_n| < \delta$，并且第一项小于 ε，一个任意小的常数。对于第二项，发现

$$|1 - e^{i\lambda'(y_{mn}-x_n)}| \leqslant 2$$

并且我们有

$$E\{|1 - e^{i\lambda'(y_{mn}-x_n)}| I\{|y_{mn} - x_n| \geqslant \delta\}\} \leqslant 2\Pr\{|y_{mn} - x_n| \geqslant \delta\}$$

根据性质(3)，当 $n \to \infty$ 时，上式收敛到零。 ∎

A. 2　中心极限定理

我们通常会关注那些当 $n \to \infty$ 时被证明是正态分布的估计量的大样本性质。

定义 A.5 具有均值 μ_n 和方差 σ_n^2 的随机变量序列 $\{x_n\}$ 是**渐近正态的**，若当 $n \to \infty$ 时，

$$\sigma_n^{-1}(x_n - \mu_n) \xrightarrow{d} z$$

其中 z 为标准正态分布。我们将其简写为

$$x_n \sim \mathrm{AN}(\mu_n, \sigma_n^2) \tag{A.35}$$

其中 $\sim$ 表示分布为。

我们将中心极限定理表述如下。

定理 A.3 令 $x_1, \cdots, x_n$ 是 μ 均值和 σ^2 方差的独立同分布序列。若 $\overline{x}_n = (x_1 + \cdots + x_n)/n$ 表示样本均值，那么

$$\overline{x}_n \sim \mathrm{AN}(\mu, \sigma^2/n) \tag{A.36}$$

通常，我们考虑 $k \times 1$ 向量序列 $\{x_n\}$。下面的性质是由 Cramér-Wold 策略和命题 A.1 衍生出的。

命题 A.2 一个随机变量序列是渐近正态的，即

$$x_n \sim \mathrm{AN}(\mu_n, \Sigma_n) \tag{A.37}$$

当且仅当

$$c'x_n \sim \mathrm{AN}(c'\mu_n, c'\Sigma_n c) \tag{A.38}$$

对于所有 $c \in \mathbb{R}^k$ 并且 Σ_n 是正定的。

为了开始考虑在极限情况下相关数据发生了什么，首先需要定义一种特殊的依赖关系，即 M-依赖关系。我们说，时间序列 x_t 是 M-依赖的，如果一组值 x_s，$s \leqslant t$，独立于值 x_s，$s \geqslant t+M+1$，那么由多于 M 单位分隔的时间点是独立的。这种依赖过程的中心极限定理结合基本逼近定理，将允许我们得到平稳情形下样本均值 $\overline{x}$ 与样本 ACF $\hat{\rho}_x(h)$ 的大样本分布结果。

在接下来的论证中，我们经常使用在平稳情况下 $\overline{x}$ 的方差的形式，即

$$\mathrm{var}\,\overline{x}_n = n^{-1} \sum_{u=-(n-1)}^{(n-1)} \left(1 - \frac{|u|}{n}\right)\gamma(u) \tag{A.39}$$

在式(1.35)中建立。我们将利用这样的事实，对于

$$\sum_{u=-\infty}^{\infty} |\gamma(u)| < \infty$$

根据控制收敛定理[⊖]，我们有，

$$n\,\mathrm{var}\,\overline{x}_n \to \sum_{u=-\infty}^{\infty} \gamma(u) \tag{A.40}$$

因为 $|(1-|u|/n)\gamma(u)| \leqslant |\gamma(u)|$ 与 $(1-|u|/n)\gamma(u) \to \gamma(u)$。我们可以现在表述 M-依赖中

⊖ 控制收敛技术与由一个可积函数 g 控制有界的可测函数 $f_n \to f$ 收敛序列(关于一种 sigma-可积测度 μ)相关，$\int g\mathrm{d}\mu < \infty$。对于这样的序列，

$$\int f_n \mathrm{d}\mu \to \int f \mathrm{d}\mu$$

对于相关的情况，对于 $|u| < n$，令 $f_n(u) = (1-|u|/n)\gamma(u)$，对于 $|u| \geqslant n$，令其为零。令 $\mu(u) = 1$，$u = \pm 1, \pm 2, \cdots$ 是计数可测的。

心极限定理如下。

定理 A. 4 若 x_t 是零均值和 $\gamma(\cdot)$ 自协方差函数随机变量的严平稳 M-依赖序列，并且若

$$V_M = \sum_{u=-M}^{M} \gamma(u) \tag{A.41}$$

其中 $V_M \neq 0$,

$$\overline{x}_n \sim \mathrm{AN}(0, V_M/n) \tag{A.42}$$

证明： 为了证明这个定理，利用定理 A. 2，即基本逼近定理，我们可以构造变量 y_{mn} 的一个序列逼近

$$n^{1/2}\overline{x}_n = n^{-1/2} \sum_{t=1}^{n} x_t$$

在相关情形下，然后可以简单验证定理 A. 2 的条件 (1)、(2) 和 (3)。对于 $m > 2M$，我们可以首先考虑近似

$$\begin{aligned}
y_{mn} &= n^{-1/2} \big[(x_1 + \cdots + x_{m-M}) + (x_{m+1} + \cdots + x_{2m-M}) \\
&\quad + (x_{2m+1} + \cdots + x_{3m-M}) + \cdots + (x_{(r-1)m+1} + \cdots + x_{rm-M}) \big] \\
&= n^{-1/2} (z_1 + z_2 + \cdots + z_r)
\end{aligned}$$

其中 $r = [n/m]$，$[n/m]$ 表示小于或等于 n/m 的最大整数。这个逼近仅包含 $n^{1/2}\overline{x}_n$ 的一部分，但是随机变量 z_1, z_2, $\cdots$, z_r 是独立的，由于它们是由超过 M 个时间点分割产生的，即 $m+1-(m-M) = M+1$ 点分割 z_1 与 z_2。因为严平稳性，z_1, z_2, $\cdots$, z_r 是独立同分布，均值为零，方差为

$$S_{m-M} = \sum_{|u| \leqslant M} (m - M - |u|) \gamma(u)$$

通过类似产生式 (A. 39) 的计算。我们现在验证基本逼近定理的条件成立。

(1) 应用中心极限定理到和 y_{mn} 中，给出

$$y_{mn} = n^{-1/2} \sum_{i=1}^{r} z_i = (n/r)^{-1/2} r^{-1/2} \sum_{i=1}^{r} z_i$$

由于 $(n/r)^{-1/2} \to m^{1/2}$，并且

$$r^{-1/2} \sum_{i=1}^{r} z_i \xrightarrow{d} N(0, S_{m-M})$$

由式 (A. 30) 得到

$$y_{mn} \xrightarrow{d} y_m \sim N(0, S_{m-M}/m)$$

当 $n \to \infty$ 时，对于确定的 m。

(2) 注意当 $m \to \infty$ 时，利用控制收敛定理，我们有 $S_{m-M}/m \to V_M$，其中 V_M 在式 (A. 41) 中定义。因此，y_m 的特征函数，即，

$$\phi_m(\lambda) = \exp\left\{ -\frac{1}{2}\lambda^2 \frac{S_{m-M}}{m} \right\} \to \exp\left\{ -\frac{1}{2}\lambda^2 V_M \right\}$$

当 $m \to \infty$ 时，为随机变量 $y \sim N(0, V_M)$ 的特征函数，并且由于式 (A. 27)，结果成立。

(3) 为了验证 BAT 定理的最后一个条件，

$$n^{1/2}\overline{x}_n - y_{mn} = n^{-1/2}\big[(x_{m-M+1} + \cdots + x_m)$$
$$+ (x_{2m-M+1} + \cdots + x_{2m})$$
$$+ (x_{(r-1)m-M+1} + \cdots + x_{(r-1)m})$$
$$\vdots$$
$$+ (x_{rm-M+1} + \cdots + x_n)\big]$$
$$= n^{-1/2}(w_1 + w_2 + \cdots + w_r)$$

因此，对于前 $r-1$ 个变量，误差可以表示为方差为 S_M 的独立同分布的随机变量的一个经过调整的和，并且

$$\mathrm{var}(w_r) = \sum_{|u| \leqslant m-M} (n - [n/m]m + M - |u|)\gamma(u)$$
$$\leqslant \sum_{|u| \leqslant m-M} (m + M - |u|)\gamma(u)$$

因此，

$$\mathrm{var}[n^{1/2}\overline{x} - y_{mn}] = n^{-1}[(r-1)S_M + \mathrm{var}\, w_r]$$

收敛到 $m^{-1}S_M$，当 $n \to \infty$ 时。因为 $m^{-1}S_M \to 0$，当 $m \to \infty$ 时，由 Tchebycheff 不等式，条件 (3) 成立。　　　　　■

A.3　均值与自协方差函数

前两部分的背景材料可用于给出样本均值和 ACF 的渐近性质，用于评价统计显著性。特别地，我们感兴趣的是验证性质 1.2。

我们从样本均值 $\overline{x}_n$ 的分布开始，注意到式（A.40）提出了方差极限的形式。在所有渐近中，我们将使用 x_t 是一个线性过程的假设，如定义 1.12 中所定义的，但是有附加条件，即 $\{w_t\}$ 是 iid。也就是说，在这一节中我们假设

$$x_t = \mu_x + \sum_{j=-\infty}^{\infty} \psi_j w_{t-j} \tag{A.43}$$

其中 $w_t \sim \mathrm{iid}(0, \sigma_w^2)$，并且系数满足

$$\sum_{j=-\infty}^{\infty} |\psi_j| < \infty \tag{A.44}$$

在进行下一步之前，我们应该注意到，如果向量 $x = (x_1, x_2, \cdots, x_n)'$ 的分布是多元正态，那么 $\overline{x}_n$ 的精确抽样分布是可得的。然后，$\overline{x}_n$ 就是联合正态变量的线性组合，根据式（A.39），它也服从正态分布

$$\overline{x}_n \sim N\Big(\mu_x, n^{-1}\sum_{|u|<n}\Big(1 - \frac{|u|}{n}\Big)\gamma_x(u)\Big) \tag{A.45}$$

在 x_t 不是联合正态分布的情形下，我们有下面的定理。

定理 A.5　若 x_t 是形如（A.43）的一个线性过程，并且 $\sum_j \psi_j \neq 0$，那么

$$\overline{x}_n \sim \mathrm{AN}(\mu_x, n^{-1}V) \tag{A.46}$$

其中

$$V = \sum_{h=-\infty}^{\infty} \gamma_x(h) = \sigma_w^2 \Big(\sum_{j=-\infty}^{\infty} \psi_j \Big)^2 \tag{A.47}$$

并且 $\gamma_x(\cdot)$ 是 x_t 的自协方差函数。

证明： 为了证明上式，我们可以再一次使用基本逼近定理（定理 A.2），通过首先定义严平稳 $2m$-相关线性过程，其有限极限

$$x_t^m = \sum_{j=-m}^{m} \psi_j w_{t-j}$$

作为 x_t 的一个近似，利用近似均值

$$\overline{x}_{n,m} = n^{-1} \sum_{t=1}^{n} x_t^m$$

然后，令

$$y_{mn} = n^{1/2}(\overline{x}_{n,m} - \mu_x)$$

作为 $n^{1/2}(\overline{x}_n - \mu_x)$ 的一个近似。

（1）应用定理 A.4，我们有

$$y_{mn} \xrightarrow{d} y_m \sim N(0, V_m)$$

当 $n \to \infty$ 时，其中

$$V_m = \sum_{h=-2m}^{2m} \gamma_x(h) = \sigma_w^2 \Big(\sum_{j=-m}^{m} \psi_j \Big)^2$$

为了验证上式，我们注意到对于带有无限极限的一般线性过程，式（1.32）表明

$$\sum_{h=-\infty}^{\infty} \gamma_x(h) = \sigma_w^2 \sum_{h=-\infty}^{\infty} \sum_{j=-\infty}^{\infty} \psi_{j+h} \psi_j = \sigma_w^2 \Big(\sum_{j=-\infty}^{\infty} \psi_j \Big)^2$$

因此选择特殊情形 $\psi_j = 0$，对于 $|j| > m$，我们得到 V_m。

（2）由于当 $m \to \infty$ 时式（A.47）中的 $V_m \to V$，我们可以利用在（2）下定理 A.4 的证明中相同的特征函数论述，发现

$$y_m \xrightarrow{d} y \sim N(0, V)$$

其中 V 由式（A.47）给出。

（3）最后，

$$\text{var}[n^{1/2}(\overline{x}_n - \mu_x) - y_{mn}] = n\text{var}\Big[n^{-1} \sum_{t=1}^{n} \sum_{|j|>m} \psi_j w_{t-j} \Big] = \sigma_w^2 \Big(\sum_{|j|>m} \psi_j \Big)^2 \to 0$$

当 $m \to \infty$ 时。　■

为了得到样本自协方差函数 $\hat{\gamma}_x(h)$ 与样本自相关系数函数 $\hat{\rho}_x(h)$ 的样本分布，我们需要在一些合理假设下建立一些 $\widetilde{\gamma}_x(h)$ 的均值和方差思想。这些对 $\widetilde{\gamma}_x(h)$ 的计算是麻烦的，我们考虑的是可比的数量

$$\widetilde{\gamma}_x(h) = n^{-1} \sum_{t=1}^{n} (x_{t+h} - \mu_x)(x_t - \mu_x) \tag{A.48}$$

作为一个近似。由问题 1.30，

$$n^{1/2}[\widetilde{\gamma}_x(h) - \hat{\gamma}_x(h)] = o_p(1)$$

因此，根据式(A.32)，已证明的对于 $n^{1/2}\tilde{\gamma}_x(h)$ 的极限分布结果对 $n^{1/2}\hat{\gamma}_x(h)$ 也成立。

在 x_t 是一个式(A.43)形式的线性过程的假设下，我们首先证明 $\tilde{\gamma}_x(h)$ 的方差和极限方差公式满足式(A.44)，白噪声变量 w_t 依旧拥有方差 σ_w^2，但也要求其拥有四阶矩满足

$$\mathrm{E}(w_t^4) = \eta\sigma_w^4 < \infty \tag{A.49}$$

其中 η 是一些常数。对于 $\tilde{\gamma}(h)$，我们寻求与式(A.39)和式(A.40)类似的结果。为了简化符号，我们将从符号中去除下标 x。

利用式(A.48)，$\mathrm{E}[\tilde{\gamma}(h)] = \gamma(h)$。在上面的假设下，我们给出，对于 p，$q = 0$，1，2，…，

$$\mathrm{cov}[\tilde{\gamma}(p), \tilde{\gamma}(q)] = n^{-1}\sum_{u=-(n-1)}^{(n-1)}\left(1 - \frac{|u|}{n}\right)V_u \tag{A.50}$$

其中

$$V_u = \gamma(u)\gamma(u+p-q) + \gamma(u+p)\gamma(u-q)$$
$$+ (\eta-3)\sigma_w^4\sum_i\psi_{i+u+q}\psi_{i+u}\psi_{i+p}\psi_i \tag{A.51}$$

那么，ψ_j 的绝对可加性可以用来表明 V_u 的绝对可加性⊖。因此，控制收敛定理表明

$$n\mathrm{cov}[\tilde{\gamma}(p), \tilde{\gamma}(q)] \to \sum_{u=-\infty}^{\infty}V_u$$

$$= (\eta-3)\gamma(p)\gamma(q) + \sum_{u=-\infty}^{\infty}[\gamma(u)\gamma(u+p-q) + \gamma(u+p)\gamma(u-q)] \tag{A.52}$$

验证式(A.50)有些乏味，因此我们只给出部分计算，其余部分留给读者。首先，将式(A.43)重写为

$$x_t = \mu + \sum_{i=-\infty}^{\infty}\psi_{t-i}w_i$$

因此

$$\mathrm{E}[\tilde{\gamma}(p)\ \tilde{\gamma}(q)] = n^{-2}\sum_{s,t}\sum_{i,j,k,\ell}\psi_{s+p-i}\psi_{s-j}\psi_{t+q-k}\psi_{t-\ell}\mathrm{E}(w_iw_jw_kw_\ell)$$

然后，利用 w_t 序列的易验证的性质，计算

$$\mathrm{E}(w_iw_jw_kw_\ell) = \begin{cases} \eta\sigma_w^4 & \text{若} \quad i = j = k = \ell \\ \sigma_w^4 & \text{若} \quad i = j \neq k = \ell \\ 0 & \text{若} \quad i \neq j, i \neq k, i \neq \ell \end{cases}$$

为了应用规则，我们将和通过下标 i，j，k，ℓ 分解为四部分，即

$$\sum_{i,j,k,\ell} = \sum_{i=j=k=\ell} + \sum_{i=j\neq k=\ell} + \sum_{i=k\neq j=\ell} + \sum_{i=\ell\neq j=k} = S_1 + S_2 + S_3 + S_4$$

现在，

$$S_1 = \eta\sigma_w^4\sum_i\psi_{s+p-i}\psi_{s-i}\psi_{t+q-i}\psi_{t-i} = \eta\sigma_w^4\sum_i\psi_{i+s-t+p}\psi_{i+s-t}\psi_{i+q}\psi_i$$

⊖ 注意：$\sum_{j=-\infty}^{\infty}|a_j| < \infty$ 并且 $\sum_{j=-\infty}^{\infty}|b_j| < \infty$ 表明 $\sum_{j=-\infty}^{\infty}|a_jb_j| < \infty$。

其中我们令 $i'=t-i$ 来得到最终形式。对于第二项，

$$S_2 = \sum_{i=j\neq k=\ell} \psi_{s+p-i}\psi_{s-j}\psi_{t+q-k}\psi_{t-\ell}\mathrm{E}(w_iw_jw_kw_\ell)$$

$$= \sum_{i\neq k}\psi_{s+p-i}\psi_{s-i}\psi_{t+q-k}\psi_{t-k}\mathrm{E}(w_i^2)\mathrm{E}(w_k^2)$$

然后，利用

$$\sum_{i\neq k} = \sum_{i,k} - \sum_{i=k}$$

我们有

$$S_2 = \sigma_w^4\sum_{i,k}\psi_{s+p-i}\psi_{s-i}\psi_{t+q-k}\psi_{t-k} - \sigma_w^4\sum_i\psi_{s+p-i}\psi_{s-i}\psi_{t+q-i}\psi_{t-i}$$

$$= \gamma(p)\gamma(q) - \alpha_w^4\sum_i\psi_{i+s-t+p}\psi_{i+s-t}\psi_{i+q}\psi_i$$

在第一项中令 $i'=s-i$，$k'=t-k$，在第二项中令 $i'=s-i$。对 S_3 和 S_4 重复以上的过程，并代入协方差形式中，得到

$$\mathrm{E}[\tilde{\gamma}(p)\ \tilde{\gamma}(q)] = n^{-2}\sum_{s,t}\big[\gamma(p)\gamma(q) + \gamma(s-t)\gamma(s-t+p-q)$$

$$+ \gamma(s-t+p)\gamma(s-t-q) + (\eta-3)\alpha_w^4\sum_i\psi_{i+s-t+p}\psi_{i+s-t}\psi_{i+q}\psi_i\big]$$

然后，令 $u=s-t$，从求和中减去 $\mathrm{E}[\tilde{\gamma}(p)]\mathrm{E}[\tilde{\gamma}(q)]=\gamma(p)\gamma(q)$ 得到结果式（A.51）。对式（A.51）关于 u 加总，然后应用控制收敛定理，得到式（A.52）。

上述关于近似统计量 $\tilde{\gamma}(\cdot)$ 的方差和协方差的结果，使得证明关于下述自协方差函数 $\hat{\gamma}(\cdot)$ 的中心极限定理成为可能。

定理 A.6 如果 x_t 是一个形如式（A.43）且满足第四矩条件（A.49）的平稳线性过程，则对于固定 K，

$$\begin{bmatrix}\hat{\gamma}(0)\\\hat{\gamma}(1)\\\vdots\\\hat{\gamma}(K)\end{bmatrix} \sim \mathrm{AN}\left[\begin{bmatrix}\gamma(0)\\\gamma(1)\\\vdots\\\gamma(K)\end{bmatrix}, n^{-1}V\right]$$

其中 V 是具有下列元素的矩阵

$$v_{pq} = (\eta-3)\gamma(p)\gamma(q) + \sum_{u=-\infty}^{\infty}\big[\gamma(u)\gamma(u-p+q) + \gamma(u+q)\gamma(u-p)\big] \quad \text{(A.53)}$$

证明： 通过下面给出的注释（也见问题 1.30）就可以给出 $\tilde{\gamma}(\cdot)$ 的近似自协方差（A.48）的结果。首先定义严格平稳 $(2m+K)$-依赖 $(K+1)\times 1$ 向量

$$y_t^m = \begin{pmatrix}(x_t^m-\mu)^2\\(x_{t+1}^m-\mu)(x_t^m-\mu)\\\vdots\\(x_{t+K}^m-\mu)(x_t^m-\mu)\end{pmatrix}$$

其中

$$x_t^m = \mu + \sum_{j=-m}^{m} \psi_j w_{t-j}$$

是通常的近似。上述向量的样本平均值为

$$\overline{y}_{mn} = n^{-1} \sum_{t=1}^{n} y_t^m = \begin{pmatrix} \widetilde{\gamma}^{mn}(0) \\ \widetilde{\gamma}^{mn}(1) \\ \vdots \\ \widetilde{\gamma}^{mn}(K) \end{pmatrix}$$

其中

$$\widetilde{\gamma}^{mn}(h) = n^{-1} \sum_{t=1}^{n} (x_{t+h}^m - \mu)(x_t^m - \mu)$$

表示逼近序列的样本自协方差。还有，

$$\mathrm{E}y_t^m = \begin{pmatrix} y^m(0) \\ y^m(1) \\ \vdots \\ y^m(K) \end{pmatrix}$$

其中 $\gamma_m(h)$ 是 x_t^m 序列的理论协方差函数。然后，考虑向量

$$y_{mn} = n^{1/2} [\overline{y}_{mn} - \mathrm{E}(\overline{y}_{mn})]$$

作为下式近似值

$$y_n = n^{1/2} \left[\begin{pmatrix} \widetilde{\gamma}(0) \\ \widetilde{\gamma}(1) \\ \vdots \\ \widetilde{\gamma}(K) \end{pmatrix} - \begin{pmatrix} \gamma(0) \\ \gamma(1) \\ \vdots \\ \gamma(K) \end{pmatrix} \right]$$

其中，$\mathrm{E}(\overline{y}_{mn})$ 与上面给出的 $\mathrm{E}(y_t^m)$ 相同。向量近似 y_{mn} 的元素为 $n^{1/2}(\widetilde{\gamma}^{mn}(h) - \widetilde{\gamma}^m(h))$。注意 y_n 的元素是基于线性过程 x_t 的，而 y_{mn} 的元素是依赖于 m 的线性过程 x_t^m。

为了得到 y_n 的极限分布，我们应用基本逼近定理 A.2，以 y_{mn} 作为我们的逼近。我们现在证明定理 A.2 的（1）、（2）和（3）。

（1）首先，设 c 是 $(K+1) \times 1$ 的常数向量，并利用 Cramér-Wold 策略（A.28）将中心极限定理应用于 $(2m+K)$-依赖序列 $c'y_{mn}$。我们得到

$$c'y_{mn} = n^{1/2} c'[\overline{y}_{mn} - \mathrm{E}(\overline{y}_{mn})] \xrightarrow{d} c'y_m \sim N(0, c'V_m c)$$

当 $n \to \infty$ 时，其中 V_m 是包含式（A.53）中定义的元素 v_{pq} 的有限类比矩阵。

（2）请注意，由于 $V_m \to V$ 当 $m \to \infty$ 时，因此

$$c'y_m \xrightarrow{d} c'y \sim N(0, c'Vc)$$

因此，通过 Cramér-Wold 策略，极限 $(K+1) \times 1$ 多元正态变量为 $N(0, V)$。

（3）对于这种情况，我们可以将重点放在

$$\Pr\{|y_n - y_{mn}| > \varepsilon\}$$

例如，根据 Tchebycheff 不等式，上面的概率表达式的第 h 元素的上界由下式给出：

$$n\varepsilon^{-2}\text{var}(\widetilde{\gamma}(h)-\widetilde{\gamma}^m(h)) = \varepsilon^{-2}\{n\text{var}\,\widetilde{\gamma}(h)+n\text{var}\,\widetilde{\gamma}^m(h)-2n\text{cov}[\widetilde{\gamma}(h),\widetilde{\gamma}^m(h)]\}$$

使用导致式(A.52)的结果，当 m，$n \rightarrow \infty$ 时，我们看到前面的表达式接近

$$(v_{hh}+v_{hh}-2v_{hh})/\varepsilon^2 = 0$$

为了得到与定理 A.6 类似的自相关函数 ACF 的结果，我们注意到以下定理。 ∎

定理 A.7 如果 x_t 是一个形如式(1.31)且满足式(A.49)中的四阶矩条件的平稳线性过程，则对于固定的 k，我们有

$$\begin{bmatrix}\hat{\rho}(1)\\ \vdots \\ \hat{\rho}(K)\end{bmatrix} \sim \text{AN}\begin{bmatrix}\begin{bmatrix}\rho(1)\\ \vdots \\ \rho(K)\end{bmatrix},n^{-1}W\end{bmatrix}$$

其中 W 是具有下列元素的矩阵：

$$\begin{aligned}w_{pq} &= \sum_{u=-\infty}^{\infty}\big[\rho(u+p)\rho(u+q)+\rho(u-p)\rho(u+q)+2\rho(p)\rho(q)\rho^2(u)\\ &\quad -2\rho(p)\rho(u)\rho(u+q)-2\rho(q)\rho(u)\rho(u+p)\big]\\ &= \sum_{u=1}^{\infty}\big[\rho(u+p)+\rho(u-p)-2\rho(p)\rho(u)\big]\\ &\quad \times\big[\rho(u+q)+\rho(u-q)-2\rho(q)\rho(u)\big]\end{aligned}\tag{A.54}$$

注意：最后一种表现形式更简便。

证明： 为了证明这个定理，我们使用 delta 方法[⊖] 来求函数的极限分布，函数的形式为

$$g(x_0,x_1,\cdots,x_K) = (x_1/x_0,\cdots,x_K/x_0)'$$

其中 $x_h = \hat{\gamma}(h)$，对于 $h = 0$，1，$\cdots$，K。因此，利用 delta 方法和定理 A.6，

$$g(\hat{\gamma}(0),\hat{\gamma}(1),\cdots,\hat{\gamma}(K)) = (\hat{\rho}(1),\cdots,\hat{\rho}(K))'$$

是渐近正态的，其中均值向量为 $(\rho(1)$，$\cdots$，$\rho(K))'$，协方差矩阵为

$$n^{-1}W = n^{-1}DVD'$$

其中 V 由式(A.53)定义，D 是偏导数的 $(K+1) \times K$ 矩阵

$$D = \frac{1}{x_0^2}\begin{bmatrix}-x_1 & x_0 & 0 & \cdots & 0\\ -x_2 & 0 & x_0 & \cdots & 0\\ \vdots & \vdots & \vdots & \ddots & \vdots\\ -x_K & 0 & 0 & \cdots & x_0\end{bmatrix}$$

用 $\gamma(h)$ 代替 x_h，我们注意到 D 可以写作模式矩阵

$$D = \frac{1}{\gamma(0)}(-\rho\, I_K)$$

其中 $\rho = (\rho(1)$，$\rho(2)$，$\cdots$，$\rho(K))'$ 是 $K \times 1$ 阶自相关矩阵，I_K 是 $K \times K$ 单位矩阵。然后，将矩阵 V 写成分块形式。

⊖ delta 法指出，如果 k 维向量序列 $x_n \sim \text{AN}(\mu,a_n^2\Sigma)$ 具有 $a_n \rightarrow 0$，且 $g(x)$ 是 x 的 $r \times 1$ 连续可微向量函数，则 $g(x_n) \sim \text{AN}(g(\mu),a_n^2 D\Sigma D')$，其中 D 是元素为 $d_{ij} = \frac{\partial g_i(x)}{\partial x_j}\big|_\mu$ 的 $r \times k$ 矩阵。

$$V = \begin{pmatrix} v_{00} & v_1' \\ v_1 & V_{22} \end{pmatrix}$$

其中

$$W = \gamma^{-2}(0)\left[v_{00}\rho\rho' - \rho v_1' - v_1\rho' + V_{22}\right]$$

其中 $v_1 = (v_{10}, v_{20}, \cdots, v_{K0})'$ 和 $V_{22} = \{v_{pq}; p, q = 1, \cdots, K\}$。因此，

$$w_{pq} = \gamma^{-2}(0)\left[v_{pq} - \rho(p)v_{0q} - \rho(q)v_{p0} + \rho(p)\rho(q)v_{00}\right]$$

$$= \sum_{u=-\infty}^{\infty}\left[\rho(u)\rho(u-p+q) + \rho(u-p)\rho(u+q) + 2\rho(p)\rho(q)\rho^2(u)\right.$$

$$\left. - 2\rho(p)\rho(u)\rho(u+q) - 2\rho(q)\rho(u)\rho(u-p)\right]$$

交换求和，得到定理陈述中指定的 w_{pq}，完成证明。■

在本章对感兴趣的情形做了专门的讨论后，我们注意到，如果 $\{x_t\}$ 是独立同分布的（iid），且其四阶矩为有限值，则当 $p = q$ 时 $w_{pq} = 1$，否则为零。在这种情况下，对于 $h = 1, \cdots, K$，$\hat{\rho}(h)$ 是渐近独立的，并且其联合分布为正态的，即

$$\hat{\rho}(h) \sim \mathrm{AN}(0, n^{-1}) \tag{A.55}$$

这说明使用式(1.38)和下面的讨论作为测试序列是否为白噪声的方法是合理的。

对于交叉相关，我们已经注意到，同样的近似是成立的，对于二元的情形我们应用下面的定理，这个定理可以用类似的论点来证明（见 Brockwell and Davis(1991)[36] 的文献的第 410 页）。

定理 A.8 若

$$x_t = \sum_{j=-\infty}^{\infty}\alpha_j w_{t-j,1}$$

且

$$y_t = \sum_{j=-\infty}^{\infty}\beta_j w_{t-j,2}$$

是两个线性过程，它们的系数绝对可加，并且两个白噪声序列分别是方差为 σ_1^2 和 σ_2^2 的独立同分布序列，那么对于 $h \geq 0$，

$$\hat{\rho}_{xy}(h) \sim \mathrm{AN}\left(\rho_{xy}(h), n^{-1}\sum_j \rho_x(j)\rho_y(j)\right) \tag{A.56}$$

$(\hat{\rho}_{xy}(h), \hat{\rho}_{xy}(k))'$ 的联合分布是渐近正态的，平均向量为零，且

$$\mathrm{cov}(\hat{\rho}_{xy}(h), \hat{\rho}_{xy}(k)) = n^{-1}\sum_j \rho_x(j)\rho_y(j+k-h) \tag{A.57}$$

另外，指出这部分中我们感兴趣的特例，只要上述两个序列中至少一个为独立同分布的白噪声序列，则下式成立：

$$\hat{\rho}_{xy}(h) \sim \mathrm{AN}(0, n^{-1}) \tag{A.58}$$

这就证明了性质 1.3 是合理的。

附录 B 时 域 理 论

B.1 Hilbert 空间与投影定理

大多数关于均方估计和回归的内容都可放到一个更一般的完备内积空间中来讨论（即满足柯西(Caucy)条件）。内积的两个例子是 $E(xy^*)$（其中元素是随机变量）和 $\sum x_i y_i^*$，其中元素是序列。这些例子中可能有复数，在这种情况下，* 表示共轭。我们通常用 $\langle x,\ y\rangle$ 来表示内积。现在，根据其属性定义一个内部积空间，即，

(i) $\langle x,\ y\rangle = \langle y,\ x\rangle^*$

(ii) $\langle x+y,\ z\rangle = \langle x,\ z\rangle + \langle y,\ z\rangle$

(iii) $\langle \alpha x,\ y\rangle = \alpha\langle x,\ y\rangle$

(iv) $\langle x,\ x\rangle = \|x\|^2 \geqslant 0$

(v) $\langle x,\ x\rangle = 0 \quad \text{iff} \quad x=0$

在性质(iv)中引入了符号 $\|\cdot\|$，用来表示范数或者距离。范数满足三角不等式

$$\|x+y\| \leqslant \|x\| + \|y\| \tag{B.1}$$

以及 Cauchy-Schwarz 不等式

$$|\langle x,y\rangle|^2 \leqslant \|x\|^2 \|y\|^2 \tag{B.2}$$

这是我们以前看到的式(A.35)的随机变量版本。现在，Hilbert 空间 $\mathcal{H}$ 被定义为具有 Cauchy 性质的内积空间。换句话说，$\mathcal{H}$ 是一个完备的内积空间。这意味着每个 Cauchy 序列都依范数收敛，即当 $m,\ n \to \infty$ 时，$x_n \to x \in \mathcal{H}$ 当且仅当 $\|x_n - x_m\| \to 0$。这就是随机变量的 L^2 完备定理 A.1。

关于 Hilbert 空间技术在统计推断和概率方面的广泛概述，见 Small and McLeish[187] 的文献。此外，Brockwell and Davis[36] 的文献的第 2 章是 Hilbert 空间技术的一个很好的总结，在时间序列分析中是有用的。在我们的讨论中，我们主要利用投影定理（定理 B.1）和相关的正交原理来解决各种线性估计问题。

定理 B.1(投影定理) 设 M 是 Hilbert 空间 $\mathcal{H}$ 的闭子空间，y 是 $\mathcal{H}$ 中的一个元素，那么 y 可以唯一表示为

$$y = \hat{y} + z \tag{B.3}$$

其中，$\hat{y}$ 属于 M，z 与 M 正交；也就是说，M 中所有的 w 都满足 $\langle z,\ w\rangle = 0$。另外，对于 $w \in M$，有 $\|y-w\| \geqslant \|y-\hat{y}\|$，在这个意义上我们说点 $\hat{y}$ 是距离点 y 最近的点，当且仅当 $w = \hat{y}$ 时，其中的等号成立。注意到式(B.3)以及其后的说明，对于任意 $w \in M$，我们有正交性质

$$\langle y-\hat{y},w\rangle = 0 \tag{B.4}$$

有时候，应用这个性质可以容易地为一个表达式找到投影。根据正交性质，误差的范数可以写为

$$\|y-\hat{y}\|^2 = \langle y-\hat{y}, y-\hat{y}\rangle = \langle y-\hat{y}, y\rangle - \langle y-\hat{y}, \hat{y}\rangle = \langle y-\hat{y}, y\rangle \tag{B.5}$$

利用定理 B.1 的表示法，我们将映射 $P_\mathcal{M} y = \hat{y}$，对于 $y \in \mathcal{H}$，称为 $\mathcal{H}$ 到 $\mathcal{M}$ 上的投影映射。此外，在 Hilbert 空间 $\mathcal{H}$ 中，有限集 $\{x_1, \cdots, x_n\}$ 的张成闭空间定义为所有线性组合的集合 $w = a_1 x_1 + \cdots + a_n x_n$，其中 $a_1, \cdots, a_n$ 是标量。$\mathcal{H}$ 的这个子空间由 $\mathcal{M} = \overline{\mathrm{sp}}\{x_1, \cdots, x_n\}$ 表示。利用投影定理，$y \in \mathcal{H}$ 在 $\mathcal{M}$ 上的投影是唯一的，给出了

$$P_\mathcal{M} y = a_1 x_1 + \cdots + a_n x_n$$

其中 $\{a_1, \cdots, a_n\}$ 是利用正交原理求出的

$$\langle y - P_\mathcal{M} y, x_j \rangle = 0 \quad j = 1, \cdots, n$$

显然，$\{a_1, \cdots, a_n\}$ 可以通过求解得到

$$\sum_{i=1}^{n} a_i \langle x_i, x_j \rangle = \langle y, x_j \rangle \quad j = 1, \cdots, n \tag{B.6}$$

当 $\mathcal{H}$ 的元素是向量时，这个问题就是线性回归问题。

例 B.1　线性回归分析

对于在 2.1 节中引入的回归模型，我们要找出回归系数 β_i，使残差平方和最小化。考虑向量 $y = (y_1, \cdots, y_n)'$ 和 $z_i = (z_{1i}, \cdots, z_{ni})'$，对于 $i = 1, \cdots, q$ 和内积

$$\langle z_i, y \rangle = \sum_{t=1}^{n} z_{ti} y_t = z_i' y$$

我们解决了下述的问题，即在 $\beta_1 z_1 + \cdots + \beta_q z_q$ 张成的线性空间（也就是 z_i 的线性组合）上寻找观测值 y 的投影的问题。正交原理给出了

$$\left\langle y - \sum_{i=1}^{q} \beta_i z_i, z_j \right\rangle = 0$$

对于 $j = 1, \cdots, q$，写出正交条件，如在式 (B.6) 中，以向量形式给出

$$y' z_j = \sum_{i=1}^{q} \beta_i z_i' z_j \quad j = 1, \cdots, q \tag{B.7}$$

假设它是满秩，它可以用通常的矩阵形式写成 $Z = (z_1, \cdots, z_q)$。也就是说，式 (B.7) 可以写成

$$y' Z = \beta' (Z' Z) \tag{B.8}$$

其中 $\beta = (\beta_1, \cdots, \beta_q)'$。对式 (B.8) 两边同时转置，就可以得到系数的解为

$$\hat{\beta} = (Z' Z)^{-1} Z' y$$

在这种情况下，均方误差是

$$\left\| y - \sum_{i=1}^{q} \hat{\beta}_i z_i \right\|^2 = \left\langle y - \sum_{i=1}^{q} \hat{\beta}_i z_i, y \right\rangle = \langle y, y \rangle - \sum_{i=1}^{q} \hat{\beta}_i \langle z_i, y \rangle = y' y - \hat{\beta}' Z' y$$

这与 2.1 节一致。∎

在有限维空间中，微分没有任何问题，所以对上述方法进行额外的一般化是没有必要的。然而，很多情况下假定希尔伯特空间 $\mathcal{H}$ 的元素是无限维的，此时正交原则就变得有用了。例如，把过程 $\{x_t; t = 0 \pm 1, \pm 2, \cdots\}$ 投影到如下线性流形就是其中一例，该线性流形是由所有形如

$$\hat{x}_t = \sum_{k=-\infty}^{\infty} a_k x_{t-k}$$

的滤波卷积所张成。

有些和投影映射相关的有用结果，我们没有给出证明。

定理 B.2 在既定的符号和条件下：

(1) $P_M(ax+by)=aP_Mx+bP_My$，对于 x，$y\in\mathcal{H}$，其中 a 和 b 是标量。

(2) 如果 $\|y_n-y\|\to0$，那么 $P_My_n\to P_My$，当 $n\to\infty$ 时。

(3) $w\in M$ 当且仅当 $P_Mw=w$。因此，一个投影映射的标志特质就是 $P_M^2=P_M$，即对于任意 $y\in\mathcal{H}$，$P_M(P_My)=P_My$。

(4) 设 M_1 和 M_2 是 $\mathcal{H}$ 的闭子空间，则 $M_1\subseteq M_2$ 当且仅当 $P_{M1}(P_{M2}y)=P_{M1}y$，对于任意 $y\in\mathcal{H}$。

(5) 设 M 是 $\mathcal{H}$ 的闭子空间，$M_\perp$ 表示 M 的正交补。那么，$M_\perp$ 也是 $\mathcal{H}$ 的闭子空间，并且对于任意 $y\in\mathcal{H}$，$y=P_My+P_{M\perp}y$。

定理 B.2 的第(3)部分得出了线性模型中常使用的一个著名结果，即平方矩阵 M 是投影矩阵当且仅当它是对称的幂等矩阵(即 $M^2=M$)。例如，对于线性回归，使用例 B.1 的表示法，将 y 投影到 $\overline{sp}\{z_1,\cdots,z_q\}$ 上，Z 列产生的空间为 $P_z(y)=Z\hat{\beta}=Z(Z'Z)^{-1}Z'y$。

矩阵 $M=Z(Z'Z)^{-1}Z'$ 是秩 q 的 $n\times n$ 对称幂等矩阵(秩 q 的值是 M 把 y 投射到的空间的维数)。定理 B.2 的第(4)和第(5)部分对于建立估计和预测的递归解是有用的。

通过引入额外的结构，条件期望可以定义为 L^2 中随机变量的投影映射，其等价关系是，对于 x，$y\in L^2$，$x=y$，如果 $\Pr(x=y)=1$。特别地，对于 $y\in L^2$，如果 M 是包含 1 的 L^2 的闭子空间，则给定条件 M 下 y 的条件期望被定义为 y 在 M 上的投影，即 $E_My=P_My$。这意味着条件期望 E_M 必须满足投影定理的正交性原理，并且定理 B.2 的结果仍然有效(在这种情况下最常用的工具是定理的第(4)项)。如果 $M(x)$ 表示 L^2 中可以写为 x 的可测函数的随机变量所构成的线性闭子空间，如果有 x，$y\in L^2$，那么我们可以定义，在给定 x 的条件下的 y 的条件期望为 $E(y|x)=E_{M(x)}$。这种思想可以明显地推广为向量形式，即给定 $x_{1:n}=(x_1,\cdots,x_n)$ 的条件下，y 的条件期望为 $E(y|x_{1:n})=E_{M(x_{1:n})}y$。我们特别感兴趣的是以下结果：在高斯情况下，条件期望和线性预测是等价的。

定理 B.3 在所建立的符号和条件下，如果 $(y,x_1,\cdots,x_n)$ 是多元正态的，那么

$$E(y|x_{1:n})=P_{\overline{sp}\{1,x_1,\cdots,x_n\}}y$$

证明： 首先，利用投影定理，给定 $x_{1:n}$ 下 y 的条件期望 $E_{M(x_{1:n})}y$ 是满足正交性质的唯一元素，

$$E\{(y-E_{M(x)}y)w\}=0 \quad 对于所有 \quad w\in M(x)$$

我们将表明 $\hat{y}=P_{\overline{sp}\{1,x_1,\cdots,x_n\}}y$ 是这个元素。事实上，通过投影定理，$\hat{y}$ 满足

$$\langle y-\hat{y},x_i\rangle=0 \quad \text{for} \quad i=0,1,\cdots,n$$

我们设 $x_0=1$。但是 $\langle y-\hat{y},x_i\rangle=\text{cov}(y-\hat{y},x_i)=0$，这意味着 $y-\hat{y}$ 和 $(x_1,\cdots,x_n)$ 是独立的，因为向量 $(y-\hat{y},x_1,\cdots,x_n)'$ 多元正态的。因此，若 $w\in M(x)$，w 和 $y-\hat{y}$ 是独立的，由于 $0=\langle y-\hat{y},1\rangle=E(y-\hat{y})$，因而有 $\langle y-\hat{y},w\rangle=E\{(y-\hat{y})w\}=E(y-\hat{y})E(w)=0$。∎

在高斯情况下，条件期望具有明确的形式。设 $y=(y_1,\cdots,y_m)'$，$x=(x_1,\cdots,x_n)'$，并假定 x 和 y 是联合正态的：

$$\begin{pmatrix} y \\ x \end{pmatrix} \sim \mathrm{N}_{m+n} \left[\begin{pmatrix} \mu_y \\ \mu_x \end{pmatrix}, \begin{pmatrix} \Sigma_{yy} & \Sigma_{yx} \\ \Sigma_{xy} & \Sigma_{xx} \end{pmatrix} \right]$$

那么 $y|x$ 是正态的

$$\mu_{y|x} = \mu_y + \Sigma_{yx}\Sigma_{xx}^{-1}(x - \mu_x) \tag{B.9}$$

$$\Sigma_{y|x} = \Sigma_{yy} - \Sigma_{yx}\Sigma_{xx}^{-1}\Sigma_{xy} \tag{B.10}$$

其中 Σ_{xx} 是非奇异的。

B.2 ARMA 模型的因果条件

在本节中，我们证明了 3.1 节的性质 3.1，它是关于 ARMA 模型的因果关系的。性质 3.2 的证明与 ARMA 模型的可逆性证明相似。

性质 3.1 的证明： 首先，假设 $\phi(z)$ 的根 $z_1, \cdots, z_p$ 在单位圆之外。我们按以下顺序写出根，$1 < |z_1| \leqslant |z_2| \leqslant \cdots \leqslant |z_p|$，注意 $z_1, \cdots, z_p$ 不一定是唯一的，并对某些 $\varepsilon > 0$，有 $|z_1| = 1 + \varepsilon$。因此，只要 $|z| < |z_1| = 1 + \varepsilon$ 存在，有 $\phi(z) \neq 0$。并且 $\phi^{-1}(z)$ 存在并且具有幂级数展开式，

$$\frac{1}{\phi(z)} = \sum_{j=0}^{\infty} a_j z^j, \quad |z| < 1 + \varepsilon$$

现在，选择一个值 δ，使 $0 < \delta < \varepsilon$，并设置 $z = 1 + \delta$，它位于收敛半径内。接下来，

$$\phi^{-1}(1 + \delta) = \sum_{j=0}^{\infty} a_j (1 + \delta)^j < \infty \tag{B.11}$$

因此，可以对式(B.11)中等式右边求和的每一项的绝对值给出一个上界，即对常数 $c > 0$，有 $|a_j(1 + \delta)^j| < c$；从而，$|a_j| < c(1 + \delta)^{-j}$，据此我们有

$$\sum_{j=0}^{\infty} |a_j| < \infty \tag{B.12}$$

因此，$\phi^{-1}(B)$ 存在，我们可以将它应用于 $\phi(B)x_t = \theta(B)w_t$ 模型的两边，得到

$$x_t = \phi^{-1}(B)\phi(B)x_t = \phi^{-1}(B)\theta(B)w_t$$

因此，将 $\psi(B) = \phi^{-1}(B)\theta(B)$，我们有

$$x_t = \psi(B)w_t = \sum_{j=0}^{\infty} \psi_j w_{t-j}$$

其中，权值 ψ 是绝对可加的，当 $|z| \leqslant 1$ 时，它可以通过 $\psi(z) = \phi^{-1}(z)\theta(z)$ 来计算。

现在，假设 x_t 是一个因果过程，也就是说，它有一个表示

$$x_t = \sum_{j=0}^{\infty} \psi_j w_{t-j}, \quad \sum_{j=0}^{\infty} |\psi_j| < \infty$$

在这种情况下，可以写作

$$x_t = \psi(B)w_t$$

上式两边同时左乘 $\phi(B)$ 生成

$$\phi(B)x_t = \phi(B)\psi(B)w_t \tag{B.13}$$

除了式(B.13)，模型是 ARMA，可以编写为

$$\phi(B)x_t = \theta(B)w_t \tag{B.14}$$

从式(B.13)和式(B.14)中，我们看到

$$\phi(B)\psi(B)w_t = \theta(B)w_t \tag{B.15}$$

现在，让

$$a(z) = \phi(z)\psi(z) = \sum_{j=0}^{\infty} a_j z^j \quad |z| \leqslant 1$$

因此，我们可以将式(B.15)写成

$$\sum_{j=0}^{\infty} a_j w_{t-j} = \sum_{j=0}^{q} \theta_j w_{t-j} \tag{B.16}$$

接下来，将式(B.16)的两边乘以 w_{t-h}，对于 $h=0，1，2，\cdots$，并取期望。在这样做的过程中，我们获得了

$$a_h = \theta_h, \quad h = 0,1,\cdots,q$$
$$a_h = 0, \quad h > q \tag{B.17}$$

从式(B.17)中，我们得出结论

$$\phi(z)\psi(z) = a(z) = \theta(z), \quad |z| \leqslant 1 \tag{B.18}$$

如果单位圆中有一个复数，例如 z_0，且满足 $\phi(z_0)=0$，则由式(B.18)，$\theta(z_0)=0$。但是，如果存在这样的 z_0，那么 $\phi(z)$ 和 $\theta(z)$ 有一个不允许的公共因子。因此，我们可以写为 $\psi(z)=\theta(z)/\phi(z)$。此外，根据假设，我们有 $|\psi(z)|<\infty$，$|z| \leqslant 1$，因此

$$|\psi(z)| = \left| \frac{\theta(z)}{\phi(z)} \right| < \infty, \quad \text{for} \quad |z| \leqslant 1 \tag{B.19}$$

最后，式(B.19)表明，对于 $|z| \leqslant 1$，有 $\phi(z) \neq 0$，即 $\phi(z)$ 的根位于单位圆之外。∎

B.3 AR 条件最小二乘估计的大样本分布

在 3.5 节讨论了估计下述 AR(p)模型中参数 ϕ_1，ϕ_2，$\cdots$，ϕ_p 和 σ_w^2 的条件最小二乘法

$$x_t = \sum_{k=1}^{p} \phi_k x_{t-k} + w_t$$

为了方便起见，我们假设 $\mu=0$。将模型写成

$$x_t = \phi' x_{t-1} + w_t \tag{B.20}$$

其中 $x_{t-1}=(x_{t-1}，x_{t-2}，\cdots，x_{t-p})'$ 是 $p \times 1$ 阶的滞后值向量，$\phi=(\phi_1，\phi_2，\cdots，\phi_p)'$ 是 $p \times 1$ 阶的回归系数向量。假设观测值 $x_1，\cdots，x_n$ 已知，条件最小二乘方法就是关于 ϕ 来最小化下式：

$$S_c(\phi) = \sum_{t=p+1}^{n} (x_t - \phi' x_{t-1})^2$$

回归系数向量 ϕ 的解为

$$\hat{\phi} = \left(\sum_{t=p+1}^{n} x_{t-1} x_{t-1}' \right)^{-1} \sum_{t=p+1}^{n} x_{t-1} x_t \tag{B.21}$$

σ_w^2 的条件最小二乘估计是

$$\hat{\sigma}_w^2 = \frac{1}{n-p} \sum_{t=p+1}^{n} (x_t - \hat{\phi}' x_{t-1})^2 \tag{B.22}$$

如式(3.116)所指出的，Yule-Walker 估计量和最小二乘估计量大致相同，因为只有包含或排除涉及数据端点的项才能使估计量不同。因此，很容易证明这两个估计量的渐近等价性，这就是为什么 AR(p)模型(3.103)和模型(3.132)是等价的。关于渐近等价的细节见 Brockwell and Davis(1991)[36]的文献的第 8 章。

在这里，我们使用与附录 A 相同的方法，将式(B.21)和式(B.22)中和的下限替换为 1，并注意到估计量

$$\widetilde{\phi} = \Big(\sum_{t=1}^{n} x_{t-1} x_{t-1}' \Big)^{-1} \sum_{t=1}^{n} x_{t-1} x_t \tag{B.23}$$

以及

$$\widetilde{\sigma}_w^2 = \frac{1}{n} \sum_{t=1}^{n} (x_t - \widetilde{\phi}' x_{t-1})^2 \tag{B.24}$$

与这两个估计的渐近等价性。在式(B.23)和式(B.24)中，除 $x_1, \cdots, x_n$ 外，我们还能够观察到 $x_{1-p}, \cdots, x_0$。证明了当 n 足够大时，无论我们是否观察到 $x_{1-p}, \cdots, x_0$，都没有区别。在式(B.23)和式(B.24)的情况下，我们得到了以下定理。

定理 B.4　设 x_t 为具有独立同分布白噪声 w_t 的因果 AR(p)序列，满足 $\mathrm{E}(w_t^4) = \eta \sigma_w^4$，则有

$$\widetilde{\phi} \sim \mathrm{AN}(\phi, n^{-1} \sigma_w^2 \Gamma_p^{-1}) \tag{B.25}$$

其中，$\Gamma_p = \{\gamma(i-j)\}_{i,j=1}^{p}$ 是向量 x_t 的 $p \times p$ 阶自协方差矩阵。我们也有，当 $n \to \infty$ 时，

$$n^{-1} \sum_{t=1}^{n} x_{t-1} x_{t-1}' \xrightarrow{p} \Gamma_p \quad 以及 \quad \widetilde{\sigma}_w^2 \xrightarrow{p} \sigma_w^2 \tag{B.26}$$

证明： 首先，式(B.26)从 $\mathrm{E}(x_{t-1} x_{t-1}') = \Gamma_p$ 这一事实，根据定理 A.6，对具有有限四阶矩 w_t 的线性过程，其样本二阶矩依概率收敛到其总体二阶矩。为证明式(B.25)，可以写为

$$\widetilde{\phi} = \Big(\sum_{t=1}^{n} x_{t-1} x_{t-1}' \Big)^{-1} \sum_{t=1}^{n} x_{t-1} (x_{t-1}' \phi + w_t) = \phi + \Big(\sum_{t=1}^{n} x_{t-1} x_{t-1}' \Big)^{-1} \sum_{t=1}^{n} x_{t-1} w_t$$

所以，我们有

$$n^{1/2}(\widetilde{\phi} - \phi) = \Big(n^{-1} \sum_{t=1}^{n} x_{t-1} x_{t-1}' \Big)^{-1} n^{-1/2} \sum_{t=1}^{n} x_{t-1} w_t = \Big(n^{-1} \sum_{t=1}^{n} x_{t-1} x_{t-1}' \Big)^{-1} n^{-1/2} \sum_{t=1}^{n} u_t$$

其中 $u_t = x_{t-1} w_t$。因为误差的均值为零，应用 w_t 和 x_{t-1} 独立的事实，所以有 $\mathrm{E} u_t = \mathrm{E}(x_{t-1}) \mathrm{E}(w_t) = 0$。还有，

$$\mathrm{E} u_t u_t' = \mathrm{E} x_{t-1} w_t w_t x_{t-1}' = \mathrm{E} x_{t-1} x_{t-1}' \mathrm{E} w_t^2 = \sigma_w^2 \Gamma_p$$

另外，在 $h > 0$ 的情况下，

$$\mathrm{E} u_{t+h} u_t' = \mathrm{E} x_{t+h-1} w_{t+h} w_t x_{t-1}' = \mathrm{E} x_{t+h-1} w_t x_{t-1}' \mathrm{E} w_{t+h} = 0$$

对于 $h < 0$，也有类似的计算。

接下来，考虑均方收敛逼近

$$x_t^m = \sum_{j=0}^{m} \psi_j w_{t-j}$$

对于 x_t，定义 $(m+p)$-依赖过程 $u_t^m = w_t (x_{t-1}^m，\ x_{t-2}^m，\ \cdots，\ x_{t-p}^m)'$。注意，我们只需要看一个关于和的中心极限定理

$$y_{nm} = n^{-1/2} \sum_{t=1}^{n} \lambda' u_t^m$$

对于任意向量 $\lambda = (\lambda_1，\ \cdots，\ \lambda_p)'$，其中 y_{nm} 被用作逼近

$$S_n = n^{-1/2} \sum_{t=1}^{n} \lambda' u_t$$

首先，将 m-依赖中心极限定理应用于 y_{nm}，当 $n \to \infty$ 时，对固定 m 建立定理 A.2 的(1)。该结果表明：$y_{nm} \overset{d}{\to} y_m$，其中 y_m 渐近服从协方差为 $\lambda' \Gamma_p^{(m)} \lambda$ 的正态分布，其中 $\Gamma_p^{(m)}$ 是 u_t^m 的协方差矩阵。于是，我们有 $\Gamma_p^{(m)} \to \Gamma_p$。所以 y_m 依概率收敛到一个正态分布的随机变量，该正态分布的均值为 0，方差为 $\lambda' \Gamma_p \lambda$。因为 $u_t - u_t^m$ 的分量为

$$x_t - x_t^m = \sum_{j=m+1}^{\infty} \psi_j w_{t-j}$$

从而当 $n，m \to \infty$ 时，

$$E[(S_n - y_{nm})^2] = n^{-1} \sum_{t=1}^{n} \lambda' E[(u_t - u_t^m)(u_t - u_t^m)'] \lambda$$

明显地收敛到 0。于是，我们验证了定理 A.2 的第(3)部分。

现在，$\sqrt{n}(\widetilde{\phi} - \phi)$ 的形式包含了乘积矩阵

$$\left(n^{-1} \sum_{t=1}^{n} x_{t-1} x_{t-1}' \right)^{-1} \overset{p}{\to} \Gamma_p^{-1}$$

因为式(A.22)可以应用于定义矩阵的逆的函数。然后，应用式(A.30)表明

$$n^{1/2} (\widetilde{\phi} - \phi) \overset{d}{\to} N(0, \sigma_w^2 \Gamma_p^{-1} \Gamma_p \Gamma_p^{-1})$$

因此，我们可以把它看作是多元正态，均值为零，协方差矩阵为 $\sigma_w^2 \Gamma_p^{-1}$。

为进一步分析 $\widetilde{\sigma}_w^2$，注意到

$$\widetilde{\sigma}_w^2 = n^{-1} \sum_{t=1}^{n} (x_t - \widetilde{\phi}' x_{t-1})^2$$

$$= n^{-1} \sum_{t=1}^{n} x_t^2 - n^{-1} \sum_{t=1}^{n} x_{t-1}' x_t \left(n^{-1} \sum_{t=1}^{n} x_{t-1} x_{t-1}' \right)^{-1} n^{-1} \sum_{t=1}^{n} x_{t-1} x_t \overset{p}{\to} \gamma(0) - \gamma_p' \Gamma_p^{-1} \gamma_p$$

$$= \sigma_w^2$$

从而，我们有样本估计值依概率收敛到 σ_w^2，写作式(B.26)的形式。 ∎

上述证明过程表明，对于充分大的 n，我们可以认为式(B.21)中的估计量 $\widehat{\phi}$ 渐近服从均值为 ϕ、方差-协方差矩阵为 $\sigma_w^2 \Gamma_p^{-1}/n$ 的多元正态分布。通过用式(B.22)中给出的估计来分别代替 σ_w^2 和 Γ_p，从而就可以得到参数 ϕ 的统计推断。

$$\widehat{\Gamma}_p = n^{-1} \sum_{t=p+1}^{n} x_{t-1} x_{t-1}'$$

在非零均值情况下，估计中的数据 x_t 被 $x_t - \overline{x}$ 代替，定理 A.2 的结果仍然有效。

B.4 Wold 分解

对于时间序列建模的 ARMA 方法，它通常基于这样的假定，即在时间上相邻的值之间的依赖性可以很好地由过去值对当前值的回归方程来解释。这一假定从理论上可以部分地由 Wold 分解所证明。

在这一节中，我们假定 $\{x_t;\ t=0,\ \pm1,\ \pm2,\ \cdots\}$ 是一个平稳的，均值为零的过程。使用 B.1 节的符号，我们定义

$$\mathcal{M}_n^x = \overline{\mathrm{sp}}\{x_t, -\infty < t \leqslant n\}, \quad \text{with} \quad \mathcal{M}_{-\infty}^x = \bigcap_{n=-\infty}^{\infty} \mathcal{M}_n^x$$

以及

$$\sigma_x^2 = \mathrm{E}(x_{n+1} - \mathrm{P}_{\mathcal{M}_n^x} x_{n+1})^2$$

我们说 x_t 是一个确定性过程当且仅当 $\sigma_x^2 = 0$，也就是说，确定性过程是一个从过去完全可以预测其未来的过程，一个简单的例子是式（4.1）中给出的过程。下面给出了 Wold 分解定理。

定理 B.5（Wold 分解） 在本节的条件和记号下，如果 $\sigma_x^2 > 0$，则 x_t 可以表示为

$$x_t = \sum_{j=0}^{\infty} \psi_j w_{t-j} + v_t$$

其中

(1) $\sum_{j=0}^{\infty} \psi_j^2 < \infty (\psi_0 = 1)$

(2) $\{w_t\}$ 是白噪声，方差为 σ_w^2

(3) $w_t \in \mathcal{M}_t^x$

(4) $\mathrm{cov}(w_s,\ v_t) = 0$，对于所有 $s,\ t = 0,\ \pm1,\ \pm2,\ \cdots$

(5) $v_t \in \mathcal{M}_{-\infty}^x$

(6) $\{v_t\}$ 是确定性的

这种分解的证明是从 B.1 节的理论出发，通过定义唯一的序列：

$$w_t = x_t - \mathrm{P}_{\mathcal{M}_{t-1}^x} x_t$$

$$\psi_j = \sigma_w^{-2} \langle x_t, w_{t-j} \rangle = \sigma_w^{-2} \mathrm{E}(x_t w_{t-j})$$

$$v_t = x_t - \sum_{j=0}^{\infty} \psi_j w_{t-j}$$

虽然每个平稳过程都可以用 Wold 分解来表示，但这并不意味着分解是描述过程的最佳方法。另外，$\{w_t\}$ 之间可能存在一定的依赖结构，我们只保证该序列是一个不相关序列。这个定理的一般性不足以满足我们的需要，因为我们希望噪声过程 $\{w_t\}$ 是独立的白噪声，但是，Wold 分解定理确实给我们信心，通过将 ARMA 模型与时间序列数据进行拟合，我们不会完全偏离标准。

附录 C 频谱域定理

C.1 频谱表示定理

在这一节中，我们给出了过程 x_t 本身的频谱表示，它允许我们将一个平稳过程看作是式(4.4)中描述的正弦与余弦的随机和。此外，我们给出的结果证明了依据频谱分布函数表示弱平稳过程的自协方差函数。首先，我们考虑具有零均值和自协方差函数为 $\gamma_x(h) = \mathrm{E}(x_{t+h} x_t^*)$ 的平稳的、可能为复数的序列 x_t 的自协方差函数的表示方法。对于任何一组复常数 $\{a_t \in \mathbb{C}; \ t=1, \cdots, n\}$ 与任何整数 $n>0$，满足下面条件时自协方差函数 $\gamma(h)$ 是非负定的：

$$\sum_{s=1}^{n} \sum_{t=1}^{n} a_s^* \gamma(s-t) a_t \geqslant 0$$

同样地，在整数上任何非负定的函数，即 $\gamma(h)$，是一些平稳过程的自协方差。为了表明这个，令 $\Gamma_n = \{\gamma(t_i - t_j)\}_{i,j=1}^{n}$ 为 $n \times n$ 矩阵，其第 i, j 个元素等于 $\gamma(t_i - t_j)$。然后选取 $\{x_t\}$ 满足 $(x_{t_1}, \cdots, x_{t_n}) \sim \mathrm{N}_n(0, \Gamma_n)$。

我们现在建立这些函数和频谱分布函数的关系；Riemann-Stieljes 积分在 C.4.1 节中进行了解释。

定理 C.1 函数 $\gamma(h)$ 对于 $h=0, \pm1, \pm2, \cdots$ 是非负定的，当且仅当它可以表示为

$$\gamma(h) = \int_{-\frac{1}{2}}^{\frac{1}{2}} \exp\{2\pi i \omega h\} \mathrm{d}F(\omega) \tag{C.1}$$

其中 $F(\cdot)$ 是不增的。函数 $F(\cdot)$ 是右连续的、有界的，并且由条件 $\omega \leqslant -1/2$ 时，$F(\omega) = F(-1/2) = 0$，$\omega \geqslant 1/2$ 时，$F(\omega) = F(1/2) = \gamma(0)$ 来唯一确定。

证明： 若 $\gamma(h)$ 由式(C.1)表示，则

$$\sum_{s=1}^{n} \sum_{t=1}^{n} a_s^* \gamma(s-t) a_t = \int_{-\frac{1}{2}}^{\frac{1}{2}} \sum_{s=1}^{n} \sum_{t=1}^{n} a_s^* a_t e^{2\pi i \omega (s-t)} \mathrm{d}F(\omega)$$

$$= \int_{-\frac{1}{2}}^{\frac{1}{2}} \left| \sum_{t=1}^{n} a_t e^{-2\pi i \omega t} \right|^2 \mathrm{d}F(\omega) \geqslant 0$$

并且 $\gamma(h)$ 是非负定的。

相反地，假定 $\gamma(h)$ 为一个非负定的函数。定义非负方程如下：

$$f_n(\omega) = n^{-1} \sum_{s=1}^{n} \sum_{t=1}^{n} e^{-2\pi i \omega s} \gamma(s-t) e^{2\pi i \omega t}$$

$$= n^{-1} \sum_{h=-(n-1)}^{(n-1)} (n - |h|) e^{-2\pi i \omega h} \gamma(h) \geqslant 0 \tag{C.2}$$

现在，令 $F_n(\omega)$ 为与 $f_n(\omega) I_{(-1/2, 1/2)}$ 对应的分布函数，其中 $I_{(\cdot)}$ 表示下标中区间的指示函数。注意：当 $\omega \geqslant -1/2$ 时，$F_n(\omega) = 0$；当 $\omega \geqslant 1/2$ 时，$F_n(\omega) = F_n(1/2)$。那么

$$\int_{-\frac{1}{2}}^{\frac{1}{2}} e^{2\pi i \omega h} \mathrm{d}F_n(\omega) = \int_{-\frac{1}{2}}^{\frac{1}{2}} e^{2\pi i \omega h} f_n(\omega) \mathrm{d}\omega = \begin{cases} (1 - |h|/n) \gamma(h), & |h| < n \\ 0, & \text{否则} \end{cases}$$

我们也有

$$F_n(1/2) = \int_{-\frac{1}{2}}^{\frac{1}{2}} f_n(\omega)\,\mathrm{d}\omega = \int_{-\frac{1}{2}}^{\frac{1}{2}} \sum_{|h|<n}(1-|h|/n)\gamma(h)\mathrm{e}^{-2\pi i \omega h}\,\mathrm{d}\omega = \gamma(0)$$

现在，借助 Helly 的第一收敛定理（见 Bhat[20] 的文献的第 157 页），存在一个子列 F_{nk} 收敛到 F，并且由 Helly-Bray 引理（见 Bhat[20] 的文献的第 157 页），表明

$$\int_{-\frac{1}{2}}^{\frac{1}{2}} \mathrm{e}^{2\pi i \omega h}\,\mathrm{d}F_{n_k}(\omega) \to \int_{-\frac{1}{2}}^{\frac{1}{2}} \mathrm{e}^{2\pi i \omega h}\,\mathrm{d}F(\omega)$$

由前面方程的等式右边，

$$(1-|h|/n_k)\gamma(h) \to \gamma(h)$$

当 $n_k \to \infty$ 时，然后即可证明所求的结果。 ■

随后，根据正交增量过程，我们给出一个零均值平稳过程 x_t 的频谱表示定理。这个版本让我们考虑由式(4.4)中描述的由正弦和余弦构成的随机和生成的（近似）平稳过程。详情见 Hannan(1970)[86] 的文献的 2.3 节。

定理 C.2 若 x_t 是一个零均值平稳过程，频谱分布 $F(\omega)$ 由定理 C.1 给出，那么存在一个在区间 $\omega \in [-1/2, 1/2]$ 上的复值随机过程 $Z(\omega)$，拥有平稳不相关的增量，使得 x_t 可以写成随机积分

$$x_t = \int_{-\frac{1}{2}}^{\frac{1}{2}} \mathrm{e}^{2\pi i \omega t}\,\mathrm{d}Z(\omega)$$

其中，对于 $-1/2 \leqslant \omega_1 \leqslant \omega_2 \leqslant 1/2$，

$$\mathrm{var}\{Z(\omega_2) - Z(\omega_1)\} = F(\omega_2) - F(\omega_1)$$

定理利用随机积分和正交增量过程，进一步的细节在 C.4.2 节中进行描述。

一般来说，频谱分布函数可以是离散与连续分布的混合。最感兴趣的特殊情况是绝对连续的情形，即 $\mathrm{d}F(\omega) = f(\omega)\,\mathrm{d}\omega$，并且结果函数为在 4.2 节中考虑的频谱密度。定理 C.1 的证明是困难的，因为我们在式(C.2)中定义了

$$f_n(\omega) = \sum_{h=-(n-1)}^{(n-1)} \left(1 - \frac{|h|}{n}\right)\gamma(h)\mathrm{e}^{-2\pi i \omega h}$$

之后，我们不能简单允许 $n \to \infty$，因为 $\gamma(h)$ 可能不是绝对可加的。然而，若 $\gamma(h)$ 是绝对可求和的，我们可以定义 $f(\omega) = \lim_{n\to\infty} f_n(\omega)$，然后我们就有下面的结果。

定理 C.3 若 $\gamma(h)$ 为一个平稳过程 x_t 的自协方差函数，且

$$\sum_{h-\infty}^{\infty} |\gamma(h)| < \infty \tag{C.3}$$

那么 x_t 的频谱密度为

$$f(\omega) = \sum_{h=-\infty}^{\infty} \gamma(h)\mathrm{e}^{-2\pi i \omega h} \tag{C.4}$$

我们可以将表示扩展到向量情形 $x_t = (x_{t1}, \cdots, x_{tp})'$，通过考虑下面形式的线性组合

$$y_t = \sum_{j=1}^{p} a_j^* x_{tj}$$

它是平稳的且自协方差函数形式如下

$$\gamma_y(h) = \sum_{j=1}^{p} \sum_{k=1}^{p} a_j^* \gamma_{jk}(h) a_k$$

其中 $\gamma_{jk}(h)$ 是 x_{tj} 与 x_{tk} 之间的通常交叉协方差函数。为了从单变量序列的表示中建立 $\gamma_{jk}(h)$ 的频谱表示，考虑线性组合

$$y_{t1} = x_{tj} + x_{tk} \quad \text{和} \quad y_{t2} = x_{tj} + ix_{tk}$$

它们都是平稳序列且协方差函数分别为

$$\gamma_1(h) = \gamma_{jj}(h) + \gamma_{jk}(h) + \gamma_{kj}(h) + \gamma_{kk}(h) = \int_{-\frac{1}{2}}^{\frac{1}{2}} e^{2\pi i \omega h} \, dG_1(\omega)$$

$$\gamma_2(h) = \gamma_{jj}(h) + i\gamma_{kj}(h) - i\gamma_{jk}(h) + \gamma_{kk}(h) = \int_{-\frac{1}{2}}^{\frac{1}{2}} e^{2\pi i \omega h} \, dG_2(\omega)$$

引入 $\gamma_{jj}(h)$ 和 $\gamma_{kk}(h)$ 的频谱表示，得到

$$\gamma_{jk}(h) = \int_{-\frac{1}{2}}^{\frac{1}{2}} e^{2\pi i \omega h} \, dF_{jk}(\omega)$$

且

$$F_{jk}(\omega) = \frac{1}{2}\big[G_1(\omega) + iG_2(\omega) - (1+i)(F_{jj}(\omega) + F_{kk}(\omega))\big]$$

现在，在可加性条件下

$$\sum_{h=-\infty}^{\infty} |\gamma_{jk}(h)| < \infty$$

我们有表示

$$\gamma_{jk}(h) = \int_{-\frac{1}{2}}^{\frac{1}{2}} e^{2\pi i \omega h} f_{jk}(\omega) \, d\omega$$

其中交叉频谱密度函数有逆傅里叶表示

$$f_{jk}(\omega) = \sum_{h=-\infty}^{\infty} \gamma_{jk}(h) e^{-2\pi i \omega h}$$

交叉协方差函数满足 $\gamma_{jk}(h) = \gamma_{kj}(-h)$，利用上面的表示，有 $f_{jk}(\omega) = f_{kj}(-\omega)$。

随后，定义一般向量过程 x_t 的自协方差函数为 $p \times p$ 矩阵

$$\Gamma(h) = \mathrm{E}\big[(x_{t+h} - \mu_x)(x_t - \mu_x)'\big]$$

以及当 $f(\omega) = \{f_{jk}(\omega); j, k = 1, \cdots, p\}$ 时，$p \times p$ 谱矩阵函数的矩阵表示形式为

$$\Gamma(h) = \int_{-\frac{1}{2}}^{\frac{1}{2}} e^{2\pi i \omega h} f(\omega) \, d\omega \tag{C.5}$$

并且逆结果

$$f(\omega) = \sum_{h=-\infty}^{\infty} \Gamma(h) e^{-2\pi i \omega h} \tag{C.6}$$

其在 4.5 节的性质 4.8 中出现。定理 C.2 也可以扩展到多元情形。

C.2　平滑周期图的大样本分布

之前，对于平稳零均值过程 x_t，在其观察点 $t = 1, \cdots, n$，我们引入离散傅里叶变换

(DFT)，如下所示：

$$d(\omega) = n^{-1/2} \sum_{t=1}^{n} x_t e^{-2\pi i \omega t} \tag{C.7}$$

这是相对序列 x_t 频率 ω 的正弦与余弦匹配的结果。我们现在假定 x_t 有绝对连续频谱 $f(\omega)$，对应绝对可加自协方差函数 $\gamma(h)$。在本节中我们的目标是检验复随机变量 $d(\omega_k)$ 的统计性质，对于 $\omega_k = k/n, k=0, 1, \cdots, n-1$，提供 $f(\omega)$ 的估计的基础。为了研究统计性质，我们检验下面的行为

$$S_n(\omega, \omega) = \mathrm{E}\,|d(\omega)|^2 = n^{-1}\mathrm{E}\Big[\sum_{s=1}^{n} x_s e^{-2\pi i \omega s} \sum_{t=1}^{n} x_t e^{2\pi i \omega t}\Big] = n^{-1}\sum_{s=1}^{n}\sum_{t=1}^{n} e^{-2\pi i \omega s} e^{2\pi i \omega t}\gamma(s-t)$$

$$= \sum_{h=-(n-1)}^{n-1} (1-|h|/n)\gamma(h)e^{-2\pi i \omega h} \tag{C.8}$$

其中我们令 $h=s-t$。利用控制收敛

$$S_n(\omega, \omega) \rightarrow \sum_{h=-\infty}^{\infty} \gamma(h)e^{-2\pi i \omega h} = f(\omega)$$

当 $n\rightarrow\infty$ 时，使得傅里叶变换的大样本方差与在 ω 上计算的频谱相等。我们在定理 C.3 中已经看到这个结果。对于精确的边界，也可以很方便地对自协方差函数加入绝对可加假设，即

$$\theta = \sum_{h=-\infty}^{\infty} |h|\,|\gamma(h)| < \infty \tag{C.9}$$

例 C.1　ARMA 模型证明的条件（C.9）

对于单纯的 MA(q)[ARMA$(0, q)$]，当 $|h|>q$ 时，$\gamma(h)=0$，很明显，条件成立。在 3.3 节，我们证明当 $p>0$ 时，自协方差函数 $\gamma(h)$ 的行为像 AR 多形式根的逆的 h 次方一样。回忆式(3.50)，我们可以有

$$\gamma(h) \sim |h|^k \xi^h$$

对于大的 h，$\xi=|z|^{-1}\in(0, 1)$，z 是 AR 多项式的一个根，并且 $0\leqslant k\leqslant p-1$ 为整数，其具体取值依赖于根的重数。

我们现在说明 $\sum_{h\geqslant 0} h\xi^h$ 是有限的，并且其他情形以类似的方式可以说明。注意 $\sum_{h\geqslant 0} \xi^h = 1/(1-\xi)$，因为它是几何和。取导数，我们有 $\sum_{h\geqslant 0} h\xi^{h-1} = 1/(1-\xi)^2$，并且乘 ξ，我们有 $\sum_{h\geqslant 0} h\xi^h = \xi/(1-\xi)^2$。对于 k 的其他取值，用同样的方式但取 k 阶导数。　■

为了进一步说明，我们推导了两个近似引理。

引理 C.1　如果在式(C.8)中定义的 $S_n(\omega, \omega)$ 与在式(C.9)中定义的 θ 为有限值，则我们有

$$|S_n(\omega, \omega) - f(\omega)| \leqslant \frac{\theta}{n} \tag{C.10}$$

或

$$S_n(\omega, \omega) = f(\omega) + O(n^{-1}) \tag{C.11}$$

证明： 为了证明这个引理，我们有下式成立：

$$n\,|\,S_n(\omega,\omega) - f_x(\omega)\,| = \left|\sum_{|u|<n}(n-|u|)\gamma(u)\mathrm{e}^{-2\pi i\omega u} - n\sum_{u=-\infty}^{\infty}\gamma(u)\mathrm{e}^{-2\pi i\omega u}\right|$$

$$= \left|-n\sum_{|u|\geqslant n}\gamma(u)\mathrm{e}^{-2\pi i\omega u} - \sum_{|u|<n}|u|\gamma(u)\mathrm{e}^{-2\pi i\omega u}\right|$$

$$\leqslant \sum_{|u|\geqslant n}|u|\,|\gamma(u)| + \sum_{|u|<n}|u|\gamma(u)| = \theta$$

该引理证毕。   ■

引理 C.2   对于 $\omega_k = k/n$，$\omega_\ell = \ell/n$，$\omega_k - \omega_\ell \neq 0$，$\pm 1$，$\pm 2$，$\pm 3$，$\cdots$，和式（C.9）中的 θ，我们有

$$|\,S_n(\omega_k,\omega_\ell)\,| \leqslant \frac{\theta}{n} = O(n^{-1}) \tag{C.12}$$

其中

$$S_n(\omega_k,\omega_\ell) = \mathrm{E}\{d(\omega_k)d^*(\omega_\ell)\} \tag{C.13}$$

证明： 做

$$n\,|\,S_n(\omega_k,\omega_\ell)\,| = \sum_{u=-(n-1)}^{-1}\gamma(u)\sum_{v=-(u-1)}^{n}\mathrm{e}^{-2\pi i(\omega_k-\omega_\ell)v}\mathrm{e}^{-2\pi i\omega_k u} + \sum_{u=0}^{n-1}\gamma(u)\sum_{v=1}^{n-u}\mathrm{e}^{-2\pi i(\omega_k-\omega_\ell)v}\mathrm{e}^{-2\pi i\omega_k u}$$

现在，对于 $u<0$ 的第一项，

$$\sum_{v=-(u-1)}^{n}\mathrm{e}^{-2\pi i(\omega_k-\omega_\ell)v} = \left(\sum_{v=1}^{n} - \sum_{v=1}^{-u}\right)\mathrm{e}^{-2\pi i(\omega_k-\omega_\ell)v} = 0 - \sum_{v=1}^{-u}\mathrm{e}^{-2\pi i(\omega_k-\omega_\ell)v}$$

对于 $u\geqslant 0$ 的第二项，

$$\sum_{v=1}^{n-u}\mathrm{e}^{-2\pi i(\omega_k-\omega_\ell)v} = \left(\sum_{v=1}^{n} - \sum_{v=n-u+1}^{n}\right)\mathrm{e}^{-2\pi i(\omega_k-\omega_\ell)v} = 0 - \sum_{v=n-u+1}^{n}\mathrm{e}^{-2\pi i(\omega_k-\omega_\ell)v}$$

因此，

$$n\,|\,S_n(\omega_k,\omega_\ell)\,| = \left|-\sum_{u=-(n-1)}^{-1}\gamma(u)\sum_{v=1}^{-u}\mathrm{e}^{-2\pi i(\omega_k-\omega_\ell)v}\mathrm{e}^{-2\pi i\omega_k u} - \sum_{u=1}^{n-1}\gamma(u)\sum_{v=n-u+1}^{n}\mathrm{e}^{-2\pi i(\omega_k-\omega_\ell)v}\mathrm{e}^{-2\pi i\omega_k u}\right|$$

$$\leqslant \sum_{u=-(n-1)}^{0}(-u)|\gamma(u)| + \sum_{u=1}^{n-1}u|\gamma(u)|$$

$$= \sum_{u=-(n-1)}^{(n-1)}|u|\,|\gamma(u)|$$

因而，我们有

$$S_n(\omega_k,\omega_\ell) \leqslant \frac{\theta}{n}$$

以及其他结论。   ■

因为 DFT 是近似不相关的，比如，阶 $1/n$，当频率的形式为 $\omega_k = k/n$ 时，我们将在这些频率下进行计算。$f(\omega)$ 的邻频率的行为是感兴趣的，并且我们将使用下面的引理 C.3 来处理这样的情形。

引理 C.3   对于 $|\omega_k - \omega| \leqslant L/2n$ 与式（C.9）中的 θ，我们有

$$|\,f(\omega_k) - f(\omega)\,| \leqslant \frac{\pi\theta L}{n} \tag{C.14}$$

或

$$f(\omega_k) - f(\omega) = O(L/n) \tag{C.15}$$

证明：做差

$$
\begin{aligned}
|f(\omega_k) - f(\omega)| &= \left| \sum_{h=\infty}^{\infty} \gamma(h) (e^{-2\pi i \omega_k h} - e^{-2\pi i \omega h}) \right| \\
&\leqslant \sum_{h=-\infty}^{\infty} |\gamma(h)| \, |e^{-\pi i (\omega_k - \omega) h} - e^{\pi i (\omega_k - \omega) h}| \\
&= 2 \sum_{h=-\infty}^{\infty} |\gamma(h)| \, |\sin[\pi(\omega_k - \omega) h]| \\
&\leqslant 2\pi |\omega_k - \omega| \sum_{h=-\infty}^{\infty} |h| \, |\gamma(h)| \\
&\leqslant \frac{\pi \theta L}{n}
\end{aligned}
$$

因为 $|\sin x| \leqslant |x|$。∎

由引理 C.1 和引理 C.2 描述的性质的主要作用在于确定 DFT 的协方差结构，即

$$d(\omega_k) = n^{-1/2} \sum_{t=1}^{n} x_t e^{-2\pi i \omega_k t} = d_c(\omega_k) - i d_s(\omega_k)$$

其中

$$d_c(\omega_k) = n^{-1/2} \sum_{t=1}^{n} x_t \cos(2\pi \omega_k t)$$

和

$$d_s(\omega_k) = n^{-1/2} \sum_{t=1}^{n} x_t \sin(2\pi \omega_k t)$$

分别为先前定义于式(4.31)与式(4.32)的观测序列的正弦与余弦转换。例如，为了简便，假定为零均值，我们将有

$$
\begin{aligned}
\mathrm{E}[d_c(\omega_k) d_c(\omega_\ell)] &= \frac{1}{4} n^{-1} \sum_{s=1}^{n} \sum_{t=1}^{n} \gamma(s-t) (e^{2\pi i \omega_k s} + e^{-2\pi i \omega_k s})(e^{2\pi i \omega_\ell t} + e^{-2\pi i \omega_\ell t}) \\
&= \frac{1}{4} [S_n(-\omega_k, \omega_\ell) + S_n(\omega_k, \omega_\ell) + S_n(\omega_\ell, \omega_k) + S_n(\omega_k, -\omega_\ell)]
\end{aligned}
$$

引理 C.1 和引理 C.2 表明，对于 $k = \ell$，

$$
\begin{aligned}
\mathrm{E}[d_c(\omega_k) d_c(\omega_\ell)] &= \frac{1}{4} [O(n^{-1}) + f(\omega_k) + O(n^{-1}) + f(\omega_k) + O(n^{-1}) + O(n^{-1})] \\
&= \frac{1}{2} f(\omega_k) + O(n^{-1}) \tag{C.16}
\end{aligned}
$$

对于 $k \neq \ell$，所有项都是 $O(n^{-1})$。因此，我们有

$$\mathrm{E}[d_c(\omega_k) d_C(\omega_\ell)] = \begin{cases} \dfrac{1}{2} f(\omega_k) + O(n^{-1}), & k = \ell \\[2mm] O(n^{-1}), & k \neq \ell \end{cases} \tag{C.17}$$

类似的观点给出

$$\mathrm{E}[d_s(\omega_k)d_s(\omega_\ell)] = \begin{cases} \dfrac{1}{2}f(\omega_k) + O(n^{-1}), & k = \ell \\ O(n^{-1}), & k \neq \ell \end{cases} \tag{C.18}$$

并且对于所有的 k, ℓ, 我们有 $\mathrm{E}[d_s(\omega_k)d_c(\omega_\ell)] = O(n^{-1})$。我们可以将引理 C.1~C.3 的结果总结如下。

定理 C.4 对于一个零均值平稳过程, 具有满足式(C.9)的自协方差函数, 以及其频率 $\omega_{k:n}$ 满足 $|\omega_{k:n} - \omega| < 1/n$, 且接近于某些目标频率 ω, 那么式(4.31)和式(4.32)中的余弦和正弦变换近似不相关, 并且它们的方差等于 $(1/2)f(\omega)$, 近似误差一致有界且其一致有界值为 $\pi\theta L/n$。

现在考虑估计在一些目标频率 ω 的邻域中的频谱, 利用周期图估计

$$I(\omega_{k:n}) = |d(\omega_{k:n})|^2 = d_c^2(\omega_{k:n}) + d_s^2(\omega_{k:n})$$

其中我们对于每个 n, 令 $|\omega_{k:n} - \omega| \leqslant n^{-1}$。若序列 x_t 是零均值高斯的,

$$\begin{pmatrix} d_c(\omega_{k:n}) \\ d_s(\omega_{k:n}) \end{pmatrix} \xrightarrow{d} N\left\{ \begin{pmatrix} 0 \\ 0 \end{pmatrix}, \frac{1}{2}\begin{pmatrix} f(\omega) & 0 \\ 0 & f(\omega) \end{pmatrix} \right\}$$

然后我们有

$$\frac{2I(\omega_{k:n})}{f(\omega)} \xrightarrow{d} \chi_2^2$$

其中 χ_v^2 表示一个通常的自由度为 v 阶的卡方分布随机变量。不过, 当 $n \to \infty$ 时, 分布并不集中, 因为周期图估计的方差并不趋向于 0。

我们通过考虑 ω 的邻域中的一组频率上的周期图的平均来解决上面提到的问题。例如, 我们总能找到一组形如 $\{\omega_{j:n} + k/n;\ k = 0,\ \pm 1,\ \pm 2,\ \cdots,\ m\}$ 的频率集合, 该集合的元素个数为 $L = 2m+1$, 根据引理 C.3, 我们有

$$f(\omega_{j:n} + k/n) = f(\omega) + O(Ln^{-1})$$

当 n 增加时, 离散频率的值会改变。

现在, 我们可以以考虑平滑周期图估计 $\hat{f}(\omega)$, 由式(4.64)给出, 这个情况包含了平均周期图 $\bar{f}(\omega)$。首先, 我们发现式(C.9), $\theta = \sum\limits_{h=-\infty}^{\infty}|h|\,|\gamma(h)| < \infty$, 为估计频谱中的一个重要条件。在研究周期图的局部平均时, 我们需要一个式(C.9)收敛速度的条件, 即

$$\sum_{h=-n}^{n}|h|\,|\gamma(h)| = O(n^{-1/2}) \tag{C.19}$$

我们可以证明式(C.19)的一个充分条件是, 时间序列是由下面给出的线性过程,

$$x_t = \sum_{j=-\infty}^{\infty}\psi_j w_{t-j}, \quad \sum_{j=0}^{\infty}\sqrt{j}\,|\psi_j| < \infty \tag{C.20}$$

其中 $w_t \sim \mathrm{iid}(0,\ \sigma_w^2)$, 并且 w_t 有有限的四阶矩,

$$\mathrm{E}(w_t^4) = \eta\sigma_w^4 < \infty$$

我们将其留给读者(详情参考问题 4.40)来给出式(C.20)证明式(C.19)。若 $w_t \sim \mathrm{wn}(0,\ \sigma_w^2)$, 那么式(C.20)表明式(C.19), 但是我们在下面的引理中将要求噪声是 iid。

引理 C. 4 假定 x_t 是由式(C.20)给出的线性过程，并且令 $I(\omega_j)$ 为数据 $\{x_1, \cdots, x_n\}$ 的周期图。则

$$\mathrm{cov}(I(\omega_j), I(\omega_k)) = \begin{cases} 2f^2(\omega_j) + o(1) & \omega_j = \omega_k = 0, 1/2 \\ f^2(\omega_j) + o(1) & \omega_j = \omega_k \neq 0, 1/2 \\ O(n^{-1}) & \omega_j \neq \omega_k \end{cases}$$

引理 C.4 的证明很简单，也很乏味，详情可以在 Fuller(1976)[65] 的文献的定理 7.2.1 或 Brockwell and Davis(1991)[36] 的文献的定理 10.3.2 中找到。为了说明的目的，我们给出纯白噪声情形下引理的证明，即，$x_t = w_t$，在这种情形下 $f(\omega) \equiv \sigma_w^2$。由定义，这种情况下的周期图为

$$I(\omega_j) = n^{-1} \sum_{s=1}^{n} \sum_{t=1}^{n} w_s w_t \mathrm{e}^{2\pi i \omega_j (t-s)}$$

其中 $\omega_j = j/n$，因此

$$\mathrm{E}\{I(\omega_j)I(\omega_k)\} = n^{-2} \sum_{s=1}^{n} \sum_{t=1}^{n} \sum_{u=1}^{n} \sum_{v=1}^{n} \mathrm{E}(w_s w_t w_u w_v) \mathrm{e}^{2\pi i \omega_j (t-s)} \mathrm{e}^{2\pi i \omega_k (u-v)}$$

现在当所有下标匹配时，$\mathrm{E}(w_s w_t w_u w_v) = \eta \sigma_w^4$，当下标成对匹配时，即 $s = t \neq u = v$ 时，有 $\mathrm{E}(w_s w_t w_u w_v) = \sigma_w^4$。否则，$\mathrm{E}(w_s w_t w_u w_v) = 0$。因此，

$$\mathrm{E}\{I(\omega_j)I(\omega_k)\} = n^{-1}(\eta - 3)\sigma_w^4 + \sigma_w^4(1 + n^{-2}[A(\omega_j + \omega_k) + A(\omega_k - \omega_j)])$$

其中

$$A(\lambda) = \left| \sum_{t=1}^{n} \mathrm{e}^{2\pi i \lambda t} \right|^2$$

注意 $\mathrm{E}I(\omega_j) = n^{-1} \sum_{t=1}^{n} \mathrm{E}(w_t^2) = \sigma_w^2$，我们有

$$\mathrm{cov}\{I(\omega_j), I(\omega_k)\} = \mathrm{E}\{I(\omega_j)I(\omega_k)\} - \sigma_w^4 = n^{-1}(\eta - 3)\sigma_w^4 + n^{-2}\sigma_w^4[A(\omega_j + \omega_k) + A(\omega_k - \omega_j)]$$

因此，我们得出结论

$$\mathrm{var}\{I(\omega_j)\} = n^{-1}(\eta - 3)\sigma_w^4 + \sigma_w^4 \quad \text{对于 } \omega_j \neq 0, 1/2$$
$$\mathrm{var}\{I(\omega_j)\} = n^{-1}(\eta - 3)\sigma_w^4 + 2\sigma_w^4 \quad \text{对于 } \omega_j = 0, 1/2$$
$$\mathrm{cov}\{I(\omega_j), I(\omega_k)\} = n^{-1}(\eta - 3)\sigma_w^4 \quad \text{对于 } \omega_j \neq \omega_k$$

在这种情况下给出了结果。我们也注意到若 w_t 是高斯的，那么 $\eta = 3$，并且周期图顺序是独立的。利用引理 C.4，我们可以建立下面的基本结果。

定理 C. 5 假定 x_t 是由式(C.20)给出的线性过程。那么，根据式(4.64)中定义的 $\hat{f}(\omega)$ 与权重 h_k 上相应的条件，当 $n \to \infty$ 时，我们有

(1) $\mathrm{E}(\hat{f}(\omega)) \to f(\omega)$。

(2) $\left(\sum_{k=-m}^{m} h_k^2 \right)^{-1} \mathrm{cov}(\hat{f}(\omega), \hat{f}(\lambda)) \to f^2(\omega)$，对于 $\omega = \lambda \neq 0, 1/2$。

在(2)中，若 $\omega \neq \lambda$ 时，用 0 替代 $f^2(\omega)$，若 $\omega = \lambda = 0$ 或 $1/2$ 时用 $2f^2(\omega)$ 替代。

证明：

(1) 首先，回忆式(4.36)

$$E[I(\omega_{j:n})] = \sum_{h=-(n-1)}^{n-1}\left(\frac{n-|h|}{n}\right)\gamma(h)\,\mathrm{e}^{-2\pi i\omega_{j:n}h} \stackrel{\text{def}}{=} f_n(\omega_{j:n})$$

但是因为 $f_n(\omega_{j:n}) \to f(\omega)$ 一致地，并且由 f 的连续性，$|f(\omega_{j:n})-f(\omega_{j:n}+k/n)| \to 0$，我们有

$$\begin{aligned}E\,\hat{f}(\omega) &= \sum_{k=-m}^{m} h_k E I(\omega_{j:n}+k/n) = \sum_{k=-m}^{m} h_k f_n(\omega_{j:n}+k/n)\\ &= \sum_{k=-m}^{m} h_k[f(\omega)+o(1)] \to f(\omega)\end{aligned}$$

因为 $\sum\limits_{k=-m}^{m} h_k = 1$。

(2) 首先，假定我们有 $\omega_{j:n} \to \omega_1$ 和 $\omega_{\ell:n} \to \omega_2$，且 $\omega_1 \neq \omega_2$。那么，对于足够大的将区域隔开的 n，利用引理 C.4，我们有

$$\begin{aligned}|\mathrm{cov}(\hat{f}(\omega_1),\hat{f}(\omega_2))| &= \left|\sum_{|k|\leqslant m}\sum_{|r|\leqslant m} h_k h_r \mathrm{cov}[I(\omega_{j:n}+k/n), I(\omega_{\ell:n}+r/n)]\right|\\ &= \left|\sum_{|k|\leqslant m}\sum_{|r|\leqslant m} h_k h_r O(n^{-1})\right|\\ &\leqslant \frac{c}{n}\left(\sum_{|k|\leqslant m} h_k\right)^2 \quad (\text{其中 } c \text{ 为常数})\\ &\leqslant \frac{cL}{n}\left(\sum_{|k|\leqslant m} h_k^2\right)\end{aligned}$$

其建立了不同频率下(2)的情形。相同频率情形，即 $\omega=\lambda$，通过上面分析中相似的方式建立。定理 C.5 证明在 4.4 节和第 7 章中使用的分布性质。我们可以拓展本节中的结果到向量序列形式 $x_t = (x_{t1}, \cdots, x_{tp})'$，当交叉频谱为

$$f_{ij}(\omega) = \sum_{h=-\infty}^{\infty} \gamma_{ij}(h)\,\mathrm{e}^{-2\pi i\omega h} = c_{ij}(\omega) - iq_{ij}(\omega) \tag{C.21}$$

其中

$$c_{ij}(\omega) = \sum_{h=-\infty}^{\infty} \gamma_{ij}(h)\cos(2\pi\omega h) \tag{C.22}$$

和

$$q_{ij}(\omega) = \sum_{h=-\infty}^{\infty} \gamma_{ij}(h)\sin(2\pi\omega h) \tag{C.23}$$

分别表示同相谱和重谱。我们用下式表示序列 x_t 的 DFT

$$d_j(\omega_k) = n^{-1/2}\sum_{t=1}^{n} x_{tj}\,\mathrm{e}^{-2\pi i\omega_k t} = d_{cj}(\omega_k) - id_{sj}(\omega_k)$$

其中 d_{cj} 和 d_{sj} 为 x_{tj} 的正弦与余弦变换，$j=1, 2, \cdots, p$。像前面一样，我们限定协方差结构有界，并且将结果总结如下。 ■

定理 C.6 多元正弦与余弦变换的协方差结构服从

$$\theta_{ij} = \sum_{h=-\infty}^{\infty} |h|\,|\gamma_{ij}(h)| < \infty \tag{C.24}$$

由下面给出

$$\mathrm{E}[d_{ci}(\omega_k)d_{cj}(\omega_\ell)] = \begin{cases} \frac{1}{2}c_{ij}(\omega_k) + O(n^{-1}), & k = \ell \\ O(n^{-1}), & k \neq \ell \end{cases} \tag{C.25}$$

$$\mathrm{E}[d_{ci}(\omega_k)d_{sj}(\omega_\ell)] = \begin{cases} -\frac{1}{2}q_{ij}(\omega_k) + O(n^{-1}), & k = \ell \\ O(n^{-1}), & k \neq \ell \end{cases} \tag{C.26}$$

$$\mathrm{E}[d_{si}(\omega_k)d_{cj}(\omega_\ell)] = \begin{cases} \frac{1}{2}q_{ij}(\omega_k) + O(n^{-1}), & k = \ell \\ O(n^{-1}), & k \neq \ell \end{cases} \tag{C.27}$$

$$\mathrm{E}[d_{si}(\omega_k)d_{sj}(\omega_\ell)] = \begin{cases} \frac{1}{2}c_{ij}(\omega_k) + O(n^{-1}), & k = \ell \\ O(n^{-1}), & k \neq \ell \end{cases} \tag{C.28}$$

证明：我们定义

$$S_n^{ij}(\omega_k, \omega_\ell) = \sum_{s=1}^{n}\sum_{t=1}^{n}\gamma_{ij}(s-t)\mathrm{e}^{-2\pi i\omega_k s}\mathrm{e}^{2\pi i\omega_\ell t} \tag{C.29}$$

随后，我们可以证明定理，通过类似这样的方法

$$\begin{aligned}
\mathrm{E}[d_{ci}(\omega_k)d_{sj}(\omega_k)] &= \frac{1}{4i}\sum_{s=1}^{n}\sum_{t=1}^{n}\gamma_{ij}(s-t)(\mathrm{e}^{2\pi i\omega_k s} + \mathrm{e}^{-2\pi i\omega_k s})(\mathrm{e}^{2\pi i\omega_k t} - \mathrm{e}^{-2\pi i\omega_k t}) \\
&= \frac{1}{4i}[S_n^{ij}(-\omega_k, \omega_k) + S_n^{ij}(\omega_k, \omega_k) - S_n^{ij}(\omega_k, \omega_k) - S_n^{ij}(\omega_k, -\omega_k)] \\
&= \frac{1}{4i}[c_{ij}(\omega_k) - iq_{ij}(\omega_k) - (c_{ij}(\omega_k) + iq_{ij}(\omega_k)) + O(n^{-1})] \\
&= -\frac{1}{2}q_{ij}(\omega_k) + O(n^{-1})
\end{aligned}$$

其中我们利用了以下事实：引理 C.1～C.3 中给出的性质可以由交叉频谱密度函数 $f_{ij}(\omega)$，$i, j = 1, \cdots, p$ 来验证。∎

现在，若研究的多元时间序列 x_t 是一个正态过程，显然 DFT 是联合正态的，并且我们可以定义向量 DFT，$d(\omega_k) = (d_1(\omega_k), \cdots, d_p(\omega_k))'$ 为

$$d(\omega_k) = n^{-1/2}\sum_{t=1}^{n}x_t\mathrm{e}^{-2\pi i\omega_k t} = d_c(\omega_k) - id_s(\omega_k) \tag{C.30}$$

其中

$$d_c(\omega_k) = n^{-1/2}\sum_{t=1}^{n}x_t\cos(2\pi\omega_k t) \tag{C.31}$$

与

$$d_s(\omega_k) = n^{-1/2}\sum_{t=1}^{n}x_t\sin(2\pi\omega_k t) \tag{C.32}$$

分别为观测向量序列 x_t 的正弦与余弦变换。然后，建立实部和虚部 $(d_c'(\omega_k)$，$d_s'(\omega_k))'$ 的向量，我们可以注意到它的均值为零，并且只要 $\omega_k - \omega = O(n^{-1})$，它的 $2p \times 2p$

阶协方差矩阵

$$\Sigma(\omega_k) = \frac{1}{2}\begin{pmatrix} C(\omega_k) & -Q(\omega_k) \\ Q(\omega_k) & C(\omega_k) \end{pmatrix} \tag{C.33}$$

的阶为 n^{-1}。我们引入了 $p \times p$ 矩阵 $C(\omega_k) = \{c_{ij}(\omega_k)\}$ 和 $Q = \{q_{ij}(\omega_k)\}$。复随机变量 $d(\omega_k)$ 有协方差

$$\begin{aligned}
S(\omega_k) &= \mathrm{E}[d(\omega_k)d^*(\omega_k)] \\
&= \mathrm{E}[(d_c(\omega_k) - id_s(\omega_k))(d_c(\omega_k) - id_s(\omega_k))^*] \\
&= \mathrm{E}[d_c(\omega_k)d_c(\omega_k)'] + \mathrm{E}[d_s(\omega_k)d_s(\omega_k)'] - i(\mathrm{E}[d_s(\omega_k)d_c(\omega_k)'] - \mathrm{E}[d_c(\omega_k)d_s(\omega_k)']) \\
&= C(\omega_k) - iQ(\omega_k) \tag{C.34}
\end{aligned}$$

若过程 x_t 有多元正态分布，复向量 $d(\omega_k)$ 有近似复多元正态分布，该复多元正态分布的均值为 0；若实部和虚部拥有上面规定的协方差结构，则协方差矩阵为 $S(\omega_k) = C(\omega_k) - iQ(\omega_k)$。在下一节中，我们将进一步研究这个分布，并展示它如何适应实值情形。如果我们希望估计频谱矩阵 $S(w)$，很自然像之前那样对形式 $\omega_{k:n} + \ell/n$，$\ell = -m$，…，m 的频率取区间，因此估计变为 4.5 节的式(4.98)。对多元复正态分布的进一步性质进行了讨论。

对于潜在分布并不一定为正态的情形，发展大样本理论也是令人感兴趣的。如果 x_t 不一定是一个正态过程，需要添加一些额外条件来获得渐近正态性。特别地，引入广义线性过程的概念

$$y_t = \sum_{r=-\infty}^{\infty} A_r w_{t-r} \tag{C.35}$$

其中 w_t 为一个 $p \times 1$ 向量白噪声过程，它的 $p \times p$ 协方差矩阵为 $\mathrm{E}[w_t w_t'] = G$，并且 $p \times p$ 阶滤波系数矩阵 A_t 满足

$$\sum_{t=-\infty}^{\infty} \mathrm{tr}\{A_t A_t'\} = \sum_{t=-\infty}^{\infty} \|A_t\|^2 < \infty \tag{C.36}$$

特别地，稳定向量 ARMA 过程满足这些条件。对于广义线性过程，我们阐述下面的一般结果，源于 Hannan[86] 的文献的第 224 页。

定理 C.7 若 x_t 是由一个拥有连续频谱在 ω 上不为零的广义线性过程产生的，$\omega_{k:n} + \ell/n$ 是在距离中心 ω 不超过 L/n 的一组频率，余弦变换(C.31)和正弦变换(C.32)的联合密度函数收敛到 L 个独立的 $2p \times 1$ 维正态向量，它的协方差矩阵 $\Sigma(\omega)$ 具有式(C.33)所示的结构。在 $\omega = 0$ 或 $\omega = 1/2$ 上，分布是实值，有协方差矩阵 $2\Sigma(\omega)$。

上面的结果提供包含平稳序列傅里叶变换的推断的依据，因为它证明了基于多元正态理论的似然函数的近似。我们在第 7 章中广泛使用了这个结果，但是仍然需要一个简单形式来证明在式(4.104)中给出的样本一致性的分布结果。下一节给出了复正态分布的基本介绍。

C.3 复多元正态分布

多元正态分布将是表达似然函数与确定近似极大似然估计与它们的大样本概率分布的基本工具。多元正态分布的详细处理可以在一般的教材中找到，例如 Anderson[7] 的文献。我们将使用 $p \times 1$ 向量 $x = (x_1, x_2, \cdots, x_p)'$ 的多元正态分布，根据密度函数定义

$$p(x) = (2\pi)^{-p/2} \, |\Sigma|^{-1/2} \exp\left\{-\frac{1}{2}(x-\mu)'\Sigma^{-1}(x-\mu)\right\} \tag{C.37}$$

它有均值向量 $\mathrm{E}[x]=\mu=(\mu_1,\cdots,\mu_p)'$ 且协方差矩阵如下

$$\Sigma = \mathrm{E}[(x-\mu)(x-\mu)'] \tag{C.38}$$

我们使用符号 $x\sim N_p(\mu,\Sigma)$ 来表示形如 (C.37) 的密度，并且注意到多元正态变量的形如 $y=Ax$ 的线性变换也服从多元正态分布，其中 A 为一个 $p\times q$ 矩阵且 $q\leqslant p$，其分布为

$$y \sim N_q(A\mu, A\Sigma A') \tag{C.39}$$

通常，基于 p 维向量 $x=(x_1',x_2')'$ 的分段多元正态向量，分别分割为两个 $p_1\times 1$ 和 $p_2\times 1$ 分量 x_1 和 x_2，其中 $p=p_1+p_2$。若均值向量 $\mu=(\mu_1',\mu_2')'$ 与协方差矩阵

$$\Sigma = \begin{pmatrix} \Sigma_{11} & \Sigma_{12} \\ \Sigma_{21} & \Sigma_{22} \end{pmatrix} \tag{C.40}$$

也是分段相容的，分量的任意子集的边际分布都是多元正态的，即，

$$x_1 \sim N_{p1}\{\mu_1,\Sigma_{11}\}$$

并且给定 x_1 条件分布 x_2 是正态的，均值为

$$\mathrm{E}[x_2\,|\,x_1] = \mu_2 + \Sigma_{21}\Sigma_{11}^{-1}(x_1-\mu_1) \tag{C.41}$$

且条件协方差为

$$\mathrm{cov}[x_2\,|\,x_1] = \Sigma_{22} - \Sigma_{21}\Sigma_{11}^{-1}\Sigma_{12} \tag{C.42}$$

在前一节中，DFT 的实部和虚部拥有分段协方差矩阵，如式 (C.33) 给出的，然后我们利用这个结果来表明复 $p\times 1$ 向量

$$z = x_1 - ix_2 \tag{C.43}$$

拥有复多元正态分布，均值向量为 $\mu_z=\mu_1-i\mu_2$ 且 $p\times p$ 协方差矩阵为

$$\Sigma_z = C - iQ \tag{C.44}$$

若实多元 $2p\times 1$ 正态向量 $x=(x_1',x_2')'$ 拥有实多元正态分布，均值向量为 $\mu=(\mu_1',\mu_2')'$ 并且协方差矩阵为

$$\Sigma = \frac{1}{2}\begin{pmatrix} C & -Q \\ Q & C \end{pmatrix} \tag{C.45}$$

对于矩阵 Σ，限制条件 $C'=C$ 与 $Q'=-Q$ 必须为一个协方差矩阵，并且这些条件随后表明 $\Sigma_z=\Sigma_z^*$ 是 Hermitian。复多元正态向量 z 的概率密度函数可以表示为简洁的形式

$$p_z(z) = \pi^{-p} \, |\Sigma_z|^{-1} \exp\{-(z-\mu_z)^*\Sigma_z^{-1}(z-\mu_z)\} \tag{C.46}$$

并且这就是我们将经常在似然中使用的形式。随后的结果表明 $p_x(x_1,x_2)=p_z(z)$，利用在指数中二次形式和 Hermitian 形式是相等的并且 $|\Sigma_x|=|\Sigma_z|^2$。第二个断言直接来自矩阵 Σ_x 有重复的特征值 $\lambda_1,\lambda_2,\cdots,\lambda_p$，与特征向量 $(\alpha_1',\alpha_2')'$ 对应，并且相同的集合 $\lambda_1,\lambda_2,\cdots,\lambda_p$ 与 $(\alpha_2',-\alpha_1')'$ 对应。因此

$$|\Sigma_x| = \prod_{i=1}^{p}\lambda_i^2 = |\Sigma_z|^2$$

有关复多元正态分布的更多资料，见 Goodman[75] 的文献、Giri[73] 的文献或 Khatri[117] 的文献。

例 C.2 一个复正态随机变量

为了解决问题，考虑一个非常简单的复随机变量

$$z = \Re(z) - i \Im(z) = z_1 - i z_2$$

其中 $z_1 \sim N\left(0, \frac{1}{2}\sigma^2\right)$ 独立于 $z_2 \sim N\left(0, \frac{1}{2}\sigma^2\right)$。那么 (z_1, z_2) 的联合密度为

$$p(z_1, z_2) \propto \sigma^{-1} \exp\left(-\frac{z_1^2}{\sigma^2}\right) \times \sigma^{-1} \exp\left(-\frac{z_2^2}{\sigma^2}\right) = \sigma^{-2} \exp\left\{-\left(\frac{z_1^2 + z_2^2}{\sigma^2}\right)\right\}$$

更简洁地，我们记 $z \sim N_c(0, \sigma^2)$ 并且

$$p(z) \propto \sigma^{-2} \exp\left(-\frac{z^* z}{\sigma^2}\right)$$

在傅里叶分析中，z_1 会为基础频率（除去终点）上数据的余弦变换，z_2 为相应的正弦变换。若过程是高斯的，z_1 与 z_2 是独立正态且零均值，方差为在特定频率的频谱密度的一半。因此，复正态分布的定义在频谱分析的背景下是自然的。∎

例 C.3 双变量复正态分布

考虑复随机变量 $u_1 = x_1 - i x_2$ 和 $u_2 = y_1 - i y_2$ 的联合分布，其中分段向量 $(x_1, x_2, y_1, y_2)'$ 拥有一个实多元正态分布，均值为 $(0, 0, 0, 0)'$，协方差矩阵为

$$\Sigma = \frac{1}{2} \left(\begin{array}{cc|cc} c_{xx} & 0 & c_{xy} & -q_{xy} \\ 0 & c_{xx} & q_{xy} & c_{xy} \\ \hline c_{xy} & q_{xy} & c_{yy} & 0 \\ -q_{xy} & c_{yx} & 0 & c_{yy} \end{array} \right) \tag{C.47}$$

现在，考虑给定 $x = (x_1, x_2)'$ 下 $y = (y_1, y_2)'$ 的条件分布。利用式(C.41)，我们有

$$E(y|x) = \begin{pmatrix} x_1 & -x_2 \\ x_2 & x_1 \end{pmatrix} \begin{pmatrix} b_1 \\ b_2 \end{pmatrix} \tag{C.48}$$

其中

$$(b_1, b_2) = \left(\begin{array}{cc} \dfrac{c_{yx}}{c_{xx}}, & \dfrac{q_{yx}}{c_{xx}} \end{array} \right) \tag{C.49}$$

很自然可以确定交叉频谱

$$f_{xy} = c_{xy} - i q_{xy} \tag{C.50}$$

因此构成了复随机变量

$$b = b_1 - i b_2 = \frac{c_{yx} - i q_{yx}}{c_{xx}} = \frac{f_{yx}}{f_{xx}}$$

我们将它确定为复回归系数。由式(C.42)有条件协方差矩阵，并简化为

$$\text{cov}(y|x) = \frac{1}{2} f_{y \cdot x} I_2 \tag{C.51}$$

其中 I_2 表示 2×2 单位矩阵且

$$f_{y \cdot x} = c_{yy} - \frac{c_{xy}^2 + q_{xy}^2}{c_{xx}} = f_{yy} - \frac{|f_{xy}|^2}{f_{xx}} \tag{C.52}$$

例 C.3 引出一种方法来证明式(4.104)中给出的函数一致性的分布结果。该方程可以利用 2.1 节中推出 F-统计量的回归结果来推导结果。假定我们考虑 L 个输入 x_t 和输出 y_t 的正弦和余弦变换，它们在某些目标频率 ω 的邻域里取样 $L=2m+1$ 个频率，记作 $d_{x,c}(\omega_k +\ell/n)$，$d_{x,s}(\omega_k+\ell/n)$，$d_{y,c}(\omega_k+\ell/n)$，$d_{y,s}(\omega_k+\ell/n)$，其中 $\ell=-m$，$\cdots$，m。假定这些正弦与余弦变换都是重编号的，并且由 $d_{x,cj}$，$d_{x,sj}$，$d_{y,cj}$，$d_{y,sj}$，$j=1,2,\cdots$，表示，产生 $2L$ 个具有大样本正态分布的实随机变量，对于每个 j，该大样本正态分布的极限协方差矩阵形如式(C.47)。那么，如在例 C.3 给出的那样，给定 $d_{x,cj}$，$d_{x,sj}$ 条件下，2×1 阶向量 $d_{y,cj}$，$d_{y,sj}$ 的条件正态分布表明，我们可以近似地把回归模型写为

$$\begin{pmatrix} d_{y,cj} \\ d_{y,sj} \end{pmatrix} = \begin{pmatrix} d_{x,cj} & -d_{x,sj} \\ d_{x,sj} & d_{x,cj} \end{pmatrix} \begin{pmatrix} b_1 \\ b_2 \end{pmatrix} + \begin{pmatrix} V_{cj} \\ V_{sj} \end{pmatrix}$$

其中 V_{cj}，V_{sj} 是近似不相关的，近似方差为

$$\mathrm{E}[V_{cj}^2] = \mathrm{E}[V_{sj}^2] = (1/2)f_{y\cdot x}$$

现在，通过叠加，构建 $2L\times1$ 向量 $y_c=(d_{y,c1},\cdots,d_{y,cL})'$，$y_s=(d_{y,s1},\cdots,d_{y,sL})'$，$x_c=(d_{x,c1},\cdots,d_{x,cL})'$，$x_s=(d_{x,s1},\cdots,d_{x,sL})'$，并重写回归模型为

$$\begin{pmatrix} y_c \\ y_s \end{pmatrix} = \begin{pmatrix} x_c & -x_s \\ x_s & x_c \end{pmatrix} \begin{pmatrix} b_1 \\ b_2 \end{pmatrix} + \begin{pmatrix} v_c \\ v_s \end{pmatrix}$$

其中，v_s 和 v_c 为误差堆叠。最后，将整个模型写为第 2 章中的回归模型，即

$$y = Zb + v$$

在前面的方程中做了明显的识别。在给定 Z 的条件下，模型确切变为第 2 章中考虑的回归模型，其中有 $q=2$ 个回归系数以及端侧向量 y 的 $2L$ 个观测值。为了测试该回归模型是否显著，我们使用 F-统计量，该统计量的值取决于如下所示的全模型残差平方和

$$\mathrm{SSE} = y'y - y'Z(Z'Z)^{-1}Z'y \tag{C.53}$$

和简化模型的残差平方和 $\mathrm{SSE}_0=y'y$ 的差值。F-统计量的定义如下所示：

$$F_{2,2L-2} = (L-1)\frac{\mathrm{SSE}_0 - \mathrm{SSE}}{\mathrm{SSE}} \tag{C.54}$$

它服从分子自由度为 2 以及分母自由度为 $2L-2$ 的 F-分布。同样地，对 y 的替换后得到

$$\mathrm{SSE}_0 = y'y = y_c'y_c + y_s'y_s = \sum_{j=1}^{L}(d_{y,cj}^2 + d_{y,sj}^2) = L\,\hat{f}_y(\omega)$$

为输出序列的样本频谱。类似地，

$$Z'Z = \begin{pmatrix} L\,\hat{f}_x & 0 \\ 0 & L\,\hat{f}_x \end{pmatrix}$$

和

$$Z'y = \begin{pmatrix} (x_c'y_c + x_s'y_s) \\ (x_c'y_s - x_s'y_c) \end{pmatrix} = \begin{pmatrix} \sum_{j=1}^{L}(d_{x,cj}d_{y,cj} + d_{x,sj}d_{y,sj}) \\ \sum_{j=1}^{L}(d_{x,cj}d_{y,sj} - d_{x,sj}d_{y,cj}) \end{pmatrix} = \begin{pmatrix} L\,\hat{c}_{yx} \\ L\,\hat{q}_{yx} \end{pmatrix}$$

一起表明

$$y'Z(Z'Z)^{-1}Z'y = L\,|\,\hat{f}_{xy}\,|^{2}/\,\hat{f}_{x}$$

代入(C.54)中，得到

$$F_{2,2L-2} = (L-1)\,\frac{|\,\hat{f}_{xy}\,|^{2}/\,\hat{f}_{x}}{(\hat{f}_{y} - |\,\hat{f}_{xy}\,|^{2}/\,\hat{f}_{x})}$$

利用在式(4.103)中定义的样本相干性，上式可以直接转换为 F-统计量(4.104)。

C.4 积分

在第 4 章与本附录中，我们使用 Riemann-Stieltjes 积分与随机积分。我们为不熟悉这些技巧的读者大概介绍这些积分相关的概念。

C.4.1 Riemann-Stieltjes 积分

我们关注式(4.14)的含义，而不是完全的一般性，

$$\gamma(h) = \int_{-\frac{1}{2}}^{\frac{1}{2}} e^{2\pi i\omega h}\,\mathrm{d}F(\omega)$$

在这里，我们关注的是一个有界、连续(复值的)方程 $g(\omega) = e^{2\pi i\omega h}$ 的积分，关于单调递增、右连续(实值)函数 $F(\omega)$。

令 $\Omega = \left\{-\dfrac{1}{2} = \omega_0,\ \omega_1,\ \cdots,\ \omega_n = \dfrac{1}{2}\right\}$ 为区间的分段，并且定义和

$$S_{\Omega}(g,F) = \sum_{j=1}^{n} g(u_j)\big[F(\omega_j) - F(\omega_{j-1})\big] \tag{C.55}$$

其中 $u_j \in [\omega_{j-1},\ \omega_j]$。在我们的情况中，存在一个唯一的数 $\mathcal{I}(g,F)$，使得对于任意 $\varepsilon > 0$，对于下式存在 $\delta > 0$，

$$|\,S_{\Omega}(g,F) - \mathcal{I}(g,F)\,| < \varepsilon$$

对于任意满足 $\max_{j}|\omega_j - \omega_{j-1}| < \delta$ 和任意 $u_j \in [\omega_{j-1},\ \omega_j]$，$j = 1,\ \cdots,\ n$ 的分段 Ω。在这种情形下，我们定义

$$\mathcal{I}(g,F) = \int_{-\frac{1}{2}}^{\frac{1}{2}} g(\omega)\,\mathrm{d}F(\omega) \tag{C.56}$$

在绝对连续情形下，如在性质 4.2 中，$\mathrm{d}F(\omega) = f(\omega)\mathrm{d}\omega$，并且正如在性质中阐述的，

$$\gamma(h) = \int_{-\frac{1}{2}}^{\frac{1}{2}} e^{2\pi i\omega h}\,\mathrm{d}F(\omega) = \int_{-\frac{1}{2}}^{\frac{1}{2}} e^{2\pi i\omega h} f(\omega)\,\mathrm{d}\omega$$

我们讨论的另一种情况为离散情形，如在例 4.4 中，其中频谱分布 $F(\omega)$ 在 ω 的特定值上制造跳跃。首先，考虑这种情形，$F(\omega)$ 在 $\omega^* \in \left(-\dfrac{1}{2},\ \dfrac{1}{2}\right)$ 处有 $c > 0$ 的跳跃，因此若 $\omega < \omega^*$，$F(\omega) = 0$，并且若 $\omega \geqslant \omega^*$，$F(\omega) = c$。然后考虑式(C.55)中的 $S_{\Omega}(g,\ F)$，注意对于不包含 ω^* 的所有区间，$F(\omega_j) - F(\omega_{j-1}) = 0$。现在假定在分段的第 k 个区间，$\omega^* \in (\omega_{k-1},\ \omega_k]$，$k \in \{1,\ \cdots,\ n\}$。那么

$$S_{\Omega}(g,F) = \sum_{j=1}^{n} g(u_j)\big[F(\omega_j) - F(\omega_{j-1})\big] = g(u_k)c$$

其中 $u_k \in [\omega_{k-1}, \omega_k]$。因此

$$|S_\Omega(g, F) - g(\omega^*)c| = c|g(u_k) - g(\omega^*)|$$

因为 g 是连续的，给定 $\varepsilon > 0$，存在 $\delta > 0$ 使得 $|g(u_k) - g(\omega^*)| < \varepsilon/c$，当 $|u_k - \omega^*| < \delta$ 时。因此，对于带有 $\max\limits_j |\omega_j - \omega_{j-1}| < \delta$ 的任意分段 Ω，我们有 $|S_\Omega(g, F) - g(\omega^*)c| < \varepsilon$，并且

$$\int_{-\frac{1}{2}}^{\frac{1}{2}} g(\omega) \mathrm{d}F(\omega) = g(\omega^*)c$$

这个结果可以通过一个通常的方式拓展到就像例 4.4 中 F 在多于一个值上制造跳跃的情形。

例 C. 4   复谐波过程

回忆式 (4.4)，其中我们考虑周期分量的混合。在那个例子中，过程是实值的，但可以用类似的方式考虑一个复值过程。在这种情形下，我们定义

$$x_t = \sum_{j=1}^q Z_j \mathrm{e}^{2\pi i t \omega_j}, \quad -\frac{1}{2} < \omega_1 < \cdots < \omega_q < \frac{1}{2} \tag{C.57}$$

其中 Z_j 为不相关复值随机变量使得 $\mathrm{E}[Z_j] = 0$ 并且 $\mathrm{E}[|Z_j|^2] = \sigma_j > 0$。正如在例 4.9 中讨论的，$x_t$ 是实值的，并且为式 (C.57) 的一种特殊情形。拓展例 4.4 到式 (C.57) 的情形，我们有

$$F(\omega) = \begin{cases} 0 & -\frac{1}{2} \le \omega < \omega_1, \\ \sigma_1^2 & \omega_1 \le \omega < \omega_2 \\ \sigma_1^2 + \sigma_2^2 & \omega_2 \le \omega < \omega_3 \\ \sigma_1^2 + \sigma_2^2 + \sigma_3^2 & \omega_3 \le \omega < \omega_4 \\ \vdots & \vdots \\ \sigma_1^2 + \sigma_2^2 + \cdots + \sigma_q^2 & \omega_q \le \omega \le \frac{1}{2} \end{cases} \tag{C.58}$$

因此，对于例子中的过程

$$\gamma_x(h) = \int_{-\frac{1}{2}}^{\frac{1}{2}} \mathrm{e}^{2\pi i \omega h} \mathrm{d}F(\omega) = \sum_{j=1}^q \sigma_j^2 \mathrm{e}^{2\pi i h \omega_j}$$

注意 $\gamma_x(h)$ 是复值的，但满足自协方差函数的性质：(1) $\gamma_x(h)$ 是一个 Hermitian 函数，$\gamma_x(h) = \gamma_x^*(-h)$；(2) $0 \le |\gamma_x(h)| \le \gamma_x(0)$；(3) $\gamma_x(h)$ 是非负定的。正如在实值情形下的，过程的总方差是独立分量的方差的和，$\mathrm{var}(x_t) = \gamma_x(0) = \sum_{j=1}^q \sigma_j^2$。∎

C. 4. 2   随机积分

我们第一次使用随机积分是在例 4.9 中，尽管对于那个特殊的例子，随机积分不是必要的。可以把随机积分和在前一节中定义的 Riemann-Stieltjes 积分进行类比，但是我们将必须处理随机过程的收敛而不是数的收敛。我们关注的是我们感兴趣的案例，即在定理 C.2 中的随机积分，

$$x_t = \int_{-\frac{1}{2}}^{\frac{1}{2}} g(\omega) \mathrm{d}Z(\omega)$$

其中 $Z(\omega)$ 为复值正交增量过程，并且 $g(\omega) = \mathrm{e}^{2\pi i \omega t}$。对于 $\left\{ Z(\omega); \omega \in \left[-\frac{1}{2}, \frac{1}{2} \right] \right\}$ 与 $-\frac{1}{2} \le$

$\omega_1 < \omega_2 < \omega_3 < \omega_4 \leqslant \dfrac{1}{2}$，我们有

- $Z\left(-\dfrac{1}{2}\right) = 0$。

- $\mathrm{E}[Z(\omega)] = 0$。

- $\mathrm{var}[Z(\omega)] = \mathrm{E}[\,|Z(\omega)|^2\,] = \mathrm{E}[Z(\omega)Z^*(\omega)] < \infty$。

- $\mathrm{E}\{[Z(\omega_4) - Z(\omega_3)][Z(\omega_2) - Z(\omega_1)]^*\} = 0$。

作为实例，回忆在定义 5.1 中的布朗运动。

我们说 $\{Z(\omega)\}$ 是均方 (m. s.) 右连续的，当当 $\delta \downarrow 0$ 时，$\mathrm{E}\,|Z(\omega+\delta) - Z(\omega)|^2 \to 0$。一个重要的结果是，这样的过程具有一个频谱分布。

定理 C.8　若 $\left\{Z(\omega);\ \omega \in \left[-\dfrac{1}{2},\ \dfrac{1}{2}\right]\right\}$ 是一个正交增量过程，其满足 m. s. 右连续，那么存在唯一的频谱分布函数 F，使得

(1) $F(\omega) = 0$，若 $\omega \leqslant -\dfrac{1}{2}$。

(2) $F(\omega) = F\left(\dfrac{1}{2}\right)$，若 $\omega \geqslant \dfrac{1}{2}$。

(3) $F(\omega_2) - F(\omega_1) = \mathrm{E}\,|Z(\omega_2) - Z(\omega_1)|^2$，若 $-\dfrac{1}{2} \leqslant \omega_1 \leqslant \omega_2 \leqslant \dfrac{1}{2}$。

证明： 定义对于 $\omega \in \left[-\dfrac{1}{2},\ \dfrac{1}{2}\right]$，$F(\omega) = \mathrm{E}\,|Z(\omega)|^2$，且对于 $\omega \leqslant -\dfrac{1}{2}$，$F(\omega) = 0$，对于 $\omega \geqslant \dfrac{1}{2}$，$F(\omega) = F\left(\dfrac{1}{2}\right)$。它是直接从 F 是右连续并且满足 (1)~(3) 的假设来的。为了给出 F 是单调递增的，注意对于 $\omega_2 \geqslant \omega_1$，

$$
\begin{aligned}
F(\omega_2) &= \mathrm{E}\left|Z(\omega_2) - Z(\omega_1) + Z(\omega_1) - Z\left(-\dfrac{1}{2}\right)\right|^2 \\
&= \mathrm{E}\,|Z(\omega_2) - Z(\omega_1)|^2 + \mathrm{E}\,|Z(\omega_1)|^2 \\
&\geqslant F(\omega_1)
\end{aligned}
$$

因为 $\left[-\dfrac{1}{2},\ \omega_1\right]$ 和 $[\omega_1,\ \omega_2]$ 是非重叠的区间。　∎

与前面的小节类似，令 $\Omega = \left\{-\dfrac{1}{2} = \omega_0,\ \omega_1,\ \cdots,\ \omega_n = \dfrac{1}{2}\right\}$ 为区间的一个分段，然后定义随机和

$$
S_\Omega(g, Z) = \sum_{j=1}^{n} g(u_j)[Z(\omega_j) - Z(\omega_{j-1})] \tag{C.59}
$$

其中 $u_j \in [\omega_{j-1},\ \omega_j]$。我们强调 $S_\Omega(g, Z)$ 是一个复值随机变量，其均值与方差为

$$
\mathrm{E}[S_\Omega(g, Z)] = 0 \quad \text{和} \quad \mathrm{E}[\,|S_\Omega(g, Z)|^2\,] = \sum_{j=1}^{n} g(u_j)[F(\omega_j) - F(\omega_{j-1})]
$$

其中 F 在定理 C.8 中定义。在我们的情形中，存在唯一的（除了在零概率的集合上）复值随机变量 $\mathcal{I}(g, Z)$，满足对于任意的 $\varepsilon > 0$，存在 $\delta > 0$ 使得

$$E|S_\Omega(g,Z) - \mathcal{I}(g,Z)|^2 < \varepsilon$$

对于满足 $\Delta_\Omega = \max_j |\omega_j - \omega_{j-1}| < \delta$ 的任意划分 Ω 和任意 $u_j \in [\omega_{j-1}, \omega_j]$，$j=1, \cdots, n$。在这个情形下，我们定义

$$\mathcal{I}(g,Z) = \int_{-\frac{1}{2}}^{\frac{1}{2}} g(\omega) \mathrm{d}Z(\omega) \tag{C.60}$$

我们发现当 $n \to \infty (\Delta_\Omega \to 0)$ 时，随机积分是随机和的均方极限。

回忆例 4.9，正如在确定性的情况下，很容易表明，若 $Z(\omega)$ 是一个正交增量过程，使得在零均值与方差 $\sigma^2/2$ 的 $-\omega_0$ 和 ω_0 上制造不相关的跳跃，那么

$$x_t = \int_{-\frac{1}{2}}^{\frac{1}{2}} \mathrm{e}^{2\pi i\omega t} \, \mathrm{d}Z(\omega) = Z(-\omega_0)\mathrm{e}^{-2\pi i\omega_0 t} + Z(\omega_0)\mathrm{e}^{2\pi i\omega_0 t}$$

在这个情形下，频谱分布为（回忆例 4.4）

$$F(\omega) = \begin{cases} 0 & \omega < -\omega_0 \\ \sigma^2/2 & -\omega_0 \leqslant \omega < \omega_0 \\ \sigma^2 & \omega \geqslant \omega_0 \end{cases}$$

并且自协方差函数为

$$\gamma_x(h) = \int_{-\frac{1}{2}}^{\frac{1}{2}} \mathrm{e}^{2\pi i\omega h} \, \mathrm{d}F(\omega) = \frac{\sigma^2}{2}\mathrm{e}^{-2\pi i\omega_0 h} + \frac{\sigma^2}{2}\mathrm{e}^{2\pi i\omega_0 h} = \sigma^2 \cos(2\pi\omega_0 h)$$

C.5　频谱分析作为主成分分析

在第 4 章中，我们给出了许多不同的方法来观察频谱密度。在本节中，我们给出频谱密度可能是一个平稳过程的协方差矩阵的近似特征值。假定 $X = (x_1, \cdots, x_n)$ 是一个实值零均值时间序列 x_t 的 n 个值，频谱密度为 $f_x(\omega)$。则

$$\mathrm{cov}(X) = \Gamma_n = \begin{bmatrix} \gamma(0) & \gamma(1) & \cdots & \gamma(n-1) \\ \gamma(1) & \gamma(0) & \cdots & \gamma(n-2) \\ \vdots & \vdots & \ddots & \vdots \\ \gamma(n-1) & \gamma(n-2) & \cdots & \gamma(0) \end{bmatrix}$$

是非负定的对称 Toeplitz 矩阵。因此存在一个 $n \times n$ 正交矩阵 M，使得 $M'\Gamma_n M = \mathrm{diag}(\lambda_0, \cdots, \lambda_{n-1})$，其中 $\lambda_j \geqslant 0$，$j=0, \cdots, n-1$ 是 Γ_n 的特征根。在本节中，我们将给出，对于足够大的 n，

$$\lambda_j \approx f_x(\omega_j), \quad j = 0, 1, \cdots, n-1$$

其中 $\omega_j = j/n$ 是傅里叶频率。

为了开始这个近似，我们引入一个循环矩阵，定义为

$$\Gamma_c = \begin{bmatrix} c(0) & c(1) & \cdots & c(n-2) & c(n-1) \\ c(n-1) & c(0) & \cdots & c(n-3) & c(n-2) \\ \vdots & \vdots & \ddots & \vdots & \vdots \\ c(2) & c(3) & \cdots & c(0) & c(1) \\ c(1) & c(2) & \cdots & c(n-1) & c(0) \end{bmatrix}$$

矩阵在对角线上首先为 $c(0)$，然后连续向右到 $c(1)$，$c(2)$，$\cdots$，在到达最后一列后，将序列从第一列重新开始。利用直接替代，可以证明 Γ_c 的特征根和特征向量为

$$\lambda_j = \sum_{h=0}^{n-1} c(h) \mathrm{e}^{-2\pi i h j/n}$$

与

$$g_j^* = \frac{1}{\sqrt{n}} (\mathrm{e}^{-2\pi i 0 \frac{j}{n}}, \mathrm{e}^{-2\pi i 1 \frac{j}{n}}, \cdots, \mathrm{e}^{-2\pi i (n-1) \frac{j}{n}})$$

对于 $j=0$，1，$\cdots$，$n-1$。

若 Γ_c 是对称的 $[c(j)=c(n-j)]$，称其为 Γ_s 并且令 $c(h)=c(-h)$。注意 $\mathrm{e}^{-2\pi i h j/n} = \mathrm{e}^{-2\pi i (n-h) j/n}$，对于 n 奇数，我们有

$$\lambda_j = \sum_{|h| \leqslant \frac{n-1}{2}} c(h) \mathrm{e}^{-2\pi i h j/n} = \sum_{|h| \leqslant \frac{n-1}{2}} c(h) \cos(2\pi h j/n)$$

对于 $j=0$，1，$\cdots$，$n-1$。若 n 是偶数，那么对于 $j/n=1/2$，求和会包含额外一项。

我们发现 λ_0 的重数为 1，而对于 $j=1$，$\cdots$，$\frac{n-1}{2}$，$\lambda_j=\lambda_{n-j}$ 是重根。对于每个重根，我们可以找到对应 λ_j 的一对特征向量，即

$$v_j' = \frac{1}{\sqrt{2}} (g_j^* + g_{n-j}^*) = \frac{\sqrt{2}}{\sqrt{n}} (1, \cos(2\pi j/n), \cdots, \cos(2\pi(n-1)j/n))$$

$$u_j' = \frac{1}{\sqrt{2}} i (g_j^* - g_{n-j}^*) = \frac{\sqrt{2}}{\sqrt{n}} (0, \sin(2\pi j/n), \cdots, \sin(2\pi(n-1)j/n))$$

对于 λ_0，相应的特征向量为 $v_0' = g_0^* = \frac{1}{\sqrt{n}}(1, 1, \cdots, 1) = \frac{\sqrt{2}}{\sqrt{n}} \left(\frac{1}{\sqrt{2}}, \cdots, \frac{1}{\sqrt{2}} \right)$。现在定义矩阵 Q 为

$$Q = \begin{bmatrix} v_0' \\ v_1' \\ u_1' \\ \vdots \\ v_{\frac{n-1}{2}}' \\ u_{\frac{n-1}{2}}' \end{bmatrix} = \frac{\sqrt{2}}{\sqrt{n}} \begin{bmatrix} \frac{1}{\sqrt{2}} & \frac{1}{\sqrt{2}} & \cdots & \frac{1}{\sqrt{2}} \\ 1 & \cos\left(2\pi \frac{1}{n}\right) & \cdots & \cos\left(2\pi \frac{n-1}{n}\right) \\ 0 & \sin\left(2\pi \frac{1}{n}\right) & \cdots & \sin\left(2\pi \frac{n-1}{n}\right) \\ \vdots & \vdots & \cdots & \vdots \\ 1 & \cos\left(2\pi \frac{n-1}{2} \frac{1}{n}\right) & \cdots & \cos\left(2\pi \frac{n-1}{2} \frac{n-1}{n}\right) \\ 0 & \sin\left(2\pi \frac{n-1}{2} \frac{1}{n}\right) & \cdots & \sin\left(2\pi \frac{n-1}{2} \frac{n-1}{n}\right) \end{bmatrix} \tag{C.61}$$

因此，通过 $m = \frac{n-1}{2}$，

$$Q\Gamma_s Q' = \mathrm{diag}(\lambda_0, \lambda_1, \lambda_1, \lambda_2, \lambda_2, \cdots, \lambda_m, \lambda_m)$$

其中，$\lambda_j = \sum_{|h| \leqslant m} c(h) \cos(2\pi h j/n)$，$j=0$，$1$，$\cdots$，$m$。

定理 C.9 令 Γ_n 为从一个带有频谱密度 $f_x(\omega)$ 的平稳过程 $\{x_t\}$ 中 n（奇数）个实现的协方差矩阵。令 Q 正如式（C.61）中定义的并且令 $D_n = \mathrm{diag}\{d_0, d_1, \cdots, d_{n-1}\}$ 为对角矩阵，具有元素 $d_0 = f_x(0) = \sum_{-\infty}^{\infty} \gamma(h)$ 和

$$d_{2j-1} = d_{2j} = f_x(\omega_j) = \sum_{-\infty}^{\infty} \gamma(h) \mathrm{e}^{-2\pi i h j/n}$$

对于 $j = 1, \cdots, \dfrac{n-1}{2}$ 且 $\omega_j = j/n$。那么

$$\text{当 } n \to \infty \text{ 时,} \quad Q\Gamma_n Q - D_n \to 0 \text{ 一致地成立}$$

证明: 尽管 Γ_n 是对称的,但它不是循环的(否则,证明将自动完成)。令 $\Gamma_{n,s}$ 为对称循环矩阵,其中元素满足 $c(h) = \gamma(h)$,特征根 $\lambda_j = \sum_{|h| \leqslant \frac{n-1}{2}} \gamma(h) \mathrm{e}^{-2\pi i h j/n}$。注意

$$|\lambda_j - f_x(\omega_j)| \leqslant \sum_{|h| > \frac{n-1}{2}} |\gamma(h)| \to 0$$

当 $n \to \infty$ 时。因此,我们必须证明,当 $n \to \infty$ 时,$Q\Gamma_{n,s}Q' - Q\Gamma_n Q' \to 0$ 成立。

两个矩阵的差的第 ij 个元素为

$$\{\Gamma_{n,s} - \Gamma_n\}_{ij} = \begin{cases} 0 & \text{若 } |i-j| \leqslant \dfrac{n-1}{2} \\[2mm] \gamma(n - |i-j|) - \gamma(|i-j|) & \text{若 } |i-j| > \dfrac{n-1}{2} \end{cases}$$

令 $n - m = |i-j|$,因此第二种情形为

$$\gamma(m) - \gamma(n-m) \quad \text{对于} \quad 1 \leqslant m \leqslant \dfrac{n-1}{2}$$

令 q_j 为 Q 的第 j 列,那么

$$|q_i'(\Gamma_{n,s} - \Gamma_n)q_j| = \left| \sum_{m=1}^{\frac{n-1}{2}} \sum_{k=1}^{m} q_{ik}[\gamma(m) + \gamma(n-m)]q_{j,n-m+k} + q_{i,n-m+k}[\gamma(m) + \gamma(n-m)]q_{jk} \right|$$

$$= \left| \sum_{m=1}^{\frac{n-1}{2}} [\gamma(m) + \gamma(n-m)] + \sum_{k=1}^{m} q_{ik}q_{j,n-m+k} + q_{i,n-m+k}q_{jk} \right|$$

$$\overset{(1)}{\leqslant} \frac{4}{n} \sum_{m=1}^{\frac{n-1}{2}} m|\gamma(m)| + \frac{4}{n} \sum_{m=1}^{\frac{n-1}{2}} m|\gamma(n-m)|$$

$$\overset{(2)}{\leqslant} \frac{4}{n} \sum_{m=1}^{\frac{n-1}{2}} m|\gamma(m)| + \frac{4}{n} \sum_{k=\frac{n-1}{2}+1}^{n} \frac{n-1}{2}|\gamma(k)|$$

$$\xrightarrow{n \to \infty} \underbrace{0}_{(3)} + \underbrace{0}_{(4)}$$

因为 $|q_{ij}|^2 \leqslant 2/n$,不等式(1)成立。在不等式(2)的第二个求和中,令 $k = n - m$ 然后利用在

求和中的 $m \leqslant \dfrac{n-1}{2}$。结果(3)由 Kronecker 的引理[⊖]可得，(4)来自我们将一个绝对可加序列(以及 $(n-1)/n \sim 1$)的截尾求和。■

这一节中的结果可以总结如下。若我们通过 $Y=QX$ 将数据向量 $X=(x_1,\cdots,x_n)$ 转换，Y 的分量是渐近不相关的，$\mathrm{cov}(Y) \approx D_n$。$Y$ 的分量为

$$\frac{2}{\sqrt{n}}\sum_{t=1}^{n} x_t \cos(2\pi t j/n) \quad 和 \quad \frac{2}{\sqrt{n}}\sum_{t=1}^{n} x_t \sin(2\pi t j/n)$$

对于 $j=0,1,\cdots,\dfrac{n-1}{2}$。如果我们令 G 为一个列为 g_j 的复矩阵，那么复变换 $Y=G^*X$ 拥有这样的元素，元素为 DFT，

$$y_j = \frac{1}{\sqrt{n}}\sum_{t=1}^{n} x_t \mathrm{e}^{-2\pi i t j/n}$$

对于 $j=0,1,\cdots,n-1$。在这种情况下，Y 的元素是渐近非相关复随机变量，零均值并且方差为 $f(\omega_j)$。另外，X 可以通过 $X=GY$ 恢复，因此 $x_t = \dfrac{1}{\sqrt{n}}\sum_{j=0}^{n-1} y_j \mathrm{e}^{2\pi i t j/n}$。

在本节中，我们关注 n 是奇数的情形。对于 n 是偶数的情形，通过在奇数的情形类推，但是当 $\dfrac{n-1}{2}$ 变为 $\dfrac{n}{2}-1$ 时，求和中添加额外一项，并且在 Q 或 C 中添加额外一行，所有都可以通过很明显的方式推出。

C.6 参数频谱估计

在本节中，我们证明性质 4.7。结果的基础思想为频谱密度可以通过一个 AR(p) 过程的频谱进行任意近似。

性质 4.7 的证明：若 $g(\omega) \equiv 0$，那么令 $p=0$ 且 $\sigma_w=0$。当在一些 $\omega \in \left[-\dfrac{1}{2},\dfrac{1}{2}\right]$ 上 $g(\omega) > 0$ 时，令 $\varepsilon>0$ 并且定义

$$d(\omega) = \begin{cases} g^{-1}(\omega) & 若\ g(\omega) > \varepsilon/2 \\ 2/\varepsilon & 若\ g(\omega) \leqslant \varepsilon/2 \end{cases}$$

因此 $d^{-1}(\omega) = \max\{g(\omega),\varepsilon/2\}$。定义 $G = \max_{\omega}\{g(\omega)\}$ 并且令 $0<\delta<\varepsilon[G(2G+\varepsilon)]^{-1}$。定义和

$$S_n[d(\omega)] = \sum_{|j|\leqslant n}(d,e_j)e_j(\omega)$$

其中 $e_j(\omega) = \mathrm{e}^{2\pi i j \omega}$ 与 $\langle d,e_j \rangle = \displaystyle\int_{-\frac{1}{2}}^{\frac{1}{2}} d(\omega)\mathrm{e}^{-2\pi i j\omega}\,\mathrm{d}\omega$。现在定义 Cesaro 和

$$C_m(\omega) = \frac{1}{m}\sum_{n=0}^{m-1} S_n[d(\omega)]$$

⊖ Kronecker 的引理：若 $\displaystyle\sum_{j=0}^{\infty}|a_j| < \infty$，那么 $\displaystyle\sum_{j=0}^{n}\frac{j}{n}|a_j| \to 0$，当 $n \to \infty$ 时。

其为 $S_n[\cdot]$ 的累积平均。在这个情况下，$C_m(\omega) = \sum_{|j| \leqslant m} c_j e^{-2\pi i j \omega}$，其中 $c_j = \left(1 - \dfrac{|j|}{m}\right)\langle d, e_j \rangle$。

对于 $d \in L^2$，在 $\left[-\dfrac{1}{2}, \dfrac{1}{2}\right]$ 上 Cesaro 和一致收敛，因此存在有限的 p，使得

$$\left| \sum_{|j| \leqslant p} c_j e^{-2\pi i j \omega} - d(\omega) \right| < \delta \quad \text{对于所有} \quad \omega \in \left[-\dfrac{1}{2}, \dfrac{1}{2}\right]$$

注意 $C_p(\omega)$ 为频谱密度。实际上，它是一个 MA(p) 过程的频谱密度，对于 $|h| \leqslant p$，$\gamma(h) = c_h$，对于 $|h| > p$，有 $\gamma(h) = 0$；很容易检验通过这种方式定义的 $\gamma(h)$ 是非负定的。因此，存在一个逆 MA(p) 过程，即

$$y_t = u_t + \alpha_1 u_{t-1} + \cdots + \alpha_p u_{t-p}$$

其中 $u_t \sim wn(0, \sigma_u^2)$ 并且 $\alpha(z)$ 有在单位圆外的根。因此

$$C_p(\omega) = \sum_{|j| \leqslant p} c_j e^{-2\pi i j \omega} = \sigma_u^2 |\alpha(e^{-2\pi i \omega})|^2$$

并且

$$\left| \sigma_u^2 |\alpha(e^{-2\pi i \omega})|^2 - d(\omega) \right| < \delta < \varepsilon [G(2G + \varepsilon)]^{-1} \overset{\text{def}}{=} \varepsilon^*$$

现在定义 $f_x(\omega) = [\sigma_u^2 |\alpha(e^{-2\pi i \omega})|^2]^{-1}$。我们将给出 $|f_x(\omega) - g(\omega)| < \varepsilon$，在这种情形下，$\alpha_1, \cdots, \alpha_p$ 为需要的 AP(p) 系数，并且 $\sigma_w^2 = \sigma_u^{-2}$ 为噪声方差，结果随之。考虑

$$|f_x(\omega) - g(\omega)| \leqslant |f_x(\omega) - d^{-1}(\omega)| + |d^{-1}(\omega) - g(\omega)| < |f_x(\omega) - d^{-1}(\omega)| + \varepsilon/2$$

另外，

$$\begin{aligned}
|f_x(\omega) - d^{-1}(\omega)| &= |\sigma_w^2 |\alpha(e^{-2\pi i \omega})|^{-2} - d^{-1}(\omega)| \\
&= |\sigma_w^{-2} |\alpha(e^{-2\pi i \omega})|^2 - d(\omega)| \cdot [\sigma_w^2 |\alpha(e^{-2\pi i \omega})|^{-2} d^{-1}(\omega)] \\
&< \delta \alpha_w^2 |\alpha(e^{-2\pi i \omega})|^{-2} G
\end{aligned}$$

但是 $\varepsilon^* - d(\omega) < \sigma_w^{-2} |\alpha(e^{-2\pi i \omega})|^2 < \varepsilon^* + d(\omega)$，因此

$$\alpha_w^2 |\alpha(e^{-2\pi i \omega})|^{-2} < \frac{1}{\varepsilon^* - d(\omega)} < \frac{1}{\varepsilon^* - G^{-1}} = \frac{1}{\varepsilon[G(2G + \varepsilon)]^{-1} - G^{-1}} = G + \varepsilon/2$$

我们现在有

$$|f_x(\omega) - d^{-1}(\omega)| < \varepsilon[G(2G + \varepsilon)]^{-1} \cdot G + \varepsilon/2 \cdot G = \varepsilon/2$$

最后，

$$|f_x(\omega) - g(\omega)| < \varepsilon/2 + \varepsilon/2 = \varepsilon$$

这就完成了证明。∎

从结果的证明应该可以明显发现，若 AR(p) 由 MA(q) 或甚至 ARMA(p, q) 替代，性质成立。作为一个实际观点，更容易拟合数据的连续增加阶数的自回归，这就是为什么性质由一个 AR 进行阐述，尽管 MA 的情况更容易建立。

附录 D R 补充

D.1 敲门砖

如果你还没有安装 R，请将浏览器指向全面的 R 归档网址（CRAN），http://cran.r-project.org/，然后下载并安装它。安装包含帮助文件和一些用户手册。你可以通过访问 CRAN 的链接来找到有用的教程。如果你是新手，Rstudio（https://www.rstudio.com/）将令使用 R 变得更容易。

D.2 `astsa` 包

本书有一个伴随的名为 astsa 的 R 添加包（应用统计时间序列分析），包名与随 Shumway 和 Stoffer(2000) 的第一版和第二版发行的添加包，以及随 Shumway[183] 的文献的最早版本的 R 添加包名称是一样的。包可以从 CRAN 和其镜像上以通常的方式获取。下载并安装 astsa，打开 R 并键入

```
install.packages("astsa")
```

你将被要求选择与你最近的 CRAN 镜像。和所有包相同，在使用 astsa 之前必须加载它，键入命令

```
library(astsa)
```

当包被加载后所有数据也被加载了。若你以如下方式创建一个 .First 函数

```
.First <- function(){library(astsa)}
```

然后当你退出时保存工作空间，那么直到再次修改 .First，每当你打开 R，astsa 将会被加载。

在不同操作系统中，R 的帮助文档并不一致。最有效的帮助系统为在线帮助，可以通过键入 help.start() 命令，开始然后跟随 Packages 链接到 astsa。查看所有数据文件（包含 astsa 加载的数据）的有用的命令为

```
data()
```

D.3 开始

本书的约定为，R 代码为蓝色的，输出是紫色的，注释为绿色的。开始你的 R，尝试一些简单的工作。

```
2+2             # addition
 [1] 5
5*5 + 2         # multiplication and addition
 [1] 27
5/5 - 3         # division and subtraction
 [1] -2
log(exp(pi)) # log, exponential, pi
 [1] 3.141593
```

```
sin(pi/2)       # sinusoids
 [1] 1
exp(1)^(-2)     # power
 [1] 0.1353353
sqrt(8)         # square root
 [1] 2.828427
1:5             # sequences
 [1] 1 2 3 4 5
seq(1, 10, by=2)  # sequences
 [1] 1 3 5 7 9
rep(2, 3)         # repeat 2 three times
 [1] 2 2 2
```

随后，我们将利用赋值来创建一些对象：

```
x <- 1 + 2  # put 1 + 2 in object x
x = 1 + 2   # same as above with fewer keystrokes
1 + 2 -> x  # same
x           # view object x
 [1]  3
(y = 9 * 3)   # put 9 times 3 in y and view the result
 [1] 27
(z = rnorm(5))  # put 5 standard normals into z and print z
 [1]  0.96607946  1.98135811 -0.06064527  0.31028473  0.02046853
```

一般来说，<- 与= 并不等同；<- 可以在任何地方使用，然而= 的使用是有限制的。但当它们相同时，我们更倾向采用字符更少的选择。

值得指出的是，R 对于计算的循环利用规则。在下面的代码中，c()[串联]被用来创建向量。注意，在同一行上使用分号来键入多命令。

```
x = c(1, 2, 3, 4); y = 2*x; z = c(10, 20); w = c(8, 3, 2)
x * y   # 1*2, 2*4, 3*6, 4*8
 [1]  2  8 18 32
x + z   # 1+10, 2+20, 3+10, 4+20
 [1] 11 22 13 24
x + w   # what happened here?
[1]  9  5 12
Warning message:
 In y + w : longer object length is not a multiple of
   shorter object length
```

要使用对象，利用下面的命令：

```
ls()                  # list all objects
 "dummy" "mydata" "x" "y" "z"
ls(pattern = "my")  # list every object that contains "my"
 "dummy" "mydata"
rm(dummy)             # remove object "dummy"
rm(list=ls())         # remove almost everything (use with caution)
help.start()          # html help and documentation
data()                # list of available data sets
help(exp)             # specific help  (?exp is the same)
getwd()               # get working directory
setwd()               # change working directory
q()                   # end the session (keep reading)
```

当你退出时，R 将提议保存你当前工作空间的镜像。选择 yes 将保存你完成的工作并且在你再次打开 R 时加载它。我们将永远不会后悔选择 yes，但我们将后悔选择 no。

为了在 R 中创建自己的数据集，可以以如下方式创建数据向量：

```
mydata = c(1,2,3,2,1)
```

现在你有一个名为 mydata 的对象，包含五个元素。R 称这些对象为向量，尽管它们并没有维度（没有行也没有列），它们确实拥有顺序与长度：

```
mydata            # display the data
 [1] 1 2 3 2 1
mydata[3]         # the third element
 [1] 3
mydata[3:5]       # elements three through five
 [1] 3 2 1
mydata[-(1:2)]  # everything except the first two elements
 [1] 3 2 1
length(mydata)  # number of elements
 [1] 5
dim(mydata)       # no dimensions
 NULL
mydata = as.matrix(mydata)   # make it a matrix
dim(mydata)       # now it has dimensions
 [1] 5 1
```

若你有外部数据集，可以使用 scan 或 read.table（或一些变体）来输入数据。例如，假如你有一个 ASCII（文本）数据文件名为 dummy.txt 在你的工作目录下，并且文件中内容如下：

```
1 2 3 2 1
9 0 2 1 0
```

```
(dummy = scan("dummy.txt") )         # scan and view it
 Read 10 items
  [1] 1 2 3 2 1 9 0 2 1 0
(dummy = read.table("dummy.txt") )  # read and view it
 V1 V2 V3 V4 V5

1 2 3 2 1
9 0 2 1 0
```

scan 与 read.table 有一些不同。前者产生一个 10 项的数据向量，而后者创建一个数据框（data frame），拥有变量名称 V1 至 V5，每个变量两个观测值。在这个情形下，若想要查看（或使用）第二个变量 V2，可以使用

```
dummy$V2
 [1] 2 0
```

你可能现在想查看 ?scan 和 ?read.table 帮助文件。在大多数 R 的编程软件中，数据框（? data.frame）被用作基础的数据结构。注意，R 给了 dummy 通用的列名，V1,⋯,V5。你可以使用自己的名称，然后利用这些名称来使用数据而不是通过上面的 $ 。

```
colnames(dummy) = c("Dog", "Cat", "Rat", "Pig", "Man")
attach(dummy)
Cat
 [1] 2 0
Rat*(Pig - Man)  # animal arithmetic
 [1] 3 2
head(dummy)       # view the first few lines of a data file
detach(dummy)     # clean up (if desired)
```

R 是区分大小写的，因此 cat 与 Cat 是不同的。并且，在 R 中 cat 是一个保留的名字（？cat），因此，使用"cat"而不是"Cat"可能会带来问题。你可以在数据文件中包含一个表头来避免 colnames()。例如，若有一个逗号分隔符文件 dummy.csv，如下，

```
Dog,Cat,Rat,Pig,Man
1,2,3,2,1
9,0,2,1,0
```

然后利用下面的代码来读入数据。

```
(dummy = read.csv("dummy.csv"))
    Dog Cat Rat Pig Man
  1   1   2   3   2   1
  2   9   0   2   1   0
```

.csv 文件默认为 header= TRUE；键入？read.table 获取类似文件类型的更多信息。

常常用来操作数据的一些命令为，c()用于连接，cbind()用于列连接，rbind()用于行连接。

```
x = 1:3;  y = 4:6
(u = c(x, y))           # an R vector
  [1] 1 2 3 4 5 6
(u1 = cbind(x, y))      # a 3 by 2 matrix
      x y
 [1,] 1 4
 [2,] 2 5
 [3,] 3 6
(u2 = rbind(x ,y))      # a 2 by 3 matrix
   [,1] [,2] [,3]
 x    1    2    3
 y    4    5    6
```

例如，u1[,2]是矩阵 u1 的第二列，u2[1,]为 u2 的第一行。

很容易得到统计描述。我们将模拟 25 个 $\mu=10$ 和 $\sigma=4$ 的正态数，然后进行一些基本分析。代码的第一行为 set.seed，这就为伪随机数的生成建立了基础。使用相同的随机数种子生成相同的结果；期待任何其他事情都是疯狂的。

```
set.seed(90210)         # so you can reproduce these results
x = rnorm(25, 10, 4)    # generate the data
c( mean(x), median(x), var(x), sd(x) ) # guess
 [1]  9.473883  9.448511 13.926701  3.731850
c( min(x), max(x) ) # smallest and largest values
 [1]  2.678173 17.326089
which.max(x)   # index of the max (x[25] in this case)
 [1] 25
summary(x)      # a five number summary with six numbers
    Min. 1st Qu.  Median    Mean 3rd Qu.    Max.
   2.678   7.824   9.449   9.474  11.180  17.330
boxplot(x);  hist(x);  stem(x)   # visual summaries (not shown)
```

因为你在本书中会用到一些程序，所以可以了解一下 R 编程。考虑一个简单的程序，我们调用 crazy，用来产生一系列样本均值的图形，这些样本来自位置参数为零的柯西(Cauchy)分布并且样本容量递增。

```
1 crazy <- function(num) {
2   x <- c()
3   for (n in 1:num) { x[n] <- mean(rcauchy(n)) }
4   plot(x, type="l", xlab="sample size", ylab="sample mean")
5   }
```

第一行创建 crazy 函数，然后给它一个参数 num，该参数值是序列的最后一个样本的样本容量。第二行创建一个空向量 x，将用来存储样本均值。第三行产生 n 个随机 Cauchy 变量[rcauchy(n)]，寻找这些值的均值，并将结果放置于 x[n]中，x 的第 n 个值。这个过程在循环中被重复 num 次，因此 x[1]是容量为 1 的样本的均值，x[2]是容量为 2 的样本的均值，等等，直到最后，x[num]是容量为 num 的样本的均值。在循环结束后，第四行产生了一幅图（见图 D. 1）。第五行结束函数。使用 crazy 以容量 200 作为结束，键入 crazy (200)，将得到类似图 D. 1 的一幅图形。

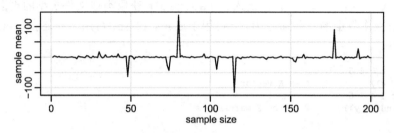

图 D. 1　Crazy 实例

最后，一个警告：TRUE 和 FALSE 为保留字，而 T 和 F 一开始就被设置为这两个值，然而，你要养成习惯不要使用 T 或者 F 字母，如果你这样做可能会遇到问题

```
F = qf(p=.01, df1=3, df2=9)
```

这样 F 就不再是 FALSE，而是一个特定 F-分布的分位数。

D. 4　初级时间序列

在本节中，我们给出将 R 用于时间序列的简要说明。我们假定 astsa 已经加载了。为了创建时间序列对象，使用命令 ts。相关的命令为 as.ts，使一个对象变为时间序列，并且 is.ts 检验对象是否为时间序列。首先，建立一个小数据集：

```
(mydata = c(1,2,3,2,1) ) # make it and view it
  [1] 1 2 3 2 1
```

现在，让它变为时间序列：

```
(mydata = as.ts(mydata) )
  Time Series:
  Start = 1
  End = 5
  Frequency = 1
  [1] 1 2 3 2 1
```

令它为一个年度时间序列，从 1950 开始：

```
(mydata = ts(mydata, start=1950) )
  Time Series:
  Start = 1950
  End = 1954
  Frequency = 1
  [1] 1 2 3 2 1
```

现在令它为一个季度时间序列，从 1950-III 开始：

```
(mydata = ts(mydata, start=c(1950,3), frequency=4) )
      Qtr1 Qtr2 Qtr3 Qtr4
1950            1    2
1951    3    2    1
time(mydata)  # view the sampled times
         Qtr1    Qtr2    Qtr3    Qtr4
1950                    1950.50 1950.75
1951 1951.00 1951.25 1951.50
```

使用一个部分时间序列对象，利用 window()：

```
(x = window(mydata, start=c(1951,1), end=c(1951,3) ))
      Qtr1 Qtr2 Qtr3
1951    3    2    1
```

随后，我们将关注滞后与差分。首先，建立一个简单的序列 x_t：

```
x = ts(1:5)
```

现在，列连接（cbind）x_t 的滞后值，你将注意到 lag(x) 是向前滞后，而 lag(x,-1) 是向后滞后。

```
cbind(x, lag(x), lag(x,-1))
    x lag(x) lag(x, -1)
0  NA    1      NA
1   1    2      NA
2   2    3       1
3   3    4       2  <- in this row, for example, x is 3,
4   4    5       3     lag(x) is ahead at 4, and
5   5   NA       4     lag(x,-1) is behind at 2
6  NA   NA       5
```

比较 cbind() 与 ts.intersect：

```
ts.intersect(x, lag(x,1), lag(x,-1))
  Time Series:  Start = 2  End = 4  Frequency = 1
    x lag(x, 1) lag(x, -1)
2   2     3         1
3   3     4         2
4   4     5         3
```

为了差分一个序列 $\nabla x_t = x_t - x_{t-1}$，利用

```
diff(x)
```

但是注意

```
diff(x, 2)
```

并不是二阶差分，其为 $x_t - x_{t-2}$。对于二阶差分，其为 $\nabla^2 x_t$，运行下面两者其一：

```
diff(diff(x))
diff(x, diff=2)    # same thing
```

对于高阶差分也是如此。

我们也将通过 lm() 来进行回归。首先，假如我们想要拟合一个简单的线性回归，$y = \alpha + \beta x + \varepsilon$。在 R 中，该形式写作 y~ x：

```
set.seed(1999)
x = rnorm(10)
y = x + rnorm(10)
summary(fit <- lm(y~x) )
  Coefficients:
            Estimate Std. Error t value Pr(>|t|)
  (Intercept)  0.2576     0.1892   1.362    0.2104
  x            0.4577     0.2016   2.270    0.0529
  --
  Residual standard error: 0.58 on 8 degrees of freedom
  Multiple R-squared: 0.3918,     Adjusted R-squared: 0.3157
  F-statistic: 5.153 on 1 and 8 DF,  p-value: 0.05289
plot(x, y)    # draw a scatterplot of the data (not shown)
abline(fit)   # add the fitted line to the plot (not shown)
```

所有的信息都可以从 lm 对象中提取出来，我们称之为 fit。例如，

```
resid(fit)     # will display the residuals (not shown)
fitted(fit)    # will display the fitted values (not shown)
lm(y ~ 0 + x)  # will exclude the intercept  (not shown)
```

若你对时间序列的滞后值使用 lm()，你必须要小心。若使用 lm()，那么需要做的就是利用 ts.intersect 匹配序列。请阅读 lm() 帮助文件[help(lm)]中的警告 Using time series。这里是回归 astsa 数据的一个例子，在特定污染物（part）的当期值和滞后四周（part4）上的周心脑血管死亡率（cmort）。首先，创建 ded，包含三个序列的交集：

```
ded = ts.intersect(cmort, part, part4=lag(part,-4))
```

现在，序列都进行了匹配，回归将生效。

```
summary(fit <- lm(cmort~part+part4, data=ded, na.action=NULL) )
 Coefficients:
            Estimate Std. Error t value Pr(>|t|)
 (Intercept) 69.01020   1.37498  50.190   < 2e-16
 part         0.15140    0.02898   5.225 2.56e-07
 part4        0.26297    0.02899   9.071   < 2e-16
 ---
 Residual standard error: 8.323 on 501 degrees of freedom
 Multiple R-squared: 0.3091,    Adjusted R-squared:  0.3063
 F-statistic: 112.1 on 2 and 501 DF,  p-value: < 2.2e-16
```

没有必要将 lag(part,- 4) 重命名为 part4，这只是个例子。

上述操作的另一种可行方式是 dynlm 包，需要进行安装。在包安装好后，上面的例子可以通过如下方式运行：

```
library(dynlm)                        # load the package
fit = dynlm(cmort~part + L(part,4))   # no new data file needed
summary(fit)
```

输出与 lm 结果相同。为了拟合另一个模型，例如，加入温度序列 tempr，dynlm 的好处是可以不创建一个新的数据文件。我们可以运行

```
summary(dynlm(cmort~ tempr + part + L(part,4)) )
```

在问题 2.1 中，要拟合一个如下的线性模型

$$x_t = \beta_t + \alpha_1 Q_1(t) + \alpha_2 Q_2(t) + \alpha_3 Q_3(t) + \alpha_4 Q_4(t) + w_t$$

其中，x_t 为 Johnson & Johnson 的季度收益($n=84$)，$Q_i(t)$ 为季度 $i=1$, 2, 3, 4 的指标。指标可以通过使用 factor 建立。

```
trend = time(jj) - 1970          # helps to 'center' time
Q     = factor(cycle(jj) )       # make (Q)uarter factors
reg   = lm(log(jj)~0 + trend + Q, na.action=NULL)  # no intercept
model.matrix(reg)                # view the model design matrix
        trend Q1 Q2 Q3 Q4
   1  -10.00   1  0  0  0
   2   -9.75   0  1  0  0
   3   -9.50   0  0  1  0
   4   -9.25   0  0  0  1
   .     .     .  .  .  .
   .     .     .  .  .  .
   .     .     .  .  .  .
summary(reg)                     # view the results (not shown)
```

ARIMA 模拟的函数为 arima.sim。这里有一些例子；这里没有给出输出结果，因此你需要自己操作。

```
x = arima.sim(list(order=c(1,0,0), ar=.9), n=100) + 50    # AR(1) w/mean 50
x = arima.sim(list(order=c(2,0,0), ar=c(1,-.9)), n=100)   # AR(2)
x = arima.sim(list(order=c(1,1,1), ar=.9 ,ma=-.5), n=200) # ARIMA(1,1,1)
```

拟合 ARIMA 模型的一种简便方式是使用 astsa 中的 sarima。脚本在第 3 章中使用并在 3.7 节中引入。

D.4.1　图形

并没有过多介绍，我们引入了一些图形。许多人使用图形包 ggplot2，但对于时间序列的快速且简便绘图，R 的基础绘图就足够了，我们在这里对这类基础绘图进行介绍。在第 1 章中看到，时间序列图形可以用有限几行代码来绘制。例如，

```
plot(speech)
```

在例 1.3 中，或者多图绘制

```
plot.ts(cbind(soi, rec) )
```

在例 1.5 中我们做了更有趣的一些事情：

```
par(mfrow = c(2,1))
plot(soi, ylab='', xlab='', main='Southern Oscillation Index')
plot(rec, ylab='', xlab='', main='Recruitment')
```

但是，若你比较上面与文中的结果，有一些差别，因为我们通过加入网格与减少边缘来改进图形。下面是我们如何实际上绘制图 1.3：

```
1 dev.new(width=7, height=4)            # default is 7 x 7 inches
2 par(mar=c(3,3,1,1), mgp=c(1.6,.6,0) ) # change the margins (?par)
3 plot(speech, type='n')
4 grid(lty=1, col=gray(.9)); lines(speech)
```

在第 1 行中，维数是以英寸（1 英寸＝0.025 4 米）为单位的。第 2 行调整边缘，参考 help（par）的完整设置列表。在第 3 行中，type= 'n'意味着建立图形，但实际上并不进行绘制。第 4 行加入了网格并随后绘制了直线。使用 type= 'n'的原因在于避免网格线位于数据线之上。可以将图形直接绘制到一个 pdf 文件中，例如，通过以下面的代码替代第 1 行的方式

```
pdf(file="speech.pdf", width=7, height=4)
```

但需要关闭设备来保存文件：

```
dev.off()
```

下面是我们用来单独绘制图 1.5 的两个序列的代码：

```
dev.new(width=7, height=6)
par(mfrow = c(2,1), mar=c(2,2,1,0)+.5, mgp=c(1.6,.6,0) )
plot(soi, ylab='', xlab='', main='Southern Oscillation Index', type='n')
grid(lty=1, col=gray(.9));   lines(soi)
plot(rec, ylab='', main='Recruitment', type='n')
grid(lty=1, col=gray(.9));   lines(rec)
```

对于绘制许多时间序列，plot.ts 与 ts.plot 是可行的。若序列均位于同一尺度上，采用下面的方式是有效的：

```
ts.plot(cmort, tempr, part, col=1:3)
legend('topright', legend=c('M','T','P'), lty=1, col=1:3)
```

这产生了一个图形，所有三个序列绘制在同一个坐标轴中，带有不同颜色，随后添加了一个图例。我们并没有限制使用基本的颜色设置；'R colors'的网络搜索是有帮助的。下面的代码给出了每个不同序列的单独绘制（限制为 10）：

```
plot.ts(cbind(cmort, tempr, part) )
plot.ts(eqexp)                       # you will get a warning
plot.ts(eqexp[,9:16], main='Explosions') # but this works
```

最后，当绘制时间序列时，我们提及尺寸。图 D.2 给出了问题 4.9 中讨论的太阳黑子数，以不同尺寸绘制图形，如下。

```
layout(matrix(c(1:2, 1:2), ncol=2), height=c(.2,.8))
par(mar=c(.2,3.5,0,.5), oma=c(3.5,0,.5,0), mgp=c(2,.6,0), tcl=-.3, las=1)
plot(sunspotz, type='n', xaxt='no', ylab='')
  grid(lty=1, col=gray(.9))
  lines(sunspotz)
plot(sunspotz, type='n', ylab='')
  grid(lty=1, col=gray(.9))
  lines(sunspotz)
title(xlab="Time", outer=TRUE, cex.lab=1.2)
mtext(side=2, "Sunspot Numbers", line=2, las=0, adj=.75)
```

结果在图 D.2 中给出。上面的图形宽度宽并且高度窄，展示出这样的事实，序列表现得快速上升↑而缓慢下降↘。底部的图形，更加方形，掩盖了这个事实。你会注意到，在文中的主要部分，我们从来没有在方形盒子中绘制序列。在大多数情况下，绘制时间序列的理想形状是时间轴宽于数据轴。

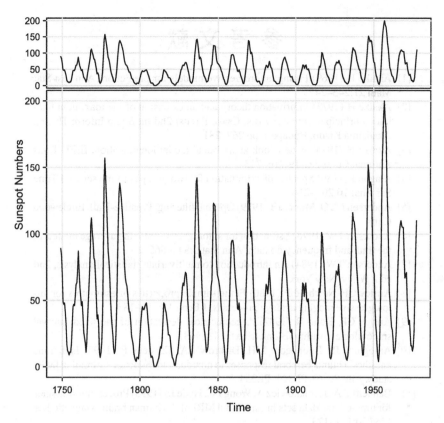

图 D. 2　在不同大小盒子中绘制的太阳黑子数，表明显示时间序列时，图形的尺寸是重要的

参 考 文 献

[1] Akaike H (1969) Fitting autoregressive models for prediction. Ann Inst Stat Math 21:243–247

[2] Akaike H (1973) Information theory and an extension of the maximum likelihood principal. In: Petrov BN, Csake F (eds) 2nd Int Symp Inform Theory. Akademia Kiado, Budapest, pp 267–281

[3] Akaike H (1974) A new look at statistical model identification. IEEE Trans Automat Contr AC-19:716–723

[4] Alagón J (1989) Spectral discrimination for two groups of time series. J Time Ser Anal 10:203–214

[5] Anderson BDO, Moore JB (1979) Optimal filtering. Prentice-Hall, Englewood Cliffs

[6] Anderson TW (1978) Estimation for autoregressive moving average models in the time and frequency domain. Ann Stat 5:842–865

[7] Anderson TW (1984) An introduction to multivariate statistical analysis, 2nd edn. Wiley, New York

[8] Ansley CF, Newbold P (1980) Finite sample properties of estimators for autoregressive moving average processes. J Econ 13:159–183

[9] Ansley CF, Kohn R (1982) A geometrical derivation of the fixed interval smoothing algorithm. Biometrika 69:486–487

[10] Antognini JF, Buonocore MH, Disbrow EA, Carstens E (1997) Isoflurane anesthesia blunts cerebral responses to noxious and innocuous stimuli: a fMRI study. Life Sci 61:PL349–PL354

[11] Bandettini A, Jesmanowicz A, Wong EC, Hyde JS (1993) Processing strategies for time-course data sets in functional MRI of the human brain. Magnetic Res Med 30:161–173

[12] Bar-Shalom Y (1978) Tracking methods in a multi-target environment. IEEE Trans Automat Contr AC-23:618–626

[13] Bar-Shalom Y, Tse E (1975) Tracking in a cluttered environment with probabilistic data association. Automatica 11:4451–4460

[14] Baum LE, Petrie T, Soules G, Weiss N (1970) A maximization technique occurring in the statistical analysis of probabilistic functions of Markov chains. Ann Math Stat 41:164–171

[15] Bazza M, Shumway RH, Nielsen DR (1988) Two-dimensional spectral analysis of soil surface temperatures. Hilgardia 56:1–28

[16] Bedrick EJ, Tsai C-L (1994) Model selection for multivariate regression in small samples. Biometrics 50:226–231

[17] Benjamini Y, Hochberg Y (1995) Controlling the false discovery rate: a practical and powerful approach to multiple testing. J Roy Stat Soc Ser B 289–300

[18] Beran J (1994) Statistics for long memory processes. Chapman and Hall, New York

[19] Berk KN (1974) Consistent autoregressive spectral estimates. Ann Stat 2:489–502

[20] Bhat RR (1985) Modern probability theory, 2nd edn. Wiley, New York

[21] Bhattacharya A (1943) On a measure of divergence between two statistical populations. Bull Calcutta Math Soc 35:99–109

[22] Billingsley P (1999) Convergence of probability measures, 2nd edn. Wiley, New York

[23] Blackman RB, Tukey JW (1959) The measurement of power spectra from the point of view of communications engineering. Dover, New York

[24] Blight BJN (1974) Recursive solutions for the estimation of a stochastic parameter. J Am Stat Assoc 69:477–481

[25] Bloomfield P (2000) Fourier analysis of time series: an introduction, 2nd edn. Wiley, New York

[26] Bloomfield P, Davis JM (1994) Orthogonal rotation of complex principal components. Int J Climatol 14:759–775

[27] Bogart BP, Healy MJR, Tukey JW (1962) The quefrency analysis of time series for echoes: cepstrum, pseudo-autocovariance, cross-cepstrum and saphe cracking. In: Proc. of the symposium on time series analysis, pp 209–243, Brown University, Providence, USA

[28] Bollerslev T (1986) Generalized autoregressive conditional heteroscedasticity. J Econ 31:307–327

[29] Box GEP, Pierce DA (1970) Distributions of residual autocorrelations in autoregressive integrated moving average models. J Am Stat Assoc 72:397–402

[30] Box GEP, Jenkins GM (1970) Time series analysis, forecasting, and control. Holden-Day, Oakland

[31] Box GEP, Jenkins GM, Reinsel GC (1994) Time series analysis, forecasting, and control, 3rd edn. Prentice Hall, Englewood Cliffs

[32] Brillinger DR (1973) The analysis of time series collected in an experimental design. In: Krishnaiah PR (ed) Multivariate analysis-III, pp 241–256. Academic Press, New York

[33] Brillinger DR (1975) Time series: data analysis and theory. Holt, Rinehart & Winston Inc., New York

[34] Brillinger DR (1980) Analysis of variance and problems under time series models. In: Krishnaiah PR, Brillinger DR (eds) Handbook of statistics, Vol I, pp 237–278. North Holland, Amsterdam

[35] Brillinger DR (1981, 2001) Time series: data analysis and theory, 2nd edn. Holden-Day, San Francisco. Republished in 2001 by the Society for Industrial and Applied Mathematics, Philadelphia

[36] Brockwell PJ, Davis RA (1991) Time series: theory and methods, 2nd edn. Springer, New York

[37] Cappé O, Moulines E, Rydén T (2009) Inference in hidden Markov models. Springer, New York

[38] Caines PE (1988) Linear stochastic systems. Wiley, New York

[39] Carter CK, Kohn R (1994) On Gibbs sampling for state space models. Biometrika 81:541–553

[40] Chan NH (2002) Time series: applications to finance. Wiley, New York

[41] Chernoff H (1952) A measure of asymptotic efficiency for tests of a hypothesis based on the sum of the observations. Ann Math Stat 25:573–578

[42] Cleveland WS (1979) Robust locally weighted regression and smoothing scatterplots. J Am Stat Assoc 74:829–836

[43] Cochrane D, Orcutt GH (1949) Applications of least squares regression to relationships containing autocorrelated errors. J Am Stat Assoc 44:32–61

[44] Cooley JW, Tukey JW (1965) An algorithm for the machine computation of complex Fourier series. Math Comput 19:297–301

[45] Cressie NAC (1993) Statistics for spatial data. Wiley, New York

[46] Dahlhaus R (1989) Efficient parameter estimation for self-similar processes. Ann Stat 17:1749–1766

[47] Dargahi-Noubary GR, Laycock PJ (1981) Spectral ratio discriminants and information theory. J Time Ser Anal 16:201–219

[48] Danielson J (1994) Stochastic volatility in asset prices: Estimation with simulated maximum likelihood. J Econometrics 61:375–400

[49] Davies N, Triggs CM, Newbold P (1977) Significance levels of the Box-Pierce portmanteau statistic in finite samples. Biometrika 64:517–522

[50] Dent W, Min A-S (1978) A Monte Carlo study of autoregressive-integrated-moving average processes. J Econ 7:23–55

[51] Dempster AP, Laird NM, Rubin DB (1977) Maximum likelihood from incomplete data via the EM algorithm. J R Stat Soc B 39:1–38

[52] Ding Z, Granger CWJ, Engle RF (1993) A long memory property of stock market returns and a new model. J Empirical Finance 1:83–106

[53] Douc R, Moulines E, Stoffer DS (2014) Nonlinear time series: theory, methods, and applications with R examples. CRC Press, Boca Raton

[54] Durbin J (1960) Estimation of parameters in time series regression models. J R Stat Soc B 22:139–153

[55] Durbin J, Koopman SJ (2001) Time series analysis by state space methods. Oxford University Press, Oxford

[56] Efron B, Tibshirani R (1994) An introduction to the bootstrap. Chapman and Hall, New York

[57] Engle RF (1982) Autoregressive conditional heteroscedasticity with estimates of the variance of United Kingdom inflation. Econometrica 50:987–1007

[58] Engle RF, Nelson D, Bollerslev T (1994) ARCH models. In: Engle R, McFadden D (eds) Handbook of econometrics, Vol IV, pp 2959–3038. North Holland, Amsterdam

[59] Evans GBA, Savin NE (1981) The calculation of the limiting distribution of the least squares estimator of the parameter in a random walk model. Ann Stat 1114–1118. http://projecteuclid.org/euclid.aos/1176345591

[60] Eubank RL (1999) Nonparametric regression and spline smoothing, vol 157. Chapman & Hall, New York

[61] Fan J, Kreutzberger E (1998) Automatic local smoothing for spectral density estimation. Scand J Stat 25:359–369

[62] Fox R, Taqqu MS (1986) Large sample properties of parameter estimates for strongly dependent stationary Gaussian time series. Ann Stat 14:517–532

[63] Friedman JH, Stuetzle W (1981) Projection pursuit regression. J Am Stat Assoc 76:817–823

[64] Frühwirth-Schnatter S (1994) Data augmentation and dynamic linear models. J Time Ser Anal 15:183–202

[65] Fuller WA (1976) Introduction to statistical time series. Wiley, New York

[66] Fuller WA (1996) Introduction to statistical time series, 2nd edn. Wiley, New York

[67] Gelfand AE, Smith AFM (1990) Sampling-based approaches to calculating marginal densities. J Am Stat Assoc 85:398–409

[68] Geman S, Geman D (1984) Stochastic relaxation, Gibbs distributions, and the Bayesian restoration of images. IEEE Trans Pattern Anal Machine Intell 6:721–741

[69] Gerlach R, Carter C, Kohn R (2000) Efficient Bayesian inference for dynamic mixture models. J Am Stat Assoc 95:819–828

[70] Geweke JF (1977) The dynamic factor analysis of economic time series models. In: Aigner D, Goldberger A (eds) Latent variables in socio-economic models, pp 365–383. North Holland, Amsterdam

[71] Geweke JF, Singleton KJ (1981) Latent variable models for time series: A frequency domain approach with an application to the Permanent Income Hypothesis. J Econ 17:287–304

[72] Geweke JF, Porter-Hudak S (1983) The estimation and application of long-memory time series models. J Time Ser Anal 4:221–238

[73] Giri N (1965) On complex analogues of T^2 and R^2 tests. Ann Math Stat 36:664–670

[74] Goldfeld SM, Quandt RE (1973) A Markov model for switching regressions. J Econ 1:3–16

[75] Goodman NR (1963) Statistical analysis based on a certain multivariate complex Gaussian distribution. Ann Math Stat 34:152–177

[76] Gordon K, Smith AFM (1988) Modeling and monitoring discontinuous changes in time series. In: Bayesian analysis of time series and dynamic models, pp 359–392

[77] Gordon K, Smith AFM (1990) Modeling and monitoring biomedical time series. J Am Stat Assoc 85:328–337

[78] Gouriéroux C (1997) ARCH models and financial applications. Springer, New York

[79] Granger CW, Joyeux R (1980) An introduction to long-memory time series models and fractional differencing. J Time Ser Anal 1:15–29

[80] Grenander U (1951) On empirical spectral analysis of stochastic processes. Arkiv for Mathematik 1:503–531

[81] Green PJ, Silverman BW (1993) Nonparametric regression and generalized linear models: a roughness penalty approach, vol 58. Chapman & Hall, New York

[82] Grenander U, Rosenblatt M (1957) Statistical analysis of stationary time series. Wiley, New York

[83] Grether DM, Nerlove M (1970) Some properties of optimal seasonal adjustment. Econometrica 38:682–703

[84] Gupta NK, Mehra RK (1974) Computational aspects of maximum likelihood estimation and reduction in sensitivity function calculations. IEEE Trans Automat Contr AC-19:774–783

[85] Hamilton JD (1989) A new approach to the economic analysis of nonstationary time series and the business cycle. Econometrica 57:357–384

[86] Hannan EJ (1970) Multiple time series. Wiley, New York

[87] Hannan EJ, Quinn BG (1979) The determination of the order of an autoregression. J R Stat Soc B 41:190–195

[88] Hannan EJ, Deistler M (1988) The statistical theory of linear systems. Wiley, New York

[89] Hansen J, Sato M, Ruedy R, Lo K, Lea DW, Medina-Elizade M (2006) Global temperature change. Proc Natl Acad Sci 103:14288–14293

[90] Harrison PJ, Stevens CF (1976) Bayesian forecasting (with discussion). J R Stat Soc B 38:205–247

[91] Harvey AC, Todd PHJ (1983) Forecasting economic time series with structural and Box-Jenkins models: A case study. J Bus Econ Stat 1:299–307

[92] Harvey AC, Pierse RG (1984) Estimating missing observations in economic time series. J Am Stat Assoc 79:125–131

[93] Harvey AC (1991) Forecasting, structural time series models and the Kalman filter. Cambridge University Press, Cambridge

[94] Harvey AC, Ruiz E, Shephard N (1994) Multivariate stochastic volatility models. Rev Econ Stud 61:247–264

[95] Haslett J, Raftery AE (1989) Space-time modelling with long-memory dependence: Assessing Ireland's wind power resource (C/R: 89V38 p21–50). Appl Stat 38:1–21

[96] Hastings WK (1970) Monte Carlo sampling methods using Markov chains and their applications. Biometrika 57:97–109

[97] Hosking JRM (1981) Fractional differencing. Biometrika 68:165–176

[98] Hurst H (1951) Long term storage capacity of reservoirs. Trans Am Soc Civil Eng 116:778–808

[99] Hurvich CM, Zeger S (1987) Frequency domain bootstrap methods for time series. Tech. Report 87–115, Department of Statistics and Operations Research, Stern School of Business, New York University

[100] Hurvich CM, Tsai C-L (1989) Regression and time series model selection in small samples. Biometrika 76:297–307

[101] Hurvich CM, Beltrao KI (1993) Asymptotics for the low-requency oridnates of the periodogram for a long-memory time series. J Time Ser Anal 14:455–472

[102] Hurvich CM, Deo RS, Brodsky J (1998) The mean squared error of Geweke and Porter-Hudak's estimator of the memory parameter of a long-memory time series. J Time Ser Anal 19:19–46

[103] Hurvich CM, Deo RS (1999) Plug-in selection of the number of frequencies in regression estimates of the memory parameter of a long-memory time series. J Time Ser Anal 20:331–341

[104] Jacquier E, Polson NG, Rossi PE (1994) Bayesian analysis of stochastic volatility models. J Bus. Econ Stat 12:371–417

[105] Jazwinski AH (1970) Stochastic processes and filtering theory. Academic Press, New York

[106] Johnson RA, Wichern DW (1992) Applied multivariate statistical analysis, 3rd edn. Prentice-Hall, Englewood Cliffs

[107] Jones RH (1980) Maximum likelihood fitting of ARMA models to time series with missing observations. Technometrics 22:389–395

[108] Jones RH (1984) Fitting multivariate models to unequally spaced data. In: Parzen E (ed) Time series analysis of irregularly observed data, pp 158–188. Lecture notes in statistics, 25. Springer, New York

[109] Journel AG, Huijbregts CH (1978) Mining geostatistics. Academic Press, New York

[110] Juang BH, Rabiner LR (1985) Mixture autoregressive hidden Markov models for speech signals. IEEE Trans Acoust Speech Signal Process ASSP-33:1404–1413

[111] Kakizawa Y, Shumway RH, Taniguchi M (1998) Discrimination and clustering for multivariate time series. J Am Stat Assoc 93:328–340

[112] Kalman RE (1960) A new approach to linear filtering and prediction problems. Trans ASME J Basic Eng 82:35–45

[113] Kalman RE, Bucy RS (1961) New results in filtering and prediction theory. Trans ASME J Basic Eng 83:95–108

[114] Kaufman L, Rousseeuw PJ (1990) Finding groups in data: an introduction to cluster analysis. Wiley, New York

[115] Kay SM (1988) Modern spectral analysis: theory and applications. Prentice-Hall, Englewood Cliffs

[116] Kazakos D, Papantoni-Kazakos P (1980) Spectral distance measuring between Gaussian processes. IEEE Trans Automat Contr AC-25:950–959

[117] Khatri CG (1965) Classical statistical analysis based on a certain multivariate complex Gaussian distribution. Ann Math Stat 36:115–119

[118] Kim S, Shephard N, Chib S (1998) Stochastic volatility: likelihood inference and comparison with ARCH models. Rev Econ Stud 65:361–393

[119] Kitagawa G, Gersch W (1984) A smoothness priors modeling of time series with trend and seasonality. J Am Stat Assoc 79:378–389

[120] Kolmogorov AN (1941) Interpolation und extrapolation von stationären zufälligen Folgen. Bull Acad Sci URSS 5:3–14

[121] Krishnaiah PR, Lee JC, Chang TC (1976) The distribution of likelihood ratio statistics for tests of certain covariance structures of complex multivariate normal populations. Biometrika 63:543–549

[122] Kullback S, Leibler RA (1951) On information and sufficiency. Ann Math Stat 22:79–86

[123] Kullback S (1958) Information theory and statistics. Peter Smith, Gloucester

[124] Lachenbruch PA, Mickey MR (1968) Estimation of error rates in discriminant analysis. Technometrices 10:1–11

[125] Lam PS (1990) The Hamilton model with a general autoregressive component: Estimation and comparison with other models of economic time series. J Monetary Econ 26:409–432

[126] Lay T (1997) Research required to support comprehensive nuclear test ban treaty monitoring. National Research Council Report, National Academy Press, 2101 Constitution Ave., Washington, DC 20055

[127] Levinson N (1947) The Wiener (root mean square) error criterion in filter design and prediction. J Math Phys 25:262–278

[128] Lindgren G (1978) Markov regime models for mixed distributions and switching regressions. Scand J Stat 5:81–91

[129] Ljung GM, Box GEP (1978) On a measure of lack of fit in time series models. Biometrika 65:297–303

[130] Lütkepohl H (1985) Comparison of criteria for estimating the order of a vector autoregressive process. J Time Ser Anal 6:35–52

[131] Lütkepohl H (1993) Introduction to multiple time series analysis, 2nd edn. Springer, Berlin

[132] MacQueen JB (1967) Some methods for classification and analysis of multivariate observations. In: Proceedings of 5-th Berkeley symposium on mathematical statistics and probability. University of California Press, Berkeley, 1:281–297

[133] Mallows CL (1973) Some comments on C_p. Technometrics 15:661–675

[134] McBratney AB, Webster R (1981) Detection of ridge and furrow pattern by spectral analysis of crop yield. Int Stat Rev 49:45–52

[135] McCulloch RE, Tsay RS (1993) Bayesian inference and prediction for mean and variance shifts in autoregressive time series. J Am Stat Assoc 88:968–978

[136] McDougall AJ, Stoffer DS, Tyler DE (1997) Optimal transformations and the spectral envelope for real-valued time series. J Stat Plan Infer 57:195–214

[137] McLeod AI (1978) On the distribution of residual autocorrelations in Box-Jenkins models. J R Stat Soc B 40:296–302

[138] McQuarrie ADR, Tsai C-L (1998) Regression and time series model selection World Scientific, Singapore

[139] Meinhold RJ, Singpurwalla ND (1983) Understanding the Kalman filter. Am Stat 37:123–127

[140] Meng XL, Rubin DB (1991) Using EM to obtain asymptotic variance-covariance matrices: The SEM algorithm. J Am Stat Assoc 86:899–909

[141] Metropolis N, Rosenbluth AW, Rosenbluth MN, Teller AH, Teller E (1953) Equations of state calculations by fast computing machines. J Chem Phys 21:1087–1091

[142] Mickens RE (1990) Difference equations: theory and applicatons, 2nd edn. Springer, New York

[143] Newbold P, Bos T (1985) Stochastic parameter regression models. Sage, Beverly Hills

[144] Ogawa S, Lee TM, Nayak A, Glynn P (1990) Oxygenation-sensititive contrast in magnetic resonance image of rodent brain at high magnetic fields. Magn Reson Med 14:68–78

[145] Palma W (2007) Long-memory time series: theory and methods. Wiley, New York

[146] Palma W, Chan NH (1997) Estimation and forecasting of long-memory time series with missing values. J Forecast 16:395–410

[147] Paparoditis E, Politis DN (1999) The local bootstrap for periodogram statistics. J Time Ser Anal 20:193–222

[148] Parzen E (1962) On estimation of a probability density and mode. Ann Math Stat 35:1065–1076

[149] Parzen E (1983) Autoregressive spectral estimation. In: Brillinger DR, Krishnaiah PR (eds) Time series in the frequency domain, handbook of statistics, Vol 3, pp 211–243. North Holland, Amsterdam

[150] Pawitan Y, Shumway RH (1989) Spectral estimation and deconvolution for a linear time series model. J Time Ser Anal 10:115–129

[151] Peña D, Guttman I (1988) A Bayesian approach to robustifying the Kalman filter. In: Spall JC (ed) Bayesian analysis of time series and dynamic linear models, pp 227–254. Marcel Dekker, New York

[152] Percival DB, Walden AT (1993) *Spectral analysis for physical applications: multitaper and conventional univariate techniques.* Cambridge University Press, Cambridge

[153] Petris G, Petrone S, Campagnoli P (2009) Dynamic linear models with R. Springer, New York

[154] Phillips PCB (1987) Time series regression with a unit root. Econometrica 55:227–301

[155] Pinsker MS (1964) Information and information stability of random variables and processes. Holden Day, San Francisco

[156] Press WH, Teukolsky SA, Vetterling WT, Flannery BP (1993) Numerical recipes in C: the art of scientific computing, 2nd edn. Cambridge University Press, Cambridge

[157] Priestley MB, Subba-Rao T, Tong H (1974) Applications of principal components analysis and factor analysis in the identification of multi-variable systems. IEEE Trans Automat Contr AC-19:730–734

[158] Priestley MB, Subba-Rao T (1975) The estimation of factor scores and Kalman filtering for discrete parameter stationary processes. Int J Contr 21:971–975

[159] Priestley MB (1988) Nonlinear and nonstationary time series analysis. Academic Press, London

[160] Quandt RE (1972) A new approach to estimating switching regressions. J Am Stat Assoc 67:306–310

[161] Rabiner LR, Juang BH (1986) An introduction to hidden Markov models. IEEE Acoust. Speech Signal Process ASSP-34:4–16

[162] Rao MM (1978) Asymptotic distribution of an estimator of the boundary parameter of an unstable process. Ann Stat 185–190

[163] Reinsel GC (1997) Elements of multivariate time series analysis, 2nd edn. Springer, New York

[164] Remillard B (2011) Validity of the parametric bootstrap for goodness-of-fit testing in dynamic models. Available at SSRN 1966476

[165] Renyi A (1961) On measures of entropy and information. In: Proceedings of 4th Berkeley symp. math. stat. and probability, pp 547–561. Univ. of California Press, Berkeley

[166] Rissanen J (1978) Modeling by shortest data description. Automatica 14:465–471

[167] Robinson PM (1995) Gaussian semiparametric estimation of long range dependence. Ann Stat 23:1630–1661

[168] Robinson PM (2003) Time series with long memory. Oxford University Press, Oxford

[169] Rosenblatt M (1956a) A central limit theorem and a strong mixing condition. Proc Natl Acad Sci 42:43–47

[170] Rosenblatt M (1956b) Remarks on some nonparametric estimates of a density functions. Ann Math Stat 27:642–669

[171] Sandmann G, Koopman SJ (1998) Estimation of stochastic volatility models via Monte Carlo maximum likelihood. J Econometrics 87:271–301

[172] Scheffé H (1959) The analysis of variance. Wiley, New York

[173] Schuster A (1898) On the investigation of hidden periodicities with application to a supposed 26 day period of meteorological phenomena. Terrestrial magnetism, III, pp 11–41

[174] Schuster A (1906) On the periodicities of sunspots. Phil Trans R Soc Ser A 206:69–100

[175] Schwarz F (1978) Estimating the dimension of a model. Ann Stat 6:461–464

[176] Schweppe FC (1965) Evaluation of likelihood functions for Gaussian signals. IEEE Trans Inform Theory IT-4:294–305

[177] Shephard N (1996) Statistical aspects of ARCH and stochastic volatility. In: Cox DR, Hinkley DV, Barndorff-Nielson OE (eds) Time series models in econometrics, finance and other fields, pp 1–100. Chapman and Hall, London

[178] Shumway RH, Dean WC (1968) Best linear unbiased estimation for multivariate stationary processes. Technometrics 10:523–534

[179] Shumway RH, Unger AN (1974) Linear discriminant functions for stationary time series. J Am Stat Assoc 69:948–956

[180] Shumway RH (1982) Discriminant analysis for time series. In: Krishnaiah PR, Kanal LN (eds) Classification, pattern recognition and reduction of dimensionality, handbook of statistics, vol 2, pp 1–46. North Holland, Amsterdam

[181] Shumway RH, Stoffer DS (1982) An approach to time series smoothing and forecasting using the EM algorithm. J Time Ser Anal 3:253–264

[182] Shumway RH (1983) Replicated time series regression: An approach to signal estimation and detection. In: Brillinger DR, Krishnaiah PR (eds) time series in the frequency domain, handbook of statistics, vol 3, pp 383–408. North Holland, Amsterdam

[183] Shumway RH (1988) Applied statistical time series analysis. Prentice-Hall, Englewood Cliffs

[184] Shumway RH, Stoffer DS (1991) Dynamic linear models with switching. J Am Stat Assoc 86:763–769 (Correction: V87 p. 913)

[185] Shumway RH, Verosub KL (1992) State space modeling of paleoclimatic time series. In: Pro. 5th int. meeting stat. climatol., Toronto, pp. 22–26, June, 1992

[186] Shumway RH, Kim SE, Blandford RR (1999) Nonlinear estimation for time series observed on arrays. In: Ghosh S (ed) Asymptotics, nonparametrics and time series, Chapter 7, pp 227–258. Marcel Dekker, New York

[187] Small CG, McLeish DL (1994) Hilbert space methods in probability and statistical inference. Wiley, New York

[188] Smith AFM, West M (1983) Monitoring renal transplants: An application of the multiprocess Kalman filter. Biometrics 39:867–878

[189] Spliid H (1983) A fast estimation method for the vector autoregressive moving average model with exogenous variables. J Am Stat Assoc 78:843–849

[190] Stoffer DS (1982) Estimation of parameters in a linear dynamic system with missing observations. Ph.D. Dissertation. Univ. California, Davis

[191] Stoffer DS, Scher M, Richardson G, Day N, Coble P (1988) A Walsh-Fourier analysis of the effects of moderate maternal alcohol consumption on neonatal sleep-state cycling. J Am Stat Assoc 83:954–963

[192] Stoffer DS, Wall KD (1991) Bootstrapping state space models: Gaussian maximum likelihood estimation and the Kalman filter. J Am Stat Assoc 86:1024–1033

[193] Stoffer DS, Tyler DE, McDougall AJ (1993) Spectral analysis for categorical time series: Scaling and the spectral envelope. Biometrika 80:611–622.

[194] Stoffer DS (1999) Detecting common signals in multiple time series using the spectral envelope. J Am Stat Assoc 94:1341–1356

[195] Stoffer DS, Wall KD (2004) Resampling in state space models. In: Harvey A, Koopman SJ, Shephard N (eds) State space and unobserved component models theory and applications, Chapter 9, pp 227–258. Cambridge University Press, Cambridge

[196] Sugiura N (1978) Further analysis of the data by Akaike's information criterion and the finite corrections. Commun. Stat A Theory Methods 7:13–26

[197] Taniguchi M, Puri ML, Kondo M (1994) Nonparametric approach for non-Gaussian vector stationary processes. J Mult Anal 56:259–283

[198] Tanner M, Wong WH (1987) The calculation of posterior distributions by data augmentation (with discussion). J Am Stat Assoc 82:528–554

[199] Taylor SJ (1982) Financial returns modelled by the product of two stochastic processes – A study of daily sugar prices, 1961–79. In: Anderson OD (ed) Time series analysis: theory and practice, Vol 1, pp 203–226. Elsevier/North-Holland, New York

[200] Tiao GC, Tsay RS (1989) Model specification in multivariate time series (with discussion). J Roy Stat Soc B 51:157–213

[201] Tiao GC, Tsay RS, Wang T (1993) Usefulness of linear transformations in multivariate time series analysis. Empir Econ 18:567–593

[202] Tong H (1983) Threshold models in nonlinear time series analysis. Springer lecture notes in statistics, vol 21. Springer, New York

[203] Tong H (1990) Nonlinear time series: a dynamical system approach. Oxford Univ. Press, Oxford

[204] Tsay RS (2002) Analysis of financial time series. Wiley, New York

[205] Wahba G (1980) Automatic smoothing of the log periodogram. J Am Stat Assoc 75:122–132

[206] Wahba G (1990) Spline models for observational data, vol 59. Society for Industrial Mathematics, Philadelphia

[207] Watson GS (1966) Smooth regression analysis. Sankhya 26:359–378

[208] Weiss AA (1984) ARMA models with ARCH errors. J Time Ser Anal 5:129–143

[209] Whitle P (1951) Hypothesis testing in time series analysis. Almqvist & Wiksells, Uppsala

[210] Whittle P (1961) Gaussian estimation in stationary time series. Bull Int Stat Inst 33:1–26

[211] Wiener N (1949) The extrapolation, interpolation and smoothing of stationary time series with engineering applications. Wiley, New York

[212] Wu CF (1983) On the convergence properties of the EM algorithm. Ann Stat 11:95–103

[213] Young PC, Pedregal DJ (1998) Macro-economic relativity: Government spending, private investment and unemployment in the USA. Centre for Research on Environmental Systems and Statistics, Lancaster University, U.K.

[214] Zucchini W, MacDonald IL (2009) Hidden Markov models for time series: An introduction using R. CRC Press, Boca Raton

推荐阅读

数理统计与数据分析（原书第3版）

作者：John A. Rice ISBN：978-7-111-33646-4 定价：85.00元

数理统计学导论（原书第7版）

作者：Robert V. Hogg，Joseph W. McKean，Allen Craig
ISBN：978-7-111-47951-2 定价：99.00元

统计模型：理论和实践（原书第2版）

作者：David A. Freedman ISBN：978-7-111-30989-5 定价：45.00元

例解回归分析（原书第5版）

作者：Samprit Chatterjee；Ali S.Hadi ISBN：978-7-111-43156-5 定价：69.00元

线性回归分析导论（原书第5版）

作者：Douglas C.Montgomery ISBN：978-7-111-53282-8 定价：99.00元

推荐阅读

统计学习导论——基于R应用

作者: Gareth James 等 ISBN: 978-7-111-49771-4 定价: 79.00元

统计反思: 用R和Stan例解贝叶斯方法

作者: Richard McElreath ISBN: 978-7-111-62491-2 定价: 139.00元

计算机时代的统计推断: 算法、演化和数据科学

作者: Bradley Efron等 ISBN: 978-7-111-62752-4 定价: 119.00元

应用预测建模

作者: Max Kuhn 等 ISBN: 978-7-111-53342-9 定价: 99.00元

推荐阅读